ORAUX X-ENS, VOL. 3

Enseignement des mathématiques

1. J.-Y. Ouvrard, *Probabilités I*
2. J. Hubbard, B. West, *Équations différentielles et systèmes dynamiques* (épuisé)
3. M. Cottrell, V. Genon-Catalot, Ch. Duhamel, Th. Meyre, *Exercices de probabilités*
4. F. Rouvière, *Petit guide de calcul différentiel à l'usage de la licence et de l'agrégation*
5. J.-Y. Ouvrard, *Probabilités II*
6. G. Zémor, *Cours de cryptographie* (épuisé)
7. A. Szpirglas, *Exercices d'algèbre*
8. B. Perrin-Riou, *Algèbre, arithmétique et Maple*
9. V. I. Arnold, *Leçons sur les équations aux dérivées partielles*
10. S. Francinou, H. Gianella, S. Nicolas, *Exercices des oraux X-ENS, Algèbre 1* (épuisé)
11. S. Francinou, H. Gianella, S. Nicolas, *Exercices des oraux X-ENS, Analyse 1* (épuisé)
12. S. Francinou, H. Gianella, S. Nicolas, *Exercices des oraux X-ENS, Algèbre 2* (épuisé)
13. S. Francinou, H. Gianella, S. Nicolas, *Exercices des oraux X-ENS, Analyse 2*
14. S. Francinou, H. Gianella, S. Nicolas, *Exercices des oraux X-ENS, Algèbre 3*
15. H. Krivine, *Exercices de mathématiques pour physiciens*
16. J. Jacod, Ph. Protter, *L'essentiel en théorie des probabilités*
17. M. Willem, *Analyse fonctionnelle élémentaire*
18. É. Amar, É. Matheron, *Analyse complexe*
19. B. Randé, *Problèmes corrigés. Concours 2002 et 2003 (MP)*
20. D. Perrin, *Mathématiques d'école*
21. B. Randé, *Problèmes corrigés. Concours 2004 (MP)*
22. P. Bourgade, *Olympiades internationales de mathématiques 1976-2005*
23. V. Prasolov, *Problèmes et théorèmes d'algèbre linéaire*
24. R. Sá Earp, E. Toubiana, *Introduction à la géométrie hyperbolique et aux surfaces de Riemann*
25. L. Di Menza, *Analyse numérique des équations aux dérivées partielles*
26. B. Candelpergher, *Calcul intégral*
29. S. Francinou, H. Gianella, S. Nicolas, *Exercices des oraux X-ENS, Analyse 3*
30. C. Zuily, *Problèmes de distributions et d'équations aux dérivées partielles*
31. B. Makarov *et al.*, *Problèmes d'analyse réelle*
32. S. Francinou, H. Gianella, S. Nicolas, *Exercices des oraux X-ENS, Analyse 4*
33. E. Lehman, *Mathématiques pour l'étudiant de première année, vol. 1, Algèbre et géométrie*
34. F. Berthelin, *Équations différentielles*
35. S. Francinou, H. Gianella, S. Nicolas, *Oraux X-ENS, nouvelle série, vol. 1*
36. A. Kostrikin, Y. Manin, *Algèbre et géométrie linéaires*
37. S. Francinou, H. Gianella, S. Nicolas, *Oraux X-ENS, nouvelle série, vol. 3*
38. S. Francinou, H. Gianella, S. Nicolas, *Oraux X-ENS, nouvelle série, vol. 2*
39. N. Bacaër, *Mathématiques et épidémies*
40. P. Bornsztein, Th. Budzinski, V. Jugé, *Olympiades internationales de mathématiques 2006-2021*
41. S. Francinou, H. Gianella, S. Nicolas, *Oraux X-ENS, nouvelle série, vol. 6*
42. A. Szpirglas (dir.), *Algèbre, Tome 2. Groupes*
43. A. Szpirglas (dir.), *Algèbre, Tome 3. Anneaux - Polynômes - Modules*
44. S. Francinou, H. Gianella, S. Nicolas, *Oraux X-ENS, nouvelle série, vol. 5*
45. A. Szpirglas (dir.), *Algèbre, Tome 4. Corps. Ensembles et cardinaux*
46. L. Tu, *Variétés différentielles*
47. S. Francinou, H. Gianella, S. Nicolas, *Oraux X-ENS, nouvelle série, vol. 7*

SERGE FRANCINOU
HERVÉ GIANELLA
SERGE NICOLAS

Oraux de l'École polytechnique et des Écoles normales supérieures

Mathématiques

Volume 3

CASSINI

Serge Francinou, ancien élève de l'École normale supérieure et agrégé de Mathématiques est actuellement professeur en classe préparatoire au lycée Henri IV.

Hervé Gianella, ancien élève de l'École normale supérieure et agrégé de Mathématiques est actuellement professeur en classe préparatoire au lycée Blaise Pascal d'Orsay.

Serge Nicolas, ancien élève de l'École normale supérieure et agrégé de Mathématiques est actuellement professeur en classe préparatoire au lycée Henri IV.

ISBN 978-2-84225-243-4

Introduction

Cet ouvrage est le troisième des huit volumes d'un recueil d'exercices de mathématiques issus des épreuves orales de l'École polytechnique et des Écoles normales supérieures. Il est dédié à la préparation des oraux des concours d'entrée de ces grandes écoles et à celui des concours de recrutement de professeurs, notamment l'Agrégation. Sept volumes correspondent au programme actuel des classes préparatoires (programme de la rentrée 2014) et le dernier reprend des sujets hors des exigences actuelles mais toujours d'actualité pour l'Agrégation.

La vocation première des Écoles normales est de former des chercheurs ou des enseignants-chercheurs. Le concours d'entrée vise donc à détecter les qualités scientifiques du candidat, son aptitude à la recherche. À l'oral, on jugera avant tout la capacité de prendre des initiatives, d'utiliser une indication, de mener à bien une démarche. On ne sera pas surpris que les exercices posés aient un contenu mathématique riche, qu'ils soient très éloignés du simple exercice technique, d'application du cours, qu'ils soient souvent difficiles. Ils visent la plupart du temps à la démonstration d'un résultat mathématique significatif. Ils pourraient apparaître excessivement difficiles, si on perdait de vue le déroulement concret de l'épreuve. L'oral des ENS est un long dialogue (l'épreuve dure environ cinquante minutes, comme d'ailleurs à l'École polytechnique) entre le candidat et l'examinateur, qui tout au long de l'épreuve fournit des indications, quand c'est nécessaire, pour relancer la réflexion du candidat et tester ses réactions. Il est d'ailleurs impossible de rendre pleinement compte dans un recueil d'exercices du caractère oral de l'épreuve.

L'École polytechnique, quant à elle, est plus généraliste. Les exercices posés au concours sont de facture plus classique et, en règle générale, l'examinateur intervient moins. C'est au candidat de montrer sa maîtrise du programme dans la résolution d'un exercice dont la difficulté est cependant très variable. Certains sont proches des exercices d'ENS. Les énoncés circulent d'ailleurs d'un concours à l'autre.

Les énoncés que nous avons choisis couvrent une très large partie de ce qui a pu tomber à l'oral depuis 1995. Ils sont extraits pour l'essentiel des listes publiées chaque année par la RMS (*Revue de mathématiques spéciales* et désormais *Revue de la filière Mathématiques* aux éditions Épistemon) dont nous remercions les auteurs pour l'aide précieuse qu'ils apportent ainsi aux élèves et aux professeurs des classes préparatoires. Il s'agit de versions communiquées par les étudiants, reflétant la compréhension que ceux-ci ont eue de l'exercice et le déroulement conjoncturel de leur oral, comme le montrent les variations d'une année à l'autre pour un même exercice. Nous n'avons pas hésité à les modifier, pour rectifier des erreurs, compléter un énoncé quand manifestement l'exercice s'est arrêté avant que le résultat que l'examinateur avait en vue ne soit atteint, ou ajouter des indications.

Nous avons choisi de laisser quelques énoncés «bruts», ceux pour lesquels nous estimons qu'une démarche naturelle (qui peut être longue et ardue) permet de conduire à la solution. Pour d'autres exercices, nous avons pris la liberté de rajouter des questions intermédiaires, qui auraient pu être celles posées par l'examinateur. Quitte à perdre en concision, nous avons tenu à rédiger les solutions les plus pédagogiques possible, essayant d'exposer clairement les idées et démarches de raisonnement, sans escamoter les détails ou calculs qui peuvent paraître évidents. On évite autant que possible l'introduction d'une astuce ou d'un objet *ad hoc* permettant d'atteindre rapidement la solution. S'il n'y a pas moyen d'expliquer l'origine de cette astuce, c'est que l'exercice est peu intéressant et que l'étudiant en tirera peu de profit.

À l'intérieur de chaque chapitre, les exercices ont été regroupés thématiquement et à l'intérieur de chaque thème par ordre de difficulté croissante. Ainsi regroupés, ils apparaîtront plus accessibles, car plongés dans leur contexte mathématique, éclairés par d'autres exercices voisins. Les introductions historiques qui ouvrent chaque chapitre, outre leur intérêt propre, visent au même but. Enfin, nous avons agrémenté les énoncés de quelques remarques préliminaires. Sans faire de rappels de cours systématiques, nous avons énoncé, voire redémontré, certains résultats : lemmes classiques, intervenant dans la résolution d'un grand nombre d'exercices, ou résultats au contraire à la lisière du programme, mais utiles, pour lesquels des éclaircissements étaient nécessaires. On trouvera aussi des remarques de synthèse ou des généralisations qui, nous l'espérons, pourront amener le candidat curieux à approfondir ses connaissances. Les quelques indications bibliographiques ont le même objectif.

Une étoile indique un énoncé particulièrement difficile, le plus souvent issu de l'oral spécifique de l'ENS Paris. Rappelons à ce sujet que si nous tenons à rédiger des solutions complètes, il n'est pas nécessaire qu'un candidat achève l'exercice pour obtenir une bonne note. C'est d'ailleurs rarement le cas pour cet oral. Ce sont davantage l'autonomie face à un problème difficile, la capacité à saisir l'intérêt des indications données qui, avec la maîtrise des concepts et des techniques, vont être appréciées. Aussi, le lecteur qui légitimement peut être en manque d'inspiration devant de tels exercices ne doit pas hésiter à s'aider du corrigé pour avancer.

La présence d'une double étoile signale un exercice qui va très au-delà du programme des classes préparatoires et qui est plutôt réservé à nos lecteurs agrégatifs. Ces quelques énoncés ont tout de même pu être posés assez récemment. Sur l'ensemble de l'ouvrage, les candidats au CAPES et à l'Agrégation trouveront matière à réviser les principales notions du programme en vue de l'écrit, ainsi que des exemples pour nourrir un développement pour leur oral.

Le lecteur ne tirera profit de ce livre que s'il cherche des solutions personnelles des exercices avant d'en étudier les corrigés. Une bonne connaissance du cours est indispensable. En effet, les théorèmes du programme fournissent bon nombre de schémas de démonstration. Rappelons aussi quelques démarches générales qui peuvent faciliter l'appréhension des exercices difficiles :

▹ l'étude de cas particuliers permet souvent d'entrevoir les idées qu'il faudra mettre en œuvre dans la résolution du cas général. Ainsi, en algèbre linéaire, il est souvent opportun de traiter les problèmes en petite dimension, 2 ou 3 ;

▹ le renforcement des hypothèses peut aboutir à un problème plus simple (supposer une matrice diagonalisable plutôt que quelconque, une fonction dérivable plutôt que simplement continue...). Il s'agira ensuite de repasser au cas général, par exemple avec des arguments de densité ou une décomposition ;

▹ faire le bon choix de bases dans un problème linéaire en vue d'obtenir l'expression la plus simple possible ;

▹ faire apparaître des sous-espaces stables, des sous-matrices particulières, des sous-groupes d'un groupe fini..., ce qui permet d'envisager un raisonnement par récurrence ;

▹ en algèbre linéaire, en topologie, en géométrie, ne pas hésiter à faire un dessin sur lequel peut naître l'intuition ;

▹ dans la phase exploratoire en vue de déterminer une limite ou un équivalent, ne pas hésiter à faire des approximations qui peuvent sembler grossières, à faire un calcul formel avec des interversions de sommes (ou somme et intégrale). Dans un second temps, il s'agira bien sûr de justifier ;

▹ faire apparaître dans les questions de topologie des suites afin d'utiliser la caractérisation séquentielle des parties fermées, des compacts, des parties denses... ;

▹ pour les questions asymptotiques, savoir repérer les termes prépondérants, et s'il s'agit d'une intégrale, repérer l'endroit où la contribution de l'intégrande est la plus importante et ne pas hésiter à le remplacer par une fonction équivalente ;

▹ en probabilités, introduire des systèmes complets d'événements qui permettent le calcul effectif de probabilités ou d'espérance ;

▹ enfin confronter les résultats obtenus ou conjecturés à une estimation intuitive comme l'on peut en faire en probabilité.

Ce troisième volume est consacré à l'analyse réelle (suites et séries numériques, fonctions d'une variable réelle). Le lecteur trouvera plus loin le plan des autres volumes.

Nous remercions l'équipe des éditions Cassini, ainsi que nos élèves, pour leur relecture approfondie de l'ouvrage et leurs nombreuses suggestions, tant sur le fond que sur la forme.

Enfin, si vous souhaitez nous contacter pour nous faire part de vos remarques, vous pouvez envoyer un courriel à l'adresse *fgn.cassini@free.fr*. Nous remercions tout ceux qui l'ont fait et qui ont contribué ainsi à améliorer cette seconde édition.

Plan de la collection

Les sept premiers volumes s'inscrivent dans le cadre du programme actuel des classes préparatoires. Le huitième et dernier volume porte sur des exercices plus anciens et reste d'actualité pour les candidats au CAPES ou à l'Agrégation.

- Volume 1 : structures algébriques.
- Volume 2 : algèbre linéaire, réduction.
- Volume 3 : suites, séries, fonctions de la variable réelle.
- Volume 4 : topologie.
- Volume 5 : intégrales, suites et séries de fonctions.
- Volume 6 : séries entières, probabilités.
- Volume 7 : espaces euclidiens, équations différentielles linéaires, calcul différentiel.
- Volume 8 : formes quadratiques, espaces hermitiens, équations différentielles non linéaires, géométrie, courbes.

Chapitre 1

Nombres réels et complexes Topologie de $\mathbb{R}$ et $\mathbb{C}$

Si la définition rigoureuse du corps des réels est récente, la manipulation de nombres réels remonte à la plus haute Antiquité. Elle est présente dans toute mesure de grandeur et apparaît dès la mise en place d'un système de numération capable de noter les valeurs approchées des nombres réels (mathématiques babyloniennes). La mathématique grecque s'est intéressée essentiellement aux nombres entiers ; une fraction est moins considérée comme un nombre que comme un rapport, une relation entre deux entiers. On lui doit cependant quelques résultats essentiels pour les réels. La découverte de nombres irrationnels date de la fin du V*e* *siècle avant notre ère. On attribue à l'école pythagoricienne la démonstration de l'irrationalité de* $\sqrt{2}$*. Dans le livre V des* Éléments *d'Euclide, on trouve l'exposé d'une théorie axiomatique des rapports de grandeurs, attribuée à Eudoxe. Y figurent, par exemple, des propositions qui équivalent à la distributivité de la multiplication par rapport à l'addition ou à l'associativité de la multiplication. Notons aussi l'énoncé suivant qui correspond essentiellement à ce qu'on appelle l'axiome d'Archimède : deux grandeurs ont entre elles un rapport si on peut trouver un multiple de l'une supérieur à l'autre. Avec le déclin de la mathématique grecque, on retourne à une conception naïve des nombres réels. Chez Diophante, par exemple, un nombre est l'inconnue d'un problème algébrique. Dans les siècles suivants, les progrès apparaîtront surtout au niveau du calcul. À la fin du* XVI*e* *siècle, Stevin contribue à la généralisation de l'usage des fractions décimales. Napier propose, en 1617, d'utiliser le point ou la virgule pour séparer la partie entière de la partie décimale. Il choisit finalement le point, qui devient d'usage commun en Angleterre. La réflexion sur les réels va évoluer avec le développement de l'analyse au* XIX*e* *: difficultés liées aux problèmes de limites ; progrès dans la connaissance des irrationnels et des nombres transcendants... Entre 1860 et 1880, Weierstrass, Dedekind, Méray et Cantor proposent des constructions de* $\mathbb{R}$*. Celle de Dedekind par les « coupures » de* $\mathbb{Q}$ *met au premier plan l'axiome de la borne supérieure, alors que celle de Méray et de Cantor qui fait intervenir des classes d'équivalence de suites de Cauchy fournit directement le caractère complet de* $\mathbb{R}$*. C'est à partir de ses recherches sur les réels que Cantor s'intéresse aux problèmes d'équipotence. Dans ce cadre, il énonce presque incidemment les principaux résultats élémentaires sur la topologie de la droite, la structure des ensembles ouverts et fermés... Borel et Baire prolongent l'étude des sous-ensembles de* $\mathbb{R}$ *: le premier définit les ensembles de mesure* *nulle et les ensembles appelés de nos jours* boréliens, *et montre qu'on peut définir sur ces derniers une mesure qui prolonge la longueur des intervalles ; le second définit les ensembles de première catégorie (on dit aussi* maigres*), c'est-à-dire les ensembles qu'on peut recouvrir par une famille dénombrable de fermés d'intérieur vide et montre qu'un tel ensemble est d'intérieur vide (c'est le théorème de Baire). Un espace topologique où cette propriété est vraie est aujourd'hui appelé un espace de Baire.*

Nous terminerons cette introduction par quelques mots sur l'histoire des nombres complexes. Au XVIe *siècle, Cardan et Tartaglia donnent une solution de l'équation du troisième degré $x^3 + px + q = 0$ sous la forme*

$$x = \sqrt[3]{-\frac{q}{2} + \sqrt{\frac{q^2}{4} + \frac{p^3}{27}}} + \sqrt[3]{-\frac{q}{2} - \sqrt{\frac{q^2}{4} + \frac{p^3}{27}}}$$

Bombelli (1526-1573) a alors l'idée d'utiliser cette formule dans le cas où $4p^3 + 27q^2 < 0$. Il étudie notamment l'exemple de $x^3 - 15x - 4 = 0$ et obtient

$$x = \sqrt[3]{2 + \sqrt{-21}} + \sqrt[3]{2 - \sqrt{-21}} = 2 + \sqrt{-1} + 2 - \sqrt{-1} = 4$$

après quelques manipulations algébriques sur des expressions de la forme $a + b\sqrt{-1}$ que le lecteur pourra prendre plaisir à retrouver. Or, il est aisé de vérifier que 4 *est bien solution de l'équation. Ainsi, la formule de Cardan permet de trouver des racines réelles par l'intermédiaire d'opérations effectuées sur des nombres impossibles, ou « imaginaires » (terme introduit par Descartes en 1637). Ces constatations empiriques ont conduit à un usage de plus en plus fréquent des nombres imaginaires et ce dès le début du* XVIIe *siècle. Le symbole i utilisé de nos jours est introduit par Euler (1707-1783) en 1777. Il introduit également l'exponentielle complexe et les fonctions trigonométriques usuelles. C'est Moivre (1667-1754) qui met en évidence le lien entre les racines n-ièmes d'un nombre complexe et le partage d'un arc de cercle en n parties égales. Cependant il faut encore attendre quelques années avant que ne se développe véritablement l'usage de la représentation géométrique des nombres complexes. Gauss (1777-1855) avait sans doute cette vision géométrique de $\mathbb{C}$ mais il ne publia rien sur ce point avant 1831. Ce sont deux mathématiciens amateurs qui les premiers publièrent des mémoires sur ce sujet. Le premier est dû au danois Caspar Wessel (1797), mais il tomba rapidement dans l'oubli et ne fut redécouvert qu'un siècle plus tard. Le second date de 1806 et est dû au mathématicien suisse Argand. Ses travaux faillirent aussi passer inaperçus (l'article ne fut diffusé qu'en 1813) et furent accueillis très froidement par les grands de l'époque. Ce n'est qu'à partir de 1831, avec Gauss, et surtout en 1847 avec Cauchy, que ses idées furent adoptées, ouvrant la porte à de multiples développements.*

Les deux premiers exercices sont issus d'un même oral et concernent le développement décimal d'un nombre réel. Dans le cursus scolaire, c'est très vite qu'on apprend à se représenter un réel par son développement décimal, par exemple $\pi = 3{,}14159265\ldots$ *Cet objet n'est toutefois pas aussi simple qu'il y paraît, puisque la notation* $0{,}a_1a_2a_3\ldots$ *représente en réalité une somme de série. De plus, on dit rarement dans le secondaire que ce développement n'est pas nécessairement unique : un nombre décimal (non nul) en a deux. Par exemple :* $\frac{9}{25} = 0{,}36 = 0{,}3599999\ldots$ *Le premier sera qualifié de propre et le second d'impropre. L'énoncé suivant, qui démontre l'existence et l'unicité du développement propre, est une question de cours.*

1.1. Développement décimal propre d'un réel

> Démontrer que tout réel x de $[0,1[$ s'écrit de manière unique sous la forme $x = \sum\limits_{n=1}^{+\infty} \frac{a_n}{10^n}$ où $(a_n)_{n\geqslant 1}$ est une suite de $[\![0,9]\!]$ non stationnaire à 9 (c'est-à-dire que pour tout $\mathrm{N} \geqslant 1$, il existe $n \geqslant \mathrm{N}$ tel que $a_n \neq 9$).

▷ **Solution.**

Le résultat, énoncé ici en base 10, est en fait valable pour toute base $b \geqslant 2$. Nous traiterons donc le cas général. Nous noterons $\mathcal{T}$ l'ensemble des suites $(a_n)_{n\geqslant 1}$ à valeurs dans $[\![0, b-1]\!]$ non stationnaires à $b-1$. Soit x un réel de l'intervalle $[0,1[$ (on se limite à ces réels, car tout réel est somme d'un entier, sa partie entière, et d'un réel de $[0,1[$).

• *Analyse.* Soit $(a_n)_{n\geqslant 1}$ dans $\mathcal{T}$ répondant au problème,

$$x = \sum_{n=1}^{+\infty} \frac{a_n}{b^n} = \frac{a_1}{b} + \frac{a_2}{b^2} + \cdots + \frac{a_n}{b^n} + \cdots$$

On sait bien, en base 10, comment récupérer le premier chiffre après la virgule a_1 : il suffit de multiplier par 10, ce qui a pour effet de décaler la virgule d'un cran vers la droite, puis de prendre la partie entière. Effectivement, en multipliant l'égalité ci-dessus par b il vient,

$$bx = a_1 + \sum_{n=2}^{+\infty} \frac{a_n}{b^{n-1}} = a_1 + \sum_{n=1}^{+\infty} \frac{a_{n+1}}{b^n}.$$

La somme qui apparaît est un réel de $[0,1[$, puisque

$$0 \leqslant \sum_{n=1}^{+\infty} \frac{a_{n+1}}{b^n} < \sum_{n=1}^{+\infty} \frac{b-1}{b^n} = \frac{b-1}{b} \frac{1}{1-\frac{1}{b}} = 1.$$

La seconde inégalité est stricte puisque il existe au moins un entier $n > 1$ tel que $a_n < b-1$. On a donc $a_1 = \lfloor bx \rfloor$, puis $bx - a_1 = \sum\limits_{n=1}^{+\infty} \frac{a_{n+1}}{b^n}$, de sorte que par le même raisonnement, $a_2 = \lfloor bx - a_1 \rfloor$. Plus généralement, si les a_k sont connus jusqu'au rang $p-1$ avec $p \geqslant 2$, on a

$$b^p x = a_1 b^{p-1} + a_2 b^{p-2} + \cdots + a_{p-1} b + a_p + \sum_{n=p+1}^{+\infty} \frac{a_n}{b^{n-p}},$$

soit

$$a_p = b^p x - a_1 b^{p-1} - a_2 b^{p-2} - \cdots - a_{p-1} b - \underbrace{\sum_{n=1}^{+\infty} \frac{a_{n+p}}{b^n}}_{\in [0,1[} .$$

Par conséquent $a_p = \lfloor xb^p - a_1 b^{p-1} - a_2 b^{p-2} - \cdots - a_{p-1} b \rfloor$. Si elle existe, la suite (a_n) est donc déterminée de manière unique.

• *Synthèse.* Le point précédent nous a fourni l'algorithme qui permet de définir les entiers a_p par récurrence. On considère donc la suite $(a_p)_{p \geqslant 1}$ définie par $a_1 = \lfloor xb \rfloor$ et $a_p = \lfloor xb^p - a_1 b^{p-1} - a_2 b^{p-2} - \cdots - a_{p-1} b \rfloor$ pour tout $p \geqslant 2$. Il n'y a plus qu'à vérifier que cette suite convient.

Nous allons démontrer successivement que :

(i) $x = \sum\limits_{n=1}^{+\infty} \frac{a_n}{b^n}$;

(ii) pour tout $p \geqslant 1, 0 \leqslant a_p \leqslant b-1$;

(iii) la suite $(a_p)_{p \geqslant 1}$ n'est pas stationnaire à $b-1$.

(i) Pour $p \geqslant 2$, on a par définition de la partie entière,

$$a_p \leqslant xb^p - a_1 b^{p-1} - a_2 b^{p-2} - \cdots - a_{p-1} b < a_p + 1$$

ce qui donne en divisant par b^p,

$$\frac{a_p}{b^p} \leqslant x - \sum_{n=1}^{p-1} \frac{a_n}{b^n} < \frac{a_p + 1}{b^p}, \quad \text{ou encore} \quad 0 \leqslant x - \sum_{n=1}^{p} \frac{a_n}{b^n} < \frac{1}{b^p} \quad (*).$$

Comme $\lim\limits_{p \to +\infty} \frac{1}{b^p} = 0$, on en déduit que $x = \sum\limits_{n=1}^{+\infty} \frac{a_n}{b^n}$.

(ii) Comme $x \in [0,1[$, $xb \in [0,b[$ et $0 \leqslant a_1 \leqslant b-1$. Soit $p \geqslant 2$. D'après la relation $(*)$ écrite pour $p-1$ au lieu de p, on a

$$0 \leqslant x - \sum_{n=1}^{p-1} \frac{a_n}{b^n} < \frac{1}{b^{p-1}} \quad \text{et} \quad 0 \leqslant xb^p - \sum_{n=1}^{p-1} a_n b^{p-n} < b,$$

après multiplication par b^p. Comme a_p est la partie entière de $xb^p - \sum\limits_{n=1}^{p-1} a_n b^{p-n}$, on a bien $0 \leqslant a_p \leqslant b-1$.

(iii) Supposons, par l'absurde, qu'il existe N $\geqslant 3$ tel que l'on ait $a_n = b-1$, pour tout $n \geqslant$ N. On a alors

$$x = \sum_{n=1}^{+\infty} \frac{a_n}{b^n} = \sum_{n=1}^{\mathrm{N}-1} \frac{a_n}{b^n} + \sum_{n=\mathrm{N}}^{+\infty} \frac{b-1}{b^n} = \sum_{n=1}^{\mathrm{N}-1} \frac{a_n}{b^n} + \frac{1}{b^{\mathrm{N}}} \frac{b-1}{1-1/b}$$
$$= \sum_{n=1}^{\mathrm{N}-1} \frac{a_n}{b^n} + \frac{1}{b^{\mathrm{N}-1}}.$$

Ainsi $x - \sum_{n=1}^{\mathrm{N}-1} \frac{a_n}{b^n} = \frac{1}{b^{\mathrm{N}-1}}$, ce qui contredit l'inégalité $(*)$ pour $p = \mathrm{N}-1$.

On a donc montré que, pour tout $x \in [0,1[$, il existe une unique suite $(a_n)_{n\geqslant 1}$ de $\mathcal{T}$ telle que $x = \sum_{n=1}^{+\infty} \frac{a_n}{b^n}$. ◁

On écrit alors $x = 0{,}a_1a_2\ldots a_n\ldots$ *et on parle du développement propre de* x *en base* b. *Pour* $b = 10$ *on parle du développement décimal, pour* $b = 2$ *du développement dyadique et pour* $b = 3$ *du développement triadique. Pour un réel positif quelconque, on rajoute sa partie entière décomposée en base* b *à gauche de la virgule. Enfin pour un réel négatif, on met un signe moins devant le développement de sa valeur absolue.*

Il est naturel de se demander ce qui se passe si on autorise les suites stationnaires à 9, ou à $b-1$ *dans le cas général. Un calcul aisé montre que* $0,a_1a_2\ldots a_p9999\ldots$ *avec* $a_p < 9$ *est en fait égal à* $0,a_1\ldots a_{p-1}a'_p$ *avec* $a'_p = a_p+1$ *(pour* $0,9999\ldots$ *on obtient* 1*). C'est un nombre décimal,* i.e. *un rationnel de la forme* $\frac{a}{10^k}$, $a \in \mathbb{Z}$. *Un nombre décimal (non nul) admet donc exactement deux développements : son développement propre, qui est fini, et un unique développement stationnaire à 9, qualifié d'impropre. Dans le cas d'une base* b *quelconque les rationnels de la forme* $\frac{a}{b^k}$, *qui admettent deux développements, sont parfois appelés rationnels* b*-adiques.*

L'exercice suivant est extrait du même oral que le précédent. Un nombre rationnel x *est déterminé par un nombre fini d'informations, puisque si on l'écrit sous la forme* $\frac{a}{b}$, *les entiers* a *et* b *sont par exemple déterminés par leurs chiffres en base* 10 *qui sont en nombre fini. Le développement décimal de* x *va également être déterminé par un nombre fini de données : il est périodique.*

1.2. Caractérisation des rationnels

> Soit $x \in [0,1[$. Montrer que x est rationnel si, et seulement si, le développement décimal propre de x est périodique à partir d'un certain rang.

▷ **Solution.**

Nous allons encore démontrer le résultat en base $b \geqslant 2$ quelconque. Nous noterons $\mathcal{T}$ l'ensemble des suites $(a_n)_{n\geqslant 1}$ à valeurs dans $[\![0, b-1]\!]$ non stationnaires à $b-1$. Nous savons qu'il existe une unique suite $(a_n)_{n\geqslant 1}$ de $\mathcal{T}$ telle que $x = \sum_{n=1}^{+\infty} \frac{a_n}{b^n} = 0{,}a_1 a_2 a_3 \ldots$

• Supposons tout d'abord le développement périodique à partir d'un certain rang : il existe $\mathrm{N} \geqslant 1$ et $d \geqslant 1$ tels que pour tout $n > \mathrm{N}$, $a_{n+d} = a_n$. On peut écrire

$$x = 0{,}a_1 a_2 \ldots a_{\mathrm{N}} \underbrace{a_{\mathrm{N}+1} \ldots a_{\mathrm{N}+d}}_{\text{période}} \underbrace{a_{\mathrm{N}+1} \ldots a_{\mathrm{N}+d}} \ldots$$

On va simplement calculer la somme de la série définissant x en regroupant les termes par paquets. On convient ici que $\overline{a_{\mathrm{N}+1} a_{\mathrm{N}+2} \ldots a_{\mathrm{N}+d}}$ désigne l'entier $a_{\mathrm{N}+d} + a_{\mathrm{N}+d-1} b + \cdots + a_{\mathrm{N}+1} b^{d-1}$ (c'est simplement l'écriture en base b de cet entier). On a alors

$$x = \frac{\overline{a_1 \ldots a_{\mathrm{N}}}}{b^{\mathrm{N}}} + \sum_{k=1}^{+\infty} \frac{\overline{a_{\mathrm{N}+1} a_{\mathrm{N}+2} \ldots a_{\mathrm{N}+d}}}{b^{\mathrm{N}+kd}}.$$

La somme de la série géométrique $\sum_{k=1}^{+\infty} \frac{1}{b^{kd}}$ vaut $\frac{1}{b^d - 1}$ et on obtient donc

$$x = \frac{\overline{a_1 \ldots a_{\mathrm{N}}}}{b^{\mathrm{N}}} + \frac{\overline{a_{\mathrm{N}+1} a_{\mathrm{N}+2} \ldots a_{\mathrm{N}+d}}}{b^{\mathrm{N}}(b^d - 1)},$$

qui est bien rationnel. Par exemple, en base $b = 10$, le rationnel dont le développement est 0,456123123123... est $\frac{456}{10^3} + \frac{123}{10^3 \cdot 999}$.

• Inversement, supposons que x est rationnel et non nul (pour $x = 0$ le résultat est clair). Écrivons $x = \frac{p}{q}$ avec p et q dans $\mathbb{N}^*$ premiers entre eux. On va simplement appliquer l'algorithme donné dans l'exercice précédent, qui n'est rien d'autre que l'algorithme de division que l'on apprend dans les petites classes : tout le monde sait trouver le développement décimal de $\frac{9}{14}$. On multiplie 9 par 10 et on prend la partie entière qui vaut 6. C'est la première décimale après la virgule. On a alors $\frac{90}{14} - 6 = \frac{6}{14}$. On remultiplie par 10 et on obtient la deuxième décimale. C'est un 4. On continue ainsi et forcément, les numérateurs des fractions obtenues étant compris entre 1 et 13 on finit par tomber sur une fraction déjà obtenue. La suite devient périodique à partir de ce moment. Pour l'exemple de $\frac{9}{14}$ on obtient

$$\frac{9}{14} = 0{,}6\underbrace{428571}_{\text{période}}428571\ldots$$

Dans le cas général, c'est pareil. La première décimale a_1 est la partie entière de $\frac{bp}{q}$, c'est-à-dire le quotient dans la division euclidienne de bp par q. Pour la seconde décimale on recommence alors avec $\frac{r}{q}$ où r est le reste de la division euclidienne de bp par q. Les restes modulo q étant compris entre 0 et $q - 1$ la suite devient périodique à partir d'un certain rang. ◁

Le résultat de cet exercice fut établi par Wallis en 1693. Un problème intéressant est de déterminer la période. Nous invitons le lecteur à préciser les faits suivants. Dans le cas d'un rationnel b adique (d'un décimal en base 10*) le développement va être fini : dans l'algorithme ci-dessus on va obtenir un reste nul et à partir de ce moment toutes les décimales seront nulles. En fait dans ce cas, le développement est immédiatement donné par l'écriture en base b du numérateur. Par exemple, pour pour* $x = \frac{17}{25}$ *et* $b = 10$, *on écrit* $x = \frac{17 \cdot 4}{10^2} = \frac{68}{10^2} = 0,68$. *Supposons maintenant que le dénominateur q de x est premier avec la base b. On va chercher le plus petit multiple de q de la forme* $b^d - 1$, *c'est-à-dire le plus petit exposant d telle que* $b^d \equiv 1\ [q]$. *Une telle puissance existe car la classe de b est inversible dans l'anneau* $\mathbb{Z}/q\mathbb{Z}$. *L'entier d recherché est l'ordre de cette classe dans le groupe des inversibles de* $\mathbb{Z}/q\mathbb{Z}$. *Par exemple si* $b = 10$ *et* $q = 7$, *on voit que* $\bar{3}$ *est d'ordre* 6 *dans* $(\mathbb{Z}/7\mathbb{Z})^*$ *(c'est un générateur). La période des fractions* $\frac{p}{7}$, $1 \leqslant p \leqslant 6$ *est égale à* 6. *Par exemple,*

$$\frac{1}{7} = \frac{142857}{7 \cdot 142857} = \frac{142857}{999999} = \frac{142857}{10^6 - 1} = 0{,}142857142857142857\ldots$$

Dans ce cas, le développement du rationnel $\frac{p}{q}$ *est périodique dès le début. Supposons maintenant que le pgcd de q et b n'est pas égal à* 1. *On peut écrire x sous la forme* $\frac{p'}{b^{\mathrm{N}}q'}$ *avec* $\mathrm{pgcd}(b, q') = 1$ *et b ne divisant par* p'. *On fait la division euclidienne de* p' *par* q' *pour se ramener à* $x = \frac{a}{b^{\mathrm{N}}} + \frac{r}{b^{\mathrm{N}}q'}$ *et on est ramené au cas précédent. Par exemple, si* $x = \frac{39}{280}$ *avec toujours* $b = 10$, *on écrit*

$$\frac{39}{280} = \frac{39}{2^3 \cdot 5 \cdot 7} = \frac{39 \cdot 25}{10^3 \cdot 7} = \frac{975}{10^3 \cdot 7} = \frac{139}{10^3} + \frac{2}{10^3 \cdot 7}.$$

Le décimal $\frac{139}{10^3}$ *donne les trois premiers chiffres après la virgule et le développement devient périodique à partir du rang* 4 *:*

$$x = \frac{139}{10^3} + \frac{285714}{10^3 \cdot (10^6 - 1)} = 0{,}139285714285714\ldots$$

1.3. Réels ayant un 2 ou un 3 dans leur développement décimal

Pour $x \in [0,1[$ on note $(x_k)_{k\geqslant 1} \in [\![0,9]\!]^{\mathbb{N}^*}$ la suite des décimales du développement propre de x. On considère l'ensemble

$$A = \{x \in [0,1[,\ \exists k \in \mathbb{N}^*, x_k = 3 \text{ et } \forall i \in [\![1, k-1]\!], x_i \neq 2\}.$$

1. Montrer que A est une réunion dénombrable d'intervalles semi-ouverts deux à deux disjoints.

2. Déterminer la mesure de A, c'est-à-dire la somme des longueurs des intervalles précédents.

3. Soit maintenant

$$B = \{x \in [0,1[,\ \exists k \in \mathbb{N}^*, x_k = 2 \text{ et } \forall i \in [\![1, k-1]\!], x_i \neq 3\}.$$

Déterminer les adhérences de $A \cup B$, de A et de B.

4. L'ensemble $C = [0,1[\setminus(A \cup B)$ est-il dénombrable ?

▷ **Solution.**

1. On partage les éléments de A selon l'indice du premier 3 : pour $p \geqslant 1$, on note A_p l'ensemble des réels x tels que $x_p = 3$ et $x_i \notin \{2,3\}$ pour $i < k$. On a ainsi $A_1 = [0{,}3\,;0{,}4[$ et

$$A_2 = [0{,}03\,;0{,}04[\cup[0{,}13\,;0{,}14[\cup[0{,}43\,;0{,}44[\cup[0{,}53\,;0{,}54[\\ \cup\,[0{,}63\,;0{,}64[\cup[0{,}73\,;0{,}74[\cup[0{,}83\,;0{,}84[\cup[0{,}93\,;0{,}94[$$

est la réunion de 8 intervalles semi-ouverts disjoints de longueur $\frac{1}{100}\cdot$ Plus généralement, A_p est la réunion de 8^{p-1} intervalles semi-ouverts disjoints de longueur $\frac{1}{10^p}\cdot$ Il est clair que les ensembles A_p sont deux à deux disjoints donc A est bien réunion d'un nombre dénombrable d'intervalles semi-ouverts deux à deux disjoints.

2. On a donc

$$\mu(A) = \sum_{p=1}^{+\infty} \frac{8^{p-1}}{10^p} = \frac{1}{10}\frac{1}{1-\frac{8}{10}} = \frac{1}{2},$$

où $\mu(A)$ désigne la mesure de A.

3. On peut faire de même avec B et noter B_p l'ensemble des éléments de B dont le premier chiffre 2 est en position p. Cet ensemble B_p est encore réunion de 8^{p-1} intervalles semi-ouverts de longueur $\frac{1}{10^p}$ et B a aussi une mesure de $\frac{1}{2}\cdot$ Par ailleurs, il est clair que $A \cap B = \emptyset$, donc $A \cup B$ est un ensemble de mesure 1.

On va montrer qu'il est dense dans $[0, 1[$. Soit $x \in [0, 1[$ qui n'est ni dans A, ni dans B. Cela signifie que $x_k \notin \{2, 3\}$ pour tout $k \in \mathbb{N}^*$. Pour $p \in \mathbb{N}^*$, posons

$$a_p = \sum_{k=1}^{p} \frac{x_k}{10^k} + \frac{3}{10^{p+1}}.$$

Il s'agit d'un élément de A et il est clair que la suite (a_p) converge vers x. On a donc $\overline{\mathrm{A} \cup \mathrm{B}} = [0, 1]$. En remplaçant le 3 par un 2 on voit donc de même que tout élément de $\mathrm{C} = [0, 1[\setminus(\mathrm{A} \cup \mathrm{B})$ est aussi adhérent à B. Pour conclure il reste à voir quels sont les éléments de A (resp. B) qui sont adhérents à B (resp. A).

On voit par exemple que $0{,}3 \in \mathrm{A}_1$ est adhérent à $\mathrm{B}_1 = [0{,}2\,; 0{,}3[$ mais que ce n'est pas le cas des autres éléments de A_1 qui sont intérieurs à A. Plus généralement, tout élément $x = \sum_{i=1}^{p-1} \frac{x_i}{10^i} + \frac{3}{10^p}$ de A_p est adhérent à B : il suffit de considérer la suite de terme général

$$b_q = \sum_{i=1}^{p-1} \frac{x_i}{10^i} + \frac{2}{10^p} + \sum_{i=p+1}^{p+q} \frac{9}{10^i},$$

formée d'éléments de B_p et qui converge vers x. Et un élément x de A_p qui admet une décimale x_k non nulle d'indice $k > p$ est clairement intérieur à A_p et ne peut donc être adhérent à B. En conclusion l'adhérence de B est la réunion des réels de $[0, 1]$ qui sont soit dans B, soit ni dans A ni dans B, soit les éléments de A décrits ci-dessus.

En revanche l'adhérence de A ne contient que A et les réels qui ne sont ni dans A et ni dans B. Un élément $x = \sum_{i=1}^{p-1} \frac{x_i}{10^i} + \frac{2}{10^p}$ de B_p ne peut pas être adhérent à A. En effet, si y est un élément de A inférieur à x, ses $p-1$ premières décimales ne sont pas identiques à celles de x, et on a donc $x - y \geqslant \frac{1}{10^{p-1}} - \frac{8}{10^p}$.

4. L'ensemble C contient en particulier tous les réels x dont les décimales sont dans $\{0, 1\}$ et cet ensemble est équipotent à $\{0, 1\}^{\mathbb{N}^*}$ donc il n'est pas dénombrable. ◁

L'énoncé suivant propose une première application des développements décimaux. On y utilise le procédé diagonal de Cantor pour démontrer que $\mathbb{R}$ n'est pas dénombrable.

1.4. Non-dénombrabilité de $\mathbb{R}$

Soit $f : \mathbb{N}^* \to [0, 1[$. Pour tout $k \geqslant 1$, on appelle u_k la k-ième décimale dans le développement décimal propre de $f(k)$ et on pose $v_k = 0$ si $u_k = 1$ et $v_k = 1$ sinon. Montrer que $y = 0{,}v_1 v_2 \ldots v_n \ldots$ n'a pas d'antécédent par f. Conclusion ?

▷ **Solution.**

Écrivons l'un sous l'autre les développements des réels $f(n)$, pour $n \geqslant 1$:

$$\begin{array}{l} f(1) = 0,\ u_1 \ \cdots \\ f(2) = 0,\ \bullet \ \ u_2 \ \cdots \\ f(3) = 0,\ \bullet \ \ \bullet \ \ u_3 \ \cdots \\ \quad \vdots \qquad\qquad\qquad \ddots \\ f(k) = 0,\ \bullet \ \cdots \ \cdots \ \bullet \ \ u_k \cdots \end{array}$$

Le réel $y = 0{,}v_1v_2...v_n...$ est bien défini par son développement décimal propre car pour tout k, $v_k \neq 9$ (voir l'exercice 1.1). Par unicité du développement décimal propre on a $y \neq f(k)$ pour tout entier k puisque la k-ième décimale de y est v_k et que $v_k \neq u_k$. Donc y n'a pas d'antécédent par f. Ainsi il n'existe aucune surjection de $\mathbb{N}$ sur $[0, 1[$ et, *a fortiori*, sur $\mathbb{R}$. On conclut que $\mathbb{R}$ n'est pas dénombrable. ◁

Un théorème général de Cantor assure qu'un ensemble E *quelconque n'est jamais équipotent à* $\mathcal{P}$(E). *En effet, supposons qu'il existe une surjection* $f : \mathrm{E} \to \mathcal{P}(\mathrm{E})$ *et considérons la partie* $\mathrm{A} = \{x \in \mathrm{E}, x \notin f(x)\}$. *Soit* a *l'antécédent de* A *par* f. *Pour tout* x *de* E, *on a* $x \in \mathrm{A}$ *si, et seulement si,* $x \notin f(x)$, *autrement dit* $x \in f(a)$ *si, et seulement si,* $x \notin f(x)$. *Or cela donne une contradiction si on prend* $x = a$. *C'est sur le même type de raisonnement qu'est basé le paradoxe de Russell : dans le cadre axiomatique de la théorie des ensembles, supposer l'existence de l'ensemble de tous les ensembles conduit à une contradiction. En particulier, l'ensemble* $\mathcal{P}(\mathbb{N})$ *n'est pas dénombrable (on peut démontrer qu'il est en fait équipotent à* $\mathbb{R}$*). L'exercice suivant demande de construire une injection particulière de* $\mathbb{R}$ *dans* $\mathcal{P}(\mathbb{N})$. *Il peut être résolu à l'aide des développements décimaux.*

1.5. Injection de $\mathbb{R}$ dans $\mathcal{P}(\mathbb{N})$

Construire une injection $\psi : \mathbb{R} \to \mathcal{P}(\mathbb{N})$ telle que, pour tout x, $\psi(x)$ est infini, et pour tout couple $(x, y) \in \mathbb{R}^2$ tel que $x \neq y$, $\psi(x) \cap \psi(y)$ est fini.

▷ **Solution.**

Observons pour commencer qu'une application $\psi : \mathbb{R} \to \mathcal{P}(\mathbb{N})$ telle que $\psi(x)$ est infini pour tout x et $\psi(x) \cap \psi(y)$ fini pour $x \neq y$ est nécessairement injective.

Pour définir ψ on va utiliser les développements décimaux, l'idée étant d'associer à un réel x, la suite des entiers qu'on lit après la virgule. Par exemple, à $\pi = 3{,}1415926...$ on a envie d'associer l'ensemble $\{1, 14, 141, 1415, 14159, ...\}$. Évidemment, deux réels qui ont la même partie fractionnaire donneront le même ensemble. On va donc se limiter à l'intervalle $]0,1[$, ce qui ne pose pas de problème puisqu'il est équipotent à $\mathbb{R}$ (il est facile de donner une bijection explicite entre $]0,1[$ et $\mathbb{R}$).

À tout réel x de l'intervalle $]0,1[$ on associe donc le sous-ensemble de $\mathbb{N}$, $\psi(x) = \{\lfloor 10^n x\rfloor,\ n \geqslant 1\}$. Comme la suite $(\lfloor 10^n x\rfloor)_{n\geqslant 1}$ tend vers l'infini, $\psi(x)$ est une partie infinie de $\mathbb{N}$. Il y a toutefois un problème car la seconde condition n'est pas vérifiée. En effet, si $x = 0,0a_1a_2\ldots \in\ ]0,1[$ le réel $\frac{x}{10} = 0,00a_1a_2\ldots$a la même image par ψ que x. Une manière simple d'éviter ce problème est de se limiter à l'intervalle $\left[\frac{1}{10},1\right[$ (qui est toujours équipotent à $\mathbb{R}$), car tous les réels de cet intervalle ont leur premier chiffre après la virgule non nul. La restriction de l'application ψ à cet intervalle va alors vérifier la seconde condition par unicité du développement décimal propre (cf. exercice 1.1). En effet, si $x \in \left[\frac{1}{10},1\right[$, pour tout $n \geqslant 1$, $\lfloor 10^n x\rfloor$ est l'unique entier de $\psi(x)$ qui s'écrit avec n chiffres (en base 10). Soit x et y deux réels de $\left[\frac{1}{10},1\right[$ tels que $\psi(x)\cap\psi(y)$ soit infini. On peut donc trouver $\varphi : \mathbb{N} \to \mathbb{N}^*$ strictement croissante telle que $\lfloor 10^{\varphi(n)}x\rfloor = \lfloor 10^{\varphi(n)}y\rfloor$ pour tout n. On en déduit que

$$x = \lim_{n\to+\infty} \frac{\lfloor 10^{\varphi(n)}x\rfloor}{10^{\varphi(n)}} = \lim_{n\to+\infty} \frac{\lfloor 10^{\varphi(n)}y\rfloor}{10^{\varphi(n)}} = y.$$

L'application ψ ainsi construite répond donc au problème posé. ◁

On peut observer que si $\psi(x)\cap\psi(y)$ est infini, alors on a $\psi(x) = \psi(y)$. En effet, si $\lfloor 10^n x\rfloor = \lfloor 10^n y\rfloor$ pour une valeur de n on a aussi $\lfloor 10^p x\rfloor = \lfloor 10^p y\rfloor$ pour tout $p \leqslant n$ puisque $\lfloor 10^p x\rfloor$ est obtenu en gardant les p chiffres les plus à gauche de $\lfloor 10^n x\rfloor$.

Dans l'exercice suivant nous proposons plusieurs solutions dont l'une utilise les développements dyadiques.

1.6. Calcul d'une somme

> Soit $x > 0$ un réel. Calculer $\displaystyle\sum_{n=0}^{+\infty} \left\lfloor \frac{x}{2^{n+1}} + \frac{1}{2}\right\rfloor$.

▷ **Solution.**

• *Première solution.* Notons que la somme est en réalité finie, puisque la quantité dont on prend la partie entière tend vers $\frac{1}{2}$ lorsque n tend vers l'infini. Toutes ces puissances de 2 invitent assez naturellement à considérer le développement dyadique (propre) de x,

$$x = a_p 2^p + a_{p-1}2^{p-1} + \cdots + a_1 2 + a_0 + \sum_{i=1}^{+\infty} \frac{a_{-i}}{2^i},$$

où les a_i sont dans $\{0, 1\}$. Le réel x est alors dans l'intervalle $]0, 2^{p+1}[$. Ainsi pour $k \geqslant p+1$, on a $0 < \frac{x}{2^{k+1}} + \frac{1}{2} < 1$ et donc $\left\lfloor \frac{x}{2^{k+1}} + \frac{1}{2} \right\rfloor = 0$. Prenons $k \in [\![0, p]\!]$. On a

$$\frac{x}{2^{k+1}} = \underbrace{a_p 2^{p-k-1} + \cdots + a_{k+1}}_{\in \mathbb{N}} + \frac{a_k}{2} + \underbrace{\frac{a_{k-1}}{2^2} + \cdots + \frac{a_0}{2^{k+1}} + \sum_{i=1}^{+\infty} \frac{a_{-i}}{2^{i+k+1}}}_{<1/2}.$$

La partie entière de $\frac{x}{2^{k+1}} + \frac{1}{2}$ vaut donc $a_p 2^{p-k-1} + \cdots + a_{k+1}$ si $a_k = 0$ et elle est égale à $a_p 2^{p-k-1} + \cdots + a_{k+1} + 1$ si $a_k = 1$. Dans les deux cas elle vaut

$$a_p 2^{p-k-1} + \cdots + a_{k+1} + a_k$$

(pour $k = p$, cela se réduit à a_p). Il en résulte que la somme recherchée vaut

$$\begin{aligned}\sum_{k=0}^{p-1} \left(a_p 2^{p-k-1} + \cdots + a_{k+1}\right) + \sum_{k=0}^{p} a_k &= \sum_{k=1}^{p} a_k \left(\sum_{l=0}^{k-1} 2^l\right) + \sum_{k=0}^{p} a_k \\ &= \sum_{k=0}^{p} a_k 2^k = \lfloor x \rfloor.\end{aligned}$$

On a donc pour tout $x > 0$, $\sum_{n=0}^{+\infty} \left\lfloor \frac{x}{2^{n+1}} + \frac{1}{2} \right\rfloor = \lfloor x \rfloor$.

• *Deuxième solution.* Elle est plus rapide et n'utilise pas les développements dyadiques. On vérifie aisément que pour tout réel x, on a $\lfloor x \rfloor + \left\lfloor x + \frac{1}{2} \right\rfloor = \lfloor 2x \rfloor$. Il en résulte que, pour tout $n \in \mathbb{N}$, on a $\left\lfloor \frac{x}{2^{n+1}} + \frac{1}{2} \right\rfloor = \left\lfloor \frac{x}{2^n} \right\rfloor - \left\lfloor \frac{x}{2^{n+1}} \right\rfloor$. La somme est télescopique. Le résultat s'en déduit, puisque $\left\lfloor \frac{x}{2^n} \right\rfloor$ tend vers 0 quand n tend vers $+\infty$ si $x > 0$.

• *Troisième solution.* Elle nous a été transmise par un lecteur et est de nature combinatoire. Montrons que $\left\lfloor \frac{x}{2^{k+1}} + \frac{1}{2} \right\rfloor$ correspond au nombre d'entiers m compris entre 1 et x de la forme $m = 2^k(2m' - 1)$ (c'est-à-dire dont la valuation en 2 est égale à k). En effet, on a

$$\begin{aligned}0 < 2^k(2m' - 1) \leqslant x &\iff 2^k < 2^{k+1}m' \leqslant x + 2^k \iff 1 \leqslant m' \leqslant \frac{x}{2^{k+1}} + \frac{1}{2} \\ &\iff 1 \leqslant m' \leqslant \left\lfloor \frac{x}{2^{k+1}} + \frac{1}{2} \right\rfloor\end{aligned}$$

Comme $m' \longmapsto 2^k(2m' - 1)$ est injective, on a le résultat annoncé.

Or, pour tout $m \in \mathbb{N}$ tel que $1 \leqslant m \leqslant x$, il existe un unique couple (k, m') tel que $m = 2^k(2m' - 1)$. En faisant une partition de l'ensemble des entiers m compris entre 1 et x selon la valeur de k, on obtient

$$\sum_{k=0}^{+\infty} \left\lfloor \frac{x}{2^{k+1}} + \frac{1}{2} \right\rfloor = \lfloor x \rfloor,$$

puisque $\lfloor x \rfloor$ est le nombre d'entiers entre 1 et x. ◁

Les exercice suivants vont montrer d'autres manières de représenter les réels à l'aide de sommes de séries. On commence par les séries de Engel. La caractérisation des rationnels dans cette représentation est particulièrement simple.

1.7. Développement en série de Engel

Soit $x \in]0, 1]$.

1. Montrer qu'il existe une unique suite croissante d'entiers $(u_n)_{n \geqslant 0}$ telle que $u_0 \geqslant 2$ et $x = \sum_{n=0}^{+\infty} \frac{1}{u_0 u_1 \ldots u_n}$. Il s'agit du développement en *série de Engel* du réel x.

2. Montrer que x est rationnel si, et seulement si, la suite $(u_n)_{n \geqslant 0}$ est stationnaire.

▷ **Solution.**

1. Notons S l'ensemble des suites croissantes $(u_n)_{n \geqslant 0}$ de $\mathbb{N} \setminus \{0, 1\}$. Soit $u = (u_n)_{n \geqslant 0} \in$ S. On a $\frac{1}{u_0 u_1 \ldots u_k} \leqslant \frac{1}{2^{k+1}}$. La série géométrique $\sum \frac{1}{2^n}$ étant convergente, le théorème de comparaison des séries à termes positifs garantit l'existence de

$$\psi(u) = \sum_{k=0}^{+\infty} \frac{1}{u_0 u_1 \ldots u_k}.$$

La somme est évidemment strictement positive et majorée par $\sum_{k=0}^{+\infty} \frac{1}{2^{k+1}} = 1$. L'exercice demande de prouver que $\psi : \mathrm{S} \to]0, 1]$ est une application bijective. On se donne $x \in]0, 1]$ et on va prouver que x admet un unique antécédent par ψ.

Supposons que $u \in$ S vérifie $\psi(u) = x$. En multipliant cette égalité par u_0, on obtient

$$x u_0 = 1 + \sum_{k=1}^{+\infty} \frac{1}{u_1 \ldots u_k} \leqslant 1 + \sum_{k=0}^{+\infty} \frac{1}{u_0 u_1 \ldots u_k}$$

l'inégalité provenant la croissance de (u_n). Il en résulte que $0 < xu_0 - 1 \leqslant x$ et donc que $u_0 = \left\lfloor \frac{1}{x} \right\rfloor + 1$. Si on pose

$$x_1 = xu_0 - 1 = \sum_{k=1}^{+\infty} \frac{1}{u_1 \dots u_k}$$

on a $x_1 = \psi((u_{n+1})_{n\geqslant 0})$. Le même raisonnement appliqué à x_1 donne alors $u_1 = \left\lfloor \frac{1}{x_1} \right\rfloor + 1$. Une récurrence immédiate, montre que la suite $(u_n)_{n\geqslant 0}$ est nécessairement déterminée par $x_0 = x$ et pour tout n,

$$u_n = \left\lfloor \frac{1}{x_n} \right\rfloor + 1, \quad \text{et} \quad x_{n+1} = u_n x_n - 1.$$

Cela montre que x admet au plus un antécédent par ψ.

Inversement, montrons que les relations de récurrence ci-dessus définissent bien deux suites $(x_n)_{n\geqslant 0}$ et $(u_n)_{n\geqslant 0}$. Prouvons pour cela que x_n ne s'annule pas en vérifiant par récurrence sur n, que $x_n \in]0,1]$ pour tout n. C'est vrai au rang 0 par hypothèse. Si $x_n \in]0,1]$, on a $\frac{1}{x_n} < u_n \leqslant \frac{1}{x_n} + 1$, par définition de la partie entière, et donc $0 < x_{n+1} = u_n x_n - 1 \leqslant x_n \leqslant 1$. D'où le résultat. On voit de plus que la suite (x_n) est décroissante et comme $u_n = \left\lfloor \frac{1}{x_n} \right\rfloor + 1$, la suite (u_n) est croissante. De plus $u_0 \geqslant 2$, donc $(u_n)_{n\geqslant 0}$ est bien un élément de S. Il ne reste plus qu'à vérifier que $\psi(u) = x$.

On a $x_1 = u_0 x_0 - 1$, soit encore $x = x_0 = \frac{1}{u_0} + \frac{x_1}{u_0}$. La relation $x_2 = u_1 x_1 - 1$ permet de remplacer x_1 par $\frac{1}{u_1} + \frac{x_2}{u_1}$. On obtient $x = \frac{1}{u_0} + \frac{1}{u_0 u_1} + \frac{x_2}{u_0 u_1}$. On continue en remplaçant x_2. Une récurrence facile montre que pour tout $n \geqslant 0$,

$$x = x_0 = \frac{1}{u_0} + \frac{1}{u_0 u_1} + \cdots + \frac{1}{u_0 u_1 \dots u_n} + \frac{x_{n+1}}{u_0 u_1 \dots u_n}.$$

La suite (u_n) étant croissante, on peut minorer ses termes par 2 et majorer x_{n+1} par 1. Il en résulte que le reste $\frac{x_{n+1}}{u_0 u_1 \dots u_n}$ est majoré par $\frac{1}{2^{n+1}}$ et tend donc vers 0. Ainsi,

$$\psi(u) = \sum_{k=0}^{+\infty} \frac{1}{u_0 u_1 \dots u_k} = x.$$

L'application ψ est donc une bijection de S sur $]0,1]$.

2. Supposons pour commencer le développement en série de Engel de x stationnaire à partir du rang N. On a alors

$$\begin{aligned} x &= \frac{1}{u_0} + \frac{1}{u_0 u_1} + \cdots + \frac{1}{u_0 u_1 \dots u_{N-1}} \left(\sum_{k=0}^{+\infty} \frac{1}{u_N^k} \right) \\ &= \frac{1}{u_0} + \frac{1}{u_0 u_1} + \cdots + \frac{1}{u_0 u_1 \dots u_{N-1}} \frac{u_N}{u_N - 1} \in \mathbb{Q}. \end{aligned}$$

Réciproquement, supposons que x est rationnel. On pose $x = \frac{p}{q}$, avec $p \leqslant q$, deux entiers naturels premiers entre eux. On a $\frac{1}{x} = \frac{q}{p}$. Effectuons la division euclidienne de q par p : $q = \alpha p + r$ avec $0 \leqslant r < p$. On a alors $u_0 = \alpha + 1$. Il en résulte que $x_1 = (\alpha + 1)\frac{p}{q} - 1 = \frac{p-r}{q}$. Répétant cette opération, on en déduit que pour tout n, x_n s'écrit sous la forme $x_n = \frac{k_n}{q}$, où (k_n) est une suite décroissante d'entiers naturels non nuls. Cette suite est forcément stationnaire et la suite (u_n) aussi. $\triangleleft$

Comme $e - 2 = \sum_{k=0}^{+\infty} \frac{1}{(n+2)!}$, *le développement en série de Engel de* $e-2$ *est donné par la suite* $u_n = n+2$. *On retrouve le fait que* $e \notin \mathbb{Q}$ *(voir l'exercice 1.11 pour une autre preuve). L'algorithme permettant d'obtenir la suite* $\psi^{-1}(x)$ *est connu sous le nom d'algorithme de Briggs (1561-1630).*

Voici une autre manière de représenter les réels comme somme de séries due à Cantor.

1.8. Séries de Cantor

Soit S l'ensemble des suites d'entiers $a = (a_n)_{n\geqslant 1}$, avec $a_n \in [\![0, n-1]\!]$ pour tout $n \geqslant 2$ et telles que (a_n) ne coïncide pas avec la suite $(n-1)_{n\geqslant 1}$ à partir d'un certain rang. Montrer que tout réel x peut s'écrire de manière unique sous la forme $x = \sum_{n=1}^{+\infty} \frac{a_n}{n!}$ avec $a \in \mathrm{S}$.

$\triangleright$ **Solution.**

Pour $a \in \mathrm{S}$ il est clair que la série de terme général $\frac{a_n}{n!}$ est convergente puisque pour $n \geqslant 2$ on a $0 \leqslant \frac{a_n}{n!} \leqslant \frac{n-1}{n!} \leqslant \frac{1}{(n-1)!}$. Notons au passage que

$$\sum_{n=p+1}^{+\infty} \frac{n-1}{n!} = \sum_{n=p+1}^{+\infty} \left(\frac{1}{(n-1)!} - \frac{1}{n!} \right) = \frac{1}{p!}.$$

Soit $x \in \mathbb{R}$. Supposons que $x = \sum_{n=1}^{+\infty} \frac{a_n}{n!}$ avec $a \in \mathrm{S}$. Si on multiplie cette relation par $p!$ avec $p \geqslant 1$ on obtient

$$p!x = \sum_{n=1}^{p} \frac{p!}{n!} a_n + p! \sum_{n=p+1}^{+\infty} \frac{a_n}{n!}.$$

La première somme est un entier et, comme on vient de le voir, le second terme est majoré strictement par 1 (car, par hypothèse, la suite $(a_n)_{n\geqslant p+1}$ n'est pas égale à la suite $(n-1)_{n\geqslant p+1}$). On a donc nécessairement $\sum_{n=1}^{p} \frac{p!}{n!} a_n = \lfloor p!x \rfloor$.

Cela prouve déjà l'unicité de l'écriture car, en posant $b_0 = 0$ et $b_n = \lfloor n!x \rfloor$ pour tout $n \geqslant 1$, on est obligé de prendre la suite a définie par $a_n = b_n - nb_{n-1}$.

On va montrer réciproquement que la suite a ainsi définie est bien dans S et que $x = \sum_{n=1}^{+\infty} \frac{a_n}{n!}$.

• On a $a_1 = b_1 = \lfloor x \rfloor \in \mathbb{Z}$.

• Soit $n \geqslant 2$. Par définition de la partie entière on a

$$(n-1)!x - 1 < b_{n-1} \leqslant (n-1)!x$$

et $n!x - 1 < b_n \leqslant n!x$. On en déduit que $-1 < a_n < n$. Puisque a_n est un entier, on a bien $0 \leqslant a_n \leqslant n-1$.

• On a

$$\sum_{k=1}^{n} \frac{a_k}{k!} = \sum_{k=1}^{n} \left(\frac{b_k}{k!} - \frac{b_{k-1}}{(k-1)!} \right) = \frac{b_n}{n!}$$

et il est clair que $\frac{b_n}{n!}$ tend vers x lorsque n tend vers $+\infty$. On a donc $x = \sum_{n=1}^{+\infty} \frac{a_n}{n!}$.

• Il reste enfin à voir que la suite a ne coïncide pas avec la suite $(n-1)_{n \geqslant 1}$ à partir d'un certain rang. Supposons que ce soit le cas à partir du rang $p+1$. On a alors

$$p!x = \sum_{k=1}^{p} \frac{p!}{k!} a_k + 1 = b_p + 1$$

et cela contredit la définition de b_p. ◁

En précisant le calcul final, il n'est pas difficile de voir qu'un rationnel $x = \frac{a}{b}$ *avec* $b \in \mathbb{N}^*$*, admet un développement de Cantor qui est stationnaire à 0 à partir du rang* $b+1$*, ainsi qu'un développement (qu'on pourrait qualifier d'impropre) formé d'une suite qui coïncide avec la suite* $(n-1)_{n \geqslant 1}$ *à partir du rang* $b+1$*. Par exemple*

$$x = \frac{2}{3} = \frac{1}{2!} + \frac{1}{3!} = \frac{1}{2!} + \frac{3}{4!} + \frac{4}{5!} + \frac{5}{6!} + \cdots$$

Cela prouve en particulier que le nombre $e = \sum_{n=0}^{+\infty} \frac{1}{n!} = \frac{2}{1!} + \sum_{n=2}^{+\infty} \frac{1}{n!}$ *est irrationnel (résultat que le lecteur retrouvera dans l'exercice 1.11).*

L'exercice suivant étudie de manière très générale les suites de réels strictement positifs telles que tout réel $x > 0$*, inférieur à la somme de la série, puisse s'écrire comme somme d'une sous-suite de la suite considérée. On y retrouve les développements dyadiques qui, à un facteur près, correspondent à l'unique cas où la décomposition est en plus unique.*

*1.9. Représentation des réels comme sommes de séries

Soit $(u_n)_{n\geqslant 0}$ une suite strictement décroissante de réels strictement positifs. On pose $S = \sum_{n=0}^{+\infty} u_n$; S est donc un élément de $]0, +\infty]$.

1. Déterminer une condition nécessaire et suffisante sur $(u_n)_{n\geqslant 0}$ pour que tout réel de $]0, S[$ puisse s'écrire d'au moins une manière $\sum_{n=0}^{+\infty} u_{\varphi(n)}$, où φ est une extraction, c'est-à-dire une application strictement croissante de $\mathbb{N}$ dans $\mathbb{N}$.

2. Déterminer une condition nécessaire et suffisante sur $(u_n)_{n\geqslant 0}$ pour qu'il y ait, quel que soit le réel de $]0, S[$, existence et unicité de l'écriture précédente.

▷ **Solution.**

1. Cherchons des conditions nécessaires. La suite $(u_n)_{n\geqslant 0}$ décroît et est minorée par 0; elle converge donc vers un réel $\ell \geqslant 0$. Si ℓ n'est pas nul, aucune suite extraite de (u_n) ne converge vers 0 et pour toute extraction φ, on a $\sum_{n=0}^{+\infty} u_{\varphi(n)} = +\infty$. Aucun élément de $]0, S[$ n'a l'écriture voulue. On doit donc avoir $\lim_{n\to+\infty} u_n = 0$.

Pour tout $n \in \mathbb{N}$, u_n appartient à $]0, S[$. S'il s'écrit $u_n = \sum_{k=0}^{+\infty} u_{\varphi(k)}$, alors on a $\varphi(\mathbb{N}) \subset [\![n+1, +\infty[\![$, car $u_k > u_n$, pour tout $k \leqslant n$. On en déduit que $u_n \leqslant \sum_{k=n+1}^{+\infty} u_k$.

On obtient donc les deux conditions nécessaires suivantes :

(*i*) $\lim_{n\to+\infty} u_n = 0$;

(*ii*) pour tout n de $\mathbb{N}$, $u_n \leqslant \sum_{k=n+1}^{+\infty} u_k$.

Montrons que ces deux conditions sont suffisantes. Soit α dans $]0, S[$. On va construire une extraction φ telle que pour tout entier naturel n, $\sum_{k=0}^{n} u_{\varphi(k)} < \alpha$ en utilisant un algorithme glouton, c'est-à-dire en choisissant à chaque fois le plus grand terme possible.

• On prend pour $\varphi(0)$ le plus petit des entiers j tels que $u_j < \alpha$. Un tel entier existe car $\lim_{n\to+\infty} u_n = 0$.

• Si $\varphi(0), \varphi(1), \ldots, \varphi(n)$ sont déterminés et vérifient $\sum_{k=0}^{n} u_{\varphi(k)} < \alpha$, on définit alors $\varphi(n+1)$ comme le plus petit des entiers $j > \varphi(n)$ tels que $u_j < \alpha - \sum_{k=0}^{n} u_{\varphi(k)}$. On a alors $\sum_{k=0}^{n+1} u_{\varphi(k)} < \alpha$.

La série de terme général $u_{\varphi(k)}$ converge et $\sum_{k=0}^{+\infty} u_{\varphi(k)} \leqslant \alpha$. Montrons qu'il y a égalité. Remarquons que, par définition, si $\varphi(n+1) > \varphi(n) + 1$, alors

$$u_{\varphi(n+1)-1} \geqslant \alpha - \sum_{k-0}^{n} u_{\varphi(k)} > \alpha - \sum_{k=0}^{+\infty} u_{\varphi(k)} \geqslant 0.$$

Cette inégalité fournit un contrôle de l'écart entre α et $\sum_{k=0}^{n} u_{\varphi(k)}$. On va discuter selon qu'elle est réalisée pour une infinité d'indices n ou non. Posons pour cela

$$\mathrm{I} = \{n \in \mathbb{N}, \varphi(n+1) > \varphi(n) + 1\}.$$

• Si I est infini, on se donne une énumération $\psi : \mathbb{N} \longrightarrow \mathrm{I}$ de ses éléments (*i.e.* une bijection strictement croissante de $\mathbb{N}$ sur I). On a alors, pour tout entier n,

$$0 \leqslant \alpha - \sum_{k=0}^{+\infty} u_{\varphi(k)} \leqslant u_{\varphi(\psi(n)+1)-1}.$$

La suite $(u_{\varphi(\psi(n)+1)-1})_{n\geqslant 0}$, sous-suite de la suite $(u_n)_{n\geqslant 0}$ converge comme elle vers 0. On en déduit que $\sum_{k=0}^{+\infty} u_{\varphi(k)} = \alpha$.

• Si I est fini, notons n_0 son plus grand élément (si $\mathrm{I} = \emptyset$, on pose $n_0 = -1$). Puisque $\varphi(n+1) = \varphi(n) + 1$ si $n \geqslant n_0 + 1$, on a

$$\sum_{k=n_0+1}^{+\infty} u_{\varphi(k)} = \sum_{k=\varphi(n_0+1)}^{+\infty} u_k.$$

D'après la condition (*ii*), on a $\sum_{k=\varphi(n_0+1)}^{+\infty} u_k \geqslant u_{\varphi(n_0+1)-1}$ (si $\mathrm{I} = \emptyset$, alors $\varphi(0) > 0$, car sinon $\alpha = \mathrm{S}$). Mais d'autre part, on a $u_{\varphi(n_0+1)-1} \geqslant \alpha - \sum_{k=0}^{n_0} u_{\varphi(k)}$, car n_0 appartient à I. De ces deux inégalités on déduit $\sum_{k=0}^{+\infty} u_{\varphi(k)} \geqslant \alpha$ et donc $\sum_{k=0}^{+\infty} u_{\varphi(k)} = \alpha$.

2. Montrons qu'il y a, pour tout $\alpha \in]0, \mathrm{S}[$, existence et unicité de l'écriture si, et seulement si, pour tout entier naturel n, $u_n = \sum_{k=n+1}^{+\infty} u_k$ (ce qui impose en particulier que S est fini et que (u_n) tend vers 0).

• Montrons que c'est nécessaire. D'après la première question, les conditions (i) et (ii) doivent être vérifiées pour avoir l'existence. Supposons qu'il existe un entier n_0 tel que $u_{n_0} < \sum_{k=n_0+1}^{+\infty} u_k$ et considérons $\alpha \in \left]u_{n_0}, \sum_{k=n_0+1}^{+\infty} u_k\right[$. La suite $(u_k)_{k \geqslant n_0+1}$ est strictement décroissante et vérifie aussi les conditions (i) et (ii). Il existe donc une extraction φ telle que $\varphi(\mathbb{N}) \subset [\![n_0 + 1, +\infty[\![$ et $\alpha = \sum_{k=0}^{+\infty} u_{\varphi(k)}$ (puisque $\alpha \in \left]0, \sum_{k=n_0+1}^{+\infty} u_k\right[$). Mais on a $\alpha - u_{n_0} \in \left]0, \sum_{k=n_0+1}^{+\infty} u_k\right[$ et il existe une extraction ψ telle que $\psi(\mathbb{N}) \subset [\![n_0+1, +\infty[\![$ et $\alpha - u_{n_0} = \sum_{k=0}^{+\infty} u_{\psi(k)}$.

L'égalité $\alpha = \sum_{k=0}^{+\infty} u_{\varphi(k)} = u_{n_0} + \sum_{k=0}^{+\infty} u_{\psi(k)}$ montre que l'écriture de α n'est pas unique.

• Montrons que cette condition est suffisante. Si cette condition est réalisée, alors la série de terme général u_n converge et pour tout entier n, on a $u_n = \sum_{k=n+1}^{+\infty} u_k = u_{n+1} + \sum_{k=n+2}^{+\infty} u_k = 2u_{n+1}$. La suite $(u_n)_{n \geqslant 0}$ est une suite géométrique de raison $\frac{1}{2}$. Pour tout entier n, $u_n = \frac{u_0}{2^n}$ et $S = 2u_0$. L'unicité demandée se ramène à l'unicité de la représentation d'un réel de $]0, 1[$ sous la forme $\sum_{k=1}^{+\infty} \frac{a_k}{2^k}$, avec pour tout k de $\mathbb{N}^*$ $a_k = 0$ ou 1 et $\{k, a_k = 1\}$ infini. Il s'agit de l'unicité de la décomposition de tout réel de $]0, 1[$ en base 2, en prenant, si α est de la forme $\frac{n}{2^k}$ $(k \in \mathbb{N}^*, 0 < n < 2^k)$, le développement impropre. ◁

L'énoncé suivant propose l'étude d'un cas particulier, mais où l'on autorise aussi les sommes finies.

1.10. Décomposition en somme de séries

> Soit $q \in]1, 2[$.
>
> **1.** Déterminer les réels x qui s'écrivent sous la forme $x = \sum_{n=1}^{+\infty} \varepsilon_n q^{-n}$ avec $\varepsilon \in \{0, 1\}^{\mathbb{N}^*}$.
>
> **2.** Montrer que si $q = \Phi = \dfrac{1 + \sqrt{5}}{2}$ alors tout x vérifiant $1 < x < \dfrac{1}{q-1}$ a une infinité de décompositions sous la forme précédente.

▷ **Solution.**

1. Un réel x qui s'écrit sous la forme voulue est nécessairement inférieur ou égal à

$$\sum_{n=1}^{+\infty} \frac{1}{q^n} = \frac{1}{q-1}.$$

D'autre part, pour tout $n \in \mathbb{N}$ on a

$$r_n = \sum_{k=n+1}^{+\infty} \frac{1}{q^k} = \frac{1}{q^n(q-1)} > \frac{1}{q^n}$$

puisque $q < 2$. Le résultat général de l'exercice précédent montre que tout réel de l'intervalle $\left[0, \frac{1}{q-1}\right]$ peut s'écrire sous la forme indiquée : pour $x = 0$ on prend la suite ε nulle (seule décomposition possible), pour $x = \frac{1}{q-1}$ on prend la suite constante égale à 1 et pour $0 < x < \frac{1}{q-1}$ on peut prendre la suite $(\varepsilon_n)_{n \geqslant 1}$ définie par l'algorithme glouton suivant :

- si $x \leqslant \frac{1}{q}$ on prend $\varepsilon_1 = 0$ et si $x > \frac{1}{q}$ on prend $\varepsilon_1 = 1$;
- supposons $\varepsilon_1, \ldots, \varepsilon_n$ définis avec $s_n = \sum_{k=1}^{n} \frac{\varepsilon_k}{q^k} < x$. Si $s_n + \frac{1}{q^{n+1}} < x$ on

prend $\varepsilon_{n+1} = 1$ et sinon on prend $\varepsilon_{n+1} = 0$. On a $s_{n+1} = \sum_{k=1}^{n+1} \frac{\varepsilon_k}{q^k} < x$.

La suite (s_n) converge vers x (voir la preuve dans l'exercice précédent) et on peut noter qu'elle n'est pas stationnaire à 0. Elle n'est pas non plus stationnaire à 1 (hormis dans le cas $x = \frac{1}{q-1}$). En effet, supposons que ce soit le cas à partir du rang $\mathrm{N}+1$ avec donc $\varepsilon_{\mathrm{N}} = 0$. On a

$$r_{\mathrm{N}} = \sum_{k=\mathrm{N}+1}^{+\infty} \frac{1}{q^k} = \frac{1}{q^{\mathrm{N}}(q-1)} > \frac{1}{q^{\mathrm{N}}}$$

ce qui n'est pas possible car on aurait alors pris $\varepsilon_{\mathrm{N}} = 1$.

2. Supposons que q est le nombre d'or $\Phi = \frac{1+\sqrt{5}}{2}\cdot$ Alors q vérifie la relation $q^2 = q + 1$, ce qui implique que pour tout $n \in \mathbb{N}$, $\frac{1}{q^n} = \frac{1}{q^{n+1}} + \frac{1}{q^{n+2}}\cdot$ Soit x vérifiant $1 < x < \frac{1}{q-1}\cdot$ D'après la question 1, il s'écrit $x = \sum_{n=1}^{+\infty} \varepsilon_n q^{-n}$ avec $\varepsilon \in \{0,1\}^{\mathbb{N}^*}$ non stationnaire. La propriété vérifiée par q permet de remplacer tout triplet $(\varepsilon_n, \varepsilon_{n+1}, \varepsilon_{n+2})$ égal à $(1,0,0)$ par le triplet $(0,1,1)$ sans modifier la somme (et réciproquement bien entendu). Si dans la suite ε on peut trouver une infinité de triplets égaux à $(1,0,0)$ ou $(0,1,1)$ alors il est clair que x admet une infinité de développements. Supposons que la suite ε ne contienne qu'un nombre fini de tels triplets. Comme la suite n'est pas stationnaire, cela implique qu'à partir d'un certain rang il n'y a plus de paire de 0 consécutifs ni de paire de 1 consécutifs, autrement dit que la suite se termine par une alternance de 0 et de 1. On peut écrire $\varepsilon = (\varepsilon_1, \ldots, \varepsilon_{\mathrm{N}}, 0, 1, 0, 1, 0, 1, \ldots)$. On a alors

$$x = \sum_{k=1}^{\mathrm{N}} \frac{\varepsilon_k}{q^k} + \sum_{k=1}^{+\infty} \frac{1}{q^{\mathrm{N}+2k}} = \sum_{k=1}^{\mathrm{N}} \frac{\varepsilon_k}{q^k} + \frac{1}{q^{\mathrm{N}+1}},$$

si bien que x admet un développement stationnaire à 0. Mais dans ce cas on a clairement une infinité de tels développements en remplaçant $\frac{1}{q^{N+1}}$ par $\frac{1}{q^{N+2}} + \frac{1}{q^{N+3}}$ et ainsi de suite. ◁

Le résultat de la seconde question reste vrai pour tout q compris entre 1 *et* Φ. *Le lecteur en trouvera la preuve dans la RMS 128-3 publiée en avril 2018 (exercice 66, p. 76-79).*

Les exercices suivant concernent des questions de rationalité. On commence par le nombre e dont le caractère irrationnel a déjà été signalé dans les remarques qui suivent les exercices 1.7 et 1.8. On montre ensuite élémentairement que la suite $(1, e, e^2)$ *est* $\mathbb{Q}$*-libre,* i.e. *que e n'est racine d'aucune équation du second degré à coefficients entiers.*

1.11. Sur le nombre *e*

> **1.** Montrer que e est irrationnel.
> **2.** Montrer que la famille $(1, e, e^2)$ est $\mathbb{Q}$-libre.

▷ **Solution.**

1. Rappelons que e est défini par $e = \sum_{n=0}^{+\infty} \frac{1}{n!}$. On procède par l'absurde en supposant que $e = \frac{p}{q}$ avec p et q entiers strictement positifs premiers entre eux. On a alors

$$q!p = qq!e = \sum_{k=0}^{q} \frac{qq!}{k!} + \underbrace{q \sum_{k=q+1}^{+\infty} \frac{q!}{k!}}_{\varepsilon_q}.$$

La première somme est un entier naturel de même que $q!p$. Mais ε_q est un réel de $]0, 1[$ ce qui fournira la contradiction souhaitée. En effet, on a

$$0 < \varepsilon_q < q \sum_{h=1}^{+\infty} \frac{1}{(q+1)^h} = \frac{q}{q+1} \frac{1}{1 - \frac{1}{q+1}} = 1.$$

2. Montrons que la famille $(1, e, e^2)$ est libre. Supposons qu'il y ait une relation de liaison $\alpha e + \beta e^2 + \gamma = 0$ avec α, β et γ rationnels non tous nuls. En divisant par e et en multipliant cette relation par un entier convenable, on peut donc trouver trois entiers relatifs a, b, c non tous nuls, tels que $ae + be^{-1} = c$. On peut même supposer que a et b sont non nuls puisque e est irrationnel et, quitte à multiplier par -1, que $a \in \mathbb{N}^*$. On va approcher e et e^{-1} par les sommes partielles des séries qui les définissent. Cela se fait directement en utilisant la formule de Taylor-Lagrange en 0 pour la fonction $f(x) = ae^x + be^{-x}$. Pour tout $n \geqslant 1$, il existe $\alpha_n \in]0,1[$ tel que

$$c = ae + be^{-1} = f(1) = a\sum_{k=0}^{n}\frac{1}{k!} + b\sum_{k=0}^{n}\frac{(-1)^k}{k!} + \frac{ae^{\alpha_n} + (-1)^{n+1}be^{-\alpha_n}}{(n+1)!}.$$

En multipliant cette égalité par $n!$, on voit que le nombre

$$\mathrm{A}_n = \frac{ae^{\alpha_n} + (-1)^{n+1}be^{-\alpha_n}}{n+1}$$

est un entier. Si b est positif (comme a), la suite extraite (A_{2n+1}) est formée d'entiers naturels non nuls et tend vers 0 ; c'est impossible. Si b est négatif, on prend la suite (A_{2n}) et on obtient la même contradiction. ◁

Dans la plupart des démonstrations d'irrationalité ou de transcendance, on raisonne par l'absurde et l'argument fondamental consiste souvent à construire une suite d'entiers > 0 qui tend vers 0. Expliquons pourquoi il a été indispensable de travailler avec e^{-1} au lieu de e^2. Si on utilise la fonction $f(x) = ae^x + be^{2x}$ et qu'on lui applique la formule de Taylor comme ci-dessus, le reste contient au numérateur un terme de la forme $ae^{\alpha_n}+b2^{n+1}e^{2\alpha_n}$. Et le 2^{n+1} rend ce reste divergent. La remarque qu'on vient de faire laisse penser que la méthode employée ici ne peut se généraliser pour établir la transcendance de e. Le lecteur trouvera une preuve de cette transcendance dans l'exercice 1.18.

L'exercice suivant repose essentiellement sur la définition de e comme somme de la série des inverses des factorielles.

1.12. Convergence de $n(an! - \lfloor an! \rfloor)$

> Soit a dans $\mathbb{R}$ et, pour n dans $\mathbb{N}$, $u_n = n(an! - \lfloor an!\rfloor)$. Montrer que la suite $(u_n)_{n\geqslant 0}$ converge si et seulement si $a \in (\mathbb{Q} + \mathbb{N}e)$.

▷ **Solution.**

• Supposons que la suite (u_n) converge vers ℓ. Alors $\ell \geqslant 0$ car (u_n) est à termes positifs. La suite $(an! - \lfloor an!\rfloor)$ tend alors vers 0. On a

$$\lim_{n\to+\infty} a(n+1)! - (n+1)\lfloor an!\rfloor = \lim_{n\to+\infty}\frac{n+1}{n}u_n = \ell$$

et d'autre part $\lim\limits_{n\to+\infty} a(n+1)! - \lfloor a(n+1)!\rfloor = 0$. En faisant la différence, on obtient $\lim\limits_{n\to+\infty} \lfloor a(n+1)!\rfloor - (n+1)\lfloor an!\rfloor = \ell$. Comme il s'agit d'une suite d'entiers, elle est stationnaire. Ainsi, $\ell \in \mathbb{N}$ et il existe $\mathrm{N} \in \mathbb{N}$ tel que, pour $n \geqslant \mathrm{N}$, $\lfloor a(n+1)!\rfloor - (n+1)\lfloor an!\rfloor = \ell$. Cela peut s'écrire

$$\frac{\lfloor a(n+1)!\rfloor}{(n+1)!} - \frac{\lfloor an!\rfloor}{n!} = \frac{\ell}{(n+1)!}.$$

Il s'agit de termes de séries convergentes. En sommant, on obtient

$$\sum_{n=\mathrm{N}}^{+\infty} \frac{\ell}{(n+1)!} = \sum_{n=\mathrm{N}}^{+\infty} \frac{\lfloor a(n+1)! \rfloor}{(n+1)!} - \frac{\lfloor an! \rfloor}{n!} = \lim_{n \to +\infty} \frac{\lfloor an! \rfloor}{n!} - \frac{\lfloor a\mathrm{N}! \rfloor}{\mathrm{N}!} = a - \frac{\lfloor a\mathrm{N}! \rfloor}{\mathrm{N}!}.$$

Par ailleurs, on a $\sum_{n=\mathrm{N}}^{+\infty} \frac{\ell}{(n+1)!} = \ell e - \ell \sum_{k=0}^{\mathrm{N}} \frac{1}{k!} = \ell e - \frac{m}{\mathrm{N}!}$, où $m \in \mathbb{N}$. On a donc

$$a = \ell e + \frac{\lfloor a\mathrm{N}! \rfloor - m}{\mathrm{N}!} \in \mathbb{N}e + \mathbb{Q}.$$

• Supposons réciproquement que $a \in \mathbb{N}e + \mathbb{Q}$. On écrit $a = \ell e + \frac{p}{q}$, avec $\ell \in \mathbb{N}, p \in \mathbb{Z}$ et $q \in \mathbb{N}^*$. Pour $n \geqslant q, n!\frac{p}{q} \in \mathbb{Z}$ et donc $an! - \lfloor an! \rfloor = \ell en! - \lfloor \ell en! \rfloor$. On a

$$\ell en! = \ell n! \sum_{k=0}^{n} \frac{1}{k!} + \ell n! \sum_{k=n+1}^{+\infty} \frac{1}{k!}.$$

Le premier terme est un entier et

$$0 \leqslant \ell n! \sum_{k=n+1}^{+\infty} \frac{1}{k!} \leqslant \frac{\ell n!}{(n+1)!} \sum_{j=0}^{+\infty} \frac{1}{(n+2)^j} \leqslant \frac{\ell}{n+1} \frac{1}{1 - \frac{1}{n+2}}.$$

Ce terme tend vers 0, donc pour n assez grand, on a $\lfloor \ell en! \rfloor = \ell n! \sum_{k=0}^{n} \frac{1}{k!}$ et

$$n(an! - \lfloor an! \rfloor) = n\ell n! \sum_{k=n+1}^{+\infty} \frac{1}{(n+1)!} = \frac{n\ell}{n+1} + n\ell n! \sum_{k=n+2}^{+\infty} \frac{1}{k!}.$$

On obtient comme précédemment

$$0 \leqslant n\ell n! \sum_{k=n+2}^{+\infty} \frac{1}{k!} \leqslant \frac{n\ell n!}{(n+2)!} \frac{1}{1 - \frac{1}{n+3}} \leqslant \frac{n\ell}{(n+1)(n+2)} \frac{1}{1 - \frac{1}{n+3}} \longrightarrow 0.$$

On a donc $\lim_{n \to +\infty} n(an! - \lfloor an! \rfloor) = \ell$. ◃

Tout comme e, le nombre π est transcendant : c'est un théorème de Lindemann démontré en 1882. L'exercice qui suit établit son irrationalité, prouvée pour la première fois en 1761 par Lambert à l'aide du développement en fraction continue de la fonction tangente (le lecteur pourra se reporter à l'exercice 1.21 pour une introduction aux fractions continues). La preuve élémentaire de l'exercice est due à Ivan Niven et a été publiée en 1947.

1.13. Irrationalité de π

À tout polynôme $f \in \mathbb{R}[X]$, on associe $F = \sum_{k\geqslant 0}(-1)^k f^{(2k)}$.

1. Calculer $\int_0^\pi f(t)\sin t\,dt$ en fonction de $F(0)$ et $F(\pi)$.

2. On suppose que $\pi = \frac{a}{b}$ avec a et b entiers > 0 et, pour tout $n \in \mathbb{N}$, on pose $f_n(x) = \dfrac{x^n(a-bx)^n}{n!}$. Tracer le graphe de f_n sur $[0,\pi]$.

3. Prouver que $\int_0^\pi f_n(t)\sin t\,dt$ est entier et en déduire que π est irrationnel.

▷ **Solution.**

1. Notons que la somme qui définit F est finie. Si on effectue une double intégration par parties dans l'intégrale, on obtient

$$\int_0^\pi f(t)\sin t\,dt = [f(\pi)+f(0)] - \int_0^\pi f''(t)\sin t\,dt.$$

En itérant le calcul, on a donc $\int_0^\pi f(t)\sin t\,dt = F(\pi)+F(0)$.

2. La fonction f_n est nulle en 0 et π et strictement positive sur $]0,\pi[$. Ses dérivées jusqu'à l'ordre $n-1$ s'annulent en 0 et en $\frac{a}{b}\cdot$ Voici l'allure de son graphe (dans un repère non orthonormé).

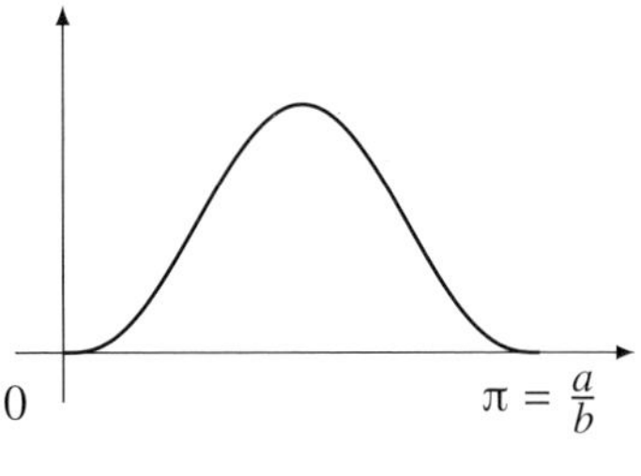

3. Pour montrer que $I_n = \int_0^\pi f_n(t)\sin t\,dt$ est entier, il suffit, d'après la question 1, de montrer que f_n et toutes ses dérivées prennent des valeurs entières en 0 et π. Traitons le cas de 0. Comme 0 est une racine de f_n de multiplicité n, toutes les dérivées d'ordre $p < n$ sont nulles en 0. Soit $p \geqslant n$. On a par la formule de Leibniz,

$$f_n^{(p)}(x) = \frac{1}{n!}\sum_{k=0}^{p}\binom{p}{k}(x^n)^{(k)}[(a-bx)^n]^{(p-k)}.$$

Quand on évalue en 0, il ne reste qu'un seul terme dans la somme, correspondant à $k = n$, et

$$f_n^{(p)}(0) = \frac{1}{n!}\binom{p}{n} n![(a - bx)^n]^{(p-n)}(0) = \binom{p}{n}[(a - bx)^n]^{(p-n)}(0) \in \mathbb{Z},$$

car $(a - bx)^n$ est un polynôme à coefficients entiers. On montre de même que les dérivées de f_n en $\pi = \frac{a}{b}$ sont toutes entières.

Comme $f_n(t)\sin t$ est strictement positif pour $t \in]0, \pi[$, on peut affirmer que pour tout n, I_n est un entier naturel non nul. Or, comme $x(a-bx) \leqslant \frac{a^2}{4b} = \mathrm{M}$ pour tout $x \in [0, \pi]$, on a

$$1 \leqslant \mathrm{I}_n \leqslant \int_0^{\pi} \frac{\mathrm{M}^n}{n!}\mathrm{d}t = \frac{\pi \mathrm{M}^n}{n!} \xrightarrow[n\to+\infty]{} 0$$

ce qui est impossible. Donc $\pi \notin \mathbb{Q}$. ◁

L'exercice suivant est extrait d'une épreuve écrite du concours d'entrée à l'ENS de Saint-Cloud (1985), consacrée au troisième problème de Hilbert. Il s'agissait de savoir si lorsqu'on a deux polyèdres de même volume, par exemple un cube et un tétraèdre régulier, on peut découper le premier en un nombre fini de tétraèdres qui, réassemblés autrement, donnent le second (on dit alors que les deux polyèdres sont équidécomposables). La réponse est négative en général et notamment dans le cas du cube et du tétraèdre régulier. Pour le montrer, le mathématicien Max Dehn (élève de Hilbert) a associé à chaque polyèdre des quantités invariantes par les transformations décrites ci-dessus (appelées depuis invariants de Dehn). L'irrationalité du nombre $\dfrac{\arccos 1/3}{\pi}$ *permet de construire un tel invariant qui ne prend pas la même valeur pour le tétraèdre régulier et pour le cube. Ils ne sont donc pas équidécomposables* [1].

1.14. Irrationalité de $\dfrac{\arccos 1/3}{\pi}$

On se propose de montrer que $\alpha = \dfrac{\arccos 1/3}{\pi} \notin \mathbb{Q}$.

1. Calculer $e^{i\alpha\pi}$.

2. Montrer que $\alpha \in \mathbb{Q}$ si et seulement s'il existe un entier naturel non nul n tel que $(1 + 2i\sqrt{2})^n = 3^n$.

3. Montrer que $(1 + 2i\sqrt{2})^n = a_n + ib_n\sqrt{2}$, où a_n et b_n sont des entiers vérifiant $a_n - b_n \not\equiv 0 \pmod 3$. Conclure.

1. Le lecteur intéressé pourra résoudre le problème mentionné ci-dessus ou consulter le chapitre 7 de AIGNER (M.) & ZIEGLER (G.M.), *Proofs from the Book*, Springer, 1998. Trad. fr. : *Raisonnements divins*, Springer, 2002.

▷ **Solution.**

1. Par définition de α, on a $\cos \alpha\pi = \frac{1}{3}\cdot$ De plus, $\alpha\pi$ appartient à l'intervalle $]0, \pi[$, donc son sinus est positif et vaut $\sqrt{1 - \frac{1}{9}} = \frac{2\sqrt{2}}{3}\cdot$ Il en résulte que $e^{i\alpha\pi} = \frac{1 + 2i\sqrt{2}}{3}$.

2. Le nombre complexe $e^{i\alpha\pi}$ est une racine de l'unité si, et seulement si, α est rationnel. Ainsi, α est rationnel si et seulement s'il existe un entier naturel non nul n tel que $e^{in\alpha\pi} = 1$, c'est-à-dire $(1 + 2i\sqrt{2})^n = 3^n$.

3. L'ensemble des complexes de la forme $a + ib\sqrt{2}$ avec $(a, b) \in \mathbb{Z}^2$ est clairement un sous-anneau de $\mathbb{C}$. Pour tout n, il existe donc des entiers a_n et b_n, qui sont d'ailleurs uniques, tels que $(1 + 2i\sqrt{2})^n = a_n + ib_n\sqrt{2}$. Comme

$$\begin{aligned}(1 + 2i\sqrt{2})^{n+1} &= (1 + 2i\sqrt{2})^n(1 + 2i\sqrt{2}) = (a_n + ib_n\sqrt{2})(1 + 2i\sqrt{2}) \\ &= (a_n - 4b_n) + i\sqrt{2}(b_n + 2a_n)\end{aligned}$$

on a les relations de récurrence suivantes : $a_{n+1} = a_n - 4b_n$ et $b_{n+1} = b_n + 2a_n$. On en déduit que $a_{n+1} - b_{n+1} = -a_n - 5b_n \equiv -(a_n - b_n) \pmod 3$. Comme $a_1 - b_1 \equiv -1 \pmod 3$, il en résulte que pour tout $n \geqslant 1$, $a_n - b_n \not\equiv 0 \pmod 3$. Il est donc impossible de trouver un entier $n \geqslant 1$ tel que $(1 + 2i\sqrt{2})^n = 3^n$, ce qui prouve que α est irrationnel. ◁

Dans l'énoncé suivant on s'intéresse plus généralement à tous les rationnels r tels que $\cos \pi r$ *soit rationnel. La solution utilise les polynômes de Tchebychev dont les propriétés sont étudiées dans l'exercice 4.61 du volume 1.*

1.15. Théorème de Niven (1956)

Trouver tous les nombres rationnels r tels que $\cos \pi r$ soit rationnel.

▷ **Solution.**

Comme $\cos(x + \pi) = -\cos x$ pour tout réel x, il est clair que l'ensemble E des solutions est 1-périodique ; il suffit donc de déterminer $\mathrm{E} \cap [0, 1]$. La formule trigonométrique $\cos(\pi - x) = -\cos x$ montre que E est symétrique par rapport à $\frac{1}{2}$ et on va donc chercher $\mathrm{E} \cap \left[0, \frac{1}{2}\right]$. Il est clair que 0 et $\frac{1}{2}$ sont dans E. On se donne donc dans la suite un élément $r = \frac{p}{q}$, avec $\mathrm{pgcd}(p, q) = 1$, de E, vérifiant $0 < r < \frac{1}{2}\cdot$ Pour tout entier $k \in \mathbb{N}^*$, on a $\cos kr\pi = \mathrm{T}_k(\cos \pi r)$, où T_k est le k-ième polynôme de Tchebychev de première espèce (cf. exercice 4.61 du volume 1). Comme T_k est à coefficients dans $\mathbb{Z}$, on en déduit que $\cos kr\pi \in \mathbb{Q}$. En écrivant une relation de Bezout entre p et q on en déduit que $\cos \frac{\pi}{q} \in \mathbb{Q}$. Posons $\cos \frac{\pi}{q} = \frac{c}{d}$ avec $\mathrm{pgcd}(c, d) = 1$. On a alors

$$\mathrm{T}_q\left(\frac{c}{d}\right) = \mathrm{T}_q\left(\cos \frac{\pi}{q}\right) = -1.$$

• Si q est impair, alors T_q est impair et son terme constant est nul. On en déduit, en multipliant l'égalité par d^q que c divise d^q ce qui impose $c = 1$. On a alors $\cos\frac{\pi}{q} = \frac{1}{d} \leqslant \frac{1}{2}$ mais comme $r < \frac{1}{2}$ on a $q \geqslant 3$ et donc $\cos\frac{\pi}{q} = \frac{1}{2}$, ce qui donne la solution $r = \frac{1}{3}$.

• Il reste à voir que q ne peut pas être pair. S'il est divisible par 4, alors en posant $q = 4h$ et en regardant $T_h(\cos\frac{\pi}{q})$ on obtient que $\cos\frac{\pi}{4} \in \mathbb{Q}$ ce qui est absurde. Supposons enfin $q = 2h$ avec h impair. On a alors $\cos\frac{\pi}{h} = 2\cos^2\frac{\pi}{q} - 1 \in \mathbb{Q}$, ce qui impose $h = 3$ d'après le cas précédent, mais $q = 6$ ne convient pas.

Ainsi, $r = \frac{1}{3}$ est l'unique nombre rationnel de l'intervalle $\left]0, \frac{1}{2}\right[$ tel que $\cos \pi r \in \mathbb{Q}$. ◁

Les exercices suivants concernent l'approximation des irrationnels par des nombres rationnels (on parle d'approximation diophantienne). Un rationnel $\frac{p}{q}$ donné est d'autant plus complexe que q est grand. On cherche donc à obtenir des majorations de la forme $\left|x - \frac{p}{q}\right| \leqslant \psi(q)$ où ψ est une fonction qui tend vers 0 en $+\infty$: pour $x \in \mathbb{R}$ et $q \in \mathbb{N}^*$ donnés, a-t-on une solution en p ? Cela dépend bien entendu de la fonction ψ choisie. Un premier résultat trivial est le suivant : pour tout x et tout $q \in \mathbb{N}^*$ il existe $p \in \mathbb{Z}$ tel que $\left|x - \frac{p}{q}\right| \leqslant \frac{1}{2q}$ (il suffit de prendre l'entier p le plus proche de qx). Le premier résultat intéressant est dû à Dirichlet et montre que pour $\psi(q) = \frac{1}{q^2}$ on a une infinité de couples (p, q) qui vérifient l'inégalité. L'énoncé suivant en propose deux preuves posées lors de différents oraux, ainsi qu'une application.

1.16. Théorème de Dirichlet

Soit θ un nombre réel irrationnel.

1. Montrer que pour $N \in \mathbb{N}^*$, il existe $(p, q) \in \mathbb{Z}^2$ tel que $|q\theta - p| < \frac{1}{N}$ et $0 < q \leqslant N$.

2. On admet le résultat suivant : toute partie convexe compacte S de $\mathbb{R}^2$, symétrique par rapport à l'origine et d'aire $\geqslant 4$ contient un point de $\mathbb{Z}^2 \setminus \{(0,0)\}$. Montrer que si $Y > 1$ il existe $p \in \mathbb{Z}$ et $q \in \mathbb{N}^*$ tels que $q \leqslant Y$ et

$$\left|\theta - \frac{p}{q}\right| \leqslant \frac{1}{qY}.$$

3. Montrer qu'il existe une infinité de couples $(p, q) \in \mathbb{Z} \times \mathbb{N}^*$ tels que

$$\left|\theta - \frac{p}{q}\right| \leqslant \frac{1}{q^2}.$$

$\triangleright$ **Solution.**

1. On utilise le principe des tiroirs de Dirichlet. Considérons les $N+1$ nombres réels $a_k = k\theta - \lfloor k\theta \rfloor$, pour $0 \leqslant k \leqslant N$. Ils appartiennent tous à l'intervalle $[0, 1[$, qui est réunion des N « tiroirs » $\left[\frac{i}{N}, \frac{i+1}{N}\right[$, pour $0 \leqslant i \leqslant N-1$. Un de ces tiroirs doit contenir deux réels a_k. Il existe donc des entiers k_1 et k_2 tels que $0 \leqslant k_1 < k_2 \leqslant N$ et $|a_{k_2} - a_{k_1}| < \frac{1}{N}\cdot$ Si l'on pose alors $q = k_2 - k_1$ et $p = \lfloor k_2 a \rfloor - \lfloor k_1 a \rfloor$, on obtient $0 < q \leqslant N$ et $|aq - p| < \frac{1}{N}\cdot$

2. Le résultat demandé ici est un peu plus fort puisque la question précédente fournit un couple (p, q) tel que $q \leqslant \lfloor Y \rfloor$ et $|q\theta - p| \leqslant \frac{1}{\lfloor Y \rfloor}\cdot$ Considérons l'ensemble S des couples (x, y) de $\mathbb{R}^2$ vérifiant $|y| \leqslant Y$ et $|\theta y - x| \leqslant \frac{1}{Y}\cdot$ Il s'agit d'un ensemble compact, convexe, symétrique par rapport à 0 et plus précisément d'un parallélogramme :

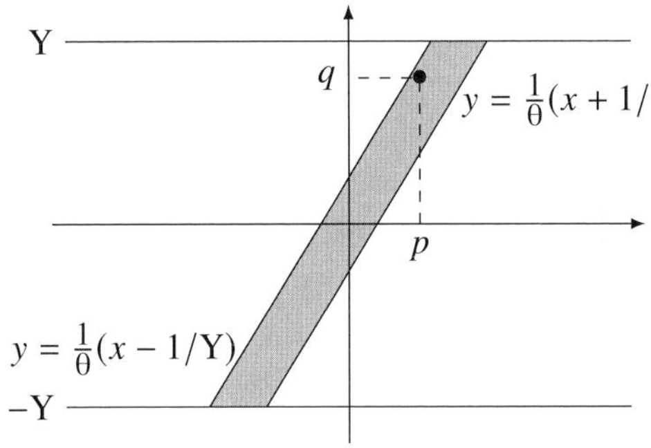

La hauteur de ce parallélogramme est 2Y et sa base $\frac{2}{Y}$ donc son aire est égale à 4. D'après le résultat admis, il contient un point non nul (p, q) de $\mathbb{Z}^2$. Alors, q n'est pas nul, car $Y > 1$. Par symétrie on peut supposer $q > 0$. Le couple (p, q) répond à la question.

3. Le résultat de la première question suffit pour traiter cette question. Soit N un entier strictement positif quelconque et (p, q) comme en 1. On a alors

$$\left|\theta - \frac{p}{q}\right| < \frac{1}{qN} \leqslant \frac{1}{q^2},$$

ce qui montre l'existence d'un couple (p, q) vérifiant l'inégalité voulue. Pour montrer qu'il en existe une infinité, on raisonne par l'absurde et on suppose qu'il n'en existe qu'un nombre fini que l'on note $\frac{p_1}{q_1}, \ldots, \frac{p_m}{q_m}\cdot$ Puisque θ est irrationnel, il existe un entier N de $\mathbb{N}^*$ tel que, pour $1 \leqslant i \leqslant m$, on ait $\left|\theta - \frac{p_i}{q_i}\right| > \frac{1}{N}\cdot$ D'après ce qui précède, il existe $(p, q) \in \mathbb{Z}^2$ tel que $|q\theta - p| < \frac{1}{N}$ et $0 < q \leqslant N$. On a alors $\left|\theta - \frac{p}{q}\right| \leqslant \frac{1}{q^2}$, mais aussi $\left|\theta - \frac{p}{q}\right| < \frac{1}{qN} \leqslant \frac{1}{N}$, ce qui montre que $\frac{p}{q}$ n'est pas un des $\frac{p_i}{q_i}\cdot$ D'où la contradiction cherchée. $\triangleleft$

Dans l'énoncé suivant on montre qu'un irrationnel algébrique (c'est-à-dire racine d'un polynôme non nul à coefficients rationnels) ne peut pas s'approcher trop bien par des nombres rationnels. Ce résultat de Liouville lui a permis de donner les premiers exemples de nombres transcendants.

1.17. Théorème et nombres de Liouville (1844)

Soit $\mathrm{P} \in \mathbb{Z}[\mathrm{X}]$ non nul et a une racine irrationnelle de P.

1. Montrer qu'il existe des réels $c > 0$ et $r \geqslant 0$ tels que $\left|a - \frac{p}{q}\right| \geqslant \frac{c}{q^r}$ pour tout couple $(p, q) \in \mathbb{Z} \times \mathbb{N}^*$. *C'est un théorème de Liouville.*

2. Soit $(u_n) \in [\![0, 9]\!]^{\mathbb{N}}$ une suite strictement positive à partir d'un certain rang. On pose $x = \sum\limits_{n=0}^{+\infty} \frac{u_n}{10^{n!}}$ (x est appelé un *nombre de Liouville*) et $s_n = \sum\limits_{k=0}^{n} \frac{u_k}{10^{k!}}$ pour tout n. Montrer que $|x - s_n| \leqslant \frac{1}{10^{nn!}}$ pour tout n. En déduire que x est transcendant sur $\mathbb{Q}$.

▷ **Solution.**

1. On décompose P en produit de facteurs irréductibles dans $\mathbb{Q}[\mathrm{X}]$ et on considère $\mathrm{Q} \in \mathbb{Q}[\mathrm{X}]$ irréductible, divisant P, tel que $\mathrm{Q}(a) = 0$. On note $r \geqslant 2$ le degré de Q. Soit $p \in \mathbb{Z}$ et $q \in \mathbb{N}^*$. Comme $a \neq \frac{p}{q}$, il existe, en vertu du théorème des accroissements finis, $d \in \left]\frac{p}{q}, a\right[$ tel que

$$\mathrm{Q}\left(\frac{p}{q}\right) = \mathrm{Q}\left(\frac{p}{q}\right) - \mathrm{Q}(a) = \mathrm{Q}'(d)\left(\frac{p}{q} - a\right).$$

En passant à la valeur absolue, on obtient $\left|\mathrm{Q}\left(\frac{p}{q}\right)\right| = |\mathrm{Q}'(d)|\left|a - \frac{p}{q}\right|$. On peut trouver $\mathrm{A} \in \mathbb{Z}^*$ tel que $\mathrm{AQ} \in \mathbb{Z}[\mathrm{X}]$. Il s'ensuit que $\mathrm{A}q^r\mathrm{Q}\left(\frac{p}{q}\right)$ est dans $\mathbb{Z}$ et même dans $\mathbb{Z}^*$, puisque Q n'a pas de racine rationnelle (en effet, il est irréductible sur $\mathbb{Q}$ et n'est pas de degré 1 car $a \notin \mathbb{Q}$ est racine). Par conséquent, on a $\left|\mathrm{A}q^r\mathrm{Q}\left(\frac{p}{q}\right)\right| \geqslant 1$ et

$$|\mathrm{Q}'(d)|\left|a - \frac{p}{q}\right| = \left|\mathrm{Q}\left(\frac{p}{q}\right)\right| = \left|\frac{1}{\mathrm{A}q^r}\right|\left|\mathrm{A}q^r\mathrm{Q}\left(\frac{p}{q}\right)\right| \geqslant \frac{1}{\mathrm{A}q^r}.$$

Cherchons à majorer $|\mathrm{Q}'(d)|$: la fonction Q' est continue sur $[a-1, a+1]$, donc il existe $\mathrm{K} > 0$ tel que, si $x \in [a - 1, a + 1]$, $|\mathrm{Q}'(x)| \leqslant \mathrm{K}$. Ainsi on obtient,

$$\mathrm{K}\left|a \quad \frac{p}{q}\right| \geqslant \frac{1}{\mathrm{A}q^r} \quad \text{et} \quad \left|a \quad \frac{p}{q}\right| \geqslant \frac{c}{q^r},$$

pour tout $\frac{p}{q}$ dans $[a-1, a+1]$, en ayant posé $c = \frac{1}{\text{KA}} > 0$. Quitte à remplacer c par 1 si $c > 1$, on peut supposer $c \leqslant 1$. L'inégalité $\left|a - \frac{p}{q}\right| \geqslant \frac{c}{q^r}$ reste alors vraie si $\left|a - \frac{p}{q}\right| > 1$.

On a trouvé $r \geqslant 2$ et $c > 0$ tel que si $(p, q) \in \mathbb{Z} \times \mathbb{N}^*$,

$$\left|a - \frac{p}{q}\right| \geqslant \frac{c}{q^r}.$$

2. La série définissant x est clairement convergente. On a, pour tout $n \in \mathbb{N}$,

$$|x - s_n| = x - s_n = \sum_{k=n+1}^{+\infty} \frac{u_k}{10^{k!}} \leqslant 9 \sum_{k=n+1}^{+\infty} \frac{1}{10^{k!}}.$$

Pour $k \geqslant n+1$, on a $k! \geqslant kn!$ et donc $\frac{1}{10^{k!}} \leqslant \frac{1}{10^{kn!}} = \left(\frac{1}{10^{n!}}\right)^k$. On en déduit que

$$\begin{aligned} |x - s_n| &\leqslant 9 \sum_{k=n+1}^{+\infty} \left(\frac{1}{10^{n!}}\right)^k = 9\left(\frac{1}{10^{n!}}\right)^{n+1} \frac{1}{1 - \frac{1}{10^{n!}}} \\ &\leqslant 9\left(\frac{1}{10^{n!}}\right)^n \frac{1}{10^{n!} - 1} \leqslant \frac{1}{10^{nn!}}, \end{aligned}$$

ce qui est le résultat demandé.

Montrons que x est transcendant. On raisonne par l'absurde et on suppose qu'il existe $\text{P} \in \mathbb{Z}[\text{X}]$, non nul, tel que $\text{P}(x) = 0$. On choisit $c > 0$ et r comme dans la question 1. La fraction s_n étant de dénominateur $10^{n!}$, on déduit de la première question que $|x - s_n| \geqslant \frac{c}{(10^{n!})^r}$. On a donc, en combinant cela avec l'inégalité précédente, $\frac{c}{(10^{n!})^r} \leqslant \frac{1}{10^{nn!}}$ ou encore $(10^{n!})^{n-r} \leqslant \frac{1}{c}$. C'est impossible car le premier membre tend vers $+\infty$.

On conclut que tous les nombres de Liouville sont transcendants. ◁

Liouville est le premier à produire des nombres transcendants, en 1844. La transcendance de e qui fait l'objet de l'exercice suivant, ne sera prouvée qu'en 1873 par Hermite et celle de π en 1882 par Lindemann.

*1.18. Transcendance de *e*

1. Soit $\text{P} \in \mathbb{R}[\text{X}]$ et, pour $t \in \mathbb{R}$, $\text{I}(t) = \int_0^t e^{t-u}\text{P}(u)\text{d}u$. Montrer que, si $\deg(\text{P}) = q$, $\text{I}(t) = e^t \sum_{i=0}^{q} \text{P}^{(i)}(0) - \sum_{i=0}^{q} \text{P}^{(i)}(t)$.

2. Supposons donnés des entiers relatifs $a_0, a_1, \ldots, a_n$ tels que $a_0 \neq 0$ et $a_0 + a_1 e + \cdots + a_n e^n = 0$. Soit $p \in \mathbb{N}$; on pose

$$\mathrm{P} = \mathrm{X}^{p-1}(\mathrm{X}-1)^p(\mathrm{X}-2)^p \cdots (\mathrm{X}-n)^p$$

et

$$\mathrm{J} = a_0\mathrm{I}(0) + a_1\mathrm{I}(1) + \cdots + a_n\mathrm{I}(n).$$

Montrer que J est un entier. Montrer que $(p-1)!$ divise J et enfin que, pour tout entier premier p assez grand, $\mathrm{J} \neq 0$.

3. Montrer qu'il existe $\mathrm{C} \in \mathbb{R}$ tel que, pour tout $p \in \mathbb{N}$, $|\mathrm{J}| \leqslant \mathrm{C}^p$ et trouver une minoration de $|\mathrm{J}|$. En déduire que e est transcendant.

▷ **Solution.**

1. On définit $\mathrm{D(P)} = \sum_{i=0}^{q} \mathrm{P}^{(i)}$ et la fonction f par $f(u) = e^{-u}\mathrm{D(P)}(u)$. On note que $\mathrm{D(P)}' = \mathrm{D(P)} - \mathrm{P}$, car $\mathrm{P}^{(q+1)} = 0$; on en déduit que, pour tout $u \in \mathbb{R}$, on a

$$f'(u) = -e^{-u}\mathrm{D(P)}(u) + e^{-u}\mathrm{D(P)}'(u) = -e^{-u}\mathrm{P}(u).$$

On obtient alors

$$\mathrm{I}(t) = e^t \int_0^t e^{-u}\mathrm{P}(u)\mathrm{d}u = e^t\left[-e^{-u}\mathrm{D(P)}(u)\right]_0^t = e^t\mathrm{D(P)}(0) - \mathrm{D(P)}(t),$$

c'est-à-dire

$$\mathrm{I}(t) = e^t \sum_{i=0}^{q} \mathrm{P}^{(i)}(0) - \sum_{i=0}^{q} \mathrm{P}^{(i)}(t).$$

2. • Avec les notations précédentes, on a, pour tout entier $k \in \mathbb{N}$,

$$\mathrm{I}(k) = e^k\mathrm{D(P)}(0) - \mathrm{D(P)}(k).$$

On en déduit que

$$\mathrm{J} = \left(\sum_{k=0}^{n} a_k e^k\right)\mathrm{D(P)}(0) - \sum_{k=0}^{n} a_k\mathrm{D(P)}(k) = -\sum_{k=0}^{n} a_k\mathrm{D(P)}(k).$$

Le polynôme P est à coefficients entiers, donc D(P) également ; les a_k étant entiers, on en déduit que J est un entier.

• Montrons, que pour $k \in [\![0, n]\!]$, $\mathrm{D(P)}(k)$ est divisible par $(p-1)!$.

Le polynôme P s'écrit $\mathrm{X}^{p-1}\mathrm{Q}$, avec $\mathrm{Q} \in \mathbb{Z}[\mathrm{X}]$. Pour $i \in \mathbb{N}$, on calcule $\mathrm{P}^{(i)}$ par la formule de Leibniz. Les termes qui apportent une contribution non nulle à $\mathrm{P}^{(i)}(0)$ sont ceux pour lesquels on a dérivé $p-1$ fois X^{p-1}. La dérivée $(p-1)$-ième de X^{p-1} étant $(p-1)!$, on en déduit que, pour tout entier i, $\mathrm{P}^{(i)}(0)$ est divisible par $(p-1)!$. Il en est donc de même de $\mathrm{D(P)}(0)$.

Pour $1 \leqslant k \leqslant n$, en écrivant $P = (X - k)^p R$, avec $R \in \mathbb{Z}[X]$, on montre de la même manière que $D(P)(k)$ est divisible par $p!$ et a fortiori par $(p-1)!$.

Finalement, chaque $D(P)(k)$ étant divisible par $(p-1)!$, on conclut que J est divisible par $(p-1)!$.

• Montons que, si p est un nombre premier assez grand, J n'est pas divisible par $p!$. Avec les notations précédentes, pour $i \geqslant 1$, $Q^{(i)}(0)$ est divisible par p, car il existe $Q_1 \in \mathbb{Z}[X]$ tel que $Q = Q_1^p$. On en déduit que, si $i \geqslant p$, alors $P^{(i)}(0)$ est divisible par $p!$. Comme

$$P^{(p-1)}(0) = (p-1)!Q(0) = (p-1)!(-1)^{pn}(n!)^p,$$

il en résulte que

$$D(P)(0) \equiv (p-1)!(-1)^{pn}(n!)^p \pmod{p!},$$

puis que

$$J \equiv -a_0(p-1)!(-1)^{pn}(n!)^p \pmod{p!}.$$

Par hypothèse, a_0 est non nul. Si p est un entier premier supérieur à $|a_0|$ et à n, p ne divise ni a_0, ni $n!$ et donc $p!$ ne divise pas J. On en déduit qu'alors J n'est pas nul.

3. Pour majorer J, on majore $I(k)$, pour $0 \leqslant k \leqslant n$, en revenant à l'expression initiale de $I(t)$. On a, pour $k \in [\![0, n]\!]$,

$$\begin{aligned}|I(k)| &= \left|\int_0^k e^{t-u}P(u)\mathrm{d}u\right| \leqslant \sup_{[0,k]}|P| \int_0^k e^{k-u}\mathrm{d}u = (e^k - 1)\sup_{[0,k]}|P| \\ &\leqslant e^n \sup_{[0,n]}|P|.\end{aligned}$$

Or, pour tout $x \in [0, n]$, on a

$$|P(x)| = x^{p-1}(|x-1||x-2|\cdots|x-n|)^p \leqslant n^{p-1}(n^n)^p.$$

On en déduit que, pour tout $k \in [\![0, n]\!]$,

$$|I(k)| \leqslant e^n n^{p-1}(n^n)^p,$$

puis que, pour tout entier $p \in \mathbb{N}$,

$$|J| \leqslant \sum_{k=0}^{n} |a_k| e^n n^{p-1}(n^n)^p.$$

Soit $a = \max\left(\sum_{k=0}^{n} |a_k| e^n, n\right)$. On a alors, pour tout $p \in \mathbb{N}$,

$$|J| \leqslant a^p (n^n)^p \leqslant (an^n)^p \quad \text{c'est-à-dire } |J| \leqslant C^p,$$

avec $C = an^n$.

Mais nous avons vu dans la question précédente que, si p est un entier premier assez grand, alors J est non nul et divisible par $(p-1)!$. On en déduit que $|J| \geqslant (p-1)!$ et a fortiori, $C^p \geqslant (p-1)!$. Or on a $\lim_{p\to+\infty} \frac{C^p}{(p-1)!} = 0$. Pour p assez grand, on a donc $C^p < (p-1)!$. D'où la contradiction cherchée. Il ne peut pas exister des entiers $a_0, a_1, \dots, a_n$ tels que $a_0 \neq 0$ et $a_0 + a_1 e + \cdots + a_n e^n = 0$.

On en déduit que e est transcendant. En effet, si e est algébrique sur $\mathbb{Q}$, il existe $P \in \mathbb{Q}[X]$, tel que $P(e) = 0$. En multipliant P par un entier, on peut supposer que $P \in \mathbb{Z}[X]$. Il existe donc des entiers $a_0, a_1, \dots, a_n$ appartenant à $\mathbb{Z}$ tels que $a_0 + a_1 e + \cdots + a_n e^n = 0$. On peut supposer que $a_0 \neq 0$, car si l'ordre de 0 comme racine de P est p, on divise P par X^p. ◁

Dans l'exercice suivant on montre qu'il existe des réels que l'on peut approcher aussi bien que l'on veut par des nombres rationnels.

1.19. Approximation diophantienne

> Soit $\varphi : \mathbb{N}^* \longrightarrow \mathbb{R}_+^*$. Montrer qu'il existe un réel x tel qu'il existe une infinité de couples $(p, q) \in \mathbb{Z} \times \mathbb{N}^*$ vérifiant $p \wedge q = 1$ et $\left|x - \frac{p}{q}\right| \leqslant \varphi(q)$.

▷ **Solution.**

On va utiliser le théorème des segments emboîtés pour construire x. Prenons $p_1 = q_1 = 1$ et notons I_1 le segment centré en $a_1 = \frac{p_1}{q_1} = 1$ de rayon $r_1 = \min(1, \varphi(1))$. Par densité de $\mathbb{Q}$ dans $\mathbb{R}$, on peut trouver un rationnel irréductible $a_2 = \frac{p_2}{q_2}$ avec $q_2 > q_1$ qui est dans l'intérieur de I_1. On choisit alors $r_2 > 0$ tel que $I_2 = [a_2 - r_2, a_2 + r_2] \subset I_1$ avec $r_2 \leqslant \min\left(\frac{1}{2}, \varphi(q_2)\right)$. On itère cette construction. Supposons que les rationnels $a_k = \frac{p_k}{q_k}$ soient définis pour $1 \leqslant k \leqslant n-1$, ainsi que les réels $r_k \leqslant \min\left(\frac{1}{k}, \varphi(q_k)\right)$, de sorte que les segments $I_k = [a_k - r_k, a_k + r_k]$ soient décroissants pour l'inclusion. On choisit alors un rationnel $a_n = \frac{p_n}{q_n}$ avec $q_n > q_{n-1}$ qui est dans l'intérieur de I_{n-1} et ensuite un rayon r_n vérifiant $r_n \leqslant \min\left(\frac{1}{n}, \varphi(q_n\right)$ et assez petit pour que $I_n = [a_n - r_n, a_n + r_n]$ soit inclus dans I_{n-1}.

D'après le théorème des segments emboîtés, il existe un réel x tel que $\{x\} = \bigcap_{n\geqslant 1} I_n$. On a alors pour tout $n \geqslant 1$,

$$\left|x - \frac{p_n}{q_n}\right| \leqslant r_n \leqslant \varphi(q_n)$$

et x répond donc à la question. ◁

1.20. Mesure d'irrationalité

Soit $x \in \mathbb{R}$ irrationnel. On note μ_1 la borne supérieure des réels $\mu > 0$ pour lesquels il existe une infinité de couples (p, q) d'entiers de $\mathbb{N}^*$, premiers entre eux, avec $\left|x - \frac{p}{q}\right| \leqslant \frac{1}{q^\mu}$ et μ_2 la borne inférieure des réels $\mu > 0$ pour lesquels il existe $a > 0$ tel que pour tout couple (p, q) d'entiers de $\mathbb{N}^*$, premiers entre eux, on a $\left|x - \frac{p}{q}\right| \geqslant \frac{a}{q^\mu}$.

1. Montrer que $\mu_1 = \mu_2$.

2. Montrer que si x est algébrique non rationnel, alors $\mu_1 = \mu_2 \leqslant d$, où d est le degré du polynôme minimal sur $\mathbb{Q}$ de x.

▷ **Solution.**

1. Notons A l'ensemble des réels $\mu > 0$ pour lesquels il existe une infinité de couples (p, q) d'entiers de $\mathbb{N}^*$, premiers entre eux, avec $\left|x - \frac{p}{q}\right| \leqslant \frac{1}{q^\mu}\cdot$ Cet ensemble n'est pas vide puisqu'il contient par exemple 1. Il est de plus clair que, si $\mu \in A$, alors tout réel strictement positif μ' vérifiant $\mu' \leqslant \mu$ est aussi dans A. Il en résulte que A est un intervalle de la forme $]0, \mu_1[$ ou $]0, \mu_1]$ selon que sa borne supérieure est atteinte ou non.

Notons maintenant B l'ensemble des réels $\mu > 0$ pour lesquels il existe un réel $a > 0$ tel que pour tout couple (p, q) d'entiers de $\mathbb{N}^*$, premiers entre eux, on a $\left|x - \frac{p}{q}\right| \geqslant \frac{a}{q^\mu}\cdot$ Il se peut que cet ensemble soit vide et on va tout d'abord supposer qu'il ne l'est pas. Il est clair que si $\mu \in B$ alors $[\mu, +\infty[\subset B$ et B est un intervalle de la forme $[\mu_2, +\infty[$ ou $]\mu_2, +\infty[$. Soit $\mu \in B$ et $\mu' > \mu$. Alors μ' n'est pas dans A car sinon on aurait une infinité de couple (p, q) avec $p \wedge q = 1$ tels que

$$\frac{1}{q^{\mu'}} \geqslant \left|x - \frac{p}{q}\right| \geqslant \frac{a}{q^\mu}$$

ce qui impose $q^{\mu' - \mu} \leqslant \frac{1}{a}$ et cela est absurde pour q assez grand. On a donc $\mu_1 \leqslant \mu'$ et comme cela vaut pour tout réel $\mu' > \mu$ on a $\mu_1 \leqslant \mu$. Cela étant vrai pour tout $\mu \in B$ on a donc $\mu_1 \leqslant \mu_2$.

Supposons par l'absurde que l'on ait $\mu_1 < \mu_2$ et considérons $\mu \in]\mu_1, \mu_2[$. Comme $\mu \notin A$, l'ensemble des couples $(p, q) \in (\mathbb{N}^*)^2$ tels que $p \wedge q = 1$ et $\left|x - \frac{p}{q}\right| \leqslant \frac{1}{q^\mu}$ est fini. Notons (p_k, q_k) ces couples, avec $1 \leqslant k \leqslant N$. On pose alors $a = \min\limits_{1 \leqslant k \leqslant N} q_k^{\mu - 1} |q_k x - p_k| \leqslant 1$ (qui est strictement positif puisque x est irrationnel) et on a alors $\left|x - \frac{p}{q}\right| \geqslant \frac{a}{q^\mu}$ pour tout couple (p, q) avec $p \wedge q = 1$. Cela prouve que $\mu \in B$ ce qui est absurde. On a donc $\mu_1 = \mu_2$.

Dans le cas où B est vide, ce qui précède montre que $\mu_2 = +\infty$ et $A = \mathbb{R}_+^*$ puisque tout réel $\mu > \mu_2$ doit être dans B. Le résultat reste vrai avec la convention que la borne inférieure de l'ensemble vide vaut $+\infty$.

2. Cette seconde question résulte de la question 1 de l'exercice 1.17 (*théorème de Liouville*). ◁

Le réel μ_1 *– notons-le* $\mu(x)$ *– est appelé mesure d'irrationalité du nombre* x. *Le théorème de Dirichlet montre que* $\mu(x) \geqslant 2$ *pour tout irrationnel* x. *Le théorème de Liouville montre que, pour un irrationnel algébrique* x, *on a* $\mu(x) \leqslant d$, *où* d *est le degré du polynôme minimal de* x, *mais un théorème difficile de Roth montre qu'en fait on a* $\mu(x) = 2$. *Les nombres de Liouville ont une mesure infinie mais il existe des nombres transcendants avec une mesure d'irrationalité finie, par exemple* $\mu(e) = 2$.

1.21. Fractions continues

Soit $a = (a_n)_{n \geqslant 0}$ une suite d'entiers avec $a_0 \in \mathbb{Z}$ et $a_n \geqslant 1$ pour $n \geqslant 1$. On pose $u_0 = a_0$ et pour $n \geqslant 1$,

$$u_n = a_0 + \cfrac{1}{a_1 + \cfrac{1}{a_2 + \cfrac{1}{a_3 + \cfrac{1}{\ddots + \cfrac{1}{a_n}}}}}$$

expression que l'on note simplement $[a_0, a_1, \ldots, a_n]$.

1. Montrer que u_n est un nombre rationnel d'écriture irréductible $\frac{p_n}{q_n}$ avec pour tout $n \geqslant 0$, $p_{n+2} = a_{n+2}p_{n+1} + p_n$ et $q_{n+2} = a_{n+2}q_{n+1} + q_n$.

2. Montrer que la suite (u_n) converge vers un réel x.

3. Montrer que $|x - u_n| \leqslant \frac{1}{q_n^2}$ et en déduire que x est irrationnel.

4. Montrer que pour tout nombre irrationnel x, on peut trouver une unique suite (a_n) telle que (u_n) converge vers x (*on dit que* $(a_n)_{n \geqslant 0}$ *est le développement en fraction continue de* x).

Calculer a_0, a_1, a_2 dans le cas $x = \pi$. Constater que $|\pi - u_1| < 10^{-2}$ et que $|\pi - u_2| < 3.10^{-7}$.

5. Montrer que la suite $\frac{\tan n}{n}$ ne converge pas vers 0.

On utilisera la développement en fraction continue de $x = \frac{\pi}{2}$ *en vérifiant qu'il y a une infinité d'indices* k *tels que le dénominateur* q_k *de la* k*-ième réduite* $u_k = [a_0, ..., a_k] = \frac{p_k}{q_k}$ *soit impair.*

▷ **Solution.**

1. On a $u_0 = a_0 = \frac{p_0}{q_0}$ avec $p_0 = a_0$ et $q_0 = 1$. Puis $u_1 = a_0 + \frac{1}{a_1} = \frac{p_1}{q_1}$ avec $p_1 = a_0a_1 + 1$ et $q_1 = a_1$ qui sont premiers entre eux. On a bien entendu envie de montrer le résultat demandé par récurrence. Pour passer de u_n à u_{n+1} on doit remplacer l'entier a_n par le rationnel $a_n + \frac{1}{a_{n+1}}$. On va donc montrer la propriété (P_n) plus forte suivante : pour tout réel $\alpha > 0$ on a

$$[a_0, a_1, \ldots, a_n, \alpha] = \frac{\alpha p_n + p_{n-1}}{\alpha q_n + q_{n-1}} \qquad (\mathrm{P}_n)$$

où les suites $(p_n)_{n\geqslant 0}$ et $(q_n)_{n\geqslant 0}$ sont définies à partir des valeurs initiales ci-dessus et des relations de récurrence de l'énoncé.

Pour $n = 1$, on a

$$[a_0, a_1, \alpha] = a_0 + \cfrac{1}{a_1 + \cfrac{1}{\alpha}} = a_0 + \frac{\alpha}{\alpha a_1 + 1} = \frac{\alpha(1 + a_0 a_1) + a_0}{\alpha a_1 + 1} = \frac{\alpha p_1 + p_0}{\alpha q_1 + q_0}.$$

Supposons qu'au rang n on ait $[a_0, a_1, \ldots, a_n, \alpha] = \frac{\alpha p_n + p_{n-1}}{\alpha q_n + q_{n-1}}$ pour tout nombre réel $\alpha > 0$. Pour $\alpha > 0$, on applique cette identité au réel strictement positif $a_{n+1} + \frac{1}{\alpha}$. On obtient :

$$[a_0, a_1, \ldots, a_n, a_{n+1}, \alpha] = \left[a_0, a_1, \ldots, a_n, a_{n+1} + \frac{1}{\alpha}\right] = \frac{\left(a_{n+1} + \frac{1}{\alpha}\right)p_n + p_{n-1}}{\left(a_{n+1} + \frac{1}{\alpha}\right)q_n + q_{n-1}}.$$

En multipliant par α numérateur et dénominateur on obtient

$$[a_0, a_1, \ldots, a_n, a_{n+1}, \alpha] = \frac{\alpha(a_{n+1}p_n + p_{n-1}) + p_n}{\alpha(a_{n+1}q_n + q_{n-1}) + q_n} = \frac{\alpha p_{n+1} + p_n}{\alpha q_{n+1} + q_n}$$

ce qui est le résultat attendu au rang $n + 1$.

En faisant tendre α vers $+\infty$ dans la relation (P_n) on obtient bien $u_n = \frac{p_n}{q_n}$. Il reste à prouver que le pgcd de p_n et q_n est toujours égal à 1. Or on observe que si on pose $\delta_n = p_n q_{n+1} - q_n p_{n+1}$ on a

$$\begin{aligned}\delta_{n+1} &= p_{n+1}q_{n+2} - p_{n+2}q_{n+1} = p_{n+1}(a_{n+2}q_{n+1} + q_n) - q_{n+1}(a_{n+2}p_{n+1} + p_n) \\ &= p_{n+1}q_n - p_n q_{n+1} = -\delta_n.\end{aligned}$$

Ainsi, puisque $\delta_0 = -1$, on a $\delta_n = (-1)^{n+1}$ pour tout n et le théorème de Bezout assure que $\mathrm{pgcd}(p_n, q_n) = 1$.

2. On a donc $u_n - u_{n+1} = \frac{p_n}{q_n} - \frac{p_{n+1}}{q_{n+1}} = \frac{(-1)^{n+1}}{q_n q_{n+1}}$ pour tout n. Pour montrer que la suite (u_n) converge, il suffit de montrer la convergence de la série de terme général $u_n - u_{n+1} = \frac{(-1)^{n+1}}{q_n q_{n+1}}$. Pour $n \geqslant 0$, on a $a_{n+2} \geqslant 1$ et q_{n+1} et donc $q_{n+2} \geqslant q_{n+1} + q_n > q_{n+1}$. Il en résulte que la suite $(q_n)_{n\geqslant 1}$ est une suite d'entiers strictement croissante ; on a donc $q_n \geqslant n$ pour $n \geqslant 1$. Il en découle que

$$|u_n - u_{n+1}| = \frac{1}{q_n q_{n+1}} \leqslant \frac{1}{n(n+1)}$$

ce qui montre la convergence absolue de la série $\sum u_n - u_{n+1}$.

3. La série alternée de terme général $\dfrac{(-1)^{n+1}}{q_n q_{n+1}}$ vérifie l'hypothèse de décroissance du théorème des séries alternées et on peut donc utiliser la majoration du reste : pour tout n, on a

$$|x - u_n| = \left|\sum_{k=n}^{+\infty} u_{k+1} - u_k\right| \leqslant \frac{1}{q_n q_{n+1}} < \frac{1}{q_n^2}.$$

Supposons par l'absurde x rationnel et posons $x = \dfrac{p}{q}$ avec $\mathrm{pgcd}(p,q) = 1$. D'après ce qui précède, on a pour tout $n \geqslant 1$, $0 < \left|p_n - \dfrac{pq_n}{q}\right| < \dfrac{1}{q_n}\cdot$ Or, si la fraction $\dfrac{|qp_n - pq_n|}{q}$ n'est pas nulle, elle est supérieure ou égale à $\dfrac{1}{q}\cdot$ On a donc $\dfrac{1}{q} < \dfrac{1}{q_n}$ pour tout n, ce qui est absurde puisque $\dfrac{1}{q_n}$ tend vers 0 quand n tend vers $+\infty$. Donc la limite x de la suite $(u_n)_{n\geqslant 0}$ est irrationnelle.

4. Formalisons un peu les choses en notant S l'ensemble des suites $(a_n)_{n\geqslant 0}$ avec $a_0 \in \mathbb{Z}$ et $a_n \geqslant 1$ pour $n \geqslant 1$. Pour $a \in$ S notons $\psi(a) \in \mathbb{R} \setminus \mathbb{Q}$ la limite de la suite $u = (u_n)$ associée. La question est de prouver que ψ est une bijection de S sur $\mathbb{R} \setminus \mathbb{Q}$.

On va commencer par montrer que ψ est injective en montrant que dans ce qui précède la suite $(a_n)_{n\geqslant 0}$ est uniquement déterminée par sa limite $x = \psi(a)$. Cela nous donnera un algorithme permettant le calcul de la suite a que l'on utilisera ensuite pour établir la surjectivité de ψ. On a

$$x = \lim_{n\to+\infty} u_n = u_0 + \sum_{k=0}^{+\infty}(u_{k+1} - u_k)$$

et comme la série vérifie le critère des séries alternées, on a $u_0 < x < u_1$, c'est-à-dire $a_0 < x < a_0 + \frac{1}{a_1}$, de sorte que a_0 est nécessairement la partie entière de x. Posons alors $x_1 = \frac{1}{x - a_0}$ qui est toujours un nombre irrationnel. On a pour tout n,

$$[a_0, a_1, \ldots, a_n] = a_0 + \frac{1}{[a_1, a_2, \ldots, a_n]}$$

En faisant tendre n vers l'infini, on en déduit que l'image y de la suite $(a_{n+1})_{n\geqslant 0}$ par ψ vérifie $x = a_0 + \frac{1}{y}$ de sorte que $y = x_1$. On en déduit que a_1 est nécessairement la partie entière de x_1 et ainsi de suite tous les termes de la suite a sont déterminés par x qui admet donc un unique antécédent par ψ.

Montrons maintenant la surjectivité de ψ. Si x est un irrationnel quelconque, on considère les suites (a_n) et (x_n) définies par $x_0 = x$, $a_0 = \lfloor x \rfloor$ puis, pour tout $n \geqslant 0$, $x_{n+1} = \dfrac{1}{x_n - a_n}$ et $a_{n+1} = \lfloor x_{n+1} \rfloor$. La suite (x_n) est formée de nombres irrationnels et est bien définie ; de plus $x_n > 0$ si $n \geqslant 1$. Montrons par récurrence que, pour tout n, on a $x = [a_0, a_1, \ldots, a_n, x_{n+1}]$

• Pour $n = 0$ on a $[a_0, x_1] = a_0 + \dfrac{1}{x_1} = a_0 + x - a_0 = x$.

• Supposons le résultat vrai au rang n. On a $x_{n+1} - a_{n+1} = \dfrac{1}{x_{n+2}}$ de sorte que

$$\begin{aligned} x = [a_0, a_1, \ldots, a_n, x_{n+1}] &= [a_0, a_1, \ldots, a_n, a_{n+1} + \frac{1}{x_{n+2}}] \\ &= [a_0, a_1, \ldots, a_n, a_{n+1}, x_{n+2}], \end{aligned}$$

ce qui termine la récurrence.

On va maintenant montrer que la suite $[a_0, \ldots, a_n]$ converge vers x. On reprend les notations de la question 1 ci-dessus avec cette suite a. On a vu que l'application $f_n : \alpha \longmapsto [a_0, a_1, \ldots, a_n, \alpha]$ est une homographie : $f_n(\alpha) = \dfrac{\alpha p_n + p_{n-1}}{\alpha q_n + q_{n-1}} \cdot$ On sait qu'une telle application est strictement monotone sur tout intervalle de $\mathbb{R}$ qui ne contient pas le pôle $-\dfrac{q_{n-1}}{q_n}$ (on le retrouve très simplement par un calcul de la dérivée) et en particulier sur $\mathbb{R}_+$. Il en résulte en particulier que le réel $f_n(x_{n+1})$ (qui vaut x) est toujours compris entre la valeur $f_n(0) = u_{n-1}$ et la limite de f_n en $+\infty$ qui vaut u_n. Par unicité de la limite on a donc $x = \psi(a)$.

Pour le nombre π, on obtient $a_0 = 3$, puis $a_1 = 7$, $a_2 = 15$ et $a_3 = 1$. Les approximations rationnelles de π obtenues sont $u_0 = 3$, $u_1 = \frac{22}{7} \simeq 3,14285$, $u_2 = [3, 7, 15] = \frac{333}{106} \simeq 3,141509$ et enfin $u_3 = \frac{355}{113} \simeq 3,14159292$. On observe que $|u_1 - \pi| < 10^{-2}$ et $|\pi - u_3| < 3.10^{-7}$.

5. Le nombre $\frac{\pi}{2}$ est irrationnel. Soit $[a_0, a_1, \ldots]$ son développement en fraction continue. On garde les notations de la question 1. On note que, puisque $\operatorname{pgcd}(q_n, q_{n+1}) = 1$ pour tout n, les entiers q_n ne peuvent pas être pairs à partir d'un certain rang : il y en a donc une infinité qui sont impairs. Considérons un indice k tel que q_k soit impair. D'après la question 3, on a $\left|\frac{\pi}{2} - \frac{p_k}{q_k}\right| \leqslant \frac{1}{q_k^2}$ et donc $\left|\frac{\pi}{2} q_k - p_k\right| \leqslant \frac{1}{q_k}$. Si on pose $\varepsilon_k = \frac{\pi}{2} q_k - p_k$, on obtient $|\varepsilon_k| \leqslant \frac{1}{q_k}$ et

$$|\tan p_k| = \left|\tan\left(\frac{\pi}{2} q_k + \varepsilon_k\right)\right| = \left|\tan\left(\varepsilon_k + \frac{\pi}{2}\right)\right| = \frac{1}{|\tan \varepsilon_k|},$$

car q_k est impair. On a donc $\dfrac{|\tan p_k|}{|p_k|} = \dfrac{1}{|p_k \tan \varepsilon_k|} \cdot$ Soit $(q_{\varphi(k)})$ une suite extraite de (q_n) constituée d'entiers impairs. Quand k tend vers $+\infty$, $\frac{p_{\varphi(k)}}{q_{\varphi(k)}}$ tend vers $\frac{\pi}{2}$ et $\varepsilon_{\varphi(k)}$ tend vers 0. On a donc

$$\frac{|\tan p_{\varphi(k)}|}{|p_{\varphi(k)}|} \sim \frac{1}{|p_{\varphi(k)}\varepsilon_{\varphi(k)}|} \sim \frac{2}{\pi q_{\varphi(k)}|\varepsilon_{\varphi(k)}|}.$$

Cette suite ne tend pas vers 0, car $\frac{1}{q_{\varphi(k)}|\varepsilon_{\varphi(k)}|} \geqslant 1$ pour tout k, alors que $(p_{\varphi(k)})$ tend vers $+\infty$. Cela montre donc que la suite $\left(\frac{\tan n}{n}\right)$ elle-même ne peut pas converger vers 0. ◁

On notera que le résultat de la question 3 fournit une autre preuve du théorème de Dirichlet, vu dans l'exercice 1.16. On peut généraliser le résultat observé dans la question 4 avec le nombre π *et montrer, qu'en un sens à préciser, les fractions* $u_n = \frac{p_n}{q_n}$ *sont des fractions de meilleures approximations de l'irrationnel* x*. Le lecteur pourra par exemple consulter le livre de* R.DESCOMBES, *Éléments de théorie des nombres,* PUF, 1986.

1.22. Nombres de Pisot

1. Soit A une partie de $\mathbb{N}^{\mathbb{N}}$. On suppose qu'il existe une application $n_0 : \mathrm{A} \to \mathbb{N}$ vérifiant, pour tout $(u, v) \in \mathrm{A}^2$,

$$(\forall k \leqslant \max(n_0(u), n_0(v)),\ \ u_k = v_k) \Longleftrightarrow u = v$$

Montrer que A est au plus dénombrable.

2. Considérons $\mathrm{S} = \{t > 1,\ \exists\alpha > 0,\ \lim_{n\to+\infty} d(\alpha t^n, \mathbb{Z}) = 0\}$. Soit $t \in \mathrm{S}$ et a une suite d'entiers telle que $|\alpha t^n - a_n| \leqslant \frac{1}{2}$ pour tout $n \in \mathbb{N}$. Montrer que $a_{n+2} - \frac{a_{n+1}^2}{a_n}$ tend vers 0. Montrer que S est au plus dénombrable.

3. Soit $t > 1$ un réel, racine d'un polynôme unitaire $\mathrm{P} \in \mathbb{Z}[\mathrm{X}]$ tel que toutes les autres racines complexes de P soient de module strictement inférieur à 1 (un tel réel t est appelé un *nombre de Pisot*). Montrer que $t \in \mathrm{S}$.

▷ **Solution.**

1. Pour tout $p \in \mathbb{N}$, l'ensemble A_p des suites u de A telles que $n_0(u) \leqslant p$ est au plus dénombrable, car l'application qui à une suite $u \in \mathrm{A}_p$ associe le $(p+1)$-uplet $(u_0, u_1, \ldots, u_p)$ est injective (et on sait que l'ensemble $\mathbb{N}^{p+1}$ est dénombrable). Comme $\mathrm{A} = \bigcup_{p\geqslant 0} \mathrm{A}_p$ est une réunion dénombrable d'ensembles au plus dénombrables, A est au plus dénombrable.

2. Notons que comme $d(\alpha t^n, \mathbb{Z})$ tend vers 0, à partir d'un certain rang l'entier a_n est déterminé de manière unique. Par hypothèse, on a $a_n = \alpha t^n + o(1)$. Ainsi,

$$\frac{a_{n+1}^2}{a_n} = \frac{\alpha^2 t^{2n+2} + o(t^n)}{\alpha t^n + o(1)} = \frac{\alpha t^{n+2} + o(1)}{1 + o(t^{-n})} = \alpha t^{n+2} + o(1).$$

Il en résulte donc que $a_{n+2} - \frac{a_{n+1}^2}{a_n} = o(1)$.

Soit ψ une application qui à chaque $t \in S$ associe une suite (a_n) comme-ci-dessus. On a $t = \lim_{n \to +\infty} \frac{a_{n+1}}{a_n}$ de sorte que ψ est injective. Montrons alors que l'ensemble des suites obtenues est au plus dénombrable. Pour cela, on va montrer que l'ensemble $\psi(S)$ vérifie les hypothèses de la question 1. Soit $t \in S$ et $(a_n) = \psi(t)$. Il existe un rang $n_0(a)$ tel que pour $n \geqslant n_0(a)$, $\left|a_{n+2} - \frac{a_{n+1}^2}{a_n}\right| < \frac{1}{2}$. Considérons $(b_n) = \psi(t')$ une seconde suite de $\Psi(S)$ et supposons que $a_k = b_k$ pour tout $k \leqslant \max(n_0(a), n_0(b)) = N$. On a $\frac{a_N^2}{a_{N-1}} = \frac{b_N^2}{b_{N-1}}$ donc, par l'inégalité triangulaire, on obtient

$$|a_{N+1} - b_{N+1}| \leqslant \left|a_{N+1} - \frac{a_N^2}{a_{N-1}}\right| + \left|b_{N+1} - \frac{b_N^2}{b_{N-1}}\right| < \frac{1}{2} + \frac{1}{2} = 1.$$

Comme, a_{N+1} et b_{N+1} sont entiers on a $a_{N+1} = b_{N+1}$. Une récurrence facile montre alors que $a = b$. D'après la question 1, $\psi(S)$ est au plus dénombrable, donc S aussi.

3. Notons $z_1, \dots, z_p$ les racines de P autres que t. Montrons que pour tout n, la somme de Newton $S_n = t^n + z_1^n + \dots + z_p^n$ est dans $\mathbb{Z}$. En effet, toutes les fonctions symétriques élémentaires des racines de P sont dans $\mathbb{Z}$ car P est unitaire et à coefficients dans $\mathbb{Z}$. Comme S_n est un polynôme symétrique en les racines de P à coefficients entiers, il peut s'écrire comme un polynôme à coefficients entiers en les fonctions symétriques élémentaires de ces racines. Il en résulte que $S_n \in \mathbb{Z}$ pour tout n. Notons que cela résulte aussi des formules de Newton (cf. exercice 4.49 du volume 1) et d'une récurrence sur n. Comme $|z_k| < 1$ pour tout k, les suites $(z_k^n)_{n \geqslant 0}$ tendent vers 0 et $d(t^n, \mathbb{Z})$ tend donc vers 0. Par suite, $t \in S$. $\lhd$

Il résulte de l'exercice que l'ensemble des nombres de Pisot est dénombrable. En 1944, Raphaël Salem a démontré qu'il est fermé. Le nombre d'or $\Phi = \frac{1+\sqrt{5}}{2}$ *est un exemple de nombre de Pisot. Les nombres de Pisot ont fait l'objet d'un problème posé aux ENS en 2012. On y démontre notamment qu'un réel* $t > 1$ *est un nombre de Pisot si et seulement s'il existe* $\lambda > 0$ *tel que la série* $\sum \sin^2(\lambda t^n)$ *converge.*

L'exercice suivant, très classique, rappelle la structure des sous-groupes additifs de $\mathbb{R}$.

1.23. Sous-groupes additifs de $\mathbb{R}$

1. Soit G un sous-groupe de $(\mathbb{R}, +)$ non réduit à $\{0\}$. Montrer que G est soit dense dans $\mathbb{R}$, soit de la forme $a\mathbb{Z}$ avec $a > 0$.

2. Soit α et β deux réels non nuls. Discuter la nature du sous-groupe additif qu'ils engendrent.

3. Soit $\beta \notin \mathbb{Q}$. Montrer que $\mathbb{N}\beta + \mathbb{Z}$ est dense dans $\mathbb{R}$.

4. Soit $\theta \notin 2\pi\mathbb{Q}$. Montrer que l'ensemble $\{e^{in\theta}, n \in \mathbb{N}\}$ est dense dans le cercle unité S^1 de $\mathbb{C}$. En déduire l'ensemble des valeurs d'adhérence de la suite $(\sin n)_{n\geqslant 0}$.

▷ **Solution.**

1. Si G est monogène égal à $a\mathbb{Z}$ (avec $a > 0$), a est le plus petit élément strictement positif de G. Si G est dense dans $\mathbb{R}$, $G \cap \mathbb{R}_+^*$ n'a pas de plus petit élément mais une borne inférieure nulle. Il est donc naturel d'introduire l'ensemble $G_+ = G \cap \mathbb{R}_+^*$ et $a = \inf G_+$. Le réel $a \geqslant 0$ est bien défini car G_+ est non vide et minoré. En effet, il existe $x \in G$ non nul et donc x ou $-x$ est dans G_+, qui est minoré par 0. Les remarques précédentes invitent alors à distinguer deux cas.

• Supposons $a > 0$. On va montrer qu'alors $a \in G$, puis que $G = a\mathbb{Z}$. Raisonnons par l'absurde et supposons que a ne soit pas dans G.

Comme $a > 0$, on a $2a > a$ et il existe $x \in G_+$, tel que $x < 2a$. On a donc $a < x < 2a$, puisque $a \notin G$. Il existe alors $y \in G_+$ tel que $y < x$. On a alors $a < y < x < 2a$ et $x - y$ en tant que différence d'éléments de G est dans G, et même dans G_+. Or $x - y < a$, ce qui contredit la définition de a. Donc $a \in G$.

Par conséquent $a\mathbb{Z}$, le groupe engendré par a, est inclus dans G. Réciproquement, soit $x \in G$ et $k = \lfloor \frac{x}{a} \rfloor \in \mathbb{Z}$. Comme G est un groupe le réel $x - ka$ est dans G, et comme $k \leqslant \frac{x}{a} < k + 1$, il vérifie $0 \leqslant x - ka < a = \min G_+$. Nécessairement, $x - ka = 0$ et $x = ka \in a\mathbb{Z}$. Il en résulte que $G = a\mathbb{Z}$.

• Supposons $a = 0$. On va montrer qu'alors G est dense dans $\mathbb{R}$ c'est-à-dire que G rencontre tout intervalle ouvert. Soit $I =]\alpha, \beta[$ un tel intervalle. Comme $a = 0$, il existe un élément $g \in G$ tel que $0 < g < \beta - \alpha$. Le sous-groupe $g\mathbb{Z}$ engendré par g est inclus dans G et rencontre nécessairement I (sinon il existerait un entier $k \in \mathbb{Z}$ tel que $I \subset]kg, (k+1)g[$, ce qui contredirait l'inégalité $g < \beta - \alpha$). Cela prouve la densité de G dans $\mathbb{R}$.

Conclusion. Un sous-groupe additif de $\mathbb{R}$ est soit monogène (et donc discret), soit dense dans $\mathbb{R}$.

2. Il s'agit d'étudier le sous-groupe $G = \alpha\mathbb{Z} + \beta\mathbb{Z} \neq \{0\}$.

Supposons qu'il existe $a > 0$ tel que $G = a\mathbb{Z}$. Comme α et β sont dans G, on peut trouver des entiers k et ℓ tel que $\alpha = ka$ et $\beta = \ell a$, et en faisant le rapport, on voit que $\frac{\alpha}{\beta} = \frac{k}{\ell}$ est rationnel.

Réciproquement, supposons $\frac{\alpha}{\beta}$ rationnel. Écrivons $\frac{\alpha}{\beta} = \frac{k}{\ell}$, avec k et ℓ premiers entre eux. On a

$$\alpha\mathbb{Z} + \beta\mathbb{Z} = \beta\left(\frac{k}{\ell}\mathbb{Z} + \mathbb{Z}\right) = \frac{\beta}{\ell}(k\mathbb{Z} + \ell\mathbb{Z}) = \frac{\beta}{\ell}\mathbb{Z},$$

car k et ℓ sont premiers entre eux.

Conclusion. Si $\frac{\alpha}{\beta} \in \mathbb{Q}$, G est monogène et sinon, G est dense dans $\mathbb{R}$.

3. Le sous-groupe additif $G = \beta\mathbb{Z} + \mathbb{Z}$ de $\mathbb{R}$ est dense d'après la question précédente. On va montrer que l'ensemble $\mathbb{N}\beta + \mathbb{Z}$ reste encore dense. Soit $a < b$ deux réels. On peut trouver un élément $x = v\beta + u \in G$ tel que $0 < x < b - a$.

• Supposons d'abord que v est un entier naturel. On choisit un entier $n_0 < a$. Les éléments de la suite $(kx + n_0)_{k \geqslant 0}$ sont tous dans $\mathbb{N}\beta + \mathbb{Z}$ et il est clair que l'un d'eux au moins appartient à l'intervalle $]a, b[$ (c'est le même argument que dans la question 1).

• Supposons $v < 0$. Alors $-x \in \mathbb{N}\beta + \mathbb{Z}$ et $-(b - a) < -x < 0$. On choisit un entier $n_0 > b$. Les éléments de la suite $(n_0 - kx)_{k \geqslant 0}$ sont tous dans $\mathbb{N}\beta + \mathbb{Z}$ et l'un d'eux au moins appartient à $]a, b[$.

4. Posons $X = \{e^{in\theta},\ n \in \mathbb{N}\}$. Il s'agit de l'image de l'ensemble $\mathbb{Z} + \frac{\theta}{2\pi}\mathbb{N}$ par l'application $f : x \mapsto e^{2i\pi x}$. Comme f est continue et que cet ensemble est dense dans $\mathbb{R}$ d'après la question précédente, son image est également dense dans $f(\mathbb{R}) = S^1$.

Dans le cas $\theta = 1$, on a bien $\frac{1}{2\pi} \notin \mathbb{Q}$ et l'ensemble $\{e^{in},\ n \in \mathbb{N}\}$ est dense dans S^1. Comme l'application qui à un nombre complexe associe sa partie imaginaire est continue, l'ensemble $\{\sin n,\ n \in \mathbb{N}\}$ est dense dans le segment $[-1, 1]$. Pour tout $a \in [-1, 1]$, tout $\varepsilon > 0$ et tout $N \in \mathbb{N}$, on est alors assuré de trouver un entier $n \geqslant N$ tel que $|\sin n - a| \leqslant \varepsilon$. Cela signifie que tout réel de $[-1, 1]$ est une valeur d'adhérence de la suite $(\sin n)_{n \geqslant 0}$. L'autre inclusion étant évidente, on conclut que l'ensemble des valeurs d'adhérence de la suite est le segment $[-1, 1]$. ◁

On peut déduire de la question 1 qu'un sous-groupe G *de* S^1 *est soit fini (égal dans ce cas au groupe des racines n-ièmes de l'unité, où* $n = |G|$*), soit dense dans* S^1.

Les exercices qui suivent sont consacrés à quelques inégalités. Le lecteur trouvera dans le chapitre 4 des inégalités de convexité.

1.24. Une inégalité (1)

Montrer que parmi treize réels distincts on peut toujours en choisir deux, disons x et y, tels que $0 < \frac{x - y}{1 + xy} < 2 - \sqrt{3}$.

▷ **Solution.**

Notons $x_1 < x_2 < \cdots < x_{13}$ les réels en question. L'expression $\frac{x-y}{1+xy}$ rappelle le développement de $\tan(\theta - \theta')$. Considérons les réels $\theta_i = \arctan x_i$, pour $1 \leqslant i \leqslant 13$. Ils sont dans $I = \left]-\frac{\pi}{2}, \frac{\pi}{2}\right[$ et rangés dans l'ordre croissant. Comme la longueur de I est égale à π, il existe $k \in [\![1, 12]\!]$ tel que $\theta_{k+1} - \theta_k < \frac{\pi}{12}$. La fonction tangente étant strictement croissante sur $\left[0, \frac{\pi}{2}\right[$, on a $0 < \tan(\theta_{k+1} - \theta_k) < \tan\frac{\pi}{12}$. Or, nous savons que

$$\tan(\theta_{k+1} - \theta_k) = \frac{\tan\theta_{k+1} - \tan\theta_k}{1 + \tan\theta_k \tan\theta_{k+1}} = \frac{x_{k+1} - x_k}{1 + x_k x_{k+1}}.$$

Le réel $\alpha = \tan\frac{\pi}{12}$ vérifie l'équation

$$\frac{2\alpha}{1-\alpha^2} = \tan\frac{\pi}{6} = \frac{1}{\sqrt{3}}.$$

En résolvant l'équation du second degré qui en découle, on obtient $\alpha = -\sqrt{3} \pm 2$. Comme $\alpha > 0$, on trouve $\alpha = 2 - \sqrt{3}$. Finalement, on obtient

$$0 < \frac{x_{k+1} - x_k}{1 + x_k x_{k+1}} < 2 - \sqrt{3}.$$

D'où le résultat. ◁

L'inégalité suivante a été posée comme question dans l'American Mathematical Monthly en 1985.

1.25. Une inégalité (2)

Soit x et y dans $\mathbb{R}_+^*$. Montrer que $x^x + y^y \geqslant x^y + y^x$.

▷ **Solution.**

Les deux variables jouant le même rôle, on peut supposer $0 < x \leqslant y$. L'inégalité est assez facile à obtenir lorsque $y \geqslant 1$ car on peut écrire :

$$y^y - y^x = y^x(y^{y-x} - 1) \geqslant x^x(y^{y-x} - 1) \geqslant x^x(x^{y-x} - 1) = x^y - x^x.$$

Il est à noter que cela est faux lorsque $y < 1$, car le terme $y^{y-x} - 1$ est alors négatif et on ne peut plus multiplier l'inégalité $y^x \geqslant x^x$ par ce terme.

On suppose dans la suite $y < 1$. On utilise une étude de fonction. On pose, pour $x \in]0, y]$,

$$f(x) = x^x + y^y - x^y - y^x.$$

On a $f(y) = 0$ et $\lim_{x \to 0} f(x) = y^y > 0$. Pour montrer que f est positive, il suffit de prouver qu'elle est décroissante sur $]0, y]$. La fonction f est dérivable et on a pour tout x,

$$f'(x) = (1 + \ln x)x^x - yx^{y-1} - (\ln y)y^x = (\ln x)x^x - (\ln y)y^x + x^x - yx^{y-1}.$$

On va montrer que chacun des deux termes $(\ln x)x^x - (\ln y)y^x$ et $x^x - yx^{y-1}$ est négatif.

Commençons par le second. On le regarde comme une fonction de y à $x \in]0, 1[$ fixé et on pose $g(y) = x^x - yx^{y-1}$. La fonction g est dérivable et on a pour tout y,

$$g'(y) = -x^{y-1} - (\ln x)yx^{y-1} = -x^{y-1}(1 + y \ln x).$$

Cette dérivée s'annule en $y_0 = -\dfrac{1}{\ln x} > 0$ et est négative pour $y < y_0$ et positive pour $y > y_0$. Il en résulte que g est décroissante puis croissante et admet un minimum en y_0. Or on a clairement $g(x) = 0$ et $g(1) = x^x - 1 < 0$. La fonction g est donc décroissante ou décroissante puis croissante sur le segment $[x, 1]$. Dans les deux cas, elle est négative sur $[x, 1]$.

Occupons-nous maintenant du terme $(\ln x)x^x - (\ln y)y^x$. On utilise la même idée : pour montrer qu'il est négatif, il suffit de prouver que la fonction $h : y \mapsto (\ln y)y^x$ est croissante sur $[x, 1]$. Or on a

$$h'(y) = y^{x-1}(1 + x \ln y)$$

et il est clair que $h' \geqslant 0$ sur $[x, +\infty[$, puisque le terme $1 + x \ln y$ est minimal en x où il vaut $1 + x \ln x \geqslant 0$.

On a donc $f' \leqslant 0$ et l'inégalité est prouvée. $\triangleleft$

Le lecteur trouvera dans l'article de l'American Mathematical Monthly (1990, p.65) la généralisation suivante : pour $x_1, \dots, x_n$ strictement positifs et pour toute permutation $\sigma \in \mathfrak{S}_n$, on a

$$x_1^{x_1} + \cdots + x_n^{x_n} \geqslant x_1^{x_{\sigma(1)}} + \cdots + x_n^{x_{\sigma(n)}}.$$

1.26. Inégalité du réordonnement

Soit $x_1 \geqslant x_2 \geqslant \cdots \geqslant x_n$ et $y_1 \geqslant y_2 \geqslant \cdots \geqslant y_n$ des réels. On considère $(z_1, \dots, z_n)$ une permutation de $(y_1, \dots, y_n)$. Montrer que

$$\sum_{i=1}^{n} (x_i - y_i)^2 \leqslant \sum_{i=1}^{n} (x_i - z_i)^2.$$

▷ **Solution.**

On commence par développer les carrés. Dans l'inégalité que l'on souhaite prouver, on peut alors simplifier de part et d'autre $\sum_{i=1}^{n} x_i^2$ et $\sum_{i=1}^{n} y_i^2 = \sum_{i=1}^{n} z_i^2$, de sorte qu'il est équivalent de montrer l'inégalité

$$\sum_{i=1}^{n} x_i z_i \leqslant \sum_{i=1}^{n} x_i y_i.$$

Supposons dans un premier temps que les inégalités entre les x_i sont toutes strictes : $x_1 > x_2 > \cdots > x_n$. Si les z_i ne sont pas rangés en ordre décroissant, c'est-à-dire si on peut trouver $i < j$ tel que $z_i < z_j$, on augmente (strictement) la somme $\sum_{i=1}^{n} x_i z_i$ en échangeant z_i et z_j. En effet, on a

$$x_i z_i + x_j z_j < x_i z_j + x_j z_i,$$

car cette inégalité équivaut encore à $(x_i - x_j)(z_i - z_j) < 0$. Parmi les $n!$ sommes obtenues en permutant $y_1, \ldots, y_n$, la valeur maximale est donc obtenue pour une permutation $(z_1, \ldots, z_n)$ telle que $z_1 \geqslant z_2 \geqslant \cdots \geqslant z_n$. Auquel cas, on a $z_1 = y_1$, $z_2 = y_2, \ldots, z_n = y_n$. Cela démontre le résultat dans ce cas.

Pour le cas général nous proposons deux rédactions.

• On peut se ramener au cas où les inégalités entre les x_i sont strictes en les perturbant un petit peu. On pose, pour $\varepsilon > 0$, $x'_n = x_n$, $x'_{n-1} = x_{n-1} + \varepsilon$, $x'_{n-2} = x_{n-2} + 2\varepsilon, \ldots, x'_1 = x_1 + (n-1)\varepsilon$. On a alors $x'_n < x'_{n-1} < \cdots < x'_1$ et d'après ce qui précède,

$$\sum_{i=1}^{n} x'_i z_i \leqslant \sum_{i=1}^{n} x'_i y_i$$

pour tout n-uplet $(z_1, \ldots, z_n)$ obtenu en permutant $(y_1, \ldots, y_n)$. Cela étant valable pour tout $\varepsilon > 0$, il suffit de faire tendre ε vers 0^+ pour obtenir le résultat souhaité.

• On peut aussi raisonner directement en regroupant les indices $1, \ldots, n$ en paquets $(1, \ldots, i_1)$, $(i_1 + 1, \ldots, i_2)$, $\ldots$, $(i_{p-1} + 1, \ldots, i_p)$ (avec $i_p = n$) de façon à avoir

$$x_1 = \cdots = x_{i_1} < x_{i_1+1} = \cdots = x_{i_2} < \cdots < x_{i_{p-1}+1} = \cdots = x_{i_p}.$$

Sans changer la somme $\sum_{i=1}^{n} x_i z_i$, on peut réarranger les z_i à l'intérieur de chaque paquet d'indices, en les classant par ordre décroissant de façon à avoir $z_{i_{k-1}+1} \geqslant \cdots \geqslant z_{i_k}$. Si après ce réarrangement les z_i ne sont pas globalement rangés par ordre décroissant, alors si i et j sont tels que $i < j$ et $z_i < z_j$, les indices i et j n'appartiennent pas au même paquet et on a aussi $x_i > x_j$. On peut alors conclure comme dans le premier cas. ◁

1.27. Inégalité de Tchebychev

1. Soit $(x_1, \ldots, x_n)$ et $(y_1, \ldots, y_n)$ deux suites monotones de réels. Comparer

$$\left(\frac{1}{n}\sum_{k=1}^{n} x_k\right) \times \left(\frac{1}{n}\sum_{k=1}^{n} y_k\right) \quad \text{à} \quad \left(\frac{1}{n}\sum_{k=1}^{n} x_k y_k\right).$$

2. Soient f et g deux fonctions monotones et continues par morceaux sur $[a,b]$. Comparer $\int_a^b f \times \int_a^b g$ avec $(b-a)\int_a^b fg$.

▷ **Solution.**

1. Il est naturel de faire la différence des deux quantités proposées. En multipliant par n^2 on doit chercher le signe de

$$\mathrm{D} = n\sum_{k=1}^{n} x_k y_k - \sum_{1\leqslant i,j\leqslant n} x_i y_j.$$

En sommant d'abord selon les x_i il vient

$$\begin{aligned}\mathrm{D} &= \sum_{i=1}^{n} x_i\Big((y_i - y_1) + (y_i - y_2) + \cdots + (y_i - y_n)\Big)\\ &= \sum_{1\leqslant i,j\leqslant n} x_i(y_i - y_j) = \sum_{j<i}(y_i - y_j)(x_i - x_j).\end{aligned}$$

Par hypothèses les différences $x_i - x_j$ (resp. $y_i - y_j$) pour $i < j$ ont toutes le même signe. On en déduit que si les deux suites ont la même monotonie alors on a $\mathrm{D} \geqslant 0$ et

$$\left(\frac{1}{n}\sum_{k=1}^{n} x_k\right) \times \left(\frac{1}{n}\sum_{k=1}^{n} y_k\right) \leqslant \left(\frac{1}{n}\sum_{k=1}^{n} x_k y_k\right).$$

L'inégalité est inversée si les deux suites ont des monotonies opposées.

2. La première question suggère d'utiliser des sommes de Riemann. Notons $(x_{k,n})_{0\leqslant k\leqslant n}$ les points de la subdivision régulière du segment $[a,b]$ en n intervalles. Supposons par exemple que f et g ont la même monotonie. On a alors pour tout n,

$$\left(\frac{b-a}{n}\sum_{k=1}^{n} f(x_{k,n})\right) \times \left(\frac{b-a}{n}\sum_{k=1}^{n} g(x_{k,n})\right) \leqslant \frac{(b-a)^2}{n}\sum_{k=1}^{n} f(x_{k,n})g(x_{k,n})$$

d'après la première question. En passant à la limite on obtient donc

$$\int_a^b f(t)\mathrm{d}t \times \int_a^b g(t)\mathrm{d}t \leqslant (b-a)\int_a^b f(t)g(t)\mathrm{d}t$$

et l'inégalité est inversée lorsque f et g ont des monotonies opposées. ◁

Notons qu'il est très facile de déduire l'inégalité de Tchebychev à partir de l'inégalité du réordonnement de l'exercice précédent. Supposons par exemple les suites de même monotonie. On a alors les inégalités suivantes :

$$\begin{array}{rcl} x_1y_1 + x_2y_2 + \cdots + x_ny_n & \leqslant & x_1y_1 + x_2y_2 + \cdots + x_ny_n \\ x_1y_2 + x_2y_3 + \cdots + x_ny_1 & \leqslant & x_1y_1 + x_2y_2 + \cdots + x_ny_n \\ & \vdots & \\ x_1y_n + x_2y_1 + \cdots + x_ny_{n-1} & \leqslant & x_1y_1 + x_2y_2 + \cdots + x_ny_n \end{array}$$

En sommant il vient $(x_1 + \cdots + x_n)(y_1 + \cdots + y_n) \leqslant n(x_1y_1 + \cdots + x_ny_n)$, ce qui est le résultat voulu.

Les trois exercices qui suivent sont consacrés à des inégalités assez fines sur des nombres complexes.

1.28. Inégalité dans $\mathbb{C}$ (1)

Soit $n \in \mathbb{N}^*$ et $(z_1, \ldots, z_n) \in \mathbb{C}^n$. Montrer qu'il existe une partie I de $[\![1, n]\!]$ telle que

$$\left|\sum_{k \in \mathrm{I}} z_k\right| \geqslant \frac{1}{\pi}\sum_{k=1}^{n} |z_k|.$$

On introduira, pour $\theta \in \mathbb{R}$, $\mathrm{S}_\theta = \left\{j \in [\![1, n]\!],\ \theta - \frac{\pi}{2} \leqslant \arg z_j \leqslant \theta + \frac{\pi}{2}\right\}$, ainsi que la fonction $f(\theta) = \left|\sum_{k \in \mathrm{S}_\theta} z_k\right|$. On cherchera une minoration de f, que l'on intégrera sur $[0, 2\pi]$.

▷ **Solution.**

On peut évidemment supposer que les z_i sont tous non nuls. Notons D_θ la droite du plan complexe passant par 0 et de vecteur normal $e^{i\theta}$. L'ensemble S_θ est alors l'ensemble des indices $j \in [\![1, n]\!]$ tels que z_j soit dans le demi-plan fermé délimité par D_θ et contenant $e^{i\theta}$. Posons $z_k = r_k e^{i\theta_k}$ avec $r_k = |z_k| > 0$ et $\theta_k \in [0, 2\pi[$, pour tout $k \in [\![1, n]\!]$.

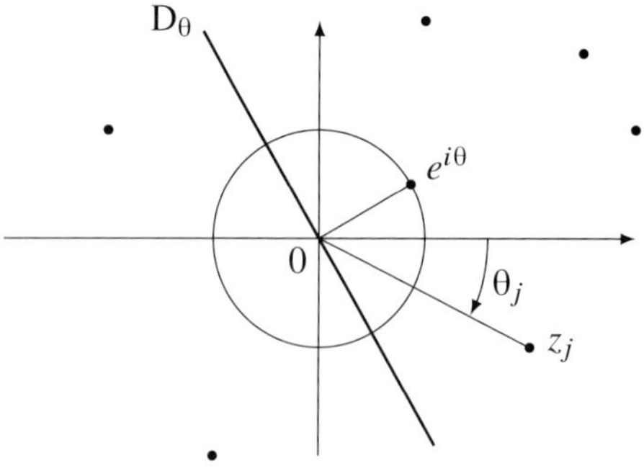

On a alors

$$\Big|\sum_{j\in S_\theta} z_j\Big| = \Big|\sum_{j\in S_\theta} z_j e^{-i\theta}\Big| \geqslant \mathrm{Re}\Big(\sum_{j\in S_\theta} z_j e^{-i\theta}\Big) = \sum_{j\in S_\theta} r_j \cos(\theta_j - \theta).$$

On peut intégrer cette inégalité sur $[0, 2\pi]$, car fonction f est une fonction en escalier sur $[0, 2\pi]$ et la fonction $\theta \longmapsto \sum_{j\in S_\theta} r_j \cos(\theta_j - \theta)$ est continue par morceaux. Il vient

$$\int_0^{2\pi} f(\theta)\mathrm{d}\theta \geqslant \int_0^{2\pi} \sum_{j\in S_\theta} r_j \cos(\theta_j - \theta)\mathrm{d}\theta = \sum_{j=1}^{n} r_j \int_0^{2\pi} \cos(\theta - \theta_j)\chi_j(\theta)\mathrm{d}\theta$$

où la fonction χ_j est définie par $\chi_j(\theta) = 1$ si $j \in S_\theta$ et $\chi_j(\theta) = 0$ sinon. Or, si j est fixé, alors j est dans S_θ si, et seulement si, θ appartient à $\left[\theta_j - \frac{\pi}{2}, \theta_j + \frac{\pi}{2}\right]$ (modulo 2π). Plus précisément, on a

$$\chi_j^{-1}(\{1\}) = \begin{cases} \left[\theta_j - \frac{\pi}{2}, \theta_j + \frac{\pi}{2}\right] & \text{si } \theta_j \in \left[\frac{\pi}{2}, \frac{3\pi}{2}\right], \\ \left[0, \theta_j + \frac{\pi}{2}\right] \cup \left[\theta_j + \frac{3\pi}{2}, 2\pi\right] & \text{si } \theta_j \in \left[0, \frac{\pi}{2}\right], \\ \left[\theta_j - \frac{\pi}{2}, 2\pi\right] \cup \left[0, \theta_j - \frac{3\pi}{2}\right] & \text{si } \theta_j \in \left[\frac{3\pi}{2}, 2\pi\right]. \end{cases}$$

Par 2π-périodicité de la fonction cosinus, on a dans chacun des trois cas,

$$\int_0^{2\pi} \cos(\theta - \theta_j)\chi_j(\theta)\mathrm{d}\theta = \int_{\theta_j - \frac{\pi}{2}}^{\theta_j + \frac{\pi}{2}} \cos(\theta - \theta_j)\mathrm{d}\theta = 2.$$

Il en résulte que

$$\int_0^{2\pi} f(\theta)\mathrm{d}\theta \geqslant 2\sum_{j=1}^{n} r_j = 2\sum_{j=1}^{n} |z_j|.$$

Il existe donc nécessairement $\theta_0 \in [0, 2\pi]$ tel que $2\pi f(\theta_0) \geqslant 2\sum_{j=1}^{n} |z_j|$. Alors, la partie $I = S_{\theta_0}$ répond à la question posée. $\lhd$

1.29. Inégalité dans $\mathbb{C}$ (2)

Soit $n \in \mathbb{N}^*$, et $z_1, \dots, z_n$ des nombres complexes non nuls, dont on notera, pour $1 \leqslant k \leqslant n$, ρ_k le module et θ_k un argument. On désigne par I_n l'ensemble des applications de $[\![1, n]\!]$ dans $\{-1, 1\}$.

1. Montrer que

$$\max_{\varepsilon \in \mathrm{I}_n} \left| \sum_{k=1}^{n} \varepsilon(k) z_k \right| = \sup_{\theta \in \mathbb{R}} \sum_{k=1}^{n} \rho_k |\cos(\theta_k - \theta)|.$$

2. Montrer que

$$\sum_{k=1}^{n} |z_k| \leqslant \frac{\pi}{2} \max_{\varepsilon \in \mathrm{I}_n} \left| \sum_{k=1}^{n} \varepsilon(k) z_k \right|.$$

3. Prouver que $\frac{\pi}{2}$ est la plus petite constante strictement positive telle que l'inégalité ci-dessus ait lieu pour tout n et tout n-uplet $(z_1, \dots, z_n)$ de nombres complexes non nuls.

▷ **Solution.**

1. Soit $\theta \in \mathbb{R}$. On note D_θ la droite du plan complexe passant par 0 et de vecteur normal $e^{i\theta}$. On choisit les signes $\varepsilon(k)$ de sorte que $\varepsilon(k) z_k$ appartienne au demi-plan fermé délimité par D_θ et contenant $e^{i\theta}$. Dans ce cas, $\varepsilon(k)$ est exactement le signe de $\cos(\theta - \theta_k)$ (lorsque cette quantité est non nulle, c'est-à-dire si $z_k \notin \mathrm{D}_\theta$). Il en résulte que

$$\begin{aligned}\sum_{k=1}^{n} \rho_k |\cos(\theta_k - \theta)| &= \sum_{k=1}^{n} \varepsilon(k) \rho_k \cos(\theta_k - \theta) = \mathrm{Re} \left(\sum_{k=1}^{n} \varepsilon(k) z_k e^{-i\theta} \right) \\ &\leqslant \left| e^{-i\theta} \sum_{k=1}^{n} \varepsilon(k) z_k \right| = \left| \sum_{k=1}^{n} \varepsilon(k) z_k \right|.\end{aligned}$$

Ce qui précède étant valable pour tout $\theta \in \mathbb{R}$, on a

$$\sup_{\theta \in \mathbb{R}} \sum_{k=1}^{n} \rho_k |\cos(\theta_k - \theta)| \leqslant \max_{\varepsilon \in \mathrm{I}_n} \left| \sum_{k=1}^{n} \varepsilon(k) z_k \right|.$$

Inversement, soit $\varepsilon \in \mathrm{I}_n$. On écrit $\sum_{k=1}^{n} \varepsilon(k) z_k = r e^{i\theta}$, où $r \geqslant 0$ et $\theta \in \mathbb{R}$. On a alors

$$\begin{aligned}\left| \sum_{k=1}^{n} \varepsilon(k) z_k \right| &= r = \sum_{k=1}^{n} \varepsilon(k) z_k e^{-i\theta} = \mathrm{Re} \left(\sum_{k=1}^{n} \varepsilon(k) z_k e^{-i\theta} \right) \\ &= \sum_{k=1}^{n} \varepsilon(k) \rho_k \cos(\theta_k - \theta) \leqslant \sum_{k=1}^{n} \rho_k |\cos(\theta_k - \theta)|,\end{aligned}$$

ce qui prouve que

$$\max_{\varepsilon\in I_n}\left|\sum_{k=1}^{n}\varepsilon(k)z_k\right| \leqslant \sup_{\theta\in\mathbb{R}}\sum_{k=1}^{n}\rho_k|\cos(\theta_k-\theta)|$$

et l'égalité demandée en résulte.

2. On a, d'après la question 1,

$$\int_0^{\pi}\sum_{k=1}^{n}\rho_k|\cos(\theta_k-\theta)|\mathrm{d}\theta \leqslant \pi\max_{\varepsilon\in I_n}\left|\sum_{k=1}^{n}\varepsilon(k)z_k\right|.$$

On calcule l'intégrale de gauche. Comme $u\longmapsto|\cos u|$ est une fonction π-périodique, on a pour tout k,

$$\int_0^{\pi}|\cos(\theta-\theta_k)|\mathrm{d}\theta = \int_{-\theta_k}^{\pi-\theta_k}|\cos u|\mathrm{d}u = \int_0^{\pi}|\cos u|\mathrm{d}u = 2.$$

On obtient donc

$$2\sum_{k=1}^{n}|z_k| = 2\sum_{k=1}^{n}\rho_k \leqslant \pi\max_{\varepsilon\in I_n}\left|\sum_{k=1}^{n}\varepsilon(k)z_k\right|,$$

ce qui est l'inégalité demandée.

3. On prend pour $z_1,\ldots,z_n$ les racines $2n$-ièmes de l'unité qui se trouvent dans le demi-plan défini par $\mathrm{Im}\,z\geqslant 0$ (hormis -1), c'est-à-dire les nombres complexes $z_k=e^{\frac{i(k-1)\pi}{n}}$ pour $k\in[\![1,n]\!]$. On a dans ce cas $\sum_{k=1}^{n}|z_k|=n$. Pour estimer le second membre de l'inégalité obtenue en 2, on utilise la question 1. Notons f la fonction définie par

$$f(\theta)=\sum_{k=0}^{n-1}\left|\cos\left(\theta-\frac{k\pi}{n}\right)\right|.$$

On voit facilement que f est $\frac{\pi}{n}$-périodique ce qui permet de se placer sur $\left[0,\frac{\pi}{n}\right]$ pour calculer son maximum. Pour simplifier les calculs, on va supposer en plus que $n=2p$ est pair. On a alors

$$\begin{aligned} f(\theta) &= \sum_{k=0}^{p-1}\cos\left(\theta-\frac{k\pi}{n}\right)-\sum_{k=p}^{n-1}\cos\left(\theta-\frac{k\pi}{n}\right)\\ &= \sum_{k=0}^{p-1}\cos\left(\theta-\frac{k\pi}{n}\right)+\cos\left(\theta+\frac{\pi}{2}-\frac{k\pi}{n}\right)\end{aligned}$$

En utilisant la somme des termes d'une suite géométrique, on obtient

$$\sum_{k=0}^{p-1}\cos\left(\theta-\frac{k\pi}{n}\right)=\mathrm{Re}\left(e^{i\theta}\frac{1+i}{1-e^{-i\pi/n}}\right)=\frac{\sqrt{2}\cos(\theta-\frac{\pi}{4}+\frac{\pi}{4p})}{2\sin\frac{\pi}{4p}}.$$

Il en résulte que

$$f(\theta) = \frac{\sqrt{2}}{2\sin\frac{\pi}{4p}}\Big(\cos\big(\theta - \frac{\pi}{4} + \frac{\pi}{4p}\big) + \cos\big(\theta + \frac{\pi}{4} + \frac{\pi}{4p}\big)\Big) = \frac{\cos(\theta + \frac{\pi}{4p})}{\sin\frac{\pi}{4p}}.$$

Sur $\left[0, \frac{\pi}{n}\right]$ le maximum de f est donc $\operatorname{cotan}\frac{\pi}{4p} = \operatorname{cotan}\frac{\pi}{2n}\cdot$ Si C est une constante qui convient pour l'inégalité de la question 2, on doit donc avoir pour tout n pair,

$$n \leqslant C \operatorname{cotan}\frac{\pi}{2n}$$

soit $n\tan\frac{\pi}{2n} \leqslant C$. En passant à la limite, on obtient $\frac{\pi}{2} \leqslant C$. ◁

Dans l'exercice 3.49 du chapitre 3, le lecteur trouvera un théorème de Riemann qui affirme que si $\sum u_n$ est une série réelle semi-convergente, on peut trouver pour tout réel λ une permutation σ de $\mathbb{N}$ telle que $\sum_{n=0}^{+\infty} u_{\sigma(n)} = \lambda$. On peut se poser la même question dans $\mathbb{C}$. Un théorème de Steinitz affirme que si une série complexe $\sum z_n$ converge, l'ensemble des sommes des séries convergentes de la forme $\sum z_{\sigma(n)}$ (où σ est une permutation de $\mathbb{N}$) est un sous-espace affine réel de $\mathbb{C}$. On le démontre à partir du lemme de confinement suivant : si $z_1, \dots, z_n$ sont des nombres complexes de module $\leqslant 1$ et de somme nulle, il existe une permutation $\sigma \in \mathcal{S}_n$ telle que $\left|\sum_{i=1}^{p} z_{\sigma(i)}\right| \leqslant \sqrt{5}$ pour tout p (le lecteur pourra trouver ces différents résultats dans GONNORD (S.) & TOSEL (N.), Thèmes d'analyse pour l'Agrégation, *Topologie et analyse fonctionnelle, Ellipses, 1996, p. 18-22). Dans l'exercice suivant est établi un lemme de confinement analogue. On ne s'autorise plus à permuter les z_i mais on peut leur attribuer un signe. Pour un bon choix de ces signes, les sommes partielles auront toutes un module $\leqslant \sqrt{3}$. La deuxième question en donne une application spectaculaire aux séries : toute série complexe $\sum z_n$ dont le terme général tend vers 0 peut être rendue convergente en « signant » convenablement les z_n.*

*1.30. Un lemme de confinement

1. Soit $z_1, z_2, \dots, z_n$ des nombres complexes de module inférieur ou égal à 1. Montrer qu'il existe un n-uplet $(\varepsilon_1, \dots, \varepsilon_n) \in \{\pm 1\}^n$ tel que pour tout $p \in [\![1, n]\!]$, $|\varepsilon_1 z_1 + \cdots + \varepsilon_p z_p| \leqslant \sqrt{3}$.

2. Soit $(z_n)_{n\geqslant 0}$ une suite de nombres complexes tendant vers 0. Montrer qu'il existe une suite $(\varepsilon_n)_{n\geqslant 0}$ d'éléments de $\{\pm 1\}$ telle que la série $\sum \varepsilon_n z_n$ converge.

▷ **Solution.**

1. Notons $D = \{z \in \mathbb{C},\ |z| \leqslant 1\}$ le disque unité fermé de $\mathbb{C}$. On va montrer par récurrence sur $n \geqslant 1$ la validité de la proposition (H_n) suivante :

$$(H_n) \quad \begin{cases} \text{pour tout } (z_1, \ldots, z_n) \in D^n, \ \text{il existe } (\varepsilon_1, \ldots, \varepsilon_n) \in \{\pm 1\}^n \\ \quad \text{tel que pour tout } k \in [\![1, n]\!], \ \left|\displaystyle\sum_{i=1}^{k} \varepsilon_i z_i\right| \leqslant \sqrt{3}. \end{cases}$$

• La proposition (H_1) étant triviale, montrons (H_2). Soit $(z_1, z_2) \in D^2$. Si $|z_1 - z_2| \leqslant 1$ alors le choix $\varepsilon_1 = 1$ et $\varepsilon_2 = -1$ convient. Supposons $|z_1 - z_2| > 1$. On a alors $|z_1 - z_2|^2 = |z_1|^2 + |z_2|^2 - 2\operatorname{Re}(\overline{z_1} z_2) > 1$ de sorte que,

$$|z_1 + z_2|^2 = |z_1|^2 + |z_2|^2 + 2\operatorname{Re}(\overline{z_1} z_2) \leqslant 2(|z_1|^2 + |z_2|^2) - 1 \leqslant 4 - 1 = 3.$$

Le choix $\varepsilon_1 = \varepsilon_2 = 1$ convient.

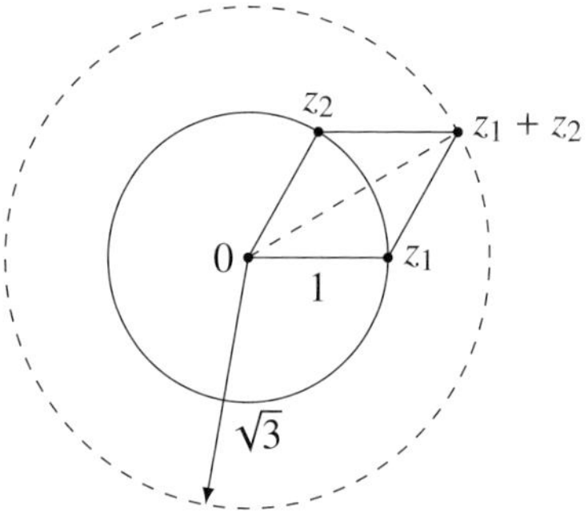

La figure ci-dessus montre le cas d'égalité : on a alors $|z_1| = |z_2| = |z_1 - z_2| = 1$.

Pour prouver (H_2) *on aurait aussi pu utiliser l'égalité du parallélogramme :* $|z_1 - z_2|^2 + |z_1 + z_2|^2 = 2(|z_1|^2 + |z_2|^2) \leqslant 4$ *donc* $|z_1 - z_2| \leqslant \sqrt{2}$ *ou* $|z_1 + z_2| \leqslant \sqrt{2}$.

• On suppose (H_{n-1}) vérifiée avec $n \geqslant 3$ et on se donne $(z_1, \ldots, z_n)$ dans D^n. L'idée est de regrouper ensembles deux des z_i pour se ramener à l'hypothèse de récurrence. Distinguons deux cas.

⋆ Cas 1 : il existe $\varepsilon \in \{\pm 1\}$ tel que $z_1 + \varepsilon z_2 \in D$. On applique l'hypothèse de récurrence (H_{n-1}) à $(z_1 + \varepsilon z_2, z_3, \ldots, z_n) \in D^{n-1}$. Notons $(\varepsilon_2, \ldots, \varepsilon_n)$ une suite de signes donnée par l'hypothèse de récurrence pour ce $(n-1)$-uplet. La suite $(\varepsilon_2, \varepsilon\varepsilon_2, \varepsilon_3, \ldots, \varepsilon_n) \in \{\pm 1\}^n$ convient pour $(z_1, \ldots, z_n)$. En effet, on a $|\varepsilon_2 z_1| \leqslant 1 \leqslant \sqrt{3}$, $|\varepsilon_2 z_1 + \varepsilon_2 \varepsilon z_2| \leqslant 1 < \sqrt{3}$ et pour $k \geqslant 3$,

$$\left|\varepsilon_2(z_1 + \varepsilon z_2) + \sum_{i=3}^{k} \varepsilon_i z_i\right| \leqslant \sqrt{3}.$$

⋆ Cas 2 : les nombres complexes $z_1 + z_2$ et $z_1 - z_2$ ne sont pas dans D. D'après la preuve du cas $n = 2$, on a $|z_1 + z_2| \leqslant \sqrt{3}$ et $|z_1 - z_2| \leqslant \sqrt{3}$. Ainsi, tous les choix possibles pour ε_1 et ε_2 conviendront. Pour se ramener à l'hypothèse de récurrence on va utiliser z_3.

Commençons par prouver que l'un des nombres complexes $z_1 - z_3$, $z_1 + z_3$, $z_2 - z_3$ ou $z_2 + z_3$ est dans D. On raisonne par l'absurde. Si ce n'est pas le cas, tous les nombres $z_1 \pm z_2$, $z_1 \pm z_3$, $z_2 \pm z_3$ sont de module > 1. Les nombres $\pm z_1$, $\pm z_2$, $\pm z_3$ sont alors non nuls, et d'arguments différents. Quitte à permuter les indices ou à remplacer z_i par $-z_i$, on peut supposer que $z_1, z_2, z_3, -z_1, -z_2, -z_3$ est un hexagone non croisé :

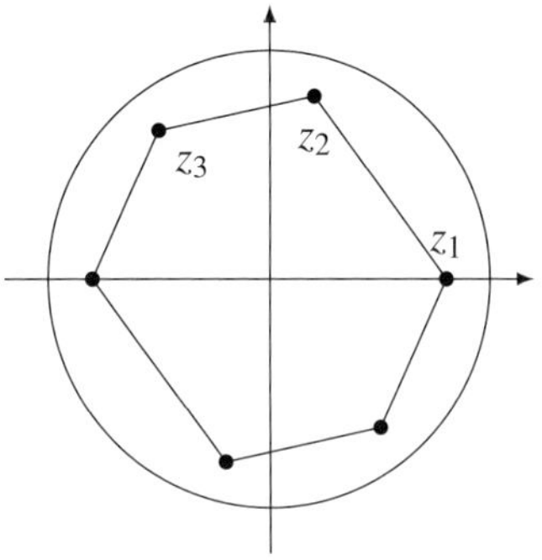

Les côtés de cet hexagone sont les nombres $|z_1 - z_2|$, $|z_1 + z_3|$ et $|z_2 - z_3|$. Nécessairement, l'un des angles au centre de cet hexagone est $\leqslant \frac{\pi}{3}$. Le côté correspondant a une longueur $\leqslant 1$ (écrire l'identité d'Al Kachi pour s'en convaincre).

Revenons maintenant à la preuve de (H_n) en traitant par exemple le cas où $z_1 + \varepsilon z_3 \in D$ ($\varepsilon = \pm 1$), le cas où $z_2 + \varepsilon z_3 \in D$ étant identique. On applique l'hypothèse de récurrence (H_{n-1}) au $(n-1)$-uplet $(z_1 + \varepsilon z_3, z_2, z_4, \dots, z_n)$. Notons $(\varepsilon_1, \varepsilon_2, \varepsilon_4, \dots, \varepsilon_n)$ un $(n-1)$-uplet de signes ainsi obtenu. Alors on prend $(\varepsilon_1, \varepsilon_2, \varepsilon\varepsilon_1, \varepsilon_4, \dots, \varepsilon_n)$ pour $(z_1, \dots, z_n)$. Vérifions que ce choix convient : on a $|\varepsilon_1 z_1| = 1 < \sqrt{3}$, $|\varepsilon_1 z_1 + \varepsilon_2 z_2| \leqslant \sqrt{3}$ (d'après la remarque faite plus haut), et pour $k \geqslant 3$, $|\varepsilon_1 z_1 + \varepsilon_2 z_2 + \varepsilon\varepsilon_1 z_3 + \sum_{i=4}^{k} \varepsilon_i z_i| = |\varepsilon_1(z_1 + \varepsilon z_3) + \varepsilon_2 z_2 + \sum_{i=4}^{k} \varepsilon_i z_i| \leqslant \sqrt{3}$.

2. Il résulte de ce qui précède, que si $a_1, \dots, a_n$ sont des nombres complexes bornés par $M > 0$, alors il existe $(\varepsilon_1, \dots, \varepsilon_n) \in \{\pm 1\}^n$ tel que

$$\forall k \in [\![1, n]\!], \quad \left|\sum_{i=1}^{k} \varepsilon_i a_i\right| \leqslant M\sqrt{3}.$$

La suite (z_n) étant bornée, on peut se donner $M > 0$ tel que $|z_n| \leqslant M$ pour tout $n \in \mathbb{N}$. On considère alors une suite strictement croissante d'entiers N_k, telle que $N_0 = 0$ et, pour tout $k \in \mathbb{N}$, on ait : $\forall n \geqslant N_k$, $|z_n| \leqslant \frac{M}{2^k}$. Cela est clairement possible puisque (z_n) tend vers 0.

On définit maintenant la suite (ε_n) sur chaque tranche $[\![\mathrm{N}_k, \mathrm{N}_{k+1} - 1]\!]$ de manière à avoir pour tout $p \in [\![\mathrm{N}_k, \mathrm{N}_{k+1} - 1]\!]$,

$$\left|\sum_{j=\mathrm{N}_k}^{p} \varepsilon_j z_j\right| \leqslant \frac{\sqrt{3}\mathrm{M}}{2^k}.$$

Notons U_k la somme de la tranche de Cauchy de la série $\sum \varepsilon_n z_n$ d'indices entre N_k et $\mathrm{N}_{k+1} - 1$:

$$\mathrm{U}_k = \sum_{j=\mathrm{N}_k}^{\mathrm{N}_{k+1}-1} \varepsilon_j z_j.$$

Comme $|\mathrm{U}_k| \leqslant \dfrac{\sqrt{3}\mathrm{M}}{2^k}$, la série $\sum \mathrm{U}_k$ est absolument convergente. Si pour $n \in \mathbb{N}$, on note $\varphi(n)$ l'unique indice k tel que $\mathrm{N}_k \leqslant n < \mathrm{N}_{k+1}$, on a

$$\sum_{i=1}^{n} \varepsilon_i z_i = \sum_{k=0}^{\varphi(n)-1} \mathrm{U}_k + \underbrace{\sum_{j=\mathrm{N}_k}^{n} \varepsilon_i z_i}_{\leqslant \frac{\sqrt{3}\mathrm{M}}{2^{\varphi(n)}}}.$$

Cela prouve que la série $\sum \varepsilon_i z_i$ converge. ◁

L'exercice suivant propose une équation fonctionnelle dans $\mathbb{R}[\mathrm{X}]$.

1.31. Équation fonctionnelle de Shapiro

> **1.** Déterminer les parties finies non vides A de $\mathbb{C}$ stables par les deux fonctions $f : z \longmapsto z^2 + z + 1$ et $g : z \longmapsto z^2 - z + 1$.
> **2.** En déduire $\{\mathrm{P} \in \mathbb{R}[\mathrm{X}],\ \ \mathrm{P}(\mathrm{X}^2 + \mathrm{X} + 1) = \mathrm{P}(\mathrm{X})\mathrm{P}(\mathrm{X} + 1)\}$.

▷ **Solution.**

1. Les points $f(z)$ et $g(z)$ sont sur le cercle de centre $z^2 + 1$ et de rayon $|z|$ et comme $|f(z) - g(z)| = 2|z|$, ils y sont même diamétralement opposés.

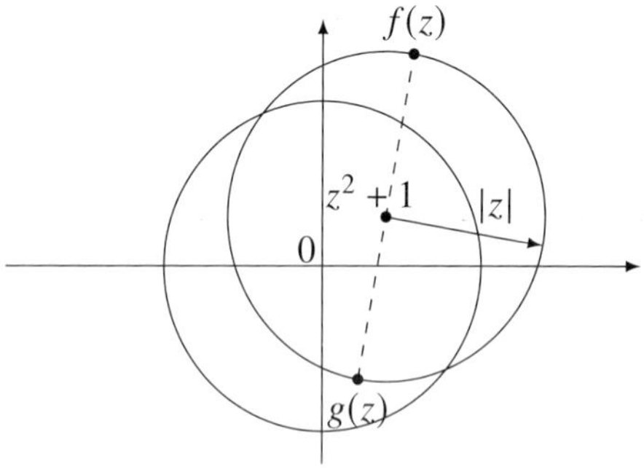

Si $z^2+1 \neq 0$, on est certain que l'un des deux nombres complexes $f(z)$ ou $g(z)$ est de module strictement supérieur à $|z|$. Il en résulte que si on choisit un élément z de A de module maximal, on a nécessairement $z^2+1=0$, c'est-à-dire $z \in \{-i,i\}$. Comme $g(i)=-i$ et $g(-i)=i$, on a donc $\{-i,i\} \subset$ A et de plus tout point de A $\setminus \{-i,i\}$ est de module strictement inférieur à 1. On va montrer par l'absurde que A est égal à l'ensemble $\{-i,i\}$.

Supposons donc qu'il existe $z \in$ A$\setminus\{-i,i\}$. On le choisit de module maximal. Alors $f(z)$ ou $g(z)$ est de module strictement plus grand donc égal à i ou à $-i$. Or les antécédents de i par f sont i et $-1-i$, ceux de $-i$ sont $-i$ et $-1+i$. Pour g on trouve les opposés. Ils sont tous de module $\geqslant 1$, ce qui fournit la contradiction. Donc A $=\{-i,i\}$.

2. Les polynômes constants solutions sont 0 et 1. Soit P une solution avec $\deg \mathrm{P} \geqslant 1$. Alors P est unitaire et l'ensemble des racines de P est stable par f et par g (car $(z-1)^2+(z-1)+1=z^2-z+1$). Il s'agit donc de $\{-i,i\}$. Comme le polynôme P est réel, les multiplicités des racines i et $-i$ sont égales et P est de la forme $(\mathrm{X}^2+1)^n$, $n \in \mathbb{N}^*$. On vérifie alors très facilement que tous ces polynômes conviennent. ◁

1.32. Homographies laissant invariant le disque unité

> Déterminer le groupe des homographies f de $\mathbb{C}$ laissant invariant D_0 (*i.e.* telles que $f(\mathrm{D}_0)=\mathrm{D}_0$), où D_0 est le disque fermé de centre 0 et de rayon 1.

▷ **Solution.**

On appelle homographie une application de la forme $z \longmapsto \dfrac{az+b}{cz+d}$, où $ad-bc \neq 0$ (si $ad-bc=0$, l'homographie dégénère en une application constante). Une telle application réalise une bijection de $\mathbb{C}$ sur $\mathbb{C}$ si $c=0$ et de $\mathbb{C} \setminus \left\{-\frac{d}{c}\right\}$ sur $\mathbb{C} \setminus \left\{\frac{a}{c}\right\}$ sinon.

Si une telle homographie f envoie D_0 sur D_0, elle envoie aussi le complémentaire de D_0 dans le complémentaire de D_0. Notons C_0 le cercle de centre 0 et de rayon 1. Tout point z de C_0 est limite d'une suite (z_n) de $\mathbb{C} \setminus \mathrm{D}_0$. Par continuité, $f(z)$ est limite de la suite $(f(z_n))$ de $\mathbb{C} \setminus \mathrm{D}_0$. Ainsi $f(z)$ appartient à l'adhérence de $\mathbb{C} \setminus \mathrm{D}_0$. Par ailleurs, $f(z)$ appartient à D_0, donc z appartient à C_0. On a donc $f(\mathrm{C}_0) \subset \mathrm{C}_0$. Nous allons commencer par chercher les homographies qui envoient C_0 dans C_0.

On doit avoir, pour tout $t \in \mathbb{R}$, $|f(e^{it})|=1$, soit $|ae^{it}+b|=|ce^{it}+d|$. On obtient

$$|a|^2+|b|^2+2\,\mathrm{Re}(a\overline{b}e^{it})=|c|^2+|d|^2+2\,\mathrm{Re}(c\overline{d}e^{it})$$

et il existe $t_0 \in \mathbb{R}$ tel que

$$|a|^2+|b|^2-|c|^2-|d|^2=2\,\mathrm{Re}((c\overline{d}-a\overline{b})e^{it})=2|c\overline{d}-a\overline{b}|e^{i(t_0+t)}.$$

On a nécessairement

$$c\overline{d} - a\overline{b} = 0 \text{ et } |a|^2 + |b|^2 = |c|^2 + |d|^2,$$

sinon le membre de gauche de l'égalité dépend de t.

• Si $a = 0$, alors $d = 0$ (car $ad - bc \neq 0$) et $|b| = |c|$. On a, pour tout $z \in \mathbb{C}^*$,

$$|f(z)| = \left|\frac{b}{cz}\right| = \frac{1}{|z|}.$$

L'application f envoie D_0 dans son complémentaire et ne convient pas.

• Si $a \neq 0$, on écrit $\overline{b} = \dfrac{c\overline{d}}{a}$ et on a

$$|a|^2 + |b|^2 - |c|^2 - |d|^2 = |a|^2 + \frac{|c|^2|d|^2}{|a|^2} - |c|^2 - |d|^2 = \frac{(|a|^2 - |c|^2)(|a|^2 - |d|^2)}{|a|^2}.$$

Cette quantité étant nulle on a donc $|a| = |c|$ ou $|a| = |d|$.

Si $|a| = |c|$, il existe $\alpha \in \mathbb{R}$ tel que $c = ae^{i\alpha}$. On obtient ensuite $\overline{b} = \overline{d}e^{i\alpha}$ et donc $d = be^{i\alpha}$, ce qui donne $ad - bc = 0$. Il faut donc $|a| = |d| \neq 0$. On obtient alors

$$f(z) = \frac{a}{d}\left(\frac{z + \frac{b}{a}}{1 + \frac{c}{d}z}\right).$$

Il existe $\alpha \in \mathbb{R}$ tel que $\frac{a}{d} = e^{i\alpha}$. On pose $\frac{b}{a} = -z_0$. On a alors

$$\frac{c}{d} = \frac{a\overline{b}}{d\overline{d}} = \frac{a\overline{b}}{a\overline{a}} = \frac{\overline{b}}{\overline{a}} = -\overline{z_0} \quad \text{et} \quad f(z) = e^{i\alpha}\frac{z - z_0}{1 - \overline{z_0}z}.$$

Notons de plus que $z_0 = f^{-1}(0)$ donc z_0 appartient à $D_0 \setminus C_0$ et $|z_0| < 1$.

Il ne reste plus qu'à vérifier que réciproquement si $\alpha \in \mathbb{R}$ et $z_0 \in \mathbb{C}$, avec $|z_0| < 1$, l'homographie $f : z \longmapsto e^{i\alpha}\frac{z - z_0}{1 - \overline{z_0}z}$ envoie D_0 sur D_0. La fonction f est définie sur D_0 et, pour $z \in D_0$,

$$|f(z)|^2 = \frac{|z - z_0|^2}{|1 - \overline{z_0}z|^2} = \frac{|z|^2 + |z_0|^2 - 2\,\mathrm{Re}(z\overline{z_0})}{1 + |z\overline{z_0}|^2 - 2\,\mathrm{Re}(z\overline{z_0})} \leqslant 1,$$

car $|z|^2 + |z_0|^2 - 1 - |z|^2|z_0|^2 = (|z|^2 - 1)(1 - |z_0|^2) \leqslant 0$. On a donc $f(D_0) \subset D_0$. On montre aisément que f^{-1} est définie par

$$f^{-1}(z) = e^{-i\alpha}\frac{z + e^{i\alpha}z_0}{1 + \overline{z_0}e^{-i\alpha}z}.$$

L'homographie f^{-1} a la même forme que f, α et z_0 étant remplacé respectivement par $-\alpha$ et $-e^{i\alpha}z_0$. On a donc également $f^{-1}(D_0) \subset D_0$, soit $D_0 \subset f(D_0)$ et finalement $f(D_0) = D_0$.

Une homographie laisse D_0 invariant si et seulement s'il existe $\alpha \in \mathbb{R}$ et $z_0 \in \mathbb{C}$, avec $|z_0| < 1$ tels que f soit la fonction $z \longmapsto e^{i\alpha}\frac{z - z_0}{1 - \overline{z_0}z}$. ◁

Si on cherche les homographies qui laissent invariant le disque ouvert de centre 0 *et de rayon* 1, *on trouve le même résultat.*

La propriété de Borel-Lebesgue affirme que de tout recouvrement d'un ensemble compact par des ouverts on peut extraire possède recouvrement fini. Les deux exercices suivants en démontrent des cas particuliers, pour un segment.

1.33. Propriété de Borel-Lebesgue sur un segment (1)

Soit $a < b$ deux réels. Pour tout $x \in [a,b]$ on se donne $\varepsilon_x > 0$ et on pose $\mathrm{I}_x =]x - \varepsilon_x, x + \varepsilon_x[$. Montrer que $[a,b]$ est recouvert par un nombre fini de I_x.

▷ **Solution.**

On considère l'ensemble A des $c \in [a,b]$ tel que $[a,c]$ soit recouvert par un nombre fini de I_x (avec $x \in [a,c]$). Il est clair que A est non vide puisque $a \in$ A et on peut considérer la borne supérieure s de A. On va montrer que $s \in$ A puis que $s = b$.

Supposons $s \notin$ A. Alors $s > a$ et on peut alors trouver un élément c de A dans l'intervalle $]s - \varepsilon_s, s[$. L'intervalle $[a,c]$ est recouvert par un nombre fini de I_x et en ajoutant I_s on constate qu'il en est de même de $[a,s]$, ce qui est contradictoire. Ainsi $s \in$ A et on a $s = b$ car, si $s < b$, alors tout élément de $]s, s + \varepsilon_s[$ est encore dans A et cela contredit la définition de la borne supérieure. ◁

La démonstration s'applique à un recouvrement quelconque de $[a,b]$ *par des ouverts.*

Cet exercice est aussi contenu dans le suivant où l'on ajoute une hypothèse sur la longueur des intervalles I_x.

1.34. Propriété de Borel-Lebesgue sur un segment (2)

On suppose donné pour tout réel x un intervalle ouvert $\mathrm{I}(x)$ centré en x et dont la longueur, notée $\mu(\mathrm{I}(x))$, est majorée par $c > 0$ fixé. Soit $a < b$ deux réels. Montrer qu'il existe un nombre fini de réels $x_1, \ldots, x_n$ tels que

(*i*) $[a,b] \subset \bigcup_{i=1}^{n} \mathrm{I}(x_i)$;

(*ii*) $\sum_{i=1}^{n} \mu(\mathrm{I}(x_i)) \leqslant 2(b-a) + c$.

▷ **Solution.**

Le fait que l'on puisse extraire de la famille $(\mathrm{I}(x))_{x\in[a,b]}$ un recouvrement fini a été établi dans l'exercice précédent. Cela permet de réaliser la condition (i). Pour satisfaire la condition (ii), il faut toutefois ne pas prendre trop d'intervalles. Il semble donc raisonnable de choisir parmi tous les sous-recouvrements finis de $[a, b]$, un sous-recouvrement de cardinal minimal n. On note $\mathrm{I}(x_1), \ldots, \mathrm{I}(x_n)$ les intervalles de ce recouvrement et, pour tout i, $\mathrm{I}(x_i) =]a_i, b_i[$.

Examinons les propriétés de ce recouvrement. Elles nous feront comprendre d'où vient le majorant $2(b - a) + c$.

(a) Tout point de $]a, b[$ appartient au plus à *deux* des intervalles de ce recouvrement. En effet, si α appartient à trois intervalles, l'un de ces trois intervalles est inclus dans la réunion des deux autres et peut donc être éliminé, ce qui contredit la minimalité de n.

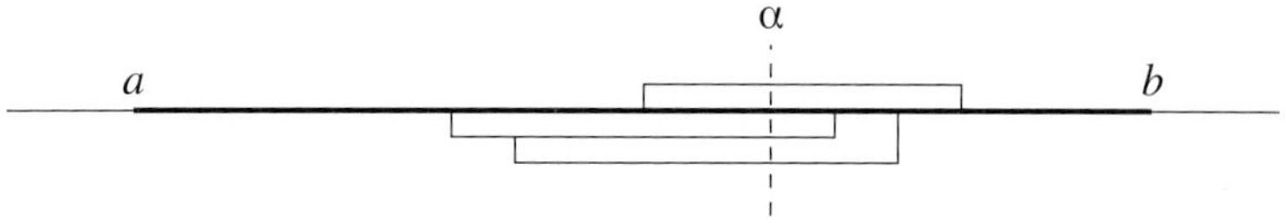

(b) Les points a et b appartiennent chacun à au plus *un* des intervalles du recouvrement. En effet, si le point a appartient à deux intervalles $]a_{n_1}, b_{n_1}[$ et $]a_{n_2}, b_{n_2}[$ et que par exemple $b_{n_1} \leqslant b_{n_2}$, on peut retrancher l'intervalle $\mathrm{I}(x_{n_1})$ du sous-recouvrement sans qu'il cesse d'être un recouvrement, ce qui contredit à nouveau la minimalité de n. Il en est de même en b.

(c) Aucun des intervalles du recouvrement n'est contenu dans un autre intervalle du recouvrement.

On peut alors supposer que les $\mathrm{I}(x_i)$ sont rangés dans « l'ordre croissant », c'est-à-dire que

$$a_1 < a_2 < b_1 < a_3 < b_2 < a_4 < b_3 < \cdots < a_n < b_{n-1} < b_n.$$

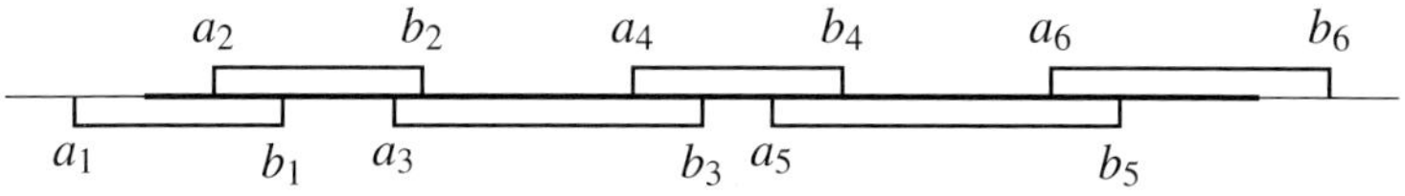

D'après la propriété (b) on a $a_1 < a < a_2$ et $b_{n-1} < b < b_n$.

Comme, par construction, le centre x_1 de l'intervalle $]a_1, b_1[$ est dans le segment $[a, b]$, on a $a - a_1 \leqslant \frac{c}{2}$ (il peut y avoir égalité si $x_1 = a$). On a, pour les mêmes raisons, $b_n - b \leqslant \frac{c}{2}$.

Puisque l'un au plus des intervalles du recouvrement fini dépasse à gauche de a (celui qui contient a), et qu'il dépasse d'au plus $\frac{c}{2}$ (son centre est à droite de a), qu'un intervalle au plus dépasse à droite de b, et d'au plus $\frac{c}{2}$, et que le reste de $]a, b[$ est recouvert au plus deux fois, il semble clair que (voir dessin)

$$\sum_{i=1}^{n} \mu(\mathrm{I}(x_i)) \leqslant 2(b-a) + \frac{c}{2} + \frac{c}{2}.$$

Montrons-le précisément. On se ramène à des intervalles disjoints en écrivant :

$$\begin{aligned}\sum_{i=1}^{n}(b_i - a_i) &= (b_n - a_n) + \sum_{i=1}^{n-1}(b_i - a_{i+1}) + \sum_{i=1}^{n-1}(a_{i+1} - a_i)\\ &= b_n - a_1 + \sum_{i=1}^{n-1}(b_i - a_{i+1}).\end{aligned}$$

Or on a $b_n - a_1 = (b_n - b) + (b - a) + (a - a_1) \leqslant (b - a) + c$, d'après ce qui précède, et comme les intervalles $]a_{i+1}, b_i[$ pour $i \in [\![1, n-1]\!]$ sont deux à deux disjoints et inclus dans $[a, b]$, on a aussi $\sum_{i=1}^{n-1}(b_i - a_{i+1}) \leqslant b - a$. On obtient donc $\sum_{i=1}^{n}(b_i - a_i) \leqslant 2(b - a) + c$, ce qui est l'inégalité (*ii*) souhaitée. ◁

La propriété de Borel-Lebesgue possède une version duale avec des fermés, qui s'obtient par simple passage au complémentaire : si une famille de fermés d'un compact est d'intersection vide, cette famille possède une sous-famille finie dont l'intersection est vide. Cette version est démontrée directement dans l'exercice suivant.

1.35. Propriété de Borel-Lebesgue sur un segment (3)

1. Soit $(\mathrm{F}_\alpha)_{\alpha \in \mathrm{A}}$ une famille de fermés de $[0, 1]$. On suppose que pour toute partie finie B de A, $\bigcap_{\alpha \in \mathrm{B}} \mathrm{F}_\alpha$ est non vide. Montrer que $\bigcap_{\alpha \in \mathrm{A}} \mathrm{F}_\alpha$ est non vide (on pourra montrer que si K_1 et K_2 sont deux fermés de $[0, 1]$ dont la réunion est égale à $[0, 1]$, il existe $i = 1$ ou 2 tel que pour toute partie finie N de A, $\mathrm{K}_i \cap \bigcap_{\alpha \in \mathrm{N}} \mathrm{F}_\alpha$ est non vide).

2. Soit I un idéal non trivial de l'anneau des fonctions continues de $[0, 1]$ dans $\mathbb{R}$. Montrer qu'il existe $x_0 \in [0, 1]$ tel que $f(x_0) = 0$ pour tout $f \in \mathrm{I}$.

▷ **Solution.**

1. Suivons l'indication et supposons que $[0, 1]$ soit réunion des fermés K_1 et K_2. Raisonnons par l'absurde et faisons l'hypothèse qu'il existe N_1 et N_2 parties finies de A telles que

$$\mathrm{K}_1 \cap \bigcap_{\alpha \in \mathrm{N}_1} \mathrm{F}_\alpha = \emptyset \quad \text{et} \quad \mathrm{K}_2 \cap \bigcap_{\alpha \in \mathrm{N}_2} \mathrm{F}_\alpha = \emptyset.$$

Notons $N = N_1 \cup N_2$ qui est une partie finie. Dans ces conditions, $\bigcap_{\alpha \in N} F_\alpha \cap [0,1]$ est non vide et possède un élément a. Il est dans K_1 ou K_2. Pour fixer les idées, disons K_1. Mais alors,

$$a \in K_1 \cap \bigcap_{\alpha \in N} F_\alpha \subset K_1 \cap \bigcap_{\alpha \in N_1} F_\alpha$$

ce qui est impossible.

Évidemment, on peut remplacer le segment $[0,1]$, par n'importe quel segment $[a,b]$ avec $a < b$. On peut alors procéder par dichotomie : on pose $a_0 = 0$, $b_0 = 1$. Le segment $[a_0,b_0]$ est réunion des deux fermés $[a_0,c_0]$ et $[c_0,b_0]$ avec $c_0 = \dfrac{a_0+b_0}{2} = \dfrac{1}{2}\cdot$ Un de ces deux intervalles vérifient la même hypothèse que $[a_0,b_0]$, d'après ce que nous venons de voir. Si c'est le cas pour $[a_0,c_0]$, on pose $a_1 = a_0$, $b_1 = c_0$ et sinon $a_1 = c_0$ et $b_1 = b_0$. On réitère le procédé : si $[a_n,b_n]$ vérifie l'hypothèse d'avoir une intersection non vide avec toute intersection finie de F_α, on pose $c_n = \dfrac{a_n+b_n}{2}\cdot$ L'un des intervalles $[a_n,c_n]$ ou $[c_n,b_n]$ vérifie la même hypothèse ; on le nomme $[a_{n+1},b_{n+1}]$.

On est donc en présence d'une suite décroissante d'intervalles fermés de longueur $\frac{1}{2^n}$ qui tend vers 0. En vertu du théorème des segments emboîtés, l'intersection des segments $[a_n,b_n]$ contient un élément (unique) ω. Cet élément est dans chaque F_α pour $\alpha \in A$. En effet, pour tout $n \in \mathbb{N}$, F_α intersecte $[a_n,b_n]$ en un point x_n. La suite (x_n) converge vers ω puisque c'est le cas de (a_n) et (b_n). Comme F_α est fermé, $\omega \in F_\alpha$. On en déduit que

$$\omega \in \bigcap_{\alpha \in A} F_\alpha \neq \emptyset.$$

2. Une fonction continue ne s'annulant pas sur $[0,1]$ est inversible dans l'anneau A des fonctions continues de $[0,1]$ dans $\mathbb{R}$. Une fonction f de I s'annule donc toujours en un point puisque sinon I, supposé non trivial, contiendrait un élément inversible donc la fonction constante égale à 1 et finalement A tout entier. Pour $f \in I$, on note F_f l'ensemble des zéros de f : il s'agit d'un fermé de $[0,1]$ (et donc de $\mathbb{R}$) puisque c'est l'image réciproque de $\{0\}$ par f qui est continue. Si $f_1,\dots,f_N \in I$, l'application $g = f_1^2 + \cdots + f_N^2$ est dans I et possède donc un point d'annulation x_0. Autrement dit, $\bigcap_{i=1}^{N} F_{f_i}$ est non vide. Par application de la question précédente, l'intersection des F_f pour $f \in I$ est non vide et possède un point x_0 qui est un zéro commun à tous les éléments de I. ◁

L'exercice qui suit est lié à la notion de mesure et définit la mesure extérieure de Lebesgue d'une partie de $\mathbb{R}$. On y utilise le théorème de Borel-Lebesgue.

1.36. Mesure extérieure de Lebesgue

Soit $E \subset \mathbb{R}$. Pour toute famille au plus dénombrable $F = (]a_i, b_i[)_{i\in I}$ d'intervalles ouverts recouvrant E, on considère

$$\ell(F) = \sum_{i\in I}(b_i - a_i) \in \mathbb{R} \cup \{+\infty\}.$$

On définit alors la *mesure extérieure de Lebesgue* de E par $\mu(E) = \inf_F \ell(F)$, où la borne inférieure est prise sur toutes les familles au plus dénombrables d'intervalles ouverts recouvrant E.

1. Quelle est la mesure extérieure d'un intervalle ?

2. Montrer qu'une réunion dénombrable de parties de mesure extérieure nulle est encore de mesure extérieure nulle.

3. Quelle est la mesure extérieure de $\mathbb{Q}$?

▷ **Solution.**

1. Nous allons démontrer que la mesure extérieure d'un intervalle est sa longueur, ce qui n'est pas évident sur la définition.

Supposons d'abord que E est un intervalle compact $[a,b]$. Si F est un recouvrement de E, on peut, d'après le théorème de Borel-Lebesgue, en extraire un sous-recouvrement fini $F' = (]a_{i_k}, b_{i_k}[)_{1\leqslant k\leqslant n}$ (voir exercice 1.33 pour une démonstration). De l'inclusion $[a,b] \subset \bigcup_{1\leqslant k\leqslant n}]a_{i_k}, b_{i_k}[$, on déduit que $\chi_{[a,b]} \leqslant \sum_{k=1}^{n} \chi_{]a_{i_k}, b_{i_k}[}$ (où χ_I désigne la fonction caractéristique de I) [2] et donc

$$b - a = \int_{\mathbb{R}} \chi_{[a,b]}(x)\,dx \leqslant \sum_{k=1}^{n} \int_{\mathbb{R}} \chi_{]a_{i_k}, b_{i_k}[}(x)dx = \sum_{k=1}^{n}(b_{i_k} - a_{i_k}) = \ell(F').$$

Par définition de la somme de la famille $(b_i - a_i)_{i\in I}$, on a, *a fortiori*, $b - a \leqslant \ell(F)$. Ceci étant vrai pour tout famille F d'intervalles ouverts recouvrant $[a,b]$, on en déduit que $b - a \leqslant \mu([a,b])$.

Afin de montrer une inégalité de sens inverse, on remarque que, pour tout $\varepsilon > 0$, la famille à un élément $F = (]a - \varepsilon, b + \varepsilon[)$ recouvre $[a,b]$. Il s'ensuit que $\mu([a,b]) \leqslant \ell(F) = b - a + 2\varepsilon$. Ceci étant vrai pour tout $\varepsilon > 0$, on en déduit que $\mu([a,b]) \leqslant b - a$ et donc que $\mu([a,b]) = b - a$.

Pour traiter le cas général, on remarque que la fonction μ est croissante pour l'inclusion. En effet, si $E \subset E'$ et si F est une famille au plus dénombrable d'intervalles ouverts recouvrant E′, alors F recouvre aussi E. On en déduit

2. L'utilisation des fonctions caractéristiques et des intégrales est très commode mais pas indispensable. On peut aussi raisonner en extrayant de F′ un sous-recouvrement F″ de cardinal minimal.

que $\mu(E) \leqslant \ell(F)$, puis, par définition de $\ell(E')$, que $\mu(E) \leqslant \mu(E')$. Si donc E est un intervalle borné d'extrémités a et b, on a, pour $\varepsilon \in \left]0, \frac{b-a}{2}\right[$,

$$b - a - 2\varepsilon = \mu([a+\varepsilon, b-\varepsilon]) \leqslant \mu(]a,b[) \leqslant \mu(E) \leqslant \mu([a,b]) = b - a$$

et donc $\mu(E) = b - a$.

Si enfin E est un intervalle non borné, on peut, pour tout $A > 0$, trouver un intervalle borné I, inclus dans E, de longueur supérieure à A. On en déduit que $\mu(E) \geqslant \mu(I) \geqslant A$ et donc que $\mu(E) = +\infty$.

2. Soit $(E_n)_{n\in\mathbb{N}}$ une famille dénombrable de parties telles que $\mu(E_n) = 0$ pour tout n et $E = \bigcup_{n\in\mathbb{N}} E_n$. Donnons-nous $\varepsilon > 0$. Par définition, pour tout $n \in \mathbb{N}$, il existe une famille au plus dénombrable $F_n = (]a_{n,i}, b_{n,i}[)_{i\in I_n}$ d'intervalles ouverts recouvrant E_n telle que $\ell(F_n) \leqslant \frac{\varepsilon}{2^{n+1}}\cdot$ L'ensemble $I = \bigcup_{n\in\mathbb{N}} \{n\} \times I_n$ est au plus dénombrable, car réunion dénombrable d'ensembles au plus dénombrables. La famille $F = (]a_{n,i}, b_{n,i}[)_{(n,i)\in I}$ recouvre E et on a, d'après les propriétés des familles sommables,

$$\begin{aligned}\mu(E) &\leqslant \sum_{(n,i)\in I} (b_{n,i} - a_{n,i}) = \sum_{n\in\mathbb{N}} \Big(\sum_{i\in I_n} (b_{n,i} - a_{n,i})\Big) = \sum_{n\in\mathbb{N}} \ell(F_n)\\ &\leqslant \sum_{n\in\mathbb{N}} \frac{\varepsilon}{2^{n+1}} = \varepsilon.\end{aligned}$$

Par définition de μ, on a donc $\mu(E) = 0$.

3. L'ensemble $\mathbb{Q}$ est dénombrable donc réunion d'une famille dénombrable de singletons, c'est-à-dire de segments de longueur nulle. Il résulte alors des questions 1 et 2 que $\mu(\mathbb{Q}) = 0$. ◁

En réalité, toutes les parties envisagées dans cet exercice sont des parties mesurables au sens de Lebesgue. Pour de telles parties, la mesure extérieure coïncide avec la mesure de Lebesgue. Notons que les deux premières questions fournissent une autre preuve de la non-dénombrabilité d'un intervalle non trivial (voir l'exercice 1.3) puisque les singletons ont une mesure extérieure nulle.

L'exercice suivant donne un exemple de partie dense, non dénombrable et de mesure nulle. Il s'appuie sur les propriétés de la mesure extérieure vues dans l'exercice précédent.

*1.37. Une partie dense de mesure nulle

Soit A l'ensemble des réels x tels, que pour tout $n \in \mathbb{N}^*$, on peut trouver $(s,r) \in \mathbb{Z}^2$ tel que $r \geqslant 2$ et $\left|x - \frac{s}{r}\right| \leqslant \frac{1}{r^n}\cdot$ Montrer que A est dense, non dénombrable et de mesure nulle.

▷ **Solution.**

• Il est clair que $\mathbb{Q} \subset A$, car si on écrit $x = \frac{p}{q}$, avec p et q dans $\mathbb{Z}$ et $q \geqslant 2$, on peut prendre $(s, r) = (p, q)$ pour tout $n \in \mathbb{N}^*$. On en déduit que A est dense dans $\mathbb{R}$.

• Pour tout $a \in \{0, 1\}^{\mathbb{N}^*}$, on pose $x_a = \sum_{k=1}^{+\infty} \frac{a_k}{10^{k!}}$. Soit $n \in \mathbb{N}^*$. Il existe $s \in \mathbb{N}$ tel que $\sum_{k=1}^{n} \frac{a_k}{10^{k!}} = \frac{s}{10^{n!}}$. Pour $k > n$, on a $k! \geqslant n!k$. On en déduit

$$\left|x_a - \frac{s}{10^{n!}}\right| \leqslant \sum_{k=n+1}^{+\infty} \frac{1}{10^{k!}} \leqslant \sum_{k=n+1}^{+\infty} \frac{1}{\left(10^{n!}\right)^k} = \frac{1}{\left(10^{n!}\right)^{n+1}} \frac{1}{1 - \frac{1}{10^{n!}}} < \frac{1}{\left(10^{n!}\right)^n}.$$

En posant $r = 10^{n!}$, on obtient $\left|x_a - \frac{s}{r}\right| \leqslant \frac{1}{r^n}$, pour tout $n \geqslant 1$. Ainsi x_a appartient à A.

Les nombres x_a sont des nombres de Liouville, étudiés dans l'exercice 1.17. Ce sont des nombres transcendants.

L'application $a \longmapsto x_a$ est injective par unicité du développement décimal propre d'un nombre réel. Ainsi A contient une partie en bijection avec $\{0, 1\}^{\mathbb{N}^*}$, qui n'est pas dénombrable, donc A n'est pas dénombrable.

• Notons $\mu(E)$ la mesure d'un sous-ensemble E de $\mathbb{R}$. Comme une réunion dénombrable d'ensembles de mesure nulle est de mesure nulle, il suffit de montrer que l'intersection de A et d'un intervalle compact $I = [a, b]$ est de mesure nulle. Par définition, on a

$$A \cap I = \bigcap_{n \in \mathbb{N}^*} \bigcup_{(r,s) \in \mathbb{Z}^2} \left[\frac{s}{r} - \frac{1}{r^n}, \frac{s}{r} + \frac{1}{r^n}\right] \cap I.$$

Pour $n \in \mathbb{N}^*$ et $r \geqslant 2$, posons $C_{n,r} = \bigcup_{s \in \mathbb{Z}} \left[\frac{s}{r} - \frac{1}{r^n}, \frac{s}{r} + \frac{1}{r^n}\right] \cap I$ et $B_n = \bigcup_{r \geqslant 2} C_{n,r}$.

Pour que $\left[\frac{s}{r} - \frac{1}{r^n}, \frac{s}{r} + \frac{1}{r^n}\right] \cap I$ ne soit pas vide, il faut $\frac{s}{r} - \frac{1}{r^n} \leqslant b$ et $\frac{s}{r} + \frac{1}{r^n} \geqslant a$ et donc $ar - \frac{1}{r^{n-1}} \leqslant s \leqslant br + \frac{1}{r^{n-1}}$. Le nombre d'intervalles non vides est donc majoré par $(b-a)r + \frac{2}{r^{n-1}} + 1$ et donc par $(b-a)r + 3$. Chaque intervalle étant de longueur $\frac{2}{r^n}$ au plus, on a $\mu(C_{n,r}) \leqslant \frac{2(b-a)r + 6}{r^n}$.

Pour $n \geqslant 3$, la série $\sum \frac{2(b-a)r + 6}{r^n}$ converge et on a $\mu(B_n) \leqslant \sum_{r=2}^{+\infty} \frac{2(b-a)r + 6}{r^n}$. Comme $A \cap I \subset B_n$, on a $\mu(A \cap I) \leqslant \mu(B_n)$. Pour conclure que $\mu(A \cap I) = 0$, il suffit de montrer que $u_n = \sum_{r=2}^{+\infty} \frac{2(b-a)r + 6}{r^n}$ tend vers 0 quand n tend vers $+\infty$. Chaque terme de la somme définissant u_n tend vers 0, quand n tend vers $+\infty$ et vérifie pour $n \geqslant 3$,

$$0 \leqslant \frac{2(b-a)r + 6}{r^n} \leqslant \frac{2(b-a)r + 6}{r^3} = O\left(\frac{1}{r^2}\right).$$

Il y a donc convergence normale de la série pour la variable n. Le théorème d'interversion des limites assure que (u_n) converge vers 0. On en déduit que $\mu(A \cap I) = 0$.

Il suffit alors d'écrire $A = \bigcup_{n \in \mathbb{Z}} A \cap [n, n+1]$, pour conclure que A est de mesure nulle, car réunion dénombrable d'ensembles de mesure nulle. $\triangleleft$

L'exercice suivant permet de rappeler que les ensembles $\mathbb{Q}$ et $\mathbb{R} \setminus \mathbb{Q}$ sont tous les deux denses dans $\mathbb{R}$.

1.38. Irrationnels denses dans une partie

Soit M une partie majorée de $\mathbb{R}_+^*$ contenant au moins deux éléments et telle que pour tout $(a, b) \in M^2$, $\sqrt{ab} \in M$. Montrer que $M \cap (\mathbb{R} \setminus \mathbb{Q})$ est dense dans $[\inf M, \sup M]$.

$\triangleright$ **Solution.**

Par hypothèse on a $\inf M < \sup M$. Montrons tout d'abord que M est dense dans le segment $I = [\inf M, \sup M]$. Raisonnons par l'absurde et supposons qu'il existe $\inf M \leqslant a < b \leqslant \sup M$ tel que $]a, b[\cap M$ soit vide. On va agrandir notre intervalle $]a, b[$ au maximum en conservant cette propriété : posons

$$\alpha = \inf\{x \geqslant \inf M,\ ]x, b[\cap M = \emptyset\} \text{ et } \beta = \sup\{x \leqslant \sup M,\ ]a, x[\cap M = \emptyset\}.$$

L'intervalle ouvert $]\alpha, \beta[$ a toujours une intersection vide avec M mais, par construction, il existe des éléments de M aussi près qu'on veut de α (à gauche) et de β (à droite). En fait cet intervalle ouvert $]\alpha, \beta[$ n'est autre que la composante connexe de l'ouvert $\mathbb{R} \setminus \overline{M}$ qui contient $\frac{\alpha + \beta}{2}$ (voir cette notion dans la première question de l'exercice 1.41). On peut donc se donner une suite (a_n) de M qui converge vers α et une suite (b_n) de M qui converge vers β. Les réels $\sqrt{a_n b_n}$ sont dans M par hypothèse et tendent vers $\sqrt{\alpha\beta} \in]\alpha, \beta[$. Pour n assez grand ils sont donc dans l'intervalle ouvert $]\alpha, \beta[$ ce qui amène notre contradiction.

Montons maintenant que $M \cap (\mathbb{R} \setminus \mathbb{Q})$ est dense dans $[\inf M, \sup M]$. Raisonnons encore par l'absurde en supposant qu'il existe un intervalle ouvert $]a, b[\subset I$ tel que tous les éléments de $M \cap]a, b[$ soient rationnels.

En utilisant la décomposition des entiers en facteur premiers, il est facile de voir que tout nombre rationnel $x > 0$ s'écrit de manière unique sous la forme $x = \prod_{p \in \mathcal{P}} p^{\nu_p(x)}$ où $\mathcal{P}$ est l'ensemble des nombres premiers et où $(\nu_p(x))$ est une suite d'entiers relatifs presque nulle (c'est-à-dire dont seul un nombre fini de termes sont non nuls). Par exemple $\frac{12}{25} = 2^2 \cdot 3 \cdot 5^{-2}$. On aura besoin de la constatation suivante : si x est un nombre rationnel, alors $\sqrt{x} \in \mathbb{Q}$ si et seulement si les entiers $\nu_p(x)$ sont tous pairs. La condition est clairement suffisante et elle est nécessaire car si $y = \sqrt{x} \in \mathbb{Q}$ alors $x = y^2$ et $\nu_p(x) = 2\nu_p(y)$ pour tout nombre premier p.

Revenons alors à l'exercice. Par densité de M notre intervalle $]a, b[$ contient deux éléments $x < y$ de M (qui sont donc rationnels). Par hypothèse $\sqrt{xy}$ est encore dans M et comme $\sqrt{xy} \in]x, y[\subset]a, b[$ il est aussi rationnel. Recommençons en remplaçant y par $y_1 = \sqrt{xy}$ et ainsi de suite. Tous les réels de la suite définie par $y_0 = y$ et $y_{n+1} = \sqrt{xy_n}$ sont dans $\mathrm{M} \cap \mathbb{Q}$. Soit p un nombre premier. La suite $\nu_p(y_n)$ est à valeurs dans $\mathbb{Z}$ et vérifie la relation de récurrence $\nu_p(y_{n+1}) = \dfrac{\nu_p(x) + \nu_p(y_n)}{2}$. Il s'agit d'une suite arithmético-géométrique qui converge vers $\nu_p(x)$. Par conséquent elle est stationnaire et par suite constante (car le seul antécédent de $\nu_p(x)$ par la fonction $t \mapsto 1/2(\nu_p(x) + t)$ est $\nu_p(x)$). On a donc $\nu_p(y) = \nu_p(x)$. Comme cela vaut pour tout p on a $y = x$ et c'est une contradiction.

Conclusion. L'ensemble $\mathrm{M} \cap (\mathbb{R} \setminus \mathbb{Q})$ est dense dans I. ◁

Nous terminons par quelques exercices de nature topologique.

*1.39. Adhérence de l'ensemble des racines de polynômes

Soit E l'ensemble des polynômes non nuls de $\mathbb{R}[X]$ dont les coefficients sont dans $\{-1, 0, 1\}$ et A l'ensemble de leurs racines réelles. Déterminer l'adhérence de A dans $\mathbb{R}$.

▷ **Solution.**

On commence par relever quelques propriétés de l'ensemble A. Il est non vide puisque $0 \in \mathrm{A}$. Pour avoir les éléments non nuls de A, on peut considérer les polynômes de E dont le coefficient constant est ± 1 quitte à diviser par un certain X^k.

On a $1 \in \mathrm{A}$ avec $\mathrm{X} - 1$ et -1 avec $\mathrm{X} + 1$. En fait, A est symétrique par rapport à 0 : en effet, si $x \in \mathrm{A}$ et si $\mathrm{P} \in \mathrm{E}$ a x pour racine, alors $\mathrm{Q(X)} = \mathrm{P(-X)} \in \mathrm{E}$ et admet $-x$ pour racine. On s'intéressera donc à $\mathrm{A} \cap \mathbb{R}_+$ dans la suite.

Si $\mathrm{P} \in \mathrm{E}$ avec $\mathrm{P}(0) \neq 0$ et si $n = \deg \mathrm{P}$ alors $\mathrm{X}^n\mathrm{P}(1/\mathrm{X})$ est encore dans E et on en déduit que A est stable par passage à l'inverse. Il suffit donc de s'intéresser à $\mathrm{A} \cap]0, 1[$.

Soit $x \in \mathrm{A} \cap]0, 1[$ et $\mathrm{P} \in \mathrm{E}$ tel que $\mathrm{P}(x) = 0$. On suppose que $\mathrm{P}(0) = 1$ quitte à prendre $-\mathrm{P}$ (et à ôter la racine 0). On a alors une égalité de la forme

$$1 = \pm x^{n_1} + \cdots + \pm x^{n_p},$$

avec $n_1 < \cdots < n_p$. On en déduit la majoration

$$1 \leqslant \sum_{k=1}^{+\infty} x^k = \frac{x}{1-x},$$

qui implique $x \geqslant \frac{1}{2}\cdot$ Il résulte donc de ce qui précède que

$$A \subset [-2,-1/2] \cup \{0\} \cup [1/2,2].$$

On peut conjecturer que l'ensemble de droite, qui est fermé, est l'adhérence de A. On va montrer que c'est bien le cas. Compte tenu des symétries, il suffit de prouver que tout point de $]1/2,1[$ est adhérent à A. En effet, on aura alors

$$]-2,-1/2[\cup\{0\}\cup]1/2,2[\subset \bar{A} \subset [-2,-1/2] \cup \{0\} \cup [1/2,2]$$

et le caractère fermé de $\bar{A}$ impose qu'il y a égalité à droite.

On fixe dorénavant $\alpha \in\ ]1/2,1[$. On a donc $\sum_{k=1}^{+\infty} \alpha^k = \frac{\alpha}{1-\alpha} > 1$. On va commencer par trouver une série entière à coefficients dans $\{-1,0,1\}$ qui s'annule en α. Plus précisément, on cherche à écrire une égalité de la forme $1 = \sum_{k=0}^{+\infty} a_k\alpha^k$, où les a_k appartiennent à $\{0,1\}$. Pour cela on met en place un algorithme glouton.

- On pose $a_1 = 1$ puisque $\alpha < 1$.
- Si $\alpha + \alpha^2 \leqslant 1$ alors on pose $a_2 = 1$ et sinon on prend $a_2 = 0$.
- Supposons la suite est définie jusqu'au rang n, avec $s_n = \sum_{k=1}^{n} a_k\alpha^k \leqslant 1$.

Si $s_n + \alpha^{n+1} \leqslant 1$, on pose $a_{n+1} = 1$, et sinon, on pose $a_{n+1} = 0$. Dans les deux cas, on a $s_{n+1} = \sum_{k=1}^{n+1} a_k\alpha^k \leqslant 1$.

Cela définit une suite unique et la série $\sum a_k\alpha^k$ converge avec $\sum_{k=1}^{+\infty} a_k\alpha^k \leqslant 1$. On va montrer qu'en fait il y a égalité. C'est clair si jamais l'une des sommes partielles tombe exactement sur 1 à un rang n : on a alors $a_k = 0$ pour tout $k > n$ et dans ce cas notre problème est réglé, car on a directement un polynôme de E ayant α pour racine.

Supposons donc que toutes les sommes partielles s_n sont strictement inférieures à 1. Comme $\frac{\alpha}{1-\alpha} > 1$ il est impossible que tous les a_k soient égaux à 1. Soit N un indice tel que $a_N = 0$. On a alors $s_{N-1} + \alpha^N > 1$ et on en déduit $s_N = s_{N-1} \in [1-\alpha^N, 1]$. Montrons alors par récurrence sur que pour tout $n \geqslant N$ on a $1-\alpha^n \leqslant s_n \leqslant 1$. C'est vrai au rang N. Supposons que ce soit vrai au rang n. Si $a_{n+1} = 0$, alors $s_{n+1} = s_n$ et le même raisonnement montre le résultat. Si $a_{n+1} = 1$, on a

$$s_{n+1} = s_n + \alpha^{n+1} \geqslant 1-\alpha^n + \alpha^{n+1} \geqslant 1-\alpha^{n+1},$$

car $2\alpha^{n+1} \geqslant \alpha^n$, puisque $\alpha \geqslant \frac{1}{2}\cdot$ L'encadrement obtenu montre que (s_n) converge vers 1.

Ainsi, si on pose $f(x) = -1 + \sum_{k=1}^{+\infty} a_k x^k$ on a $f(\alpha) = 0$ et f est la somme d'une série entière de rayon de convergence 1 (on se place dans le cas où la suite (a_k) n'est pas stationnaire à 0 comme dit plus haut). On peut alors espérer que les sommes partielles donnent des polynômes $P_n(X) = -1 + \sum_{k=1}^{n} a_k X^k$ qui vont avoir une racine proche de α (ces polynômes sont dans E).

C'est bien le cas. La fonction f est strictement croissante sur $[0, 1[$, donc elle ne s'annule qu'en α sur cet intervalle. De même, les polynômes P_n sont strictement croissants sur $[0, 1]$ avec $P_n(0) = -1$ et $P_n(1) = -1 + \sum_{k=1}^{n} a_k$, ce dernier terme étant strictement positif à partir d'un certain rang (car $\sum a_k$ diverge). Il en découle que P_n admet (pour $n \geqslant n_0$) un unique zéro x_n dans $[0, 1[$. On a de plus $P_n \leqslant P_{n+1} \leqslant f$, donc $\alpha \leqslant x_{n+1} \leqslant x_n$ pour tout $n \geqslant n_0$. Ainsi la suite (x_n) converge vers un réel $\beta \geqslant \alpha$. Et comme la convergence de (P_n) vers f est uniforme sur tout segment inclus dans $[0, 1[$ donc sur $I = [\alpha, x_{n_0}]$, la suite $((P_n - f_n)(x_n))$ converge vers 0, c'est-à-dire que $(f(x_n))$ converge vers 0. Comme f est continue sur $[0, 1[$, on en déduit que $f(\beta) = 0$. On a donc $\beta = \alpha$. Ainsi α est limite de la suite (x_n) qui est une suite de A, donc appartient à $\overline{A}$.

On a donc montré : $\bar{A} = [-2, -1/2] \cup \{0\} \cup [1/2, 2]$. ◁

1.40. $\mathbb{R}$ n'est pas union dénombrable de segments disjoints

On veut montrer que $\mathbb{R}$ ne peut s'écrire comme union dénombrable de segments disjoints. On suppose par l'absurde que $\mathbb{R}$ est l'union disjointe des segments $[a_n, b_n]$, pour $n \in \mathbb{N}$, où $a_n \leqslant b_n$. On pose

$$E = \{a_n,\ n \in \mathbb{N}\} \cup \{b_n,\ n \in \mathbb{N}\}.$$

1. Montrer que E est fermé.
2. Montrer que E ne possède aucun point isolé.
3. Conclure.

▷ **Solution.**

1. Soit (x_n) une suite de E qui converge vers le réel x. Il existe un entier k tel que $x \in [a_k, b_k]$. Si $x \notin E$, alors $x \in]a_k, b_k[$ et pour n assez grand $x_n \in]a_k, b_k[$. C'est impossible car les segments $[a_n, b_n]$ sont disjoints. Donc $x = a_k$ ou $x = b_k$ et donc $x \in E$.

2. Montrons par exemple que a_n n'est pas un point isolé de E, n étant un entier quelconque. Soit $\varepsilon > 0$. Considérons un point x de $]a_n - \varepsilon, a_n[$. Il existe $k \neq n$ tel que $x \in [a_k, b_k]$. On a $a_k < a_n$ et donc $b_k < a_n$ sinon les segments $[a_n, b_n]$ et $[a_k, b_k]$ ne serait pas disjoints. Ainsi $b_k \in]a_n - \varepsilon, a_n + \varepsilon[$. Donc a_n n'est pas un point isolé de E. On montre de même que b_n n'est un point isolé de E.

3. L'ensemble E étant dénombrable, il suffit de démontrer qu'un sous-ensemble fermé et sans point isolé de $\mathbb{R}$ (un tel sous-ensemble est dit *parfait*) n'est pas dénombrable.

Lemme. *Soit* E *une partie fermée non vide et sans point isolé de* $\mathbb{R}$. *Alors* E *n'est pas dénombrable.*

Démonstration.

On remarque que tout voisinage d'un point x de E contient une infinité de points de E. Sinon, en prenant $r > 0$ plus petit que la distance entre x et le point de E le plus proche, le voisinage $]x - r, x + r[$ de E ne contiendrait aucun point de E. Comme E est non vide, il est donc infini. On raisonne par l'absurde et on suppose que E est dénombrable, $E = \{x_n,\ n \in \mathbb{N}\}$.

On construit un point de E qui n'est pas un des x_n, en utilisant le théorème des segments emboîtés. Plus précisément, on construit une suite (I_n) d'intervalles fermés non réduits à un point tels que, pour tout $n \in \mathbb{N}$: le centre u_n de I_n est un élément de E ; I_n ne contient aucun des points $x_0, \ldots, x_n$; le rayon r_n de I_n est inférieur ou égal à $\frac{1}{n+1}$ et enfin $I_{n+1} \subset I_n$.

Pour $n = 0$, on prend un point u_0 de E, distinct de x_0 et $r_0 \in]0, 1]$ tels que $I_0 = [u_0 - r_0, u_0 + r_0]$ ne contienne pas x_0. Si $I_0, \ldots, I_n$ sont construits, comme l'intérieur de I_n est un voisinage de u_n, élément de E, il contient une infinité d'éléments de E, donc un élément u_{n+1} de E distinct de $x_0, \ldots, x_{n+1}$. On choisit alors $r_{n+1} \in \left]0, \frac{1}{n+1}\right]$ tel que $I_{n+1} = [u_{n+1} - r_{n+1}, u_{n+1} + r_{n+1}]$ soit inclus dans I_n et ne contienne aucun des points $x_0, \ldots, x_{n+1}$.

La suite $(I_n)_{n \geqslant 0}$ vérifie les hypothèses du théorème des segments emboîtés. Il existe donc un réel x tel que $\bigcap_{n \in \mathbb{N}^*} I_n = \{x\}$. Pour tout $n \in \mathbb{N}^*$, on a $|u_n - x| \leqslant r_n$ donc (u_n) converge vers x. Comme E est fermé, $x \in E$. Or, pour tout $n \in \mathbb{N}$, $x \in I_n$ donc x est distinct de $x_0, \ldots, x_n$. Donc x n'est pas un des x_n, pour $n \in \mathbb{N}$. On a la contradiction souhaitée. Donc E n'est pas dénombrable.□

On peut conclure que $\mathbb{R}$ ne peut pas s'écrire comme union dénombrable de segments disjoints. ◁

La seconde question (très difficile) de ce dernier exercice est tirée du cours de topologie de Gustave Choquet.

*1.41. Partition dénombrable de [0, 1]

1. Montrer qu'un ouvert non vide de $\mathbb{R}$ s'écrit de manière unique comme réunion d'une famille d'intervalles ouverts non vides deux à deux disjoints et que cette famille est au plus dénombrable.

2. Montrer que le segment $[0,1]$ n'est pas réunion dénombrable de fermés non vides deux à deux disjoints.

▷ **Solution.**

1. Soit U un ouvert non vide de $\mathbb{R}$. On cherche à partitionner U en intervalles ouverts. On considère pour cela la relation binaire R définie sur U de la manière suivante : pour $(x, y) \in \mathrm{U}^2$, $x \mathrm{R} y$ si et seulement si le segment d'extrémités x et y est inclus dans U. Il s'agit visiblement d'une relation d'équivalence sur U. Montrons que les classes d'équivalence sont des intervalles ouverts. Par définition, une classe d'équivalence I est convexe : c'est donc un intervalle de $\mathbb{R}$. Si $x \in \mathrm{I}$, comme U est ouvert, on peut trouver $\eta > 0$ tel que $]x - \eta, x + \eta[\subset \mathrm{U}$. Mais alors tout point de $]x-\eta, x+\eta[$ est en relation avec x, donc $]x-\eta, x+\eta[\subset \mathrm{I}$. Cela montre que I est ouvert. Comme $\mathbb{Q}$ est dense dans $\mathbb{R}$, on peut trouver dans chaque classe d'équivalence un nombre rationnel, et définir ainsi une injection de U/R dans $\mathbb{Q}$. Comme $\mathbb{Q}$ est dénombrable, on en déduit que U/R est au plus dénombrable. Enfin, comme par définition on a $\mathrm{U} = \bigcup_{\mathrm{I} \in \mathrm{U/R}} \mathrm{I}$, on a bien montré que U est réunion d'une famille au plus dénombrable d'intervalles ouverts deux à deux disjoints.

Il reste à prouver qu'il s'agit de la seule manière d'écrire U comme une réunion d'intervalles ouverts deux à deux disjoints. Supposons que U s'écrive $\mathrm{U} = \bigcup_{j \in \mathrm{J}}]a_j, b_j[$, où les $]a_j, b_j[$ sont deux à deux disjoints. Soit $j \in \mathrm{J}$. Tous les éléments de $]a_j, b_j[$ étant visiblement en relation pour R, $]a_j, b_j[$ est inclus dans une classe d'équivalence $\mathrm{I} =]a, b[$ pour la relation R. En fait il y a égalité. En effet, supposons par exemple $a < a_j$. Alors $a_j \in \mathrm{U}$ et il existe $k \in \mathrm{J}$ tel que $a_j \in]a_k, b_k[$, ce qui est impossible car dans ce cas $]a_j, b_j[\cap]a_k, b_k[\neq \emptyset$. De la même manière on montre que $b_j = b$. Les intervalles $]a_j, b_j[$ sont donc des classes d'équivalence pour R et on les obtient toutes sans quoi la réunion des $]a_j, b_j[$ ne serait pas égale à U. D'où le résultat.

Les intervalles ouverts de U/R *sont appelés les composantes connexes de* U. *Ce qui précède montre qu'il s'agit des intervalles ouverts inclus dans* U *qui sont maximaux au sens de l'inclusion.*

2. On raisonne par l'absurde. Supposons qu'une telle partition soit possible, soit $[0, 1] = \bigcup_{n \geqslant 0} \mathrm{F}_n$, où les F_n sont des fermés non vides, disjoints.

L'idée de la démonstration consiste à construire une suite (I_n) d'intervalles ouverts telle que

(*i*) $\mathrm{I}_n \subset \overline{\mathrm{I}_n} \subset \mathrm{I}_{n-1}$;

(*ii*) I_n ne rencontre pas F_n.

La première condition assure que $\bigcap_{n=0}^{\infty} \mathrm{I}_n = \bigcap_{n=0}^{\infty} \overline{\mathrm{I}_n}$. Comme l'intersection d'une suite décroissante de segments est non vide, il existe au moins un point α

qui appartient à tous les I_n, et qui donc n'appartient à aucun F_n, ce qui apporte la contradiction désirée. La construction de la suite (I_n) n'est toutefois pas si simple. Il faut s'assurer à chaque étape que l'intervalle I_n ne se retrouve pas entièrement contenu dans un fermé F_p, car cela bloquerait la récurrence.

Quitte à regrouper deux des fermés et à effectuer une renumérotation on peut très bien supposer que 0 et 1 sont dans F_0 (cela permet simplement d'éviter des considérations de topologie induite).

L'ensemble $[0,1] \setminus F_0 =]0,1[\setminus F_0$ est donc ouvert et non vide. On prend pour I_0 l'une des composantes connexes de cet ouvert.

Pour définir I_1, on considère le premier indice k tel que F_k rencontre I_0, qu'on note k_1. L'ensemble $I_0 \setminus F_{k_1}$ est ouvert, et il est non vide : sinon, on aurait $I_0 \subset F_{k_1}$, d'où $\overline{I_0} \subset F_{k_1}$ puisque F_{k_1} est fermé ; c'est impossible car les extrémités de I_0 appartiennent à F_0 (sinon, comme F_0 est fermé, il existe un voisinage de cette extrémité qui ne rencontre pas F_0 et on peut élargir I_0), et F_0 et F_{k_1} sont disjoints.

Soit J l'une des composantes connexes de $I_0 \setminus F_{k_1}$. Les extrémité de J qui ne sont pas extrémités de I_0 sont dans F_{k_1} (même raisonnement que pour les extrémités de I_0). De deux choses l'une. Ou bien les deux extrémités de J sont dans F_{k_1} ; ce sont en particulier des points de I_0, et on a $\overline{J} \subset I_0$; on pose alors $I_1 = J$. Ou bien l'une des extrémités de J est une extrémité de I_0 et l'autre appartient à F_{k_1} ; dans ce cas, on remplace J par un intervalle plus petit, disons J', en conservant l'extrémité qui appartient à F_{k_1}, et en rapprochant l'autre extrémité, de façon que $\overline{J'} \subset I_0$; on pose alors $I_1 = J'$.

On continue en construisant par récurrence une suite d'intervalles $(I_n)_{n\geqslant 0}$ et une suite d'entiers $0 = k_0 < k_1 < k_2 < \cdots < k_n < \cdots$ tels que

(i') $I_n \subset \overline{I_n} \subset I_{n-1}$ (avec $I_{-1} = [0,1]$) ;

(ii') I_n ne rencontre pas $F_0, F_1, \ldots, F_{k_n}$;

(iii') $\overline{I_n}$ rencontre F_{k_n}.

Si $I_0, \ldots, I_n$ ont construits, on considère le plus petit indice k tel que F_k rencontre I_n, qu'on note k_{n+1}. Par construction, on a $k_{n+1} > k_n$. On prend pour I_{n+1}, une composante connexe de $I_n \setminus F_{k_{n+1}}$, (qui est un ouvert non vide), éventuellement modifiée comme pour F_1.

La suite $(\overline{I_n})_{n\geqslant 0}$ est une suite décroissante de segments, donc son intersection est non vide. Si $\alpha \in [0,1]$ est dans cette intersection, il n'est dans aucun des fermés $F_0, F_1, \ldots, F_{k_n}$. Comme cela vaut pour tout n, α n'est dans aucun F_n ce qui apporte la contradiction souhaitée. ◁

Le lecteur qui connaît le théorème de Baire pourra rédiger une preuve légèrement plus courte de ce résultat, preuve qui aura le mérite de se généraliser. En effet, on peut montrer qu'un espace métrique complet connexe et localement connexe ne peut se partitionner en une réunion dénombrable de fermés non vides [3].

3. Voir par exemple GONNORD (S.) & TOSEL (N.), *Thèmes d'analyse pour l'Agrégation*, Topologie et analyse fonctionnelle, Ellipses, 1996, p. 41.

Chapitre 2
Suites réelles et complexes

Bien avant qu'elle ne soit conceptualisée, on a utilisé des itérations où est sous-jacente la notion de suite. Par exemple, Archimède quand il cherche une valeur approchée de π *considère les suites* (p_n) *et* (P_n) *des périmètres des polygones inscrits et circonscrits à un cercle de rayon* 1 *et aboutit à des formules qui équivalent à* $p_{2n} = \sqrt{p_n \mathrm{P}_n}$ *et* $\mathrm{P}_{2n} = \dfrac{2\mathrm{P}_n p_{2n}}{p_{2n} + \mathrm{P}_n}$.

La théorie des suites au sens moderne est établie au début du XIXe *siècle quand s'affirme la volonté de donner à l'analyse des bases rigoureuses qui la débarrassent des notions métaphysiques d'infiniment petits ou de quantités évanouissantes. Dans ses* Notions fondamentales de la théorie des suites, *rédigées vers 1800 et restées inédites, Gauss donne la définition moderne d'une suite (application de* $\mathbb{N}$ *dans* $\mathbb{R}$*). Il définit les notions de majorant et de borne supérieure d'une suite. Plus intéressant encore, il donne les définitions de la limite supérieure et de la limite inférieure d'une suite* ($\limsup a_n = \lim\limits_{n\to+\infty} \sup\limits_{p\geqslant n} a_p$ *et* $\limsup a_n = \lim\limits_{n\to+\infty} \inf\limits_{p\geqslant n} a_p$*, dans le langage d'aujourd'hui) et, quand ces deux quantités sont égales, appelle leur valeur commune la limite de la suite.*

C'est le Cours d'analyse *de Cauchy (1821) qui ouvre la voie à l'analyse moderne. Dans le chapitre des* Préliminaires, *il donne les définitions d'une suite et de la limite d'une suite, les premières définitions précises de* $+\infty$ *et* $-\infty$*, introduit la notion de valeur d'adhérence. Le « critère de Cauchy » de convergence, déjà connu de Bolzano est explicité pour les séries.*

Pendant une grande partie du XIXe *siècle, la convergence d'une suite de Cauchy ou d'une suite croissante majorée sont présentés comme des axiomes qui constituent le fondement de toutes les questions où intervient la notion de limite. Ce point de vue va être remis en cause par Méray (1868) puis par Cantor (1872) qui, voulant en donner des justifications précises, construisent* $\mathbb{R}$ *à partir des suites de Cauchy de* $\mathbb{Q}$.

La théorie des suites réelles dont tous les concepts sont parfaitement définis depuis la fin du XIXe *a connu récemment des développements importants avec l'étude des systèmes dynamiques, qui apportent un regard nouveau sur les suites définies par une relation de récurrence de la forme* $u_{n+1} = f(u_n)$*. Si la fonction* f *est continue et si la suite converge, sa limite* ℓ *est nécessairement un point fixe de* f*. Ce fait, démontré par Cauchy, est à la base de toutes les méthodes numériques itératives. L'intérêt pour de telles suites est ancien. Dans le traité* De la méthode des fluxions et des suites infinies *(1740), pour obtenir une valeur approchée d'une solution de l'équation* $g(x) = 0$*, Newton expose ce* *qu'on appelle depuis « méthode de Newton » : prenant a_0 proche de la solution de l'équation, on considère une suite vérifiant*

$$a_{n+1} = a_n - \frac{g(a_n)}{g'(a_n)}.$$

C'est lors de l'étude de certains systèmes dynamiques discrets [1] *qu'est apparue la notion de chaos, qui a connu ces dernières décennies un grand succès. Pour des fonctions f très simples (par exemple une fonction trinôme), le système dynamique peut avoir un comportement qui semble aléatoire. L'exemple le plus connu est la* suite logistique *vérifiant une relation de la forme*

$$u_{n+1} = (1+\alpha)u_n - \alpha u_n^2.$$

Cette suite été utilisée par Verhulst en 1845 pour décrire un modèle de croissance de la population. Pour $0 < \alpha \leqslant 2$ et une population u_0 pas trop importante, la suite (u_n) converge vers la population stable 1. *Mais comme l'a démontré en 1963 le météorologiste E.N. Lorenz, pour des valeurs plus grandes de α, cette loi décrit certains aspects des flux turbulents.*

Dans les années 1980, de grands progrès ont été accomplis dans l'étude de ces systèmes dynamiques grâce à la puissance des ordinateurs. Par exemple, pour la suite logistique, on observe que, pour $2 < \alpha < 2{,}5$, le comportement de la suite tend vers une oscillation régulière entre deux valeurs (cycle d'ordre 2*) ; puis pour $2{,}5 \leqslant \alpha < 2{,}55$, vers un cycle d'ordre* 4 *; ensuite quand α augmente, vers des cycles d'ordre* 8, 16... *Au-delà de* 2,57 *environ, le système devient chaotique. Feigenbaum a montré en 1981 que, pour une classe assez large d'applications f de $[-1,1]$ dans $[-1,1]$ et $f_\lambda = \lambda f$, $0 < \lambda < 1$, le système dynamique défini par $u_{n+1} = f_\lambda(u_n)$ a un comportement comparable : il existe une suite croissante de valeurs λ_j du paramètre λ pour lesquelles la dynamique change (le nombre de points d'un cycle double quand λ, supposé passage de λ_j) jusqu'à une valeur critique λ_∞, de telle manière que $\dfrac{\lambda_{j+1} - \lambda_j}{\lambda_{j+2} - \lambda_{j+1}}$ tende vers $\delta = 4{,}669\ldots$, constante universelle indépendante de f. Au-delà de λ_∞, on retrouve des cycles stables de période $3 \cdot 2^j$ et des points de bifurcation.*

On s'est aussi intéressé à l'itération de fonctions complexes, en particulier les fonctions $f : x \mapsto x^2 + c$, où $c \in \mathbb{C}$. On étudie l'ensemble des nombres complexes z pour lesquels la suite de premier terme z est bornée. On note K_c cet ensemble, et on l'appelle ensemble de Julia. *Sa frontière présente des formes très belles et très variées selon les valeurs de c. Les premiers résultats, établis entre 1905 et 1920, sont dus à Fatou et Julia (évidemment sans aucun moyen informatique). En 1980, Mandelbrot étudia l'ensemble des points c pour lesquels* 0 *est dans K_c (le célèbre* ensemble de Mandelbrot*). Les ensembles de Julia ont les propriétés des fractales, en particulier l'autosimilitude. En revanche, l'ensemble de Mandelbrot est extraordinairement varié ; plus*

1. Qui revient à l'étude du comportement des applications itérées $f^n : \mathrm{X} \to \mathrm{X}$.

l'échelle est grande, plus l'image se complique. On a montré un caractère universel de l'ensemble de Mandelbrot : pour diverses fonctions complexes à un paramètre, on trouve des copies déformées de cet ensemble.

Les premiers exercices sont assez généraux : étude de la monotonie, de la convergence d'une suite.

2.1. Une étude de monotonie

Étudier la monotonie de la suite de terme général

$$u_n = \sum_{k=1}^{n}(-1)^k \binom{n}{k} \ln k.$$

▷ **Solution.**

Pour $n \geqslant 1$, on a

$$\begin{aligned} u_{n+1} &= \sum_{k=1}^{n+1}(-1)^k \binom{n+1}{k} \ln k \\ &= \sum_{k=1}^{n}(-1)^k \left(\binom{n}{k} + \binom{n}{k-1}\right) \ln k + (-1)^{n+1} \ln(n+1) \\ &= u_n + \sum_{k=0}^{n}(-1)^{k+1}\binom{n}{k} \ln(k+1), \end{aligned}$$

et $v_n = u_{n+1} - u_n = \sum_{k=0}^{n}(-1)^{k+1}\binom{n}{k} \ln(k+1)$. Pour étudier le signe de v_n, les logarithmes nous gênent. Pour les faire disparaître, on songe à dériver, mais pour cela il faut introduire une fonction. On remplace donc 1 par x et on pose, pour $x > 0$,

$$f(x) = \sum_{k=0}^{n}(-1)^{k+1}\binom{n}{k} \ln(x+k).$$

Pour tout $x > 0$, on a $f'(x) = \sum_{k=0}^{n}(-1)^{k+1}\binom{n}{k}\frac{1}{x+k}\cdot$ Considérons la fraction rationnelle $\mathrm{F} = \sum_{k=0}^{n}(-1)^{k+1}\binom{n}{k}\frac{1}{\mathrm{X}+k}\cdot$ Il existe un polynôme $\mathrm{P} \in \mathbb{R}_n[\mathrm{X}]$ tel que $\mathrm{F} = \frac{\mathrm{P}}{\mathrm{X}(\mathrm{X}+1)\ldots(\mathrm{X}+n)}\cdot$ En multipliant F par $\mathrm{X}+k$ et en évaluant en $-k$, on trouve, pour $0 \leqslant k \leqslant n$,

$$\begin{aligned} (-1)^{k-1}\binom{n}{k} &= \frac{\mathrm{P}(-k)}{(-k)(-k+1)\ldots(-k+k-1)(-k+k+1)\ldots(-k+n)} \\ &= \frac{\mathrm{P}(-k)}{(n-k)!(-1)^k k!} = \mathrm{P}(-k)(-1)^k\binom{n}{k}\frac{1}{n!} \end{aligned}$$

et donc $P(-k) = -n!$. Comme P est de degré $\leqslant n$ et qu'il prend la valeur $-n!$ au moins $n+1$ fois, on en déduit que $P = -n!$. On a donc, pour tout $x > 0$, $f'(x) = \dfrac{-n!}{x(x+1)\dots(x+n)} < 0$. La fonction f décroît sur $\mathbb{R}_+^*$. Calculons sa limite en $+\infty$. Pour $x > 0$, on a

$$\begin{aligned} f(x) &= \left(\sum_{k=0}^{n}(-1)^{k-1}\binom{n}{k}\right)\ln x + \sum_{k=0}^{n}(-1)^{k-1}\binom{n}{k}\ln\left(1+\frac{k}{x}\right) \\ &= \sum_{k-0}^{n}(-1)^{k-1}\binom{n}{k}\ln\left(1+\frac{k}{x}\right), \end{aligned}$$

puisque $\sum\limits_{k=0}^{n}(-1)^{k-1}\binom{n}{k} = -(1-1)^n = 0$ pour $n \geqslant 1$. On en déduit que $\lim\limits_{x\to+\infty} f(x) = 0$. On conclut que, pour tout $x > 0$, $f(x) > 0$. En particulier, on a $v_n = f(1) > 0$ et la suite $(u_n)_{n\geqslant 1}$ est donc strictement croissante. ◁

Notons qu'on a démontré que, pour $n \geqslant 1$,

$$u_{n+1} - u_n = \int_1^{+\infty} \frac{n!}{x(x+1)\dots(x+n)}dx.$$

2.2. Majoration des termes d'une suite sous-additive

Soit $(a_n)_{n\in\mathbb{N}^*}$ une suite réelle vérifiant $a_{i+j} \leqslant a_i + a_j$, pour tous i et j dans $\mathbb{N}^*$. Montrer que pour tout $n \geqslant 1$, $a_n \leqslant \sum\limits_{i=1}^{n} \frac{a_i}{i}$.

▷ **Solution.**

Le cas $n = 1$ est évident. Pour $n = 2$, l'inégalité à montrer est $a_2 \leqslant a_1 + \frac{a_2}{2}$ ce qui équivaut à $a_2 \leqslant 2a_1$ et est donc vérifié par sous-additivité. Regardons encore le cas $n = 3$. On doit montrer que $a_3 \leqslant a_1 + \frac{a_2}{2} + \frac{a_3}{3}$ soit $4a_3 \leqslant 6a_1 + 3a_2$. On utilise le fait que $a_3 \leqslant a_1 + a_2 \leqslant 3a_1$ et on a bien

$$4a_3 = 3a_3 + a_3 \leqslant 3(a_1 + a_2) + 3a_1 = 6a_1 + 3a_2.$$

On va maintenant montrer l'inégalité par récurrence forte sur n. Supposons qu'elle est vraie jusqu'au rang n. En mettant a_{n+1} du côté gauche on doit prouver que $na_{n+1} \leqslant (n+1)\sum\limits_{i=1}^{n} \frac{a_i}{i}$. Pour majorer na_{n+1} on utilise les n manières de décomposer $n+1$ comme somme de deux entiers inférieurs. On a alors

$$na_{n+1} = \sum_{i=1}^{n} a_{i+(n+1-i)} \leqslant \sum_{i=1}^{n}(a_i + a_{n+1-i}) = 2\sum_{i=1}^{n} a_i.$$

On applique l'hypothèse de récurrence aux a_i :

$$\sum_{i=1}^{n} a_i \leqslant \sum_{i=1}^{n}\sum_{j=1}^{i} \frac{a_j}{j}.$$

Mais en échangeant les deux sommes on a

$$\sum_{i=1}^{n}\sum_{j=1}^{i} \frac{a_j}{j} = \sum_{j=1}^{n} \frac{a_j}{j} \sum_{i=j}^{n} 1 = \sum_{j=1}^{n} \frac{a_j}{j}(n+1-j) = (n+1)\sum_{j=1}^{n} \frac{a_j}{j} - \sum_{j=1}^{n} a_j.$$

On en déduit que $2\sum\limits_{i=1}^{n} a_i \leqslant (n+1)\sum\limits_{j=1}^{n} \frac{a_j}{j}$ et donc par transitivité

$$na_{n+1} \leqslant 2\sum_{i=1}^{n} a_i \leqslant (n+1)\sum_{j=1}^{n} \frac{a_j}{j}$$

ce qui est la relation voulue. $\lhd$

L'exercice qui suit concerne également les suites sous-additives et établit un lemme très utile. Il est à rapprocher de l'exercice 4.5 sur les fonctions sur-additives. L'idée de la preuve est la même.

2.3. Lemme de Fekete

Soit $u = (u_n)_{n\geqslant 0}$ une suite réelle vérifiant $u_{n+m} \leqslant u_n + u_m$ pour tout couple (m, n) d'entiers naturels. Montrer que la suite $\left(\frac{u_n}{n}\right)_{n\geqslant 1}$ converge vers $\ell = \inf\limits_{n\geqslant 1} \frac{u_n}{n} \in \mathbb{R} \cup \{-\infty\}$.

$\rhd$ **Solution.**

De l'hypothèse, on déduit que, pour tout entier n, on a $u_{2n} \leqslant 2u_n$, puis par une récurrence sur m, que $u_{mn} \leqslant mu_n$, pour m et n dans $\mathbb{N}^*$.

Commençons par le cas où ℓ est réel. Pour tout $\varepsilon > 0$, on peut trouver m tel que $\ell \leqslant \frac{u_m}{m} \leqslant \ell + \varepsilon$. D'après la remarque précédente on a alors $\ell \leqslant \frac{u_{qm}}{qm} \leqslant \ell + \varepsilon$ pour tout entier $q \geqslant 1$.

Si n est un entier quelconque, on en fait la division euclidienne par m et on obtient $n = qm + r$, où $0 \leqslant r < m$. On a alors $u_n \leqslant u_{mq} + u_r \leqslant qu_m + u_r$ et donc, en divisant par n,

$$\ell \leqslant \frac{u_n}{n} \leqslant \frac{q}{n}u_m + \frac{u_r}{n} \leqslant \frac{(\ell+\varepsilon)qm}{n} + \frac{\mathrm{M}}{n} \leqslant (\ell+\varepsilon)\left(1 - \frac{r}{n}\right) + \frac{\mathrm{M}}{n},$$

où $M = \max_{0 \leqslant k < m} u_k$. Puisque $0 \leqslant r < m$, $\frac{r}{n}$ tend vers 0 lorsque n tend vers $+\infty$ et donc $(\ell + \varepsilon)\left(1 - \frac{r}{n}\right) + \frac{M}{n}$ tend vers $\ell + \varepsilon$. On a donc pour n assez grand,

$$\ell \leqslant \frac{u_n}{n} \leqslant \ell + 2\varepsilon,$$

ce qui prouve que $\lim_{n \to +\infty} \frac{u_n}{n} = \ell$.

Le cas où $\ell = -\infty$ se traite de même. Pour tout $A < 0$, il existe m tel que $\frac{u_m}{m} \leqslant A$. On obtient, comme précédemment

$$\frac{u_n}{n} \leqslant A\left(1 - \frac{n}{r}\right) + \frac{M}{n} \leqslant \frac{A}{2},$$

pour n assez grand. ◁

On peut par exemple utiliser ce résultat pour montrer la convergence de la suite $\|A^n\|^{1/n}$, *où* $A \in \mathcal{M}_n(\mathbb{C})$ *et où* $\|\cdot\|$ *désigne une norme sous-multiplicative sur* $\mathcal{M}_n(\mathbb{C})$. *En effet, on voit tout de suite que la suite* $(\ln \|A^n\|)_{n \geqslant 1}$ *vérifie l'hypothèse de l'exercice. C'est alors un exercice classique de montrer que la limite de* $\|A^n\|^{1/n}$ *est le rayon spectral de la matrice* A, *c'est-à-dire le plus grand module de ses valeurs propres. Le lecteur trouvera un autre exemple d'application du lemme de Fekete dans les exercices 1.18 et 1.19 du volume 1.*

Les deux exercices suivant font intervenir des permutations de $\mathbb{N}$. *Il est facile de montrer que si une suite réelle* (u_n) *converge vers* ℓ, *alors pour toute permutation* σ *de* $\mathbb{N}$ *la suite* $(u_{\sigma(n)})$ *converge aussi vers* ℓ *(la preuve en sera donnée dans la solution ci-après). Dans l'énoncé suivant on caractérise les suites qu'il est possible de rendre monotones à partir d'un certain rang en permutant les termes.*

2.4. Permutation des termes d'une suite

Caractériser les suites réelles $(u_n)_{n \geqslant 0}$ telles qu'existe une permutation σ pour laquelle la suite $(u_{\sigma(n)})_{n \geqslant 0}$ est monotone à partir d'un certain rang.

▷ **Solution.**

• *Analyse.* Soit $(u_n)_{n \geqslant 0}$ une suite réelle et σ une permutation de $\mathbb{N}$ telle que la suite $(u_{\sigma(n)})_{n \geqslant 0}$ soit monotone à partir d'un certain rang. Par le théorème des limites monotones, la suite $(u_{\sigma(n)})_{n \geqslant 0}$ admet une limite ℓ dans $\overline{\mathbb{R}} = \mathbb{R} \cup \{-\infty, +\infty\}$. Montrons que la suite $(u_n)_{n \geqslant 0}$ converge également vers ℓ. Traitons le cas où $\ell \in \mathbb{R}$. Soit $\varepsilon > 0$. Par hypothèse on peut trouver $N \in \mathbb{N}$ tel que $|u_{\sigma(n)} - \ell| \leqslant \varepsilon$ pour $n \geqslant N$. Soit alors $N' = \max_{0 \leqslant k \leqslant N-1} \sigma(k)$. Pour tout $n > N'$

on a $|u_n - \ell| \leqslant \varepsilon$ ce qui prouve le résultat. Il est facile d'adapter cette preuve au cas où ℓ est infini. Notons par ailleurs qu'à partir d'un certain rang tous les termes de la suite $(u_n)_{n\geqslant 0}$ se trouvent du même côté de la limite ℓ et même strictement si la suite n'est pas stationnaire.

• *Synthèse.* Considérons une suite $(u_n)_{n\geqslant 0}$ qui admet une limite ℓ dans $\overline{\mathbb{R}}$, qui n'est pas stationnaire (ce cas étant évident puisque $\sigma = \mathrm{Id}_{\mathbb{N}}$ convient) et telle qu'à partir d'un certain rang N_0 tous les termes de la suite sont strictement du même côté de ℓ. On supposera par exemple que $u_n < \ell$ pour $n \geqslant \mathrm{N}_0$. Traitons le cas où $\ell \in \mathbb{R}$. Posons tout d'abord $\sigma(n) = n$ pour $0 \leqslant n \leqslant \mathrm{N}_0 - 1$. Considérons ensuite les ensembles $\Omega_0 = \{n \geqslant \mathrm{N}_0,\ u_n < \ell - 1\}$ et $\Omega_k = \{n \geqslant \mathrm{N}_0,\ \ell - \frac{1}{k} \leqslant u_n < \ell - \frac{1}{k+1}\}$, pour tout $k \in \mathbb{N}^*$. Par hypothèse, les ensembles Ω_k sont tous finis et forment une partition de l'intervalle $[\![\mathrm{N}_0, +\infty[\![$. Il suffit de définir $\sigma(k)$ pour $k \geqslant \mathrm{N}_0$ en prenant les éléments de Ω_0 puis ceux de Ω_1, et ainsi de suite et en s'arrangeant pour que la suite $(u_{\sigma(k)})_{k\geqslant \mathrm{N}_0}$ soit croissante (on classe par ordre croissant les éléments de chaque ensemble Ω_k). Le raisonnement s'adapte aisément au cas où $\ell = +\infty$ (on considère un rang N_0 à partir duquel les termes de la suite sont strictement positifs et pour tout $k \in \mathbb{N}$, $\Omega_k = \{n \geqslant \mathrm{N}_0,\ k < u_n \leqslant k+1\}$) et au cas où $u_n > \ell$ à partir d'un certain rang.

Conclusion. Les suites réelles $(u_n)_{n\geqslant 0}$ pour lesquelles il existe une permutation σ telle que $(u_{\sigma(n)})_{n\geqslant 0}$ soit monotone à partir d'un certain rang sont donc les suites stationnaires et les suites ayant une limite ℓ dans $\overline{\mathbb{R}}$ et qui sont strictement inférieures ou supérieures à ℓ à partir d'un certain rang. ◁

2.5. Limite d'une suite définie par une permutation de $\mathbb{N}^*$

Soit $f : \mathbb{N}^* \longrightarrow \mathbb{N}^*$ une bijection. On suppose que la suite $\left(\frac{f(n)}{n}\right)_{n\geqslant 1}$ converge vers ℓ. Déterminer ℓ.

▷ **Solution.**

Il est assez intuitif de penser que $\ell = 1$ comme c'est le cas avec $f = \mathrm{Id}_{\mathbb{N}^*}$. En effet, si $\ell < 1$ on imagine qu'asymptotiquement les entiers $f(1), \ldots, f(n)$ sont trop petits pour être deux à deux distincts et que si $\ell > 1$ alors la suite $f(n)$ tend trop vite vers l'infini pour être surjective. On va donc montrer soigneusement que $\ell = 1$, l'argument clé étant combinatoire.

Soit $\varepsilon > 0$ et $\mathrm{N} \in \mathbb{N}$ tel que $\frac{f(n)}{n} \in [\ell - \varepsilon, \ell + \varepsilon]$ pour $n \geqslant \mathrm{N}$. Pour $k \geqslant \mathrm{N}$, on a $f(k) \leqslant (\ell + \varepsilon)k$. On a donc, pour $n \geqslant \mathrm{N}$,

$$1 = \frac{1}{n} \mathrm{Card}\{f(k),\ k \in [\![1, n]\!]\} \leqslant \frac{\mathrm{N} + (\ell + \varepsilon)n}{n}.$$

En faisant tendre n vers $+\infty$, on obtient $1 \leqslant \ell + \varepsilon$, puis $1 \leqslant \ell$, en faisant tendre ε vers 0.

On suppose $\varepsilon < \ell$. Pour $n \geqslant N$, on a $f(n) \geqslant (\ell - \varepsilon)n \geqslant N(\ell - \varepsilon)$. Les antécédents des entiers strictement inférieurs à $N(\ell - \varepsilon)$ sont donc dans $[\![1, N-1]\!]$. On a donc $N(\ell - \varepsilon) \leqslant N$ et donc $\ell - \varepsilon \leqslant 1$. En faisant tendre ε vers 0, on obtient $\ell \leqslant 1$ et donc $\ell = 1$. ◁

Les deux exercices suivants utilisent le théorème des limites monotones qui facilite grandement l'étude de la convergence d'une suite pour laquelle on a une propriété de monotonie.

2.6. Suites vérifiant $x_{n+1} \geqslant \rho x_n + (1-\rho)x_{n-1}$

Soit ρ dans $]0, 1[$. Étudier la convergence d'une suite réelle $(x_n)_{n\geqslant 0}$ vérifiant :

$$\forall n \in \mathbb{N}^*, \quad x_{n+1} \geqslant \rho x_n + (1-\rho)x_{n-1}.$$

▷ **Solution.**

Si on pousse l'hypothèse à la limite en prenant $\rho = 1$ on a que (x_n) est croissante et elle a alors une limite dans $\mathbb{R} \cup \{+\infty\}$ en vertu du théorème des limites monotones. Si on prend en revanche $\rho = 0$ alors on a la croissance des deux suites extraites (x_{2p}) et (x_{2p+1}) mais la suite n'a plus forcément de limite. On va montrer que sous les hypothèses de l'énoncé (x_n) a toujours une limite dans $\mathbb{R} \cup \{+\infty\}$.

Pour avoir de la monotonie on va poser $y_n = \min(x_n, x_{n-1})$ pour tout $n \geqslant 1$. D'après l'hypothèse on a $x_{n+1} \geqslant \rho x_n + (1-\rho)x_{n-1} \geqslant y_n$ et donc $y_{n+1} \geqslant y_n$. La suite (y_n) est croissante et elle admet donc une limite $\ell \in \mathbb{R} \cup \{+\infty\}$ avec de plus $y_n \leqslant \ell$ pour tout n.

- Si $\ell = +\infty$ alors (x_n) tend aussi vers $+\infty$ puisque $x_n \geqslant y_n$ pour tout n.
- Supposons que $\ell \in \mathbb{R}$ et montrons que (x_n) converge aussi vers ℓ. On va séparer les indices selon que $x_n > \ell$ ou non en posant $A = \{n \in \mathbb{N}, x_n > \ell\}$ et $B = \mathbb{N} \setminus A$. Plaçons nous dans le cas où ces deux ensembles sont infinis. Lorsque $n \in B$ on a $y_n \leqslant x_n \leqslant \ell$ et par le théorème d'encadrement on a donc $\lim\limits_{\substack{n\to+\infty \\ n\in B}} x_n = \ell$. Lorsque $n \in A$ on a nécessairement $y_n = x_{n-1}$ et $y_{n+1} = x_{n+1}$ et ainsi les entiers $n-1$ et $n+1$ sont dans B. On utilise alors l'inégalité de l'énoncé pour majorer x_n :

$$\ell < x_n \leqslant \frac{x_{n+1} - (1-\rho)x_{n-1}}{\rho} = \frac{y_{n+1} - (1-\rho)y_n}{\rho}.$$

Or le majorant converge vers ℓ et on en déduit que la limite de x_n quand n tend vers l'infini en restant dans A est aussi ℓ. On conclut que (x_n) converge vers ℓ

puisque $A \cup B = \mathbb{N}$ (il suffit de quantifier). Bien entendu le résultat demeure lorsque l'une des deux parties A ou B est finie. ◁

On obtient naturellement une suite réelle croissante lorsqu'on étudie la suite des sommes partielle d'une série à termes positifs. L'énoncé suivant, qui n'utilise presque rien de la théorie des séries, en fournit un exemple très simple.

2.7. Suites monotones

À toute suite croissante $(a_n)_{n\in\mathbb{N}}$ de réels telle que $a_0 = 1$, on associe la suite $(b_n)_{n\in\mathbb{N}}$ définie par

$$b_n = \sum_{k=1}^{n} \left(1 - \frac{a_{k-1}}{a_k}\right) \frac{1}{a_k}.$$

Montrer que $b_n \in [0,1]$. Étant donné $c \in [0,1[$, montrer l'existence d'une suite $(a_n)_{n\in\mathbb{N}}$ telle $\lim\limits_{n\to+\infty} b_n = c$.

▷ **Solution.**

La suite (a_n) étant croissante et positive, on a $\left(1 - \frac{a_{k-1}}{a_k}\right)\frac{1}{a_k} \geqslant 0$, pour tout $k \in \mathbb{N}^*$, et donc $b_n \geqslant 0$. D'autre part, on peut écrire par croissance de la suite (a_n),

$$\left(1 - \frac{a_{k-1}}{a_k}\right)\frac{1}{a_k} = \frac{a_k - a_{k-1}}{a_k^2} \leqslant \frac{a_k - a_{k-1}}{a_k a_{k-1}} \leqslant \frac{1}{a_{k-1}} - \frac{1}{a_k}.$$

En sommant ces inégalités pour $k = 1, \ldots, n$, on obtient

$$b_n \leqslant \sum_{k=1}^{n} \left(\frac{1}{a_{k-1}} - \frac{1}{a_k}\right) = \frac{1}{a_0} - \frac{1}{a_n} = 1 - \frac{1}{a_n} < 1.$$

Ainsi, la suite (b_n) qui est croissante et majorée par 1 converge.

Soit $q \in]1, +\infty[$ et la suite (a_n) définie par $a_n = q^n$. Elle a les propriétés voulues. Pour ce choix de (a_n), on obtient

$$b_n = \sum_{k=1}^{n} \left(1 - \frac{1}{q}\right)\frac{1}{q^k} = \left(1 - \frac{1}{q}\right)\left(\frac{1}{q}\right)\frac{1 - \frac{1}{q^n}}{1 - \frac{1}{q}} = \frac{1}{q}\left(1 - \frac{1}{q^n}\right).$$

On en déduit que $\lim\limits_{n\to+\infty} b_n = \frac{1}{q}\cdot$ Quand q décrit $]1, +\infty[$, $\frac{1}{q}$ décrit $]0,1[$. En particulier, pour tout $c \in]0,1[$, il existe $q = \frac{1}{c} > 1$ tel que $\lim\limits_{n\to+\infty} b_n = c$. Pour $c = 0$, la suite (a_n) constante égale à 1 convient. ◁

Outre la convergence monotone, l'exercice suivant utilise le théorème de Cesàro, dont nous rappelons l'énoncé. Si la suite (u_n) tend vers $\ell \in \overline{\mathbb{R}}$ alors la suite (v_n) de terme général $v_n = \frac{1}{n}\sum_{k=1}^{n} u_k$ (moyenne de Cesàro de la suite (u_n)) converge aussi vers ℓ. Ce résultat sera au centre des énoncés qui suivent.

2.8. Suites convexes bornées

Soit $(u_n)_{n\in\mathbb{N}}$ une suite de réels. Pour $n \geqslant 0$, on note $\Delta u_n = u_n - u_{n+1}$ et $\Delta^2 u_n = \Delta u_n - \Delta u_{n+1}$. On suppose que la suite $(u_n)_{n\in\mathbb{N}}$ est bornée et que pour tout $n \in \mathbb{N}$, $\Delta^2 u_n \geqslant 0$.

1. Montrer que $(u_n)_{n\in\mathbb{N}}$ est décroissante et que la suite $(n\Delta u_n)_{n\in\mathbb{N}}$ converge vers 0.

2. Montrer que la série $\sum(n+1)\Delta^2 u_n$ converge.

▷ **Solution.**

1. On note que la condition $\Delta^2 u_n \geqslant 0$ s'écrit $u_{n+1} \leqslant \frac{1}{2}(u_n + u_{n+2})$ et signifie que la suite (u_n) est convexe.

On a, pour tout $n \in \mathbb{N}$, $\Delta^2 u_n = \Delta u_n - \Delta u_{n+1} \geqslant 0$, donc la suite (Δu_n) est décroissante. De plus, elle est bornée, puisque (u_n) l'est. Elle converge donc par le théorème des limites monotones. Si on note ℓ sa limite, alors on a, d'après le théorème de Cesàro,

$$\lim_{n\to+\infty} \frac{\Delta u_0 + \Delta u_1 + \cdots + \Delta u_{n-1}}{n} = \ell$$

i.e. $\lim\limits_{n\to+\infty} \frac{u_0 - u_n}{n} = \ell$. Si $\ell \neq 0$, la suite (u_n) n'est pas bornée, ce qui est contraire à l'hypothèse. On a donc $\ell = 0$. La suite (Δu_n), qui converge vers 0 en décroissant, est donc positive. On a ainsi $\Delta u_n = u_n - u_{n+1} \geqslant 0$ pour tout $n \in \mathbb{N}$ et la suite (u_n) décroît. Puisque de plus elle est bornée, elle converge. Notons L sa limite.

Pour montrer que la suite $(n\Delta u_n)$ converge, on commence par montrer que sa moyenne de Cesàro converge, ce qui est plus simple. En effet, quand on somme des termes successifs de cette suite, on obtient des simplifications puisque Δu_n est une différence entre deux termes consécutifs de la suite (u_n). On a, pour tout $n \in \mathbb{N}^*$,

$$\sum_{k=1}^{n} k\Delta u_k = \sum_{k=1}^{n} k u_k - \sum_{k=1}^{n} k u_{k+1} = \sum_{k=1}^{n} u_k - n u_{n+1}$$

et donc

$$\frac{1}{n}\sum_{k=1}^{n} k\Delta u_k = \frac{1}{n}\sum_{k=1}^{n} u_k - u_{n+1} \to \mathrm{L} - \mathrm{L} = 0$$

en vertu du théorème de Cesàro. La suite (Δu_n) étant décroissante, on peut écrire, pour tout $n \in \mathbb{N}^*$,

$$\frac{1}{n}\sum_{k=1}^{n} k\Delta u_k \geqslant \frac{1}{n}\left(\sum_{k=1}^{n} k\right)\Delta u_n \geqslant \frac{n+1}{2}\Delta u_n \geqslant \frac{n}{2}\Delta u_n \geqslant 0.$$

On en déduit, par encadrement, que $\lim\limits_{n\to+\infty} n\Delta u_n = 0$.

Le lecteur observera que cette dernière question est une formulation en termes de suites d'un résultat classique sur les séries (cf. exercice 3.15). En effet, la suite (Δu_n) est positive décroissante et la série $\sum \Delta u_n$ converge. Cela implique que $n\Delta u_n$ tend vers 0.

2. On a, pour tout $n \in \mathbb{N}$,

$$\begin{aligned}\sum_{k=0}^{n}(k+1)\Delta^2 u_k &= \sum_{k=0}^{n}(k+1)\Delta u_k - \sum_{k=1}^{n+1} k\Delta u_k \\ &= \sum_{k=0}^{n}\Delta u_k - (n+1)\Delta u_{n+1} \\ &= u_0 - u_{n+1} - (n+1)\Delta u_{n+1}.\end{aligned}$$

On sait que $\lim\limits_{n\to+\infty} u_{n+1} = \mathrm{L}$ et que $\lim\limits_{n\to+\infty} (n+1)\Delta u_{n+1} = 0$, d'après la question précédente. On ne déduit que la série $\sum(k+1)\Delta^2 u_k$ converge et que

$$\sum_{k=0}^{+\infty}(k+1)\Delta^2 u_k = u_0 - \mathrm{L}. \quad \triangleleft$$

Une suite dont les moyennes de Cesàro convergent peut très bien diverger, comme le prouve le contre-exemple classique $u_n = (-1)^n$. L'exercice suivant montre que pour qu'une suite positive bornée $(u_n)_{n\in\mathbb{N}}$ tende vers 0 au sens de Cesàro, il faut et suffit que $(u_n)_{n\in\mathbb{N}}$ tende vers 0 sur une partie de $\mathbb{N}$ de densité asymptotique égale à 1.

*2.9. Caractérisation de la convergence au sens de Cesàro

Soit $(a_n)_{n\geqslant 0}$ une suite réelle positive et majorée. Montrer qu'il y a équivalence entre :

(i) la suite $\mathrm{S}_n = \frac{1}{n}\sum\limits_{k=0}^{n} a_k$ tend vers 0 ;

(ii) il existe une partie $\mathrm{A} \subset \mathbb{N}$ de densité nulle (c'est-à-dire telle que $\lim\limits_{n\to+\infty} \frac{\mathrm{Card}(\mathrm{A} \cap [\![0,n]\!])}{n} = 0$) telle que $\lim\limits_{\substack{n\to+\infty \\ n\notin \mathrm{A}}} a_n = 0$.

▷ **Solution.**

• Supposons d'abord (*ii*) réalisé. Soit $\varepsilon > 0$. Comme $\lim\limits_{n \notin A} a_n = 0$, il existe $N \in \mathbb{N}^*$ tel que pour $n \geqslant N$ et $n \notin A$, $a_n \leqslant \varepsilon$. Pour $n \geqslant N$, on coupe alors la moyenne de Cesàro en trois :

$$S_n = \frac{1}{n}\sum_{k=0}^{n} a_k = \frac{1}{n}\sum_{k=0}^{N-1} a_k + \frac{1}{n}\sum_{\substack{N \leqslant k \leqslant n \\ k \notin A}} a_k + \frac{1}{n}\sum_{\substack{N \leqslant k \leqslant n \\ k \in A}} a_k.$$

La somme du milieu est majorée par ε. Celle de gauche tend clairement vers 0 lorsque n tend vers l'infini. Enfin, si on note $M = \sup\limits_{k \in \mathbb{N}} a_k$ (qui existe puisque la suite est majorée), celle de droite est inférieure à $\dfrac{M\,\mathrm{Card}(A \cap [\![N, n]\!])}{n}$ et *a fortiori* à $\dfrac{M\,\mathrm{Card}(A \cap [\![0, n]\!])}{n}$, quantité qui tend également vers 0 lorsque n tend vers l'infini. Il existe donc $N' \geqslant N$ tel que pour tout n supérieur à N', on a $S_n \leqslant 2\varepsilon$. L'assertion (*i*) est démontrée.

• Supposons maintenant que (*i*) est vérifié et que la suite (a_n) ne soit pas de limite nulle (sinon $A = \emptyset$ convient). Posons $\alpha_n = \sup\{S_p,\ p \geqslant n\}$. La suite (α_n) est une suite décroissante tendant vers 0 de réels strictement positifs. Considérons $A = \{p \in \mathbb{N},\ a_p \geqslant \sqrt{\alpha_p}\}$. On a $\lim\limits_{n \notin A} a_n = 0$ (car $a_n < \sqrt{\alpha_n}$, si $n \notin A$). Il ne reste plus qu'à prouver que A est de densité nulle. On a

$$\mathrm{Card}(A \cap [\![0, n]\!]) = \sum_{k \in A \cap [\![0, n]\!]} 1 \leqslant \sum_{k \in A \cap [\![0, n]\!]} \frac{a_k}{\sqrt{\alpha_k}} \leqslant \sum_{k=0}^{n} \frac{a_k}{\sqrt{\alpha_k}},$$

de sorte que

$$\frac{1}{n}\,\mathrm{Card}(A \cap [\![0, n]\!]) \leqslant \frac{1}{n}\sum_{k=0}^{n} \frac{a_k}{\sqrt{\alpha_k}} \leqslant \frac{1}{n}\sum_{k=0}^{n} \frac{a_k}{\sqrt{\alpha_n}} = \frac{S_n}{\sqrt{\alpha_n}} \leqslant \sqrt{\alpha_n},$$

car $S_n \leqslant \alpha_n$. D'où le résultat. ◁

L'exercice qui suit porte aussi sur des suites qui convergent au sens de Cesàro, mais cette fois dans $\mathbb{C}$. Notons que le théorème de Cesàro subsiste dans ce contexte.

*2.10. Suites convergentes au sens de Cesàro telles que $u_n^6 \to 1$

Soit E l'ensemble des suites $(u_n)_{n \geqslant 1}$ de nombres complexes vérifiant $\lim\limits_{n \to +\infty} u_n^6 = 1$ et telles que la suite de terme général $v_n = \frac{1}{n}\sum\limits_{k=1}^{n} u_k$ converge. On considère l'application φ de E dans $\mathbb{C}$ qui à la suite $(u_n)_{n \geqslant 1}$ associe la limite ℓ de la suite $(v_n)_{n \geqslant 1}$. Déterminer $\varphi(E)$.

▷ **Solution.**

Notons U_6 l'ensemble des racines 6-ièmes de 1 et posons, pour $1 \leqslant k \leqslant 6$, $\omega_k = e^{\frac{ik\pi}{3}}$. La façon la plus simple de réaliser la condition $\lim\limits_{n\to+\infty} u_n^6 = 1$ est que la suite $(u_n^6)_{n\geqslant 1}$ soit constante égale à 1, c'est-à-dire que, pour tout $n \in \mathbb{N}^*$, u_n soit élément de U_6. Notons F le sous-ensemble de E formé des suites ayant cette propriété et déterminons pour commencer $\varphi(F)$. Si $(u_n)_{n\geqslant 1}$ est dans F, on obtient, en notant, pour $n \in \mathbb{N}^*$ et $1 \leqslant i \leqslant 6$, $m_i(n)$ le nombre de termes u_k $(1 \leqslant k \leqslant n)$ de la suite (u_n) égaux à ω_i,

$$v_n = \frac{1}{n}\sum_{i=1}^{6} m_i(n)\omega_i = \sum_{i=1}^{n} \frac{m_i(n)}{n}\omega_i.$$

On en déduit que chaque terme de la suite (v_n) s'écrit comme barycentre à coefficients positifs de $(\omega_1, \ldots, \omega_6)$, c'est-à-dire appartient à l'enveloppe convexe C de U_6. L'ensemble C étant fermé, il en résulte que la limite ℓ de la suite (v_n) appartient à C.

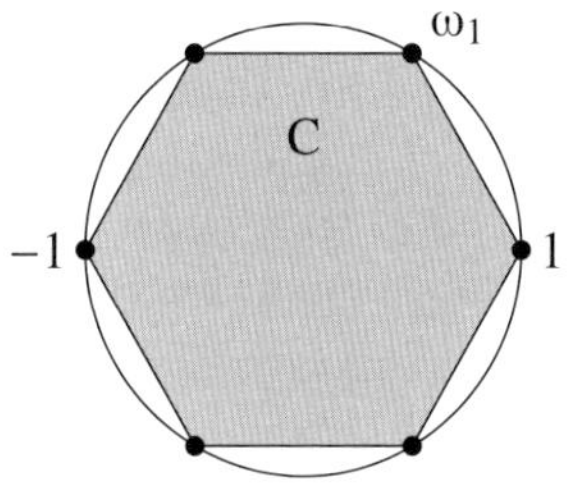

Démontrons réciproquement que $C \subset \varphi(F)$. Il est clair que les sommets de l'hexagone C (c'est-à-dire les éléments de U_6) sont dans $\varphi(F)$, puisqu'il suffit de prendre pour (u_n) la suite constante égale au sommet choisi. Pour conclure il suffit donc de montrer que $\varphi(F)$ est convexe car il contient alors l'enveloppe convexe de U_6 qui est justement C. Soient α et β deux points de $\varphi(F)$ qui sont les limites respectives au sens de Cesàro de deux suites (a_n) et (b_n) à valeurs dans U_6 et soit $\lambda \in]0,1[$. On souhaite montrer que $\gamma = \lambda\alpha + (1-\lambda)\beta$ est encore dans $\varphi(F)$. Commençons par le cas le plus simple où $\lambda = \frac{1}{2}$ c'est-à-dire le cas où γ est le milieu de α et β. Il est facile de voir que la suite (c_n) définie en alternant les suites (a_n) et (b_n) est toujours dans F et a pour limite de Cesàro γ. Précisément, si on pose

$$c_n = \begin{cases} a_n & \text{pour } n \text{ impair} \\ b_n & \text{pour } n \text{ pair} > 0 \end{cases}$$

la suite (c_n) converge au sens de Cesàro vers γ. En effet, pour n pair, disons $n = 2p$, on a

$$\frac{c_1 + \cdots + c_{2p}}{2p} = \frac{1}{2}\Big(\frac{a_1 + \cdots + a_p}{p} + \frac{b_1 + \cdots + b_p}{p}\Big)$$

et pour $n = 2p + 1$ on a

$$\begin{aligned}\frac{c_1 + \cdots + c_{2p+1}}{2p+1} &= \frac{a_1 + \cdots + a_{p+1}}{2p+1} + \frac{b_1 + \cdots + b_p}{2p+1} \\ &= \frac{1}{2}\left(\frac{2p}{2p+1}\frac{a_1 + \cdots + a_{p+1}}{p+1} + \frac{2p+2}{2p+1}\frac{b_1 + \cdots + b_p}{p}\right).\end{aligned}$$

Pour le cas général où $\lambda \in]0, 1[$, on généralise le cas du milieu en employant la notion de densité d'un sous-ensemble de $\mathbb{N}$ (ou $\mathbb{N}^*$). On dit qu'un sous-ensemble A de $\mathbb{N}^*$ a pour densité λ si

$$\frac{\operatorname{Card}(A \cap [\![1, n]\!])}{n} \to \lambda$$

quand n tend vers l'infini. On peut observer qu'il revient au même de dire que la fonction caractéristique de A, c'est-à-dire la suite (s_n) définie par

$$s_n = \begin{cases} 1 & \text{si } n \in A \\ 0 & \text{sinon} \end{cases}$$

converge au sens de Cesàro vers λ, mais cela n'interviendra pas dans la suite. L'ensemble des entiers pairs et l'ensemble des entiers impairs sont par exemple de densité $\frac{1}{2}$.

Supposons qu'on dispose d'un ensemble A de densité λ. On définit alors la suite c_n en puisant dans les valeurs des suites

$$\begin{aligned}(a_n) &= (a_1, a_2, a_3, \dots) \\ (b_n) &= (b_1, b_2, b_3, \dots)\end{aligned}$$

de la façon suivante : supposons que $c_1, c_2, \dots, c_{n-1}$ aient été définis. Pour c_n on prend, si $n \in A$ le premier terme de la suite (a_n) qui n'ait pas encore été choisi, et si $n \notin A$ le premier terme de la suite (b_n) qui n'ait pas encore été choisi. Montrons que la suite (c_n) converge au sens de Cesàro vers γ. On a

$$\begin{aligned}\frac{c_1 + \cdots + c_n}{n} &= \frac{a_1 + \cdots + a_{p_n}}{n} + \frac{b_1 + \cdots + b_{q_n}}{n} \\ &= \frac{p_n}{n}\frac{a_1 + \cdots + a_{p_n}}{p_n} + \frac{q_n}{n}\frac{b_1 + \cdots + b_{q_n}}{q_n}\end{aligned}$$

où p_n désigne le nombre de termes de la suite (c_n) qui ont été choisis dans (a_n), autrement dit $p_n = \operatorname{Card}(A \cap [\![1, n]\!])$ et $q_n = n - p_n$. Le résultat en découle puisque $\frac{p_n}{n}$ tend vers λ par hypothèse.

L'existence d'un ensemble $A \subset \mathbb{N}^*$ de densité $\lambda \in]0, 1[$ fixée est facile : il suffit par exemple de prendre l'ensemble des entiers $\left\lfloor \frac{k}{\lambda} \right\rfloor$ pour $k \in \mathbb{N}^*$. En effet, le nombre de tels entiers dans $[\![1,n]\!]$ vaut $\lfloor n\lambda \rfloor$ et un simple encadrement montre que $\frac{\lfloor n\lambda \rfloor}{n}$ converge vers λ.

On a donc bien montré que $\varphi(\mathrm{F}) = \mathrm{C}$. Pour finir nous allons montrer que $\varphi(\mathrm{E}) = \varphi(\mathrm{F}) = \mathrm{C}$. Considérons une suite (u_n) de E et posons $\rho_n = |u_n^6 - 1|$ qui tend donc vers 0. On a $\rho_n = \prod_{i=1}^{6} |u_n - \omega_i|$ donc il existe au moins un indice i tel que $|u_n - \omega_i| \leqslant \rho_n^{1/6}$. On définit $v_n = \omega_i$ pour un tel indice i. La suite (v_n) ainsi construite est à valeurs dans U_6 et la suite $w_n = u_n - v_n$ converge vers 0 puisque $|w_n| \leqslant \rho_n^{1/6}$. On sait que (u_n) converge au sens de Cesàro et il en est de même de (w_n) d'après le théorème de Cesàro. Par linéarité la suite (v_n) converge au sens de Cesàro et $(v_n) \in \mathrm{F}$. On a alors $\varphi(u) = \varphi(v) \in \mathrm{C}$.

Conclusion. L'ensemble $\varphi(\mathrm{E})$ est l'enveloppe convexe C de l'ensemble des racines 6-ièmes de l'unité, c'est-à-dire un hexagone régulier plein. ◁

Il est clair que le nombre 6 *ne joue aucun rôle particulier et que si on considère les suites* (u_n) *telles que* (u_n^p) *converge vers* 1, *on trouve que* $\varphi(\mathrm{E})$ *est l'intérieur d'un polygone régulier à p côtés.*

2.11. Théorème de Mercer

Soit $(u_n)_{n\geqslant 0}$ une suite réelle et α dans $]0,1[$. Pour n dans $\mathbb{N}$, on pose

$$m_n = \frac{1}{n+1}\sum_{k=0}^{n} u_k \quad \text{et} \quad t_n = \alpha u_n + (1-\alpha)m_n.$$

1. Montrer que si (u_n) converge, alors (m_n) converge.
2. Montrer que si (t_n) est bornée, alors (u_n) et (m_n) le sont.
3. Montrer que si (t_n) converge, alors (u_n) et (m_n) convergent.

▷ **Solution.**

1. Si (u_n) converge vers ℓ, alors (m_n) converge vers ℓ d'après le théorème de Cesàro, donc (t_n) également par opérations sur les limites.

2. On commence par relier la suite (m_n) à la suite (t_n). Pour tout $n \geqslant 1$, on a $u_n = (n+1)m_n - nm_{n-1}$ et donc

$$t_n = \alpha\big((n+1)m_n - nm_{n-1}\big) + (1-\alpha)m_n = (n\alpha + 1)m_n - n\alpha m_{n-1},$$

c'est-à-dire

$$m_n = \frac{t_n + n\alpha\, m_{n-1}}{1 + n\alpha}.$$

Cette relation exprime m_n comme une combinaison convexe de t_n et de m_{n-1}. Soit alors $\mathrm{C} > 0$ tel que $|m_0| \leqslant \mathrm{C}$ et $|t_n| \leqslant \mathrm{C}$ pour tout $n \in \mathbb{N}$. Une récurrence immédiate montre que $|m_n| \leqslant C$ pour tout $n \in \mathbb{N}$. La suite (m_n) est bornée et il en est de même de (u_n) puisque que pour tout $n \in \mathbb{N}$, $u_n = \frac{t_n - (1-\alpha)m_n}{\alpha}$.

3. Si (u_n) et (m_n) convergent, c'est vers la même limite que (t_n) et il suffit d'ailleurs de prouver la convergence de l'une d'entre elle pour avoir la convergence de l'autre. Si on remplace la suite (u_n) par la suite de terme général $u'_n = u_n - a$, alors la suite des moyennes (m_n) est remplacée par $m'_n = m_n - a$ et la suite (t_n) par $t'_n = t_n - a$ pour tout n. Quitte à effectuer une telle translation, on peut supposer que (t_n) converge vers 0. On montre qu'alors (m_n) converge vers 0. Soit $\varepsilon > 0$ et $N \in \mathbb{N}^*$ tel que $|t_n| \leqslant \varepsilon$ si $n \geqslant N$. Pour $n \geqslant N$, on a

$$|m_n| \leqslant \frac{\varepsilon + n\alpha|m_{n-1}|}{1 + n\alpha}.$$

Considérons la suite $(z_n)_{n \geqslant N}$ telle que $z_{N-1} = |m_{N-1}|$ et $z_n = \frac{\varepsilon + n\alpha z_{n-1}}{n\alpha + 1}$ pour $n \geqslant N$. Une récurrence immédiate montre que $|m_n| \leqslant z_n$ pour tout $n \geqslant N-1$. On va prouver que (z_n) converge vers ε. En effet, on a

$$|z_n - \varepsilon| = \frac{n\alpha}{n\alpha + 1}|z_{n-1} - \varepsilon|.$$

Plaçons nous dans le cas où (z_n) n'est pas stationnaire à ε. On peut alors prendre le logarithme et on a

$$\ln|z_n - \varepsilon| - \ln|z_{n-1} - \varepsilon| = \ln\left(1 - \frac{1}{n\alpha + 1}\right) \sim -\frac{1}{n\alpha}.$$

Il en découle que la série de terme général $\ln|z_n - \varepsilon| - \ln|z_{n-1} - \varepsilon|$ diverge et que la suite des sommes partielles tend vers $-\infty$. Ainsi, la suite $\ln|z_n - \varepsilon|$ tend vers $-\infty$ et (z_n) converge vers ε. Il existe donc un rang $N' \geqslant N$ tel que pour tout $n \geqslant N'$, $|m_n| \leqslant z_n \leqslant 2\varepsilon$. Ainsi la suite (m_n) converge vers 0 et il en est de même de (u_n) puisque $u_n = \frac{t_n - (1-\alpha)m_n}{\alpha}$. ◁

Dans l'exercice suivant il est encore question de suites dont la moyenne de Cesàro converge, cette fois avec des systèmes dynamiques discrets. La seconde question de l'exercice fournit des exemples de suites divergentes dont la moyenne de Cesàro converge.

2.12. Moyenne de Cesàro d'une suite récurrente

Soit $f : \mathbb{R} \to \mathbb{R}$ continue. Pour $a \in \mathbb{R}$, on définit la suite $\big(v_n(a)\big)$ par $v_0(a) = a$ et pour tout $n \in \mathbb{N}$, $v_{n+1}(a) = f(v_n(a))$. On pose

$$u_n(a) = \frac{v_0(a) + v_1(a) + \cdots + v_n(a)}{n+1}.$$

1. On suppose qu'il existe $a \in \mathbb{R}$ tel que $(u_n(a))_{n\in\mathbb{N}}$ soit bornée. Montrer que f admet un point fixe.

2. Trouver un exemple de fonction continue $f : \mathbb{R} \to \mathbb{R}$ ayant un point fixe unique a et telle que pour tout $x \neq a$, $(u_n(x))_{n\in\mathbb{N}}$ converge vers une limite distincte de a.

▷ **Solution.**

1. Supposons par l'absurde que f n'ait pas de point fixe. Comme elle est continue, on a soit $f(x) > x$ pour tout x, soit $f(x) < x$ pour tout x. Plaçons-nous par exemple dans le premier cas. La suite $(v_n(a))$ est strictement croissante, et diverge nécessairement vers $+\infty$ (car si elle convergeait, sa limite serait un point fixe de f). Le théorème de Cesàro nous permet d'affirmer que la suite $(u_n(a))$ tend alors aussi vers $+\infty$ et ne peut donc être bornée, ce qui fournit la contradiction souhaitée.

2. Considérons la fonction f définie par $f(x) = -2x$ si $x \leqslant 0$ et $f(x) = -\frac{x}{2}$ si $x \geqslant 0$. Elle est continue sur $\mathbb{R}$ et son seul point fixe est 0. La fonction $f \circ f$ est l'identité de sorte que pour tout $x > 0$ la suite $(v_n(x))$ vérifie $v_{2k}(x) = x$ et $v_{2k+1}(x) = -\frac{x}{2}$ pour tout entier naturel k. Il est alors aisé de voir que la transformée de Cesàro $(u_n(x))$ converge vers la moyenne de ces deux valeurs qui vaut $\frac{x}{4}$. De même, si $x < 0$ la suite $(u_n(x))$ converge vers $-\frac{x}{2}$. Cette fonction répond donc à la question. ◁

Plus généralement, toute fonction involutive continue, ayant 0 *comme seul point fixe et telle que* $f(x) \neq -x$ *pour* $x \neq 0$*, convient.*

Le théorème de Hardy énonce des conditions pour que la convergence de la moyenne de Cesàro entraîne la convergence de la suite initiale. Autrement dit, il étudie la réciproque du théorème de Cesàro. On peut le formuler en termes de séries : les suites dont on étudie ici la moyenne de Cesàro sont des sommes partielles de séries.

*2.13. Théorème taubérien de Hardy

Soit $(u_n)_{n\geqslant 1}$ une suite de $\mathbb{C}$. On pose, pour $n \geqslant 1$,

$$\mathrm{S}_n = \sum_{k=1}^{n} u_k \quad \text{et} \quad \sigma_n = \frac{1}{n}\sum_{k=1}^{n} \mathrm{S}_k.$$

1. On suppose dans cette question que les u_n sont des réels positifs. Montrer qu'il y a équivalence entre :

(i) la suite $(\mathrm{S}_n)_{n\geqslant 1}$ converge ;

(ii) la suite $(\sigma_n)_{n\geqslant 1}$ converge.

2. On revient au cas général. Montrer que $u_n = O\left(\frac{1}{n}\right)$ est une condition suffisante pour que la convergence de la suite $(\sigma_n)_{n\geqslant 1}$ entraîne celle de la suite $(S_n)_{n\geqslant 1}$.

▷ **Solution.**

1. Si $(S_n)_{n\geqslant 1}$ converge vers un réel ℓ alors, d'après le théorème de Cesàro, les moyennes σ_n convergent vers ℓ. Si (S_n) ne converge pas, elle diverge vers $+\infty$ puisqu'elle est croissante. Toujours d'après le théorème de Cesàro, $\lim\limits_{n\to+\infty} \sigma_n = +\infty$ et (σ_n) ne converge pas. L'équivalence est prouvée.

2. Supposons que $u_n = O\left(\frac{1}{n}\right)$ et que (σ_n) converge vers $\ell \in \mathbb{C}$. Nous contrôlons la moyenne des S_n. Il faut donc relier celle-ci à S_n. Afin d'y parvenir, on compare S_n à une moyenne des S_k pour k compris entre n et nx, où x est un réel strictement plus grand que 1. On encadrera cette moyenne, grâce à l'hypothèse de convergence de (σ_n). On imagine que pour avoir une expression proche de S_n, il faudra peu de termes dans la moyenne *i.e.* x proche de 1.

Posons pour $u > 0$

$$\sigma_u = \frac{1}{u} \sum_{1\leqslant k\leqslant u} S_k = \frac{\lfloor u \rfloor}{u} \sigma_{\lfloor u \rfloor}.$$

On a $\lim\limits_{u\to+\infty} \sigma_u = \ell$. Pour $x > 1$, notons

$$M_n(x) = \frac{1}{\lfloor nx - n \rfloor} \sum_{n<k\leqslant nx} S_k,$$

la moyenne des S_k pour $n < k \leqslant nx$ et étudions la limite de $M_n(x)$. On obtient

$$M_n(x) = \frac{nx\sigma_{nx} - n\sigma_n}{\lfloor nx - n \rfloor} = \frac{n(x-1)}{\lfloor n(x-1) \rfloor} \frac{x\sigma_{nx} - \sigma_n}{(x-1)} \xrightarrow[n\to+\infty]{} \frac{\ell x - \ell}{x-1} = \ell.$$

Estimons maintenant la différence entre la moyenne $M_n(x)$ et S_n. Comme on peut écrire $S_n = \dfrac{\sum_{n<k\leqslant nx} S_n}{\lfloor n(x-1) \rfloor}$, il vient

$$\begin{aligned} |S_n - M_n(x)| &= \left| \frac{1}{\lfloor n(x-1) \rfloor} \sum_{n<k\leqslant nx} (S_k - S_n) \right| \\ &\leqslant \frac{1}{\lfloor n(x-1) \rfloor} \sum_{n<k\leqslant nx} |S_k - S_n|. \end{aligned}$$

Par hypothèse, il existe $A \geqslant 0$ tel que si $n \geqslant 1$, $|u_n| \leqslant \frac{A}{n}\cdot$ Par conséquent si $k > n$, on a

$$\begin{aligned}|S_k - S_n| &= |u_k + u_{k-1} + \cdots + u_{n+1}| \leqslant A\left(\frac{1}{k} + \frac{1}{k-1} + \cdots + \frac{1}{n+1}\right)\\ &\leqslant A\left(\int_{k-1}^{k} \frac{dt}{t} + \int_{k-2}^{k-1} \frac{dt}{t} + \cdots + \int_{n}^{n+1} \frac{dt}{t}\right) = A\int_{n}^{k} \frac{dt}{t}\\ &\leqslant A \ln \frac{k}{n}\cdot\end{aligned}$$

Il en résulte que

$$|S_n - M_n(x)| \leqslant \frac{A}{\lfloor(n(x-1)\rfloor} \sum_{n<k\leqslant nx} \ln \frac{k}{n} \leqslant \frac{A}{\lfloor n(x-1)\rfloor} \sum_{n<k\leqslant nx} \ln \frac{nx}{n},$$

ce qui donne après simplifications

$$|S_n - M_n(x)| \leqslant \frac{A}{\lfloor n(x-1)\rfloor} \lfloor n(x-1)\rfloor \ln x = A \ln x,$$

où le majorant de dépend pas de n. Donnons-nous $\varepsilon > 0$. Il existe $x_0 > 1$ tel que $A \ln x_0 \leqslant \varepsilon$. On a alors

$$|S_n - \ell| \leqslant |S_n - M_n(x_0)| + |M_n(x_0) - \ell| \leqslant \varepsilon + |M_n(x_0) - \ell| \leqslant 2\varepsilon$$

pour n assez grand, puisque $\lim_{n\to+\infty} M_n(x_0) = \ell$. On conclut que $\lim_{n\to+\infty} S_n = \ell$. ◁

Dans l'exercice suivant, il s'agit encore de comparer un terme d'une suite à une moyenne de termes d'indices consécutifs, en utilisant cette fois la monotonie de la suite.

2.14. Limites de tranches de Cauchy

Soit $(a_n)_{n\in\mathbb{N}}$ une suite décroissante de réels positifs. Pour $u \geqslant 0$ et $x > 1$, on pose $f_u(x) = \sum_{u<n\leqslant ux} a_n$. Montrer l'équivalence des deux conditions suivantes :

(i) pour tout $x > 1$, $f_u(x)$ a une limite finie lorsque u tend vers $+\infty$;

(ii) la suite $(na_n)_{n\geqslant 0}$ converge.

▷ **Solution.**

Remarquons pour commencer que la suite $(a_n)_{n\in\mathbb{N}}$ admet une limite $L \geqslant 0$ puisqu'elle est décroissante et minorée par 0. Si $L > 0$, (ii) n'cst pas vérifiée.

Par ailleurs, si N est un entier naturel tel que $a_n \geqslant \frac{L}{2}$ pour $n \geqslant N$, on a, pour $x > 1$ et $u \geqslant N$,

$$f_u(x) \geqslant \frac{L}{2}(ux - u) = \frac{uL(x-1)}{2}$$

et donc $\lim\limits_{u \to +\infty} f_u(x) = +\infty$. Ainsi, ni (*i*), ni (*ii*) ne sont vérifiées, ce qui montre l'équivalence dans le cas $L > 0$. Nous supposerons donc dans la suite que la suite $(a_n)_{n\in\mathbb{N}}$ converge vers 0.

• Supposons que la suite (na_n) converge et notons ℓ sa limite. Fixons $x > 1$. Soit $\varepsilon > 0$. Il existe un rang $n_0 \in \mathbb{N}$ tel que $\ell - \varepsilon \leqslant na_n \leqslant \ell + \varepsilon$ pour $n \geqslant n_0$. Par conséquent, si $u \geqslant n_0$, on a

$$(\ell - \varepsilon) \sum_{n=\lfloor u \rfloor+1}^{\lfloor ux \rfloor} \frac{1}{n} \leqslant f_u(x) \leqslant (\ell + \varepsilon) \sum_{n=\lfloor u \rfloor+1}^{\lfloor ux \rfloor} \frac{1}{n}.$$

De $\sum\limits_{n=\lfloor u \rfloor+1}^{\lfloor ux \rfloor} \frac{1}{n} \underset{u \to +\infty}{\sim} \ln\left(\frac{\lfloor ux \rfloor}{\lfloor u \rfloor}\right) \xrightarrow[u \to +\infty]{} \ln x$, on déduit que, pour u assez grand, on a $(\ell - 2\varepsilon)\ln x \leqslant f_u(x) \leqslant (\ell + 2\varepsilon)\ln x$. Ce qui traduit le fait que

$$\lim_{u \to +\infty} f_u(x) = \ell \ln x.$$

• Supposons (*i*) et notons pour $x > 1$, $\ell(x) = \lim\limits_{u \to +\infty} f_u(x)$. Soit $\varepsilon > 0$. Comme $(a_n)_{n \geqslant 0}$ est décroissante, on peut écrire, pour $N \geqslant 1$ et $x > 1$,

$$f_N(x) = \sum_{\frac{N}{x} \leqslant Nx} a_n \leqslant \Big(\lfloor Nx \rfloor - N\Big) a_N$$

$$\text{et } f_{\frac{N}{x}}(x) = \sum_{\frac{N}{x} < n \leqslant N} a_n \geqslant \left(N - \left\lfloor \frac{N}{x} \right\rfloor\right) a_N.$$

On en déduit l'encadrement

$$\frac{f_N(x)}{\frac{\lfloor Nx \rfloor}{N} - 1} \leqslant Na_N \leqslant \frac{f_{\frac{N}{x}}(x)}{1 - \frac{1}{N}\left\lfloor \frac{N}{x} \right\rfloor}.$$

On a $\lim\limits_{N \to +\infty} \dfrac{f_N(x)}{\frac{\lfloor Nx \rfloor}{N} - 1} = \dfrac{\ell(x)}{x-1}$ et $\lim\limits_{N \to +\infty} \dfrac{f_{\frac{N}{x}}(x)}{1 - \frac{1}{N}\left\lfloor \frac{N}{x} \right\rfloor} = \dfrac{x\ell(x)}{x-1}$ $(*)$.

Supposons que $\lim\limits_{x \to 1^+} \dfrac{\ell(x)}{x-1}$ existe et vaille L. Alors, pour x assez proche de 1, on aura $\dfrac{\ell(x)}{x-1}$ et $\dfrac{x\ell(x)}{x-1}$ dans l'intervalle $[L - \varepsilon, L + \varepsilon]$. Des limites $(*)$ et de l'encadrement de Na_N trouvé, il résulte que pour N assez grand, Na_N est dans l'intervalle $[L - 2\varepsilon, L + 2\varepsilon]$. Autrement dit, on a $\lim\limits_{N \to +\infty} Na_N = L$.

Il reste donc à démontrer que $\lim_{x\to 1^+} \frac{\ell(x)}{x-1}$ existe. La démonstration dans l'autre sens incite à penser que la fonction ℓ est un multiple de la fonction ln. La fonction ℓ est définie, positive et croissante sur $]1,+\infty[$. Pour $(x,y) \in]1,+\infty[^2$ et $u > 0$, on a

$$f_u(xy) = \sum_{u<n\leqslant uxy} a_n = \sum_{u<n\leqslant nu} a_n + \sum_{ux<n\leqslant uxy} a_n = f_u(x) + f_{ux}(y).$$

En faisant tendre u vers $+\infty$, il vient

$$\ell(xy) = \ell(x) + \ell(y).$$

C'est un résultat classique que les morphismes croissants du groupe $(\mathbb{R},+)$ dans lui-même sont les applications $x \longmapsto ax$. On en déduit immédiatement, en composant par la fonction ln que les morphismes croissants de $(\mathbb{R}_+^*,\times)$ dans $(\mathbb{R},+)$ sont les applications $x \longmapsto \mathrm{K}\ln x$.

Ici, ℓ n'est définie que sur $]1,+\infty[$. On la prolonge à $]0,+\infty[$ en posant

$$\begin{cases} \ell(x) = -\ell\left(\frac{1}{x}\right) & \text{si} \quad x \in]0,1[\\ \ell(1) = 0. \end{cases}$$

On vérifie facilement qu'on obtient ainsi un morphisme croissant de $(\mathbb{R}_+^*,\times)$ dans $(\mathbb{R},+)$. Il existe donc $\mathrm{K} \geqslant 0$ tel que pour tout $x > 0$, on ait $\ell(x) = \mathrm{K}\ln x$. Il s'ensuit que $\lim_{x\to 1^+} \frac{\ell(x)}{x-1} = \mathrm{K}$. On a donc prouvé l'implication. ◁

Sont regroupés ci-après plusieurs exercices utilisant la notion de valeur d'adhérence. *Rappelons que, le corps $\mathbb{K}$ étant $\mathbb{R}$ ou $\mathbb{C}$, l'élément ℓ de $\mathbb{K}$ est valeur d'adhérence de la suite $(u_n) \in \mathbb{K}^{\mathbb{N}}$ s'il existe une sous-suite de (u_n) convergeant vers ℓ ; autrement dit, s'il existe une application strictement croissante φ de $\mathbb{N}$ dans $\mathbb{N}$ (appelée fonction d'extraction ou* extractrice*) telle que $\lim_{n\to+\infty} u_{\varphi(n)} = \ell$. Il est parfois plus simple d'utiliser la caractérisation suivante : ℓ est valeur d'adhérence de la suite (u_n) si, pour tout $\varepsilon > 0$ et tout $\mathrm{N} \in \mathbb{N}$, il existe $n \geqslant \mathrm{N}$ tel que $|u_n - \ell| \leqslant \varepsilon$. Autrement dit, dans tout voisinage de ℓ, il existe une infinité de termes de la suite.*

On peut démontrer que l'ensemble X_u des valeurs d'adhérence de la suite u est égal à $\bigcap_{\mathrm{N}\in\mathbb{N}} \overline{\mathrm{X}_\mathrm{N}}$, où $\mathrm{X}_\mathrm{N} = \{u_p,\ p \geqslant \mathrm{N}\}$ pour $\mathrm{N} \in \mathbb{N}$. Cela résulte des équivalences suivantes, où $\mathcal{V}(\ell)$ désigne l'ensemble des voisinages de ℓ :

$$\begin{aligned} \ell \in \mathrm{X}_u &\Longleftrightarrow \forall \mathrm{N} \in \mathbb{N} \ \ \forall \varepsilon > 0 \ \ \exists n \geqslant \mathrm{N} \ \ |u_n - \ell| \leqslant \varepsilon \\ &\Longleftrightarrow \forall \mathrm{N} \in \mathbb{N} \ \ \forall \mathrm{V} \in \mathcal{V}(\ell) \ \ \mathrm{V} \cap \mathrm{X}_\mathrm{N} \neq \emptyset \\ &\Longleftrightarrow \forall \mathrm{N} \in \mathbb{N} \ \ \ell \in \overline{\mathrm{X}_\mathrm{N}}. \end{aligned}$$

Les ensembles $\overline{\mathrm{X}_\mathrm{N}}$ étant fermés, il en de même de X_u. Si, de plus, la suite (u_n) est bornée, les ensembles $\overline{\mathrm{X}_\mathrm{N}}$ sont bornés et il en de même de X_u qui est donc compact.

Le théorème de Bolzano-Weierstrass affirme que toute suite bornée de $\mathbb{K}$ possède une valeur d'adhérence. L'ensemble des valeurs d'adhérence d'une suite bornée est donc un compact non vide. Le premier exercice donne un exemple non trivial avec la suite des produits partiels d'un produit infini qui diverge.

2.15. Valeurs d'adhérence d'une suite de produits partiels

On pose $z_n = \prod_{k=1}^{n} \left(1 + \frac{i}{k}\right)$. Déterminer l'ensemble des valeurs d'adhérence de la suite $(z_n)_{n \in \mathbb{N}}$.

▷ **Solution.**

Notons, pour $n \in \mathbb{N}^*$, ρ_n le module de z_n . On a

$$\rho_n = \prod_{k=1}^{n} \sqrt{1 + \frac{1}{k^2}} = \exp\left(\frac{1}{2} \sum_{k=1}^{n} \ln\left(1 + \frac{1}{k^2}\right)\right)$$

et comme $\ln\left(1 + \frac{1}{k^2}\right) \sim \frac{1}{k^2}$ pour k tendant vers l'infini, le théorème de comparaison des séries à termes positifs assure la convergence de $\sum \ln\left(1 + \frac{1}{k^2}\right)$. Par continuité de l'exponentielle, on obtient

$$\lim_{n \to +\infty} \rho_n = \mathrm{R} = \exp\left(\frac{1}{2} \sum_{k=1}^{+\infty} \ln\left(1 + \frac{1}{k^2}\right)\right).$$

Notons pour $k \geqslant 1$, $\alpha_k = \arctan\left(\frac{1}{k}\right) \equiv \arg\left(1 + \frac{i}{k}\right) \pmod{2\pi}$. On a alors

$$z_n = \rho_n e^{i(\alpha_1 + \cdots + \alpha_n)} = \rho_n e^{i\mathrm{S}_n},$$

où $\mathrm{S}_n = \alpha_1 + \cdots + \alpha_n$.

Les valeurs d'adhérence de la suite $(e^{i\mathrm{S}_n})$ sont de module 1. Montrons qu'on obtient le cercle unité U tout entier. Considérons $\alpha \in \mathbb{R}$ et montrons que $e^{i\alpha}$ est une valeur d'adhérence de $(e^{i\mathrm{S}_n})$. Il faut montrer pour cela que, pour tout $\varepsilon > 0$ et tout entier $k_0 \in \mathbb{N}$, il existe un entier naturel $n \geqslant k_0$ tel que $|e^{i\alpha} - e^{i\mathrm{S}_n}| \leqslant \varepsilon$.

Comme $\alpha_k \underset{k \to \infty}{\sim} \frac{1}{k}$, il existe $k_1 \geqslant k_0$ tel que $0 \leqslant \alpha_k \leqslant \varepsilon$ si $k \geqslant k_1$. Soit $\mathrm{N} \in \mathbb{N}$ tel que $2\mathrm{N}\pi + \alpha \geqslant \mathrm{S}_{k_1}$. D'après le théorème de comparaison des séries à termes positifs, S_n diverge vers $+\infty$. Il existe donc $n \geqslant k_1$ tel que $\mathrm{S}_n > 2\mathrm{N}\pi + \alpha$. Considérons n_0, le plus petit des entiers $n \geqslant k_1$ vérifiant $\mathrm{S}_n > 2\mathrm{N}\pi + \alpha$. Dans ces conditions, on a $\mathrm{S}_{n_0 - 1} \leqslant 2\mathrm{N}\pi + \alpha < \mathrm{S}_{n_0}$. Comme $0 \leqslant \mathrm{S}_{n_0} - \mathrm{S}_{n_0 - 1} = \alpha_{n_0} \leqslant \varepsilon$, on en déduit que $|S_{n_0} - \alpha - 2N\pi| \leqslant \varepsilon$ et, d'après l'inégalité des accroissements finis,

$$\left|e^{iS_{n_0}} - e^{i\alpha}\right| = \left|e^{iS_{n_0}} - e^{i(\alpha+2N\pi)}\right| \leqslant |S_{n_0} - \alpha - 2N\pi| \leqslant \varepsilon.$$

L'ensemble des valeurs d'adhérence de $(e^{iS_n})_{n\geqslant 1}$ est donc exactement U.

Conclusion. L'ensemble des valeurs d'adhérence de la suite $(z_n)_{n\geqslant 1}$ est le cercle de centre 0 et de rayon R. ◁

On peut démontrer de manière plus générale que si $\lim_{n\to+\infty} S_n = +\infty$ *et* $\lim_{n\to+\infty} S_{n+1} - S_n = 0$*, l'ensemble des valeurs d'adhérence de la suite* (e^{iS_n}) *est le cercle unité tout entier.*

L'exercice suivant démontre exactement ce résultat mais dans $\mathbb{R}$*.*

2.16. Suite dense dans [0, 1]

> Soit $(u_n)_{n\geqslant 0}$ une suite réelle qui croît vers $+\infty$ et telle que $(u_{n+1} - u_n)$ converge vers 0. Montrer que $\{u_n - \lfloor u_n \rfloor, n \in \mathbb{N}\}$ est dense dans $[0, 1]$.

▷ **Solution.**

Soit $y \in]0, 1[$. On construit une suite de l'ensemble $E = \{u_n - \lfloor u_n \rfloor, n \in \mathbb{N}\}$ qui converge vers y. Pour tout $n \in \mathbb{N}$, on pose $a_n = \min\{p \in \mathbb{N}, u_p > y + n\}$ (un tel entier existe car la suite (u_p) tend vers $+\infty$).

On a $u_{a_n-1} \leqslant y + n < u_{a_n}$. Comme (u_p) croît, la suite (a_n) croît. Elle tend vers $+\infty$ (sinon la suite $(y + n)$ serait bornée), donc $\lim_{n\to+\infty} u_{a_n} - u_{a_n-1} = 0$ par hypothèse. On en déduit $\lim_{n\to+\infty} u_{a_n} - (y + n) = 0$ et $\lim_{n\to+\infty} u_{a_n} - n = y$. Pour n assez grand on a donc $n = \lfloor u_{a_n} \rfloor$ et y est donc limite d'une suite de E. Cela montre que E est dense dans $]0, 1[$ et donc dans $[0, 1]$. ◁

En fait on a démontré que $[0, 1]$ *est l'ensemble des valeurs d'adhérence de la suite* $u_n - \lfloor u_n \rfloor$*. En adaptant ce qui précède, on peut constater que cela reste vrai même si* (u_n) *n'est pas croissante, la divergence vers* $+\infty$ *étant suffisante. Ce résultat s'applique par exemple à* $u_n = \ln n$, $u_n = \sqrt{n}$*. Voici par exemple les premiers termes de la suite* $\ln n$ *:*

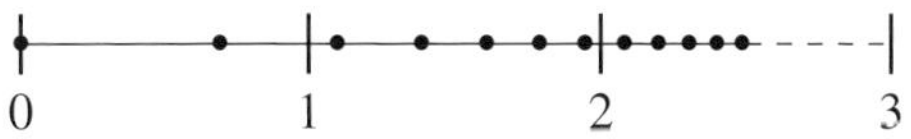

Dans l'exercice suivant on regarde encore la suite des parties fractionnaires d'une suite qui diverge vers $+\infty$ mais cette fois l'écart entre deux termes consécutifs ne tend pas vers 0 et l'étude est nettement plus compliquée.

*2.17. Valeurs d'adhérence de $\big(\{\ln(n!)\}\big)_{n\geqslant 1}$

On note $\{x\}$ la partie fractionnaire du réel x. Que dire des valeurs d'adhérence de la suite $\big(\{\ln(n!)\}\big)_{n\geqslant 1}$?

▷ **Solution.**

On pose $u_n = \{\ln(n!)\}$. L'ensemble des valeurs d'adhérence de (u_n) est inclus dans $[0, 1]$. On va démontrer qu'en fait, on obtient $[0, 1]$ en entier. Soit a et b deux réels tels que $0 \leqslant a < b \leqslant 1$. On va montrer que, pour tout N, on peut trouver $n \geqslant e^{\mathrm{N}}$ tel que $a < u_n < b$. On pose $p = \lfloor e^{\mathrm{N}} \rfloor + 1$. Si $n \geqslant p$, on a

$$\ln(n!) = \ln(p!) + \sum_{k=p+1}^{n} \ln k$$

et donc

$$u_n = \Big\{ \ln(p!) + \sum_{k=p+1}^{n} \ln k \Big\} = \Big\{ u_p + \sum_{k=p+1}^{n} \{\ln k\} \Big\}.$$

On pose $v_k = \{\ln k\}$. Soit $\varepsilon \in \,]0, b-a[$. Tant que $k < e^{\mathrm{N}+\varepsilon}$, on a $\lfloor \ln k \rfloor = \mathrm{N}$ et $v_k < \varepsilon$. Il est classique que si on ajoute des $v_k < \varepsilon$, on finit par tomber dans l'intervalle $]a, b[$. Il y a ici une complication du fait qu'on ne prend que la partie fractionnaire. On pose $p' = \lfloor e^{\mathrm{N}+\varepsilon} \rfloor$ et pour $p \leqslant n \leqslant p'$, $\mathrm{S}_n = u_p + \sum\limits_{k=p+1}^{n} v_k$. On a donc $u_n = \{\mathrm{S}_n\}$. On observe que

$$\begin{aligned}\sum_{k=p+1}^{p'} v_k &= \sum_{k=p+1}^{p'} \ln k - \mathrm{N} = \sum_{k=p+1}^{p'} \ln \frac{k}{e^{\mathrm{N}}} \geqslant \sum_{k=p+1}^{p'} \int_{k-1}^{k} \frac{\ln u}{e^{\mathrm{N}}} \mathrm{d}u \\ &= e^{\mathrm{N}} \int_{\frac{p}{e^{\mathrm{N}}}}^{\frac{p'}{e^{\mathrm{N}}}} \ln t \,\mathrm{d}t = e^{\mathrm{N}} \left(\frac{p'}{e^{\mathrm{N}}} \ln \frac{p'}{e^{\mathrm{N}}} - \frac{p'}{e^{\mathrm{N}}} - \frac{p}{e^{\mathrm{N}}} \ln \frac{p}{e^{\mathrm{N}}} + \frac{p}{e^{\mathrm{N}}} \right) \\ &\underset{\mathrm{N}\to+\infty}{\sim} e^{\mathrm{N}}(\varepsilon e^{\varepsilon} - e^{\varepsilon} + 1)\end{aligned}$$

car $p \sim e^{\mathrm{N}}$ et $p' \sim e^{\varepsilon} e^{\mathrm{N}}$ quand N tend vers $+\infty$. On montre facilement que $\varepsilon e^{\varepsilon} - e^{\varepsilon} + 1 > 0$ (c'est une fonction croissante de ε, nulle en 0). Ainsi, la somme $\sum\limits_{k=p+1}^{p'} v_k$ tend donc vers l'infini quand N tend vers $+\infty$. On prend N assez grand pour qu'elle soit strictement supérieure à 2. Deux cas se présentent :

• Si $u_p \leqslant a$, on a $S_p = u_p \leqslant a$. Comme la somme S_n, pour $n \leqslant p'$, prend des valeurs supérieures à a, il existe $k \in [\![p, p'-1]\!]$ tel que $S_k \leqslant a < S_{k+1}$. On a alors, puisque $S_{k+1} - S_k = v_{k+1} \leqslant \varepsilon$, $S_{k+1} \leqslant S_k + \varepsilon < a + b - a < b$. On a donc $a \leqslant S_{k+1} < b$ et donc $a < u_{k+1} < b$.

• Si $u_p > a$, on a $S_p = u_p \leqslant 1 \leqslant a + 1$. On considère $k \in [\![p, p'-1]\!]$ tel que $S_k \leqslant a + 1 < S_{k+1}$ (un tel k existe car $a + 1 \leqslant 2$). On obtient alors $S_{k+1} \leqslant S_k + \varepsilon < b + 1$, c'est-à-dire $a < S_{k+1} - 1 < b$. On conclut de nouveau que $a < u_{k+1} < b$. ◁

L'exercice suivant s'intéresse aux suites $\cos \pi P(n)$ *où* P *est un polynôme. Si on prend par exemple* $P = X$, *ou plus généralement* $P = rX$ *avec* r *rationnel, alors la suite est périodique et ne possède qu'un nombre fini de valeurs d'adhérence. En revanche, si* $P = \frac{1}{\pi}X$ *alors on obtient la suite* $(\cos n)_{n\geqslant 1}$ *qui est dense dans* $[-1, 1]$ *et admet tous ces réels pour valeurs d'adhérence (voir l'exercice 1.23).*

*2.18. Suites $(\cos(\pi P(n)))_{n\in\mathbb{N}}$, où $P \in \mathbb{R}[X]$

Soit $P \in \mathbb{R}[X]$. On suppose que l'ensemble des valeurs d'adhérence de la suite $(\cos(\pi P(n)))_{n\in\mathbb{N}}$ est fini. Montrer que $P - P(0)$ est à coefficients rationnels.

▷ **Solution.**

On raisonne par contraposée. On montre que si $P = \sum_{k=0}^{d} a_k X^k$, polynôme de degré $d \geqslant 1$, possède au moins un coefficient irrationnel a_k avec $k \geqslant 1$, alors la suite de terme général $u_n = \cos(\pi P(n)$ possède une infinité de valeurs d'adhérence. Soit p le plus grand tel entier k. Montrons que l'on peut se ramener au cas où $p = d$ c'est-à-dire au cas où le coefficient dominant est irrationnel.

Supposons donc que $p < d$ et que a_k est rationnel pour tout $k \in [\![p+1, d]\!]$. Notons m le ppcm des dénominateurs de $a_{p+1}, \ldots, a_d$ et $Q = \sum_{k=0}^{p} a_k (2mX)^k$. Le polynôme Q est de degré p et son coefficient dominant est irrationnel. On a, pour tout $n \in \mathbb{N}$, $u_{2mn} = \cos(\pi Q(n))$, puisque $P(2mn) - Q(n)$ est un entier pair. Si la suite $(\cos(\pi Q(n))$ possède une infinité de valeurs d'adhérence, il en est de même de la suite (u_n). On suppose donc désormais que $p = d$. Pour simplifier on passe dans $\mathbb{C}$ et on démontre, par récurrence sur d, que la suite de terme général $v_n = e^{i\pi P(n)}$ possède une infinité de valeurs d'adhérence. Si c'est le cas, alors sa partie réelle u_n a aussi une infinité de valeurs d'adhérence.

• Si $d = 1$, on a $P = aX + b$, avec $a \notin \mathbb{Q}$. Alors le groupe $a\mathbb{Z} + 2\mathbb{Z}$ est dense dans $\mathbb{R}$ (cf exercice 1.23). Il en est de même de $a\pi\mathbb{Z} + 2\pi\mathbb{Z}$. On en déduit que $\{e^{ia\pi n},\ n \in \mathbb{Z}\}$ est dense dans U, ensemble des complexes de module 1.

Tout nombre complexe z de module 1 est limite d'éléments de cet ensemble et comme les $e^{ia\pi n}$ sont deux à deux distincts, cela permet de construire une suite extraite de $(e^{ia\pi n})_{n\in\mathbb{N}}$ ou de $(e^{-ia\pi n})_{n\in\mathbb{N}}$ qui converge vers z. Ainsi z ou $\overline{z}$ est valeur d'adhérence de la suite $(e^{ia\pi n})_{n\in\mathbb{N}}$. Cette suite a une infinité de valeurs d'adhérence [2]. Il en est de même de la suite (v_n) car $v_n = e^{ia\pi n}e^{ib\pi}$.

• Supposons que la propriété est vérifiée au rang d. Soit P de degré $d+1$, de coefficient dominant irrationnel. Le polynôme $\mathrm{Q} = \mathrm{P}(\mathrm{X}+1) - \mathrm{P}(\mathrm{X})$ est de degré d et son coefficient dominant est aussi irrationnel. Par hypothèse de récurrence, la suite de terme général $e^{i\pi \mathrm{Q}(n)} = \dfrac{v_{n+1}}{v_n}$ possède une infinité de valeurs d'adhérence. Soit ℓ est une valeur d'adhérence de cette suite et φ une extractrice telle que $(e^{i\pi \mathrm{Q}(\varphi(n))})$ converge vers ℓ. La suite $(v_{\varphi(n)})$ est bornée donc possède une valeur d'adhérence a. Il existe ψ, extractrice telle que $(v_{\varphi(\psi(n))})$ converge vers a. Mais alors $(v_{\varphi(\psi(n))+1})$ converge vers $b = \ell a$. Ainsi $\ell = \frac{b}{a}$, où a et b sont des valeurs d'adhérence de (v_n). On en déduit que (v_n) a une infinité de valeurs d'adhérence, car sinon la suite $(e^{i\pi \mathrm{Q}(n)})$ n'aurait qu'un nombre fini de valeurs d'adhérence. ◁

Il est important de savoir qu'une suite bornée converge si, et seulement si, elle ne possède qu'une seule valeur d'adhérence. Il est clair que la condition est nécessaire. Pour montrer qu'elle est suffisante, on raisonne par l'absurde, en supposant que la suite bornée (u_n) ne converge pas vers son unique valeur d'adhérence ℓ. Il existe donc un réel $\varepsilon > 0$ tel que l'on ait $|u_n - \ell| \geqslant \varepsilon$ pour une infinité d'indices. Autrement dit, on peut extraire de (u_n) une sous-suite $(u_{\varphi(n)})$ telle $|u_{\varphi(n)} - \ell| \geqslant \varepsilon$, pour tout n. La suite $(u_{\varphi(n)})$, qui est bornée, possède une valeur d'adhérence ℓ' qui vérifie $|\ell' - \ell| \geqslant \varepsilon$ et donc $\ell' \neq \ell$. C'est impossible car ℓ' est aussi une valeur d'adhérence de la suite (u_n). Les quatre exercices suivants utilisent ce résultat.

2.19. Étude de convergence (1)

> Soit $(u_n)_{n\geqslant 0}$ une suite réelle bornée telle que $u_n + \dfrac{u_{2n}}{2}$ converge. Montrer que $(u_n)_{n\geqslant 0}$ converge.

▷ **Solution.**

Il nous suffit de prouver que la suite $(u_n)_{n\geqslant 0}$ admet une unique valeur d'adhérence. Soit a une telle valeur (la suite en a au moins une d'après le théorème de Bolzano-Weierstarss) et $\varphi : \mathbb{N} \to \mathbb{N}$ strictement croissante telle que $u_{\varphi(n)}$ tende vers a. Notons par ailleurs ℓ la limite de la suite $v_n = u_n + \dfrac{u_{2n}}{2}$. En

2. En fait, c'est un résultat classique et un peu plus fort que $(e^{ia\pi n})_{n\in\mathbb{N}}$ admet tout complexe de module 1 comme valeur d'adhérence. L'argument plus simple donné ici permet aux candidats de répondre sans y avoir recours.

considérant la suite $v_{\varphi(n)}$ on voit que $2(\ell - a)$ est encore une valeur d'adhérence de la suite $(u_n)_{n\geqslant 0}$. En itérant, on en déduit que tous les termes de la suite $(a_n)_{n\geqslant 0}$ définie par $a_0 = a$ et $a_{n+1} = 2(\ell - a_n)$ sont des valeurs d'adhérence. Cette suite arithmético-géométrique de raison -2 n'est pas bornée sauf si $a_0 = a$ est le point fixe de la fonction affine $x \mapsto 2(\ell - x)$. Comme l'ensemble des valeurs d'adhérence de $(u_n)_{n\geqslant 0}$ est borné, on a donc forcément $a = \frac{2\ell}{3}$.

La suite bornée $(u_n)_{n\geqslant 0}$ admet donc $\frac{2\ell}{3}$ pour unique valeur d'adhérence. Elle converge vers cette valeur. ◁

2.20. Étude de convergence (2)

1. Soit a_n et b_n deux suites réelles telles que $a_n + b_n \to 0$ et $e^{a_n} + e^{b_n} \to 2$. Montrer que les deux suites convergent.

2. Soient a_n, b_n, c_n trois suites réelles telles que $a_n + b_n + c_n \to 0$ et $e^{a_n} + e^{b_n} + e^{c_n} \to 3$. Que peut-on dire de la convergence de ces trois suites ?

▷ **Solution.**

1. Posons $u_n = e^{a_n} + e^{b_n}$. Comme $e^{a_n} \leqslant u_n$ et $e^{b_n} \leqslant u_n$ on peut déjà dire que les suites (e^{a_n}) et (e^{b_n}) sont majorées. Il en est donc de même des suites (a_n) et (b_n). On en déduit que les deux suites sont bornées : en effet, en écrivant par exemple $a_n = (a_n + b_n) - b_n$, on montre que (a_n) est minorée comme somme de deux suites minorées.

Soit alors a une valeur d'adhérence de a_n et $\varphi : \mathbb{N} \to \mathbb{N}$ telle que $(a_{\varphi(n)})$ converge vers a. La suite $(b_{\varphi(n)})$ converge alors vers $-a$ et on a donc $e^a + e^{-a} = 2$. Or pour $x > 0$ on a toujours $x + \frac{1}{x} \geqslant 2$ avec égalité si et seulement si $x = 1$ (inégalité des moyennes). On en déduit que $e^a = 1$ donc que $a = 0$. Ainsi (a_n) admet 0 pour seule valeur d'adhérence et converge donc vers 0. Il en est de même pour (b_n).

2. On montre comme dans la question précédente que les trois suites sont bornées. Soit a une valeur d'adhérence de la suite (a_n) et $\varphi : \mathbb{N} \to \mathbb{N}$ telle que $(a_{\varphi(n)})$ converge vers a. Quitte à extraire une sous-suite convergente de la suite bornée $(b_{\varphi(n)})$ on peut directement supposer que $(b_{\varphi(n)})$ converge vers une valeur d'adhérence b de la suite b_n. L'hypothèse $a_n + b_n + c_n \to 0$ permet alors de dire que $(c_{\varphi(n)})$ tend vers $c = -a - b$. Par continuité de l'exponentielle on a donc $e^a + e^b + e^c = 3$. On a alors $\frac{e^a + e^b + e^c}{3} = 1 = e^{(a+b+c)/3}$ et la stricte convexité de la fonction exponentielle impose alors $a = b = c = 0$.

Les trois suites convergent donc vers 0. ◁

2.21. Étude de convergence (3)

Soit $(u_n)_{n\geqslant 0}$ et $(v_n)_{n\geqslant 0}$ deux suites réelles, p et q deux entiers impairs. On suppose que les suites $(u_n + v_n)$ et $(u_n^p - v_n^q)$ tendent vers 0. Montrer que (u_n) et (v_n) tendent vers 0.

▷ **Solution.**

La suite (u_n) est bornée. En effet, si l'on suppose par exemple que (u_n) n'est pas majorée, elle possède une suite extraite $(u_{\varphi(n)})$ qui tend vers $+\infty$. Alors $(v_{\varphi(n)})$ tend vers $-\infty$. Comme p et q sont impairs, $u_{\varphi(n)}^p - v_{\varphi(n)}^q$ tend vers $+\infty$ ce qui est absurde.

Si ℓ est une valeur d'adhérence de (u_n) et si $(u_{\varphi(n)})$ converge vers ℓ, alors $(v_{\varphi(n)})$ converge vers $-\ell$, et $(u_{\varphi(n)}^p - v_{\varphi(n)}^q)$ converge vers $\ell^p + \ell^q$. Donc $\ell^p + \ell^q = 0$. Si $\ell \neq 0$, comme p et q sont impairs, $\ell^p + \ell^q$ a le signe de ℓ. Ainsi $\ell = 0$ et la suite (u_n) qui est bornée et n'a qu'une valeur d'adhérence converge vers 0. Alors (v_n) converge aussi vers 0. ◁

2.22. Étude de convergence (4)

Soit $(x_n^1)_{n\geqslant 0}, \dots, (x_n^k)_{n\geqslant 0}$, k suites de $]-\infty, 1[$. On pose $y_n^i = \dfrac{x_n^i}{1 - x_n^i}$ pour $n \in \mathbb{N}$ et $i \in [\![1, k]\!]$. On suppose que $(x_n^1 + \cdots + x_n^k)$ tend vers 1 et que $(y_n^1 + \cdots + y_n^k)$ tend vers $\dfrac{k}{k-1}\cdot$ Montrer que les suites (y_n^i) sont convergentes et calculer leur limite.

▷ **Solution.**

Les suites (x_n^i) sont minorées car si l'une ne l'était pas, elle posséderait une suite extraite qui divergerait vers $-\infty$ et comme les autres sont majorées par 1, leur somme divergerait vers $-\infty$. La suite à valeurs dans $\mathbb{R}^k$ de terme général $u_n = (x_n^1, \dots, x_n^k)$ est bornée donc possède une valeur d'adhérence $(\ell_1, \dots, \ell_k)$. Soit $\varphi : \mathbb{N} \to \mathbb{N}$ strictement croissante telle que $\lim x_{\varphi(n)}^i = \ell_i$ pour tout $i \in [\![1, k]\!]$. Chaque ℓ_i appartient à $]-\infty, 1]$ et chaque $y_{\varphi(n)}^i$ tend vers $\dfrac{\ell_i}{1 - \ell_i}$ si $\ell_i \neq 1$ ou $+\infty$ sinon. Comme $(y_{\varphi(n)}^1 + \cdots + y_{\varphi(n)}^k)$ tend vers $\dfrac{k}{k-1}$, on a $\ell_i \neq 1$ pour tout i. Par passage à la limite, on obtient $\sum\limits_{i=1}^k \ell_i = 1$ et $\sum\limits_{i=1}^k \dfrac{\ell_i}{1 - \ell_i} = \dfrac{k}{k-1}\cdot$

La fonction $f : x \longmapsto \frac{x}{1-x}$ est strictement convexe sur $]-\infty, 1[$. On a

$$f\left(\frac{1}{k}\sum_{i=1}^k \ell_i\right) = f\left(\frac{1}{k}\right) = \frac{1}{k-1} = \frac{1}{k}\sum_{i=1}^k f(\ell_i).$$

On en déduit $\ell_1 = \cdots = \ell_k = \frac{1}{k}\cdot$ La suite (u_n) est bornée et possède une seule valeur d'adhérence, donc elle converge. Chaque suite (x_n^i) converge vers $\frac{1}{k}$ et chaque suite (y_n^i) converge vers $f\left(\frac{1}{k}\right) = \frac{1}{k-1}\cdot$ ◁

2.23. Étude de convergence (5)

Soit $(z_1, \ldots, z_p) \in \mathrm{U}^p$ où $\mathrm{U} = \{z \in \mathbb{C}, |z| = 1\}$ et pour tout n,

$$u_n = z_1^n + \cdots + z_p^n.$$

1. Montrer que p est valeur d'adhérence de la suite (u_n).

2. Trouver tous les $(z_1, \ldots, z_p) \in \mathrm{U}^p$ tels que (u_n) converge.

3. Soit $a_1, \ldots, a_p$ des nombres complexes. On suppose que les z_k sont deux à deux distincts et que la suite définie par $v_n = a_1 z_1^n + \cdots + a_p z_p^n$ converge vers 0. Que peut-on dire des a_k ?

4. Soit $0 < \theta_1 < \ldots < \theta_p < 1$ et $a_1, \ldots, a_r$ des nombres complexes. On pose $w_n = \sum_{k=1}^{r} a_k \cos(\theta_k \pi n)$. Montrer que si (w_n) converge vers 0, les a_j sont tous nuls.

▷ **Solution.**

1. La suite à valeurs dans $\mathbb{C}^p$ de terme général $(z_1^n, \ldots, z_p^n)$ est bornée donc possède au moins une valeur d'adhérence $(\ell_1, \ldots, \ell_p)$. Soit φ une extractrice telle que $\lim_{n \to +\infty} (z_1^{\varphi(n)}, \ldots, z_p^{\varphi(n)}) = (\ell_1, \ldots, \ell_p)$. Pour $i \in [\![1, n]\!]$, on a $\ell_i \neq 0$ (car $|\ell_i| = 1$) donc $\lim_{n \to +\infty} z_i^{\varphi(n+1)-\varphi(n)} = \lim_{n \to +\infty} \frac{z_i^{\varphi(n+1)}}{z_i^{\varphi(n)}} = 1$. La suite $u_{\varphi(n+1)-\varphi(n)}$ converge vers p. Mais, quitte à prendre une sous-suite de $(u_{\varphi(n)})$, on peut très bien supposer que φ est telle que $\psi : n \mapsto \varphi(n+1) - \varphi(n)$ soit croissante.

En effet pour cela, il suffit d'avoir $\varphi(n+1) > 2\varphi(n) - \varphi(n-1)$ pour tout entier $n \geqslant 1$. On construit $\varphi(n)$ par récurrence sur n en choisissant $\varphi(0) = 0$ et $\varphi(1) = 1$ et au rang $n + 1 \geqslant 2$, les $\varphi(i)$ étant construits pour $i \leqslant n$, on prend pour $\varphi(n+1)$ le plus petit entier $k > 2\varphi(n) - \varphi(n-1)$ tel que la distance entre $(z_1^k, \ldots, z_p^k)$ et $(\ell_1, \ldots, \ell_p)$ soit inférieure à $\frac{1}{n+1}$ (pour n'importe quelle norme fixée).

On a alors une fonction ψ strictement croissante telle que $(u_{\psi(n)})$ converge vers p et p est donc bien une valeur d'adhérence de la suite (u_n).

2. Si la suite (u_n) converge, c'est vers p d'après la première question. Si on considère une valeur d'adhérence $(\ell_1, \ldots, \ell_p)$ du p-uplet $(z_1^n, \ldots, z_p^n)$, on obtient donc $\ell_1 + \cdots + \ell_p = p$ avec $|\ell_k| = 1$ pour tout k. Il y a alors égalité dans l'inégalité triangulaire et les ℓ_i ont tous même argument. Comme ils ont même module, on a nécessairement $\ell_1 = \cdots = \ell_p = 1$. Ainsi la suite bornée $(z_1^n, \ldots, z_p^n)$ de $\mathbb{C}^p$ (qui est de dimension finie) possède une unique valeur d'adhérence ; elle converge donc vers cette valeur d'adhérence. Il vient alors que chaque suite (z_k^n) converge vers 1 et le quotient de deux termes consécutifs aussi. On a donc $z_k = 1$. On conclut que la suite (u_n) converge si, et seulement si, tous les z_k sont égaux à 1.

3. Avec l'argument de la première question, on montrerait que $a_1 + \cdots + a_p$ est valeur d'adhérence de (v_n) et par conséquent cette somme est nulle. En fait, on a un résultat plus fort : les a_k sont tous nuls. En effet, considérons la matrice $\mathrm{M}_n = (z_i^{n+j})_{\substack{1 \leqslant i \leqslant p \\ 0 \leqslant j \leqslant p-1}}$. On a la relation matricielle

$$\begin{pmatrix} v_n \\ v_{n+1} \\ \vdots \\ v_{n+p-1} \end{pmatrix} = \mathrm{M}_n \begin{pmatrix} a_1 \\ a_2 \\ \vdots \\ a_p \end{pmatrix}.$$

Or la matrice M_n s'écrit comme le produit $\mathrm{M}_0 \operatorname{Diag}(z_1^n, \ldots, z_p^n)$ où M_0 apparaît être la matrice de Vandermonde de $z_1, \ldots, z_p$. On en déduit que

$$\begin{pmatrix} a_1 \\ a_2 \\ \vdots \\ a_p \end{pmatrix} = \operatorname{Diag}(z_1^{-n}, \ldots, z_p^{-n}) \mathrm{M}_0^{-1} \begin{pmatrix} v_n \\ v_{n+1} \\ \vdots \\ v_{n+p-1} \end{pmatrix} \xrightarrow[n \to +\infty]{} 0,$$

puisque M_0^{-1} est constante, les z_k sont de module 1 et le vecteur de coordonnées $(v_n, v_{n+1}, \ldots, v_{n+p-1})$ converge vers 0. On en déduit que les a_k sont nuls.

4. En écrivant pour tout k, $\cos(\theta_k \pi n) = \dfrac{z_k^n + \overline{z_k}^n}{2}$ avec $z_k = e^{i\theta_k \pi}$, on est ramené à la question précédente car les z_k et $\overline{z_k}$ sont deux à deux distincts. ◁

2.24. Convergence d'une moyenne de Cesàro

Soit $(z_n)_{n \in \mathbb{N}}$ une suite de nombres complexes de module 1. On suppose que pour tout entier $k \geqslant 1$, $\dfrac{1}{n} \sum\limits_{i=0}^{n-1} z_{k+i} \overline{z_i} \xrightarrow[n \to +\infty]{} 0$.

Montrer que $m_n = \dfrac{1}{n} \sum\limits_{k=0}^{n-1} z_k \xrightarrow[n \to +\infty]{} 0$.

Indication : étant donnée une extractrice φ *et un nombre complexe* ℓ *tels que* $\dfrac{1}{\varphi(n)} \sum\limits_{k=0}^{\varphi(n)-1} z_k \xrightarrow[n \to +\infty]{} \ell$, *examiner, pour* $\mathrm{N} \in \mathbb{N}^*$ *fixé, la suite de terme général* $\dfrac{1}{\varphi(n)} \sum\limits_{k=0}^{\varphi(n)-1} \left| \sum\limits_{i=0}^{\mathrm{N}-1} (z_{k+i} - \ell) \right|^2$.

▷ **Solution.**

La suite $(m_n)_{n\geqslant 1}$ étant bornée par 1, il suffit, pour démontrer sa convergence, de montrer qu'elle possède une seule valeur d'adhérence. Soit donc ℓ une valeur d'adhérence et $\varphi : \mathbb{N}^* \to \mathbb{N}^*$ strictement croissante telle que $m_{\varphi(n)} \xrightarrow[n\to+\infty]{} \ell$. Examinons comme le conseille l'énoncé la suite de terme général

$$u_n = \frac{1}{\varphi(n)} \sum_{k=0}^{\varphi(n)-1} \left| \sum_{i=0}^{N-1} (z_{k+i} - \ell) \right|^2 .$$

On a

$$\begin{aligned}\left| \sum_{i=0}^{N-1} (z_{k+i} - \ell) \right|^2 &= \sum_{0\leqslant i,j\leqslant N-1} (z_{k+i} - \ell)(\overline{z_{k+j}} - \overline{\ell}) \\ &= -N\overline{\ell} \sum_{i=0}^{N-1} z_{k+i} - N\ell \sum_{j=0}^{N-1} \overline{z_{k+j}} + \sum_{0\leqslant i,j\leqslant N-1} z_{k+i}\overline{z_{k+j}} + N^2|\ell|^2.\end{aligned}$$

et donc, en sommant cela sur k,

$$\begin{aligned}u_n = -N\overline{\ell} \sum_{i=0}^{N-1} \frac{1}{\varphi(n)} \sum_{k=0}^{\varphi(n)-1} z_{k+i} - N\ell \sum_{j=0}^{N-1} \frac{1}{\varphi(n)} \sum_{k=0}^{\varphi(n)-1} \overline{z_{k+j}} \\ + \sum_{0\leqslant i,j\leqslant N-1} \frac{1}{\varphi(n)} \sum_{k=0}^{\varphi(n)-1} z_{k+i}\overline{z_{k+j}} + N^2|\ell|^2.\end{aligned}$$

On cherche la limite de chaque terme de cette suite. On a

$$\begin{aligned}\frac{1}{\varphi(n)} \sum_{k=0}^{\varphi(n)-1} z_{k+i} &= \frac{1}{\varphi(n)} \sum_{k=i}^{\varphi(n)+i-1} z_k \\ &= \frac{1}{\varphi(n)} \sum_{k=0}^{\varphi(n)-1} z_k - \frac{1}{\varphi(n)} \sum_{k=0}^{i-1} z_k + \frac{1}{\varphi(n)} \sum_{k=\varphi(n)}^{\varphi(n)+i-1} z_k \xrightarrow[n\to+\infty]{} \ell,\end{aligned}$$

car les deux dernières sommes comportent i termes de module 1. On montre de même que

$$\frac{1}{\varphi(n)} \sum_{k=0}^{\varphi(n)-1} \overline{z_{k+j}} \xrightarrow[n\to+\infty]{} \overline{\ell}.$$

Pour $i = j$, on a $\frac{1}{\varphi(n)} \sum_{k=0}^{\varphi(n)-1} z_{k+i}\overline{z_{k+j}} = 1 \xrightarrow[n\to+\infty]{} 1$.

Pour $i > j$, on a

$$\begin{aligned}
\frac{1}{\varphi(n)} \sum_{k=0}^{\varphi(n)-1} z_{k+i}\overline{z_{k+j}} &= \frac{1}{\varphi(n)} \sum_{k=j}^{j+\varphi(n)-1} z_{k+i-j}\overline{z_k} \\
&= \frac{1}{\varphi(n)} \sum_{k=0}^{\varphi(n)-1} z_{k+i-j}\overline{z_k} - \frac{1}{\varphi(n)} \sum_{k=0}^{j-1} z_{k+i-j}\overline{z_k} \\
&\quad + \frac{1}{\varphi(n)} \sum_{k=\varphi(n)}^{j+\varphi(n)-1} z_{k+i-j}\overline{z_k} \xrightarrow[n\to+\infty]{} 0
\end{aligned}$$

car le premier terme tend vers 0 par hypothèse et les deux autres sommes comportent j termes de module 1. En prenant le conjugué, on trouve que, de même, pour $i < j$,

$$\frac{1}{\varphi(n)} \sum_{k=0}^{\varphi(n)-1} z_{k+i}\overline{z_{k+j}} \xrightarrow[n\to+\infty]{} 0.$$

Finalement, on obtient

$$\lim_{n\to+\infty} u_n = -\mathrm{N}^2|\ell|^2 - \mathrm{N}^2|\ell|^2 + \mathrm{N} + \mathrm{N}^2|\ell|^2 = -\mathrm{N}^2|\ell|^2 + \mathrm{N}.$$

La suite (u_n) est à terme positifs donc $|\ell|^2 \leqslant \frac{1}{\mathrm{N}}\cdot$ Comme ceci est vrai pour tout $\mathrm{N} \in \mathbb{N}^*$, on a $|\ell|^2 = 0$ donc $\ell = 0$. La suite $(m_n)_{n\geqslant 1}$ étant bornée et ne possédant qu'une valeur d'adhérence 0, elle converge vers 0. ◁

Nous avons vu précédemment que l'ensemble X_u *des valeurs d'adhérence d'une suite bornée* (u_n) *est un compact non vide. Dans le cas d'une suite réelle,* X_u *possède donc un plus petit élément* ℓ*, appelé* limite inférieure *de* (u_n)*, noté* $\liminf u_n$*, et un plus grand élément* L*, appelé* limite supérieure *de* (u_n)*, noté* $\limsup u_n$*. L'exercice suivant fait démontrer ce résultat.*

2.25. Limite supérieure et inférieure d'une suite réelle bornée

Soit (u_n) une suite réelle bornée.

1. Montrer que les suites définies par $v_n = \inf_{p\geqslant n} u_p$ et $w_n = \sup_{p\geqslant n} u_p$ convergent. On pose $\liminf u_n = \lim_{n\to+\infty} v_n$ et $\limsup u_n = \lim_{n\to+\infty} w_n$

2. Montrer que $\liminf u_n$ (resp. $\limsup u_n$) est la plus petite (resp. grande) valeur d'adhérence de la suite (u_n) et que (u_n) converge si, et seulement si, $\liminf u_n = \limsup u_n$.

▷ **Solution.**

1. Posons $\mathrm{U}_n = \{u_p, p \geqslant n\}$ pour tout $n \in \mathbb{N}$. On a $\mathrm{U}_{n+1} \subset \mathrm{U}_n$ pour tout entier n et donc $v_n \leqslant v_{n+1} \leqslant w_{n+1} \leqslant w_n$. La suite (v_n) est donc croissante et majorée et la suite (w_n) est décroissante et minorée. Par conséquent les deux suites convergent et on a de plus $\liminf u_n \leqslant \limsup u_n$.

2. On a, pour tout n, $v_n \leqslant u_n \leqslant w_n$. Ainsi, si $\liminf u_n = \limsup u_n$ le théorème d'encadrement assure que (u_n) converge vers cette valeur (qui est alors son unique valeur d'adhérence). Plus généralement, si a est une valeur d'adhérence de (u_n) et si $\varphi : \mathbb{N} \to \mathbb{N}$ est une fonction d'extraction telle que $(u_{\varphi(n)})$ converge vers a, on a $v_n \leqslant u_{\varphi(n)} \leqslant w_n$ pour tout n car $\varphi(n) \geqslant n$. En passant à la limite il en découle que $\liminf u_n \leqslant a \leqslant \limsup u_n$. Montrons maintenant que $\ell = \liminf u_n$ et $\mathrm{L} = \limsup u$ sont des valeurs d'adhérence. On se donne $\varepsilon > 0$ et $\mathrm{N} \in \mathbb{N}$. Comme (v_n) est croissante et tend vers ℓ on peut trouver $p \geqslant \mathrm{N}$ tel que $\ell - \varepsilon \leqslant v_p \leqslant \ell$. On a alors $v_p = \inf \mathrm{U}_p$ et par définition de la borne inférieure on peut trouver $n \geqslant p \geqslant \mathrm{N}$ tel que $v_p \leqslant u_n \leqslant v_p + \varepsilon$. On a alors $|u_n - \ell| \leqslant \varepsilon$ et cela prouve que ℓ est valeur d'adhérence. On procède de même pour L. Si la suite (u_n) converge on sait que sa limite est sa seule valeur d'adhérence et on a donc $\ell = \mathrm{L}$. ◁

Le critère de la seconde question est utile pour prouver la convergence d'une suite réelle dans certains cas (le lecteur pourra par exemple étudier l'exercice 2.66).

Dans l'exercice suivant on cherche à minorer la limite supérieure de la suite considérée.

2.26. Minoration de la limite supérieure

> Soit (a_n) une suite réelle à termes strictement positifs.
> On pose $b_n = n\left(\dfrac{1 + a_{n+1}}{a_n} - 1\right)$. Montrer que $\lim\limits_{n\to+\infty} \sup\limits_{k\geqslant n} b_k \geqslant 1$.

▷ **Solution.**

L'existence de la limite résulte de la décroissance de la suite $(\sup\limits_{k\geqslant n} b_k)_{n\in\mathbb{N}}$. On raisonne par l'absurde et on suppose que $\lim\limits_{n\to+\infty} \sup\limits_{k\geqslant n} b_k = \ell < 1$. Soit $\lambda \in]\ell, 1[$. Il existe $n_0 \in \mathbb{N}$ tel que, pour $n \geqslant n_0$, on ait $\sup\limits_{k\geqslant n} b_k \leqslant \lambda$, c'est-à-dire $b_k \leqslant \lambda$ pour tout $k \geqslant n_0$. On écrit cette inégalité $1 + a_{k+1} - a_k \leqslant \lambda \frac{a_k}{k}\cdot$ En sommant ces inégalités pour k variant de n_0 à n , on obtient, pour tout $n > n_0$,

$$n - n_0 + 1 + a_{n+1} - a_{n_0} \leqslant \lambda \sum_{k=n_0}^{n} \frac{a_k}{k}\cdot$$

On pose $\mathrm{S}_n = \sum\limits_{k=n_0}^{n} \frac{a_k}{k}\cdot$ On obtient $a_{n+1} = (n+1)(\mathrm{S}_{n+1} - \mathrm{S}_n)$ et donc

$$\mathrm{S}_{n+1} \leqslant \frac{(n + 1 + \lambda)\mathrm{S}_n - n + n_0 - 1 + a_{n_0}}{n+1}.$$

La suite (S_n) est croissante. Si elle convergeait vers L, on obtiendrait par passage à la limite $L \leqslant L - 1$ ce qui est absurde. La suite (S_n) diverge donc vers $+\infty$. Comme $\lambda < 1$, il existe $n_1 \geqslant n_0$ tel que l'on ait $\lambda S_n + n_0 - 1 + a_{n_0} \leqslant S_n$ et donc $S_{n+1} \leqslant \dfrac{(n+2)S_n - n}{n+1}$ pour $n \geqslant n_1$. Cette inégalité peut s'écrire

$$\frac{S_n}{n+1} - \frac{S_{n+1}}{n+2} \geqslant \frac{n}{(n+1)(n+2)}.$$

La suite de terme général $\dfrac{S_n}{n+1}$ est donc décroissante. Comme elle est minorée par 0, elle converge. On en déduit que la série de terme général $\dfrac{S_n}{n+1} - \dfrac{S_{n+1}}{n+2}$ converge. C'est impossible car elle est supérieure à une série de terme général équivalent à $\frac{1}{n}$ et donc divergente. Nous obtenons la contradiction voulue. ◁

Les deux exercices suivant s'intéressent à l'ensemble des valeurs d'adhérence d'une suite pour laquelle l'écart entre deux termes consécutifs tend vers 0.

2.27. Intervalle des valeurs d'adhérence

Soit $u = (u_n)_{n\in\mathbb{N}}$ une suite réelle telle que $(u_{n+1} - u_n)$ converge vers 0. Montrer que l'ensemble des valeurs d'adhérence de (u_n) est un intervalle (éventuellement vide).

▷ **Solution.**

Si u n'a pas de valeur d'adhérence il n'y a rien à démontrer. Sinon, on va prouver que l'ensemble X des valeurs d'adhérence de la suite u est convexe. Donnons nous deux valeurs d'adhérence α et β avec $\alpha < \beta$. Nous allons montrer que tout réel $\ell \in]\alpha, \beta[$ est aussi valeur d'adhérence.

Soit $\varepsilon > 0$ et $N \geqslant 0$. Il faut démontrer l'existence d'un entier $n \geqslant N$ tel que $|u_n - \ell| \leqslant \varepsilon$. Quitte à diminuer ε, on peut supposer qu'on a $\alpha < \ell - \varepsilon < \ell + \varepsilon < \beta$.

Par hypothèse, il existe $n_0 \in \mathbb{N}$ tel que $|u_{n+1} - u_n| \leqslant \varepsilon$ pour tout $n \geqslant n_0$. Notons $n_1 = \max(N, n_0)$. Pour $n \geqslant n_1$, on passe de u_n à u_{n+1} en faisant des « sauts » dont la longueur ne peut excéder ε.

Puisque α est une valeur d'adhérence, il existe $n_2 \geqslant n_1$ tel que u_{n_2} soit dans le voisinage $]-\infty, \ell - \varepsilon[$ de α. De même, β étant une valeur d'adhérence, il existe $n_3 \geqslant n_2$ tel que u_{n_3} soit dans le voisinage $]\ell + \varepsilon, +\infty[$ de β. On a donc la situation suivante :

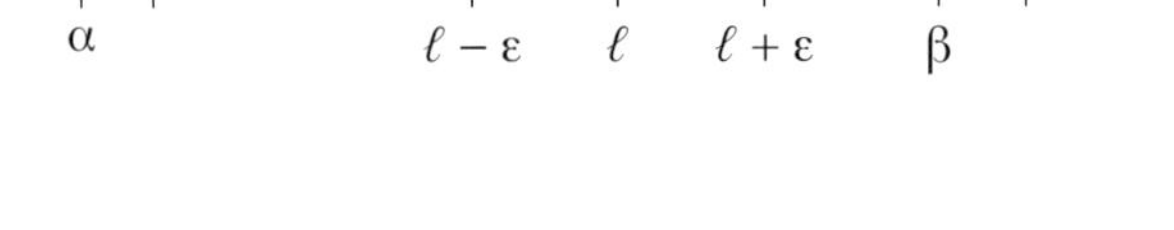

Pour aller de $u_{n_2} < \ell - \varepsilon$ à $u_{n_3} > \ell + \varepsilon$ en faisant des sauts inférieurs à ε, les u_n pour $n \in [\![n_2, n_3]\!]$ sont obligés de passer dans l'intervalle $[\ell - \varepsilon, \ell + \varepsilon]$. Plus précisément, considérons

$$n = \max\{p \in [\![n_2, n_3]\!], u_p < \ell - \varepsilon\}.$$

L'entier n est bien défini puisque $\{p \in [\![n_2, n_3]\!], u_p < \ell - \varepsilon\}$ est une partie non vide (elle contient n_2) et majorée de $\mathbb{N}$. On a $n < n_3$ et $u_{n+1} \geqslant \ell - \varepsilon$, mais aussi

$$u_{n+1} \leqslant u_n + |u_{n+1} - u_n| \leqslant u_n + \varepsilon \leqslant \ell - \varepsilon + \varepsilon = \ell.$$

On a trouvé un entier $n+1 \geqslant \mathrm{N}$ tel que $u_{n+1} \in [\ell - \varepsilon, \ell]$. Ceci montre que $\ell \in \mathrm{X}$ et X est donc un intervalle. ◁

On sait par ailleurs que l'ensemble des valeurs d'adhérence X *est fermé. Dans le cas d'une suite réelle bornée* $(u_n)_{n\in\mathbb{N}}$ *telle que* $(u_{n+1} - u_n)$ *converge vers* 0*, il s'agit donc d'un segment. L'exercice suivant étudie la situation en dimension* p.

*2.28. Connexité de l'ensemble des valeurs d'adhérence

Soit $u = (u_n)_{n\in\mathbb{N}} \in (\mathbb{R}^p)^{\mathbb{N}}$ telle que $(u_{n+1} - u_n)$ converge vers 0.

1. La suite u converge-t-elle ?

2. Si u est bornée, montrer que l'ensemble des valeurs d'adhérence de u ne peut s'écrire comme union disjointe de deux fermés non vides.

3. Le résultat subsiste-t-il si on ne suppose plus u bornée ?

▷ **Solution.**

1. Il suffit de considérer la suite réelle de terme général $\ln n$ ou $\sin(\sqrt{n})$, si on veut une suite bornée, pour constater que la condition ne suffit pas à assurer la convergence de (u_n).

2. Soit K l'ensemble des valeurs d'adhérence de u. Supposons que K soit l'union disjointe de deux fermés disjoints non vides F_1 et F_2. La suite u est bornée donc il en est de même de K et donc de F_1 et F_2. Ainsi F_1 et F_2 sont compacts. On munit $\mathbb{R}^p$ de la norme euclidienne. La fonction $(x, y) \longmapsto \|y - x\|$ est continue sur le compact $\mathrm{F}_1 \times \mathrm{F}_2$ donc son minimum α est atteint. On a donc $\alpha > 0$, puisque $\mathrm{F}_1 \cap \mathrm{F}_2 = \emptyset$. Soit

$$\mathrm{U}_1 = \left\{x \in \mathbb{R}^p,\ \ \mathrm{d}(x, \mathrm{F}_1) < \frac{\alpha}{4}\right\} \quad \text{et} \quad \mathrm{U}_2 = \left\{x \in \mathbb{R}^p,\ \ \mathrm{d}(x, \mathrm{F}_1) < \frac{\alpha}{4}\right\}.$$

Posons $\mathrm{F} = \mathbb{R}^p \setminus (\mathrm{U}_1 \cup \mathrm{U}_2)$. Cet ensemble est fermé.

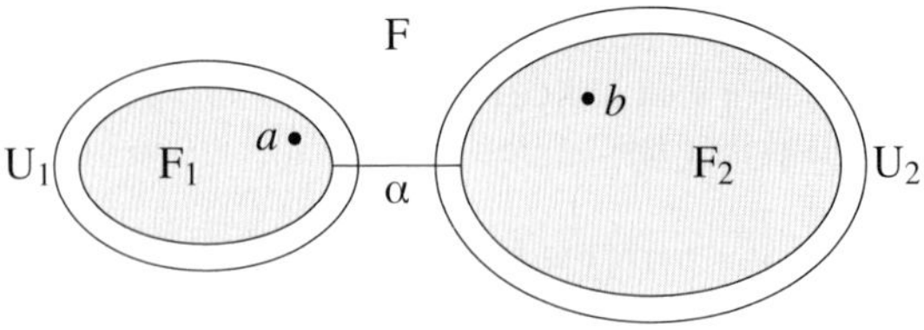

Il existe $n_0 \in \mathbb{N}$ tel que $\|u_{n+1} - u_n\| \leqslant \frac{\alpha}{4}$ pour tout $n \geqslant n_0$. Considérons $N \geqslant n_0$, $a \in F_1$ et $b \in F_2$. Comme a est valeur d'adhérence de u, il existe $n_1 \geqslant N$, tel que $\|u_{n_1} - a\| \leqslant \frac{\alpha}{4}$. On a $u_{n_1} \in U_1$ et $d(u_{n_1}, F_2) \geqslant d(F_1, F_2) - d(u_{n_1}, F_1) \geqslant \frac{3\alpha}{4}$ donc $u_{n_1} \notin U_2$. De même, il existe un entier $n_2 > n_1$ tel que $\|u_{n_2} - b\| < \frac{\alpha}{4}$, et on a alors $u_{n_2} \in U_2$ et $u_{n_2} \notin U_1$. Mais dans ce cas il y a forcément un terme de la suite d'indice entre n_1 et n_2 qui est dans F : si ce n'est pas le cas il suffit de considérer le plus grand indice k de $[\![n_1, n_2 - 1]\!]$ tel que $u_k \in U_1$. On a alors $u_{k+1} \in U_2$ et $\|u_{k+1} - u_k\| \geqslant \frac{\alpha}{2}$ ce qui est absurde. Pour tout $N \geqslant n_0$, on peut donc trouver $n \geqslant N$ tel que $u_n \in F$. On peut donc construire une suite $(u_{\varphi(n)})$ extraite de u, à valeurs dans F. Comme cette suite est bornée, elle possède une valeur d'adhérence ℓ qui appartient à F, puisque F est fermé, donc qui n'appartient pas à K, car $K = F_1 \cup F_2 \subset \mathbb{R}^p \setminus F$. Mais cela est contradictoire, car cette valeur d'adhérence ℓ est aussi une valeur d'adhérence de u.

3. Si $p = 1$ le résultat subsiste puisque l'ensemble des valeurs d'adhérence de la suite (u_n) est toujours un intervalle (voir l'exercice précédent) et ne peut donc pas s'écrire comme réunion de deux fermés non vides et disjoints.

Il n'en est pas de même pour $p \geqslant 2$ et on va construire un contre-exemple avec $p = 2$. On pose, pour tout $n \in \mathbb{N}$, $u_n = \left(n^{\frac{1}{3}} \cos n^{\frac{1}{3}}, \sin n^{\frac{1}{3}}\right) = (x_n, y_n)$.

Si (a, b) est une valeur d'adhérence de la suite u et $\varphi : \mathbb{N} \to \mathbb{N}$ strictement croissante telle $(a, b) = \lim_{n\to+\infty} u_{\varphi(n)}$, alors nécessairement $\cos\left(\varphi(n)^{\frac{1}{3}}\right)$ tend vers 0 et donc $b = \lim_{n\to+\infty} \sin\left(\varphi(n)^{\frac{1}{3}}\right) = \pm 1$. Donc $(a, b) \in \mathbb{R} \times \{-1, 1\}$.

Montrons réciproquement que tout élément de $\mathbb{R} \times \{-1, 1\}$ est valeur d'adhérence de u. Soit $a \in \mathbb{R}$. Considérons la fonction $f : t \mapsto t^{\frac{1}{3}} \cos t^{\frac{1}{3}}$. Pour tout $n \in \mathbb{N}$, on a $f\left((n\pi)^3\right) = (-1)^n n\pi$ et $f\left(((n+1)\pi)^3\right) = (-1)^{n+1}(n+1)\pi$. Ainsi, si $n\pi \geqslant |a|$, d'après le théorème des valeurs intermédiaires, il existe $t_{a,n} \in [(n\pi)^3, ((n+1)\pi)^3]$ tel que $f(t_{a,n}) = a$. On pose $\varphi(n) = \lfloor t_{a,n} \rfloor$. On a, pour tout $t > 0$, $|f'(t)| \leqslant \frac{1}{3t^{\frac{2}{3}}} + \frac{1}{3t^{\frac{1}{3}}} \xrightarrow[t\to+\infty]{} 0$. On en déduit

$$|x_{\varphi(n)} - a| = |f(\varphi(n)) - f(t_{a,n})| \leqslant 1 \times \sup_{[\varphi(n), t_{a,n}]} |f'| \xrightarrow[t\to+\infty]{} 0.$$

On a donc $\lim_{n\to\infty} x_{\varphi(n)} = a$. On en déduit, comme on l'a déjà remarqué, que $\lim_{n\to+\infty} |y_{\varphi(n)}| = 1$. Mais, pour tout $n \in \mathbb{N}$, $(\varphi(n))^{\frac{1}{3}} \in [n\pi, (n+1)\pi]$, donc $y_{\varphi(n)}$ a le signe de $(-1)^n$. On a donc $\lim_{n\to+\infty} u_{\varphi(2n)} = (a, 1)$ et $\lim_{n\to+\infty} u_{\varphi(2n+1)} = (a, -1)$.

L'ensemble des valeurs d'adhérence de u est donc $\mathbb{R} \times \{-1, 1\}$ qui est la réunion des deux fermés disjoints $\mathbb{R} \times \{-1\}$ et $\mathbb{R} \times \{1\}$.

Mais, de nouveau par l'égalité des accroissements finis, on a

$$|x_{n+1} - x_n| \leqslant \sup_{[n,n+1]} |f'| \xrightarrow[n \to +\infty]{} 0 \quad \text{et} \quad |y_{n+1} - y_n| \leqslant (n+1)^{\frac{1}{3}} - n^{\frac{1}{3}} \xrightarrow[n \to +\infty]{} 0,$$

donc $(u_{n+1} - u_n)$ tend vers 0.

En complétant la suite u_n par une constante de $\mathbb{R}^{p-2}$, on construit un contre-exemple dans $\mathbb{R}^p$ pour tout $p > 2$. ◁

Le résultat se généralise : l'ensemble des valeurs d'adhérence d'une suite $(u_n)_{n \in \mathbb{N}}$ *d'un espace métrique compact* (E, d) *qui vérifie* $\lim d(u_n, u_{n+1}) = 0$ *est toujours connexe : voir l'exercice 1-11 de* (A.) CHAMBERT-LOIR, (S.) FERMIGIER, (V.) MAILLOT, Exercices de mathématiques pour l'agrégation, *Analyse 1, Masson, 1994.*

Il a été démontré dans 1.23 que tout réel de $[-1, 1]$ *est valeur d'adhérence de la suite* $(\sin n)$. *Ce résultat est utilisé dans l'exercice suivant. On notera aussi que si* ℓ *est une valeur d'adhérence de la suite* (u_n), *alors la suite* (u_n) *ne peut converger que vers* ℓ.

2.29. Suites et approximation diophantienne

1. *Théorème de Dirichlet.* Soit $\alpha \in \mathbb{R}$ un nombre irrationnel. Montrer qu'il existe une infinité de couples $(p, q) \in \mathbb{Z} \times \mathbb{N}^*$ tels que

$$\left|\alpha - \frac{p}{q}\right| \leqslant \frac{1}{q^2}.$$

2. Étudier la convergence de la suite $\left(\dfrac{1}{n \sin n}\right)_{n \geqslant 1}$.

3. Montrer qu'il existe un réel $\alpha > 0$ tel que, pour tout $s \geqslant 0$, la suite $\left(\dfrac{1}{n^s \sin(\pi \alpha n)}\right)_{n \geqslant 1}$ diverge.

▷ **Solution.**

1. Le lecteur trouvera la solution de cette question dans l'exercice 1.16.

2. Il est classique que la suite $(\sin n)_{n \geqslant 0}$ est dense dans $[-1, 1]$ (c'est l'objet de l'exercice 1.23.) Aussi peut-on trouver une suite $(k_n)_{n \geqslant 0}$ d'entiers, strictement croissante, telle que la limite de $\sin k_n$ soit égale à 1. Alors, la suite extraite $\left(\dfrac{1}{k_n \sin k_n}\right)$ converge vers 0.

Pour prouver que la suite de terme général $u_n = \dfrac{1}{n \sin n}$ ne converge pas vers 0, on cherche une suite extraite pour laquelle u_n reste assez grand, c'est-à-dire $n \sin n$ petit et donc n proche de $\pi\mathbb{Z}$, ou encore $\frac{n}{\pi}$ proche de $\mathbb{Z}$. On pose $\alpha = \frac{1}{\pi}$, qui est irrationnel, de telle manière que $\sin n = \sin \pi\alpha n$. On contrôle la distance de $n\alpha$ aux entiers à l'aide du théorème de Dirichlet, objet de la question précédente.

Soit $E = \left\{ q \in \mathbb{N}^*, \exists p \in \mathbb{Z}, \left|\alpha - \frac{p}{q}\right| \leqslant \frac{1}{q^2} \right\}$. L'ensemble E est infini car non majoré. En effet, s'il était majoré, il n'y aurait qu'un nombre fini de couples (p, q) satisfaisant à la relation $\left|\alpha - \frac{p}{q}\right| \leqslant \frac{1}{q^2}$ puisque, dans ces conditions,

$$|p| - |\alpha| q \leqslant \frac{1}{q} \leqslant 1 \quad \text{et} \quad |p| \leqslant 1 + |\alpha| q,$$

ce qui, pour $q \in E$, conduit à un nombre fini de p. Il existe donc $(q_n)_{n\in\mathbb{N}}$, suite strictement croissante constituée des éléments de E et $(p_n)_{n\in\mathbb{N}}$, suite d'entiers relatifs telles que, pour tout entier n,

$$\left|\alpha - \frac{p_n}{q_n}\right| \leqslant \frac{1}{q_n^2}, \quad \textit{i.e.} \quad |\alpha q_n - p_n| \leqslant \frac{1}{q_n}.$$

Ainsi, pour n entier naturel,

$$|\sin \pi\alpha q_n| = |\sin(\pi\alpha q_n - \pi p_n)| = |\sin \pi(\alpha q_n - p_n)| \leqslant \frac{\pi}{q_n},$$

si bien que $|u_{q_n}| = \frac{1}{q_n |\sin \alpha\pi q_n|} \geqslant \frac{1}{\pi}$. La suite $(u_n)_{n\geqslant 1}$ ne saurait converger vers 0. Comme 0 est une valeur d'adhérence, elle est donc divergente.

3. On va faire en sorte que la suite $(\sin \pi\alpha n)$ ait 0 comme valeur d'adhérence et, comme dans la question précédente, on va essayer de contrôler la vitesse de convergence afin d'estimer le produit $n^s \sin(\pi\alpha n)$. On pose $\alpha = \sum_{k=0}^{+\infty} \frac{1}{10^{k!}}$. On a alors

$$\begin{aligned} |\sin \pi\alpha 10^{n!}| &= \left|\sin\left(\pi \sum_{k=n+1}^{+\infty} \frac{1}{10^{k!-n!}}\right)\right| \leqslant \pi \left(\sum_{k=n+1}^{+\infty} \frac{1}{10^{k!-n!}}\right) \\ &\leqslant \pi \sum_{k=(n+1)!-n!}^{+\infty} \frac{1}{10^k} \leqslant \frac{\pi}{10^{(n+1)!-n!}} \frac{1}{1-\frac{1}{10}} \leqslant K \frac{10^{n!}}{10^{(n+1)!}}, \end{aligned}$$

où $K = \frac{10\pi}{9}$. Pour $s \geqslant 0$, on étudie $v_n = (10^{n!})^s |\sin \pi\alpha 10^{n!}|$. On a la majoration

$$v_n \leqslant K \frac{(10^{n!})^{s+1}}{10^{(n+1)!}}$$

et, en passant au logarithme,

$$\ln v_n \leqslant \ln K + n!(s+1) \ln 10 - (n+1)! \ln 10 \xrightarrow[n\to+\infty]{} -\infty.$$

On en déduit que (v_n) converge vers 0 et par conséquent,

$$\lim_{n\to+\infty}\left|\frac{1}{k_n^s \sin \pi\alpha k_n}\right| = +\infty \quad \text{pour } k_n = 10^{n!}.$$

Ainsi, pour $\alpha = \sum_{k=0}^{+\infty}\frac{1}{10^{k!}}$ et $s \geqslant 0$, la suite $\left(\frac{1}{n^s \sin(\pi\alpha n)}\right)_{n\geqslant 1}$ diverge. ◁

On aura reconnu en α un nombre de Liouville (voir l'exercice 1.17 du présent volume).

Si $u = (u_n)$ est une suite réelle qui est dense dans un segment, disons $[0,1]$ pour fixer les idées, on peut se demander si les termes de la suite sont bien répartis dans ce segment. De manière plus précise, on regarde si la probabilité d'avoir un terme de la suite parmi les n premiers dans un segment $[a,b]$ fixé admet une limite quand n tend vers l'infini égale à la longueur du segment (ou proportionnelle à cette longueur si l'intervalle contenant tous les termes n'est pas de longueur 1). Il s'agit de la notion d'équirépartition et elle fait l'objet de l'exercice suivant.

*2.30. Équirépartition et densité

Soit a et b deux nombres réels tels que $a < b$. Une suite réelle $(u_n)_{n\geqslant 1}$ est dite équirépartie dans $[a,b]$ si, pour tout $(c,d) \in \mathbb{R}^2$ tel que $a \leqslant c < d \leqslant b$, on a :

$$\frac{\operatorname{Card}\{k \in [\![1,n]\!],\ u_k \in [c,d]\}}{\operatorname{Card}\{k \in [\![1,n]\!],\ u_k \in [a,b]\}} \to \frac{d-c}{b-a}.$$

1. Montrer que la suite $(\sqrt{n} - \lfloor\sqrt{n}\rfloor)$ est équirépartie dans $[0,1]$.

2. La suite $(\ln(n) - \lfloor\ln(n)\rfloor)_{n\geqslant 1}$ est-elle équirépartie dans $[0,1]$?

3. Soit $(u_n)_{n\geqslant 1}$ une suite d'éléments de $[0,1]$. Montrer que $(u_n)_{n\geqslant 1}$ est dense dans $[0,1]$ si et seulement s'il existe une permutation σ de $\mathbb{N}^*$ telle que $(u_{\sigma(n)})_{n\geqslant 1}$ soit équirépartie dans $[0,1]$.

4. Existe-t-il une suite équirépartie dans $\mathbb{R}$ c'est-à-dire équirépartie dans tout segment de longueur non nulle de $\mathbb{R}$?

▷ **Solution.**

Pour une suite $(u_n)_{n\geqslant 1}$ donnée et $a < b$ deux réels on notera $\mathrm{N}_n([a,b])$ le nombre de termes de la suite parmi les n premiers qui sont dans $[a,b]$.

1. Montrons que la suite de terme général $u_n = \sqrt{n} - \lfloor\sqrt{n}\rfloor$ est équirépartie dans $[0,1]$. Soit $(c,d) \in \mathbb{R}^2$ tel que $0 \leqslant c < d \leqslant 1$. On a $\mathrm{N}_n([0,1]) = n$. D'autre part, $u_k \in [c,d]$ si et seulement s'il existe $j \in \mathbb{N}$ tel que $j + c \leqslant \sqrt{k} \leqslant j + d$, c'est-à-dire $c^2 + 2cj \leqslant k - j^2 \leqslant d^2 + 2dj$. Pour j donné, le nombre de tels entiers k est majoré par $d^2-c^2+2(d-c)j+1$ et minoré par $d^2-c^2+2(d-c)j-1$. Si $k \leqslant n$, on a $j \leqslant \lfloor\sqrt{n}\rfloor$ si bien que

$$\begin{aligned} \mathrm{N}_n([c,d]) &\leqslant \sum_{j=1}^{\lfloor\sqrt{n}\rfloor} d^2-c^2+2(d-c)j+1 \\ &= (d^2-c^2+1)\lfloor\sqrt{n}\rfloor+(d-c)\lfloor\sqrt{n}\rfloor(\lfloor\sqrt{n}\rfloor+1) \underset{n\to+\infty}{\sim} (d-c)n. \end{aligned}$$

On a de même $j \geqslant \lfloor\sqrt{n}\rfloor-1$ et donc

$$\begin{aligned} \mathrm{N}_n([c,d]) &\geqslant \sum_{j=1}^{\lfloor\sqrt{n}\rfloor-1} d^2-c^2+2(d-c)j-1 \\ &= (d^2-c^2-1)(\lfloor\sqrt{n}\rfloor-1)+(d-c)\lfloor\sqrt{n}\rfloor(\lfloor\sqrt{n}\rfloor-1) \underset{n\to+\infty}{\sim} (d-c)n. \end{aligned}$$

On en déduit par théorème d'encadrement que $\lim\limits_{n\to+\infty} \frac{1}{n}\mathrm{N}_n([c,d]) = d-c$. La suite (u_n) est équirépartie dans $[0,1]$.

2. Montrons que la suite de terme général $u_n = \ln(n)-\lfloor\ln(n)\rfloor$ n'est pas équirépartie dans $[0,1]$. Prenons par exemple $c=\frac{1}{2}$ et $d=1$. Pour $k \in [\![1,n]\!]$, on a $u_k \in \left[\frac{1}{2},1\right]$ si et seulement s'il existe $j \in \mathbb{N}$ tel que $j+\frac{1}{2} \leqslant \ln(k) < j+1$. Cela équivaut à $e^{j+\frac{1}{2}} \leqslant k < e^{j+1}$. On pose $\mathrm{N} = \lfloor\ln(n)\rfloor$ et on suppose que $n < e^{\mathrm{N}+\frac{1}{2}}$. On a alors

$$\mathrm{N}_n([1/2,1]) = \sum_{j=0}^{\mathrm{N}-1}(e^{j+1}-e^{j+\frac{1}{2}}+\theta(j)),$$

où $-1 \leqslant \theta(j) \leqslant 0$ et donc

$$\mathrm{N}_n([1/2,1]) = (e-\sqrt{e})\frac{e^{\mathrm{N}}-1}{e-1}+O(\mathrm{N}) \sim (e-\sqrt{e})\frac{e^{\mathrm{N}}}{e-1}\cdot$$

On en déduit que

$$\frac{1}{n}\mathrm{N}_n([1/2,1]) \sim (e-\sqrt{e})\frac{e^{\lfloor\ln(n)\rfloor-\ln(n)}}{e-1}\cdot$$

Cette expression n'a pas de limite quand n tend vers $+\infty$, car pour tout N assez grand, il existe des entiers n dans $\left[e^{\mathrm{N}},e^{\mathrm{N}+\frac{1}{6}}\right]$ (resp. $\left[e^{\mathrm{N}+\frac{1}{3}},e^{\mathrm{N}+\frac{1}{2}}\right[$) (car la longueur de ces intervalles tend vers $+\infty$), pour lesquels $\ln(n)-\lfloor\ln(n)\rfloor \in \left[0,\frac{1}{6}\right]$ $\left(\text{resp. } \ln(n)-\lfloor\ln(n)\rfloor \in \left[\frac{1}{3},\frac{1}{2}\right]\right)$.

3. Si σ est une permutation de $\mathbb{N}^*$ telle que la suite $(u_{\sigma(n)})$ soit équirépartie dans $[0,1]$, alors pour $0 \leqslant a < b \leqslant 1$,

$$\left|\{k \in [\![1,n]\!],\ u_{\sigma(k)} \in [a,b]\}\right| \sim (b-a)n \to +\infty,$$

donc il existe $k \in \mathbb{N}^*$ tel que $u_{\sigma(k)} \in [a,b]$. Donc (u_n) est dense dans $[0,1]$.

Réciproquement, supposons que (u_n) est dense dans $[0,1]$. La méthode habituelle pour construire une permutation σ telle que $(u_{\sigma(n)})$ ait des propriétés données est de raisonner par récurrence. Mais quelle propriété vérifier à chaque étape pour être certain qu'*in fine* la suite $(u_{\sigma(n)})$ sera équirépartie ? On procède donc un peu différemment. On se donne une suite (a_n) d'éléments de $[0,1]$ équirépartie dans $[0,1]$, quelconque, et on construit une permutation σ de $\mathbb{N}^*$ telle que

$$\lim_{n\to+\infty} (a_n - u_{\sigma(n)}) = 0.$$

Le lemme suivant permettra alors de conclure :

Lemme. *Soit (a_n) et (b_n) deux suites à valeurs dans $[0,1]$. On suppose que la suite (a_n) est équirépartie et que $(a_n - b_n)$ tend vers 0. Alors (b_n) est équirépartie.*

Démonstration. Notons $N_n^1([a,b])$ (resp. $N_n^2([a,b])$) le nombre de termes de la suite (a_n) (resp. (b_n)), parmi les n premiers, qui sont dans $[a,b]$. Soit $(a,b) \in \mathbb{R}^2$ tels que $0 < a < b < 1$. On considère $\varepsilon \in \left]0, \min\left(a, \frac{b-a}{2}, 1-b\right)\right[$ et n_0 tel que $|a_k - b_k| \leqslant \varepsilon$ si $k \geqslant n_0$.

Si $k \geqslant n_0$ et $b_k \in [a,b]$, alors $a_k \in [a-\varepsilon, b+\varepsilon]$. On a donc pour $n \geqslant n_0$,

$$N_n^2([a,b]) \leqslant N_n^1([a-\varepsilon, b+\varepsilon]) + n_0.$$

De même, si $k \geqslant n_0$ et $a_k \in [a+\varepsilon, b-\varepsilon]$, alors $b_k \in [a,b]$. On a donc pour $n \geqslant n_0$

$$N_n^1([a+\varepsilon, b-\varepsilon]) \leqslant N_n^2([a,b]) + n_0.$$

On a donc

$$\frac{N_n^1([a+\varepsilon, b-\varepsilon]) - n_0}{n} \leqslant \frac{N_n^2([a,b])}{n} \leqslant \frac{N_{n'}^1([a-\varepsilon, b+\varepsilon]) + n_0}{n}.$$

Quand n tend vers $+\infty$, les deux termes extrêmes tendent vers $b - a - 2\varepsilon$ et $b - a + 2\varepsilon$ respectivement. Pour n assez grand, on a donc

$$b - a - 3\varepsilon \leqslant \frac{N_n^2([a,b])}{n} \leqslant b - a + 3\varepsilon,$$

ce qui montre que $\lim_{n\to+\infty} \frac{N_n^2([a,b])}{n} = b-a$. Pour $a = 0$ ou $b = 1$, la démonstration doit être légèrement modifiée. On conclut que (b_n) est équirépartie dans $[0,1]$.□

Il reste à construire la permutation σ. On pose $\sigma(1) = 1$. Supposons $\sigma(1), \ldots, \sigma(n)$ construits. Soit k le plus petit entier naturel qui n'appartient pas à $\sigma([\![1,n]\!])$. On considère alors le plus petit entier naturel ℓ n'appartenant pas à $\sigma([\![1,n]\!])$ tel que $|a_{n+1} - u_\ell| \leqslant \frac{1}{k}\cdot$ Un tel entier ℓ existe car la suite (u_n) est dense dans $[0,1]$. On pose $\sigma(n+1) = \ell$.

L'application σ est injective, par construction.

Supposons que $\sigma(\mathbb{N}^*) \neq \mathbb{N}^*$. Soit $m \geqslant 2$ le plus petit entier qui n'est pas dans $\sigma(\mathbb{N}^*)$ et r tel que $[\![1,m-1]\!] \subset \sigma([\![1,r]\!])$. Pour $n > r$, l'entier m est le plus petit entier naturel qui n'appartient pas à $\sigma([\![1,n]\!])$ et comme $\sigma(n+1) \neq m$, on a par définition $|a_{n+1} - u_m| > \frac{1}{m}\cdot$ L'intervalle $\left[u_m - \frac{1}{m}, u_m + \frac{1}{m}\right]$ ne contient qu'un nombre fini de termes de la suite (a_n), ce qui contredit le fait que celle-ci est dense dans $[0,1]$. On a donc $\sigma(\mathbb{N}^*) = \mathbb{N}^*$ et σ est une permutation de $\mathbb{N}^*$.

Montrons que la suite $(a_n - u_{\sigma(n)})$ converge vers 0. Soit $\varepsilon > 0$. On considère un entier naturel k tel que $\frac{1}{k} \leqslant \varepsilon$ et N tel que $[1,k] \subset \sigma([\![1,\mathrm{N}]\!])$. Pour $n \geqslant \mathrm{N}$, on a $[\![1,k]\!] \subset \sigma([\![1,\mathrm{N}]\!]) \subset \sigma([\![1,n]\!])$ donc, par définition, $|a_{n+1} - u_{\sigma(n+1)}| \leqslant \frac{1}{k} \leqslant \varepsilon$. La suite $(a_n - u_{\sigma(n)})$ converge vers 0.

La construction de σ utilise uniquement le fait que (a_n) est dense dans $[0,1]$. Ainsi, si (a_n) et (u_n) sont deux suites denses dans $[0,1]$, il existe une permutation σ de $\mathbb{N}^*$ telle que $(a_n - \sigma(u_n))$ converge vers 0.

4. On pose pour $k \in \mathbb{N}$, $\mathrm{I}_k = [k, k+1]$, $\mathrm{J}_k = [-k-1, -k]$ et $\mathrm{W}_k = \mathrm{I}_{k/2}$ quand k est pair et $\mathrm{W}_k = \mathrm{J}_{\frac{k-1}{2}}$ quand il est impair. Les intervalles W_k recouvrent $\mathbb{R}$. On considère une suite équirépartie $(u_n)_{n\in\mathbb{N}}$ de $[0,1]$ (et on supposera même que les valeurs 0 et 1 ne sont pas prises, ce qui est possible, pour éviter les chevauchements) et on la translate de manière à obtenir une suite équirépartie de W_k, notée $(v_{k,n})_{k\in\mathbb{N}}$. On va poser

$$w_0 = v_{0,0},\ w_1 = v_{0,1},\ w_2 = v_{1,1},\ w_3 = v_{0,2},\ w_4 = v_{1;2},\ w_5 = v_{2,2},\ w_6 = v_{0,3}\ldots$$

Autrement dit, on pioche un élément dans W_0, puis dans W_0, W_1, puis dans W_0, W_1, W_2, etc et chaque fois, on prend le premier élément de la suite associée qui n'a pas encore été pris. On construit ainsi une suite (w_p) qui va être équirépartie sur tout intervalle de $\mathbb{R}$. En effet, si on observe les termes de la suite qui sont dans un W_{k_0}, ils apparaissent dans le même ordre que ceux de la suite $v_{k_0,n}$ et on en déduit que (w_p) est équirépartie dans W_{k_0}. Le lecteur se convaincra facilement si on se donne un segment, il sera contenu dans un nombre fini de W_k et en considérant les termes de la suite dans l'intersection du segment et des W_k qu'il intersecte, la suite (w_p) est bien équirépartie sur le segment en question et répond donc positivement à la question. ◁

Comme le montrent les questions 1 et de 2 de l'exercice, l'étude « à la main » de l'équirépartition d'une suite donnée se révèle particulièrement technique. En 1916, le mathématicien Hermann Weyl a établi un critère particulièrement commode pour étudier cette question que le lecteur pourra trouver sous forme d'exercice dans le volume 5. À l'aide de ce critère il est très simple de montrer que pour θ irrationnel, la suite $(n\theta)$ (mod 1) est équirépartie dans le segment $[0,1]$. C'est le théorème de Bohl-Sierpinski-Weyl [3] que l'on va

3. Prouvé indépendamment par les trois mathématiciens vers 1910.

utiliser dans l'exercice suivant. Certes on peut en donner une preuve directe comme dans l'exercice ci-dessus [4] *mais c'est assez long.*

2.31. Distribution du premier chiffre des puissances de 2

Pour $i \in [\![1,9]\!]$ et $n \in \mathbb{N}^*$, on note $\mathrm{N}_i(n)$ le nombre d'éléments de l'ensemble $\{2, 2^2, \ldots, 2^n\}$ dont le premier chiffre de l'écriture décimale est i. Calculer $\lim\limits_{n \to +\infty} \dfrac{\mathrm{N}_i(n)}{n}$.

▷ **Solution.**

Le but de l'exercice est de déterminer la fréquence d'apparition des chiffres $1, 2, \ldots, 9$ en première position dans la suite des puissances de 2. *A priori* on ne sait pas si tous les chiffres vont apparaître, et encore moins s'ils vont apparaître une infinité de fois. Fixons i entre 1 et 9, et commençons par traduire le fait que i est le premier chiffre de 2^p.

• L'entier 2^p commence par i si et seulement s'il existe $k \in \mathbb{N}$ tel que

$$i.10^k \leqslant 2^p < (i+1).10^k$$

c'est-à-dire, en prenant le logarithme, si et seulement s'il existe k tel que

$$\frac{\ln i}{\ln 10} + k \leqslant p\frac{\ln 2}{\ln 10} < k + \frac{\ln(i+1)}{\ln 10}.$$

Cela est encore équivalent à dire que le résidu modulo 1 de $p\theta$ est dans l'intervalle $\left[\frac{\ln i}{\ln 10}, \frac{\ln(i+1)}{\ln 10}\right[$, où $\theta = \frac{\ln 2}{\ln 10}\cdot$ Ainsi, $\mathrm{N}_i(n)$ est exactement le nombre d'entiers $p \in [\![1,n]\!]$ tels que $p\theta$ modulo 1 appartienne à $\left[\frac{\ln i}{\ln 10}, \frac{\ln(i+1)}{\ln 10}\right[$.

• On est donc amené à étudier le comportement de la suite $(p\theta)_{p \geqslant 1}$ modulo 1. Il s'avère que θ est irrationnel. En effet, si $\frac{\ln 2}{\ln 10} = \frac{a}{b}$ avec $(a,b) \in (\mathbb{N}^*)^2$, alors on obtient $2^b = 10^a$ ce qui est impossible puisque 2^b n'est pas divisible par 5. Montrons alors que la suite $(p\theta) \mod 1$ est dense dans l'intervalle $[0,1]$. Cela prouvera déjà qu'il y a une infinité d'entiers p tels que 2^p commence par le chiffre i.

Il est bien entendu équivalent de montrer que l'ensemble $\mathbb{N}\theta + \mathbb{Z}$ est dense dans $\mathbb{R}$. Ce résultat a été démontré dans l'exercice 1.23 (question 2).

• La suite $(p\theta)$ (mod 1) est donc dense dans $[0,1]$. Mais cela ne suffit pas pour déterminer un équivalent de $\mathrm{N}_i(n)$ car on a besoin d'estimer la proportion des termes qui vont tomber dans l'intervalle $\left[\frac{\ln i}{\ln 10}, \frac{\ln(i+1)}{\ln 10}\right[$. En admettant le

4. Le lecteur pourra trouver une preuve de ce type dans les deux ouvrages suivants : RAUZY (G.), *Propriétés statistiques de suites arithmétiques*, PUF, 1976 ; HARDY (G.H.) & WRIGHT (E.M), *An introduction to the theory of numbers*, Oxford University Press, 5eéd., 1979.

théorème de Bohl-Sierpinski-Weyl (le lecteur en trouvera une preuve dans le volume 5), la suite $(p\theta)$ (mod 1) est équirépartie et la proportion converge donc vers la longueur de l'intervalle. On peut alors conclure que

$$\lim_{n\to+\infty} \frac{N_i(n)}{n} = \frac{\ln(i+1) - \ln i}{\ln 10}.$$

En particulier, et c'est assez surprenant, le chiffre i apparaît d'autant plus fréquemment qu'il est petit. Pour $i = 1$ on a une fréquence de 30%, alors que pour $i = 9$, on obtient 4,5%. ◁

Nous commençons maintenant une série d'exercices plus faciles étudiant des exemples concrets de suites.

2.32. Moyennes des coefficients binomiaux

Soit A_n et G_n les moyennes arithmétique et géométrique des $\binom{n}{k}$ pour $0 \leqslant k \leqslant n$. Déterminer les limites des suites $\left(A_n^{1/n}\right)_{n\geqslant 1}$ et $\left(G_n^{1/n}\right)_{n\geqslant 1}$.

▷ **Solution.**

On a $A_n = \frac{1}{n+1}\sum_{k=0}^{n}\binom{n}{k} = \frac{2^n}{n+1}$. Ainsi $A_n^{1/n} = \frac{2}{(n+1)^{1/n}} = \frac{2}{e^{\frac{\ln(n+1)}{n}}}$ et la suite $\left(A_n^{1/n}\right)_{n\geqslant 1}$ converge donc vers 2.

Pour étudier la moyenne géométrique on prend le logarithme afin de se ramener à une suite additive. On a

$$\begin{aligned}
\ln G_n^{1/n} &= \frac{1}{n(n+1)}\sum_{k=0}^{n}\ln\binom{n}{k} = \frac{1}{n(n+1)}\sum_{k=1}^{n-1}(\ln n! - \ln k! - \ln(n-k)!) \\
&= \frac{1}{n(n+1)}\left((n-1)\ln n! - 2\sum_{k=1}^{n-1} k!\right) \\
&= \frac{1}{n(n+1)}\left((n-1)\sum_{k=1}^{n}\ln k - 2\sum_{k=1}^{n-1}\sum_{j=1}^{k}\ln j\right) \\
&= \frac{1}{n(n+1)}\left((n-1)\sum_{k=1}^{n}\ln k - 2\sum_{j=1}^{n-1}(n-j)\ln j\right) \\
&= \frac{1}{n(n+1)}\sum_{k=1}^{n}(2k-(n+1))\ln k.
\end{aligned}$$

On pose $S_1 = \sum_{k=1}^{n} 2k \ln k$ et $S_2 = \sum_{k=1}^{n} \ln k$. On estime ces deux sommes partielles par une comparaison série-intégrale. Par croissance de la fonction $t \longmapsto t \ln t$ sur $[1, +\infty[$, on a

$$\sum_{k=2}^{n} \int_{k-1}^{k} 2t \ln t \, dt \leqslant S_1 \leqslant \sum_{k=1}^{n-1} \int_{k}^{k+1} 2t \ln t \, dt + 2n \ln n,$$

$$\int_{0}^{n} 2t \ln t \, dt \leqslant S_1 \leqslant \int_{0}^{n} 2t \ln t \, dt + 2n \ln n$$

ce qui donne $S_1 = \int_0^n 2t \ln t dt + O(n \ln n) = n^2 \ln n - \frac{n^2}{2} + O(n \ln n)$. On obtient de même par croissance du logarithme $\int_0^n \ln t \, dt \leqslant S_2 \leqslant \int_1^n \ln t \, dt + \ln n$, puis

$$S_2 = n \ln n - n + O(\ln n).$$

On a donc

$$\ln G_n^{1/n} = \frac{1}{n(n+1)}(S_1 - (n+1)S_2) = \frac{1}{n(n+1)}\left(\frac{n^2}{2} + O(n \ln n)\right) \to \frac{1}{2}.$$

Ainsi $\left(G_n^{1/n}\right)$ converge vers $\sqrt{e}$. ◁

2.33. Équivalent d'une suite d'entiers

> Soit $(u_n)_{n \geqslant 1}$ définie par $u_1 = 1$, $u_2 = u_3 = 2$, $u_4 = u_5 = u_6 = 3, \ldots$ Elle prend une fois la valeur 1, deux fois la valeur 2, trois fois la valeur 3 et ainsi de suite. Donner une expression du terme général (à l'aide de la fonction partie entière) et un équivalent de u_n.

▷ **Solution.**

Il est clair que la suite est croissante et diverge vers $+\infty$. En fait, on a $u_n = k$ lorsque $\frac{k(k-1)}{2} + 1 \leqslant n < \frac{k(k+1)}{2} + 1$. Sans expliciter le terme général, cet encadrement nous donne déjà un équivalent de u_n. En effet, on a

$$\frac{(u_n - 1)}{2u_n} + \frac{1}{u_n} \leqslant \frac{n}{u_n^2} < \frac{(u_n + 1)}{2u_n} + \frac{1}{u_n}$$

de sorte que $\frac{n}{u_n^2}$ tend vers $\frac{1}{2}$ et $u_n^2 \sim 2n$ soit $u_n \sim \sqrt{2n}$.

Cherchons maintenant une expression explicite du terme général u_n. L'inégalité $\frac{k(k-1)}{2} + 1 \leqslant n$ équivaut $k^2 - k + 2 - 2n \leqslant 0$ et, k étant positif, elle est vérifiée si et seulement si $k \leqslant \dfrac{1+\sqrt{8n-7}}{2}$. De la même manière on a $n < \dfrac{k(k+1)}{2} + 1$ si et seulement si $k+1 > \dfrac{1+\sqrt{8n-7}}{2}$. Cet encadrement prouve que

$$u_n = \left\lfloor \frac{1+\sqrt{8n-7}}{2} \right\rfloor.$$

Bien entendu on retrouve l'équivalent obtenu plus haut. ◁

2.34. Somme des puissances n-ièmes des n premiers entiers

Étudier la suite $u_n = \frac{1}{n^n} \sum\limits_{k=1}^{n} k^n$.

▷ **Solution.**

On a

$$u_n = \frac{1}{n^n} + \cdots + \frac{(n-1)^n}{n^n} + \frac{n^n}{n^n} = 1 + \left(\frac{n-1}{n}\right)^n + \left(\frac{n-2}{n}\right)^n + \cdots + \left(\frac{1}{n}\right)^n.$$

Comme $\left(1 - \frac{p}{n}\right)^n$ tend vers e^{-p} lorsque n tend vers l'infini, le second terme de cette somme tend vers $\frac{1}{e}$, le troisième vers $\frac{1}{e^2}, \ldots$ de sorte qu'on peut penser que la limite de (u_n) est $\sum\limits_{k=0}^{+\infty} e^{-k} = \frac{e}{e-1}$.

Pour le montrer, on écrit $u_n = \sum\limits_{k=0}^{n-1} \left(1 - \frac{k}{n}\right)^n$. En utilisant l'inégalité $\ln(1+x) \leqslant x$, valable pour tout réel $x > -1$, on obtient déjà

$$0 \leqslant u_n \leqslant \sum_{k=0}^{n-1} e^{-k} = \frac{1-e^{-n}}{1-e^{-1}} \leqslant \frac{e}{e-1}.$$

Minorons u_n maintenant. Soit $\mathrm{N} \geqslant 0$. Pour $n \geqslant \mathrm{N}$, on a

$$u_n \geqslant \sum_{k=0}^{\mathrm{N}} \left(1 - \frac{k}{n}\right)^n = v_n$$

et la limite de v_n est $\ell_{\mathrm{N}} = \sum\limits_{k=0}^{\mathrm{N}} e^{-k} = \frac{e - e^{-\mathrm{N}-1}}{e-1}$. La limite de ℓ_{N} quand N tend vers l'infini est $\frac{e}{e-1}$. Soit $\varepsilon > 0$. On choisit N tel que $\ell_{\mathrm{N}} \geqslant \frac{e}{e-1} - \varepsilon$. Comme la suite (v_n) converge vers ℓ_{N}, pour n assez grand, $v_n \geqslant \ell_{\mathrm{N}} - \varepsilon \geqslant \frac{e}{e-1} - 2\varepsilon$. Dans ces conditions, pour n assez grand, on a l'encadrement

$$\frac{e}{e-1} - 2\varepsilon \leqslant v_n \leqslant u_n \leqslant \frac{e}{e-1},$$

ce qui prouve que u_n converge vers $\frac{e}{e-1}$. ◁

Dans l'exercice suivant ont été regroupés deux énoncés posés séparément. Il fait la transition avec le prochain thème consacré aux suites récurrentes.

2.35. Racines itérées (1)

Soit $(a_n)_{n\in\mathbb{N}}$ une suite de réels positifs. On étudie la suite $(u_n)_{n\in\mathbb{N}}$ définie par

$$\forall n \in \mathbb{N}, \quad u_n = \sqrt{a_0 + \sqrt{a_1 + \cdots + \sqrt{a_n}}}$$

1. Étudier (u_n) quand la suite (a_n) est constante égale à $a > 0$, puis quand $a_n = \lambda^{2^{n+1}}$, où $\lambda > 0$.

2. Montrer que la suite (u_n) converge si, et seulement si, la suite $(a_n^{1/2^n})_{n\geqslant 0}$ est bornée.

3. Déterminer $\lim_{n\to+\infty} \sqrt{1 + 2\sqrt{1 + 3\sqrt{1 + \cdots + (n-1)\sqrt{1+n}}}}$.

▷ **Solution.**

1. Supposons d'abord que (a_n) est constante égale à $a > 0$. Pour tout entier n, on a $u_{n+1} = \sqrt{a + u_n}$ ce qui nous ramène à une suite récurrente classique. L'intervalle $\mathbb{R}_+$ est stable par l'application $f : x \longmapsto \sqrt{x+a}$. Celle-ci f est croissante sur $\mathbb{R}_+$ et y possède un unique point fixe $\ell = \frac{1+\sqrt{1+4a}}{2}$. Sur l'intervalle $[0, \ell]$ on a $f(x) > x$. Comme $u_0 = \sqrt{a} < \ell$, la suite (u_n) est croissante, majorée par ℓ et converge donc nécessairement vers ℓ.

Supposons maintenant que $a_n = \lambda^{2^{n+1}}$. On a alors $u_0 = \sqrt{\lambda^2} = \lambda$, puis $u_1 = \sqrt{\lambda^2 + \sqrt{\lambda^4}} = \lambda\sqrt{1+\sqrt{1}}$ et plus généralement,

$$u_n = \lambda\sqrt{1 + \sqrt{1 + \cdots + \sqrt{1}}}.$$

D'après le point précédent, (u_n) converge donc vers $\frac{1+\sqrt{5}}{2}\lambda$.

2. Commençons par observer que la suite (u_n) est toujours croissante, car comme $a_n \leqslant a_n + \sqrt{a_{n+1}}$, la croissance de la fonction racine carrée conduit à $u_n \leqslant u_{n+1}$. La suite (u_n) converge donc si, et seulement si, elle est majorée. Notons aussi que si (a'_n) est une seconde suite de réels positifs qui vérifie $a_n \leqslant a'_n$ pour tout n, alors on a $u_n \leqslant u'_n$ pour tout n, (u'_n) étant la suite associée à (a'_n) de la même manière que (u_n) est associée à (a_n). Démontrons maintenant l'équivalence proposée.

Si dans l'expression de u_n on minore $a_0, a_1, \dots, a_{n-1}$ par 0, on obtient alors $u_n \geqslant a_n^{1/2^{n+1}}$. On a donc $a_n^{1/2^n} \leqslant u_n^2$ de sorte que si la suite (u_n) converge, la suite $(a_n^{1/2^n})_{n\geqslant 0}$ est bornée. Montrons la réciproque.

Il existe par hypothèse un réel $\lambda > 0$ tel que pour tout n, $a_n^{1/2^n} \leqslant \lambda$. On en déduit que $a_n \leqslant \lambda^{2^n}$. Les remarques qui précèdent, associées au résultat de la première question, permettent d'affirmer que (u_n) converge.

3. En faisant passer les entiers $2, 3, \dots$ dans les racines carrées qui suivent on retrouve bien une suite du type précédent. En notant (u_n) la suite proposée, on écrit ainsi,

$$u_2 = \sqrt{1 + 2\sqrt{1+3}} = \sqrt{1 + \sqrt{2^2 + \sqrt{2^4.3^2}}},$$

$$u_3 = \sqrt{1 + 2\sqrt{1 + 3\sqrt{1+4}}} = \sqrt{1 + \sqrt{2^2 + \sqrt{2^4.3^2 + \sqrt{2^8.3^4.4^2}}}}.$$

Il s'agit donc de la suite (u_n) associée à la suite (a_n) définie par $a_0 = 1$ et, pour tout $n \geqslant 1$, $a_n = 2^{2^n} 3^{2^{n-1}} \dots n^4 (n+1)^2$. On utilise le critère de convergence de la question 2. On a pour tout $n \geqslant 2$,

$$\frac{\ln a_n}{2^n} = \sum_{k=2}^{n+1} \frac{\ln k}{2^{k-2}}.$$

Il s'agit de la somme partielle d'une série convergente. La suite $\frac{\ln a_n}{2^n}$ converge, et en passant à l'exponentielle, la suite $(a_n^{1/2^n})$ également. En particulier elle est bornée. D'après la question précédente, la limite recherchée est finie. On demande toutefois ici de déterminer sa valeur. Une étude numérique semble indiquer que la limite est 3. Pour le démontrer, on va majorer la quantité $3 - u_n$ en multipliant chaque expression par sa conjuguée pour éliminer les racines carrées. On a, puisque $u_n \geqslant 1$,

$$\begin{aligned} |3 - u_n| &= \frac{|9 - u_n^2|}{3 + u_n} \leqslant \frac{1}{4}|9 - u_n^2| \\ &\leqslant \frac{2}{4}\left|4 - \sqrt{1 + 3\sqrt{1 + 4\sqrt{\cdots + (n-1)\sqrt{1+n}}}}\right|. \end{aligned}$$

On recommence la même majoration. Il vient

$$|3 - u_n| \leqslant \frac{2 \cdot 3}{4 \cdot 5}\left|5 - \sqrt{1 + 4\sqrt{1 + 5\sqrt{\cdots + (n-1)\sqrt{1+n}}}}\right|.$$

On réitère le procédé pour obtenir finalement,

$$|3-u_n| \leqslant \frac{2\cdot 3\cdots(n-1)}{4\cdot 5\cdots(n+1)}\left(n+1-\sqrt{1+n}\right) \leqslant \frac{6}{n},$$

ce qui prouve que (u_n) converge vers 3. ◁

2.36. Racines itérées (2)

> Soient $(a_n)_{n\geqslant 0}$ une suite de réels positifs et $(u_n)_{n\geqslant 0}$ la suite définie par $u_0 \in \mathbb{R}_+$ et pour tout $n \in \mathbb{N}$, $u_{n+1} = \sqrt{u_n + a_n}$. Donner une condition nécessaire et suffisante pour que (u_n) converge.

▷ **Solution.**

On a pour tout $n \in \mathbb{N}$, $a_n = u_{n+1}^2 - u_n$. Ainsi, si (u_n) converge, la suite (a_n) converge également. Montrons réciproquement que si (a_n) converge, alors (u_n) converge.

Soit a la limite de (a_n). On va comparer (u_n) à des suites (v_n) vérifiant la relation de récurrence $v_{n+1} = \sqrt{v_n + a}$.

Si $a > 0$, une telle suite (v_n) converge vers l'unique solution ℓ_a de l'équation $x = \sqrt{x+a}$ qui est $\ell_a = \dfrac{1+\sqrt{1+4a}}{2}$. En effet, la suite est croissante et majorée par ℓ_a si $v_0 \in [0, \ell_a]$ et décroissante et minorée par ℓ_a si $v_0 \geqslant \ell_a$.

Si $a = 0$, la suite (v_n) converge vers $\ell_0 = 1$, sauf si $v_0 = 0$ auquel cas elle est stationnaire à 0.

• Supposons pour commencer que la limite a de (a_n) est strictement positive. Soit $\eta \in\,]0, a[$. Il existe N tel que, pour $n \geqslant \mathrm{N}$, $a_n \in [a-\eta, a+\eta]$. Considérons les deux suites $(v_n)_{n\geqslant \mathrm{N}}$ et $(w_n)_{n\geqslant \mathrm{N}}$ définie par $v_\mathrm{N} = w_\mathrm{N} = u_\mathrm{N}$ et pour tout $n \geqslant \mathrm{N}$, $v_{n+1} = \sqrt{v_n + a - \eta}$ et $w_{n+1} = \sqrt{w_n + a + \eta}$. Une récurrence immédiate montre que $v_n \leqslant u_n \leqslant w_n$ pour tout $n \geqslant \mathrm{N}$. Nous savons que (v_n) converge vers $\ell_{a-\eta}$ et (w_n) vers $\ell_{a+\eta}$. Il existe donc $\mathrm{N}' \geqslant \mathrm{N}$ tel que, pour $n \geqslant \mathrm{N}'$, on a $\ell_{a-\eta} - \eta \leqslant u_n \leqslant \ell_{a+\eta} + \eta$. Comme $\lim\limits_{\eta\to 0} \ell_{a-\eta} - \eta = \lim\limits_{\eta\to 0} \ell_{a+\eta} - \eta = \ell_a$, il existe, pour tout $\varepsilon > 0$, un réel $\eta \in\,]0, a[$ tel que $\ell_a - \varepsilon \leqslant \ell_{a-\eta} - \eta \leqslant \ell_{a+\eta} + \eta \leqslant \ell_a + \varepsilon$. On a pour $n \geqslant \mathrm{N}'$, $\ell_a - \varepsilon \leqslant u_n \leqslant \ell_a + \varepsilon$. La suite (u_n) converge vers ℓ_a.

• Supposons que $a = 0$ et que (u_n) n'est pas la suite nulle (auquel cas elle converge vers 0). Pour $\eta > 0$, il existe N tel que $0 \leqslant a_n \leqslant \eta$ et $u_n > 0$ si $n \geqslant \mathrm{N}$. Considérons les deux suites $(v_n)_{n\geqslant \mathrm{N}}$ et $(w_n)_{n\geqslant \mathrm{N}}$ définie par $v_\mathrm{N} = w_\mathrm{N} = u_\mathrm{N}$ et pour tout $n \geqslant \mathrm{N}$, $v_{n+1} = \sqrt{v_n}$ et $w_{n+1} = \sqrt{w_n + \eta}$. On a encore $v_n \leqslant u_n \leqslant w_n$ pour tout $n \geqslant \mathrm{N}$. La suite (v_n) converge vers 1 et (w_n) vers ℓ_η. Comme $\lim\limits_{\eta\to 0} \ell_\eta = 1$, on conclut comme dans le premier cas que la suite (u_n) converge vers 1. ◁

Les exercices qui suivent sont consacrés à l'étude de systèmes dynamiques discrets, autrement dit de suites vérifiant une relation de récurrence de la forme $u_{n+1} = f(u_n)$. L'intervalle I étant stable par f et u_0 appartenant à I, on s'intéresse donc à la suite $(f^n(u_0))_{n\in\mathbb{N}}$ des images de u_0 par les itérés de f, qui constituent ce qu'on appelle l'orbite du point u_0.

On sait que dans le cas où f est continue, les limites possibles de la suite (u_n) sont les points fixes de f. L'exercice théorique suivant donne une condition nécessaire et suffisante de convergence d'un système dynamique lorsque f est définie sur un intervalle borné.

2.37. Critère de convergence pour un système dynamique discret

Soit $f : [0,1] \to [0,1]$ continue et $(u_n)_{n\in\mathbb{N}}$ une suite de $[0,1]$ tel que pour tout $n \in \mathbb{N}$, $f(u_n) = u_{n+1}$. Montrer que $(u_n)_{n\in\mathbb{N}}$ converge si, et seulement si, $\lim\limits_{n\to+\infty} (u_{n+1} - u_n) = 0$.

▷ **Solution.**

Bien évidemment, si $(u_n)_{n\in\mathbb{N}}$ converge vers ℓ, alors $\lim\limits_{n\to+\infty} (u_{n+1} - u_n) = 0$.

Passons à la réciproque. Supposons que $\lim\limits_{n\to+\infty} (u_{n+1} - u_n) = 0$. On montre alors que l'ensemble des valeurs d'adhérence de la suite est un intervalle (voir l'exercice 2.27 pour la démonstration) et il s'agit même d'un segment $[a,b]$.

Montrons que tout élément $\ell \in [a,b]$ est point fixe de f. Puisque ℓ est valeur d'adhérence de la suite, il existe une sous-suite $(u_{\varphi(n)})$ qui converge vers ℓ. Par continuité de f, on en déduit que $f(u_{\varphi(n)}) = u_{\varphi(n)+1}$ tend vers $f(\ell)$. Puisque par hypothèse $(u_{\varphi(n)+1} - u_{\varphi(n)})$ tend vers 0, on a $f(\ell) = \ell$.

Il en découle que nécessairement $a = b$ de sorte que u n'a qu'une seule valeur d'adhérence et converge vers cette valeur. En effet, si $a < b$, alors sachant que $\frac{a+b}{2}$ est une valeur d'adhérence de $(u_n)_{n\in\mathbb{N}}$, il existe $n_0 \in \mathbb{N}$ tel que $u_{n_0} \in [a,b]$. Mais alors on a $u_n = u_{n_0}$ pour tout $n \geqslant n_0$ et $(u_n)_{n\in\mathbb{N}}$ est stationnaire à $\frac{a+b}{2}$ ce qui est absurde. ◁

Le résultat de l'exercice 2.27 est encore utile pour l'exercice suivant.

2.38. Ensemble des valeurs d'adhérence d'une suite récurrente

Soit $f : [0,1] \to [0,1]$ continue et $(x_n)_{n\geqslant 0}$ la suite définie par $x_0 \in [0,1]$ et $x_{n+1} = f(x_n)$, pour tout $n \in \mathbb{N}$. On note K l'ensemble des valeurs d'adhérence de (x_n).

1. Montrer que K est un compact stable par f.

2. Montrer que $(d(x_n, \mathrm{K}))$ converge vers 0.

3. On suppose K inclus dans l'ensemble des points fixes de f. Montrer que la suite est convergente. Le même résultat est-il vrai dans $\mathbb{R}^p$?

▷ **Solution.**

1. On sait que l'ensemble K est un compact non vide (voir page 101). Il est stable par f car, f étant continue, si φ est telle que $(x_{\varphi(n)})$ tend vers $\ell \in \mathrm{K}$, alors la sous-suite $(x_{\varphi(n)+1})$ converge vers $f(\ell)$ et $f(\ell) \in \mathrm{K}$.

2. On raisonne par l'absurde. Si $d(x_n, \mathrm{K})$ ne tend pas vers 0, il existe $\varepsilon > 0$ et une suite extraite $(x_{\varphi(n)})$ telle que $d(x_{\varphi(n)}, \mathrm{K}) \geqslant \varepsilon$ pour tout n. La suite $(x_{\varphi(n)})$ qui est bornée possède une valeur d'adhérence α, qui est aussi une valeur d'adhérence de (x_n) donc est dans K. C'est impossible car, pour tout $n \in \mathbb{N}$ et tout $\alpha \in \mathrm{K}$, on a $|x_{\varphi(n)} - \alpha| \geqslant d(x_{\varphi(n)}, \mathrm{K}) \geqslant \varepsilon$. Ainsi $(d(x_n, \mathrm{K}))$ converge vers 0.

3. Comme K est compact, la distance à K est atteinte. Pour tout $n \in \mathbb{N}$, il existe $\alpha_n \in \mathrm{K}$ tel que $d(x_n, \mathrm{K}) = |x_n - \alpha_n|$. La suite $(x_n - \alpha_n)$ tend vers 0 d'après la question précédente. Par continuité uniforme de f, on en déduit que $f(x_n) - f(\alpha_n) = x_{n+1} - \alpha_n$ tend vers 0. Ainsi par différence $x_{n+1} - x_n$ tend vers 0. On sait dans ces conditions que K est un intervalle (voir l'exercice 2.27). Si (u_n) possède deux valeurs d'adhérence distinctes $a < b$, la suite (u_n) n'est pas stationnaire car sinon elle convergerait et n'aurait qu'une valeur d'adhérence, donc (x_n) n'a aucun terme dans $[a, b]$, ce qui contredit le fait que tout élément de $]a, b[$ est valeur d'adhérence de (x_n). Ainsi (x_n) n'a qu'une seule valeur d'adhérence et elle converge.

Le résultat tombe en défaut dans $\mathbb{R}^p$. Construisons un contre-exemple dans $\mathbb{R}^2$, identifié à $\mathbb{C}$, pour lequel K va être le cercle unité. Prenons

$$f : z \mapsto (1 + \ln |z|) e^{i(|z|-1)} \frac{z}{|z|}$$

définie pour z dans la couronne compacte des complexes de module compris entre 1 et 2. Cette couronne C est stable par f car, pour tout $z \in \mathrm{C}$, on a $|f(z)| = 1 + \ln |z| \in [1, 1 + \ln 2] \subset [1, 2]$. On observe aussi que l'ensemble K des points fixes de f est exactement le cercle unité.

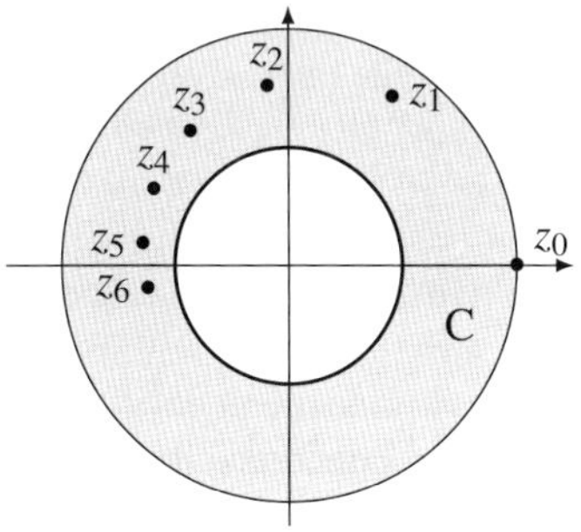

Prenons $z_0 = 2$ et considérons la suite récurrente (z_n) obtenue en itérant f. On a $|z_{n+1}| = 1 + \ln|z_n|$. Une étude rapide laissée au lecteur prouve que $(|z_n|)$ converge vers 1 en décroissant. Si on pose $\varepsilon_n = |z_n| - 1$, on a alors $\varepsilon_{n+1} = \ln(1+\varepsilon_n) = \varepsilon_n - \frac{1}{2}\varepsilon_n^2 + o(\varepsilon_n^2)$. La méthode générale pour obtenir un équivalent de ε_n est exposée dans le exercice 2.44 dans lequel le lecteur retrouvera cet exemple. On constate que $\left(\frac{1}{\varepsilon_{n+1}} - \frac{1}{\varepsilon_n}\right)$ tend vers $\frac{1}{2}$ et le théorème de Cesàro (dans sa variante appelée lemme de l'escalier) permet d'en déduire que $\varepsilon_n \sim \frac{2}{n}$ et on a donc $|z_n| - 1 \sim \frac{2}{n}$.

Notons θ_n un argument de z_n. La relation de récurrence montre qu'on peut prendre $\theta_{n+1} = \theta_n + |z_n| - 1$ pour tout n. Avec $\theta_0 = 0$, on obtient $\theta_n = \sum_{k=0}^{n-1} \varepsilon_k$. L'équivalent obtenu ci-dessus montre que la série de terme général ε_n est divergente. Ainsi (θ_n) tend vers $+\infty$, alors que $(\theta_{n+1} - \theta_n)$ tend vers 0. Comme cela a déjà été vu dans les exercices 2.15 et 2.16, on en déduit que le cercle unité est l'ensemble des valeurs d'adhérence de (z_n) : la suite construite tourne en spirale au dessus du cercle en s'en rapprochant. Les points du cercle étant fixes pour f et (z_n) ne convergeant pas, on tient un contre-exemple. Il peut s'adapter pour donner un contre-exemple en dimension $p \geqslant 2$. ◁

Dans l'exercice suivant on s'intéresse au cas d'un système dynamique discret qui n'admet qu'un nombre fini de valeurs d'adhérence et on montre que celles-ci forment nécessairement une orbite sous l'action de la fonction.

2.39. Suite récurrente possédant un nombre fini de valeurs d'adhérence

Soit $f : \mathbb{C} \longrightarrow \mathbb{C}$ continue et $(z_n)_{n\geqslant 0}$ définie par $z_0 \in \mathbb{C}$ et $z_{n+1} = f(z_n)$, pour tout $n \in \mathbb{N}$.

1. On suppose que (z_n) a exactement une valeur d'adhérence α. Montrer que $f(\alpha) = \alpha$.

2. Que dire si (z_n) a exactement p valeurs d'adhérence $\alpha_1, \ldots, \alpha_p$?

▷ **Solution.**

1. Soit $(z_{\varphi(n)})$ une suite extraite qui converge vers α. On a alors

$$\lim_{n\to+\infty} z_{\varphi(n)+1} = \lim_{n\to+\infty} f(z_{\varphi(n)}) = f(\alpha),$$

par continuité de f. Ainsi $f(\alpha)$ est une valeur d'adhérence de (z_n) et, par unicité, on a donc $f(\alpha) = \alpha$.

2. On suppose $p \geqslant 2$. Le raisonnement effectué dans la première question montre que si α est une valeur d'adhérence de (z_n) alors $f(\alpha)$ est encore une valeur d'adhérence de (z_n). Montrons qu'alors $f(\alpha) \neq \alpha$.

On le montre pour α_1 en raisonnant par l'absurde. Soit D un disque ouvert de centre α_1 et de rayon r ne contenant aucun des points α_i pour $i \geqslant 2$. Comme $f(\alpha_1) = \alpha_1$, par continuité de f, il existe un disque D_1 de centre α_1 et de rayon $r_1 \in]0, r[$ tel que $f(D_1) \subset D$. On considère pour $2 \leqslant i \leqslant p$ un disque ouvert D_i de centre α_i et de rayon $r_i > 0$, $r_2, \ldots, r_p$ étant choisis de telle manière que $\overline{D}, \overline{D_2}, \ldots, \overline{D_p}$ soient deux à deux disjoints.

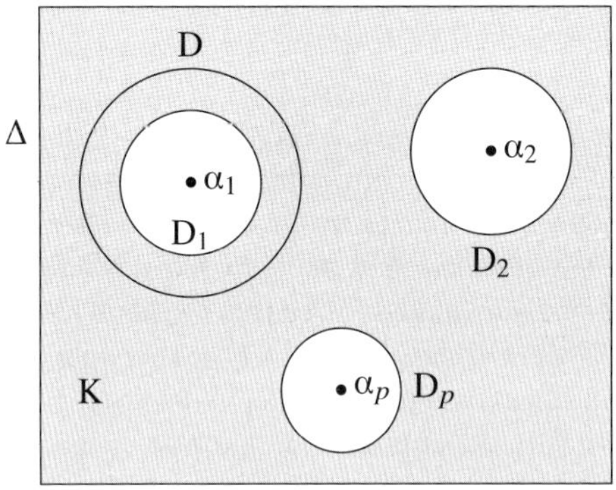

Soit Δ un compact de $\mathbb{C}$ qui contient $D \cup D_2 \cup \ldots \cup D_p$ et $K = \Delta \setminus \bigcup_{i=1}^{p} D_i$ (en grisé sur la figure ci-dessus). Alors K est compact et il ne contient qu'un nombre fini de termes de la suite : en effet, dans le cas contraire il contiendrait une sous-suite qui serait bornée donc aurait une valeur d'adhérence qui serait une valeur d'adhérence de (z_n). Mais par construction cette valeur d'adhérence ne serait pas un des α_i ce qui est absurde. Notons tout de même que la suite peut éventuellement prendre des valeurs hors de Δ. On se donne dans la suite un entier N tel que si $n \geqslant N$, alors $z_n \notin K$.

Soit $n \geqslant N$ tel que $z_n \in D_1$. Alors $z_{n+1} = f(z_n) \in D \subset \Delta$, mais $z_{n+1} \notin K$. On a donc forcément $z_{n+1} \in D_1$. En réitérant ce résultat, on montre que, pour tout $m \geqslant n$, on a $z_m \in D_1$, ce qui contredit le fait que $\alpha_2, \ldots, \alpha_p$ sont valeurs d'adhérence de (z_n).

La fonction f induit donc une permutation de l'ensemble $\{\alpha_1, \ldots, \alpha_p\}$ qui n'a pas de point fixe. On va montrer que cette permutation est un p-cycle. Quitte à renuméroter les α_i, on suppose que $f(\alpha_1) = \alpha_2 \neq \alpha_1$, $f(\alpha_2) = \alpha_3 \ldots$ Supposons par l'absurde qu'il existe $j \in [\![1, p-1]\!]$ tel que $f^j(\alpha_1) = \alpha_1$ avec $\alpha_1, \ldots, \alpha_j$ deux à deux distincts (autrement dit que l'orbite de α_1 définit un cycle de longueur j avec $j < p$).

Considérons une suite $(z_{\varphi(n)})$ qui converge vers α_{j+1}. Pour $0 \leqslant r \leqslant j-1$, considérons l'ensemble A_r des entiers naturels congrus à r modulo j. Leur réunion est $\mathbb{N}$. L'un de ces ensembles contient une infinité de termes de la suite $(\varphi(n))$. Il existe donc r et une suite extraite de (z_{r+nj}) qui converge vers α_{j+1}. De même, il existe $s \in [\![0, j-1]\!]$ et une suite $(z_{s+\psi(n)j})$ extraite de (z_{s+nj}) qui converge vers α_1. Si $s \leqslant r$, alors $(f^{r-s}(z_{s+\psi(n)j})) = (z_{r+\psi(n)j})$ converge vers

$f^{r-s}(\alpha_1) = \alpha_{r-s+1}$. Si $s > r$, alors $f^{j+r-s}(z_{s+\psi(n)j})) = (z_{r+(\psi(n)+1)j})$ converge vers $f^{j+r-s}(\alpha_1) = \alpha_{j+r-s+1}$. Il existe donc $k \in [\![1, j]\!]$ tel que α_k soit une valeur d'adhérence de la suite $(y_n) = (z_{r+nj})$; α_{j+1} est une autre valeur d'adhérence de cette suite. De plus on a $f^j(\alpha_k) = \alpha_k$. On est ramené au cas précédent puisque la suite (y_n) vérifie la relation de récurrence $y_{n+1} = f^j(y_n)$: comme elle a au moins deux valeurs d'adhérence distinctes, l'une d'entre elle ne peut pas être point fixe de f^j. Cette contradiction montre que les p valeurs d'adhérence de (z_n) forment un p-cycle pour f. ◁

Tout point fixe ℓ de f est limite d'au moins une suite vérifiant la relation de récurrence $u_{n+1} = f(u_n)$, à savoir la suite constante obtenue en prenant $u_0 = \ell$. Mais le cas intéressant est celui où il y a « beaucoup » de suites de limite ℓ : on dit par exemple que ℓ est un point fixe attractif s'il y a un intervalle ouvert I *contenant ℓ tel que (u_n) converge vers ℓ si $u_0 \in$ I. C'est le cas si f est de classe* C^1 *et $|f'(\ell)| < 1$. On choisit $k \in]|f'(1)|, 1[$ et un intervalle* I *contenant ℓ sur lequel $|f'| \leqslant k$. La convergence de (u_n) pour $u_0 \in$* I *résulte de l'inégalité des accroissements finis. Au contraire, si f est de classe* C^1 *et si $|f'(\ell)| > 1$, la suite (u_n) ne converge vers ℓ que si la suite est stationnaire : le point ℓ est appelé point fixe répulsif (ce résultat est démontré dans l'exercice suivant).*

On peut s'intéresser à d'autres comportements asymptotiques que la convergence, par exemple au cas où la suite des termes pairs (u_{2n}) converge vers une limite ℓ_1 et la suite des termes impairs (u_{2n+1}) vers une limite ℓ_2. On a alors forcément $f(\ell_1) = \ell_2$ et $f(\ell_2) = \ell_1$, c'est-à-dire que ℓ_1 et ℓ_2 sont des points fixes de $f \circ f$. Si ℓ_1 et ℓ_2 sont distincts ils ne sont pas points fixes de f et on parle de points d'ordre 2 : la suite définie par $u_0 = \ell_1$ (ou $u_0 = \ell_2$) est une suite périodique de période 2.

On sait que dans le cas où f est croissante la suite (u_n) est monotone. L'exercice suivant étudie un exemple de système dynamique $u_{n+1} = f(u_n)$, où la fonction f est décroissante. La fonction $f \circ f$ est croissante et les deux sous-suites (u_{2n}) et (u_{2n+1}) sont monotones de sens contraires.

2.40. Étude d'un système dynamique (1)

Soit $\lambda \in]0, 1]$. Étudier la suite $(x_n)_{n\in\mathbb{N}}$ définie par $x_0 \in]0, 1[$ et pour tout $n \in \mathbb{N}$, $x_{n+1} = 1 - \lambda x_n^2$.

▷ **Solution.**

Considérons la fonction $f : x \longmapsto 1 - \lambda x^2$. L'intervalle $]0, 1[$ étant stable par f, la suite (x_n) est à valeurs dans $]0, 1[$. D'autre part, f est décroissante sur $]0, 1[$. On en déduit que la fonction $f \circ f$ est croissante sur $]0, 1[$. Les deux sous-suites $(x_{2n})_{n\in\mathbb{N}^*}$ et $(x_{2n+1})_{n\in\mathbb{N}}$ sont donc monotones. Comme elles sont bornées, elles sont toutes deux convergentes. Reste à savoir si elles ont la même limite.

Les suites $(x_{2n})_{n\in\mathbb{N}}$ et $(x_{2n+1})_{n\in\mathbb{N}}$ convergent vers un point fixe de $f \circ f$ dans $[0, 1]$. Pour tout $x \in [0, 1]$,

$$(f \circ f)(x) - x = -\lambda^3 x^4 + 2\lambda^2 x^2 - x + 1 - \lambda.$$

Cette expression peut être factorisée par $f(x) - x = -\lambda x^2 - x + 1$, car les points fixes de f sont des points fixes de $f \circ f$. On trouve

$$(f \circ f)(x) - x = (-\lambda x^2 - x + 1)(\lambda^2 x^2 - \lambda x + 1 - \lambda).$$

L'équation $-\lambda x^2 - x + 1 = 0$ a une seule solution dans $[0, 1]$, qui est l'unique point fixe de f dans $[0, 1]$,

$$\ell = \frac{\sqrt{1 + 4\lambda} - 1}{2\lambda} = \frac{2}{\sqrt{1 + 4\lambda} + 1}.$$

Quant au discriminant de $\lambda^2 x^2 - \lambda x + 1 - \lambda$, il est égal à $\lambda^2(-3 + 4\lambda)$. Son signe dépend de la place de λ par rapport à $\frac{3}{4}$. On va donc distinguer trois cas. La figure ci-après donne l'allure des graphes de f et $f \circ f$ dans chacun des trois cas :

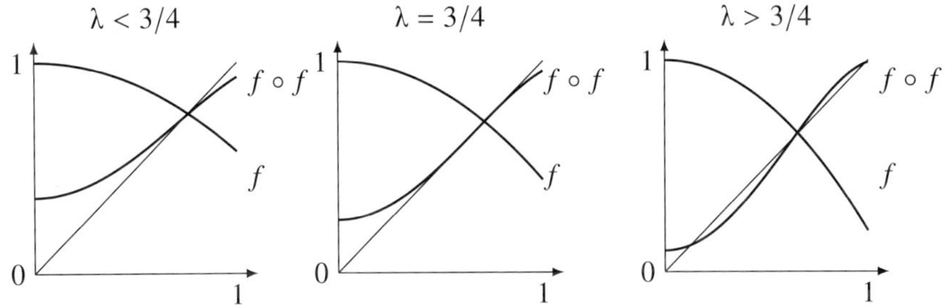

• Premier cas : $\lambda \in \left]0, \frac{3}{4}\right[$. L'équation $\lambda^2 x^2 - \lambda x + 1 - \lambda = 0$ n'a pas de solution ; le seul point fixe de $f \circ f$ dans $[0, 1]$ est ℓ. Les suites $(x_{2n})_{n\in\mathbb{N}}$ et $(x_{2n+1})_{n\in\mathbb{N}}$ convergent vers ℓ. La suite $(x_n)_{n\in\mathbb{N}}$ converge vers ℓ.

• Second cas : $\lambda = \frac{3}{4}$. L'équation $\lambda^2 x^2 - \lambda x + 1 - \lambda = 0$ possède une seule solution $\frac{1}{2\lambda} = \frac{2}{3}$, qui est égale à ℓ. La conclusion est la même.

• Troisième cas : $\lambda \in \left]\frac{3}{4}, 1\right]$. L'équation $\lambda^2 x^2 - \lambda x + 1 - \lambda = 0$ a deux solutions

$$\ell_1 = \frac{1 - \sqrt{4\lambda - 3}}{2\lambda} \quad \text{et} \quad \ell_2 = \frac{1 + \sqrt{4\lambda - 3}}{2\lambda}.$$

Montrons que $(x_n)_{n\in\mathbb{N}}$ ne peut pas converger vers ℓ, à moins d'être stationnaire. On a $|f'(\ell)| = |-2\lambda\ell| = |\sqrt{1+4\lambda}-1| = \sqrt{1+4\lambda}-1 > 1$, car $\lambda > \frac{3}{4}$. On dit que ℓ est un point fixe répulsif de f. Soit $k \in]1, |f'(\ell)|[$. Par continuité de f', il existe un voisinage V de ℓ tel que si $x \in V$, alors $|f'(x)| > k$. Supposons que la suite $(x_n)_{n\in\mathbb{N}}$ converge vers ℓ. Il existe un entier n_0 tel que $x_n \in V$ si $n \geqslant n_0$. De l'inégalité des accroissements finis, on déduit que $|f(x_n) - f(\ell)| \geqslant k|x_n - \ell|$, c'est-à-dire $|x_{n+1} - \ell| \geqslant k|x_n - \ell|$ pour $n \geqslant n_0$, puis $|x_n - \ell| \geqslant k^{n-n_0}|x_{n_0} - \ell|$ pour $n \geqslant n_0$. Si $x_{n_0} \neq \ell$, alors $\lim\limits_{n\to+\infty} k^{n-n_0}|x_{n_0} - \ell| = +\infty$, ce qui contredit l'hypothèse $(x_n)_{n\in\mathbb{N}}$ converge. On a donc $x_{n_0} = \ell$ et $(x_n)_{n\in\mathbb{N}}$ est stationnaire.

Notons que cette démonstration est valable pour un point fixe répulsif d'une suite récurrente quelconque.

Mais, pour tout $n \in \mathbb{N}$, on a

$$x_{n+1} = \ell \iff 1 - \lambda x_n^2 = 1 - \lambda\ell^2 \iff x_n^2 = \ell^2 \iff x_n = \ell,$$

car $x_n > 0$. Donc $(x_n)_{n\in\mathbb{N}}$ n'est stationnaire que si $x_0 = \ell$. La suite $(x_n)_{n\in\mathbb{N}}$ ne converge vers ℓ que si $x_0 = \ell$.

Si $x_0 \neq \ell$, $(x_n)_{n\in\mathbb{N}}$ ne converge pas. Les suites $(x_{2n})_{n\in\mathbb{N}}$ et $(x_{2n+1})_{n\in\mathbb{N}}$ ne peuvent pas converger vers ℓ (sinon l'autre sous-suite convergerait vers $f(\ell) = \ell$ et la suite $(x_n)_{n\in\mathbb{N}}$ convergerait elle aussi). Elles ne peuvent pas avoir la même limite, pour les mêmes raisons. On en déduit que l'une converge vers ℓ_1 et l'autre vers ℓ_2, ce qui montre que $f(\ell_1) = \ell_2$ et $f(\ell_2) = \ell_1$.

On a $\ell_1 < \ell$. En effet, cette inégalité équivaut à $\sqrt{1+4\lambda} + \sqrt{4\lambda - 3} > 2$. Cette dernière inégalité est réalisée car $\lambda > \frac{3}{4}$ et donc $\ell_1 < \ell$. La fonction f étant strictement décroissante, on en déduit $f(\ell_1) > f(\ell)$, c'est-à-dire que $\ell_2 > \ell$. On a donc $\ell_1 < \ell < \ell_2$.

Si $x_0 < \ell$ alors $x_1 > \ell$ et pour tout entier n, $x_{2n} < \ell$ et $x_{2n+1} > \ell$, car $[0, \ell[$ et $]\ell, 1]$ sont stables par $f \circ f$; $(x_{2n})_{n\in\mathbb{N}}$ converge vers ℓ_1 et $(x_{2n+1})_{n\in\mathbb{N}}$ converge vers ℓ_2. Si $x_0 > \ell$, c'est le contraire. ◁

En $\lambda = \frac{3}{4}$, on a un changement de dynamique appelé bifurcation.

La définition donnée précédemment d'un point d'ordre 2 se généralise aisément. Si α est un point fixe de f^p qui n'est pas point fixe de f^k pour $k < p$, on dit que α est un point périodique d'ordre *p, ou p*-périodique. *La suite définie par $u_0 = \alpha$ et $u_{n+1} = f(u_n)$ est périodique de période p. L'orbite de α, c'est-à-dire $\{\alpha, f(\alpha), \dots, f^{p-1}(\alpha)\}$, est appelée* cycle d'ordre *p. On peut alors regarder le comportement de la suite si u_0 est choisi proche de α. Dans le cas où u_{np+k} tend vers $f^k(\alpha)$ pour tout $k \in [\![0, p-1]\!]$ on dit que l'orbite de α est attractive. Il suffit pour cela que $|(f^p)'(\alpha)| < 1$.*

L'étude d'une suite définie par la relation de récurrence $u_{n+1} = 2 - u_n^2$ prolonge celle qui a été faite dans l'exercice 2.40. En effet, si on pose $x_n = \frac{u_n}{2}$, on obtient $x_{n+1} = 1 - 2x_n^2$. Il s'agit donc d'étudier le cas $\lambda = 2$.

2.41. Étude d'un système dynamique (2)

Étudier la suite $(u_n)_{n\in\mathbb{N}}$ définie par $u_0 \in \mathbb{R}$ et par la relation de récurrence $u_{n+1} = 2 - u_n^2$.

▷ **Solution.**

Une étude rapide de la fonction $f : x \longmapsto 2 - x^2$ montre qu'elle possède deux points fixes -2 et 1 et que

$$f([-2,2]) = [-2,2], \quad f(]-\infty,-2[) = f(]2,+\infty[) =]-\infty,-2[.$$

Enfin, l'étude de $f(x) - x = -(x-1)(x+2)$ montre que $f(x) < x$ si $x \in]-\infty,-2[\cup]1,+\infty[$ et $f(x) > x$ si $x \in]-2,1[$.

Si u_0 appartient à $]-\infty,-2[$ ou à $]2,+\infty[$, alors tous les u_n, pour $n \geqslant 1$, sont dans $]-\infty,-2[$. On a alors $u_{n+1} - u_n = f(u_n) - u_n < 0$. La suite (u_n) décroît et ne peut pas converger, puisque f ne possède pas de points fixes dans $]-\infty,-2[$. La suite (u_n) diverge donc vers $-\infty$.

Si u_0 est dans $[-2,2]$, tous les termes de la suite sont dans $[-2,2]$. On remarque qu'on a $|f'(-2)| = 4$ et $|f'(1)| = 2$. Les deux points fixes de f étant répulsifs, la suite ne peut converger ni vers -2, ni vers 1, à moins d'être stationnaire. Elle diverge donc si elle n'est pas stationnaire.

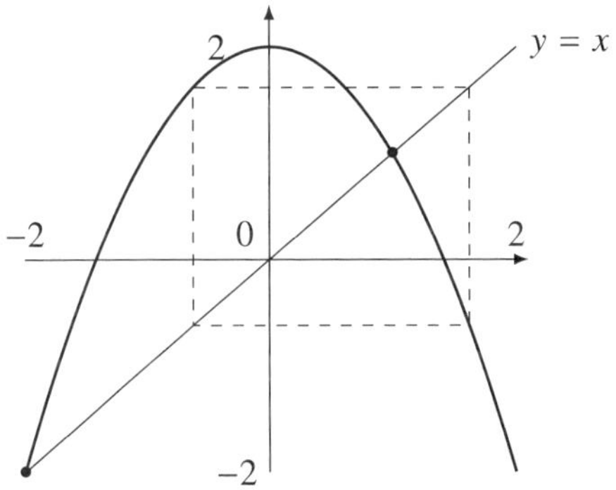

Mais on peut calculer le terme général de la suite u_n. En effet, si on écrit $u_n = -2\cos\theta_n$ (ce qui se révèle plus agréable que $u_n = 2\cos\theta_n$), on a alors $u_{n+1} = 2 - 4\cos^2\theta_n = -2\cos 2\theta_n$. Si on pose donc $u_0 = -2\cos\theta_0$, on obtient, pour tout $n \in \mathbb{N}$, $u_n = -2\cos(2^n\theta_0)$. On peut donc prendre $\theta_n = 2^n\theta_0$. Ceci permet de déterminer les valeurs de θ_0 pour lesquelles (u_n) est stationnaire. Il faut qu'il existe n tel que $u_n = -2$ ou 1, c'est-à-dire $\cos\theta_n = 1$ ou $-\frac{1}{2}$. On trouve $\theta_0 = 2k\pi\left(\frac{1}{2}\right)^n$ ou $\theta_0 = \left(\pm\frac{2\pi}{3} + 2k\pi\right)\left(\frac{1}{2}\right)^n$ $(k \in \mathbb{Z}, n \in \mathbb{N})$.

Supposons que la suite (u_n) ne soit pas stationnaire. La fonction f étant croissante sur $[-2,0]$, les termes de la suite ne peuvent pas être tous dans cet intervalle à partir d'un certain rang, sinon la suite serait monotone et bornée et convergerait.

La fonction f est décroissante sur $[0,2]$. Si tous les termes de la suite sont dans $[0,2]$ à partir d'un certain rang, les deux sous-suites (u_{2n}) et (u_{2n+1}) sont monotones et bornées. Elles convergent vers des limites distinctes, et distinctes de -2 et 1 (si u_{2n} converge vers un point fixe ℓ de f, $u_{2n+1} = f(u_{2n})$ converge vers $f(\ell) = \ell$), points fixes de $f \circ f$. Cherchons les points fixes de $f \circ f$. On obtient, pour tout $x \in [-2,2]$,

$$f \circ f(x) - x = 2 - (2 - x^2)^2 - x = -x^4 + 4x^2 - x - 2 = (-x^2 + 2 - x)(x^2 - x - 1),$$

car $f \circ f(x) - x$ est factorisable par $f(x) - x$. Outre -2 et 1, les points fixes de $f \circ f$ sont $\frac{1+\sqrt{5}}{2}$ et $\frac{1-\sqrt{5}}{2}$. On remarque que $f\left(\frac{1+\sqrt{5}}{2}\right) = \frac{1-\sqrt{5}}{2}$ et que $f\left(\frac{1-\sqrt{5}}{2}\right) = \frac{1+\sqrt{5}}{2}$. Déterminons si ces points fixes de $f \circ f$ sont attractifs ou répulsifs. On obtient

$$(f \circ f)'\left(\frac{1+\sqrt{5}}{2}\right) = (f \circ f)'\left(\frac{1-\sqrt{5}}{2}\right) = f'\left(\frac{1+\sqrt{5}}{2}\right) f'\left(\frac{1-\sqrt{5}}{2}\right) = -4.$$

Ces points sont donc répulsifs. Les deux sous-suites (u_{2n}) et (u_{2n+1}) ne peuvent donc pas converger si elles ne sont pas stationnaires. L'expression de u_n permet de déterminer les valeurs de u_0 pour lesquelles ceci est réalisé. Ce cas étant écarté, les termes de la suite ne peuvent être tous dans l'intervalle $[0,2]$ à partir d'un certain rang. Ils sont alternativement dans $[-2,0]$ et $[0,2]$.

On peut démontrer plus généralement que, pour tout $p \in \mathbb{N}$, f possède des points d'ordre p pour tout p. On peut les déterminer en remarquant que si $x = -2\cos\theta$, alors $f^p(x) = -2\cos(2^p\theta)$ et $f^p(x) = x$ si $(2^p - 1)\theta \equiv 0[2\pi]$ ou $(2^p + 1)\theta \equiv 0[2\pi]$. On en déduit que $x = -2\cos\frac{2\pi}{2^p+1}$ convient. On peut montrer que tous les points de ces cycles sont répulsifs. En effet, si $x = -2\cos\theta_0$ est un tel point, on a

$$\begin{aligned}(f^p)'(x) &= \prod_{k=0}^{p-1} f'(f^k(x)) = \prod_{k=0}^{p-1}(-2f^k(x)) = (-2)^p \prod_{k=0}^{p-1}(-2\cos(2^k\theta_0)) \\ &= 4^p \prod_{k=0}^{p-1}\cos(2^k\theta_0) = 4^p \prod_{k=0}^{p-1} \frac{\sin(2^{k+1}\theta_0)}{2\sin(2^k\theta_0)} = 2^p\frac{\sin(2^p\theta_0)}{\sin\theta_0}.\end{aligned}$$

Puisque $\cos(2^p\theta_0) = \cos(\theta_0)$, on en déduit que $|(f^p)'(x)| = 2^p$. Aucune sous-suite de (u_n) ne peut converger vers un tel point d'ordre p, si elle n'est stationnaire. ◁

Le spectaculaire théorème de Sarkowski, qui fait l'objet de l'exercice suivant, montre que lorsque qu'une application f admet un point d'ordre 3, *elle a des points d'ordre p pour tout entier $p \geqslant 1$. Cela pourra être constaté sur l'exemple de l'exercice 2.43.*

*2.42. Théorème de Sarkowski (1964)

Soit I un segment de $\mathbb{R}$ et $f : \mathrm{I} \to \mathrm{I}$ une application continue.

1. Si K est un segment inclus dans $f(\mathrm{I})$, montrer qu'il existe un segment L inclus dans I tel que $\mathrm{K} = f(\mathrm{L})$.

2. On suppose qu'il existe n segments $\mathrm{I}_0, \mathrm{I}_1, \dots, \mathrm{I}_{n-1}$ inclus dans I tels que $\mathrm{I}_0 \subset f(\mathrm{I}_{n-1})$ et $\mathrm{I}_{k+1} \subset f(\mathrm{I}_k)$ pour $0 \leqslant k \leqslant n-2$. Montrer que $f^n = f \circ \cdots \circ f$ a un point fixe x_0 tel que $f^k(x_0) \in \mathrm{I}_k$ pour tout $k \in [\![0, n-1]\!]$.

3. Si $x \in \mathrm{I}$ vérifie $f^n(x) = x$ et $f^k(x) \neq x$ pour $k \in [\![1, n-1]\!]$ on dit que x est un point n-périodique. Montrer que s'il existe un point 3-périodique, alors il existe un point n-périodique pour tout $n \in \mathbb{N}^*$.

▷ **Solution.**

1. Posons $\mathrm{K} = [\alpha, \beta]$. Comme $\mathrm{K} \subset f(\mathrm{I})$, il existe $(a, b) \in \mathrm{I}^2$ tel que $\alpha = f(a)$ et $\beta = f(b)$. Si $\alpha = \beta$, alors $\mathrm{K} = \{\alpha\}$ et le singleton $\mathrm{L} = \{a\}$ convient. On suppose désormais $\alpha \neq \beta$ et donc $a \neq b$.

• Supposons $a < b$. L'idée est de prendre dans $[a, b]$ un antécédent u de α et un antécédent v de β, tels qu'entre u et v il n'y ait plus d'autre antécédent de α ni de β. Considérons $\mathrm{A} = \{x \in [a, b], f(x) = \beta\}$. C'est un fermé non vide (il contient b) et minoré par a. Prenons v le plus petit élément de A. On a $f(v) = \beta$ et $f(t) < \beta$ pour tout $t \in [a, v[$ en vertu du théorème des valeurs intermédiaires (car $f(a) = \alpha < \beta$). Considérons alors $\mathrm{B} = \{x \in [a, v], f(x) = \alpha\}$. Par continuité de f, c'est un fermé non vide et majoré par v. Prenons u le plus grand élément de B. On a $u < v$ et $f([u, v]) = [\alpha, \beta]$. Le segment $\mathrm{L} = [u, v]$ répond à la question.

• Le cas $a > b$ se traite de la même manière en considérant cette fois $u = \max\{x \in [b, a], f(x) = \beta\}$, puis $v = \min\{x \in [u, a], f(x) = \alpha\}$.

2. Pour avoir des idées, il peut être bon de commencer par regarder les premières valeurs de n.

Commençons par le cas $n = 1$ (notons que cette question figure aussi dans l'exercice 4.12). On dispose, par hypothèse, d'un segment $\mathrm{I}_0 = [a, b]$ tel que $\mathrm{I}_0 \subset f(\mathrm{I}_0)$. En particulier, il existe α et β dans I_0 tels que $f(\alpha) = a$ et $f(\beta) = b$. La fonction $g(x) = f(x) - x$ prend alors des valeurs de signes opposés en α et β et, comme elle est continue, s'annule par le théorème des valeurs intermédiaires. On en déduit l'existence d'un point fixe de f dans l'intervalle I_0.

Regardons maintenant le cas $n = 2$. On a $\mathrm{I}_0 \subset f(\mathrm{I}_1)$ et $\mathrm{I}_1 \subset f(\mathrm{I}_0)$. En particulier, $\mathrm{I}_0 \subset f(\mathrm{I}_1) \subset f^2(\mathrm{I}_0)$. Par le cas $n = 1$, le fait que $\mathrm{I}_0 \subset f^2(\mathrm{I}_0)$ implique l'existence d'un point fixe $x_0 \in \mathrm{I}_0$ pour f^2. Mais il n'y a pas de raison *a priori* pour que $f(x_0)$ appartienne à I_1 (on a seulement l'inclusion

$I_1 \subset f(I_0)$). On va raffiner un petit peu le choix du point fixe. En fait, d'après la question précédente, il existe un segment $J_1 \subset I_0$ tel que $f(J_1) = I_1$. On a alors $J_1 \subset I_0 \subset f(I_1) = f^2(J_1)$. Le même argument que précédemment, assure l'existence d'un point fixe x_0 de f^2 dans J_1. Et celui-ci vérifie bien que $f(x_0) \in I_1$.

Dans le cas général, on applique la même démarche. Comme $I_1 \subset f(I_0)$, on peut choisir un segment $J_1 \subset I_0$ tel que $f(J_1) = I_1$. On a alors

$$I_2 \subset f(I_1) = f^2(J_1).$$

On choisit $J_2 \subset J_1$ tel que $f^2(J_2) = I_2$. Et de proche en proche, on construit ainsi une suite finie de segments $J_{n-1} \subset \cdots \subset J_2 \subset J_1 \subset I_0$ telle que $f^k(J_k) = I_k$ pour tout $k \in [\![1, n-1]\!]$. On a enfin, $I_0 \subset f(I_{n-1}) = f^n(J_{n-1})$ de sorte qu'il existe un segment $J_n \subset J_{n-1}$ tel que $f^n(J_n) = I_0$. Comme $J_n \subset f^n(J_n)$, f^n admet un point fixe x_0 dans J_n. Par construction des segments J_k, on a $f^k(x_0) \in I_k$ pour tout $k \in [\![0, n-1]\!]$.

3. Pour simplifier les notations, si I_1 et I_2 sont deux segments tels que $I_1 \subset f(I_2)$, on écrira $I_1 \longrightarrow I_2$. La question précédente a donc montré que si on a un cycle $I_0 \longrightarrow I_{n-1} \longrightarrow \cdots \longrightarrow I_1 \longrightarrow I_0$, f^n admet un point fixe x_0 dans I_0 vérifiant $f^k(x_0) \in I_k$ pour tout $k \in [\![0, n-1]\!]$.

Par hypothèse, f admet un point 3-périodique a. Posons $b = f(a)$ et $c = f(b) = f^2(a)$. Les points b et c sont aussi 3-périodiques et, quitte à remplacer a par b ou c, on suppose que $a = \min(a, b, c)$. Deux éventualités se présentent selon la disposition de b et c.

• Supposons tout d'abord $a < b < c$ et posons $I_0 = [a, b]$ et $I_1 = [b, c]$. Comme $f(a) = b$ et $f(b) = c$ on a $I_1 \subset f(I_0)$, c'est-à-dire $I_1 \longrightarrow I_0$. De la même manière, on a aussi $I_0 \longrightarrow I_1$ et $I_1 \longrightarrow I_1$. Cette dernière inclusion montre déjà que f admet un point fixe dans I_1. De même, le cycle $I_0 \longrightarrow I_1 \longrightarrow I_0$ montre que f^2 admet un point fixe x_0 dans I_0 tel que $f(x_0) \in I_1$. Comme x_0 ne peut pas être égal à b, $x_0 \notin I_1$ et $f(x_0) \neq x_0$. Ainsi, x_0 est un point 2-périodique. Soit maintenant $n \geqslant 4$. On écrit le cycle $I_0 \longrightarrow I_1 \longrightarrow I_1 \longrightarrow \cdots \longrightarrow I_1 \longrightarrow I_0$, où l'intervalle I_1 figure $n-1$ fois. D'après la question précédente, f^n admet un point fixe x dans I_0 tel que $f^k(x) \in I_1$ pour $k < n$. Comme précédemment, x ne peut pas être égal à b et est donc un point n-périodique.

• Regardons maintenant le cas où $a < c < b$. On pose $I_0 = [a, c]$ et $I_1 = [c, b]$. On a cette fois $I_1 \longrightarrow I_0$, $I_0 \longrightarrow I_0$ et $I_0 \longrightarrow I_1$. On peut donc reprendre les idées précédentes en échangeant I_0 et I_1.

On a donc montré dans tous les cas que f admet des points n-périodiques pour tout $n \geqslant 1$. ◁

2.43. La fonction « tente »

On note $T : [0,1] \to [0,1]$ l'application définie par $T(x) = 2x$ pour tout $x \in \left[0, \frac{1}{2}\right]$ et $T(x) = 2 - 2x$ pour $x \in \left[\frac{1}{2}, 1\right]$ et, pour tout $n \in \mathbb{N}^*$, T^n la n-ième itérée de T.

1. Tracer les graphes de T, T^2, T^3.

2. Combien T^n a-t-elle de points fixes ?

3. Soit $(x, y) \in [0,1]^2$ et $\varepsilon > 0$. Montrer qu'il existe $z \in [0,1]$ et $n \in \mathbb{N}^*$ tels que $|z - x| \leqslant \varepsilon$ et $|T^n(z) - y| \leqslant \varepsilon$.

▷ **Solution.**

1. Voir ci-après les graphes demandés. Celui de T s'obtient immédiatement et explique le nom donné à la fonction T. Si x parcourt l'intervalle $\left[0, \frac{1}{2}\right]$, alors $y = T(x)$ décrit tout le segment $[0, 1]$ (deux fois plus vite). Il en résulte que le graphe de T^2 sur $\left[0, \frac{1}{2}\right]$ est aussi un pic mais de base $\frac{1}{2}\cdot$ Quand x parcourt $\left[\frac{1}{2}, 1\right]$, $y = T(x)$ décrit à nouveau l'intervalle $[0, 1]$ (en décroissant) ce qui donne un second pic pour le graphe de T^2. De la même manière, on voit que le graphe de T^3 est formé de 4 pics de base $\frac{1}{4}\cdot$

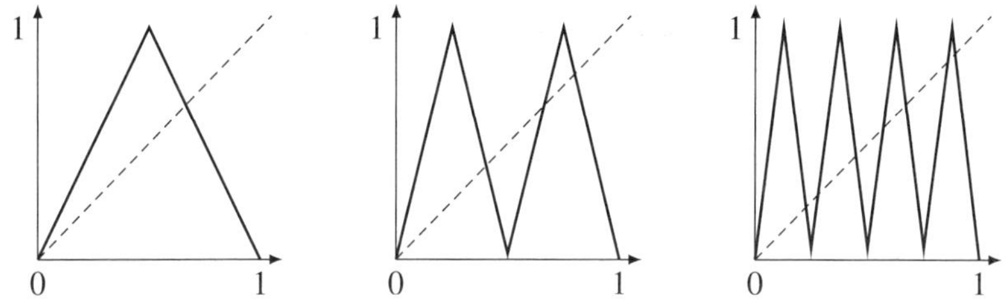

2. Le graphe de T^n est constitué de 2^{n-1} pics de base $\frac{1}{2^{n-1}}\cdot$ Plus précisément, on montre facilement, par récurrence sur $n \in \mathbb{N}^*$, que l'on a, pour tout $k \in [\![2^{n-1} - 1]\!]$,

$$\begin{cases} T^n(x) = 2^n(x - 2k) & \text{si } x \in \left[\dfrac{2k}{2^n}, \dfrac{2k+1}{2^n}\right] \\ T^n(x) = 2^n(2k + 2 - x) & \text{si } x \in \left[\dfrac{2k+1}{2^n}, \dfrac{2k+2}{2^n}\right]. \end{cases}$$

Soit g_n la fonction $x \longmapsto T^n(x) - x$. Sur chaque intervalle $\left[\frac{2k}{2^n}, \frac{2k+1}{2^n}\right]$ la fonction g_n est une fonction affine de coefficient directeur $2^n - 1 > 0$; elle est croissante. On a, de plus,

$$g_n\left(\frac{2k}{2^n}\right) = -\frac{2k}{2^n} \leqslant 0 \quad \text{et} \quad g_n\left(\frac{2k+1}{2^n}\right) = 1 - \frac{2k+1}{2^n} \geqslant \frac{1}{2^n} > 0.$$

On en déduit que g_n s'annule une fois sur chaque intervalle $\left[\frac{2k}{2^n}, \frac{2k+1}{2^n}\right[$. On montre de même que g_n s'annule une fois sur chaque intervalle $\left]\frac{2k+1}{2^n}, \frac{2k+2}{2^n}\right[$. Au total g_n s'annule 2^n fois et T^n possède donc 2^n points fixes.

Le plus petit point fixe non nul de T^n *est un point n-périodique.*

3. Soit $x \in [0,1]$. Pour tout $n \in \mathbb{N}^*$, il existe un entier k compris entre 0 et $2^{n-1} - 1$ tel que x appartienne à un intervalle de la forme $\left[\frac{2k}{2^n}, \frac{2k+1}{2^n}\right]$ ou $\left[\frac{2k+1}{2^n}, \frac{2k+2}{2^n}\right]$. Notons I cet intervalle. L'application T^n réalise une bijection de I sur $[0,1]$. Si $y \in [0,1]$, il existe $z \in \mathrm{I}$ tel que $\mathrm{T}^n(z) = y$. On a alors $|\mathrm{T}^n(z) - y| = 0 \leqslant \varepsilon$ et $|z - x| \leqslant \frac{1}{2^n} \leqslant \varepsilon$ si n est choisi assez grand. ◁

La dernière question montre que T *est topologiquement transitive : dans le voisinage de tout point x, on peut trouver des points z dont l'orbite va couper tout ouvert fixé à l'avance. On observe aussi que l'ensemble des points périodiques de* T *est dense dans* $[0,1]$. *Ces deux conditions permettent de qualifier le système dynamique associé à* T *de chaotique. Dans la définition donnée par Devaney* [5] *figurait une troisième condition, la sensibilité aux conditions initiales qu'on peut formuler ainsi pour* $f : \mathrm{I} \to \mathrm{I}$ *: il existe* $\delta > 0$ *tel que, pour tout* $x \in \mathrm{I}$ *et tout* $\varepsilon > 0$, *il existe* $y \in \mathrm{I}$ *et* $n \in \mathbb{N}$ *tels que* $|x - y| < \varepsilon$ *et* $|f^n(x) - f^n(y)| > \delta$. *Il a été démontré en* 1992 *que, pour une fonction continue, cette condition est une conséquence des deux premières* [6].

Dans l'exercice suivant, on cherche un équivalent du terme général d'une suite tendant vers 0. *La méthode est très classique et sera utilisée dans plusieurs des exercices qui suivent. Elle utilise le théorème de Cesàro sous la forme particulière appelée* lemme de l'escalier *: si* $\lim\limits_{n\to+\infty} u_{n+1} - u_n = \ell$, *alors* $\lim\limits_{n\to+\infty} \frac{u_n}{n} = \ell$ *(on applique le théorème de Cesàro à la suite* $(u_{n+1} - u_n)_{n\in\mathbb{N}}$*).*

2.44. Équivalent d'une suite définie par récurrence

Soit $c > 0$ et $f : [0,c] \to [0,c]$ une fonction continue, admettant en 0 un développement asymptotique de la forme

$$f(x) = x - ax^\alpha + o(x^\alpha) \quad \text{où} \quad a > 0 \quad \text{et} \quad \alpha > 1.$$

1. Montrer que la suite (u_n) définie par u_0 et la relation $u_{n+1} = f(u_n)$ pour tout $n \in \mathbb{N}$ converge vers 0 pour u_0 assez petit.

5. DEVANEY (R.L.), *An introduction to chaotic dynamical systems*, Addison-Wesley, 2e édition, 1989.

6. On en trouvera la démonstration dans HOLMGREN (R.A), *A first course in discrete dynamical systems*, Springer, 1996, p. 81-83.

2. Déterminer alors un équivalent de u_n.
3. Traiter l'exemple de $x \mapsto \sin x$ et $x \longmapsto \ln(1+x)$.

▷ **Solution.**

1. Par continuité de f on a $f(0) = 0$ et vu le développement asymptotique, il existe $\eta > 0$ tel que $f(x) < x$ sur $]0, \eta]$. Si on choisit u_0 dans cet intervalle, la suite (u_n) est décroissante et positive, donc converge vers 0 qui est le seul point fixe de f dans $[0, \eta]$.

2. Déterminons β tel que la suite $(u_{n+1}^\beta - u_n^\beta)$ ait une limite non nulle. On a, au voisinage de 0, puisque $\alpha > 1$,

$$\begin{aligned}(f(x))^\beta - x^\beta &= (x - ax^\alpha + o(x^\alpha))^\beta - x^\beta \\ &= x^\beta((1 - ax^{\alpha-1} + o(x^{\alpha-1}))^\beta - 1) \\ &= x^\beta(-a\beta x^{\alpha-1} + o(x^{\alpha-1})) \underset{x\to 0}{\sim} -a\beta x^{\alpha+\beta-1}.\end{aligned}$$

Si on prend $\beta = 1 - \alpha$, on obtient $\lim\limits_{x\to 0}(f(x))^\beta - x^\beta = a(\alpha - 1)$. En particulier, puisque la suite (u_n) converge vers 0, on a

$$\lim_{n\to+\infty} u_{n+1}^{1-\alpha} - u_n^{1-\alpha} = a(\alpha - 1).$$

Le théorème de Cesàro montre alors que

$$u_n^{1-\alpha} \underset{n\to+\infty}{\sim} u_n^{1-\alpha} - u_0^{1-\alpha} \underset{n\to+\infty}{\sim} na(\alpha - 1)$$

d'où l'on déduit finalement

$$u_n \underset{n\to+\infty}{\sim} (na(\alpha - 1))^{\frac{1}{1-\alpha}}.$$

3. Considérons le cas $f(x) = \sin x$. On se place sur l'intervalle $\left[0, \frac{\pi}{2}\right]$. Il est stable par la fonction sinus. Pour $x > 0$, on a $\sin x < x$. On en déduit que si $u_0 \in \left[0, \frac{\pi}{2}\right]$, la suite (u_n) décroît et converge vers l'unique point fixe de la fonction sinus, 0. Le développement limité en 0

$$\sin x = x - \frac{x^3}{6} + o(x^3) \ \ (\text{cas } a = \frac{1}{6} \ \text{ et } \ \alpha = 3)$$

conduit à

$$u_n \underset{n\to\infty}{\sim} \left(\frac{n}{3}\right)^{-\frac{1}{2}} = \sqrt{\frac{3}{n}}.$$

Traitons, de même, le cas $f : x \longmapsto \ln(1+x)$. L'intervalle $\mathbb{R}_+$ est stable par f. Pour tout $x > 0$, on a $\ln(1+x) < x$. On en déduit que si $u_0 \in \mathbb{R}_+$, la suite (u_n) décroît et converge vers 0, unique point fixe de f. Cette fois, le développement limité en 0

$$\ln(1+x) = x - \frac{x^2}{2} + o(x^2) \quad (\text{cas } a = \frac{1}{2} \text{ et } \alpha = 2)$$

donne $u_n \underset{n\to\infty}{\sim} \frac{2}{n}$. ◁

Le résultat précédent fait penser à la formule des accroissements finis. En effet, l'hypothèse vérifiée par la suite (u_n) est

$$u_{n+1} - u_n = f(u_n) - u_n \underset{n\to\infty}{\sim} a u_n^{\alpha},$$

c'est-à-dire

$$(u_{n+1} - u_n)u_n^{-\alpha} \underset{n\to\infty}{\sim} a.$$

La fonction $x \longmapsto x^{-\alpha}$ étant la dérivée à une constante près de la fonction $x \longmapsto x^{1-\alpha}$, il est naturel d'étudier $u_{n+1}^{1-\alpha} - u_n^{1-\alpha}$. Nous retrouverons cette méthode dans plusieurs exercices, y compris dans des cas où u_n tend vers $+\infty$.

Dans l'exercice suivant, on applique la même méthode, mais on cherche un développement asymptotique à deux termes.

2.45. Suites vérifiant $u_n = \operatorname{th}(u_{n-1})$

Soit $a \in \mathbb{R}^*$. On définit la suite (u_n) par $u_0 = a$ et $u_n = \operatorname{th}(u_{n-1})$, pour tout $n \geqslant 1$.

1. Montrer la convergence de (u_n).

2. Déterminer un équivalent, puis un développement asymptotique de (u_n) à deux termes.

▷ **Solution.**

1. La fonction th est croissante donc (u_n) est monotone. À partir du rang 1, elle est à valeurs dans $]-1, 1[$, donc elle converge. Le seul point fixe de th est 0, donc (u_n) converge vers 0.

2. On met en œuvre la méthode exposée dans l'exercice 2.44.

La fonction th étant impaire, on suppose $a > 0$, auquel cas tous les termes de la suite sont positifs. On a au voisinage de 0, $\operatorname{th}(x) = x - \frac{x^3}{3} + o(x^3)$ et donc

$$\begin{aligned} u_n^{-2} - u_{n-1}^{-2} &= u_{n-1}^{-2}\left(\left(1 - \frac{1}{3}u_{n-1}^2 + o(u_{n-1}^2)\right)^{-2} - 1\right) \\ &= u_{n-1}^{-2}\left(1 + \frac{2}{3}u_{n-1}^2 + o(u_{n-1}^2) - 1\right) = \frac{2}{3} + o(1). \end{aligned}$$

Ainsi $u_n^{-2} - u_{n-1}^{-2}$ tend vers $\frac{2}{3}$ quand n vers $+\infty$. Le théorème de Cesàro montre que $u_n^{-2} \sim u_n^{-2} - u_0^{-2} = \sum_{k=0}^{n-1} \left(u_{k+1}^{-2} - u_k^{-2}\right) \sim \frac{2n}{3}$. On a donc $u_n^2 \sim \frac{3}{2n}$ et $u_n \sim \sqrt{\frac{3}{2n}}$.

Pour obtenir le terme suivant du développement asymptotique, on pousse le développement limité de th à l'ordre 5. On a $\text{th}(x) = x - \dfrac{x^3}{3} + \dfrac{2x^5}{15} + o(x^5)$. On obtient

$$\begin{aligned} u_n^{-2} - u_{n-1}^{-2} &= u_{n-1}^{-2} \left(\left(1 - \frac{1}{3}u_{n-1}^2 + \frac{2}{15}u_{n-1}^4 + o(u_{n-1}^4)\right)^{-2} - 1 \right) \\ &= u_{n-1}^{-2} \left(1 + \frac{2}{3}u_{n-1}^2 - \frac{4}{15}u_{n-1}^4 + \frac{(-2)(-3)}{9 \cdot 2}u_{n-1}^4 + o(u_{n-1}^4) - 1\right) \\ &= u_{n-1}^{-2} \left(\frac{2}{3}u_{n-1}^2 + \frac{1}{15}u_{n-1}^4 + o(u_{n-1}^4)\right) = \frac{2}{3} + \frac{1}{15}u_{n-1}^2 + o(u_{n-1}^2). \end{aligned}$$

On a donc $u_n^{-2} - u_{n-1}^{-2} - \frac{2}{3} \sim \frac{1}{15}u_{n-1}^2 \sim \frac{1}{10n}$, d'après ce qui précède. En utilisant le théorème de sommation des équivalents des séries à termes positifs, on obtient puisque $\sum \frac{1}{10n}$ diverge

$$u_n^{-2} - u_0^{-2} - \frac{2n}{3} = \sum_{k=0}^{n-1} \left(u_{k+1}^{-2} - u_k^{-2} - \frac{2}{3}\right) \sim \sum_{k=0}^{n-1} \frac{1}{10(k+1)} \sim \frac{\ln n}{10}.$$

On a donc $u_n^{-2} = \frac{2n}{3} + \frac{\ln n}{10} + o(\ln n)$ et

$$\begin{aligned} u_n &= \left(\frac{2n}{3} + \frac{\ln n}{10} + o(\ln n)\right)^{-\frac{1}{2}} = \left(\frac{2n}{3}\right)^{-\frac{1}{2}} \left(1 + \frac{3\ln n}{20n} + o\left(\frac{\ln n}{n}\right)\right)^{-\frac{1}{2}} \\ &= \sqrt{\frac{3}{2n}} \left(1 - \frac{3\ln n}{40n} + o\left(\frac{\ln n}{n}\right)\right) = \sqrt{\frac{3}{2n}} - \frac{3\sqrt{6}\ln n}{80n^{\frac{3}{2}}} + o\left(\frac{\ln n}{n^{\frac{3}{2}}}\right). \lhd \end{aligned}$$

L'exercice suivant, plus difficile, demande de construire un exemple où la convergence vers 0 *est particulièrement lente.*

*2.46. Suite récurrente telle que $u_n \sim \frac{1}{\ln n}$

> Déterminer une fonction $f : \mathbb{R}_+^* \to \mathbb{R}_+^*$ de classe C^∞ telle que, pour toute suite $(u_n) \in \mathbb{R}^{\mathbb{N}}$ vérifiant $u_0 > 0$ et $u_{n+1} = f(u_n)$ pour tout $n \geqslant 0$, on a $u_n \sim \frac{1}{\ln n}$.

▷ **Solution.**

On cherche f sous la forme $f(x) = x - g(x)$, où g est une fonction C^∞ sur $\mathbb{R}_+^*$ vérifiant : pour tout $x > 0$, $0 < g(x) < x$ et $\lim\limits_{0} g = 0$. La suite (u_n) sera alors décroissante, minorée par 0, donc convergera vers 0.

Raisonnons formellement. Si $u_n = \frac{1}{\ln n}$, alors

$$g(u_n) = u_n - u_{n+1} = \frac{1}{\ln n} - \frac{1}{\ln(n+1)} = \frac{\ln\left(1+\frac{1}{n}\right)}{\ln n \ln(n+1)} \sim \frac{1}{n\ln^2 n} = \frac{u_n^2}{n} = u_n^2 e^{-\frac{1}{u_n}}.$$

D'ou l'idée de prendre $g(x) = x^2 e^{-\frac{1}{x}}$. On n'a pas $x^2 e^{-\frac{1}{x}} \leqslant x$ au voisinage de $+\infty$ mais c'est toutefois vrai sur $]0,1[$. D'où l'idée de composer avec une bijection φ de $\mathbb{R}_+^*$ sur $[0,1[$ telle que $\varphi(x) \sim x$ au voisinage de 0. On prend pour φ la fonction tangente hyperbolique et on pose donc $g(x) = \operatorname{th}^2(x) e^{-\frac{1}{\operatorname{th}(x)}}$ pour tout $x > 0$.

La fonction g est de classe C^∞ et a les propriétés voulues : pour $u_0 > 0$, la suite (u_n) est à valeurs dans $\mathbb{R}_+^*$ et converge vers 0. On cherche un équivalent de u_n. On a $u_{n+1} - u_n = -\operatorname{th}^2(u_n) e^{-\frac{1}{\operatorname{th}(u_n)}}$. On en déduit

$$\frac{u_{n+1}}{u_n} - 1 \sim -\operatorname{th}(u_n) e^{-\frac{1}{\operatorname{th}(u_n)}} \to 0,$$

et donc $u_{n+1} \sim u_n$. On a alors

$$\frac{1}{u_{n+1}} - \frac{1}{u_n} = \frac{u_n - u_{n+1}}{u_n u_{n+1}} = \frac{\operatorname{th}(u_n)^2 e^{-\frac{1}{\operatorname{th}(u_n)}}}{u_n u_{n+1}} \sim e^{-\frac{1}{\operatorname{th}(u_n)}} \to 0.$$

Par la formule des accroissements finis, il existe $c_n \in]u_{n+1}, u_n[$ tel que

$$e^{\frac{1}{u_{n+1}}} - e^{\frac{1}{u_n}} = (u_{n+1} - u_n)\left(-\frac{1}{c_n^2}\right) e^{\frac{1}{c_n}}.$$

On a $c_n \sim u_n$, car $u_{n+1} \sim u_n$, $e^{\frac{1}{c_n}} \sim e^{\frac{1}{u_n}}$ car $\frac{1}{c_n} - \frac{1}{u_n} \to 0$ et $e^{\frac{1}{\operatorname{th}(u_n)}} \sim e^{\frac{1}{u_n}}$, car

$$\frac{1}{\operatorname{th}(u_n)} - \frac{1}{u_n} = \frac{u_n - \operatorname{th}(u_n)}{u_n \operatorname{th}(u_n)} \sim \frac{u_n}{3} \to 0.$$

On obtient

$$e^{\frac{1}{u_{n+1}}} - e^{\frac{1}{u_n}} \sim -(u_{n+1} - u_n)\frac{1}{u_n^2} e^{\frac{1}{u_n}} \sim -(u_{n+1} - u_n)\frac{1}{\operatorname{th}(u_n)^2} e^{\frac{1}{\operatorname{th}(u_n)}} = 1.$$

Par sommation des équivalents, on en déduit $e^{\frac{1}{u_n}} - e^{\frac{1}{u_0}} \sim n$. On a donc $e^{\frac{1}{u_n}} \sim n$, d'où l'on déduit $\frac{1}{u_n} \sim \ln n$ et $u_n \sim \frac{1}{\ln n}$. ◁

Les idées de l'exercice 2.44 peuvent s'adapter pour étudier asymptotiquement une suite récurrente qui diverge vers $+\infty$. L'énoncé suivant en propose un exemple.

2.47. Développement asymptotique d'une suite récurrente (1)

On considère la suite $(u_n)_{n\in\mathbb{N}}$ définie par $u_0 > 0$ et, pour $n \geqslant 0$, la relation $u_{n+1} = u_n + \frac{1}{u_n}\cdot$

1. Donner un équivalent de u_n lorsque n tend vers l'infini.

2. On prend $u_0 = 5$. Montrer que $u_{1000} \in [45; 45{,}1]$.

▷ **Solution.**

1. Il est clair que l'on a $u_n \geqslant 1$ pour $n \geqslant 1$ et que la suite (u_n) est croissante. On en déduit que $(u_n)_{n\in\mathbb{N}}$ diverge vers $+\infty$ ou converge vers un réel $\ell \geqslant 1$. Dans ce dernier cas, vue la continuité de f, le réel ℓ serait point fixe de f et on aurait $\ell = \ell + \frac{1}{\ell}$, *i.e.* $\frac{1}{\ell} = 0$. C'est impossible. On en déduit que $\lim\limits_{n\to+\infty} u_n = +\infty$. Pour déterminer un équivalent de (u_n), on part de l'égalité $u_{n+1}^2 = u_n^2 + 2 + \frac{1}{u_n^2}\cdot$

Puisque $\lim\limits_{n\to+\infty} \frac{1}{u_n^2} = 0$, on a

$$u_{n+1}^2 - u_n^2 = 2 + \frac{1}{u_n^2} \underset{n\to\infty}{\sim} 2.$$

On peut écrire, d'après le théorème de Cesàro,

$$\sum_{k=1}^{n}(u_k^2 - u_{k-1}^2) \underset{n\to\infty}{\sim} 2n,$$

ce qui donne

$$u_n^2 \underset{n\to\infty}{\sim} u_n^2 - u_1^2 \underset{n\to\infty}{\sim} 2n.$$

Nous obtenons donc

$$u_n \underset{n\to\infty}{\sim} \sqrt{2n}.$$

2. Pour démontrer l'encadrement demandé, on va préciser le développement asymptotique de $u_{n+1}^2 - u_n^2$. En sommant la relation $u_{k+1}^2 - u_k^2 = 2 + \frac{1}{u_k^2}$ pour les entiers k de 0 à $n-1$, on obtient

$$u_n^2 = u_0^2 + 2n + \sum_{k=0}^{n-1} \frac{1}{u_k^2}\cdot$$

On va déduire de cette égalité un encadrement de u_n. On a déjà $u_n^2 > u_0^2 + 2n$, ce qui conduit à $u_{1000}^2 > 25 + 2000 = 2025 = 45^2$ et donc à la minoration voulue. Par ailleurs, cette inégalité nous permet de majorer les termes $\frac{1}{u_k^2}$ par $\frac{1}{u_0^2 + 2k}\cdot$

On obtient alors

$$u_n^2 < u_0^2 + 2n + \sum_{k=0}^{n-1} \frac{1}{u_0^2 + 2k} \leqslant u_0^2 + 2n + \sum_{k=1}^{2n} \frac{1}{k} \leqslant u_0^2 + 2n + \ln(2n),$$

puisqu'il est bien connu que la somme partielle de la série harmonique $\mathrm{H}_n = 1 + \frac{1}{2} + \cdots + \frac{1}{n}$ est majorée par $\ln n$. En prenant $n = 1000$, on obtient

$$u_{1000} < \sqrt{2025 + \ln 2000} \simeq 45{,}08\ldots < 45{,}1,$$

ce qui établit la deuxième partie de l'inégalité demandée. ◁

Il s'agit à nouveau, dans l'exercice suivant, de calculer un développement asymptotique d'une suite définie par une relation de récurrence. On retiendra la méthode qui consiste à construire successivement les termes du développement asymptotique. Partant de $u_{n+1} - u_n \underset{n\to\infty}{\sim} a_n$, on en déduit, en sommant, un équivalent de u_n, puis on cherche un équivalent de $u_{n+1} - u_n - a_n$ et on somme de nouveau, et ainsi de suite. Bien entendu le seul théorème de Cesàro ne suffit plus. On utilise alors le théorème de sommation des équivalents : si (a_n) et (b_n) sont deux suites équivalentes à termes positifs telles que $\sum a_n$ diverge, alors on a $\sum_{k=0}^{n} a_k \underset{n\to\infty}{\sim} \sum_{k=0}^{n} b_k$ (voir aussi pages 218 à 222).

2.48. Développement asymptotique d'une suite récurrente (2)

> Soit $(u_n)_{n\in\mathbb{N}}$ définie par $u_0 \in \mathbb{R}$ et la relation $u_{n+1} = u_n + e^{-u_n}$ pour tout $n \in \mathbb{N}$. Donner les deux premiers termes du développement asymptotique de u_n.

▷ **Solution.**

La suite $(u_n)_{n\in\mathbb{N}}$ est croissante. Si elle convergeait vers ℓ, on aurait par continuité de l'exponentielle, $\lim_{n\to+\infty} e^{-u_n} = e^{-\ell} = 0$, ce qui est impossible. La suite $(u_n)_{n\in\mathbb{N}}$ tend donc vers $+\infty$.

Posons, pour tout entier naturel n, $v_n = e^{u_n}$. On obtient

$$v_{n+1} = e^{u_{n+1}} = e^{u_n + \frac{1}{v_n}} = v_n e^{\frac{1}{v_n}}.$$

La suite $(v_n)_{n\in\mathbb{N}}$ est à termes strictement positifs, croît et diverge vers $+\infty$.

Selon une méthode classique, on cherche successivement les termes du développement asymptotique de la suite $(v_n)_{n\in\mathbb{N}}$. On part de

$$v_{n+1} = v_n \left(1 + \frac{1}{v_n} + \frac{1}{2v_n^2} + o\left(\frac{1}{v_n^2}\right)\right) = v_n + 1 + \frac{1}{2v_n} + o\left(\frac{1}{v_n}\right).$$

On en déduit que $\lim_{n\to+\infty} (v_{n+1} - v_n) = 1$. Le théorème de Cesàro nous donne

$$v_{n+1} - v_0 \underset{n\to+\infty}{\sim} n \quad \text{et donc} \quad v_n \underset{n\to+\infty}{\sim} n.$$

Pour obtenir le deuxième terme du développement asymptotique de $(v_n)_{n\in\mathbb{N}}$, on reprend l'expression de $v_{n+1} - v_n$ qui conduit à

$$v_{n+1} - v_n - 1 \underset{n\to+\infty}{\sim} \frac{1}{2v_n} \underset{n\to+\infty}{\sim} \frac{1}{2n}.$$

En sommant de nouveau, on obtient

$$v_n - v_1 - (n-1) \underset{n\to+\infty}{\sim} \sum_{k=1}^{n} \frac{1}{2k} \underset{n\to+\infty}{\sim} \frac{1}{2}\ln n,$$

ce qui peut encore s'écrire $v_n = n + \frac{1}{2}\ln n + o(\ln n)$. On a alors

$$u_n = \ln v_n = \ln n + \ln\left(1 + \frac{1}{2}\frac{\ln n}{n} + o\left(\frac{\ln n}{n}\right)\right)$$

et finalement

$$u_n = \ln n + \frac{\ln n}{2n} + o\left(\frac{\ln n}{n}\right). \quad \triangleleft$$

Les suites étudiées dans les exercices suivants vérifient des relations de récurrence plus compliquées que les systèmes dynamiques : x_{n+1} s'exprime en fonction de x_n et de n. On peut les rapprocher des équations différentielles de la forme $x' = f(x,t)$.

Le premier est assez facile car il est possible d'expliciter u_n en fonction de n.

2.49. Détermination d'une suite récurrente

Existe-t-il une suite $(u_n)_{n\geqslant 1}$ de réels telle que, pour tout $n \in \mathbb{N}^*$, on ait $u_n u_{n+1} = n$ et $\lim\limits_{n\to+\infty} \frac{u_{n+1}}{u_n} = 1$?

▷ **Solution.**

Il est clair que la donnée de $u_1 \neq 0$ et de la relation $u_n u_{n+1} = n$, pour tout $n \in \mathbb{N}^*$, définit la suite (u_n) de manière unique. Le problème est donc de choisir u_1 pour que $\lim\limits_{n\to+\infty} \frac{u_{n+1}}{u_n} = 1$.

On a pour $n \in \mathbb{N}^*$, $u_{2n} = \frac{2n-1}{u_{2n-1}} = \frac{2n-1}{\left(\frac{2n-2}{u_{2n-2}}\right)} = \frac{2n-1}{2n-2}u_{2n-2}$. Par une récurrence immédiate, on obtient

$$u_{2n} = \frac{2n-1}{2n-2}\cdot\frac{2n-3}{2n-4}\cdots\frac{5}{4}\cdot\frac{3}{2}\cdot u_2.$$

En multipliant par $(2n-2)\cdot(2n-4)\cdots 4\cdot 2$ le numérateur et le dénominateur, on trouve

$$\begin{aligned} u_{2n} &= \frac{(2n-1)!}{[2(n-1)]^2[2(n-2)]^2\dots[2.2]^2[2.1]^2}u_2 = \frac{(2n-1)!}{2^{2(n-1)}(n-1)!^2}u_2 \\ &= \frac{2n-1}{4^{n-1}}\binom{2(n-1)}{n-1}u_2, \end{aligned}$$

avec $u_2 = \frac{1}{u_1}\cdot$ On en déduit $u_{2n+2} = \frac{2n+1}{4^n}\binom{2n}{n}u_2$. On obtient de même

$$u_{2n+1} = \frac{2n}{2n-1}u_{2n-1} = \frac{2n}{2n-1}.\frac{2n-2}{2n-3}\cdots\frac{2}{1}u_1 = \frac{2^{2n}n!^2}{(2n)!}u_1 = \frac{4^n}{\binom{2n}{n}}u_1.$$

Avec la formule de Stirling qui donne $n! \underset{n\to\infty}{\sim} \sqrt{2\pi n}\left(\frac{n}{e}\right)^n$, on obtient au voisinage de l'infini,

$$\begin{aligned} \frac{u_{2n+2}}{u_{2n+1}} &= \frac{(2n+1)\binom{2n}{n}^2}{4^{2n}}\frac{u_2}{u_1} \sim (2n+1)\frac{\left(\sqrt{4\pi n}\left(\frac{2n}{e}\right)^{2n}\right)^2}{4^{2n}\left(\sqrt{2\pi n}\left(\frac{n}{e}\right)^n\right)^4}\frac{1}{u_1^2} \\ &\sim \frac{4\pi n(2n+1)}{(2\pi n)^2}\frac{1}{u_1^2} \sim \frac{2}{\pi u_1^2}, \end{aligned}$$

$$\text{et} \quad \frac{u_{2n+1}}{u_{2n}} = \frac{2n+2}{2n+1}\cdot\frac{u_{2n+1}}{u_{2n+2}} \sim \frac{\pi u_1^2}{2}.$$

La condition $\lim_{n\to+\infty}\frac{u_{n+1}}{u_n} = 1$ équivaut à $\lim_{n\to+\infty}\frac{u_{2n+2}}{u_{2n+1}} = 1$ et $\lim_{n\to+\infty}\frac{u_{2n+1}}{u_{2n}} = 1$, ce qui est réalisé si et seulement si $u_1 = \pm\sqrt{\frac{2}{\pi}}\cdot$ Il existe donc deux suites ayant les propriétés voulues. Elles sont opposées. ◁

2.50. Étude de $x_{n+1} = 1 + \frac{n}{x_n}$

Étudier la suite $(x_n)_{n\in\mathbb{N}^*}$ définie par $x_1 = 1$ et $x_{n+1} = 1 + \frac{n}{x_n}$ pour tout $n \geqslant 1$.

▷ **Solution.**

La suite est à termes strictement positifs. Le calcul des premiers termes, $x_2 = 2$, $x_3 = 2$, $x_4 = 2{,}5$, $x_5 = 2{,}6\dots$ semble montrer qu'elle est croissante. On étudie l'inégalité $x_{n+1} \geqslant x_n$. On a les équivalences suivantes :

$$x_{n+1} \geqslant x_n \iff 1 + \frac{n}{x_n} \geqslant x_n \iff x_n^2 - x_n - n \leqslant 0.$$

Le trinôme $x^2 - x - n$ possède deux racines $\frac{1-\sqrt{1+4n}}{2}$ et $\frac{1+\sqrt{1+4n}}{2}\cdot$ Compte tenu de $x_n > 0$, on obtient

$$x_{n+1} \geqslant x_n \Longleftrightarrow x_n \leqslant \frac{1+\sqrt{1+4n}}{2}.$$

On remarque alors que

$$\begin{aligned} x_n \leqslant \frac{1+\sqrt{1+4n}}{2} &\Longleftrightarrow x_{n+1} \geqslant 1 + \frac{2n}{1+\sqrt{1+4n}} \\ &\Longleftrightarrow x_{n+1} \geqslant \frac{1+\sqrt{1+4n}}{2}. \end{aligned}$$

Il semble plausible de démontrer que pour tout n de $\mathbb{N}^*$, on a

$$\frac{1+\sqrt{4n-3}}{2} \leqslant x_n \leqslant \frac{1+\sqrt{1+4n}}{2}.$$

Montrons-le par récurrence. C'est vrai pour $n = 1$, car $x_1 = 1$ et si l'on suppose que $\frac{1+\sqrt{4n-3}}{2} \leqslant x_n \leqslant \frac{1+\sqrt{1+4n}}{2}$, alors on a, d'après ce qui précède, $x_{n+1} \geqslant \frac{1+\sqrt{1+4n}}{2}\cdot$ On a d'autre part

$$x_{n+1} \leqslant 1 + \frac{2n}{\sqrt{4n-3}+1} \leqslant 1 + \frac{2n(\sqrt{4n-3}-1)}{4(n-1)} \leqslant \frac{n\sqrt{4n-3}+n-2}{2(n-1)}.$$

Pour montrer que $x_{n+1} \leqslant \frac{1+\sqrt{5+4n}}{2}$, il suffit de démontrer que

$$\frac{n\sqrt{4n-3}+n-2}{2(n-1)} \leqslant \frac{1+\sqrt{5+4n}}{2} \quad \textit{i.e.}\ n\sqrt{4n-3} \leqslant (n-1)\sqrt{4n+5}+1.$$

En élevant au carré et en simplifiant par $n-1$, on montre que cette inégalité équivaut à $3 \leqslant \sqrt{4n+5}$, ce qui est vérifié pour $n \geqslant 1$. La récurrence est terminée. On a donc, pour tout $n \geqslant 1$,

$$\frac{1+\sqrt{4n-3}}{2} \leqslant x_n \leqslant \frac{1+\sqrt{1+4n}}{2}.$$

On en déduit que la suite $(x_n)_{n\in\mathbb{N}^*}$ est croissante, que $\lim_{n\to+\infty} x_n = +\infty$ et que $\lim_{n\to+\infty} x_n - \sqrt{n} = \frac{1}{2}\cdot$ En effet, on a

$$\frac{\sqrt{4n+1}}{2} - \sqrt{n} = \sqrt{n+\frac{1}{2}} - \sqrt{n} = \frac{\frac{1}{2}}{\sqrt{n}+\sqrt{n+\frac{1}{2}}} \xrightarrow[n\to+\infty]{} 0$$

et de même $\lim\limits_{n\to\infty} \dfrac{\sqrt{4n-3}}{2} - \sqrt{n} = 0$. On en déduit que $x_n \underset{n\to\infty}{\sim} \sqrt{n}$. Plus précisément, on a le développement asymptotique

$$x_n = \sqrt{n} + \frac{1}{2} + o(1). \ \triangleleft$$

L'énoncé suivant provient des Olympiades de 1985.

2.51. Un exercice d'Olympiades

> On définit la suite $(x_n)_{n\geqslant 1}$ par la donnée de x_1 et, pour tout $n \geqslant 1$, la relation $x_{n+1} = x_n\left(x_n + \frac{1}{n}\right)$. Démontrer qu'il existe un unique x_1 tel que, pour tout $n \in \mathbb{N}^*$, on ait $0 < x_n < x_{n+1} < 1$.

$\triangleright$ **Solution.**

Soit S l'ensemble des suites définies par $x_1 > 0$ et la relation de récurrence considérée. Toutes les suites de S sont à termes strictement positifs. Pour commencer, étudions les différents comportements possibles d'une suite (x_n) de S.

S'il existe $p \geqslant 1$ tel que $x_p \leqslant x_{p-1}$, alors on a

$$x_{p+1} = x_p\left(x_p + \frac{1}{p}\right) < x_{p-1}\left(x_{p-1} + \frac{1}{p-1}\right) = x_p$$

et par une récurrence immédiate, la suite (x_n) décroît strictement à partir du rang p. La suite (x_n) est donc soit strictement décroissante à partir d'un certain rang, soit strictement croissante. Notons que s'il existe $p \geqslant 1$ tel que $x_p \geqslant 1$, alors $x_{p+1} > x_p \geqslant 1$ et la suite est croissante.

Si la suite (x_n) décroît à partir d'un certain rang, elle converge. Sa limite ℓ vérifie $\ell = \ell^2$; c'est 0 ou 1. D'après la remarque qui précède, ça ne peut pas être 1. Elle converge vers 0. Si la suite (x_n) est croissante, elle converge vers 1 (si tous ses termes sont dans $]0, 1[$) ou diverge vers $+\infty$.

Soit I l'ensemble des réels a tels que la suite (x_n) de S définie par $x_1 = a$ soit croissante. L'ensemble I n'est pas vide, car il contient 1. Son complémentaire dans $\mathbb{R}_+^*$ n'est pas vide non plus; en effet, il contient 0,2 car si $x_1 = 0{,}2$ alors $x_2 = 0{,}24$ et $x_3 = 0{,}1776 < x_2$ et la suite décroît à partir du rang 2. Soit u et v deux éléments de S tels que $u_1 = a$ et $v_1 = b$, avec $a < b$. Par une récurrence immédiate, on a, pour tout $n \in \mathbb{N}^*$, $u_n < v_n$, puis $\frac{u_{n+1}}{u_n} < \frac{v_{n+1}}{v_n}$. On en déduit que si $a \in$ I, alors $b \in$ I. Considérons $\alpha = \inf$ I. Il résulte de ce qui précède que $\alpha > 0$ et que I contient $]\alpha, +\infty[$. On a donc I $=]\alpha, +\infty[$ ou $[\alpha, +\infty[$.

Soit a et b deux éléments de I (avec $a < b$), u et v les suites correspondantes de S. Montrons que u et v ne peuvent pas tendre toutes les deux vers 1. On a en effet, pour tout $n \in \mathbb{N}^*$,

$$u_n < v_n \quad \text{et} \quad v_{n+1} - u_{n+1} = (v_n - u_n)(v_n + u_n + \frac{1}{n}).$$

Si les suites (u_n) et (v_n) convergeaient toutes deux vers 1, on aurait

$$\lim_{n \to +\infty} \frac{v_{n+1} - u_{n+1}}{v_n - u_n} = 2 > 1,$$

ce qui implique que $\lim\limits_{n \to +\infty} v_n - u_n = +\infty$ et une contradiction.

La seule valeur de x_1 qui puisse avoir la propriété voulue est α. Reste à montrer qu'elle convient effectivement, c'est-à-dire que la suite de S de premier terme α est croissante et majorée par 1. Pour cela, on va utiliser la définition de α.

Partons de la remarque suivante. L'application $f_p : x_1 \longmapsto x_p$ est continue sur $\mathbb{R}_+^*$ pour tout $p \in \mathbb{N}^*$ (on le montre facilement par récurrence).

Soit (x_n) la suite de S définie par $x_1 = \alpha$. Supposons que (x_n) n'est pas croissante. Soit $p \in \mathbb{N}^*$ tel que $x_{p+1} < x_p$ et donc $x_p + \frac{1}{p} < 1$. Par continuité de f_p, il existe $y_1 > x_1$ tel que la suite (y_n) de S de premier terme y_1 vérifie aussi $y_p + \frac{1}{p} < 1$. On a donc $y_{p+1} < y_p$; la suite (y_n) décroît à partir du rang p et $y_1 \notin$ I. C'est faux car I contient $]\alpha, +\infty[$. On en déduit que $\alpha \in$ I.

Supposons que (x_n) n'est pas majorée par 1. Il existe alors $p \in \mathbb{N}^*$ tel que $x_p > 1$. Toujours par continuité de f_p, il existe $y_1 < x_1$ tel que la suite (y_n) de S de premier terme y_1 vérifie $y_p > 1$. L'existence de p tel que $y_p > 1$ implique que (y_n) est croissante et donc $y_1 \in$ I, d'où une nouvelle contradiction. On conclut que la suite (x_n) est croissante et majorée par 1.

Conclusion. Si $x_1 = \alpha$, la suite est croissante et majorée par 1 ; elle converge vers 1. Si $x_1 \in]0, \alpha[$, la suite est décroissante à partir d'un certain rang; elle converge vers 0. Si $x_1 > \alpha$, la suite est croissante et diverge vers $+\infty$. ◁

2.52. Initialisation d'une suite récurrente (1)

> Montrer qu'il existe un unique réel a tel que la suite (x_n) définie par $x_0 = a$ et pour tout $n \in \mathbb{N}$, $x_{n+1} = x_n^2 - 100 + \sin(n)$ soit bornée et à valeurs positives.

▷ **Solution.**

Pour simplifier, on note $(x_n(a))$ la suite (x_n) avec la condition initiale $x_0 = a$.

• *Existence.* On remarque que, pour tout $n \in \mathbb{N}$, on a $x_{n+1}(a) \geqslant x_n(a)^2 - 101$. Soit α la racine strictement positive de $X^2 - X - 101$. Si $a > \alpha$, alors la suite $(x_n(a))$ est croissante et donc à termes strictement positifs. Elle ne peut pas converger car $(\sin(n))$ diverge, donc $(x_n(a))$ tend vers $+\infty$. Notons A l'ensemble des réels a tels que la suite $(x_n(a))$ soit à termes positifs et diverge vers $+\infty$. D'après ce qui précède, A contient $[\alpha, +\infty[$. Soit β la borne inférieure de A. On a $\beta > 0$. En effet si $a < 10$, alors $x_1(a) = a^2 - 100 < 0$.

Montrons que $\beta \notin A$ en raisonnant par l'absurde. Si $\beta \in A$, il existe N tel que $x_N(\beta) > \alpha$. On a de plus $x_n(\beta) \geqslant 0$ pour tout $n \in [\![0, N-1]\!]$. En fait, on a même $x_n(\beta) > 0$, car $x_n(\beta) = 0$ implique $x_{n+1}(\beta) < 0$. Mais, pour tout $k \in \mathbb{N}$, la fonction $a \longmapsto x_k(a)$ est continue. Ainsi, il existe $b < \beta$ tel que $x_n(b) > 0$ pour $n \in [\![0, N-1]\!]$ et $x_N(b) > \alpha$. La suite $(x_n(b))$ croît à partir du rang N et tend vers $+\infty$. Donc $b \in A$, ce qui contredit la définition de β.

Soit $n \in \mathbb{N}$. Supposons $x_n(\beta) < 0$. Par continuité de la fonction $a \longmapsto x_n(a)$, il existe $\varepsilon \in]0, \beta[$ tel que $x_n(a) < 0$, si $a \in]\beta, \beta + \varepsilon]$. Mais, comme β est la borne inférieure de A, il existe $b_\varepsilon \in]\beta, \beta + \varepsilon]$ tel que $b_\varepsilon \in A$, pour lequel $x_n(b_\varepsilon) \geqslant 0$. Contradiction ! On a donc $x_n(\beta) \geqslant 0$ pour tout $n \in \mathbb{N}$. Et d'autre part $(x_n(\beta))$ est majorée par α, car sinon $\beta \in A$. Ainsi $a = \beta$ convient.

• *Unicité.* Supposons que $(x_n(\beta))$ et $(x_n(\beta'))$ sont positives et majorées, avec $\beta < \beta'$. On a $x_{n+1}(\beta') - x_{n+1}(\beta) = x_n^2(\beta') - x_n^2(\beta)$. Cela montre que, pour tout $n \in \mathbb{N}$, $x_n(\beta') > x_n(\beta)$ et $\dfrac{x_{n+1}(\beta') - x_{n+1}(\beta)}{x_n(\beta') - x_n(\beta)} = x_n(\beta') + x_n(\beta) \geqslant 2\sqrt{99} > 1$. Mais alors la suite $(x_n(\beta') - x_n(\beta))$ diverge vers $+\infty$, ce qui est contradictoire. La valeur de a trouvée est donc unique. ◁

2.53. Initialisation d'une suite récurrente (2)

> Soit $(a_n) \in]0,1[^{\mathbb{N}}$ une suite décroissante et α un réel strictement positif. On définit (u_n) par $u_0 \in \mathbb{R}_+$ et, pour $n \in \mathbb{N}$, $u_{n+1} = u_n(u_n^\alpha + a_n)$. Montrer qu'il existe une unique valeur de u_0 telle que la suite (u_n) converge vers une limite $\ell \in]0, +\infty[$. Déterminer la valeur de ℓ.

▷ **Solution.**

La suite (a_n) converge. Notons $a \in [0,1[$ sa limite. Si (u_n) converge vers $\ell > 0$ alors, par passage à la limite, $\ell = \ell(\ell^\alpha + a)$ et donc $\ell = (1-a)^{\frac{1}{\alpha}}$.

Faisons quelques remarques sur le comportement de la suite. Si $u_n < u_{n-1}$ alors, comme (a_n) décroît, $u_n(u_n^\alpha + a_n) < u_{n-1}(u_{n-1}^\alpha + a_{n-1})$, c'est-à-dire $u_{n+1} < u_n$. Ainsi, soit la suite (u_n) est croissante, soit elle décroît à partir d'un certain rang.

Il est clair que, pour tout $n \in \mathbb{N}$, u_n est une fonction croissante de u_0. On en déduit que $\frac{u_{n+1}}{u_n} = u_n^\alpha + a_n$ est aussi une fonction croissante de u_0. Ainsi si la suite croît pour pour $u_0 = b$, elle croît pour $u_0 > b$. On note que si $u_0 = 1$, la suite croît. En effet, si $u_n \geqslant 1$, on a $\dfrac{u_{n+1}}{u_n} = u_n^\alpha + a_n \geqslant 1$ et donc $u_{n+1} \geqslant u_n \geqslant 1$. L'ensemble I des valeurs de u_0 pour laquelle la suite (u_n) croît est non vide et minoré par 0. Notons $c = \inf I$. On a $c > 0$ car si $u_0^\alpha + a_0 < 1$, alors $u_1 < u_0$ et (u_n) décroît.

Si $u_0 = c$, la suite (u_n) croît. En effet, sinon, il existe un entier $n \in \mathbb{N}$ tel que $\frac{u_{n+1}}{u_n} = u_n^\alpha + a_n < 1$. Mais il est clair que, l'entier n étant fixé, l'application $u_0 \longmapsto u_n$ et donc l'application $u_0 \longmapsto u_n^\alpha + a_n$ est continue. Donc pour u_0 dans un voisinage de c, $\frac{u_{n+1}}{u_n} < 1$ et (u_n) n'est pas croissante, ce qui contredit le fait que $c = \inf \mathrm{I}$. Pour $u_0 = c$, la suite (u_n) est croissante. Si elle ne converge pas vers $\ell > 0$, elle diverge vers $+\infty$. Il existe alors n tel que $u_n > 1$. Toujours par continuité de l'application $u_0 \longmapsto u_n$ on a $u_n > 1$ (et donc (u_n) croissante) pour u_0 dans un voisinage de c. Ainsi I contient un voisinage de c, ce qui contredit la définition de c. Donc pour $u_0 = c$, la suite (u_n) converge vers $\ell > 0$.

Supposons qu'il y ait deux valeurs de u_0 pour lesquelles la suite converge vers $\ell > 0$. On note (u_n) et (v_n) les suites correspondantes, avec $u_0 < v_0$. On a alors $u_n < v_n$ pour tout $n \in \mathbb{N}$. On a, pour tout $n \in \mathbb{N}$,

$$\frac{v_{n+1} - u_{n+1}}{v_n - u_n} = \frac{v_n^{\alpha+1} - u_n^{\alpha+1}}{v_n - u_n} + a_n.$$

Par l'inégalité des accroissements finis, il existe $c_n \in]u_n, v_n[$ tel que

$$\frac{v_{n+1} - u_{n+1}}{v_n - u_n} = (\alpha + 1)c_n^\alpha + a_n.$$

On en déduit

$$\lim_{n \to +\infty} \frac{v_{n+1} - u_{n+1}}{v_n - u_n} = (\alpha + 1)\ell^\alpha + a = (\alpha + 1)(1 - a) + a = 1 + (1 - a)\alpha > 1.$$

Dans ces conditions, $(v_n - u_n)$ tend vers $+\infty$. La valeur cherchée de u_0 est donc unique. ◁

2.54. Équivalent d'une suite récurrente

Soit $(u_n)_{n \geqslant 0}$ une suite réelle vérifiant $u_{n+1} = |u_n - n|$ pour tout n. Déterminer un équivalent de u_n.

▷ **Solution.**

Bien entendu la valeur absolue nous gêne pour expliciter la suite et il est naturel de s'intéresser au signe de $u_n - n$. Il n'est pas possible que cette quantité soit toujours positive. En effet, on aurait alors $u_{n+1} = u_n - n$ pour tout n et la suite serait décroissante. Cela contredit clairement le fait que $u_n \geqslant n$ pour tout n, qui implique que (u_n) diverge vers $+\infty$. Il existe donc toujours au moins un indice $\mathrm{N} \geqslant 1$ tel que $u_\mathrm{N} \leqslant \mathrm{N}$. Mais on a alors $u_{\mathrm{N}+1} = \mathrm{N} - u_\mathrm{N} \leqslant \mathrm{N} < \mathrm{N} + 1$ et cela se propage clairement par récurrence : on a donc $u_n \leqslant n$ pour tout $n \geqslant \mathrm{N}$. La relation de récurrence se transforme donc à partir du rang N en $u_{n+1} = -u_n + n$. Cela permet d'expliciter la suite : si on pose $v_n = (-1)^n u_n$ on a $v_{n+1} - v_n = (-1)^{n+1} n$ pour tout $n \geqslant \mathrm{N}$. En sommant cette égalité entre le rang N et un rang n plus grand, il vient

$$\forall n \geqslant \mathrm{N}, \quad v_n = v_\mathrm{N} + \sum_{k=\mathrm{N}}^{n-1} (-1)^{k+1} k,$$

autrement dit

$$u_n = (-1)^n v_n = (-1)^n v_\mathrm{N} + \sum_{k=\mathrm{N}}^{n-1} (-1)^{n+k+1} k = \mathrm{C}_n + \sum_{k=1}^{n-1} (-1)^{n-1-k} k$$

où (C_n) est une suite bornée. La somme alternée

$$\sum_{k=1}^{n-1} (-1)^{n-1-k} k = (n-1) - (n-2) + (n-3) - (n-4) + \cdots \pm 1$$

est égale à $\frac{n-1}{2}$ si n est impair et à $\frac{n}{2}$ si n est pair (regrouper les termes deux par deux). On en déduit donc que $u_n \sim \frac{n}{2}$. ◁

Les deux exercices qui suivent étudient des suites récurrentes de la forme $u_{n+1} = f_n(u_n)$ *qui peuvent être considérées comme des suites récurrentes perturbées. Le premier concerne une suite arithmético-géométrique, c'est-à-dire vérifiant* $u_{n+1} = au_n + b$ *(a non nul). Rappelons qu'une telle suite se ramène par une simple translation à l'étude d'une suite géométrique de raison a. En particulier, une telle suite converge (vers le point fixe de* $x \mapsto ax + b$*) lorsque* $|a| < 1$. *On peut se demander ce qu'il en est d'une suite vérifiant une relation de la forme* $u_{n+1} = au_n + b + \varepsilon_n$, *où* (ε_n) *tend vers* 0. *C'est ce que propose l'exercice suivant dans le cas particulier* $a = -\frac{1}{2}$ *: on y montre que la suite converge toujours vers le point fixe.*

2.55. Suite arithmético-géométrique perturbée

Soit $(x_n)_{n \geqslant 0}$ une suite de nombre réels. On pose $y_n = x_{n-1} + 2x_n$, pour tout $n \geqslant 1$. Montrer que (x_n) converge si et seulement si (y_n) converge.

▷ **Solution.**

• Il est clair que si (x_n) converge vers ℓ, alors (y_n) converge vers 3ℓ. Pour la réciproque, on observe que l'application qui à (x_n) associe (y_n) est linéaire et qu'il suffit donc d'établir le résultat lorsque (y_n) tend vers 0 (dans le cas général où (y_n) converge vers ℓ, on regarde $x'_n = x_n - \frac{\ell}{3}$; la suite $y'_n = x'_{n-1} + 2x'_n$ converge vers 0 donc x'_n converge aussi vers 0 et x_n tend vers $\frac{\ell}{3}$).

• On suppose donc que (y_n) tend vers 0 et on se propose de montrer que (x_n) tend vers 0. Comme $x_n = -\frac{1}{2}x_{n-1} + \frac{1}{2}y_n$ on peut voir la suite (x_n) comme une suite géométrique perturbée. On commence par exprimer x_n en fonction des y_k. On a

$$\begin{array}{rcl} y_n & = & x_{n-1} + 2x_n, \\ y_{n-1} & = & x_{n-2} + 2x_{n-1}, \\ & \vdots & \\ y_1 & = & x_0 + 2x_1. \end{array}$$

On multiplie la première ligne par $\frac{1}{2}$, la seconde par $-\frac{1}{4}$, la troisième par $\frac{1}{8}, \ldots$ et on additionne le tout. Il vient

$$\sum_{k=1}^{n}(-1)^{n-k}\frac{y_k}{2^{n+1-k}} = x_n + \frac{(-1)^{n+1}}{2^n}x_0.$$

Il suffit de prouver que le premier membre tend vers 0. On a

$$\left|\sum_{k=1}^{n}(-1)^{n-k}\frac{y_k}{2^{n+1-k}}\right| \leqslant \frac{1}{2^{n+1}}\sum_{k=1}^{n}2^k|y_k|.$$

Soit $\varepsilon > 0$ et n_0 tel que $|y_n| \leqslant \varepsilon$ pour $n \geqslant n_0$. On obtient, pour $n \geqslant n_0$,

$$\frac{1}{2^{n+1}}\sum_{k=1}^{n}2^k|y_k| \leqslant \frac{1}{2^{n+1}}\sum_{k=1}^{n_0-1}2^k|y_k| + \frac{\varepsilon}{2^{n+1}}\sum_{k=n_0}^{n}2^k \leqslant \frac{1}{2^{n+1}}\sum_{k=1}^{n_0-1}2^k|y_k| + \varepsilon$$

et ceci est $\leqslant 2\varepsilon$ pour n assez grand. D'où le résultat. ◁

Pour prouver que $\frac{1}{2^{n+1}}\sum_{k=1}^{n}2^k|y_k|$ *tend vers 0, on peut aussi invoquer le théorème de sommation des relations de négligeabilité. Puisque la suite* (y_n) *converge vers 0, on a* $2^n y_n \underset{n\to+\infty}{=} o(2^n)$. *Comme* $\sum 2^n$ *diverge, on en déduit que* $\sum_{k=1}^{n} y_k 2^k = o\left(\sum_{k=1}^{n}2^k\right)$, *ce qui donne le résultat car* $\sum_{k=1}^{n}2^k = 2^{n+1}-1 \sim 2^{n+1}$.

Voici un autre énoncé posé à l'oral de l'école polytechnique, qui se ramène au résultat de l'exercice : étudier la convergence d'une suite définie par $u_1 > 0$ *et* $u_{n+1} = \frac{n+1}{2n}\sqrt{u_n}$. *Si on pose* $v_n = \ln u_n$, *on a aisément que* $v_{n+1} = \frac{1}{2}v_n - \ln 2 + \varepsilon_n$, *où* ε_n *tend vers 0 . On montre alors que* (v_n) *converge vers* $-2\ln 2$ *et donc que* (u_n) *converge vers* $\frac{1}{4}$.

L'énoncé suivant donne un dernier exemple un peu plus compliqué.

2.56. Système dynamique perturbé

Soit $(u_n)_{n\in\mathbb{N}}$ une suite bornée de réels telle que $u_{n+1} - u_n - u_n^2$ tende vers 0. Montrer que $(u_n)_{n\in\mathbb{N}}$ converge vers 0.

▷ **Solution.**

Posons $v_n = u_{n+1} - u_n - u_n^2$. Notons que si la suite (u_n) converge, sa limite est nécessairement 0. Soit $\varepsilon > 0$ et $n_0 \in \mathbb{N}$ tel que $|v_n| \leqslant \varepsilon^2$ pour tout $n \geqslant n_0$.

On a $u_{n+1} - u_n = u_n^2 + v_n \geqslant u_n^2 - \varepsilon^2$ pour tout $n \geqslant n_0$. S'il existe $n \geqslant n_0$ tel que $u_n \geqslant \varepsilon$, on a $u_{n+1} \geqslant u_n \geqslant \varepsilon$ et par une récurrence immédiate, la suite est croissante à partir du rang n et minorée par ε. Comme elle est bornée, elle converge vers $\ell \geqslant \varepsilon$. C'est impossible car elle ne peut converger que vers 0. On a donc $u_n < \varepsilon$ pour tout $n \geqslant n_0$.

On va montrer que $u_n > -\varepsilon$ à partir d'un certain rang. Si, pour tout $n \geqslant n_0$, on a $u_n \leqslant -\varepsilon$, on a, pour tout $n \geqslant n_0$,

$$u_{n+1} - u_n = u_n^2 + v_n \geqslant u_n^2 - \varepsilon^2 \geqslant 0.$$

La suite $(u_n)_{n\geqslant n_0}$ est croissante et majorée par $-\varepsilon$. Elle converge donc vers $\ell \leqslant -\varepsilon$. C'est impossible. Ainsi il existe $n_1 \geqslant n_0$ tel que $u_{n_1} > -\varepsilon$.

Si $n \geqslant n_0$ et $u_n \geqslant -\varepsilon$, on a alors $u_{n+1} \geqslant u_n + u_n^2 - \varepsilon^2$. On observe que la fonction $f : x \longmapsto x + x^2$ est croissante sur $\left[-\frac{1}{2}, +\infty\right[$, donc si $\varepsilon < \frac{1}{2}$, $u_n \geqslant -\varepsilon$ implique $f(u_n) \geqslant f(-\varepsilon)$ et donc $u_{n+1} \geqslant f(-\varepsilon) - \varepsilon^2 \geqslant -\varepsilon$. Pour un tel choix de ε, on a par une récurrence immédiate $u_n \geqslant -\varepsilon$ pour tout $n \geqslant n_1$.

Pour tout $\varepsilon \in \left]0, \frac{1}{2}\right[$, il existe n_1 tel que $|u_n| < \varepsilon$ pour $n \geqslant n_1$, donc (u_n) converge vers 0. ◁

Dans l'exemple suivant on étudie une suite récurrente $u_{n+1} = f(u_n)$ qui converge vers 0 avec $|f'(0)| = \frac{1}{2} < 1$ (point fixe attractif). Il est assez naturel de penser que la suite (u_n) va être proche de la suite géométrique $\left(\frac{1}{2^n}\right)$ que l'on obtiendrait en remplaçant f par sa tangente à l'origine.

2.57. Étude d'une suite récurrente en un point fixe attractif

Soit $a \in \mathbb{R}$ et $(u_n)_{n\geqslant 0} \in \mathbb{R}^{\mathbb{N}}$ définie par : $u_0 = a$ et $u_{n+1} = \dfrac{1}{2}(u_n + u_n^2)$ pour tout $n \in \mathbb{N}$. On suppose que la suite (u_n) converge.

1. Que dire de a ?

2. Étudier la convergence de la suite de terme général $2^n u_n$.

3. Donner un développement asymptotique à deux termes de u_n.

▷ **Solution.**

1. Les points fixes de $f : x \longmapsto \frac{1}{2}(x + x^2)$ sont 0 et 1. La fonction f croît sur $\left[-\frac{1}{2}, +\infty\right[$. Les intervalles $]-1, 0[$, $[0, 1[$ et $]1, +\infty[$ sont stables par f.

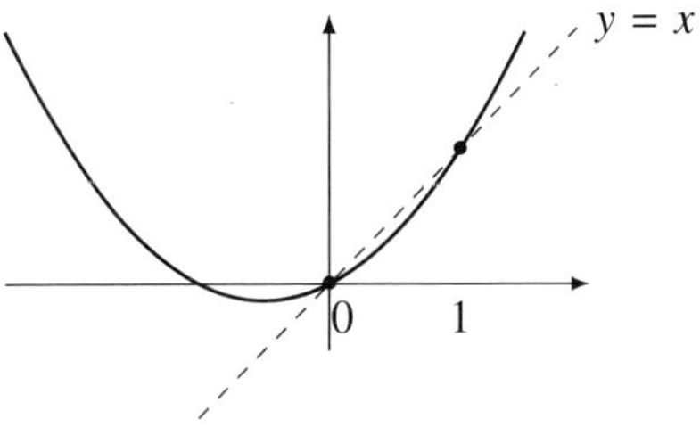

• Si $a > 1$, la suite (u_n) croît; elle diverge vers $+\infty$. Si $a < -2$, $u_1 > 1$ et (u_n) diverge encore vers $+\infty$.

• Si $0 \leqslant a < 1$, la suite (u_n) décroît et est minorée par 0. Elle converge vers 0. Si $a \in]-2, -1]$, alors $u_1 \in [0, 1[$ donc (u_n) converge encore vers 0.

• Si $-1 < a < 0$ tous les termes de la suite sont dans $]-1, 0[$. Mais en fait, $f(]-1, 0[) = \left[-\frac{1}{4}, 0\right[$, donc $-\frac{1}{4} \leqslant u_n < 0$ si $n \geqslant 1$. Comme f croît sur $\left[-\frac{1}{4}, 0\right[$, la suite est monotone donc elle converge vers 0.

• Si $a = -2$ ou 1 la suite est stationnaire à 1.

Si on écarte les cas où (u_n) est stationnaire à 1, la suite (u_n) converge (vers 0) si, et seulement si $a \in]-2, 1[$.

2. On suppose $a \in]-2, 1[$. On écarte les cas $a = -1$ et $a = 0$, pour lesquels $u_n = 0$ si $n \geqslant 1$. La suite (u_n) garde alors un signe constant à partir du rang 1. On pose $v_n = 2^n u_n$. On a pour tout $n \in \mathbb{N}$, $v_{n+1} = 2^n(u_n + u_n^2) = v_n + v_n u_n$. On a donc

$$\frac{1}{v_n} - \frac{1}{v_{n+1}} = \frac{v_{n+1} - v_n}{v_n v_{n+1}} = \frac{u_n}{v_{n+1}} = \frac{u_n}{2^{n+1} u_{n+1}} = \frac{1}{2^n(1 + u_n)} \sim \frac{1}{2^n}.$$

Ainsi la série de terme général $\frac{1}{v_n} - \frac{1}{v_{n+1}}$ converge donc la suite $\left(\frac{1}{v_n}\right)$ converge. Si on note L sa limite, on a, d'après le théorème d'équivalence des restes

$$\frac{1}{v_n} - \mathrm{L} \sim \sum_{k=n}^{+\infty} \frac{1}{2^k} \sim \frac{1}{2^{n-1}}.$$

Si $\mathrm{L} = 0$, alors $v_n \sim 2^{n-1}$ et $u_n \sim \frac{1}{2}$, ce qui est faux car (u_n) converge vers 0. Ainsi (v_n) converge vers $\frac{1}{\mathrm{L}}$.

3. On a $\frac{1}{v_n} = \mathrm{L} + \frac{1}{2^{n-1}} + o\left(\frac{1}{2^n}\right)$ et donc

$$v_n = \frac{1}{\mathrm{L} + \frac{1}{2^{n-1}} + o\left(\frac{1}{2^n}\right)} = \frac{1}{\mathrm{L}}\,\frac{1}{1 + \frac{1}{\mathrm{L}2^{n-1}} + o\left(\frac{1}{2^n}\right)}$$
$$= \frac{1}{\mathrm{L}}\left(1 - \frac{1}{\mathrm{L}2^{n-1}}\right) + o\left(\frac{1}{2^n}\right) = \frac{1}{\mathrm{L}} - \frac{1}{\mathrm{L}^2 2^{n-1}} + o\left(\frac{1}{2^n}\right),$$

d'où l'on déduit

$$u_n = \frac{1}{\mathrm{L}2^n} - \frac{1}{\mathrm{L}^2 2^{2n-1}} + o\left(\frac{1}{2^{2n}}\right) \lhd.$$

Les prochains exercices sont consacrés à des suites vérifiant des relations de récurrence linéaires.

2.58. Suite récurrente linéaire d'ordre 2

On définit une suite de polynômes en posant : $\mathrm{P}_0 = 1$, $\mathrm{P}_1 = \mathrm{X}$ et pour tout $n \geqslant 1$, $(q+1)\mathrm{XP}_n = q\mathrm{P}_{n+1} + \mathrm{P}_{n-1}$, où q est un réel non nul fixé. Déterminer l'ensemble des réels z tels que la suite $(\mathrm{P}_n(z))_{n\in\mathbb{N}}$ est bornée.

▷ **Solution.**

Puisque q n'est pas nul, la relation donnée définit bien une suite de polynômes (P_n). Pour tout réel z, la suite $(\mathrm{P}_n(z))$ vérifie une relation de récurrence linéaire d'ordre deux à coefficients constants

$$\mathrm{P}_{n+1}(z) = \frac{(q+1)z}{q}\mathrm{P}_n(z) - \frac{1}{q}\mathrm{P}_{n-1}(z)$$

dont l'équation caractéristique est $q\lambda^2 - (q+1)z\lambda + 1 = 0$.

Examinons d'abord le cas où le discriminant $\Delta = (q+1)^2z^2 - 4q$ n'est pas nul. L'équation possède deux solutions distinctes, réelles ou complexes conjuguées, λ_1 et λ_2 et il existe des constantes a et b telles que, pour tout $n \in \mathbb{N}$, on a $\mathrm{P}_n(z) = a\lambda_1^n + b\lambda_2^n$. Les conditions $\mathrm{P}_0(z) = 1$ et $\mathrm{P}_1(z) = z$ conduisent à $a = \frac{\lambda_2 - z}{\lambda_2 - \lambda_1}$ et $b = \frac{\lambda_1 - z}{\lambda_1 - \lambda_2}$ et donc à

$$\mathrm{P}_n(z) = \frac{\lambda_2 - z}{\lambda_2 - \lambda_1}\lambda_1^n + \frac{\lambda_1 - z}{\lambda_1 - \lambda_2}\lambda_2^n.$$

On a $z = \lambda_1$ ou λ_2, c'est-à-dire z solution de l'équation caractéristique, si $z = \pm 1$. Si on a par exemple $z = \lambda_1$, alors $\mathrm{P}_n(z) = \lambda_1^n = z^n = \pm 1$ et la suite (P_n) est bornée. Les valeurs $z = -1$ et $z = 1$ conviennent. Désormais, on écarte ces cas et on suppose donc a et b non nuls.

La suite $(\mathrm{P}_n(z))$ est alors bornée si, et seulement si, $|\lambda_1| \leqslant 1$ et $|\lambda_2| \leqslant 1$. La condition est clairement suffisante. Elle est aussi nécessaire si $|\lambda_1|$ et $|\lambda_2|$ sont distincts, car alors on a $|\mathrm{P}_n(z)| \underset{n\to\infty}{\sim} |a||\lambda_1|^n$ si $|\lambda_1| > |\lambda_2|$. Si enfin, on a $|\lambda_1| = |\lambda_2| > 1$ et que la suite $(\mathrm{P}_n(z))$ est bornée alors, en posant $\frac{\lambda_1}{\lambda_2} = e^{i\theta}$, on obtient $\lim\limits_{n\to\infty} a + be^{in\theta} = \lim\limits_{n\to\infty} \frac{\mathrm{P}_n(z)}{\lambda_1^n} = 0$. En écrivant

$$a(1 - e^{i\theta}) = a + be^{i(n+1)\theta} - e^{i\theta}(a + be^{in\theta})$$

et en faisant tendre n vers l'infini, on obtient $a(1 - e^{i\theta}) = 0$, ce qui est contradictoire avec les hypothèses puisque $a \neq 1$ et $\lambda_1 \neq \lambda_2$.

Distinguons maintenant selon le signe de Δ.

• La condition $\Delta < 0$ nécessite $q > 0$ et s'écrit $|z| < \frac{2\sqrt{q}}{q+1}\cdot$ Dans ce cas, les racines λ_1 et λ_2 sont des nombres complexes conjugués et on a donc $|\lambda_1| = |\lambda_2| = \sqrt{\lambda_1\lambda_2} = \frac{1}{\sqrt{q}}\cdot$ La suite $(\mathrm{P}_n(z))$ est bornée si $q \geqslant 1$.

• Si $\Delta > 0$, c'est-à-dire si $(q+1)^2z^2 > 4q$, l'équation caractéristique a deux solutions réelles. La suite est bornée si elles sont comprises entre -1 et 1. En notant f le trinôme $q\mathrm{X}^2 - (q+1)z\mathrm{X} + 1$, il faut $qf(1) \geqslant 0$ et $qf(-1) \geqslant 0$ (pour que -1 et 1 soient à l'extérieur des racines) et $-1 \leqslant \frac{\lambda_1 + \lambda_2}{2} = \frac{(q+1)z}{2q} \leqslant 1$ (pour que -1 et 1 soient de part et d'autre des racines). Les deux premières conditions s'écrivent $q(q+1)(1-z) \geqslant 0$ et $q(q+1)(1+z) \geqslant 0$, c'est-à-dire $-q(q+1) \leqslant q(q+1)z \leqslant q(q+1)$, ce qui nécessite $q(q+1) \geqslant 0$. Si $q = -1$, toutes les conditions sont réalisées pour z quelconque. Nous écartons ce cas désormais. Les conditions s'écrivent alors $-1 \leqslant z \leqslant 1$ et $-\frac{2q}{q+1} \leqslant z \leqslant \frac{2q}{q+1}\cdot$

Deux cas sont à distinguer.

★ Si $q < -1$, la condition $\Delta > 0$ est réalisée. Par ailleurs, on a $\frac{2q}{q+1} > 1$, donc on trouve une seule condition $|z| \leqslant 1$.

★ Si $q \geqslant 0$, la condition $\Delta > 0$ s'écrit $|z| > \frac{2\sqrt{q}}{q+1}\cdot$ Compte tenu de la condition $|z| \leqslant \frac{2q}{q+1}$, il faut $\sqrt{q} < q$ et donc $q > 1$. On a alors de nouveau $\frac{2q}{q+1} \geqslant 1$, donc la condition sur z est $\frac{2\sqrt{q}}{q+1} < |z| \leqslant 1$.

Reste à traiter le cas où $\Delta = 0$, soit $(q+1)^2z^2 = 4q$ (ce qui implique $q \geqslant 0$). L'équation caractéristique a une seule solution $\lambda = \frac{(q+1)z}{2q}\cdot$ Il existe des constantes a et b telles que $\mathrm{P}_n(z) = (a + bn)\lambda^n$. Les conditions initiales donnent $b = 1$, $a = z - 1$. Le cas $z = 1$ étant écarté, il faut $|\lambda| = \frac{1}{\sqrt{q}} < 1$, soit $q > 1$ et $|z| = \frac{2\sqrt{q}}{q+1}\cdot$ Il ne reste plus qu'à rassembler les différents cas pour conclure.

Conclusion. Si $q \in]-\infty, -1[\cup [1, +\infty[$, la suite $(\mathrm{P}_n(z))$ est bornée si $|z| \leqslant 1$.

Si $q = -1$, on peut prendre z quelconque. Si enfin $q \in \,]-1,1[$, la suite $(\mathrm{P}_n(z))$ n'est bornée que pour $z = -1$ et $z = 1$. ◁

Bien que l'énoncé suivant concerne a priori une équation fonctionnelle, les suites récurrentes linéaires d'ordre 2 sont au cœur de la solution.

2.59. Une équation fonctionnelle

> Déterminer les applications $f : \mathbb{R}_+^* \to \mathbb{R}_+^*$ vérifiant
>
> $$\forall x > 0, \; f(f(x)) = 6x - f(x).$$

▷ **Solution.**

Analyse. Soit f une solution. Fixons $x > 0$ et posons $u_n = f^n(x)$, où $f^n = f \circ f \circ \cdots \circ f$ est la composée de f n fois avec elle-même. Par hypothèse, on a la relation de récurrence linéaire $u_{n+2} = 6u_n - u_{n+1}$. L'équation caractéristique associée est $X^2 + X - 6 = 0$ et ses racines sont 2 et -3. Il existe donc deux constantes A et B telles que $u_n = \mathrm{A}2^n + \mathrm{B}(-3)^n$ pour tout n. On trouve A et B avec les conditions initiales $u_0 = x$ et $u_1 = f(x)$. Il vient alors,

$$\forall n \in \mathbb{N}, \quad f^n(x) = u_n = \frac{3x + f(x)}{5} 2^n + \frac{2x - f(x)}{5}(-3)^n.$$

Or $f^n(x)$ doit être strictement positif pour tout n. Cela impose $f(x) = 2x$ (regarder u_{2n} et u_{2n+1} et faire tendre n vers l'infini).

Synthèse. La fonction $x \mapsto 2x$ est bien solution du problème posé. ◁

Voici encore une récurrence linéaire d'ordre 2. Les coefficients ne sont plus constants, mais les méthodes employées sont similaires. On utilise le fait que l'ensemble des solutions est encore un espace vectoriel de dimension 2.

2.60. Suites vérifiant $u_{n+2} = (n+1)u_{n+1} + u_n$

> Soit E l'ensemble des suites réelles (u_n) telles que, pour tout $n \in \mathbb{N}$,
>
> $$u_{n+2} = (n+1)u_{n+1} + u_n.$$
>
> **1.** Montrer que E est un espace vectoriel de dimension 2.
>
> **2.** On considère les deux suites (a_n) et (b_n) de E définies par $a_0 = 1$, $a_1 = 0$, $b_0 = 0$, $b_1 = 1$. Montrer que les suites (a_n) et (b_n) tendent vers $+\infty$.
>
> **3.** On pose $w_n = a_{n+1}b_n - a_n b_{n+1}$. Expliciter w_n.
>
> **4.** Soit $c_n = \frac{a_n}{b_n}$, pour $n \geqslant 1$. Montrer que la suite (c_n) converge.
>
> **5.** Montrer qu'il existe un unique réel r tel que $(a_n + rb_n)$ converge vers 0.

▷ **Solution.**

1. Il est clair que E est un sous-espace vectoriel de l'espace vectoriel des suites réelles. L'application $\varphi : (u_n) \in \mathrm{E} \longmapsto (u_0, u_1) \in \mathbb{R}^2$ est linéaire et clairement bijective car un élément de E est déterminé de manière unique par la donnée de u_0 et u_1, réels quelconques. L'espace vectoriel E est donc isomorphe à $\mathbb{R}^2$.

2. On a $a_n > 0$ et $b_n > 0$ pour $n \geqslant 2$, comme le montre une récurrence immédiate. On en déduit que les suites (a_n) et (b_n) sont strictement croissantes à partir du rang 2. Comme elles sont à valeurs dans $\mathbb{N}$, elles tendent vers $+\infty$.

3. On a, pour tout $n \in \mathbb{N}$,

$$\begin{aligned} w_{n+1} &= a_{n+2}b_{n+1} - a_{n+1}b_{n+2} \\ &= ((n+1)a_{n+1} + a_n)b_{n+1} - a_{n+1}((n+1)b_{n+1} + b_n) = -w_n. \end{aligned}$$

Puisque $w_0 = -1$, on a $w_n = (-1)^{n+1}$, pour tout $n \in \mathbb{N}$.

4. On a, pour tout $n \in \mathbb{N}$,

$$c_{n+1} - c_n = \frac{a_{n+1}}{b_{n+1}} - \frac{a_n}{b_n} = \frac{w_n}{b_n b_{n+1}} = \frac{(-1)^{n+1}}{b_n b_{n+1}}.$$

La série de terme général $c_{n+1} - c_n$ est alternée et vérifie le critère spécial de convergence des séries alternées, car la suite (b_n) est à termes strictement positifs à partir du rang 1 et croît vers $+\infty$. De la convergence de $\sum (c_{n+1} - c_n)$, on déduit la convergence de la suite (c_n). On note ℓ la limite de cette suite.

5. Si la suite $(a_n + rb_n)$ converge vers 0, alors *a fortiori* $\left(\frac{a_n}{b_n} + r\right)_{n\in\mathbb{N}}$ converge vers 0, puisque (b_n) tend vers $+\infty$ et donc $r = -\ell$. Montrons, réciproquement, que cette valeur convient. On a, pour tout $n \in \mathbb{N}^*$,

$$c_n - \ell = \lim_{p\to+\infty} (c_n - c_p) = \lim_{p\to+\infty} \sum_{k=n}^{p-1} (c_k - c_{k+1}) = \sum_{k=n}^{+\infty} (c_k - c_{k+1}).$$

Puisque cette série vérifie le critère spécial de convergence des séries alternées, cette somme est majorée en valeur absolue par la valeur absolue du premier terme. On a donc, pour $n \geqslant 1$,

$$|c_n - \ell| \leqslant |c_n - c_{n+1}| \leqslant \frac{1}{b_n b_{n+1}}, \text{ soit } |a_n - \ell b_n| \leqslant \frac{1}{b_{n+1}}.$$

On en déduit que $(a_n - \ell b_n)$ converge vers 0. ◁

Les exercices ci-après concernent les suites récurrentes linéaires d'ordre quelconque.

2.61. Suites à récurrence linéaire (1)

Soit $k \in \mathbb{N}^*$ et a la suite définie par la donnée de $(a_0, \ldots, a_{k-1}) \in \mathbb{C}^k$ et pour tout $n \in \mathbb{N}$, $a_{n+k} = \frac{1}{k} \sum_{i=0}^{k-1} a_{n+i}$. Étudier la convergence de la suite a et sa limite éventuelle.

▷ **Solution.**

Supposons pour commencer que $(a_0, \ldots, a_{k-1}) \in \mathbb{R}^k$. La suite a est alors à valeurs réelles. On pose, pour tout $n \in \mathbb{N}$,

$$u_n = \min(a_n, a_{n+1}, \ldots, a_{n+k-1}) \quad \text{et} \quad v_n = \max(a_n, a_{n+1}, \ldots, a_{n+k-1}).$$

On a, pour tout $n \in \mathbb{N}$, $u_n \leqslant a_{n+p} \leqslant v_n$ et donc $u_n \leqslant u_{n+1} \leqslant v_{n+1} \leqslant v_n$. La suite u est croissante et majorée par v_0 donc elle converge ; il en est de même pour v qui est décroissante et minorée par u_0. Notons $\ell = \lim u$ et $\ell' = \lim v$. On a $\ell \leqslant \ell'$. Montrons qu'en fait ces limites sont égales. Soit $\varepsilon > 0$ et N un entier tel que pour $n \geqslant \mathrm{N}$, on a $u_n \geqslant \ell - \varepsilon$. En isolant le terme égal à v_n, on obtient, pour $n \geqslant \mathrm{N}$,

$$a_{n+p} \geqslant \frac{1}{k}(v_n + (k-1)u_n) \geqslant \frac{1}{k}(\ell' + (k-1)(\ell - \varepsilon)).$$

On en déduit que, pour $n \geqslant \mathrm{N} + p$, $u_n \geqslant \frac{1}{k}(\ell' + (k-1)(\ell - \varepsilon))$. Par passage à la limite, on obtient $\ell \geqslant \frac{1}{k}(\ell' + (k-1)(\ell - \varepsilon))$ et donc $\ell \geqslant \ell' - (k-1)\varepsilon$. En faisant tendre ε vers 0, on en déduit $\ell' \geqslant \ell$ et donc $\ell' = \ell$. Comme $u_n \leqslant a_n \leqslant v_n$, la suite a converge aussi vers ℓ par encadrement.

Revenons au cas général. On pose pour tout $n \in \mathbb{N}$, $x_n = \mathrm{Re}(a_n)$ et $y_n = \mathrm{Im}(a_n)$. On a, pour tout $n \in \mathbb{N}$, $x_{n+k} = \frac{1}{k} \sum_{i=0}^{k-1} x_{n+i}$ et $y_{n+k} = \frac{1}{k} \sum_{i=0}^{k-1} y_{n+i}$. D'après ce qui précède, les suites (x_n) et (y_n) convergent, donc la suite a converge. On note L sa limite.

On a, pour tout $n \in \mathbb{N}$,

$$k a_{n+k} = \sum_{i=0}^{k-1} a_{n+i} = \sum_{i=0}^{k-1} (i+1) a_{n+i} - \sum_{i=1}^{k-1} i a_{n+i} \quad \text{et donc}$$

$$\sum_{i=1}^{k} i a_{n+i} = \sum_{i=0}^{k-1} (i+1) a_{n+i} = \sum_{i=1}^{k} i a_{n-1+i}.$$

La suite de terme général $y_n = \sum_{i=1}^{k} i a_{n-1+i}$ est constante. Comme on a $\lim_{n \to +\infty} y_n = \sum_{i=1}^{k} i\mathrm{L} = \frac{k(k+1)}{2}\mathrm{L}$, on obtient $\mathrm{L} = \frac{2y_0}{k(k+1)} = \frac{2}{k(k+1)} \sum_{i=1}^{k} i a_{i-1}$. ◁

Le lecteur trouvera une généralisation dans l'exercice 2.63 qui éclairera le calcul un peu astucieux de la limite L.

2.62. Suites à récurrence linéaire (2)

1. Soit E l'ensemble des suites $u \in \mathbb{C}^{\mathbb{N}}$ pour lesquelles il existe $d \in \mathbb{N}^*$ et $(a_i)_{0\leqslant i<d} \in \mathbb{C}^d$ tels que pour tout $n \in \mathbb{N}$, $u_{n+d} = \sum_{i=0}^{d-1} a_i u_{n+i}$. Montrer que E est stable par addition et multiplication.

2. Soit $\mathcal{E}$ le sous-ensemble de $\mathbb{C}^{\mathbb{N}}$ formé des suites périodiques. Montrer que $\mathcal{E}$ est un sous-espace vectoriel de $\mathbb{C}^{\mathbb{N}}$ et en donner une base.

3. Soit P un polynôme de $\mathbb{C}[X]$. Peut-on expliciter une récurrence linéaire vérifiée par la suite $(P(n))_{n\geqslant 0}$?

▷ **Solution.**

1. Lorsque $d = 2$, nous savons quelle est l'expression de u_n en fonction de n et des racines de $X^2 - a_1X - a_0$. Le lemme suivant étend le résultat à d quelconque.

Lemme. *Soit* $(a_i)_{0\leqslant i<d} \in \mathbb{C}^d$. *On note*

$$P = X^d - a_{d-1}X^{d-1} - \cdots - a_1X - a_0 = \prod_{i=1}^{r}(X-\lambda_i)^{k_i},$$

où $\lambda_1,\ldots,\lambda_r \in \mathbb{C}$ *sont deux à deux distincts et les* k_i *dans* $\mathbb{N}^*$.

On suppose $a_0 \neq 0$. *Alors, l'ensemble des suites vérifiant* $u_{n+d} = \sum_{i=0}^{d-1} a_i u_{n+i}$, *pour tout* $n \in \mathbb{N}$, *est constitué des suites s'écrivant*

$$\forall n \in \mathbb{N},\quad u_n = Q_1(n)\lambda_1^n + \cdots + Q_r(n)\lambda_r^n$$

avec pour tout i, $Q_i \in \mathbb{C}[X]$ *et* $\deg Q_i < k_i$.

Si $a_0 = 0$ *et* $\lambda_r = 0$, *l'ensemble est constitué des suites s'écrivant*

$$\forall n \geqslant k_r,\quad u_n = Q_1(n)\lambda_1^n + \cdots + Q_{r-1}(n)\lambda_{r-1}^n$$

avec pour tout i, $Q_i \in \mathbb{C}[X]$ *et* $\deg Q_i < k_i$, *les* $k_r - 1$ *premiers termes étant quelconques.*

Démonstration.

Notons T l'opérateur de translation sur $\mathbb{C}^{\mathbb{N}}$ défini par $T(u) = (u_{n+1})_{n\geqslant 0}$ pour toute suite $u = (u_n)_{n\in\mathbb{N}}$ de $\mathbb{C}$. Alors $P(T)(u)$ est la suite de terme général $u_{n+d} - \sum_{i=0}^{d-1} a_i u_{n+i}$, si bien que $\operatorname{Ker} P(T)$ n'est autre que l'ensemble des suites $(u_n)_{n\in\mathbb{N}}$ vérifiant la relation de récurrence linéaire : pour tout $n \in \mathbb{N}$,

$$u_{n+d} = \sum_{i=0}^{d-1} a_i u_{n+i}.$$

Le lemme de décomposition des noyaux nous donne que $\operatorname{Ker} P(T)$ est la somme directe des $\operatorname{Ker}(T - \lambda_i \operatorname{Id})^{k_i}$. On est donc amené à préciser $\operatorname{Ker}(T - \lambda \operatorname{Id})^k$ pour tous $k \in \mathbb{N}^*$ et $\lambda \in \mathbb{C}$.

Traitons le cas λ non nul. Montrons que les éléments de $\operatorname{Ker}(T - \lambda \operatorname{Id})^k$ sont les suites $u = (u_n)_{n\in\mathbb{N}}$ telles que pour $n \in \mathbb{N}$, $u_n = Q(n)\lambda^n$ avec $Q_{k-1} \in \mathbb{C}[X]$ de degré strictement inférieur à k. On remarque que si u est de cette forme, alors on a $u_{n+1} - \lambda u_n = (Q(n+1) - Q(n))\lambda^{n+1} = D(Q)(n)\lambda^{n+1}$, où D est l'endomorphisme de $\mathbb{C}[X]$ défini par $A \longmapsto A(X+1) - A(X)$. Par itération, on trouve que $(T - \lambda \operatorname{Id})^k(u)$ est la suite de terme général $D^k(Q)(n)\lambda^{n+k}$, ce qui vaut 0 si $k > \deg Q$, car D diminue le degré d'une unité.

Réciproquement, montrons par récurrence sur $k \geqslant 1$ qu'une suite u de $\operatorname{Ker}(T - \lambda \operatorname{Id})^k$ est de la forme $(Q(n)\lambda^n)_{n\in\mathbb{N}}$ avec $Q \in \mathbb{C}_{k-1}[X]$. Pour $k = 1$, la suite vérifie pour tout $n \in \mathbb{N}$, $u_{n+1} - \lambda u_n = 0$ ce qui donne $u_n = \lambda^n u_0$: c'est bien la forme attendue. Supposons $k \geqslant 2$ et la propriété vérifiée au rang $k-1$. Soit $u = (u_n)_{n\in\mathbb{N}} \in \operatorname{Ker}(T - \lambda \operatorname{Id})^k$. Alors la suite $T(u) - \lambda u$ est dans $\operatorname{Ker}(T - \lambda \operatorname{Id})^{k-1}$ et elle s'écrit par hypothèse de récurrence $(R(n)\lambda^n)_{n\in\mathbb{N}}$ avec $R \in \mathbb{C}_{k-2}[X]$. Comme D diminue le degré d'une unité, on a classiquement l'égalité $D(\mathbb{C}_{k-1}[X]) = \mathbb{C}_{k-2}[X]$, si bien qu'il existe $Q \in \mathbb{C}_{k-1}[X]$ tel que $Q(X+1) - Q(X) = \frac{R(X)}{\lambda}$. Ainsi on obtient, pour tout $n \in \mathbb{N}$,

$$u_{n+1} - \lambda u_n = R(n)\lambda^n = (Q(n+1) - Q(n))\lambda^{n+1}.$$

La suite $v_n = \frac{u_n}{\lambda^n} - Q(n)$ vérifie la relation $v_{n+1} = v_n$, autrement dit elle est constante. Ainsi, $u_n = (Q(n) + v_0)\lambda^n$ et la suite est bien de la forme voulue.

Le cas $\lambda = 0$ est à part : le noyau $\operatorname{Ker} T^k$ est l'ensemble des suites nulles à partir du rang k.

Comme $\operatorname{Ker} P(T)$ est somme directe des sous-espaces propres, on obtient bien la forme annoncée par le lemme. □

Reprenons les notations du lemme et posons $e_{\lambda,\ell} = (n^\ell \lambda^n)_{n\in\mathbb{N}}$, pour $\lambda \in \mathbb{C}^*$ et $\ell \in \mathbb{N}$. À $\lambda \neq 0$ fixé, la famille des suites $e_{\lambda,\ell}$ pour $\ell \in \mathbb{N}$ est libre car si $\alpha_0, \ldots, \alpha_p \in \mathbb{C}$ avec $\alpha_p \neq 0$, la limite de

$$\frac{\alpha_0\lambda^n + \alpha_1 n\lambda^n + \cdots + \alpha_p n^p \lambda^n}{n^p \lambda^n}$$

est α_p et la combinaison linéaire $\alpha_0\lambda^n + \alpha_1 n\lambda^n + \cdots + \alpha_p n^p\lambda^n$ ne peut être nulle pour tout $n \in \mathbb{N}$. On en déduit que les suites $e_{\lambda,0} = (\lambda^n)$,

$e_{\lambda,1} = (n\lambda^n),\dots,\ e_{\lambda,k-1} = (n^{k-1}\lambda^n)$ forment une base de $\mathrm{Ker}(\mathrm{T} - \lambda\,\mathrm{Id})^k$. En notant $e_{0,\ell} = (\delta_{n,\ell})_{n\in\mathbb{N}}$, les k suites $(e_{0,0}, e_{0,1}, \dots, e_{0,k-1})$ constituent une base de $\mathrm{Ker}\,\mathrm{T}^k$. Par recollement des bases, puisque la somme des sous-espaces propres est directe et est égale à $\mathrm{Ker}\,\mathrm{P(T)}$, on est en mesure de donner une base de $\mathrm{Ker}\,\mathrm{P(T)}$ à savoir les $e_{\lambda_i,\ell}$ avec $1 \leqslant i \leqslant r$ et $0 \leqslant \ell \leqslant k_i - 1$. On remarque que quel que soit $\lambda \in \mathbb{C}$, $\dim \mathrm{Ker}(\mathrm{T} - \lambda\,\mathrm{Id})^k = k$, donc la dimension de $\mathrm{Ker}\,\mathrm{P(T)}$ est le degré de P.

L'ensemble E apparaît alors comme la réunion des noyaux de P(T) avec $\mathrm{P} \in \mathbb{C}[\mathrm{X}]$ non nul. On en déduit que E est contenu dans le sous-espace E′ engendré par les suites $e_{\lambda,\ell}$ avec $\ell \in \mathbb{N}$ et $\lambda \in \mathbb{C}$. Réciproquement, une suite de E′ s'écrit comme combinaison linéaire d'éléments de la forme $e_{\mu_1,\ell_1}, \dots, e_{\mu_s,\ell_s}$ avec les $\mu_i \in \mathbb{C}$ (pas forcément deux à deux distincts) et $\ell_i \in \mathbb{N}$. D'après le lemme, elle est dans $\mathrm{Ker}\,\mathrm{Q(T)}$ avec $\mathrm{Q} = (\mathrm{X} - \mu_1)^{\ell_1} \cdots (\mathrm{X} - \mu_s)^{\ell_s}$ et elle vérifie donc une relation de récurrence linéaire d'ordre $\deg \mathrm{Q}$: c'est un élément de E, autrement dit E est le sous-espace de $\mathbb{C}^{\mathbb{N}}$ qui admet pour base les suites $e_{\lambda,\ell}$ avec $\lambda \in \mathbb{C}$ et $\ell \in \mathbb{N}$ (cette famille est effectivement libre).

Il est alors clair que E est stable par addition. Pour montrer la stabilité pour la multiplication, par multilinéarité du produit, il suffit de vérifier que le produit de deux éléments de la base des $e_{\lambda,\ell}$ est encore dans E, ce qui est immédiat.

2. La suite nulle est 1-périodique. Si u et u' sont deux suites de $\mathbb{C}^{\mathbb{N}}$ de périodes respectives d et d' et $\lambda \in \mathbb{C}$, λu est périodique de période d et $u + u'$ est périodique de période dd' : l'ensemble $\mathcal{E}$ est bien un sous-espace de $\mathbb{C}^{\mathbb{N}}$. Il apparaît en reprenant les notations de la question précédente que u est périodique de période d si, et seulement si,

$$u \in \mathrm{Ker}(\mathrm{T}^d - \mathrm{Id}) = \bigoplus_{z\in \mathrm{U}_d} \mathrm{Ker}(\mathrm{T} - z\,\mathrm{Id}),$$

où U_d désigne le groupe des racines d-ièmes de l'unité. Ainsi, $\mathcal{E}$ est la réunion pour $d \in \mathbb{N}^*$ des noyaux $\mathrm{Ker}(\mathrm{T}^d - \mathrm{I})$ qui admettent comme base la famille constituée des suites $(z^n)_{n\in\mathbb{N}}$ où $z \in \mathrm{U}_d$. On en déduit que les suites $\varepsilon_z = (z^n)_{n\in\mathbb{N}}$ pour z racine d-ième de l'unité ($d \in \mathbb{N}^*$) engendrent $\mathcal{E}$. Comme $\varepsilon_z \in \mathrm{Ker}(\mathrm{T} - z\,\mathrm{Id})$, la famille (ε_z) est libre : elle constitue une base de $\mathcal{E}$.

3. Si P est de degré d, alors la suite $\big(\mathrm{P}(n)\big)$ est dans le sous-espace F de $\mathbb{C}^{\mathbb{N}}$ engendré par les suites $(1), (n), \dots, (n^d)$ qui, d'après la première question, appartiennent au noyau de $(\mathrm{T} - \mathrm{Id})^{d+1} = \sum_{k=0}^{d+1} (-1)^{d+1-k} \binom{d+1}{k} \mathrm{T}^k$. On en déduit que l'on a, pour tout $n \in \mathbb{N}$,

$$\mathrm{P}(n + d + 1) = \sum_{k=0}^{d} (-1)^{d-k} \binom{d+1}{k} \mathrm{P}(n + k). \quad \triangleleft$$

2.63. Suites à récurrence linéaire (3)

Soit $(a_1,\dots,a_p) \in \mathbb{C}^p$ avec $a_1 + \cdots + a_p = 1$. On suppose que la suite $(u_n)_{n\in\mathbb{N}}$ définie par ses p premiers termes $u_0,\dots,u_{p-1}$ et la relation de récurrence $u_{n+p} = a_p u_{n+p-1} + \cdots + a_1 u_n$ converge. Déterminer la limite de $(u_n)_{n\in\mathbb{N}}$.

▷ **Solution.**

Comme dans l'exercice précédent, on note T l'opérateur de translation sur $\mathbb{C}^{\mathbb{N}}$: si $u = (u_n)_{n\in\mathbb{N}}$ est une suite de $\mathbb{C}$, on a $\mathrm{T}(u) = (u_{n+1})_{n\geqslant 0}$. En posant $\mathrm{P} = \mathrm{X}^p - a_p\mathrm{X}^{p-1} - \cdots - a_1$, la suite $u = (u_n)_{n\in\mathbb{N}}$ est un élément du noyau de P(T). L'hypothèse sur les a_i nous assure que $\mathrm{P}(1) = 0$ et P s'écrit donc $\mathrm{P} = (\mathrm{X}-1)^r\mathrm{Q}$ avec $r \geqslant 1$ et $\mathrm{Q} \in \mathbb{C}[\mathrm{X}]$, $\mathrm{Q}(1) \neq 0$. Il s'avère que la suite $\mathrm{Q}(\mathrm{T})(u) \in \mathrm{Ker}(\mathrm{T}-\mathrm{Id})^r$ et qu'il s'agit donc d'un polynôme d'après le lemme donnant la forme des suites à récurrence linéaire, démontré à l'occasion de l'exercice précédent. Or, u étant supposée convergente, il en est de même pour $\mathrm{Q}(\mathrm{T})(u)$ par théorème d'opérations ce qui entraîne que $\mathrm{Q}(\mathrm{T})(u)$ est une constante : en écrivant $\mathrm{Q} = \alpha_{p-1}\mathrm{X}^{d-1} + \cdots + \alpha_1\mathrm{X} + \alpha_0$ (car $\deg \mathrm{Q} \leqslant p-1$), pour tout $n \in \mathbb{N}$, on a

$$\alpha_{p-1}u_{n+p-1} + \cdots + \alpha_1 u_{n+1} + \alpha_0 u_n = \alpha_{p-1}u_{p-1} + \cdots + \alpha_1 u_1 + \alpha_0 u_0.$$

En notant ℓ la limite de $(u_n)_{n\in\mathbb{N}}$, et en faisant tendre n vers l'infini, on en déduit $\mathrm{Q}(1)\ell = \alpha_{p-1}u_{p-1} + \cdots + \alpha_1 u_1 + \alpha_0 u_0$, ce qui donne

$$\ell = \frac{\alpha_{p-1}u_{p-1} + \cdots + \alpha_1 u_1 + \alpha_0 u_0}{\mathrm{Q}(1)}.$$

Remarquons que d'après la formule de Taylor, $\mathrm{Q}(1) = \dfrac{\mathrm{P}^{(r)}(1)}{r!}$. En particulier, si $r = 1$, on a $\mathrm{Q}(1) = \mathrm{P}'(1)$ et la factorisation suivante

$$\mathrm{P} = (\mathrm{X}-1)\left(\mathrm{X}^{p-1} + (a_{p-1} + \cdots + a_1)\mathrm{X}^{p-2} + \cdots + (a_2 + a_1)\mathrm{X} + a_1\right),$$

si bien que

$$\ell = \frac{u_{p-1} + (a_{p-1} + \cdots + a_1)u_{p-2} + \cdots + (a_2 + a_1)u_1 + a_1 u_0}{p - (p-1)a_p - \cdots - a_2}. \quad \triangleleft$$

Il y a une autre solution utilisant les séries entières qui a le mérite de ne pas utiliser le théorème de structure de l'espace des suites à récurrence linéaire : on multiplie la relation de récurrence par x^{n+p} *et on somme de* $n = 0$ *à l'infini. La série* $\sum u_n x^n$ *a un rayon de convergence* $\geqslant 1$ *(exactement* 1 *si* $\ell \neq 0$*). En notant* f *la somme de cette série, on a alors pour* $0 < |x| < 1$,

$$(1 - a_p x - \cdots - a_1 x^p)f(x) = x^p\mathrm{P}\left(\frac{1}{x}\right)f(x) = g(x),$$

où g est une fonction polynôme. On obtient ℓ *en faisant tendre* x *vers* 1, *car on a* $\lim_{x\to 1}(1-x)f(x) = \ell$ *(on trouvera une solution rédigée dans le chapitre séries entières du volume 6). En particulier si* 1 *est racine simple de* P, *on a* $\ell = \dfrac{g(1)}{P'(1)}$.

Les exercice suivants concernent des suites récurrentes diverses qui n'entrent pas dans les catégories précédentes.

2.64. Étude d'une suite récurrente

On considère la suite u définie par $u_0 = x \geqslant 0$ et la relation de récurrence $u_{n+1} = \sqrt{1 + (u_0 + u_1 + \cdots + u_n)^2}$. Déterminer la limite de $\dfrac{2^n}{u_n}$. On pourra poser $\sin\theta_n = \dfrac{1}{u_n}$.

▷ **Solution.**

On observe que la suite u est bien définie et strictement croissante. Il est assez naturel de comparer la suite à 2^n. En effet, si on modifie la relation de récurrence en enlevant le 1, c'est-à-dire si on regarde la suite v définie par $v_0 = x$ et pour tout $n \in \mathbb{N}$, $v_{n+1} = v_0 + v_1 + \cdots + v_n$, on constate que $v_n = 2^{n-1}x$ pour tout $n \geqslant 1$. Ce travail prouve déjà que u tend vers $+\infty$, puisqu'une récurrence très facile montre que $u_n \geqslant v_n$ pour tout n.

Pour $n \geqslant 1$, on a $u_n \geqslant 1$. Suivons l'indication de l'énoncé, en considérant l'unique réel $\theta_n \in]0, \frac{\pi}{2}]$ tel que $\sin\theta_n = \frac{1}{u_n}$. On a alors

$$(u_0 + u_1 + \cdots + u_n)^2 = u_{n+1}^2 - 1 = \frac{1}{\sin^2\theta_{n+1}} - 1 = \operatorname{cotan}^2\theta_{n+1}.$$

Il en résulte que

$$\begin{aligned}\operatorname{cotan}\theta_{n+1} &= u_0 + u_1 + \cdots + u_n = \operatorname{cotan}\theta_n + u_n \\ &= \operatorname{cotan}\theta_n + \frac{1}{\sin\theta_n} = \frac{\cos\theta_n + 1}{\sin\theta_n} = \operatorname{cotan}\frac{\theta_n}{2},\end{aligned}$$

puis que, pour $n \geqslant 1$, $\theta_{n+1} = \frac{\theta_n}{2}$ et donc enfin $\theta_n = \frac{\theta_1}{2^{n-1}}$. Ceci permet de conclure que

$$\frac{2^n}{u_n} = 2^n \sin\frac{\theta_1}{2^{n-1}} \underset{n\to+\infty}{\longrightarrow} 2\theta_1 = 2\arcsin\frac{1}{u_1} = 2\arcsin\frac{1}{\sqrt{1+x^2}}. \quad ◁$$

Dans l'exemple suivant, où on ne peut invoquer aucune méthode générale, on essaie de se ramener à l'étude d'une récurrence d'ordre 1.

2.65. Suite récurrente d'ordre deux (1)

Étudier la suite définie par $u_0 > 0$ et $u_1 > 0$ et, pour $n \geqslant 1$,

$$u_{n+1} = \ln(1 + u_n) + \ln(1 + u_{n-1}).$$

▷ **Solution.**

Une petite simulation numérique sur un ordinateur ou une calculatrice montre que, quel que soit le choix de u_0 et u_1, la suite $(u_n)_{n\in\mathbb{N}}$ semble converger vers un réel strictement positif. Si $(u_n)_{n\in\mathbb{N}}$ converge, le logarithme étant continu cela ne peut être que vers un point fixe de la fonction $x \longmapsto 2\ln(1 + x)$ sur $\mathbb{R}_+$. Une rapide étude de fonction laisse apparaître deux points fixes, 0 et ℓ (qui vaut 2,51 à 10^{-2} près).

Nous allons vérifier que $(u_n)_{n\in\mathbb{N}}$ converge vers ℓ, point fixe strictement positif de $x \longmapsto 2\ln(1 + x)$. Pour cela, nous allons encadrer $(u_n)_{n\in\mathbb{N}}$ par deux suites monotones vérifiant la même relation de récurrence. Soit $(v_n)_{n\in\mathbb{N}}$ et $(w_n)_{n\in\mathbb{N}}$ deux suites vérifiant la même relation de récurrence que $(u_n)_{n\in\mathbb{N}}$ avec $v_0 = v_1 = m$, $w_0 = w_1 = \mathrm{M}$, m étant un réel strictement positif strictement inférieur à u_0, u_1 et ℓ, M un réel strictement supérieur à u_0, u_1 et ℓ. Une récurrence immédiate prouve alors que pour tout n entier naturel, $v_n \leqslant u_n \leqslant w_n$.

Démontrons que la suite $(v_n)_{n\in\mathbb{N}}$ est croissante, en vérifiant par récurrence sur $n \geqslant 1$ que $v_n - v_{n-1} \geqslant 0$. On a $v_1 - v_0 = 0$, $v_2 - v_1 = 2\ln(1 + m) - m \geqslant 0$ car $m \in [0, \ell]$ et la fonction $x \longmapsto f(x) - x$ reste positive pour x entre 0 et ℓ. Pour n plus grand que 3,

$$v_n - v_{n-1} = \ln(1 + v_{n-1}) - \ln(1 + v_{n-3}) \geqslant 0,$$

car par hypothèse de récurrence, $v_{n-1} \geqslant v_{n-2} \geqslant v_{n-3}$.

On démontre, de même, que la suite $(w_n)_{n\in\mathbb{N}}$ est décroissante en établissant, par récurrence, que, pour $n \geqslant 1$, $w_n - w_{n-1} \leqslant 0$. On a $w_1 - w_0 = 0$ et $w_2 - w_1 = 2\ln(1 + \mathrm{M}) - \mathrm{M} \leqslant 0$ car $f(x) - x$ est négatif pour x plus grand que ℓ. Ensuite pour $n \geqslant 3$,

$$w_n - w_{n-1} = \ln(1 + w_{n-1}) - \ln(1 + w_{n-3}) \leqslant 0$$

par hypothèse de récurrence. Ainsi, pour $n \geqslant 0$, on a

$$0 < v_0 \leqslant v_n \leqslant v_{n+1} \leqslant w_{n+1} \leqslant w_n \leqslant w_0.$$

On en déduit que les suites $(v_n)_{n\in\mathbb{N}}$ et $(w_n)_{n\in\mathbb{N}}$ sont convergentes vers un réel, qui par passage à la limite dans la relation de récurrence, ne peut être que ℓ. Comme pour tout entier naturel n, $v_n \leqslant u_n \leqslant w_n$, le théorème d'encadrement permet de conclure que $\lim_{n\to+\infty} u_n = \ell$. ◁

Dans les deux exercices suivants, on utilisera le fait qu'une suite bornée converge dès qu'elle ne possède qu'une seule valeur d'adhérence et pour le premier il est agréable d'utiliser les notions de limites supérieures et inférieures définies dans l'exercice 2.25.

2.66. Suite récurrente d'ordre deux (2)

> Étudier la convergence de la suite (x_n) définie par $x_0 > 0$, $x_1 > 0$ et la relation $x_{n+2} = \dfrac{2}{x_{n+1} + x_n}$ pour tout n.

▷ **Solution.**

La suite (x_n) est bien définie et à termes strictement positifs. On observe que si (x_n) converge alors sa limite ℓ vérifie $\ell = \frac{1}{\ell}$ et on a donc $\ell = 1$. Montrons pour commencer que la suite (x_n) est bornée. Soit $a \in]0,1[$. Si x et y sont deux réels compris entre a et $\frac{1}{a}$ on a $a \leqslant \dfrac{x+y}{2} \leqslant \dfrac{1}{a}$ et donc $a \leqslant \dfrac{2}{x+y} \leqslant \dfrac{1}{a}\cdot$ Il suffit donc de choisir a tel que l'intervalle $\left[a, \frac{1}{a}\right]$ contienne x_0 et x_1 et une récurrence sur deux indices montre alors que $x_n \in \left[a, \frac{1}{a}\right]$ pour tout n.

Nous savons alors que l'ensemble X des valeurs d'adhérence de la suite est non vide, borné et fermé : c'est un compact. On note $\ell = \min X$ la plus petite valeur d'adhérence et $L = \max X$ la plus grande : ce sont les limites inférieures et supérieures de la suite (x_n) (voir l'exercice 2.25). Il suffit de prouver que $\ell = L$ pour avoir la convergence de la suite.

Soit φ une extractrice telle que $(x_{\varphi(n)+2})$ converge vers L. Quitte à sous-extraire à l'aide du théorème de Bolzano-Weierstrass, on peut directement supposer que la suite $(x_{\varphi(n)+1})$ converge aussi, vers une valeur d'adhérence ℓ_1. Par opération sur les limites la suite $(x_{\varphi(n)})$ converge aussi vers une valeur d'adhérence ℓ_2 et on a la relation $L = \dfrac{2}{\ell_1 + \ell_2}\cdot$ Comme $\ell_1 \geqslant \ell$ et $\ell_2 \geqslant \ell$ on en déduit que $L \leqslant \frac{2}{2\ell}$ soit $\ell L \leqslant 1$. En prenant une extractrice telle que $(x_{\varphi(n)+2})$ converge vers ℓ on voit de même que $\ell L \geqslant 1$ et finalement $\ell = \frac{1}{L}\cdot$

Reprenons les notations précédentes : $(x_{\varphi(n)+2})$ converge vers L, $(x_{\varphi(n)+1})$ converge vers ℓ_1, $x_{\varphi(n)}$ converge vers ℓ_2. Par opération sur les limites, $(x_{\varphi(n)-1})$ converge aussi vers une valeur d'adhérence ℓ_3. On a les relations $L = \dfrac{2}{\ell_1 + \ell_2}$ et $\ell_1 = \dfrac{2}{\ell_2 + \ell_3}\cdot$ Comme $\dfrac{\ell_1 + \ell_2}{2} = \dfrac{1}{L} = \ell$ et que $\ell_1 \geqslant \ell$, $\ell_2 \geqslant \ell$ on a forcément $\ell_1 = \ell_2 = \ell = \frac{1}{L}\cdot$ Mais alors $\dfrac{\ell_2 + \ell_3}{2} = \dfrac{1}{\ell_1} = L$ impose de même que $\ell_2 = \ell_3 = L$. Finalement $\ell_2 = L = \frac{1}{L}$ et $L = 1$.

On a donc $\ell = L = 1$ et (x_n) converge vers 1. ◁

2.67. Suite vérifiant $u_{n+1} = \dfrac{f(u_1)+\cdots+f(u_n)}{n}$

Soit $f : [0,1] \to [0,1]$ continue. On définit la suite (u_n) par la relation de récurrence $u_{n+1} = \dfrac{f(u_1)+\cdots+f(u_n)}{n}$ et $u_1 = \alpha \in [0,1]$. Montrer que la suite (u_n) converge vers un point fixe de f.

▷ **Solution.**

Notons déjà que si u converge vers a, alors a est un point fixe de la fonction f. En effet, $f(u_n)$ tend vers $f(a)$ par continuité de f donc, par le théorème de Cesàro, $u_{n+1} = \dfrac{f(u_1)+\cdots+f(u_n)}{n}$ tend aussi vers $f(a)$. Or u_{n+1} tend vers a donc par unicité de la limite on a $a = f(a)$.

Observons aussi que

$$u_{n+1} - u_n = \frac{f(u_n)}{n} - \frac{f(u_1)+\cdots+f(u_{n-1})}{n(n-1)} = \frac{f(u_n)-u_n}{n}$$

et que ce rapport tend vers 0 car (u_n) et $(f(u_n))$ sont des suites bornées. On en déduit notamment que si u_{N} est un point fixe de f, alors la suite est stationnaire à partir de ce rang.

Pour prouver que (u_n) converge, il suffit de montrer qu'elle n'admet qu'une seule valeur d'adhérence [7]. Supposons donc par l'absurde que la suite possède deux valeurs d'adhérence $\alpha < \beta$. On va montrer que tout x de $]\alpha,\beta[$ est un point fixe de f. En effet, supposons qu'il existe $c \in]\alpha,\beta[$ avec par exemple $f(c) > c$. Par continuité de f, on peut trouver un intervalle $[a,b]$ tel que $\alpha < a < c < b < \beta$ et tel que $f(x) \geqslant x$ pour tout $x \in [a,b]$. Comme $u_{n+1} - u_n$ tend vers 0, on peut trouver un rang N tel que $|u_{n+1} - u_n| < b - a$ pour $n \geqslant \mathrm{N}$. Comme β est valeur d'adhérence, on peut trouver $p \geqslant \mathrm{N}$ tel que $u_p \geqslant a$. Mais il est alors impossible à la suite u de repasser à gauche de a. En effet, si u_n est dans l'intervalle $[a,b]$ on a $u_{n+1} \geqslant u_n$ et si $u_n > b$, $u_{n+1} \geqslant a$ car l'écart entre u_n et u_{n+1} ne dépasse pas $b - a$. Cela est contradictoire avec le fait que α est valeur d'adhérence. On raisonne de manière analogue dans le cas où il existe $c \in]\alpha,\beta[$ avec $f(c) < c$. On a donc $f(x) = x$ pour tout $x \in]\alpha,\beta[$. Mais cela n'est pas possible car dès que la suite tombe dans cet intervalle (et cela arrive car pour n assez grand on a $|u_{n+1} - u_n| < \beta - \alpha$ et les termes de la suite ne peuvent pas passer d'un voisinage de α à un voisinage de β sans rencontrer l'intervalle $]\alpha,\beta[$), elle est stationnaire. D'où le résultat. ◁

Les exercices suivants étudient des suites vérifiant des relations de récurrence simultanées. L'étude de telles suites se ramène souvent à celle de deux suites adjacentes.

7. D'après la constatation précédente l'ensemble des valeurs d'adhérence est un segment (voir l'exercice 2.27), mais cela ne va pas servir ici.

2.68. Suites de Schwob

Soit $a < b$ deux réels strictement positifs. Étudier les deux suites $(x_n)_{n\geqslant 0}$ et $(y_n)_{n\geqslant 0}$ définies par $x_0 = a$, $y_0 = b$ et pour tout $n \in \mathbb{N}$,

$$x_{n+1} = \frac{x_n + y_n}{2} \quad \text{et} \quad y_{n+1} = \sqrt{x_{n+1} y_n}.$$

▷ **Solution.**

On a $x_0 < x_1 < y_0$, puis $x_0 < x_1 < y_1 < y_0$. Une récurrence immédiate montre que pour tout n, $x_n < x_{n+1} < y_{n+1} < y_n$. Les suites (x_n) et (y_n) sont convergentes car monotones et bornées. Si on note $\ell = \lim x_n$ et $\ell' = \lim y_n$, on a $\ell' = \frac{\ell + \ell'}{2}$ donc $\ell = \ell'$. En fait, cette limite commune peut être calculée.

Soit $\theta \in \left]0, \frac{\pi}{2}\right[$ tel que $a = b\cos\theta$. On a alors $x_1 = b\cos^2\frac{\theta}{2}$ et $y_1 = b\cos\frac{\theta}{2}$. Par récurrence sur n, on voit alors que $y_n = b\prod_{k=1}^{n}\cos\frac{\theta}{2^k}$ et $x_n = y_n\cos\frac{\theta}{2^n}$. Le produit définissant y_n se simplifie si on le multiplie par $\sin\frac{\theta}{2^n}$ et on obtient alors $y_n = \dfrac{b\sin\theta}{2^n\sin\frac{\theta}{2^n}}$. On en déduit que $\lim\limits_{n\to+\infty} x_n = \lim\limits_{n\to+\infty} y_n = b\frac{\sin\theta}{\theta}$. ◁

Une variante classique consiste à modifier la seconde relation de récurrence en prenant $y_{n+1} = \sqrt{x_n y_n}$. Ainsi x_{n+1} (resp. y_{n+1}) est la moyenne arithmétique (resp. géométrique) de x_n et y_n. On montre encore que les deux suites sont adjacentes et leur limite commune est appelée la moyenne arithmetico-géométrique de a et b. Celle-ci s'exprime à l'aide d'une intégrale elliptique et le lecteur trouvera un exercice sur ce sujet dans le volume 5.

Les suites (a_n) et (b_n) étudiées dans le prochain exercice sont définies de la manière suivante : a_{n+1} et b_{n+1} sont respectivement la moyenne arithmétique et la moyenne harmonique de a_n et b_n. On va montrer qu'elles convergent vers la moyenne géométrique de a_0 et b_0.

2.69. Moyenne arithmético-harmonique

Soit $(a_n)_{n\in\mathbb{N}}$ et $(b_n)_{n\in\mathbb{N}}$ les suites définies par la donnée de $a_0 > 0$ et $b_0 > 0$, et les relations de récurrence

$$a_{n+1} = \frac{a_n + b_n}{2} \quad \text{et} \quad \frac{1}{b_{n+1}} = \frac{1}{2}\left(\frac{1}{a_n} + \frac{1}{b_n}\right).$$

1. Étudier la convergence de ces suites.
2. Soit $\ell = \lim a_n$. Donner un équivalent de $a_n - \ell$.

▷ **Solution.**

1. Les deux suites sont à termes strictement positifs. On a, pour tout $n \in \mathbb{N}$,

$$a_{n+1} - b_{n+1} = \frac{a_n + b_n}{2} - \frac{2a_n b_n}{a_n + b_n} = \frac{(a_n - b_n)^2}{2(a_n + b_n)} \geqslant 0.$$

Autrement dit $a_n \geqslant b_n$, pour tout $n \in \mathbb{N}^*$. On en déduit que, si $n \geqslant 1$,

$$a_{n+1} - a_n = \frac{b_n - a_n}{2} \leqslant 0 \quad \text{et} \quad b_{n+1} - b_n = \frac{b_n(a_n - b_n)}{a_n + b_n} \geqslant 0.$$

La suite $(a_n)_{n\geqslant 1}$ décroît et est minorée par b_1 ; la suite $(b_n)_{n\geqslant 1}$ croît et est majorée par a_1. Elles convergent donc toutes les deux. En passant à la limite dans l'égalité $a_{n+1} = \frac{a_n + b_n}{2}$, on obtient qu'elles ont même limite. On appelle ℓ cette limite commune. Pour calculer ℓ, on remarque que, pour tout $n \in \mathbb{N}$, on a

$$\frac{1}{b_{n+1}} = \frac{a_n + b_n}{2a_n b_n} = \frac{a_{n+1}}{a_n b_n}$$

et donc $a_{n+1}b_{n+1} = a_n b_n$: la suite $(a_n b_n)$ est constante et donc, pour tout n, $a_n b_n = a_0 b_0$. En faisant tendre n vers $+\infty$, cela donne $\ell = \sqrt{a_0 b_0}$.

La figure suivante montre la construction géométrique des termes des suites. La convergence semble assez rapide.

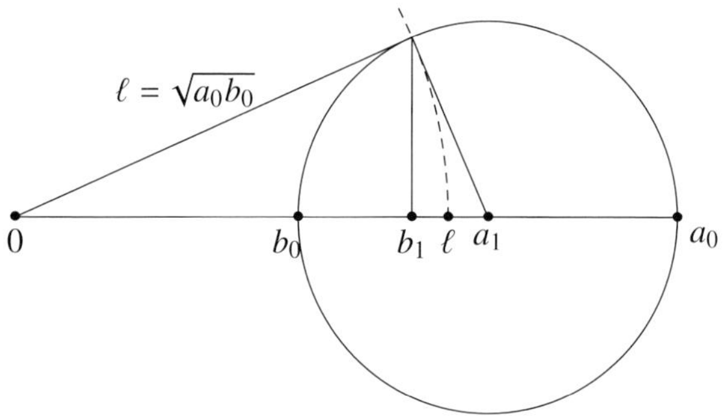

2. Pour répondre à cette question, on calcule a_n. Pour tout $n \in \mathbb{N}$, on a

$$a_{n+1} = \frac{1}{2}\left(a_n + \frac{\ell^2}{a_n}\right) = \frac{a_n^2 + \ell^2}{2a_n},$$

et donc

$$a_{n+1} - \ell = \frac{(a_n - \ell)^2}{2a_n} \quad \text{et} \quad a_{n+1} + \ell = \frac{(a_n + \ell)^2}{2a_n}.$$

On obtient finalement $\frac{a_{n+1} - \ell}{a_{n+1} + \ell} = \left(\frac{a_n - \ell}{a_n + \ell}\right)^2$. Une récurrence aisée donne alors, pour tout $n \in \mathbb{N}$, $\frac{a_n - \ell}{a_n + \ell} = \left(\frac{a_0 - \ell}{a_0 + \ell}\right)^{2^n}$. Sachant que $a_n + \ell$ est équivalent à 2ℓ, on obtient

$$a_n - \ell \underset{n\to\infty}{\sim} 2\ell \left(\frac{a_0 - \ell}{a_0 + \ell}\right)^{2^n} . \;\triangleleft$$

La suite (a_n) *ci-dessus vérifie la récurrence* $a_{n+1} = \frac{1}{2}\left(a_n + \frac{a_0 b_0}{a_n}\right)$. *On reconnaît l'algorithme dit babylonien d'extraction d'une racine carrée, en l'occurrence* $\sqrt{a_0 b_0}$. *Il est basé sur le raisonnement suivant : si* a_n *est une valeur approchée par défaut (resp. par excès) de* $\sqrt{a}$, *alors* $\frac{a}{a_n}$ *en est une valeur approchée par excès (resp. par défaut) et la moyenne* $a_{n+1} = \frac{1}{2}\left(a_n + \frac{a}{a_n}\right)$ *est une meilleure valeur approchée que* a_n. *L'équivalent obtenu dans l'exercice montre que cet algorithme converge très rapidement si* a_0 *est proche de* $\sqrt{a}$.

L'exercice suivant propose une relation de récurrence proche, mais avec une suite d'entiers.

2.70. Algorithme babylonien dans $\mathbb{N}$

Soit $n \in \mathbb{N}^*$. On définit la suite d'entiers $(x_k)_{k\in\mathbb{N}}$ en posant : $x_0 = n$ et, pour $k \in \mathbb{N}$, $x_{k+1} = \left\lfloor \frac{1}{2}\left(x_k + \left\lfloor \frac{n}{x_k} \right\rfloor\right)\right\rfloor$.

1. Montrer que pour tout $k \in \mathbb{N}$, $x_k \geqslant \lfloor\sqrt{n}\rfloor$.

2. Soit $k \in \mathbb{N}$. Montrer que $x_{k+1} \geqslant x_k \Leftrightarrow x_k = \lfloor\sqrt{n}\rfloor$.

3. On note $k(n)$ le plus petit entier k tel que $x_k = \lfloor\sqrt{n}\rfloor$. Proposer un majorant asymptotique de $k(n)$.

▷ **Solution.**

1. Soit $n \in \mathbb{N}^*$ et posons $p = \lfloor\sqrt{n}\rfloor$. Il nous suffit de montrer que l'ensemble des entiers $\geqslant p$ est stable par la fonction $f_n : x \mapsto \left\lfloor \frac{1}{2}\left(x + \left\lfloor \frac{n}{x} \right\rfloor\right)\right\rfloor$. Soit $k \geqslant p$. On a $p^2 \leqslant n < (p+1)^2$ donc

$$\left\lfloor \frac{1}{2}\left(k + \left\lfloor \frac{n}{k} \right\rfloor\right)\right\rfloor \geqslant \left\lfloor \frac{1}{2}\left(k + \left\lfloor \frac{p^2}{k} \right\rfloor\right)\right\rfloor.$$

Il nous suffit donc de vérifier que $\frac{1}{2}\left(k + \left\lfloor \frac{p^2}{k} \right\rfloor\right) \geqslant p$ (puisque dans ce cas la partie entière reste $\geqslant p$). Si $k = p$ c'est réalisé et il y a même égalité. Si $k > p$ alors on a

$$\frac{1}{2}\left(k + \left\lfloor \frac{p^2}{k} \right\rfloor\right) \geqslant \frac{1}{2}\left(k + \frac{p^2}{k} - 1\right) > p - \frac{1}{2}$$

d'après l'inégalité des moyennes. On a donc $k + \left\lfloor \frac{p^2}{k} \right\rfloor > 2p - 1$ et comme il s'agit d'entiers cela implique $k + \left\lfloor \frac{p^2}{k} \right\rfloor \geqslant 2p$.

2. Si $x_k = \lfloor\sqrt{n}\rfloor$, on a $x_{k+1} \geqslant x_k$, d'après la question précédente. Réciproquement, supposons $x_{k+1} \geqslant x_k$. On a alors

$$x_{k+1} - x_k = \left\lfloor \frac{1}{2}\left(-x_k + \left\lfloor \frac{n}{x_k} \right\rfloor\right)\right\rfloor \geqslant 0$$

et donc $x_k \leqslant \left\lfloor \frac{n}{x_k} \right\rfloor \leqslant \frac{n}{x_k}\cdot$ Cela implique $x_k \leqslant \sqrt{n}$ et donc $x_k \leqslant \lfloor \sqrt{n} \rfloor$, car x_k est entier. Puisqu'on a déjà l'inégalité inverse on a $x_k = \lfloor \sqrt{n} \rfloor$.

Ainsi la suite est strictement décroissante jusqu'à ce qu'elle atteigne la valeur $p = \lfloor \sqrt{n} \rfloor$. Voici quelques exemples numériques :

• Pour $n = 98$ on obtient $98, 49, 25, 14, 10, 9, 9, \ldots$ et la suite stationne à 9 qui est point fixe.

• Pour $n = 99$ on obtient $99, 50, 25, 14, 10, 9, 10, 9, 10, 9, \ldots$ et la suite devient périodique de période 2.

• Pour $n = 100$ on a $100, 50, 26, 14, 10, 10, \ldots$ et la suite stationne à 10.

On peut préciser le cas où la suite est stationnaire en regardant ce qui se passe en $p = \lfloor \sqrt{n} \rfloor$. On pose $n = p^2 + k$ avec $k \leqslant 2p$ (car $n < (p+1)^2 = p^2 + 2p + 1$). On a

$$f_n(p) = \left\lfloor \frac{1}{2}\left(p + \lfloor \frac{n}{p} \rfloor\right) \right\rfloor = \left\lfloor p + \frac{1}{2}\left\lfloor \frac{n}{p} \right\rfloor \right\rfloor = p + \left\lfloor \frac{1}{2} \lfloor \frac{n}{p} \rfloor \right\rfloor$$

et donc $f_n(p) = p$ sauf si $k = 2p$ où $f_n(p) = p + 1$. Ainsi la suite est stationnaire à p sauf si n est égal à $(p+1)^2 - 1$ auquel cas elle devient 2-périodique à partir d'un certain rang avec $(p, p+1)$ pour période.

3. L'entier $k(n)$ est bien défini d'après ce qu'on vient de voir et est majoré trivialement par n. Mais on va voir que la suite stationne (ou devient périodique) bien plus rapidement. On a, pour tout k,

$$x_{k+1} = f_n(x_k) \leqslant \frac{1}{2}\left(x_k + \frac{n}{x_k}\right)\cdot$$

En retranchant $\sqrt{n}$, on reconnaît un carré parfait à droite :

$$x_{k+1} - \sqrt{n} \leqslant \frac{1}{2x_k}(x_k - \sqrt{n})^2.$$

Tant que $k + 1 < k(n)$, on a $x_k \geqslant \lfloor \sqrt{n} \rfloor + 1 > \sqrt{n}$. On alors

$$0 < x_{k+1} - \sqrt{n} \leqslant \frac{1}{2x_k}(x_k - \sqrt{n})^2 \leqslant \frac{(x_k - \sqrt{n})^2}{2(x_k - \sqrt{n})} = \frac{1}{2}(x_k - \sqrt{n}).$$

En itérant on obtient, pour $k \leqslant k(n) - 2$,

$$x_k - \sqrt{n} \leqslant \frac{1}{2^k}(x_0 - \sqrt{n}) = \frac{1}{2^k}(n - \sqrt{n}) \leqslant \frac{n}{2^k}\cdot$$

Or on a $x_{k(n)-2} \geqslant x_{k(n)-1} + 1 > \sqrt{n} + 1$. On en déduit que $1 < \frac{n}{2^{k(n)-2}}$, soit $k(n) < 2 + \log_2(n)$. ◁

L'énoncé suivant étudie l'algorithme babylonien de calcul de la racine carrée dans le cadre complexe. Selon la condition initiale il y a convergence vers l'une des deux racines ou bien divergence.

2.71. Algorithme babylonien. Cas complexe

Soit z_0 un nombre complexe non nul.

1. Montrer que si z_0 n'est pas un imaginaire pur, la suite définie par la relation de récurrence $z_{n+1} = \frac{1}{2}\left(z_n + \frac{1}{z_n}\right)$ est convergente.

2. On suppose que z_0 est imaginaire pur. Déterminer les valeurs de z_0 pour lesquelles la relation de récurrence $z_{n+1} = \frac{1}{2}\left(z_n + \frac{1}{z_n}\right)$ définit bien une suite et montrer qu'alors cette suite est divergente.

3. Soit (a_n) une suite de réels de $]0,1[$ et qui tend vers 1. Étudier la suite définie par la relation de récurrence $x_{n+1} = \frac{a_n}{2}\left(x_n + \frac{1}{x_n}\right)$ lorsque x_0 est un réel non nul.

▷ **Solution.**

1. On pose, pour tout $z \in \mathbb{C}^*$, $f(z) = \frac{1}{2}\left(z + \frac{1}{z}\right)$. Si $z \in \mathbb{C} \setminus i\mathbb{R}$ on a $z \neq 0$ et $\mathrm{Re}(f(z)) = \frac{1}{2}\,\mathrm{Re}(z)\left(1 + \frac{1}{|z|^2}\right) \neq 0$ donc $\mathbb{C} \setminus i\mathbb{R}$ est stable par f. On en déduit que si z_0 est un complexe non imaginaire pur, la suite (z_n) est bien définie et à valeurs dans les complexes non imaginaires purs.

Les points fixes de f sont -1 et 1. Si la suite (z_n) n'est pas stationnaire, on a pour tout entier naturel n, z_n différent de -1 et 1 et $\frac{z_{n+1}-1}{z_{n+1}+1} = \left(\frac{z_n-1}{z_n+1}\right)^2$ et donc

$$\frac{z_n - 1}{z_n + 1} = \left(\frac{z_0 - 1}{z_0 + 1}\right)^{2^n} = a^{2^n}$$

avec $a = \frac{z_0-1}{z_0+1}$. On a $|a| = 1$ si z_0 est équidistant de 1 et de -1 c'est-à-dire est imaginaire pur (ce qui est exclu), $|a| < 1$ si $\mathrm{Re}(z_0) > 0$ et $|a| > 1$ lorsque $\mathrm{Re}\, z_0 < 0$. Dans le cas $\mathrm{Re}\, z_0 > 0$, a^{2^n} tend vers 0 et on en déduit que (z_n) converge vers 1. Et si $\mathrm{Re}\, z_0 < 0$ alors $\frac{1}{a^{2^n}}$ tend vers 0 et en en prenant l'inverse de la relation précédente on obtient que (z_n) converge vers -1.

2. On note que si $z \in \mathbb{C}^*$ est imaginaire pur, alors $f(z) = \frac{z}{2}\left(1 - \frac{1}{|z|^2}\right)$ est également imaginaire pur. Le problème c'est que $f(z)$ peut valoir 0 (quand $z = \pm i$). Ainsi, si dans le calcul des itérés de z_0 par f on tombe sur 0 à un certain rang n, alors la suite n'est plus définie au rang suivant.

• Supposons choisi z_0 imaginaire pur tel que la suite (z_n) soit définie (et donc à valeurs dans les imaginaires purs). Pour tout $n \in \mathbb{N}$, z_n est différent de -1 et 1. On montre comme dans la première question que, pour tout entier naturel n, on a $\frac{z_n-1}{z_n+1} = a^{2^n}$ avec $a = \frac{z_0-1}{z_0+1}$. Si $a^{2^n} = 1$, l'égalité est impossible : la suite n'est donc pas définie pour une telle valeur de z_0. Cette égalité est réalisée s'il existe $k \in \mathbb{N}$ tel que $a = \dfrac{z_0 - 1}{z_0 + 1} = e^{2ik\pi/2^n}$, ce qui donne

$$z_0 = \frac{1 + e^{2ik\pi/2^n}}{1 - e^{2ik\pi/2^n}} = i \operatorname{cotan} \frac{k\pi}{2^n},$$

avec k non multiple de 2^n.

• Réciproquement, supposons que z_0 ne soit pas de la forme $i \operatorname{cotan} \frac{k\pi}{2^n}$, avec $n \in \mathbb{N}$ et $k \in \mathbb{Z}$, non multiple de 2^n. Alors $a^{2^n} \neq 1$ pour tout n et on peut poser $u_n = \dfrac{1 + a^{2^n}}{1 - a^{2^n}}$ pour tout $n \in \mathbb{N}$. On a alors $u_0 = z_0$ et, pour tout $n \in \mathbb{N}$,

$$\frac{1}{2}\left(u_n + \frac{1}{u_n}\right) = \frac{1}{2}\left(\frac{1 + a^{2^n}}{1 - a^{2^n}} + \frac{1 - a^{2^n}}{1 + a^{2^n}}\right) = \frac{1}{2}\,\frac{(1 + a^{2^n})^2 + (1 - a^{2^n})^2}{1 - a^{2^{n+1}}} = u_{n+1}.$$

Ainsi la suite (z_n) est bien définie et est égale à la suite (u_n).

Si la suite (z_n) convergeait, sa limite serait -1 ou 1, ce qui est impossible car elle est à valeurs imaginaires pures et sa limite éventuelle le serait aussi. Ainsi si z_0 est imaginaire pur, la suite (z_n) ne peut jamais converger.

3. On supposera $x_0 > 0$, le cas $x_0 < 0$ s'en déduisant en prenant la suite opposée. Alors la suite (x_n) est bien définie et à valeurs dans $\mathbb{R}_+^*$. Si elle converge, sa limite est forcément égale à 1. On va montrer que (x_n) tend bien vers 1.

Soit $\varepsilon \in \left]0, \frac{2}{3}\right]$ et N tel que $a_n \in [1 - \varepsilon, 1]$ pour $n \geqslant \mathrm{N}$.

Le minimum de la fonction $x \mapsto x + \frac{1}{x}$ sur $\mathbb{R}_+^*$ est 2 , donc, pour $n \geqslant \mathrm{N}$, on a $x_{n+1} \geqslant a_n \geqslant 1 - \varepsilon$. Ainsi $x_n \geqslant 1 - \varepsilon$ si $n > \mathrm{N}$. Il reste à montrer que $x_n \leqslant 1 + \varepsilon$ pour n assez grand.

Supposons que $x_n > 1 + \varepsilon$ pour tout $n > \mathrm{N}$. On a alors

$$x_{n+1} - x_n \leqslant \frac{1}{2}\left(x_n + \frac{1}{x_n}\right) - x_n = \frac{1 - x_n^2}{2x_n} \leqslant 0.$$

La suite (x_n) décroît et est minorée par $1 + \varepsilon$. Elle converge, vers $\ell \geqslant 1 + \varepsilon$. C'est impossible car la seule limite possible est $\ell = 1$. Il existe donc $\mathrm{N}' > \mathrm{N}$ tel que $x_{\mathrm{N}'} \leqslant 1 + \varepsilon$.

Soit $n > \mathrm{N}$ tel que $x_n \leqslant 1 + \varepsilon$. On a alors $x_{n+1} \leqslant \frac{1}{2}\left(x_n + \frac{1}{x_n}\right)$. La fonction $f : x \longmapsto \frac{1}{2}\left(x + \frac{1}{x}\right)$ est décroissante sur $]0, 1]$ et croissante sur $[1, +\infty[$. Comme $x_n \in [1-\varepsilon, 1+\varepsilon]$, on a $x_{n+1} \leqslant \max(f(1-\varepsilon), f(1+\varepsilon))$. On obtient $f(1+\varepsilon) \leqslant 1 + \frac{1}{2}\varepsilon$ et $f(1 - \varepsilon) = 1 + \dfrac{\varepsilon^2}{2(1 - \varepsilon)} \leqslant 1 + \varepsilon$, car $\varepsilon \leqslant \frac{2}{3}$. Ainsi $x_{n+1} \leqslant 1 + \varepsilon$. On a donc $x_n \in [1 - \varepsilon, 1 + \varepsilon]$ pour tout $n \geqslant \mathrm{N}'$ et (x_n) converge vers 1. ◁

2.72. Récurrences simultanées

On se donne trois réels a_0, b_0, c_0 tels que $-1 \leqslant a_0 \leqslant b_0 \leqslant c_0 \leqslant 1$ et on pose, pour tout entier naturel n,

$$\begin{cases} a_{n+1} = \int_{-1}^{1} \min(x, b_n, c_n)\mathrm{d}x, \\ b_{n+1} = \int_{-1}^{1} \mathrm{mil}(x, a_n, c_n)\mathrm{d}x, \\ c_{n+1} = \int_{-1}^{1} \max(x, a_n, b_n)\mathrm{d}x, \end{cases}$$

où $\mathrm{mil}(a, b, c)$ est le terme médian de (a, b, c). Étudier la convergence des suites (a_n), (b_n) et (c_n).

▷ **Solution.**

Montrons, par récurrence sur n, que $a_n \leqslant b_n \leqslant c_n$. C'est vérifié pour $n = 0$ et si on suppose que la propriété est vraie au rang n, on obtient, pour tout $x \in [-1, 1]$:

- si $x \leqslant a_n$,

$$\min(x, b_n, c_n) = x \leqslant a_n = \mathrm{mil}(x, a_n, c_n) \leqslant \max(x, a_n, b_n) = b_n;$$

- si $a_n \leqslant x \leqslant c_n$,

$$\min(x, b_n, c_n) \leqslant x = \mathrm{mil}(x, a_n, c_n) \leqslant \max(x, a_n, b_n);$$

- si $x \geqslant c_n$,

$$\min(x, b_n, c_n) = b_n \leqslant c_n = \mathrm{mil}(x, a_n, c_n) \leqslant x = \max(x, a_n, b_n).$$

On a donc, pour tout $x \in [-1, 1]$,

$$\min(x, b_n, c_n) \leqslant \mathrm{mil}(x, a_n, c_n) \leqslant \max(x, a_n, b_n).$$

On en déduit, en intégrant ces inégalités sur $[-1, 1]$ que

$$a_{n+1} \leqslant b_{n+1} \leqslant c_{n+1},$$

ce qui termine la récurrence.

On aimerait pouvoir dire que, pour tout n, $-1 \leqslant a_n \leqslant b_n \leqslant c_n \leqslant 1$. Il n'en est rien : si par exemple $b_0 = -1$, alors $a_0 = -2$. Nous allons cependant montrer que c'est réalisé pour n assez grand.

On a, pour tout $n \in \mathbb{N}$, $a_{n+1} \leqslant \int_{-1}^{1} x\mathrm{d}x = 0$ et de même $c_{n+1} \geqslant 0$. Autrement dit, $a_n \leqslant 0$ et $c_n \geqslant 0$ pour $n \geqslant 1$. On en déduit que, pour $n \geqslant 1$,

$$b_{n+1} + 1 = \int_{-1}^{1} \mathrm{mil}(x + 1, a_n + 1, c_n + 1)\mathrm{d}x \geqslant 0,$$

car $c_n + 1 \geqslant 0$ et pour tout $x \in [-1, 1]$, $x + 1 \geqslant 0$. On montre de même que $b_{n+1} - 1 \leqslant 0$. On a donc $b_{n+1} \in [-1, 1]$ pour $n \geqslant 1$, soit $b_n \in [-1, 1]$ pour $n \geqslant 2$. On peut donc écrire, pour $n \geqslant 2$,

$$\begin{aligned} a_{n+1} &= \int_{-1}^{1} \min(x, b_n) \mathrm{d}x = \int_{-1}^{b_n} x \mathrm{d}x + \int_{b_n}^{1} b_n \mathrm{d}x \\ &= \frac{1}{2}(b_n^2 - 1) + b_n(1 - b_n) = -\frac{(1 - b_n)^2}{2}. \end{aligned}$$

On trouve de même,

$$c_{n+1} = \int_{-1}^{b_n} b_n \mathrm{d}x + \int_{b_n}^{1} x \mathrm{d}x = \frac{(b_n + 1)^2}{2}.$$

Soit n un entier $\geqslant 2$. Les conditions $a_{n+1} \geqslant -1$ et $c_{n+1} \leqslant 1$ sont réalisées si $|b_n| \leqslant \sqrt{2} - 1$. On note que $|c_{n+1}| + |a_{n+1}| = c_{n+1} - a_{n+1} = 1 + b_n^2 \leqslant 2$. On ne peut pas avoir simultanément $a_{n+1} < -1$ et $c_{n+1} > 1$.

• Si $|b_n| \leqslant \sqrt{2} - 1$, alors

$$\begin{aligned} b_{n+2} &= \int_{-1}^{a_{n+1}} a_{n+1} \mathrm{d}x + \int_{a_{n+1}}^{c_{n+1}} x \mathrm{d}x + \int_{c_{n+1}}^{1} c_{n+1} \mathrm{d}x \\ &= \frac{1}{2}(a_{n+1} + c_{n+1})(a_{n+1} - c_{n+1} + 2) \\ &= b_n(1 - b_n^2). \end{aligned}$$

On a alors $|b_{n+2}| \leqslant |b_n| \leqslant \sqrt{2} - 1$.

• Si $b_n > \sqrt{2} - 1$, alors $c_{n+1} > 1$ et

$$\begin{aligned} b_{n+2} &= \int_{-1}^{1} \max(x, a_{n+1}) \mathrm{d}x = \int_{-1}^{a_{n+1}} a_{n+1} \mathrm{d}x + \int_{a_{n+1}}^{1} x \mathrm{d}x \\ &= a_{n+1}(a_{n+1} + 1) + \frac{1}{2}(1 - a_{n+1}^2) = \frac{(a_{n+1} + 1)^2}{2}. \end{aligned}$$

On en déduit $b_{n+2} \in \left[0, \frac{1}{2}\right]$, puis $a_{n+3} = -\frac{(1 - b_{n+2})^2}{2} \in \left[-\frac{1}{2}, -\frac{1}{8}\right]$. Si on a encore $b_{n+2} > \sqrt{2} - 1$, alors on obtient $b_{n+4} = \frac{(a_{n+3} + 1)^2}{2}$ et, cette fois, on a $0 \leqslant b_{n+4} \leqslant \frac{49}{128} \leqslant \sqrt{2} - 1$.

• On montre de même que si $b_n < -\sqrt{2} + 1$, alors $-\sqrt{2} + 1 \leqslant b_{n+4} \leqslant 0$.

On a donc, pour tout n assez grand ($n \geqslant 6$),

$$|b_n| \leqslant \sqrt{2} - 1, \quad b_{n+2} = b_n(1 - b_n^2) \quad \text{et} \quad |b_{n+2}| \leqslant |b_n|.$$

Les deux suites $(|b_{2n}|)$ et $(|b_{2n+1}|)$ sont donc décroissantes et bornées. Elles convergent. La limite de chacune vérifie $\ell = \ell(1 - \ell^2)$ et donc $\ell = 0$. La suite (b_n) converge donc vers 0. Des relations $a_{n+1} = -\frac{(1 - b_n)^2}{2}$ et $c_{n+1} = \frac{(b_n + 1)^2}{2}$, on déduit que les suites (a_n) et (c_n) convergent respectivement vers $-\frac{1}{2}$ et $\frac{1}{2}$. ◁

Les exercices qui terminent ce chapitre étudient des suites définies implicitement. La démarche est toujours la même : montrer l'existence de x_n, démontrer la convergence de la suite x_n, déterminer un équivalent, puis un développement asymptotique de x_n. Pour cela il faut commencer par déterminer dans la relation qui définit x_n quels sont les termes prépondérants.

2.73. Suite définie implicitement (1)

On considère le polynôme $P_n = X^n + X^{n-1} + 2X - 1$.

1. Montrer que pour tout $n \geqslant 2$, il existe un unique réel $x_n > 0$ tel que $P_n(x_n) = x_n$.

2. Montrer que la suite $(x_n)_{n\in\mathbb{N}}$ est croissante et converge vers 1.

▷ **Solution.**

1. Posons, pour $n \geqslant 3$, $Q_n = P_n - X = X^n + X^{n-1} + X - 1$. On a alors $Q_n' = nX^{n-1} + (n-1)X^{n-2} + 1$. Ce polynôme est strictement positif sur $\mathbb{R}_+$. Il en résulte que Q_n réalise une bijection strictement croissante de $\mathbb{R}_+$ sur $[Q_n(0), +\infty[= [-1, +\infty[$. En particulier, il existe un unique réel $x_n > 0$ tel que $Q_n(x_n) = 0$.

2. Notons que $0 < x_n < 1$, car $Q_n(1) = 2 > 0$. En évaluant en x_n la relation $Q_{n+1} - Q_n = (X+1)X^{n-1}(X-1)$, on obtient $Q_{n+1}(x_n) < 0$ et donc $x_{n+1} > x_n$: la suite $(x_n)_{n\in\mathbb{N}}$ est strictement croissante. Comme elle est majorée par 1, elle converge. Il ne reste plus qu'à prouver que sa limite est 1.

Soit $\varepsilon \in]0,1[$. On calcule $Q_n(1-\varepsilon) = (1-\varepsilon)^n + (1-\varepsilon)^{n-1} - \varepsilon$. On observe que $\lim_{n\to+\infty} Q_n(1-\varepsilon) = -\varepsilon$. Pour n assez grand, on a donc $Q_n(1-\varepsilon) < 0$, ce qui donne $1 - \varepsilon < x_n < 1$. Cela prouve que (x_n) tend vers 1. ◁

2.74. Suite définie implicitement (2)

Soit a_n la plus grande racine réelle de $X^{2n} - 2nX + 1$. Donner un développement asymptotique à deux termes de a_n.

▷ **Solution.**

Posons $f_n(x) = x^{2n} - 2nx + 1$. On a $f_n'(x) = 2n(x^{2n-1} - 1)$, ce qui montre que la fonction f_n est strictement décroissante sur $]-\infty, 1]$ et strictement croissante sur $[1, +\infty[$. Comme $f_n(1) = 2(1-n) < 0$, la fonction f_n s'annule exactement deux fois pour $n > 1$. On a en particulier $a_n > 1$. Comme $f_n(2) = 4^n - 4n + 1 > 0$ on a $1 < a_n < 2$. Posons $a_n = 1 + \varepsilon_n$. En remplaçant dans l'égalité $f_n(a_n) = 0$, il vient

$$(1+\varepsilon_n)^{2n} = 2n(1+\varepsilon_n) - 1.$$

En passant au logarithme et en divisant par $2n$ on obtient,

$$\ln(1+\varepsilon_n) \sim \frac{\ln(2n)}{2n} \sim \frac{\ln n}{2n}.$$

Donc ε_n tend vers 0 et $\varepsilon_n \sim \ln(1+\varepsilon_n) \sim \frac{\ln n}{2n}$. On a donc le développement asymptotique suivant :

$$a_n = 1 + \frac{\ln n}{2n} + o\left(\frac{\ln n}{n}\right). \quad \triangleleft$$

2.75. Suite définie implicitement (3)

> Soit $(u_n)_{n\in\mathbb{N}}$ une suite de réels telle que $u_n^5 + nu_n - 1 = 0$ pour tout $n \in \mathbb{N}$. Étudier cette suite et donner un développement asymptotique de u_n comportant deux termes.

$\triangleright$ **Solution.**

Considérons $f_n : x \longmapsto x^5 + nx - 1$ pour $n \geqslant 1$. La fonction f_n est dérivable et $f_n'(x) = x^4 + n > 0$: f_n est strictement croissante sur $\mathbb{R}$. Comme $f(0) = -1$ et $f(1) = n \geqslant 0$, le théorème des valeurs intermédiaires garantit l'existence de u_n, qui est dans $[0,1]$. Son unicité est due à la stricte monotonie de f_n.

Pour $n \in \mathbb{N}$, $f_{n+1}(u_n) = u_n^5 + (n+1)u_n - 1 = f_n(u_n) + u_n = u_n \geqslant 0$. Comme f_{n+1} est strictement croissante, $u_{n+1} \leqslant u_n$. La suite $(u_n)_{n\in\mathbb{N}}$ est décroissante ; étant minorée, elle converge vers un réel $\ell \in [0,1[$. On a

$$\lim_{n\to+\infty} u_n^5 - 1 = \ell^5 - 1 = \lim_{n\to+\infty} -nu_n$$

donc, nécessairement, $(u_n)_{n\in\mathbb{N}}$ converge vers 0.

Comme u_n tend vers 0 lorsque n tend vers l'infini,

$$\lim_{n\to+\infty} nu_n = 1 \quad i.e. \quad u_n \underset{n\to\infty}{\sim} \frac{1}{n}.$$

De la relation $u_n^5 + nu_n - 1 = 0$, on tire pour n tendant vers l'infini,

$$nu_n - 1 = -u_n^5 \underset{n\to\infty}{\sim} -\frac{1}{n^5}, \quad i.e. \quad nu_n = 1 - \frac{1}{n^5} + o\left(\frac{1}{n^5}\right).$$

On conclut que : $u_n = \frac{1}{n} - \frac{1}{n^6} + o\left(\frac{1}{n^6}\right)$. $\triangleleft$

L'exercice suivant est un grand classique posé à tous les oraux des concours.

2.76. Suite définie implicitement (4)

Soit $P_n = X^n + X^{n-1} + \cdots + X - 1$ pour $n \geqslant 1$.
1. Montrer que P_n admet une unique racine dans $\mathbb{R}_+$ qu'on note a_n.
2. Montrer que $(a_n)_{n\geqslant 1}$ converge et préciser sa limite ℓ.
3. Trouver un équivalent de $a_n - \ell$.

▷ **Solution.**

1. La fonction P_n est strictement croissante sur $\mathbb{R}^+$ et on a $P_n(0) = -1$ et $P_n(1) = n - 1 \geqslant 0$ donc P_n admet un unique zéro $a_n > 0$. On obtient par exemple $a_1 = 1$ et $a_2 = \dfrac{\sqrt{5}-1}{2} < 1$.

2. On a $P_{n+1}(X) = P_n(X) + X^{n+1}$. On obtient $P_{n+1}(a_n) = a_n^{n+1} > 0$, en évaluant en a_n. D'après les variations de P_{n+1}, il en découle que $a_{n+1} < a_n$. La suite $(a_n)_{n\geqslant 1}$ est donc strictement décroissante. Comme elle est minorée par 0 elle converge. Notons ℓ sa limite. On simplifie la relation vérifiée par a_n en utilisant la formule qui donne la somme des termes d'une suite géométrique. Il vient $2a_n - 1 = a_n^{n+1}$. Par encadrement on a $0 \leqslant a_n^{n+1} \leqslant a_2^{n+1}$ pour $n \geqslant 2$ donc la suite (a_n^{n+1}) tend vers 0 et (a_n) converge vers $\dfrac{1}{2}\cdot$

3. On va donner deux méthodes pour obtenir un équivalent de $a_n - \ell$.

• *Première solution.*

Si on injecte l'égalité $a_n = \frac{1}{2} + o(1)$ dans la relation $2a_n - 1 = a_n^{n+1}$ on obtient

$$2a_n - 1 = \frac{1}{2^{n+1}}(1 + o(1))^{n+1}$$

mais le terme $(1 + o(1))^{n+1}$ est une forme indéterminée. En fait le travail précédent montre que la convergence de la suite est très rapide (géométrique) puisque $a_n - \frac{1}{2} = O(a_2^n)$. Si on prend ce développement plus précis il n'y a plus d'indétermination car $\left(1 + O(a_2^n)\right)^{n+1} = e^{(n+1)\ln\left(1+O(a_2^n)\right)} = e^{(n+1)\, O\left(a_2^n\right)}$ tend vers 1. On a donc $2a_n - 1 \sim \dfrac{1}{2^{n+1}}$ et finalement

$$a_n = \frac{1}{2} + \frac{1}{2^{n+2}} + o\left(\frac{1}{2^{n+2}}\right).$$

• *Seconde solution.*

On peut utiliser la formule des accroissements finis pour relier l'écart $a_n - \frac{1}{2}$ à l'écart $P_n(a_n) - P_n\left(\frac{1}{2}\right) = \frac{1}{2^n}\cdot$ Il existe un réel $c_n \in \left]\frac{1}{2}, a_n\right[$ tel que

$$P_n(a_n) - P_n\left(\frac{1}{2}\right) = \left(a_n - \frac{1}{2}\right)P_n'(c_n).$$

On a pour tout x différent de 1,

$$P'_n(x) = \frac{nx^{n+1} - (n+1)x^n + 1}{(1-x)^2}.$$

On en déduit, puisque c_n tend vers $\frac{1}{2}$, que $P'_n(c_n) \sim \dfrac{1}{(1-c_n)^2} \sim 4$ et on retrouve le même équivalent de $a_n - \frac{1}{2}$. ◁

2.77. Suite définie implicitement (5)

> **1.** Montrer que, pour tout entier $n \geqslant$, l'équation $x \sin x - c \cos x = 0$ (où $c > 0$) admet une unique solution x_n dans tout intervalle $\left]n\pi, n\pi + \frac{\pi}{2}\right[$ et qu'elle n'en admet pas d'autre dans $\mathbb{R}_+$.
> **2.** Déterminer un équivalent θ_n de $x_n - n\pi$, puis un équivalent de $x_n - n\pi - \theta_n$.

▷ **Solution.**

1. Posons, pour x réel positif ou nul, $f(x) = x \sin x - c \cos x$. La fonction f est de classe C^∞ et sa dérivée vaut $f'(x) = x \cos x + (1+c) \sin x$. On remarque que sur un intervalle de la forme $\left]n\pi, n\pi + \frac{\pi}{2}\right[$ (n entier naturel), $\sin x$ et $\cos x$ ont le même signe, si bien que f' garde sur cet intervalle un signe constant : la fonction f est strictement monotone sur $\left]n\pi, n\pi + \frac{\pi}{2}\right[$. Or on a $f(n\pi)f\left(n\pi + \frac{\pi}{2}\right) = -c(-1)^n n\pi(-1)^n = -cn\pi < 0$, donc le théorème des valeurs intermédiaires nous assure l'existence d'une racine x_n de la fonction f dans $\left]n\pi, n\pi + \frac{\pi}{2}\right[$, unique par stricte monotonie.

D'autre part, si $f(x) = 0$, $\cos x \neq 0$ (car sinon, $f(x) = x \sin x \neq 0$). Dans ces conditions,

$$\tan x = \frac{\sin x}{\cos x} = \frac{c}{x} > 0.$$

Il s'ensuit que x est dans un intervalle du type $\left]n\pi, n\pi + \frac{\pi}{2}\right[$ ($n \geqslant 0$). En dehors des x_n, la fonction f n'a donc pas d'autre racine positive.

2. Pour n entier naturel non nul, $x_n \in \left]n\pi, n\pi + \frac{\pi}{2}\right[$ et donc

$$1 \leqslant \frac{x_n}{n\pi} \leqslant 1 + \frac{\pi}{2n\pi}.$$

Le théorème d'encadrement nous donne l'équivalent $x_n \sim n\pi$.

Posons $u_n = x_n - n\pi \in \left]0, \frac{\pi}{2}\right[$. La relation $f(x_n) = 0$ s'écrit

$$(-1)^n(u_n + n\pi)\sin u_n - c(-1)^n \cos u_n = 0,$$

ce qui se simplifie comme suit :

$$\tan u_n = \frac{c}{n\pi + u_n} \quad \text{ou encore} \quad u_n = \arctan \frac{c}{n\pi + u_n} \sim \frac{c}{n\pi + u_n} \sim \frac{c}{n\pi},$$

puisque $u_n = o(n\pi)$ et $\lim\limits_{n\to+\infty} \frac{c}{n\pi + u_n} = 0$. On a donc $\theta_n = \frac{c}{n\pi}\cdot$

Posons ensuite $v_n = u_n - \frac{c}{n\pi} = o\left(\frac{1}{n}\right)$. La relation $u_n = \arctan \frac{c}{n\pi + u_n}$ devient

$$v_n + \frac{c}{n\pi} = \arctan\left(\frac{c}{n\pi + \frac{c}{n\pi} + o\left(\frac{1}{n}\right)}\right).$$

On a

$$\frac{c}{n\pi + \frac{c}{n\pi} + o\left(\frac{1}{n}\right)} = \frac{c}{n\pi\left(1 + \frac{c}{n^2\pi^2} + o\left(\frac{1}{n^2}\right)\right)} = \frac{c}{n\pi} - \frac{c^2}{n^3\pi^3} + o\left(\frac{1}{n^3}\right).$$

Sachant que pour x tendant vers 0, $\arctan x = x - \frac{1}{3}x^3 + o(x^3)$, on obtient

$$v_n + \frac{c}{n\pi} = \frac{c}{n\pi} - \frac{c^2}{n^3\pi^3} - \frac{1}{3}\frac{c^3}{n^3\pi^3} + o\left(\frac{1}{n^3}\right),$$

ce qui donne après simplification, $v_n = -\frac{c^2(c+3)}{3n^3\pi^3} + o\left(\frac{1}{n^3}\right)$ et finalement

$$x_n = n\pi + \frac{c}{n\pi} - \frac{c^2(c+3)}{3n^3\pi^3} + o\left(\frac{1}{n^3}\right) \cdot \;\triangleleft$$

2.78. Suite définie implicitement (6)

Soit, pour $n \in \mathbb{N}^*$, $f_n : x \in]n, +\infty[\longmapsto \sum\limits_{k=1}^{n} \frac{1}{x-k}$ et $a > 0$. Montrer que l'équation $f_n(x) = a$ possède une seule solution, notée x_n. Déterminer un équivalent de x_n, quand n tend vers ∞.

▷ **Solution.**

La fonction f_n réalise une bijection décroissante de $]n, +\infty[$ sur $]0, +\infty[$. Pour $a > 0$, elle prend donc une seule fois la valeur a.

Posons $y_n = x_n - n > 0$. On a $a = \sum\limits_{k=0}^{n-1} \frac{1}{y_n + k}\cdot$ Par décroissance de $t \longmapsto \frac{1}{t}$, on obtient

$$a \geqslant \sum_{k=0}^{n-1} \int_{y_n+k}^{y_n+k+1} \frac{1}{t}\,\mathrm{d}t - \int_{y_n}^{y_n+n} \frac{1}{t}\,\mathrm{d}t = \ln \frac{y_n + n}{y_n}\cdot$$

On a donc $e^a \geqslant \frac{y_n+n}{y_n}$, ce qui implique $y_n \geqslant \frac{n}{e^a-1}\cdot$ On en déduit que (y_n) tend vers $+\infty$.

Pour n assez grand, on a $y_n > 1$ et alors

$$a \leqslant \sum_{k=0}^{n-1} \int_{y_n+k-1}^{y_n+k} \frac{1}{t}\, \mathrm{d}t = \int_{y_n-1}^{y_n+n-1} \frac{1}{t}\, \mathrm{d}t = \ln \frac{y_n+n-1}{y_n-1}.$$

On a donc $e^a \leqslant \frac{y_n+n-1}{y_n-1}$, ce qui implique $y_n \leqslant \frac{n}{e^a-1}+1$.

De l'encadrement $\frac{n}{e^a-1} \leqslant y_n \leqslant \frac{n}{e^a-1}+1$, on déduit $x_n - n = y_n \sim \frac{n}{e^a-1}$, puis $x_n \sim \frac{ne^a}{e^a-1}\cdot$ ◁

2.79. Zéros des polynômes de Taylor d'ordre impair de l'exponentielle

Soit $\mathrm{P}_n(\mathrm{X}) = 1 + \frac{\mathrm{X}}{1!} + \cdots + \frac{\mathrm{X}^n}{n!}\cdot$

1. Montrer que P_n admet au plus une racine réelle.

2. Soit a_n l'unique zéro de P_{2n+1}. Étudier la limite de la suite (a_n).

3. Déterminer un équivalent de a_n.

▷ **Solution.**

1. Il est clair que $\mathrm{P}_n(x) \geqslant 1$ pour $x \geqslant 0$. Les éventuels zéros de P_n seront donc négatifs. Pour tout $n \geqslant 1$ on a $\mathrm{P}_n' = \mathrm{P}_{n-1}$. Cela invite clairement à faire une démonstration par récurrence. Prenons l'hypothèse suivante

(H_n) : la fonction P_{2n} est strictement positive sur $\mathbb{R}$ et P_{2n+1} réalise un homéomorphisme strictement croissant de $\mathbb{R}$ sur lui-même, et en particulier s'annule pour une unique valeur $a_n < 0$.

Pour $n = 0$ c'est clair : $\mathrm{P}_0 = 1$ et $\mathrm{P}_1(\mathrm{X}) = 1 + \mathrm{X}$. On a $a_0 = -1$.

Supposons (H_n) vraie. Alors comme $\mathrm{P}_{2n+2}' = \mathrm{P}_{2n+1}$, la fonction P_{2n+2} atteint son minimum en a_n. Puisque

$$\mathrm{P}_{2n+2}(a_n) = \mathrm{P}_{2n+1}(a_n) + \frac{a_n^{2n+2}}{(2n+2)!} = \frac{a_n^{2n+2}}{(2n+2)!} > 0,$$

on a donc $\mathrm{P}_{2n+2} > 0$. Enfin, comme $\mathrm{P}_{2n+3}' = \mathrm{P}_{2n+2}$, la fonction P_{2n+3} est strictement croissante. Comme ses limites en $\pm\infty$ sont respectivement $\pm\infty$ la seconde partie de (H_{n+1}) est vérifiée.

2. Essayons maintenant d'étudier la monotonie de la suite (a_n). Pour localiser a_{n+1} par rapport à a_n il suffit de connaître le signe de $\mathrm{P}_{2n+3}(a_n)$. Or nous avons

$$\mathrm{P}_{2n+3}(x) - \mathrm{P}_{2n+1}(x) = \frac{x^{2n+2}}{(2n+2)!} + \frac{x^{2n+3}}{(2n+3)!} = \frac{x^{2n+2}}{(2n+3)!}(2n+3+x)$$

donc $P_{2n+3}(a_n)$ a le signe de $2n+3+a_n$. On remarque que

$$P_{2n+3}(-2n-3) = P_{2n+1}(-2n-3) \leqslant P_{2n+1}(-2n-1).$$

Il en résulte que la suite $\big(P_{2n+1}(-2n-1)\big)_{n\geqslant 0}$ est décroissante. En particulier, on a $P_{2n+1}(-2n-1) \leqslant P_1(-1) = 0$ ce qui implique $-2n-1 \leqslant a_n$. On en déduit $a_n + 2n + 3 \geqslant 2 > 0$, ce qui implique $P_{2n+3}(a_n) > 0$, $a_{n+1} < a_n$ et la décroissance stricte de la suite (a_n).

On va maintenant prouver que la suite (a_n) tend vers $-\infty$. Supposons qu'elle converge vers une limite finie ℓ. Alors, par croissance stricte des P_{2n+1}, on aurait, pour tout n, $P_{2n+1}(\ell) < 0$ et donc, en faisant tendre n vers l'infini, $e^{\ell} \leqslant 0$ ce qui est absurde. On en déduit que $\lim\limits_{n\to+\infty} a_n = -\infty$.

3. Cherchons un équivalent de a_n. Pour tout réel x, la suite $(P_n(x))$ converge vers e^x. De plus, pour $x < 0$, la série définissant e^x est alternée, donc e^x est encadré par $P_n(x)$ et $P_{n+1}(x)$. D'où l'idée d'encadrer e^{a_n} par $P_{2n+2}(a_n)$ et $P_{2n+3}(a_n)$ (on sait déjà que $P_{2n+1}(a_n) = 0$).

Par la formule de Taylor-Lagrange, pour tout $x < 0$, il existe $c \in \,]x,0[$ tel que $e^x - P_{2n+2}(x) = \dfrac{e^c}{(2n+3)!}x^{2n+3} < 0$. En particulier, pour $x = a_n$, on obtient $e^{a_n} - \dfrac{a_n^{2n+2}}{(2n+2)!} \leqslant 0$. De même, la formule de Taylor-Lagrange montre que $P_{2n+3}(x) \leqslant e^x$ pour tout réel x et on obtient, pour $x = a_n$,

$$e^{a_n} \geqslant \frac{a_n^{2n+2}}{(2n+2)!} + \frac{a_n^{2n+3}}{(2n+3)!} = \frac{a_n^{2n+2}}{(2n+3)!}(2n+3+a_n) \geqslant 2\frac{a_n^{2n+2}}{(2n+3)!}$$

(on a utilisé l'inégalité $a_n + 2n + 3 \geqslant 2$ démontrée plus haut). En passant au logarithme dans les deux inégalités précédentes, on obtient l'encadrement

$$\ln 2 + (2n+2)\ln(-a_n) - \ln(2n+3)! \leqslant a_n \leqslant (2n+2)\ln(-a_n) - \ln(2n+2)!.$$

On rappelle les premiers termes du développement asymptotique de Stirling

$$\ln k! = k\ln k - k + o(k).$$

Comme $\ln(2n+3)! = \ln(2n+3) + \ln(2n+2)! = (2n+2)\ln(2n+2) - (2n+2) + o(n)$, il vient

$$(2n+2)\ln\frac{-a_n}{2n+2} + (2n+2) + o(n) \leqslant a_n \leqslant (2n+2)\ln\frac{-a_n}{2n+2} + (2n+2) + o(n).$$

En divisant l'inégalité ci-dessus par $2n+2$ et en notant $x_n = -\dfrac{a_n}{2n+2}$, on a donc

$$1 + \ln(x_n) + o(1) \leqslant -x_n \leqslant 1 + \ln x_n + o(1).$$

Il en résulte que $\lim\limits_{n\to+\infty}(x_n + \ln x_n) = -1$. Or, la fonction $\psi : t \longmapsto t + \ln t$ réalise un homéomorphisme strictement monotone de $\mathbb{R}_+^*$ sur $\mathbb{R}$. Par continuité de ψ^{-1}, on en déduit que x_n tend vers l'unique réel α tel que $\alpha + \ln\alpha = -1$ (α vaut environ 0,278) et on a l'équivalent cherché

$$a_n \sim -2\alpha n. \triangleleft$$

2.80. Distance à un graphe

On note d_n la distance de l'origine au graphe de la fonction $x \mapsto \cos^n x$. Étudier la convergence puis donner un équivalent de d_n.

▷ **Solution.**

La fonction $x \mapsto \cos^n x$ est paire et il est clair, par symétrie, que le minimum de distance est atteint en un point de l'intervalle $\left[0, \frac{\pi}{2}\right]$.

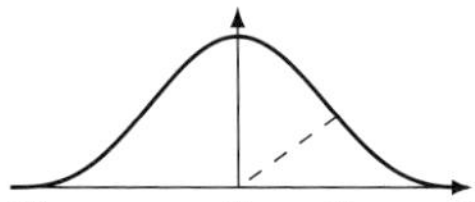

Pour éviter les racines carrées, on s'intéresse plutôt à $\delta_n = d_n^2$ qui est le minimum sur $\left[0, \frac{\pi}{2}\right]$ de la fonction $f_n : x \mapsto x^2 + \cos^{2n} x$. Soit x_n un point où ce minimum est atteint. On a $\delta_n = f_n(x_n) \geqslant f_{n+1}(x_n) \geqslant \delta_{n+1}$. La suite (δ_n) est donc décroissante, positive et par conséquent elle converge. On a $f_n(0) = 1$ donc le minimum est plus petit que 1. Soit $\varepsilon \in]0, 1[$. On a $f_n(\varepsilon) = \varepsilon^2 + \cos^{2n} \varepsilon$ qui tend vers ε^2 lorsque n tend vers l'infini, donc pour n assez grand $\delta_n \leqslant 2\varepsilon^2$ et on en déduit que la suite (δ_n) tend vers 0.

Comme x_n est dans $\left]0, \frac{\pi}{2}\right[$ on a $f_n'(x_n) = 0$ ce qui donne la relation

$$x_n = n \sin x_n \cos^{2n-1} x_n.$$

On a $x_n^2 \leqslant f_n(x_n) = \delta_n$ donc la suite (x_n) converge aussi vers 0. La relation précédente implique donc que $\cos^{2n} x_n \sim \frac{1}{n}$. On en déduit que $\ln \cos x_n \sim -\frac{\ln n}{2n}$ en prenant le logarithme. Ainsi, on a

$$\ln(\cos x_n) = \ln\left(1 - \frac{x_n^2}{2} + o(x_n^2)\right) = -\frac{x_n^2}{2} + o(x_n^2) \sim -\frac{\ln n}{2n}$$

et donc $x_n^2 \sim \frac{\ln n}{n}$. On obtient $\delta_n \sim \frac{\ln n}{n}$ et $d_n \sim \sqrt{\frac{\ln n}{n}}$. ◁

Chapitre 3
Séries numériques

Dans une tentative d'historique des séries numériques, nous pourrions faire remonter leurs origines aux travaux développés dès la fin du XVIIe *siècle autour du comportement asymptotique de sommes du type* $\sum_{k=1}^{n} f(k)$*. Quelques années après les travaux de Bernoulli sur ce sujet, Euler et Mac-Laurin produisent indépendamment une « formule sommatoire » obtenue par inversion d'identités tayloriennes :*

$$\sum_{k=1}^{n} f(k) = \int_0^n f + \frac{f(0)+f(n)}{2} + \frac{f'(n)-f'(0)}{12} - \frac{f'''(n)-f'''(0)}{720} + \cdots$$

Si l'expression générale donnant les coefficients de cette formule leur échappe dans un premier temps, Euler établit leur lien avec les coefficients du développement en série de $\frac{x}{e^x - 1}$ *et les nombres de Bernoulli, introduits par celui-ci dans le calcul des sommes* $\sum_{k=1}^{n} k^p$*. Euler en déduit, par de jolis calculs, les sommes des séries* $\sum_{n=1}^{+\infty} \frac{1}{n^{2s}}$ *pour s entier naturel non nul. Cependant, le problème de la convergence des sommes en question n'est jamais au centre de leurs réflexions et l'aspect formel l'emporte, ce qui conduit parfois les plus grands mathématiciens du siècle à commettre de lourdes erreurs. Vers 1768, d'Alembert commence à douter de la validité de l'emploi de séries non convergentes. En 1826, le mot d'Abel* [1] *illustre parfaitement cette nouvelle préoccupation : « Les séries divergentes sont des inventions du diable, et c'est une honte que l'on ose fonder sur elles la moindre démonstration. On peut en tirer tout ce qu'on veut quand on les emploie et ce sont elles qui ont produit tant d'échecs et tant de paradoxes. »*

Mais ce sont les nécessités du calcul numérique qui imposent vraiment un effort de rigueur dont Gauss, s'étant fait une idée claire de la notion de limite, sera le principal artisan. À partir de là, il paraît naturel d'établir des critères simples de convergence : on en doit plusieurs à Cauchy [2]*, et notamment celui qui porte son nom : si la suite de réels positifs* $(a_n)_{n\geqslant 0}$ *est telle que la limite supérieure de* $\sqrt[n]{a_n}$ *est strictement inférieure à* 1*, alors la série* $\sum a_n$ *est convergente.*

1. ABEL (N.), *Œuvres,* 1881.
2. CAUCHY (A.), *Analyse algébrique,* 1821.

Les premiers exercices sont consacrés aux séries à termes positifs. Dans ce cas, la suite des sommes partielles est croissante, de sorte qu'une série à termes positifs converge si et seulement si la suite de ses sommes partielles est majorée. De ceci découlent directement les théorèmes de comparaison des séries à termes positifs qui permettent d'étudier la convergence en regardant le terme général et pas les sommes partielles qui sont le plus souvent incalculables. Rappelons les résultats les plus utilisés. Si $(u_n)_{n\in\mathbb{N}}$ et $(v_n)_{n\in\mathbb{N}}$ sont deux suites réelles positives, on a

$$(\forall n \in \mathbb{N},\ u_n \leqslant v_n) \text{ et } \sum v_n \text{ converge} \implies \sum u_n \text{ converge};$$
$$u_n = O(v_n) \text{ et } \sum v_n \text{ converge} \implies \sum u_n \text{ converge};$$
$$u_n \underset{n\to\infty}{\sim} v_n \implies \sum u_n \text{ et } \sum v_n \text{ sont de même nature.}$$

Le plus souvent on utilise ces résultats avec les séries de référence que sont les séries de Riemann $\sum \frac{1}{n^\alpha}$ (qui convergent si et seulement si $\alpha > 1$) et les séries de Bertrand $\sum \frac{1}{n^\alpha \ln^\beta n}$ (qui convergent si et seulement si $\alpha > 1$ ou $\alpha = 1$ et $\beta > 1$). Ce dernier résultat n'est pas au programme mais se prouve facilement par une comparaison série intégrale.

3.1. Série divergente

Soit $(a_n)_{n\in\mathbb{N}}$ une suite de $\mathbb{R}_+^*$ telle que pour tout $n \in \mathbb{N}$, $a_n \leqslant a_{2n}+a_{2n+1}$. Montrer que la série $\sum a_n$ diverge.

▷ **Solution.**

Exploitons l'hypothèse pour les premières valeurs de n. On a $a_1 \leqslant a_2 + a_3$ puis $a_2 + a_3 \leqslant a_4 + a_5 + a_6 + a_7$. Il est alors facile de deviner, puis de montrer par récurrence sur k, que si on pose $s_k = \sum_{i=2^k}^{2^{k+1}-1} a_i$, alors $s_k \leqslant s_{k+1}$. La suite $(s_k)_{k\geqslant 0}$ est croissante et minorée par $s_0 = a_1 > 0$. Si la série était convergente la suite $(s_k)_{k\geqslant 0}$ devrait tendre vers 0. Ce n'est pas le cas donc la série $\sum a_n$ est divergente.

On peut placer les termes de la suite dans un arbre binaire :

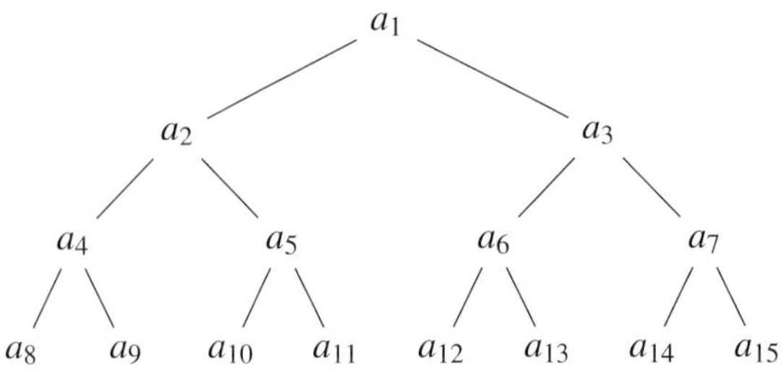

L'hypothèse signifie alors que chaque terme est majoré par la somme de ses deux descendants. Il est alors clair que la somme s_k des termes qui sont à la profondeur k est majorée par la somme des termes à la profondeur $k+1$. ◁

La numérotation des noeuds d'un arbre binaire vue ci-dessus est appelée numérotation de Sosa-Stradonitz et est très utilisée en informatique par exemple lorsqu'on code un tel arbre dans un tableau. Voici une variante de la solution proposée ci-dessus : on a $a_1 \leqslant a_2 + a_3 \leqslant a_3 + a_4 + a_5$ en utilisant l'hypothèse uniquement avec a_2 et ensuite $a_3 + a_4 + a_5 \leqslant a_4 + a_5 + a_6 + a_7$ en utilisant l'hypothèse avec a_3. Bref, on constate que la suite $s_p = \sum_{k=p+1}^{2p+1} a_k$ est croissante minorée par $a_1 > 0$ ce qui justifie la divergence de la série $\sum a_n$.

3.2. Étude de convergence (1)

Soit $\sum a_n$ une série divergente à terme général positif.

1. Déterminer la nature de la série $\sum \frac{a_n}{1+a_n}$.

2. Que dire de la nature de la série $\sum \frac{a_n}{1+na_n}$?

▷ **Solution.**

1. Posons pour tout n dans $\mathbb{N}$, $u_n = \frac{a_n}{1+a_n}$. On a $u_n \neq 1$ et $a_n = \frac{u_n}{1-u_n}$. Si (a_n) converge vers 0 alors $a_n \sim u_n$ et $\sum u_n$ diverge d'après le théorème de comparaison des séries à termes positifs. Si (a_n) ne converge pas vers 0, alors (u_n) non plus, vue l'expression de a_n en fonction de u_n. Dans ce cas aussi, la série $\sum u_n$ diverge.

2. Posons $v_n = \frac{a_n}{1+na_n}$ pour tout n. On ne peut rien dire de général sur la nature de $\sum v_n$. En effet, si (a_n) est la suite constante égale à 1 alors $v_n = \frac{1}{n+1}$ est le terme d'une série divergente, mais si on prend $a_n = 1$ lorsque n est un carré et $a_n = 0$ sinon, alors $\sum a_n$ diverge toujours mais $\sum v_n$ converge puisque pour tout N on a $\sum_{n=0}^{\mathrm{N}} v_n = \sum_{k \leqslant \sqrt{\mathrm{N}}} \frac{1}{1+k^2}$. ◁

3.3. Étude de convergence (2)

Soit $(a_n)_{n\geqslant 1}$ une suite de réels positifs ou nuls telle que la série $\sum a_n$ converge.

1. Montrer que si $\alpha > \frac{1}{2}$, la série $\sum \frac{\sqrt{a_n}}{n^\alpha}$ converge.

2. Que dire dans le cas $\alpha = \frac{1}{2}$?

▷ **Solution.**

1. On peut envisager de majorer la somme partielle $\sum_{n=1}^{N} \frac{\sqrt{a_n}}{n^\alpha}$ à l'aide de l'inégalité de Cauchy-Schwarz pour faire apparaître la somme des a_n sur laquelle nous avons une hypothèse ; en effet, pour tout $N \geqslant 1$, on peut écrire

$$\sum_{n=1}^{N} \frac{\sqrt{a_n}}{n^\alpha} \leqslant \left(\sum_{n=1}^{N} (\sqrt{a_n})^2\right)^{1/2} \left(\sum_{n=1}^{N} \frac{1}{n^{2\alpha}}\right)^{1/2}$$
$$\leqslant \left(\sum_{n=1}^{+\infty} a_n\right)^{1/2} \left(\sum_{n=1}^{+\infty} \frac{1}{n^{2\alpha}}\right)^{1/2},$$

puisque la série de terme général $\frac{1}{n^{2\alpha}}$ converge (car $2\alpha > 1$). Les sommes partielles de la série $\sum \frac{\sqrt{a_n}}{n^\alpha}$ étant majorées, cette série à termes positifs converge.

On peut aussi majorer directement le terme général par l'inégalité arithmético-géométrique en écrivant $\frac{\sqrt{a_n}}{n^\alpha} \leqslant \frac{1}{2}\left(\frac{1}{n^{2\alpha}} + a_n\right)$. *Le théorème de comparaison des séries à termes positifs permet alors de conclure.*

2. On ne peut rien dire de général dans le cas où $\alpha = \frac{1}{2}$: si les a_n sont tous nuls la série $\sum \frac{\sqrt{a_n}}{n^{1/2}}$ converge. En revanche si $a_n = \frac{1}{n \ln^2 n}$ (pour $n \geqslant 2$), on obtient $\frac{\sqrt{a_n}}{n^{1/2}} = \frac{1}{n \ln n}$ qui est le terme général d'une série divergente (comme on peut le voir avec une comparaison série-intégrale). ◁

Des idées analogues permettent de résoudre l'exercice suivant.

3.4. Convergence simultanée de deux séries

Soit $\sum a_n$ une série convergente à termes positifs. Trouver une condition nécessaire et suffisante pour qu'il existe une suite $(b_n)_{n\in\mathbb{N}}$ de réels strictement positifs telle que $\sum b_n$ et $\sum \frac{a_n}{b_n}$ convergent.

▷ **Solution.**

La suite (b_n) doit être assez petite pour que la série $\sum b_n$ converge, mais pas trop pour que la série $\sum \frac{a_n}{b_n}$ soit aussi convergente. Si une telle suite $(b_n)_{n\in\mathbb{N}}$ existe, on peut récupérer a_n en faisant le produit de b_n et $\frac{a_n}{b_n}$. D'après l'inégalité des moyennes on a donc pour tout $n \geqslant 0$,

$$\sqrt{a_n} = \sqrt{b_n \frac{a_n}{b_n}} \leqslant \frac{1}{2}\left(b_n + \frac{a_n}{b_n}\right).$$

Il est donc nécessaire que la série $\sum \sqrt{a_n}$ converge.

Réciproquement, si $\sum \sqrt{a_n}$ converge, alors on pose $b_n = \sqrt{a_n}$ si $a_n \neq 0$ et $b_n = \frac{1}{2^n}$ si $a_n = 0$. Dans ces conditions, $\frac{a_n}{b_n} = \sqrt{a_n}$ pour tout n et les deux séries $\sum b_n$ et $\sum \frac{a_n}{b_n}$ convergent. ◁

Dans l'exercice suivant on étudie la convergence en regardant la suite des sommes partielles et pas le terme général de la série.

3.5. Suite et série

> Déterminer les nombres complexes c tels que, pour toute suite $(u_n)_{n\geqslant 0}$ telle que la suite de terme général $u_0 + \cdots + u_{n-1} + cu_n$ converge, la série de terme général u_n converge.

▷ **Solution.**

On note S_n la somme partielle de la série de terme général u_n et pour $n \geqslant 1$, on pose $v_n = u_0 + \cdots + u_{n-1} + cu_n = S_{n-1} + c(S_n - S_{n-1}) = cS_n + (1-c)S_{n-1}$. Il s'agit de déterminer les valeurs de c pour lesquelles la convergence de (v_n) implique celle de (S_n). Il est clair que 0 et 1 conviennent. On suppose donc dans la suite $c \in \mathbb{C} \setminus \{0, 1\}$. On note que si (S_n) converge, elle a même limite que v_n. Quitte à translater la suite (S_n), on peut se limiter à considérer le cas où (v_n) converge vers 0. En posant $a = \frac{c-1}{c}$ et $w_n = \frac{v_n}{c}$ on a pour tout $n \geqslant 1$,

$$S_n = aS_{n-1} + w_n.$$

On peut voir cela comme une suite géométrique perturbée.

• Supposons $|a| < 1$. Montrons que si (w_n) converge vers 0, alors (S_n) converge vers 0. En divisant par a^n on a

$$\frac{S_n}{a^n} = \frac{S_{n-1}}{a^{n-1}} + \frac{w_n}{a^n}$$

et donc en sommant

$$S_n = a^n \left(S_0 + \sum_{k=1}^{n} \frac{w_k}{a^k} \right).$$

Le terme $a^n S_0$ tend vers 0 et il en est de même du second d'après le théorème de sommation des relations de comparaison. En effet,

$$\left| \sum_{k=1}^{n} \frac{w_k}{a^k} \right| \leqslant \sum_{k=1}^{n} \frac{|w_k|}{|a|^k} = o\left(\sum_{k=1}^{n} \frac{1}{|a|^k} \right) = o\left(\frac{1}{|a|^n} \right)$$

puisque la série géométrique de raison $\frac{1}{|a|}$ est divergente.

• Supposons $|a| \geqslant 1$ avec $a \neq 1$. Il est facile de construire une suite (v_n) qui converge vers 0 sans que (S_n) converge : il suffit de prendre la suite nulle. On a, pour tout $n \in \mathbb{N}$, $S_n = S_0 a^n$. On choisit $S_0 = u_0 \neq 0$. La suite (a^n) diverge, donc (S_n) diverge.

Conclusion. La convergence de (v_n) entraîne la convergence de la série de terme général u_n si, et seulement si, $c = 0$ ou $|c - 1| < |c|$ autrement dit si, et seulement si, $c = 0$ ou $\operatorname{Re} c > \frac{1}{2}\cdot$ ◁

De nombreux exercices concernent l'étude de la nature d'une série explicite et dans ce cas on utilise très souvent des développements asymptotiques.

3.6. Nature d'une série explicite (1)

Quelle est la nature de la série $\sum \ln\Big(\frac{(\ln(n+1))^2}{\ln n \ln(n+2)}\Big)$?

▷ **Solution.**

Observons pour commencer que la série est à termes positifs. En effet, on a

$$u_n = \ln\Big(\frac{(\ln(n+1))^2}{\ln n .\ \ln(n+2)}\Big) = 2\ln\ln(n+1) - \ln\ln n - \ln\ln(n+2) \geqslant 0,$$

par concavité de la fonction $t \longmapsto \ln\ln t$. On va maintenant estimer u_n par un développement asymptotique. Posons $u_n = \ln v_n$. On peut écrire pour, n tendant vers $+\infty$,

$$\begin{aligned} v_n &= \frac{\Big[\ln n + \ln\Big(1+\frac{1}{n}\Big)\Big]^2}{\ln n\Big[\ln n + \ln\Big(1+\frac{2}{n}\Big)\Big]} = \frac{\Big[\ln n + \frac{1}{n} + O\Big(\frac{1}{n^2}\Big)\Big]^2}{\ln n\Big[\ln n + \frac{2}{n} + O\Big(\frac{1}{n^2}\Big)\Big]} \\ &= \frac{\Big[1 + \frac{1}{n\ln n} + O\Big(\frac{1}{n^2\ln n}\Big)\Big]^2}{1 + \frac{2}{n\ln n} + O\Big(\frac{1}{n^2\ln n}\Big)} \\ &= \Big(1 + \frac{2}{n\ln n} + O\Big(\frac{1}{n^2\ln n}\Big)\Big) \times \Big(1 - \frac{2}{n\ln n} + O\Big(\frac{1}{n^2\ln n}\Big)\Big) \\ &= 1 + O\Big(\frac{1}{n^2\ln n}\Big), \end{aligned}$$

et par conséquent,

$$u_n = \ln v_n = \ln\Big(1 + O\Big(\frac{1}{n^2\ln n}\Big)\Big) = O\Big(\frac{1}{n^2\ln n}\Big).$$

Comme la série $\sum \frac{1}{n^2 \ln n}$ converge (son terme général est par exemple négligeable devant $\frac{1}{n^{3/2}}$), le théorème de comparaison des séries à termes positifs assure la convergence de la série étudiée. ◁

En fait on peut même calculer sa somme, comme le lecteur l'aura peut-être fait. Il suffit de constater que dans la somme partielle

$$S_n = \sum_{k=2}^{n} u_k = \sum_{k=2}^{n} (2 \ln\ln(k+1) - \ln\ln k - \ln\ln(k+2))$$

la plupart des termes s'éliminent car on a une somme télescopique en écrivant

$$2\ln\ln(k+1) - \ln\ln k - \ln\ln(k+2) = (\ln\ln(k+1) - \ln\ln k) - (\ln\ln(k+2) - \ln\ln(k+1)).$$

On obtient

$$S_n = \ln\ln(n+1) - \ln\ln(n+2) + \ln\ln 3 - \ln\ln 2$$

qui tend vers $\ln\ln 3 - \ln\ln 2$ *lorsque* n *tend vers* $+\infty$.

3.7. Nature d'une série explicite (2)

Soit, pour n dans $\mathbb{N}^*$, p_n le nombre de chiffres dans l'écriture décimale de n. Déterminer la nature de la série de terme général : $p_n^{-p_n}$.

▷ **Solution.**

Un entier naturel n s'écrit avec k chiffres en base 10 si, et seulement si, $10^{k-1} \leqslant n < 10^k$, ce qui équivaut à $k - 1 \leqslant \frac{\ln n}{\ln 10} < k$. Pour $n \geqslant 1$, on a donc $p_n = 1 + \lfloor \log n \rfloor$ où log désigne le logarithme en base 10. Le terme général de la suite étudiée est $u_n = p_n^{-p_n} = \exp(-p_n \ln p_n)$. Comme $p_n \sim \frac{\ln n}{\ln 10}$ tend vers l'infini, on a

$$\ln p_n \sim \ln \frac{\ln n}{\ln 10} \sim \ln\ln n.$$

Ainsi $p_n \ln p_n \sim \frac{\ln n . \ln\ln n}{\ln 10}$. Pour n assez grand on a $p_n \ln p_n \geqslant 2 \ln n$ ce qui donne la majoration $u_n \leqslant e^{-2\ln n} = \frac{1}{n^2}$. Par comparaison, on en déduit que la série à termes positifs $\sum u_n$ converge. ◁

On aurait aussi pu majorer les sommes partielles en faisant un regroupement par paquets avec les puissances de 10 *:*

$$\sum_{i=1}^{10^n - 1} p_i^{-p_i} = \sum_{k=1}^{n} \sum_{i=10^{k-1}}^{10^k - 1} \frac{1}{k^k} = \sum_{k=1}^{n} \frac{9.10^{k-1}}{k^k}$$

et il est clair que la série de droite converge. Le lecteur se reportera page 214 et aux exercices qui suivent pour plus de détails sur la sommation par paquets.

Dans les deux exercices suivants on chercher à contrôler une suite à partir d'informations faisant intervenir des sommes partielles ou des restes de séries.

3.8. Suites majorantes (1)

Soit $(a_n)_{n\in\mathbb{N}}$ et $(c_n)_{n\in\mathbb{N}}$ deux suites de $\mathbb{R}_+$ et $\mathrm{M} > 0$. On suppose que pour tout n,

$$a_{n+1} \leqslant \mathrm{M} + \sum_{k=0}^{n} a_k c_k.$$

1. On suppose que $\sum c_n$ converge. Montrer que la suite (a_n) est bornée.

2. Montrer que si $c_n = \frac{1}{n}$ pour tout $n \geqslant 1$ alors $a_n = O(n)$ pour n tendant vers l'infini.

▷ **Solution.**

1. On va chercher à majorer la suite $(a_n)_{n\in\mathbb{N}}$, le cas le pire étant celui où l'inégalité donnée en hypothèse est une égalité pour tout n. Considérons donc la suite $(\alpha)_{n\geqslant 0}$ définie par $\alpha_0 = a_0$ et $\alpha_{n+1} = \mathrm{M} + \sum_{k=0}^{n} \alpha_k c_k$ pour tout n. On montre par une récurrence forte sur n que $a_n \leqslant \alpha_n$ pour tout n : c'est vrai au rang 0 et si $a_k \leqslant \alpha_k$ pour $0 \leqslant k \leqslant n$ alors

$$a_{n+1} \leqslant \mathrm{M} + \sum_{k=0}^{n} a_k c_k \leqslant \mathrm{M} + \sum_{k=0}^{n} \alpha_k c_k = \alpha_{n+1}.$$

Il suffit donc de prouver que la suite (α_n) est majorée et c'est plus facile car elle se calcule. En effet, on a pour tout $n \geqslant 1$

$$\alpha_{n+1} = \mathrm{M} + \sum_{k=0}^{n-1} \alpha_k c_k + \alpha_n c_n = \alpha_n + \alpha_n c_n = (1 + c_n)\alpha_n$$

si bien que

$$\alpha_{n+1} = \alpha_1 \prod_{k=1}^{n}(1+c_k) = \alpha_1 \exp\left(\sum_{k=1}^{n} \ln(1 + c_k)\right) \leqslant \alpha_1 \exp \sum_{k=1}^{n} c_k \leqslant \alpha_1 \exp \sum_{k=1}^{+\infty} c_k.$$

On conclut que la suite $(a_n)_{n\in\mathbb{N}}$ est bien bornée.

2. En reprenant la majoration précédente, on obtient pour $n \geqslant 1$,

$$a_n \leqslant \alpha_n \leqslant \alpha_1 \prod_{k=1}^{n-1}\left(1 + \frac{1}{k}\right) = \alpha_1 \prod_{k=1}^{n-1} \frac{k+1}{k} \leqslant \alpha_1 n,$$

ce qui répond à la question. ◁

On peut voir le résultat de la première question comme une version discrète du lemme de Gronwall : si f et g sont des fonctions continues positives sur $\mathbb{R}_+$ vérifiant $f(x) \leqslant \mathrm{M} + \int_0^x f(t)g(t)dt$ pour tout x, alors on a pour tout x,

$$f(x) \leqslant \mathrm{M} \exp\left(\int_0^x g(t)dt\right).$$

Il en découle que si g est supposée intégrable sur $\mathbb{R}_+$ alors f est bornée. Le lecteur se reportera au volume 7 pour la preuve du lemme de Gronwall et des applications aux équations différentielles.

3.9. Suites majorantes (2)

Soit $(a_n)_{n\in\mathbb{N}}$ et $(c_n)_{n\in\mathbb{N}}$ deux suites de $\mathbb{R}_+$. On suppose que les séries $\sum c_n$ et $\sum a_n c_n$ convergent et que pour tout n,

$$a_n \leqslant \sum_{k=n}^{+\infty} a_k c_k.$$

Montrer que la suite (a_n) est nulle à partir d'un certain rang.

▷ **Solution.**

La suite (a_n) est majorée par $\sum\limits_{k=0}^{+\infty} a_k c_k$. Pour tout n, posons $\mathrm{A}_n = \sup\limits_{k\geqslant n} a_k \geqslant 0$. Montrer que la suite $(a_n)_{n\in\mathbb{N}}$ est stationnaire à 0 revient à montrer que la suite $(\mathrm{A}_n)_{n\in\mathbb{N}}$ l'est. Comme les c_k sont positifs, on a

$$a_n(1 - c_n) \leqslant \sum_{k=n+1}^{+\infty} a_k c_k \leqslant \mathrm{A}_{n+1} \sum_{k=n+1}^{+\infty} c_k.$$

Prenons N tel que si $n \geqslant \mathrm{N}$, $c_n \leqslant \frac{1}{2}$ et $\sum\limits_{k=n+1}^{+\infty} c_k \leqslant \frac{1}{2}$. Pour $n \geqslant \mathrm{N}$, on a donc

$$\frac{a_n}{2} \leqslant a_n(1 - c_n) \leqslant \sum_{k=n+1}^{+\infty} a_k c_k \leqslant \frac{1}{2}\mathrm{A}_{n+1}.$$

Ainsi pour $n \geqslant \mathrm{N}$ on a $a_n \leqslant \mathrm{A}_{n+1}$ et par conséquent $\mathrm{A}_n = \mathrm{A}_{n+1}$: la suite $(\mathrm{A}_n)_{n\in\mathbb{N}}$ est bien stationnaire. Comme la série $\sum a_n c_n$ converge, son reste tend vers 0 et d'après l'inégalité de l'hypothèse, $(a_n)_{n\in\mathbb{N}}$ tend vers 0. Il en découle que $(\mathrm{A}_n)_{n\in\mathbb{N}}$ converge aussi vers 0 ; elle est donc stationnaire à 0. ◁

3.10. Égalité de deux sommes

> Soit $(u_n)_{n\geqslant 1}$ une suite positive décroissante qui converge vers 0. Montrer que les séries $\sum u_n$ et $\sum n(u_n - u_{n+1})$ sont de même nature. Dans le cas de la convergence, montrer que
>
> $$\sum_{n=1}^{+\infty} u_n = \sum_{n=1}^{+\infty} n(u_n - u_{n+1}).$$

▷ **Solution.**

Notons que les séries en question sont à termes positifs. Posons pour $n \geqslant 1$,

$$S_n = \sum_{k=1}^{n} u_k \quad \text{et} \quad T_n = \sum_{k=1}^{n} k(u_k - u_{k+1}).$$

On a, pour $n \geqslant 1$,

$$\begin{aligned} T_n &= \sum_{k=1}^{n} k u_k - \sum_{k=1}^{n} k u_{k+1} = \sum_{k=1}^{n} k u_k - \sum_{k=2}^{n+1} (k-1) u_k \\ &= \sum_{k=1}^{n} (k-(k-1)) u_k + (1-1)u_1 - n u_{n+1} = S_n - n u_{n+1}. \end{aligned}$$

Le calcul effectué ci-dessus est une transformation d'Abel. Le lecteur se reportera page 262 et aux exercices qui suivent pour plus d'information sur cette technique importante.

On peut alors prouver l'équivalence.

• Supposons que $\sum u_k$ converge et notons S sa somme. Dans ces conditions, on a $T_n \leqslant S_n \leqslant S$ pour tout entier n. Donc, les sommes partielles de la série à termes positifs $\sum n(u_n - u_{n+1})$ sont majorées par S. Cette série converge et sa somme T est, par passage à la limite dans l'inégalité $T_n \leqslant S$, inférieure ou égale à S (on pourrait ici invoquer le résultat de l'exercice 3.15 pour avoir directement $S = T$, mais ce n'est pas indispensable car on va obtenir l'égalité dans la preuve du sens réciproque).

• Réciproquement, supposons que $\sum n(u_n - u_{n+1})$ converge et notons T sa somme. Posons $v_k = k(u_k - u_{k+1})$. On va montrer que la suite nu_{n+1} tend vers 0, ce qui impliquera à la fois la convergence de la série $\sum u_n$ et le fait que les deux séries ont la même somme d'après l'identité $T_n = S_n - nu_{n+1}$. On a pour tout entier $k \geqslant 1$, $u_k - u_{k+1} = \frac{v_k}{k}$, ce qui donne, puisque u_n tend vers 0,

$$u_n = \sum_{k=n}^{+\infty} \frac{v_k}{k}.$$

On en déduit que $0 \leqslant nu_{n+1} \leqslant nu_n \leqslant \sum_{k=n}^{+\infty} v_k$, quantité qui tend vers 0 en tant que reste d'une série convergente. La limite de nu_{n+1} est donc nulle.

On conclut que les séries $\sum u_n$ et $\sum v_n$ sont de même nature et, en cas de convergence, elles ont la même somme : $\sum_{n=1}^{+\infty} u_n = \sum_{n=1}^{+\infty} n(u_n - u_{n+1})$. ◁

Cet exercice est très souvent posé à l'oral et parfois sous la forme « dérivée » suivante : si $\sum x_n$ est une série à termes positifs qui converge et si $\mathrm{R}_n = \sum_{k=n+1}^{+\infty} x_k$ est son reste d'ordre n, alors les séries $\sum \mathrm{R}_n$ et $\sum nx_n$ sont de même nature et en cas de convergence ont la même somme : $\sum_{n=0}^{+\infty} \mathrm{R}_n = \sum_{n=0}^{+\infty} nx_n$. Il s'agit du même exercice, puisque la suite R_n tend vers 0 en décroissant. Sous cette forme il apparaît très clairement que le résultat découle immédiatement du théorème de Fubini pour les séries doubles positives :

$$\sum_{n=0}^{+\infty} \mathrm{R}_n = \sum_{n=0}^{+\infty} \sum_{k=n+1}^{+\infty} x_k = \sum_{k=1}^{+\infty} \sum_{n=0}^{k-1} x_k = \sum_{k=1}^{+\infty} kx_k.$$

L'étude de la convergence dans l'exercice suivant est plus délicate que pour les exemples déjà rencontrés.

*3.11. Nature d'une série

Soit (a_n) une suite réelle strictement positive et (b_n) une suite réelle. On suppose que $b_n = 1 + O\left(\dfrac{1}{\ln n}\right)$ et que la série $\sum a_n$ converge. Étudier la nature de la série $\sum a_n^{b_n}$.

▷ **Solution.**

Pour la suite $(b_n)_{n\in\mathbb{N}}$ constante égale à 1, la série converge. On va montrer que c'est toujours le cas. Pour n assez grand, $a_n < 1$ et on majore alors $a_n^{b_n}$ en minorant b_n. Il existe $\mathrm{N} \geqslant 0$ et $\mathrm{K} > 0$ tel que pour tout $n \geqslant \mathrm{N}$, $b_n \geqslant 1 - \dfrac{\mathrm{K}}{\ln n}$ et dans ces conditions,

$$0 \leqslant a_n^{b_n} \leqslant a_n \exp\left(-\mathrm{K}\frac{\ln a_n}{\ln n}\right).$$

On remarque que plus a_n est proche de zéro, plus la valeur de $\exp\left(-\mathrm{K}\dfrac{\ln a_n}{\ln n}\right)$ est grande et inversement. Soit $\mathrm{M} > 0$ à fixer plus tard. On a l'équivalence

$$\exp\left(-\mathrm{K}\frac{\ln a_n}{\ln n}\right) \geqslant \exp \mathrm{M} \Longleftrightarrow -\mathrm{K}\ln a_n \geqslant \mathrm{M}\ln n \Longleftrightarrow \ln a_n \leqslant -\frac{\mathrm{M}}{\mathrm{K}}\ln n,$$

ce qui donne

$$\exp\left(-K\frac{\ln a_n}{\ln n}\right) \geqslant \exp M \iff a_n \leqslant \frac{1}{n^{M/K}}.$$

Choisissons M = 2K. On peut alors majorer de la sorte

$$0 \leqslant a_n^{b_n} \leqslant \max\left(e^M a_n, \left(\frac{1}{n^2}\right)^{1-\frac{K}{\ln n}}\right) \leqslant e^M a_n + \left(\frac{1}{n^2}\right)^{1-\frac{K}{\ln n}}.$$

Or, $\left(\frac{1}{n^2}\right)^{1-\frac{K}{\ln n}} = \exp(-2\ln n + 2K) = \frac{e^{2K}}{n^2}$ est le terme général d'une série convergente. Le théorème de comparaison des séries à termes positifs permet de conclure : la série $\sum a_n^{b_n}$ converge. ◁

On rencontre parfois à l'oral le cas particulier $\sum a_n^{1-\frac{1}{n}}$. *Le fait que* b_n *tende vers* 1 *ne serait pas suffisant pour avoir convergence de* $\sum a_n^{b_n}$. *Par exemple, le lecteur pourra vérifier qu'avec* $a_n = \frac{1}{n\ln^2 n}$ *et* $b_n = 1 - \frac{1}{\ln\ln n}$, *la série* $\sum a_n$ *converge alors que* $\sum a_n^{b_n}$ *diverge.*

L'exercice suivant fait intervenir deux idées importantes : la comparaison série-intégrale et l'utilisation de ce qu'on appelle des tranches de Cauchy, à savoir des sommes finies de termes consécutifs. Ces deux thèmes interviendront dans bien des énoncés par la suite.

3.12. Majoration à l'aide d'une intégrale

Soit $(u_n)_{n\in\mathbb{N}}$ une suite de réels strictement positifs. Pour tout $n \in \mathbb{N}$, on pose $S_n = \sum_{k=0}^{n} u_k$ et, en cas d'existence, $R_n = \sum_{k=n}^{+\infty} u_k$.

1. On suppose que $\sum u_n$ diverge. Prouver que

$$\sum \frac{u_n}{S_n^\alpha} \text{ converge } \iff \alpha > 1.$$

2. On suppose que $\sum u_n$ converge. Prouver que

$$\sum \frac{u_n}{R_n^\alpha} \text{ converge } \iff \alpha < 1.$$

▷ **Solution.**

1. Comme la série $\sum u_n$ diverge, la suite (S_n) est croissante et tend vers $+\infty$ lorsque n tend vers l'infini.

• Prouvons pour commencer que la série $\frac{u_n}{S_n^\alpha}$ converge lorsque $\alpha > 1$. Pour cela, nous allons majorer $\frac{u_n}{S_n^\alpha}$ à l'aide d'une intégrale. Pour tout $n \geqslant 1$ on a,

$$\frac{u_n}{S_n^\alpha} = \frac{S_n - S_{n-1}}{S_n^\alpha} \leqslant \int_{S_{n-1}}^{S_n} \frac{dt}{t^\alpha}.$$

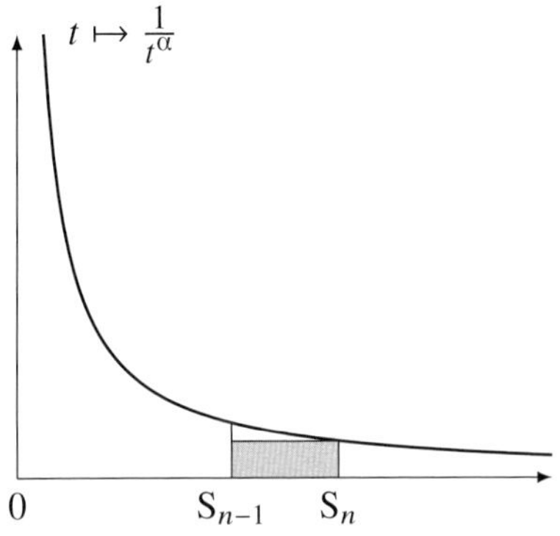

Comme $\alpha > 1$, la fonction $t \longmapsto \frac{1}{t^\alpha}$ est intégrable sur $[S_0, +\infty[$ et on a

$$\sum_{k=1}^{n} \frac{u_k}{S_k^\alpha} \leqslant \int_{S_0}^{S_n} \frac{dt}{t^\alpha} \leqslant \int_{S_0}^{+\infty} \frac{dt}{t^\alpha}.$$

La série étant à termes positifs, elle converge.

• On montre que la série diverge lorsque $\alpha \leqslant 1$. En fait, il suffit de traiter le cas $\alpha = 1$. En effet, pour n assez grand on a $S_n \geqslant 1$ et donc $\frac{u_n}{S_n^\alpha} \geqslant \frac{u_n}{S_n}$ pour $\alpha < 1$. Si on sait que la série $\sum \frac{u_n}{S_n}$ diverge, le théorème de comparaison des séries à termes positifs permet alors d'affirmer que la série $\sum \frac{u_n}{S_n^\alpha}$ diverge aussi. Pour prouver que $\sum \frac{u_n}{S_n}$ diverge, raisonnons par l'absurde et en supposant la série convergente, minorons son reste. Soit N et p deux entiers naturels. Comme la suite $(S_n)_{n\in\mathbb{N}}$ est croissante, on peut écrire

$$\sum_{n=N}^{+\infty} \frac{u_n}{S_n} \geqslant \sum_{n=N}^{N+p} \frac{u_n}{S_n} \geqslant \sum_{n=N}^{N+p} \frac{u_n}{S_{N+p}} = \frac{S_{N+p} - S_{N-1}}{S_{N+p}} = 1 - \frac{S_{N-1}}{S_{N+p}}.$$

Or S_{N+p} tend vers $+\infty$ lorsque p tend vers $+\infty$ et comme la minoration précédente est vraie pour tout p, en passant à la limite on obtient $\sum_{n=N}^{+\infty} \frac{u_n}{S_n} \geqslant 1$. Or cela ne peut être vrai pour tout N puisque le reste d'une série convergente tend vers 0. Cette absurdité montre que la série diverge et la réciproque est prouvée.

Cette question montre que si $\sum u_n$ est une série divergente à termes positifs, on peut toujours trouver une suite positive v_n négligeable devant u_n, telle que la série $\sum v_n$ diverge encore : il suffit de prendre $v_n = \frac{u_n}{S_n} = o(u_n)$. Par exemple, avec $u_n = \frac{1}{n}$, on retrouve la divergence de la série de Bertrand de terme général $\frac{1}{n \ln n}$.

2. Remarquons que R_n décroît et tend vers 0 lorsque n tend vers l'infini.

• Supposons $\alpha < 1$. On utilise, comme dans la question précédente, une majoration à l'aide d'une intégrale. On peut supposer $\alpha \geqslant 0$ car si $\alpha < 0$ on a $\frac{u_n}{R_n^\alpha} = o(u_n)$ et le théorème de comparaison permet de conclure que la série $\sum \frac{u_n}{R_n^\alpha}$ converge. Soit n un entier naturel. La fonction $t \longmapsto \frac{1}{t^\alpha}$ étant décroissante, on a

$$\frac{u_n}{R_n^\alpha} = \frac{R_n - R_{n+1}}{R_n^\alpha} \leqslant \int_{R_{n+1}}^{R_n} \frac{dt}{t^\alpha}.$$

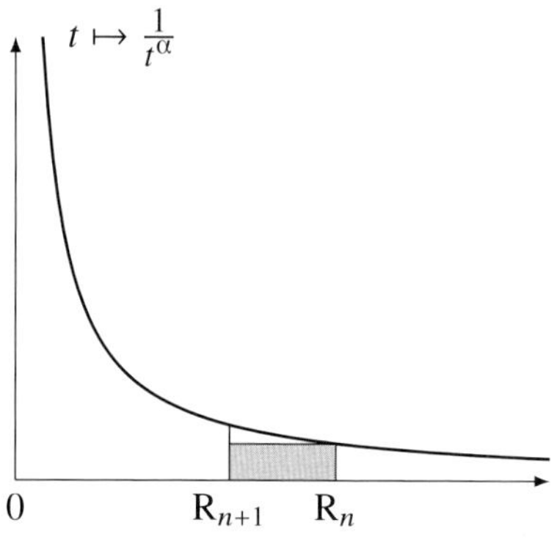

Il en résulte que

$$\sum_{k=0}^{n} \frac{u_k}{R_k^\alpha} \leqslant \int_{R_{n+1}}^{R_0} \frac{dt}{t^\alpha} \leqslant \int_0^{R_0} \frac{dt}{t^\alpha},$$

car la fonction $t \longmapsto \frac{1}{t^\alpha}$ est intégrable sur $]0, R_0]$ puisque $\alpha < 1$. La série étant à termes positifs, elle converge.

Ainsi, si u_n est le terme général d'une série convergente, il existe une suite (v_n) de $\mathbb{R}_+$ devant laquelle (u_n) est négligeable et qui est le terme général d'une série convergente. Il suffit de prendre $v_n = \frac{u_n}{R_n^\alpha}$ avec $0 < \alpha < 1$.

• Supposons maintenant $\alpha = 1$ et montrons par l'absurde que la série $\sum \frac{u_n}{R_n}$ diverge. Soit N et p des entiers naturels. On procède comme précédemment. Pour N et p entiers on a

$$\sum_{n=N}^{+\infty} \frac{u_n}{R_n} \geqslant \sum_{n=N}^{N+p} \frac{u_n}{R_n} \geqslant \sum_{n=N}^{N+p} \frac{u_n}{R_N} = \frac{R_N - R_{N+p+1}}{R_N} = 1 - \frac{R_{N+p+1}}{R_N} \xrightarrow[p \to \infty]{} 1.$$

Ainsi, si la série convergeait, son reste $\sum_{n=N}^{+\infty} \frac{u_n}{R_n}$ serait minoré par 1, ce qui est impossible car il devrait tendre vers 0. Cela prouve que la série diverge.

• Supposons pour terminer $\alpha > 1$. Pour n assez grand on a $R_n \leqslant 1$ et donc $R_n^\alpha \leqslant R_n$ et $\frac{u_n}{R_n^\alpha} \geqslant \frac{u_n}{R_n}$. Le théorème de comparaison des séries à termes positifs assure la divergence de $\sum \frac{u_n}{R_n^\alpha}$. ◁

Il est parfois demandé de montrer que si $(a_n)_{n\in\mathbb{N}}$ est une suite de réels strictement positifs, alors $\sum a_n$ et $\sum \frac{a_n}{a_0 + a_1 + \cdots + a_n}$ sont de même nature : si la série des a_n converge et si S est la somme de sa série, $S > 0$ et l'équivalent $\frac{a_n}{a_0 + a_1 + \cdots + a_n} \sim \frac{a_n}{S}$ permet de conclure par comparaison. Le cas où $\sum a_n$ diverge est traité dans la première question de l'exercice précédent avec $\alpha = 1$.

Les deux exercices qui suivent ne sont que des cas particuliers du précédent, mais on en donne une solution directe un peu différente.

3.13. Étude de convergence

> Soit $(a_n)_{n\in\mathbb{N}}$ une suite de réels strictement positifs qui décroît vers 0. Étudier la nature de la série $\sum \frac{a_n - a_{n+1}}{a_n}$.

▷ **Solution.**

Pour avoir une idée du résultat, on commence par regarder un ou deux exemples. On a $\frac{a_n - a_{n+1}}{a_n} = 1 - \frac{a_{n+1}}{a_n}$. Pour avoir convergence il est donc nécessaire que $a_n \sim a_{n+1}$, c'est-à-dire que la suite $(a_n)_{n\in\mathbb{N}}$ ne tende pas trop vite vers 0. On suppose cela vérifié dans la suite. Si on prend par exemple $a_n = \frac{1}{n}$, on obtient $\frac{a_n - a_{n+1}}{a_n} = \frac{1}{n+1}$ qui conduit à une série divergente. On obtient un résultat identique avec d'autres exemples. On va donc montrer qu'il y a toujours divergence et pour cela on utilise le théorème sur les équivalents. On a $\ln x \sim x - 1$ lorsque x tend vers 1 donc

$$\frac{a_n - a_{n+1}}{a_n} = 1 - \frac{a_{n+1}}{a_n} \sim -\ln\left(\frac{a_{n+1}}{a_n}\right) = \ln a_n - \ln a_{n+1}.$$

Or comme la suite $(\ln a_n)$ diverge vers $-\infty$ puisque (a_n) tend vers 0, la série de terme général $\ln a_n - \ln a_{n+1}$ est divergente et donc la série $\sum \frac{a_n - a_{n+1}}{a_n}$ diverge toujours. ◁

Le lecteur aura remarqué que cet exercice est une autre formulation d'une partie de l'exercice 3.12. En effet, si on pose $u_n = a_n - a_{n+1}$ la série $\sum u_n$ converge et son reste R_n d'ordre n est égal à a_n de sorte que $\frac{a_n - a_{n+1}}{a_n} = \frac{u_n}{R_n}$.

Dans l'exercice suivant, on se donne une suite $(a_n)_{n\in\mathbb{N}}$ *de* $\mathbb{R}_+$*, croissante et tendant vers* $+\infty$*. Aussi lente que soit la croissance de* a_n*, on peut construire une suite positive* $(u_n)_{n\in\mathbb{N}}$ *avec* u_n *assez petit pour que la série* $\sum u_n$ *converge, mais pas trop pour que la série* $\sum a_n u_n$ *diverge.*

3.14. Sur la négligeabilité

> Soit $(a_n)_{n\in\mathbb{N}}$ une suite croissante de réels positifs qui tend vers l'infini. Construire une suite $(u_n)_{n\in\mathbb{N}}$ de réels positifs telle que $\sum u_n$ converge et $\sum a_n u_n$ diverge.

▷ **Solution.**

La suite $(a_n)_{n\in\mathbb{N}}$ est strictement positive à partir d'un certain rang n_0. Comme le comportement d'une série ne dépend pas des premiers termes de la suite on peut, quitte à se placer au delà du rang n_0, supposer que $a_n > 0$ pour tout n.

Posons alors $u_n = \frac{1}{a_n} - \frac{1}{a_{n+1}}$ pour $n \geqslant 0$. La suite $(u_n)_{n\in\mathbb{N}^*}$ est à termes positifs puisque $(a_n)_{n\in\mathbb{N}}$ est croissante. On a $\sum\limits_{k=0}^{n} u_k = \frac{1}{a_0} - \frac{1}{a_{n+1}} \xrightarrow[n\to\infty]{} \frac{1}{a_0}$ de sorte que $\sum u_n$ converge.

Par ailleurs, on a $a_n u_n = 1 - \frac{a_n}{a_{n+1}}\cdot$ Si $\frac{a_n}{a_{n+1}}$ ne tend pas vers 1, alors $\sum a_n u_n$ diverge. Si $\frac{a_n}{a_{n+1}}$ tend vers 1, alors

$$1 - \frac{a_n}{a_{n+1}} \underset{n\to\infty}{\sim} -\ln\left(\frac{a_n}{a_{n+1}}\right) = \ln a_{n+1} - \ln a_n.$$

La suite $(\ln a_{n+1} - \ln a_n)_{n\in\mathbb{N}}$ est à termes positifs et

$$\sum_{k=0}^{n}(\ln a_{k+1} - \ln a_k) = \ln a_{n+1} - \ln a_0 \xrightarrow[n\to\infty]{} +\infty.$$

Donc $\sum(\ln a_{n+1} - \ln a_n)$ diverge et $\sum a_n u_n$ également d'après le théorème de comparaison des séries à termes positifs. ◁

Si $\sum x_n$ *est une série convergente à termes strictement positifs, et si on note* $R_n = \sum\limits_{k=n}^{+\infty} x_k$*, on voit grâce à l'exercice 3.12 que la série* $\sum \frac{x_n}{R_n}$ *diverge. Or, la suite* $a_n = \frac{1}{R_n}$ *tend vers* $+\infty$ *en croissant. On a donc divergence de la série* $\sum a_n x_n$ *et convergence de la série* $\sum x_n$*. Mais* $x_n = R_n - R_{n+1} = \frac{1}{a_n} - \frac{1}{a_{n+1}}\cdot$ *Cela éclaire la solution donnée ci-dessus.*

En général il n'y a pas de réciproque aux théorèmes de comparaison : si une série $\sum u_n$ *converge on ne peut pas a priori comparer asymptotiquement* u_n

avec une suite de Riemann. En revanche, avec une hypothèse supplémentaire de monotonie, on peut avoir des résultats comme le montre l'exercice suivant qui est classique et important.

3.15. Condition nécessaire de convergence

Soit $(u_n)_{n\in\mathbb{N}}$ une suite réelle décroissante de limite nulle. Montrer que si la série $\sum u_n$ converge, alors la suite $(nu_n)_{n\in\mathbb{N}}$ tend vers 0.

▷ **Solution.**

L'idée consiste à majorer la quantité nu_n par une tranche de Cauchy contenant n termes consécutifs en utilisant la décroissance de la suite $(u_n)_{n\in\mathbb{N}}$. La majoration directe $nu_n \leqslant u_1 + \cdots + u_n$ est toutefois trop grossière pour conclure. On va commencer par la suite extraite $(2nu_{2n})$ afin d'avoir une tranche de Cauchy qui tend vers 0. On a, pour tout $n \geqslant 0$,

$$2nu_{2n} \leqslant 2(u_{2n} + u_{2n-1} + \cdots + u_{n+1}) = 2(\mathrm{S}_{2n} - \mathrm{S}_n),$$

avec $\mathrm{S}_n = \sum_{k=0}^{n} u_k$. Puisque la série $\sum u_n$ converge, la suite $\mathrm{S}_{2n} - \mathrm{S}_n$ tend vers 0. Il s'ensuit que $2nu_{2n}$ converge vers 0. D'autre part, on peut écrire

$$0 \leqslant (2n+1)u_{2n+1} = 2nu_{2n+1} + u_{2n+1} \leqslant 2nu_{2n} + u_{2n+1} \xrightarrow[n\to\infty]{} 0.$$

On a donc $\lim_{n\to+\infty} 2nu_{2n} = \lim_{n\to+\infty} (2n+1)u_{2n+1} = 0$ et par conséquent la suite $(nu_n)_{n\in\mathbb{N}}$ tend vers 0. ◁

L'hypothèse de décroissance est bien entendu essentielle : $\sum u_n$ peut converger sans que u_n soit négligeable devant $\frac{1}{n}$. Par exemple, il suffit de poser $u_n = \frac{1}{n}$ si n est une puissance de 10 et 0 sinon. Par ailleurs, il est bien connu que si $(u_n)_{n\in\mathbb{N}}$ vérifie les conditions de l'énoncé, l'hypothèse $u_n = o\left(\frac{1}{n}\right)$ n'est pas une condition suffisante pour avoir convergence de la série $\sum u_n$: on peut considérer par exemple $u_n = \frac{1}{n\ln n}$ pour $n \geqslant 2$.

Si A est une partie de $\mathbb{N}^*$ on dit que A admet une densité asymptotique si la suite $\frac{\mathrm{Card}(\mathrm{A} \cap [\![1,n]\!])}{n}$ converge, sa limite $d(\mathrm{A})$ étant alors appelée densité de A. Par exemple $2\mathbb{N}^*$ est de densité $\frac{1}{2}$ et l'ensemble des carrés est de densité nulle. On montre dans l'exercice suivant que si la famille des $\frac{1}{k}$ pour $k \in \mathrm{A}$ est sommable, alors A est forcément de densité nulle. Plusieurs solutions sont possibles, l'une d'entre elle utilisant le résultat de l'exercice précédent.

3.16. Convergence et densité asymptotique

Soit $A \subset \mathbb{N}^*$ tel que $\sum\limits_{n\in A} \frac{1}{n} < +\infty$. Montrer que $\operatorname{Card} A \cap [\![1,n]\!] = o(n)$ pour n tendant vers l'infini.

▷ **Solution.**

On peut supposer que la partie A est infinie, sans quoi le résultat est trivial. Pour $n \geqslant 1$ on pose $A_n = A \cap [\![1,n]\!]$ et $a_n = |A_n|$. On va donner trois solutions.

• *Première solution.* On considère une tranche de Cauchy T_n de la série $\sum\limits_{k\in A} \frac{1}{k}$ en gardant les entiers de A compris entre $\sqrt{n}$ et n. Il y en a au moins $a_n - \sqrt{n}$ et on a donc

$$T_n = \sum_{\substack{\sqrt{n}<k\leqslant n\\ k\in A_n}} \frac{1}{k} \geqslant \frac{a_n - \sqrt{n}}{n}.$$

Ainsi on a

$$0 \leqslant \frac{a_n}{n} \leqslant T_n + \frac{1}{\sqrt{n}}$$

et comme la suite (T_n) converge vers 0 on a bien $a_n = o(n)$.

• *Deuxième solution.* Supposons par l'absurde que la suite $\frac{a_n}{n}$ ne converge pas vers 0. Il existe alors $\varepsilon > 0$ tel que, pour tout $N \in \mathbb{N}^*$, il existe $n \geqslant N$ tel que $a_n \geqslant \varepsilon n$. Soit $N \in \mathbb{N}^*$ fixé. On peut donc trouver $n \geqslant \frac{2}{\varepsilon}N$ tel que $a_n \geqslant \varepsilon n$. On a alors au moins $\frac{\varepsilon}{2}n$ entiers dans l'ensemble $A \cap [\![N,n]\!]$. Il vient donc

$$\sum_{\substack{k\in A\\ N\leqslant k\leqslant n}} \frac{1}{k} \geqslant \frac{1}{n} \sum_{\substack{k\in A\\ N\leqslant k\leqslant n}} 1 \geqslant \frac{\varepsilon}{2}.$$

Cela étant vérifié pour tout N la série $\sum\limits_{k\in A} \frac{1}{k}$ est divergente.

• *Troisième solution.* On note ici (k_n) la suite croissante des éléments de A, partie de $\mathbb{N}^*$ toujours supposée infinie. La suite $\left(\frac{1}{k_p}\right)$ est décroissante et la convergence de la série $\sum \frac{1}{k_p}$ implique que $\left(\frac{p}{k_p}\right)$ tend vers 0 (c'est le résultat de l'exercice 3.15). Mais $p = a_{k_p}$, donc la suite extraite $\left(\frac{a_{k_p}}{k_p}\right)$ tend vers 0. Pour avoir la limite de la suite complète, il suffit d'encadrer. Soit $n \geqslant k_1$ et p l'unique entier tel que $k_p \leqslant n < k_{p+1}$. On a alors $a_n = p = a_{k_p}$ donc

$$0 \leqslant \frac{a_n}{n} = \frac{p}{n} \leqslant \frac{p}{k_p} \to 0$$

puisque p diverge vers $+\infty$ quand n tend vers $+\infty$. ◁

On notera que la réciproque n'est pas vraie : si on prend pour A *l'ensemble des nombres premiers, alors la série diverge (voir l'exercice 3.38) et pourtant la densité de* A *est nulle, car* $\pi(n) = O\left(\frac{n}{\ln n}\right)$ *d'après la majoration de Tchebychev que le lecteur trouvera dans l'exercice 3.51 du volume 1. Un exemple plus simple est donné par* $A = \{\lfloor n \ln n \rfloor, n \in \mathbb{N}^*\}$ *: comme* $\frac{1}{\lfloor n \ln n \rfloor} \sim \frac{1}{n \ln n}$ *la série est divergente et il est facile de voir que* $\text{Card}\, A \cap [\![1, n]\!] = o(n)$.

3.17. Un théorème de comparaison

Soit (a_n) et (b_n) deux suites réelles strictement positives. On suppose que $\sum b_n$ diverge, et que

$$\lim_{n \to +\infty} \frac{1}{b_n} \frac{a_n}{a_{n+1}} - \frac{1}{b_{n+1}} = \ell.$$

Montrer que si $\ell > 0$, $\sum a_n$ converge et que si $\ell < 0$, $\sum a_n$ diverge.

▷ **Solution.**

Notons que, comme $\ell \neq 0$, l'hypothèse s'écrit $\frac{a_n}{b_n} - \frac{a_{n+1}}{b_{n+1}} \underset{n \to \infty}{\sim} \ell a_{n+1}$. On va raisonner par l'absurde dans les deux cas.

• Supposons pour commencer $\ell > 0$. Si la série $\sum a_n$ diverge, alors la série $\sum \left(\frac{a_n}{b_n} - \frac{a_{n+1}}{b_{n+1}}\right)$ diverge également. Cette série est à termes positifs, pour n assez grand, car $\ell a_{n+1} > 0$. On en déduit que

$$\lim_{n \to +\infty} \sum_{k=0}^{n} \left(\frac{a_k}{b_k} - \frac{a_{k+1}}{b_{k+1}}\right) = +\infty.$$

Mais ceci est impossible car $\sum_{k=0}^{n} \left(\frac{a_k}{b_k} - \frac{a_{k+1}}{b_{k+1}}\right) = \frac{a_0}{b_0} - \frac{a_{n+1}}{b_{n+1}} \leqslant \frac{a_0}{b_0}$. Cette contradiction prouve que la série $\sum a_n$ converge.

• Supposons $\ell < 0$. Si $\sum a_n$ converge, alors $\sum \left(\frac{a_n}{b_n} - \frac{a_{n+1}}{b_{n+1}}\right)$ converge également. Il existe un entier n_0 tel que $\frac{a_n}{b_n} - \frac{a_{n+1}}{b_{n+1}} < 0$ pour $n \geqslant n_0$. Alors, la somme $\sum_{k=n_0}^{n-1} \left(\frac{a_k}{b_k} - \frac{a_{k+1}}{b_{k+1}}\right) = \frac{a_{n_0}}{b_{n_0}} - \frac{a_n}{b_n}$ a pour limite $S = \sum_{k=n_0}^{+\infty} \left(\frac{a_k}{b_k} - \frac{a_{k+1}}{b_{k+1}}\right) < 0$. On en déduit que $\lim_{n \to +\infty} \frac{a_n}{b_n} = \frac{a_{n_0}}{b_{n_0}} - S = K > 0$, c'est-à-dire que $a_n \underset{n \to \infty}{\sim} K b_n$. C'est impossible car $\sum a_n$ converge et $\sum b_n$ diverge. Donc la série $\sum a_n$ diverge. ◁

Dans le cas où $\ell = 0$ *on ne peut rien dire : si on prend pour* (b_n) *la suite constante égale à* 1, *l'hypothèse est que* $\frac{a_n}{a_{n+1}}$ *tend vers* 1 *et on sait que cela ne suffit pas pour connaître la nature de* $\sum a_n$ *(considérer les séries de Riemann).*

3.18. Somme partielle dominée par le terme général

Soit $(a_n)_{n\in\mathbb{N}}$ une suite de $\mathbb{R}_+^*$ et pour $n \in \mathbb{N}$, $A_n = a_0 + a_1 + \cdots + a_n$. On pose sous réserve d'existence $\alpha_n = \sum\limits_{k=n}^{+\infty} \frac{1}{a_k}\cdot$

1. Montrer l'équivalence entre les quatre conditions suivantes :
(i) $A_n = O(a_n)$;
(ii) il existe $K < 1$ tel que pour tout $n \in \mathbb{N}$, $\frac{A_n}{A_{n+1}} \leqslant K$;
(iii) α_1 est défini et $\alpha_n = O\left(\frac{1}{a_n}\right)$;
(iv) α_1 est défini et il existe $K < 1$ tel que pour tout n, $\frac{\alpha_{n+1}}{\alpha_n} \leqslant K$.
On montrera d'abord $(i) \iff (ii)$ puis $(iii) \iff (iv)$.

2. Soit $p \geqslant 1$. Montrer que les conditions de la question précédente sont équivalentes à $\sum\limits_{k=1}^{n} a_k^p = O(a_n^p)$ pour n tendant vers l'infini.

▷ **Solution.**

1. • Montrons $(i) \Longrightarrow (ii)$. Supposons (i). Soit $M \geqslant 0$ tel que $A_n \leqslant Ma_n$ pour tout n. On a nécessairement $M > 1$. On obtient alors

$$\frac{A_n}{A_{n+1}} = 1 - \frac{a_{n+1}}{A_{n+1}} \leqslant 1 - \frac{1}{M}\cdot$$

On a alors (ii) avec $K = 1 - \frac{1}{M}\cdot$

• Montrons $(ii) \Longrightarrow (i)$. Supposons (ii). Pour $n \geqslant 1$, on a $\frac{A_{n-1}}{A_n} \leqslant K$, ce qui donne $A_n - a_n \leqslant KA_n$ ou encore, $A_n \leqslant \frac{a_n}{1-K}$ et donc (i).

• Montrons $(iii) \Longrightarrow (iv)$. Supposons (iii) et plus précisément, $\alpha_n \leqslant M\frac{1}{a_n}$ pour $n \geqslant 1$ avec $M > 1$. On a

$$\frac{\alpha_{n+1}}{\alpha_n} = 1 - \frac{1}{a_n\alpha_n} \leqslant 1 - \frac{1}{M} < 1.$$

On a donc (iv).

• Montrons $(iv) \Longrightarrow (iii)$. Supposons (iv). On écrit

$$1 > K \geqslant \frac{\alpha_{n+1}}{\alpha_n} = \frac{\alpha_n - \frac{1}{a_n}}{\alpha_n},$$

ce qui donne $\alpha_n \leqslant \frac{1}{(1-K)a_n}$. D'où (iii).

• Montrons $(ii) \Longrightarrow (iii)$. Supposons (ii) (on a aussi (i)). On a alors pour tout n, $\frac{1}{A_n} \leqslant \frac{K^n}{A_0} = O(K^n)$. Or avec (i), on sait qu'il existe $M \geqslant 0$ tel que pour tout n, $A_n \leqslant Ma_n$. Ainsi, $\frac{1}{a_n} \leqslant \frac{M}{A_n}$ et on a $\frac{1}{a_n} = O\left(\frac{1}{A_n}\right) = O(K^n)$ et donc par comparaison, la série des $\frac{1}{a_n}$ converge. En remarquant d'une part que $a_n \leqslant A_n$ et d'autre part que $\frac{A_n}{A_k} \leqslant K^{k-n}$ pour $k \geqslant n$, on obtient

$$\alpha_n = \frac{1}{a_n}\sum_{k=n}^{+\infty}\frac{a_n}{a_k} \leqslant \frac{1}{a_n}\sum_{k=n}^{+\infty}\frac{MA_n}{A_k} \leqslant \frac{M}{a_n}\sum_{k=n}^{+\infty}K^{k-n} = \frac{M}{1-K}\frac{1}{a_n}.$$

• Montrons $(iv) \Longrightarrow (i)$. Supposons (iv) (on a aussi (iii)). Prenons $M > 0$ tel que $\alpha_n \leqslant \frac{M}{a_n}$ pour tout n. On a alors

$$A_n = a_n\sum_{k=0}^{n}\frac{a_k}{a_n} \leqslant a_n\sum_{k=0}^{n}\frac{M}{\alpha_k a_n} \leqslant a_n\sum_{k=0}^{n}\frac{M\alpha_n}{\alpha_k},$$

en remarquant que $\frac{1}{a_n} \leqslant \alpha_n$. Ainsi,

$$A_n \leqslant Ma_n\sum_{k=0}^{n}K^{n-k} \leqslant \frac{M}{1-K}a_n,$$

ce qui donne (i).

2. Supposons que les conditions de la première question soient réalisées. Alors $A_n^p = O(a_n^p)$ et

$$\sum_{k=0}^{n}a_k^p \leqslant \left(\sum_{k=0}^{n}a_k\right)^p = A_n^p = O(a_n^p).$$

La première inégalité provient de ce que $x^p + y^p \leqslant (x+y)^p$, pour tous réels positifs x et y, ce qui se vérifie par l'étude de la fonction $t \longmapsto (1+t)^p - 1 - t^p$.

Réciproquement, supposons que $\sum\limits_{k=1}^{n} a_k^p = O(a_n^p)$ pour n tendant vers l'infini. Soit $C > 1$ tel que pour tout n, $B_n = \sum\limits_{k=1}^{n} a_k^p \leqslant Ca_n^p$. Comme dans la question 1, on obtient $B_n \leqslant LB_{n+1}$, avec $L = 1 - \frac{1}{C}$, ce qui donne la croissance de (L^nB_n). Pour $k \leqslant n$, on a $a_k^p \leqslant B_k$, et donc $L^ka_k^p \leqslant L^kB_k \leqslant L^nB_n \leqslant CL^na_n^p$. En divisant par L^k, il reste $a_k^p \leqslant CL^{n-k}a_n^p$. Prenons la racine p-ième et sommons de $k = 1$ à n. On obtient

$$A_n = \sum_{k=1}^{n}a_k \leqslant C^{\frac{1}{p}}\sum_{k=1}^{n}L^{\frac{n-k}{p}}a_n \leqslant \frac{C^{\frac{1}{p}}}{1-L^{\frac{1}{p}}}a_n.$$

L'équivalence est prouvée. ◁

L'opérateur S qui à une suite $u = (u_n)_{n\geqslant 0}$ associe la suite des sommes partielles $(S_n = u_0 + u_1 + \cdots + u_n)_{n\geqslant 0}$ de la série $\sum u_n$ est bijectif de $\mathbb{C}^{\mathbb{N}}$ sur $\mathbb{C}^{\mathbb{N}}$

et son inverse est l'opérateur de dérivation discrète Δ qui à la suite $(S_n)_{n\geqslant 0}$ associe la suite $(S_n - S_{n-1})_{n\geqslant 0}$ (avec la convention que $S_{-1} = 0$). Autrement dit, n'importe quelle suite peut être regardée comme la suite des sommes partielles d'une certaine série : la convergence de la suite (a_n) est équivalente à la convergence de la série $\sum a_n - a_{n-1}$. On pourra donc penser à utiliser les résultats sur les séries pour étudier les suites dont la dérivée discrète est plus simple. Cet isomorphisme explique aussi le principe des sommes télescopiques : les séries $\sum u_n$ pour lesquelles on est capable d'expliciter les sommes partielles sont exactement celles dont le terme général se met sous la forme $u_n = v_n - v_{n-1}$ (avec $v_{-1} = 0$). On a alors

$$\sum_{k=0}^{n} u_k = \sum_{k=0}^{n} v_k - v_{k-1} = v_n.$$

3.19. Lien suite-série (1)

Soit $(a_n)_{n\in\mathbb{N}}$ une suite de réels strictement positifs. On considère la suite $(\alpha_n)_{n\in\mathbb{N}}$ définie par le choix de α_0 et α_1 dans $]0,+\infty[$ et la relation de récurrence $\alpha_{n+1} = \alpha_n + a_n\alpha_{n-1}$ pour $n \geqslant 1$. Trouver une condition nécessaire et suffisante sur la suite $(a_n)_{n\in\mathbb{N}}$ pour que la suite $(\alpha_n)_{n\in\mathbb{N}}$ converge.

▷ **Solution.**

Il est clair que la suite (α_n) est à termes strictement positifs et est croissante à partir du rang 1. Donc soit elle converge, soit elle diverge vers $+\infty$.

Supposons que la suite (α_n) converge et notons $\ell > 0$ sa limite. On obtient

$$a_n = \frac{\alpha_{n+1} - \alpha_n}{\alpha_{n-1}} \underset{n\to\infty}{\sim} \frac{1}{\ell}(\alpha_{n+1} - \alpha_n).$$

Comme la série $\sum(\alpha_{n+1} - \alpha_n)$ converge, on en déduit que la série $\sum a_n$ converge.

Montrons que cette condition est suffisante. On suppose donc que $\sum a_n$ converge. En particulier a_n tend vers 0 et

$$\alpha_{n+1} - \alpha_n = a_n\alpha_{n-1} = o(\alpha_{n-1}) = o(\alpha_n),$$

car $0 < \alpha_{n-1} < \alpha_n$. On en déduit que $\lim\limits_{n\to+\infty} \frac{\alpha_{n+1}}{\alpha_n} = 1$, puis que

$$\frac{\alpha_{n+1}}{\alpha_n} - 1 = a_n \frac{\alpha_{n-1}}{\alpha_n} \underset{n\to\infty}{\sim} a_n.$$

Mais on sait aussi, puisque $\frac{\alpha_{n+1}}{\alpha_n}$ tend vers 1, que

$$\frac{\alpha_{n+1}}{\alpha_n} - 1 \underset{n\to\infty}{\sim} \ln\left(\frac{\alpha_{n+1}}{\alpha_n}\right) = \ln\alpha_{n+1} - \ln\alpha_n.$$

On obtient donc finalement $a_n \underset{n\to\infty}{\sim} \ln\alpha_{n+1} - \ln\alpha_n$. Par le théorème de comparaison, la série $\sum(\ln\alpha_{n+1} - \ln\alpha_n)$ converge, ce qui équivaut à la convergence de la suite $(\ln\alpha_n)$. Par continuité de la fonction exponentielle, la suite (α_n) converge.

En conclusion, la suite (α_n) converge si et seulement si la série $\sum a_n$ converge. ◁

3.20. Lien suite-série (2)

Soit $\alpha \geqslant 1$. Montrer l'existence d'une constante C telle que, pour toute suite $(a_n)_{n\geqslant 1}$ de $[0,1]$, on a

$$\sum_{n=1}^{+\infty} a_n \prod_{i=1}^{n-1}(1-a_i)^\alpha \leqslant \mathrm{C}.$$

Déterminer la meilleure constante C pour laquelle l'inégalité est vérifiée.

▷ **Solution.**

Quand $\alpha = 1$, le terme général s'écrit comme une différence

$$a_n \prod_{i=1}^{n-1}(1-a_i) = \prod_{i=1}^{n-1}(1-a_i) - \prod_{i=1}^{n}(1-a_i).$$

Comme la suite de terme général $u_n = \prod_{i=1}^{n}(1-a_i)$ est décroissante positive, elle converge vers une limite $\mathrm{L} \geqslant 0$ et donc par le lien suite-série, la série converge et sa somme est égale à $u_0 - \mathrm{L} = 1 - \mathrm{L} \leqslant 1$. On a donc $\mathrm{C} = 1$ qui convient. C'est d'ailleurs la meilleure constante possible car en prenant $a_n = \frac{1}{2}$ pour tout n, on obtient exactement 1 comme somme de cette série :

$$\sum_{n=1}^{+\infty} \frac{1}{2}\prod_{i=1}^{n-1}\left(1-\frac{1}{2}\right) = \sum_{n=1}^{+\infty}\frac{1}{2^n} = 1.$$

Si $\alpha > 1$, on utilise l'inégalité $(1-x)^\alpha \leqslant 1-x$ pour $x \in [0,1]$ qui permet de majorer a_n par $1-(1-a_n)^\alpha$. On a donc

$$0 \leqslant a_n \prod_{i=1}^{n-1}(1-a_i)^\alpha \leqslant \prod_{i=1}^{n-1}(1-a_i)^\alpha - \prod_{i=1}^{n}(1-a_i)^\alpha.$$

Comme précédemment, la suite de terme général $v_n = \prod_{i-1}^{n}(1-a_i)^\alpha$ est décroissante positive et converge vers une limite L' positive. On a donc par comparaison la convergence de $\sum a_n \prod_{i=1}^{n-1}(1-a_i)^\alpha$ et sa somme est majorée par $1 - \mathrm{L}' \leqslant 1$. Si on prend la suite $(a_n)_{n\geqslant 1}$ constante égale à 1 on obtient une somme qui vaut 1 (seul le premier terme est non nul) et $\mathrm{C} = 1$ est donc la meilleure constante dans tous les cas. ◁

3.21. Lien suite-série (3)

Soit $(a_n)_{n\in\mathbb{N}}$, $(b_n)_{n\in\mathbb{N}}$ et $(c_n)_{n\in\mathbb{N}}$ trois suites de réels positifs. On suppose que $\sum c_n$ converge et que pour tout $n \in \mathbb{N}$, $a_{n+1} \leqslant a_n - b_n + c_n$. Montrer que la suite $(a_n)_{n\in\mathbb{N}}$ converge.

▷ **Solution.**

On réalise que la suite $(b_n)_{n\in\mathbb{N}}$ n'est là que pour faire diversion et que l'on doit pouvoir conclure en utilisant l'inégalité $a_{n+1} \leqslant a_n + c_n$ qui est une conséquence immédiate de celle de l'énoncé puisque les b_n sont positifs (en effet, l'inégalité en question correspond au cas où les b_n sont nuls). On a donc pour $n \in \mathbb{N}$, $u_n = a_{n+1} - a_n \leqslant c_n$. La convergence de la série $\sum u_n$ entraîne la convergence de la suite $(a_n)_{n\in\mathbb{N}}$ par le lien suite-série. Pour u réel, posons $u^+ = \max(0, u)$ et $u^- = \max(-u, 0)$. On a $0 \leqslant u_n^+ \leqslant c_n$ pour tout n, ce qui garantit par comparaison la convergence de $\sum u_n^+$. Si la série $\sum u_n^-$ diverge, sa somme partielle tend vers $+\infty$ et comme $u_n = u_n^+ - u_n^-$, la somme partielle de la série $\sum u_n$ diverge vers $-\infty$. Il en va alors de même pour la suite (a_n), ce qui est exclu pour une suite positive. Donc $\sum u_n^-$, et par conséquent $\sum u_n$ et enfin $(a_n)_{n\in\mathbb{N}}$ convergent. ◁

3.22. Lien suite-série (4)

Soit $(a_n)_{n\geqslant 0} \in (\mathbb{R}_+^*)^{\mathbb{N}}$ telle que $\sqrt{a_1} \geqslant 1 + \sqrt{a_0}$ et $\left| a_{n+1} - \dfrac{a_n^2}{a_{n-1}} \right| \leqslant 1$ pour tout $n \in \mathbb{N}^*$.

1. Montrer que la suite de terme général $\frac{a_{n+1}}{a_n}$ converge vers $\ell \geqslant 1$.
2. Montrer que $\ell \neq 1$.
3. Montrer que la suite de terme général $\frac{a_n}{\ell^n}$ converge.

▷ **Solution.**

1. Montrons que pour tout $n \in \mathbb{N}$, $\sqrt{a_{n+1}} \geqslant 1 + \sqrt{a_n}$, en raisonnant par récurrence sur n. La propriété est vraie pour $n = 0$.

Soit $n \geqslant 1$ tel que $\sqrt{a_n} \geqslant 1 + \sqrt{a_{n-1}}$. On a alors

$$a_{n+1} \geqslant \frac{a_n^2}{a_{n-1}} - 1 \geqslant \frac{a_n^2}{(\sqrt{a_n} - 1)^2} - 1.$$

Il faut démontrer que $\dfrac{a_n^2}{(\sqrt{a_n} - 1)^2} - 1 \geqslant (\sqrt{a_n} + 1)^2$, ce qui équivaut à $a_n^2 - (\sqrt{a_n} - 1)^2 \geqslant (a_n - 1)^2$ et après simplification à $a_n + 2\sqrt{a_n} \geqslant 2$. C'est vrai car l'hypothèse de récurrence implique $a_n \geqslant 1$.

On en déduit, pour tout $n \in \mathbb{N}$, $\sqrt{a_n} \geqslant n + \sqrt{a_0} > n$ et donc $a_n > n^2$. L'inégalité donnée dans l'énoncé implique, pour $n \geqslant 1$,

$$\left| \frac{a_{n+1}}{a_n} - \frac{a_n}{a_{n-1}} \right| \leqslant \frac{1}{a_n} \leqslant \frac{1}{n^2}.$$

Ainsi, la série de terme général $\frac{a_{n+1}}{a_n} - \frac{a_n}{a_{n-1}}$ converge, donc la suite de terme général $\frac{a_{n+1}}{a_n}$ converge vers une limite ℓ. On a $\frac{a_{n+1}}{a_n} \geqslant 1$ pour tout n, donc $\ell \geqslant 1$.

2. Supposons que $\ell = 1$. Pour $\mathrm{N} \geqslant n \geqslant 2$, on a

$$\begin{aligned}\left| \frac{a_{n+1}}{a_n} - \frac{a_{\mathrm{N}+1}}{a_{\mathrm{N}}} \right| &\leqslant \sum_{k=n}^{\mathrm{N}-1} \left| \frac{a_{k+1}}{a_k} - \frac{a_{k+2}}{a_{k+1}} \right| \leqslant \sum_{k=n}^{\mathrm{N}-1} \frac{1}{k^2} \\ &\leqslant \sum_{k=n}^{\mathrm{N}-1} \left(\frac{1}{k-1} - \frac{1}{k} \right) = \frac{1}{n-1} - \frac{1}{\mathrm{N}-1}.\end{aligned}$$

En faisant tendre N vers $+\infty$, on obtient $\left| \frac{a_{n+1}}{a_n} - 1 \right| \leqslant \dfrac{1}{n-1}$. On en déduit $\frac{a_{n+1}}{a_n} \leqslant 1 + \dfrac{1}{n-1} = \dfrac{n}{n-1}$, c'est-à-dire $\frac{a_{n+1}}{n} \leqslant \frac{a_n}{n-1}$. La suite de terme général $\frac{a_n}{n-1}$ décroît, ce qui est impossible, car il a été démontré qu'elle tend vers $+\infty$ (car $a_n > n^2$). On a donc $\ell > 1$.

3. Il faut montrer que la série de terme général $\frac{a_{n+1}}{\ell^{n+1}} - \frac{a_n}{\ell^n} = \frac{a_{n+1} - \ell a_n}{\ell^{n+1}}$ converge. En raisonnant comme dans la question précédente, on obtient

$$\left| \frac{a_{n+1}}{a_n} - \ell \right| \leqslant \sum_{k=n}^{+\infty} \frac{1}{a_k}.$$

Soit $\lambda \in \,]1, \ell[$. On a $\displaystyle\lim_{n \to +\infty} \frac{\frac{\lambda^{n+1}}{a_{n+1}}}{\frac{\lambda^n}{a_n}} = \lim_{n \to +\infty} \frac{\lambda a_n}{a_{n+1}} = \frac{\lambda}{\ell} < 1$, donc $\frac{\lambda^n}{a_n}$ tend vers 0.

Ainsi $\frac{1}{a_n} = o\left(\frac{1}{\lambda^n}\right)$.

Par sommation des relations de négligeabilité, on obtient

$$\sum_{k=n}^{+\infty} \frac{1}{a_k} = o\left(\sum_{k=n}^{+\infty} \frac{1}{\lambda^k} \right) = o\left(\frac{1}{\lambda^n} \right).$$

On a donc $\frac{a_{n+1}}{a_n} - \ell = o\left(\frac{1}{\lambda^n}\right)$ et $\frac{a_{n+1} - \ell a_n}{\ell^{n+1}} = o\left(\frac{a_n}{\ell^n \lambda^n}\right)$. On pose $u_n = \frac{a_n}{\ell^n \lambda^n}$. on a $\lim_{n \to +\infty} \frac{u_{n+1}}{u_n} = \frac{1}{\lambda} < 1$, donc $\sum u_n$ converge. On en déduit que $\sum \frac{a_{n+1} - \ell a_n}{\ell^{n+1}}$ converge. ◁

Dans l'étude de la nature d'une série $\sum u_n$, on peut être amené à regrouper des termes afin de constituer une nouvelle série. On se donne une suite $(k_n)_{n \geqslant 0}$ strictement croissante de $\mathbb{N}$ avec $k_0 = 0$, et on considère

$$p_n = \sum_{k=k_n}^{k_{n+1}-1} u_k = u_{k_n} + u_{k_n+1} + \cdots + u_{k_{n+1}-1}$$

pour $n \geqslant 0$ (ce sont les « paquets »). Les sommes partielles de la série $\sum p_n$ forment une suite extraite de la suite des sommes partielles de $\sum u_n$. Donc si la série $\sum u_n$ converge il en est de même de la série $\sum p_n$ et les deux séries ont la même somme. Bien entendu, la réciproque n'est pas toujours vraie. Par exemple avec la série $\sum (-1)^n$, si on fait des paquets de 2 termes consécutifs on a $p_n = 0$ pour tout n. C'est toutefois le cas lorsque $\sum u_n$ est une série à termes positifs, car dans ce cas la suite des sommes partielles est croissante (on peut aussi voir cela comme un cas particulier du théorème de sommation par paquets des familles sommables.) Dans le cas où la série n'est pas à termes positifs, on peut donner diverses conditions supplémentaires qui permettent d'avoir la réciproque. Nous invitons le lecteur à se reporter à l'exercice 3.48 où il trouvera un exemple très intéressant de sommation par paquets.

Les exercices qui suivent sont des applications dans le cadre de séries positives.

3.23. Entiers qui s'écrivent sans le chiffre 9

Déterminer la nature de la série $\sum \frac{1}{p_n}$ où p_n est le n-ième entier naturel non nul dont l'écriture décimale ne comporte pas de 9.

▷ **Solution.**

Les entiers naturels (0 compris) inférieurs strictement à 10^n s'écrivent avec n chiffres en notation décimale. Ceux qui ne comportent pas de 9 s'écrivent donc avec n chiffres parmi les entiers de 0 à 8. On a 9^n possibilités pour les choix des n chiffres. Il y a donc 9^n entiers naturels (0 compris) strictement inférieurs à 10^n sans 9 dans leur écriture décimale. Le nombre 10^n qui s'écrit avec 1 suivi de n zéros est donc le 9^n-ième entier naturel non nul s'écrivant sans 9 : on a donc $p_{9^n} = 10^n$.

La suite $(p_n)_{n\geqslant 1}$ est croissante. Pour $n \geqslant 0$, on a la majoration suivante :

$$\mathrm{S}_n = \sum_{k=9^n}^{9^{n+1}-1} \frac{1}{p_k} \leqslant \sum_{k=9^n}^{9^{n+1}-1} \frac{1}{p_{9^n}} = \sum_{k=9^n}^{9^{n+1}-1} \frac{1}{10^n} \leqslant \frac{9^{n+1}}{10^n} = 9\left(\frac{9}{10}\right)^n.$$

Comme la série géométrique $\sum 9\left(\frac{9}{10}\right)^n$ converge, le théorème de comparaison des séries à termes positifs assure la convergence de la série $\sum \mathrm{S}_n$. Le théorème de sommation par paquets permet de conclure à la convergence de la série à termes positifs $\sum \frac{1}{p_n}$. ◁

Le résultat de l'exercice suivant est une généralisation d'une propriété utilisée par Cauchy.

3.24. Critère de condensation de Cauchy

Soit $(u_n)_{n\geqslant 1}$ une suite réelle décroissante, qui converge vers 0.

1. Soit $p \geqslant 2$ un entier. Établir l'équivalence :

$$\sum u_n \text{ converge} \iff \sum p^n u_{p^n} \text{ converge.}$$

C'est le critère de condensation de Cauchy.

2. Montrer que si $\sum u_n$ diverge, alors $\sum \min\left(u_n, \frac{1}{n}\right)$ diverge aussi.

▷ **Solution.**

1. Dans la série $\sum p^n u_{p^n}$, on ne prend que les termes u_k dont l'indice k appartient à la suite géométrique (p^n) mais chaque terme u_{p^n} est affecté d'un poids de p^n (ce qui est l'ordre de grandeur de $p^{n+1} - p^n$). La monotonie de la suite va permettre de montrer que les deux séries sont de même nature. On va procéder en regroupant les termes u_k pour k compris entre p^n et p^{n+1}.

Par décroissance de la suite (u_n), on obtient

$$(p^{n+1} - p^n)u_{p^{n+1}} \leqslant \sum_{k=p^n}^{p^{n+1}-1} u_k \leqslant (p^{n+1} - p^n)u_{p^n},$$

ou encore

$$\left(1 - \frac{1}{p}\right)p^{n+1}u_{p^{n+1}} \leqslant \sum_{k=p^n}^{p^{n+1}-1} u_k \leqslant (p-1)p^n u_{p^n}.$$

D'après le théorème de comparaison des séries à termes positifs, la série de terme général $p^n u_{p^n}$ converge si, et seulement si, la série de terme général $\sum_{k-p^n}^{p^{n+1}-1} u_k$ converge. Le théorème de sommation par paquets assure alors que les séries à termes positifs $\sum p^n u_{p^n}$ et $\sum u_n$ sont de même nature.

Dans le cas où $u_n = \frac{1}{n}$ pour $n \geqslant 1$ et $p = 2$, on a $2^n u_{2^n} = 1$ ce qui n'est pas le terme général d'une série convergente : c'est ainsi que Cauchy prouva la divergence de la série harmonique $\sum \frac{1}{n}\cdot$ On peut également retrouver ainsi la convergence des séries de Riemann $\sum \frac{1}{n^\alpha}$ pour $\alpha > 1$. En effet, toujours avec $p = 2$, on a $2^n \frac{1}{(2^n)^\alpha} = \left(\frac{1}{2^{\alpha-1}}\right)^n$ qui est bien le terme général d'une série géométrique convergente (puisque $\frac{1}{2^{\alpha-1}} < 1$). Remarquons enfin que le critère de condensation donne une solution immédiate de l'exercice 3.23 en prenant $p = 9$ puisque $p_{9^n} = 10^n$.

2. Posons $v_n = \min\left(u_n, \frac{1}{n}\right)$. On observe qu'il s'agit d'une suite décroissante de limite nulle. On peut donc utiliser le résultat de la question précédente. Raisonnons par l'absurde et supposons que $\sum v_n$ converge. En prenant $p = 2$ dans le critère de condensation, la série $\sum 2^n v_{2^n}$ converge. Or, pour $n \geqslant 0$, on peut écrire

$$2^n v_{2^n} = 2^n \min\left(u_{2^n}, \frac{1}{2^n}\right) = \min(2^n u_{2^n}, 1)$$

Comme le terme général d'une série convergente tend vers 0, on doit avoir $2^n u_{2^n} \leqslant 1$ à partir d'un certain rang, soit $\min(2^n u_{2^n}, 1) = 2^n u_{2^n}$. Par conséquent, $\sum 2^n u_{2^n}$ converge. Le critère de condensation assure alors la convergence de $\sum u_n$ ce qui est contraire à l'hypothèse. ◁

3.25. Séries définies à l'aide d'une permutation de $\mathbb{N}^*$

Soit σ une permutation de $\mathbb{N}^*$.

1. Quelle est la nature de la série $\sum \frac{\sigma(n)}{n^2}$?

2. Même question avec $\sum \frac{\sigma(n)}{n^2 \ln n}\cdot$

3. Même question avec $\sum \frac{\sigma(n)}{n^3}\cdot$

▷ **Solution.**

1. En prenant le cas particulier où σ est l'identité, on obtient la série harmonique qui est divergente. On va montrer qu'il y a toujours divergence. Pour montrer cela, nous allons minorer une tranche de Cauchy. Soit $N \geqslant 1$. Si on considère 2N entiers naturels non nuls deux à deux distincts, N d'entre eux nécessairement sont supérieurs ou égaux à N. C'est le cas notamment pour la famille des $\sigma(n)$ lorsque n décrit les entiers compris entre $N + 1$ et $3N$. Par conséquent, on peut minorer la tranche de Cauchy entre $N + 1$ et $3N$ par :

$$\sum_{n=N+1}^{3N} \frac{\sigma(n)}{n^2} \geqslant \sum_{n=N+1}^{3N} \frac{\sigma(n)}{(3N)^2} \geqslant \frac{N \cdot N}{9N^2} = \frac{1}{9}\cdot$$

Cela prouve la divergence de la série puisqu'en cas de convergence, la somme $\sum_{n=N+1}^{3N} \frac{\sigma(n)}{n^2}$ serait majorée par le reste $\sum_{n=N+1}^{+\infty} \frac{\sigma(n)}{n^2}$ et tendrait vers 0.

2. Il est également légitime de penser que cette seconde série est toujours divergente puisque si σ est l'identité, on obtient la série de Bertrand $\sum \frac{1}{n \ln n}$ qui diverge. Comme la série $\sum \frac{\sigma(n)}{n^2 \ln n}$ est à termes positifs, elle est de même nature que la série de terme général $a_N = \sum_{n=2^N+1}^{2^{N+1}} \frac{\sigma(n)}{n^2 \ln n}$, d'après le théorème de sommations par paquets. Les $\sigma(n)$, pour n compris entre $2^N + 1$ et 2^{N+1}, constituent un ensemble de 2^N entiers naturels non nuls distincts deux à deux. Aussi 2^{N-1} d'entre eux, au moins, sont supérieurs où égaux à 2^{N-1}. On minore a_N en ne considérant que ces derniers (les autres étant positifs) :

$$a_N = \sum_{n=2^N+1}^{2^{N+1}} \frac{\sigma(n)}{n^2 \ln n} \geqslant \sum_{n=2^N+1}^{2^{N+1}} \frac{\sigma(n)}{\left(2^{N+1}\right)^2 \ln 2^{N+1}} \geqslant \frac{2^{N-1} \cdot 2^{N-1}}{2^{2N+2}(N+1) \ln 2}.$$

Finalement, on obtient $a_N \geqslant \frac{1}{16(N+1)\ln 2}$, terme général d'une série divergente. Aussi, la série $\sum a_N$ diverge et $\sum \frac{\sigma(n)}{n^2 \ln n}$ de même.

3. La troisième série peut en revanche converger, ce qui est le cas si par exemple σ est l'identité. Mais ce n'est pas général, car pour d'autres permutations on peut avoir une série divergente. Il suffit par exemple de trouver une permutation σ telle que $\sigma(n) = n^3$ pour une infinité de n. Cherchons à expliciter un tel exemple. Posons $A = \{(2k)^3,\ k \in \mathbb{N}^*\}$ et $B = \mathbb{N}^* \setminus A$. Les deux ensembles A et B sont infinis. On notera $\alpha_1 < \alpha_2 < \cdots$ la suite croissante des éléments de B. On considère σ la permutation de $\mathbb{N}^*$ définie par $\sigma(2k) = (2k)^3$ pour tout k et $\sigma(2k+1) = \alpha_{k+1}$ pour tout $k \geqslant 0$. La suite $\frac{\sigma(n)}{n^3}$ ne tend pas vers 0, donc la série $\sum \frac{\sigma(n)}{n^3}$ diverge. ◁

Dans la dernière question on aurait aussi pu prendre pour σ la permutation qui échange p et p^3 pour tout nombre premier p et qui laisse fixes les entiers autres que les nombres premiers et leurs cubes.

Le lecteur constatera aisément que l'argument utilisé dans la question 3 se généralise et donc, pour tout exposant m, il existe des permutations σ qui rendent la série $\sum \frac{\sigma(n)}{n^m}$ divergente.

On peut donner une autre solution de la question 1 en utilisant l'inégalité du réordonnement établie dans l'exercice 1.26. En effet, soit N *un entier fixé. Notons $\alpha_1 < \alpha_2 < \cdots < \alpha_N$ les entiers de l'ensemble $\{\sigma(1), \ldots, \sigma(N)\}$ rangés dans l'ordre croissant. L'inégalité du réordonnement assure que*

$$\sum_{k=1}^{N} \frac{\sigma(k)}{k^2} \geqslant \sum_{k=1}^{N} \frac{\alpha_k}{k^2} \geqslant \sum_{k=1}^{N} \frac{1}{k},$$

car on a clairement $\alpha_k \geqslant k$ pour tout k. On conclut en invoquant la divergence de la série harmonique.

Lorsque les deux suites $(u_n)_{n\in\mathbb{N}}$ et $(v_n)_{n\in\mathbb{N}}$ sont positives et équivalentes au voisinage de $+\infty$, on peut « sommer » les équivalents dans les deux cas suivants :

- *si $\sum u_n$ converge, les restes sont équivalents : $\sum_{k=n+1}^{+\infty} u_k \underset{n\to\infty}{\sim} \sum_{k=n+1}^{+\infty} v_k$;*
- *si $\sum u_n$ diverge, ce sont les sommes partielles qui sont équivalentes :*

$$\sum_{k=0}^{n} u_k \underset{n\to\infty}{\sim} \sum_{k=0}^{n} v_k.$$

En écrivant $u_n - v_n = o(u_n)$, on obtient l'énoncé suivant : si $(u_n)_{n\in\mathbb{N}}$ est une suite réelle positive et $(w_n)_{n\in\mathbb{N}}$ une suite telle que $w_n = o(u_n)$, alors le reste $\sum_{k=n+1}^{+\infty} w_k$ est négligeable devant $\sum_{k=n+1}^{+\infty} u_k$ dans le cas où $\sum u_n$ converge. Si cette série diverge, la somme partielle $\sum_{k=0}^{n} w_k$ est négligeable devant $\sum_{k=0}^{n} u_k$. On notera que le théorème de Cesàro pour les suites réelles n'est qu'un cas particulier de ce résultat.

3.26. Recherche d'un équivalent (1)

Soit $(a_n)_{n\in\mathbb{N}}$ une suite de nombres réels telle que $\lim_{n\to+\infty} a_n \sum_{k=0}^{n} a_k^2 = 1$. Déterminer un équivalent de a_n.

▷ **Solution.**

Posons $S_n = \sum_{k=0}^{n} a_k^2$. Si la série $\sum a_n^2$ converge, la suite (S_n) converge tend et $\lim_{n\to+\infty} a_n = 0$. On ne peut pas avoir $\lim_{n\to+\infty} a_n S_n = 1$. Donc la série à termes positifs $\sum a_n^2$ diverge, et on a $\lim_{n\to+\infty} S_n = +\infty$.

Comme pour tout $n \geqslant 0$, $a_n^2 = S_n - S_{n-1}$, l'hypothèse s'écrit

$$S_n - S_{n-1} \underset{n\to\infty}{\sim} \frac{1}{S_n^2} \quad (S_n > 0 \text{ pour } n \text{ assez grand}).$$

On constate alors que

$$\begin{aligned}
S_n^3 - S_{n-1}^3 &= (S_n - S_{n-1})(S_n^2 + S_n S_{n-1} + S_{n-1}^2) \\
&\underset{n\to+\infty}{\sim} \frac{1}{S_n^2}(S_n^2 + S_n S_{n-1} + S_{n-1}^2) \\
&= \left(1 + \frac{S_{n-1}}{S_n} + \left(\frac{S_{n-1}}{S_n}\right)^2\right) \xrightarrow[n\to+\infty]{} 3,
\end{aligned}$$

car $S_{n-1} \sim S_n$ lorsque n tend vers l'infini. En effet, on a

$$1 - \frac{S_{n-1}}{S_n} \underset{n\to\infty}{\sim} \frac{1}{S_n^3} \xrightarrow[n\to+\infty]{} 0 \quad \text{puisque} \quad \lim_{n\to+\infty} S_n = +\infty.$$

Le théorème de Cesàro conduit à $S_n^3 - S_0^3 = \sum_{k=1}^{n}(S_k^3 - S_{k-1}^3) \underset{n\to\infty}{\sim} 3n$. D'où l'on déduit $S_n \underset{n\to\infty}{\sim} (3n)^{1/3}$ et finalement $a_n \underset{n\to\infty}{\sim} \frac{1}{(3n)^{1/3}}\cdot$ ◁

3.27. Recherche d'un équivalent (2)

Soit (x_n) une suite réelle définie par $x_1 = a > 0$ et la relation de récurrence $x_{n+1} = x_n + \frac{1}{S_n}$ où $S_n = x_1 + x_2 + \cdots + x_n$. Déterminer un équivalent de x_n.

▷ **Solution.**

La suite (x_n) est strictement croissante. Supposons qu'elle converge et notons α sa limite. Le théorème de Cesàro permet d'affirmer que $S_n \sim n\alpha$. Mais alors $x_{n+1} - x_n \sim \frac{1}{n\alpha}$ et la série $\sum(x_{n+1} - x_n)$ diverge, ce qui contredit la convergence de (x_n). Donc la suite (x_n) tend vers $+\infty$ et il en est de même de la suite (S_n).

On a $x_{n+1} \underset{n\to\infty}{\sim} x_n$ et donc $x_{n+1}^2 - x_n^2 = \frac{x_n + x_{n+1}}{S_n} \underset{n\to\infty}{\sim} \frac{2x_n}{S_n}\cdot$ Prenons l'inverse qui se manipule mieux. En effet, on observe qu'on a

$$\frac{S_{n+1}}{x_{n+1}} = \frac{S_n + x_{n+1}}{x_{n+1}} = \frac{S_n}{x_{n+1}} + 1$$

et donc

$$\frac{S_{n+1}}{x_{n+1}} - \frac{S_n}{x_n} = 1 + \frac{S_n(x_n - x_{n+1})}{x_n x_{n+1}} = 1 - \frac{1}{x_n x_{n+1}} \xrightarrow[n\to+\infty]{} 1.$$

Le théorème de Cesàro implique $\frac{S_n}{x_n} \underset{n\to\infty}{\sim} n$ et donc $x_{n+1}^2 - x_n^2 \sim \frac{2}{n}\cdot$ La somme partielle de la série harmonique étant équivalente à $\ln n$, une application du théorème de sommation des équivalents conduit à $x_n \sim \sqrt{2\ln n}$. ◁

Les énoncés suivants portent sur le même thème mais ils sont plus théoriques.

3.28. Sommation d'équivalents (1)

Soit $f : \mathbb{R}_+^* \longrightarrow \mathbb{R}_+^*$ de classe C^1 telle que $\frac{f'}{f}$ tend vers $-\infty$ en $+\infty$. Montrer que la série $\sum f(n)$ converge et donner un équivalent du reste.

▷ **Solution.**

Pour se donner une idée, on peut chercher un exemple explicite d'une telle fonction. C'est par exemple le cas de $f : x \longmapsto e^{-x^2}$. Pour cet exemple on constate que f tend très rapidement vers 0 : il est clair que la série converge, puisque son terme est négligeable devant $\frac{1}{n^2}\cdot$ On observe aussi sur cet exemple que $f(n+1) = o(f(n))$ et cela permettra d'obtenir facilement un équivalent du reste.

Revenons au cas général. Soit $\mathrm{A} > 0$. Par hypothèse il existe $\mathrm{N} \in \mathbb{N}^*$ tel que pour $x \geqslant \mathrm{N}$, $\frac{f'(x)}{f(x)} \leqslant -\mathrm{A}$. En intégrant cette relation entre N et $n \geqslant \mathrm{N}$ il vient,

$$\ln \frac{f(n)}{f(\mathrm{N})} \leqslant -\mathrm{A}(n-\mathrm{N}) \quad \text{et} \quad f(n) \leqslant f(\mathrm{N})e^{\mathrm{AN}}e^{-\mathrm{A}n},$$

ce qui garantit par comparaison la convergence de $\sum f(n)$.

En intégrant entre n et $n+1$, on obtient pour $n \geqslant \mathrm{N}$, $\frac{f(n+1)}{f(n)} \leqslant e^{-\mathrm{A}}$. Comme on peut choisir A tel que $e^{-\mathrm{A}}$ soit plus petit qu'un réel $\varepsilon > 0$ donné, on en déduit que le rapport $\frac{f(n+1)}{f(n)}$ tend vers 0 autrement dit que $f(n+1) \ll f(n)$. On a alors $0 \leqslant f(n) \sim f(n) - f(n+1)$ et par le théorème de sommation des équivalents,

$$\sum_{k=n}^{+\infty} f(k) \sim \sum_{k=n}^{+\infty}(f(k) - f(k+1) = f(n).$$

Le reste de la série est donc équivalent à son premier terme. ◁

3.29. Sommation d'équivalents (2)

1. Soit $(u_n)_{n\in\mathbb{N}}$ une suite de réels strictement positifs et $\mathrm{S}_n = \sum_{k=0}^{n} u_k$. On suppose que $\frac{\mathrm{S}_n}{nu_n}$ tend vers $\alpha > 0$. Étudier la convergence et la limite de

$$\frac{1}{n^2u_n}\sum_{k=0}^{n} ku_k.$$

2. Soit $(u_n)_{n\in\mathbb{N}}$ et $(v_n)_{n\in\mathbb{N}}$ deux suites de réels strictement positifs, $S_n = \sum_{k=0}^{n} u_k$ et $T_n = \sum_{k=0}^{n} v_k$ pour $n \geqslant 0$. On suppose que $\frac{S_n}{nu_n}$ (resp. $\frac{T_n}{nv_n}$) tend vers une limite $\alpha > 0$ (resp. $\beta > 0$). Étudier la convergence et la limite de

$$\frac{1}{n^2 u_n v_n} \sum_{k=0}^{n} k u_k v_k.$$

▷ **Solution.**

1. Notons que $\sum u_n$ diverge. Dans le cas contraire, on aurait, en notant S la somme de la série, $u_n \underset{n\to\infty}{\sim} \frac{S}{\alpha n}$, ce qui est contradictoire avec la convergence de $\sum u_n$, car la série harmonique diverge. La suite (S_n) tend donc vers l'infini. Puisque $\sum S_n$ diverge, que $\alpha n u_n \underset{n\to\infty}{\sim} S_n$ et que les séries en présence sont à termes positifs, le théorème de sommation des équivalents permet d'affirmer que $\alpha \sum_{k=0}^{n} k u_k \underset{n\to\infty}{\sim} \sum_{k=0}^{n} S_k$. On remarque alors que

$$\begin{aligned}\sum_{k=0}^{n} S_k &= \sum_{k=0}^{n}\sum_{i=0}^{k} u_i = \sum_{i=0}^{n}\sum_{k=i}^{n} u_i \text{ (par interversion de sommations,)}\\ &= \sum_{i=0}^{n}(n+1-i)u_i = (n+1)S_n - \sum_{i=0}^{n} i u_i.\end{aligned}$$

On en déduit

$$\frac{(n+1)S_n}{\sum_{k=0}^{n} k u_k} = 1 + \frac{\sum_{k=0}^{n} S_k}{\sum_{k=0}^{n} k u_k} \xrightarrow[n\to+\infty]{} \alpha + 1,$$

et donc $\sum_{k=0}^{n} k u_k \sim \frac{(n+1)S_n}{\alpha+1} \sim \frac{nS_n}{\alpha+1} \sim \frac{\alpha n^2 u_n}{\alpha+1}$ pour n tendant vers $+\infty$. Finalement, on obtient

$$\lim_{n\to+\infty} \frac{1}{n^2 u_n} \sum_{k=0}^{n} k u_k = \frac{\alpha}{\alpha+1}\cdot$$

2. Cette seconde question est une généralisation de la précédente que l'on retrouve en prenant $v_n = 1$. On va utiliser la même méthode que précédemment. On a $\alpha n u_n v_n \underset{n\to\infty}{\sim} S_n v_n$, par hypothèse. La série $\sum v_n$ diverge ; la suite (S_n) tendant vers $+\infty$, il en est de même, *a fortiori*, de la série $\sum S_n v_n$. Le théorème de sommation des équivalents entraîne $\alpha \sum_{k=0}^{n} k u_k v_k \underset{n\to\infty}{\sim} \sum_{k=0}^{n} S_k v_k$. De la même manière, on obtient $\beta \sum_{k=0}^{n} k u_k v_k \underset{n\to\infty}{\sim} \sum_{k=0}^{n} \mathrm{T}_k u_k$. On a donc

$$\frac{\sum_{k=0}^{n} \mathrm{S}_k v_k + \sum_{k=0}^{n} \mathrm{T}_k u_k}{\sum_{k=0}^{n} k u_k v_k} \xrightarrow[n\to+\infty]{} \alpha + \beta,$$

c'est-à-dire

$$(\alpha+\beta)\sum_{k=0}^{n} k u_k v_k \underset{n\to+\infty}{\sim} \sum_{k=0}^{n} \mathrm{S}_k v_k + \sum_{k=0}^{n} \mathrm{T}_k u_k.$$

On observe alors que

$$\begin{aligned}
\sum_{k=0}^{n} \mathrm{S}_k v_k + \sum_{k=0}^{n} \mathrm{T}_k u_k &= \sum_{0\leqslant \ell\leqslant k\leqslant n} u_\ell v_k + \sum_{0\leqslant \ell\leqslant k\leqslant n} v_\ell u_k \\
&= \Big(\sum_{0\leqslant k,\ell\leqslant n} u_k v_\ell\Big) + u_1 v_1 + \cdots + u_n v_n, \\
&= \mathrm{S}_n \mathrm{T}_n + \sum_{k=0}^{n} u_k v_k.
\end{aligned}$$

La série $\sum k u_k v_k$ étant divergente, et pour n tendant vers l'infini, $u_n v_n$ étant négligeable devant $n u_n v_n$, le théorème de sommation des relations de comparaison entraîne que $\sum_{k=0}^{n} u_k v_k$ est négligeable devant $\sum_{k=0}^{n} k u_k v_k$. Sachant que $(\alpha+\beta)\sum_{k=0}^{n} k u_k v_k \underset{n\to\infty}{\sim} \mathrm{S}_n \mathrm{T}_n + \sum_{k=0}^{n} u_k v_k$, on en déduit que

$$(\alpha+\beta)\sum_{k=0}^{n} k u_k v_k \underset{n\to\infty}{\sim} \mathrm{S}_n \mathrm{T}_n \underset{n\to\infty}{\sim} \alpha\beta n^2 u_n v_n,$$

c'est-à-dire que $\lim\limits_{n\to+\infty} \frac{1}{n^2 u_n v_n} \sum_{k=0}^{n} k u_k v_k = \frac{\alpha\beta}{\alpha+\beta}$. ◁

Pour les séries à termes positifs, la comparaison série-intégrale est un outil essentiel pour l'étude de leur convergence, l'estimation des restes, le comportement asymptotique des sommes partielles... Les exercices suivants en sont une illustration.

3.30. Estimation d'une somme partielle

> Déterminer la partie entière de $\sum_{n=1}^{10^9} \frac{1}{n^{2/3}}$.

▷ **Solution.**

La fonction $t \longmapsto \dfrac{1}{t^{2/3}}$ est positive, continue et strictement décroissante sur $\mathbb{R}_+^*$. Pour $n \geqslant 2$, on a donc l'encadrement

$$\int_n^{n+1} \frac{\mathrm{d}t}{t^{2/3}} < \frac{1}{n^{2/3}} < \int_{n-1}^{n} \frac{\mathrm{d}t}{t^{2/3}}.$$

En sommant de 2 à 10^9, on obtient

$$\int_2^{10^9+1} \frac{\mathrm{d}t}{t^{2/3}} < \sum_{n=2}^{10^9} \frac{1}{n^{2/3}} < \int_1^{10^9} \frac{\mathrm{d}t}{t^{2/3}}.$$

On se contente d'encadrer la somme à partir de $n = 2$ car le premier terme est entier égal à 1. Après calcul de l'intégrale, on obtient

$$3(\sqrt[3]{10^9+1} - \sqrt[3]{2}) < \sum_{n=2}^{10^9} \frac{1}{n^{2/3}} < 3(\sqrt[3]{10^9} - 1) = 2997.$$

On constate que $3(\sqrt[3]{10^9+1} - \sqrt[3]{2}) > 3(\sqrt[3]{10^9} - \sqrt[3]{2}) = 3(1000 - \sqrt[3]{2}) \geqslant 2996$. En rajoutant le premier terme, on a

$$2997 < \sum_{n=1}^{10^9} \frac{1}{n^{2/3}} < 2998,$$

et la partie entière cherchée est 2997. ◁

La divergence de la série harmonique $\sum \frac{1}{n}$ est connue au moins depuis Johann Bernoulli. On peut résumer ainsi son argumentation : si on suppose que cette série converge, on peut écrire [3]

$$\begin{aligned}
\mathrm{S} = \sum_{n=1}^{+\infty} \frac{1}{n} &= 1 + \sum_{n=2}^{+\infty} \frac{n-1}{(n-1)n} = 1 + \sum_{n=1}^{+\infty} \frac{n}{n(n+1)} \\
&= 1 + \sum_{n=1}^{+\infty} \sum_{k=1}^{n} \frac{1}{n(n+1)} \\
&= 1 + \sum_{k=1}^{+\infty} \sum_{n=k}^{+\infty} \frac{1}{n(n+1)} \quad \textit{(par interversion des sommations)} \\
&= 1 + \sum_{k=1}^{+\infty} \underbrace{\sum_{n=k}^{+\infty} \left(\frac{1}{n} - \frac{1}{n+1} \right)}_{=1/k} = 1 + \sum_{k=1}^{+\infty} \frac{1}{k} = 1 + \mathrm{S},
\end{aligned}$$

ce qui est manifestement absurde.

L'exercice suivant propose d'établir un développement asymptotique de la somme partielle de la série harmonique et présente à cette occasion la constante d'Euler.

3. Avec le formalisme moderne.

3.31. Développement asymptotique de la série harmonique

On pose $H_n = 1 + \frac{1}{2} + \cdots + \frac{1}{n}$ pour $n \geqslant 1$.

1. Soit $u_n = H_n - \ln n$ et $v_n = u_n - \frac{1}{n}\cdot$ Démontrer que ces suites sont adjacentes et convergent vers une constante réelle strictement positive γ.

2. Déterminer un développement asymptotique de H_n comprenant quatre termes.

3. On pose $k_n = \min\{k \in \mathbb{N},\ H_k \geqslant n\}$. Déterminer $\lim\limits_{n\to+\infty} \frac{k_{n+1}}{k_n}\cdot$

▷ **Solution.**

1. La différence $u_n - v_n = \frac{1}{n}$ converge vers 0. La suite $(u_n)_{n\geqslant 1}$ est décroissante puisque

$$u_n - u_{n+1} = -\frac{1}{n+1} - \ln n + \ln(n+1) = -\frac{1}{n+1} - \ln\left(1 - \frac{1}{n+1}\right) \geqslant 0,$$

en vertu de l'inégalité $\ln(1+x) \leqslant x$ pour $x > -1$. D'autre part, cette même inégalité assure la croissance de $(v_n)_{n\geqslant 1}$:

$$v_{n+1} - v_n = \frac{1}{n} - \ln(n+1) + \ln n = \frac{1}{n} - \ln\left(1 + \frac{1}{n}\right) \geqslant 0.$$

Les deux suites $(u_n)_{n\geqslant 1}$ et $(v_n)_{n\geqslant 1}$ sont donc adjacentes, et elles convergent vers un réel γ. Comme $v_2 = 1 - \ln 2 > 0$, on a $\gamma > 0$.

La limite γ est la constante d'Euler dont 0,577215 *est une valeur approchée par défaut. On sait peu de choses de γ et, notamment, on ignore encore si γ est rationnel ou non.*

2. On a prouvé que $H_n = \ln n + \gamma + o(1)$ pour n tendant vers $+\infty$.

• Posons $t_n = u_n - \gamma$ $(n \geqslant 1)$. On emploie une méthode classique qui consiste, pour obtenir un équivalent de t_n, à chercher un équivalent de $t_n - t_{n-1}$, puis à « sommer » l'équivalent obtenu. On a pour n tendant vers l'infini,

$$t_n - t_{n-1} = \ln\left(1 - \frac{1}{n}\right) + \frac{1}{n} \underset{n\to\infty}{\sim} -\frac{1}{2n^2}\cdot$$

La série $\sum(t_k - t_{k-1})$ converge. Le théorème de sommation des équivalents nous donne

$$\sum_{k=n+1}^{+\infty} (t_k - t_{k-1}) = -t_n \underset{n\to\infty}{\sim} -\frac{1}{2}\sum_{k=n+1}^{+\infty} \frac{1}{k^2} \underset{n\to\infty}{\sim} -\frac{1}{2n},$$

l'équivalent du reste de la série de Riemann s'obtenant à l'aide d'une simple comparaison série-intégrale : si $\alpha > 1$, la fonction $t \longmapsto \frac{1}{t^\alpha}$ est décroissante et intégrable sur $[1, +\infty[$, si bien que pour $k \geqslant 2$,

$$\frac{1}{(k+1)^\alpha} \leqslant \int_k^{k+1} \frac{dt}{t^\alpha} \leqslant \frac{1}{k^\alpha} \leqslant \int_{k-1}^{k} \frac{dt}{t^\alpha}\cdot$$

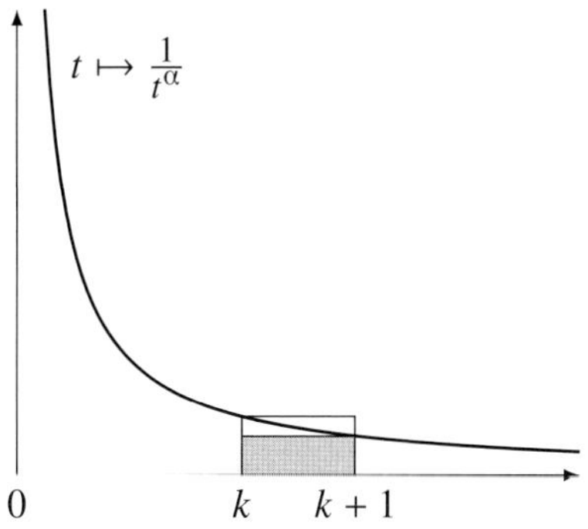

En sommant ces relations entre $n+1$ et N, puis en faisant tendre N vers l'infini, on obtient

$$\int_n^{+\infty} \frac{\mathrm{d}t}{t^\alpha} \leqslant \sum_{k=n+1}^{+\infty} \frac{1}{k^\alpha} \leqslant \int_{n+1}^{+\infty} \frac{\mathrm{d}t}{t^\alpha}.$$

Comme les membres de gauche et de droite sont tous deux équivalents à $\frac{1}{\alpha-1}\frac{1}{n^{\alpha-1}}$, le théorème d'encadrement assure que

$$\sum_{k=n+1}^{+\infty} \frac{1}{k^\alpha} \underset{n\to\infty}{\sim} \frac{1}{\alpha-1}\frac{1}{n^{\alpha-1}}.$$

Le cas $\alpha = 2$ donne l'équivalent annoncé. On a donc déjà

$$\mathrm{H}_n = \ln n + \gamma + \frac{1}{2n} + o\left(\frac{1}{n}\right).$$

• On pose $w_n = u_n - \gamma - \frac{1}{2n}$ pour tout $n \geqslant 1$, suite qui converge vers 0. La somme $\sum\limits_{k=n+1}^{+\infty} (w_k - w_{k-1})$ vaut $-w_n$ et son terme général s'écrit

$$w_n - w_{n-1} = \ln\left(1 - \frac{1}{n}\right) + \frac{1}{n} - \frac{1}{2n} + \frac{1}{2n-2}.$$

Pour n tendant vers l'infini, on a

$$\begin{aligned} w_n - w_{n-1} &= -\frac{1}{n} - \frac{1}{2n^2} - \frac{1}{3n^3} + \frac{1}{n} - \frac{1}{2n} + \frac{1}{2n}\frac{1}{1-\frac{1}{n}} + o\left(\frac{1}{n^3}\right) \\ &= -\frac{1}{2n^2} - \frac{1}{3n^2} - \frac{1}{2n} + \frac{1}{2n}\left(1 + \frac{1}{n} + \frac{1}{n^2}\right) + o\left(\frac{1}{n^3}\right) \\ &= \frac{1}{6n^3} + o\left(\frac{1}{n^3}\right) \underset{n\to\infty}{\sim} \frac{1}{6n^3}. \end{aligned}$$

Le théorème de sommation des équivalents donne

$$-w_n \underset{n\to\infty}{\sim} \sum_{k=n+1}^{+\infty} \frac{1}{6k^3} \underset{n\to\infty}{\sim} \frac{1}{12n^2},$$

avec l'équivalent du reste de la série de Riemann vu plus haut. Ainsi, on obtient le développement asymptotique

$$\mathrm{H}_n = \sum_{k=1}^{n} \frac{1}{k} = \ln n + \gamma + \frac{1}{2n} - \frac{1}{12n^2} + o\left(\frac{1}{n^2}\right).$$

3. Pour estimer k_n on utilise le début du développement asymptotique de H_n. On sait que $\mathrm{H}_n = \ln n + \gamma + \varepsilon_n$ où (ε_n) tend vers 0. Par définition de k_n, on a

$$\ln k_n + \gamma + \varepsilon_{k_n} \geqslant n \quad \text{et} \quad \ln(k_n - 1) + \gamma + \varepsilon_{k_n - 1} < n.$$

Il en résulte, en passant à l'exponentielle,

$$e^n e^{-\gamma - \varepsilon_{k_n - 1}} + 1 > k_n \geqslant e^n e^{-\gamma - \varepsilon_{k_n}}.$$

On a donc $k_n \sim e^n e^{-\gamma}$ et $\lim\limits_{n\to+\infty} \frac{k_{n+1}}{k_n} = e$. ◁

3.32. Développement asymptotique de restes et sommes partielles

Posons pour tout $n \in \mathbb{N}^*$, $u_n = \sum\limits_{k=1}^{n} \frac{1}{\sqrt{k}} - 2\sqrt{n}$.

1. Montrer que la suite (u_n) converge. On note ℓ sa limite.

2. Préciser le signe de ℓ.

3. Montrer que pour n tendant vers l'infini, $u_n = \ell + \frac{1}{2\sqrt{n}} + O\left(\frac{1}{n^{3/2}}\right)$.

4. Montrer que $\ell = (1 + \sqrt{2}) \sum\limits_{p=1}^{+\infty} \frac{(-1)^p}{\sqrt{p}}$.

5. Montrer que pour tout $n \in \mathbb{N}^*$, $u_n = -\sum\limits_{p=1}^{n} \frac{1}{\sqrt{p}(\sqrt{p} + \sqrt{p-1})^2}$.

▷ **Solution.**

1. Par le lien suite-série, il suffit de montrer que la série $\sum u_n - u_{n-1}$ converge. Or on a

$$u_n - u_{n-1} = \frac{1}{\sqrt{n}} - 2\sqrt{n}\left(1 - \sqrt{1 - \frac{1}{n}}\right) = \frac{1}{\sqrt{n}} - 2\sqrt{n}\left(1 - \left(1 - \frac{1}{2n} + O\left(\frac{1}{n^2}\right)\right)\right),$$

ce qui donne $u_n - u_{n-1} = O\left(\frac{1}{n^{3/2}}\right)$ qui est le terme général d'une série absolument convergente, donc convergente. La suite (u_n) admet donc une limite finie.

2. Par comparaison série intégrale, nous allons comparer $\sum\limits_{k=1}^{n} \frac{1}{\sqrt{k}}$ à $\int_0^n \frac{\mathrm{d}t}{\sqrt{t}}$ qui vaut justement $2\sqrt{n}$:

$$u_n = \sum_{k=1}^{n} \frac{1}{\sqrt{k}} - 2\int_0^n \frac{\mathrm{d}t}{\sqrt{t}} = \sum_{k=1}^{n} \int_{k-1}^{k} \left(\frac{1}{\sqrt{k}} - \frac{1}{\sqrt{t}}\right) \mathrm{d}t \leqslant 0$$

puisque sur chaque intervalle $[k-1, k]$, la fonction intégrée est négative par décroissance de $t \longmapsto \frac{1}{\sqrt{t}}$. Par passage à la limite, ℓ est négatif.

3. Par télescopage, on a $\sum\limits_{k=n+1}^{+\infty} (u_k - u_{k-1}) = \ell - u_n$. Pour obtenir le développement asymptotique de u_n, on va préciser le développement fait à la première question :

$$u_n - u_{n-1} = \frac{1}{\sqrt{n}} - 2\sqrt{n}\left(1 - \left(1 - \frac{1}{2n} - \frac{1}{4n^2} + O\left(\frac{1}{n^3}\right)\right)\right) = -\frac{1}{4n^{3/2}} + O\left(\frac{1}{n^{5/2}}\right).$$

Par le théorème de sommation des relations de comparaison on a donc

$$\ell - u_n = -\frac{1}{4}\sum_{k=n+1}^{+\infty} \frac{1}{k^{3/2}} + O\left(\sum_{k=n+1}^{+\infty} \frac{1}{k^{5/2}}\right).$$

Or par une comparaison série intégrale, on a montré dans l'exercice 3.31 que, pour $\alpha > 1$,

$$\sum_{k=n+1}^{+\infty} \frac{1}{k^{\alpha}} \sim \frac{1}{(\alpha - 1)n^{\alpha-1}}.$$

Ainsi on a $O\left(\sum\limits_{k=n+1}^{+\infty} \frac{1}{k^{5/2}}\right) = O\left(\frac{1}{n^{3/2}}\right)$ et $\sum\limits_{k=n+1}^{+\infty} \frac{1}{k^{3/2}} \sim \frac{2}{\sqrt{n}}$. *A priori*, cet équivalent donne seulement une précision $o\left(\frac{1}{\sqrt{n}}\right)$, ce qui est moins bon que la précision $O\left(\frac{1}{n^{3/2}}\right)$ souhaitée. Mais si on reprend l'encadrement intégral, on a

$$\frac{2}{\sqrt{n+1}} = \int_{n+1}^{+\infty} \frac{\mathrm{d}t}{t^{3/2}} \leqslant \sum_{k=n+1}^{+\infty} \frac{1}{k^{3/2}} \leqslant \int_{n}^{+\infty} \frac{\mathrm{d}t}{t^{3/2}} = \frac{2}{\sqrt{n}}$$

et il est facile de voir que $\frac{2}{\sqrt{n+1}} = \frac{2}{\sqrt{n}} + O\left(\frac{1}{n^{3/2}}\right)$.

On obtient donc $\sum\limits_{k=n+1}^{+\infty} \frac{1}{k^{3/2}} = \frac{2}{\sqrt{n}} + O\left(\frac{1}{n^{3/2}}\right)$, ce qui donne bien

$$u_n = \ell + \frac{1}{2\sqrt{n}} + O\left(\frac{1}{n^{3/2}}\right).$$

4. La série $\sum \frac{(-1)^p}{\sqrt{p}}$ est redevable du critère spécial des séries alternées puisque $\frac{1}{\sqrt{p}}$ décroît vers 0. On peut écrire en regroupant les termes deux par deux que

$$\sum_{p=1}^{+\infty} \frac{(-1)^p}{\sqrt{p}} = \sum_{k=1}^{+\infty} \left(\frac{1}{\sqrt{2k}} - \frac{1}{\sqrt{2k-1}} \right) = \lim_{n\to+\infty} v_n$$

avec $v_n = \sum_{k=1}^{n} \left(\frac{1}{\sqrt{2k}} - \frac{1}{\sqrt{2k-1}} \right)$. Transformons v_n :

$$\begin{aligned} v_n &= \sum_{k=1}^{n} \frac{2}{\sqrt{2k}} - \sum_{k=1}^{n} \left(\frac{1}{\sqrt{2k-1}} + \frac{1}{\sqrt{2k}} \right) = \sqrt{2} \sum_{k=1}^{n} \frac{1}{\sqrt{k}} - \sum_{k=1}^{2n} \frac{1}{\sqrt{k}} \\ &= \sqrt{2}\, u_n - u_{2n} \xrightarrow[n\to+\infty]{} (\sqrt{2}-1)\ell. \end{aligned}$$

On en déduit l'expression de ℓ demandée.

5. On pose $w_n = -\sum_{p=1}^{n} \frac{1}{\sqrt{p}(\sqrt{p}+\sqrt{p-1})^2}$ pour $n \geqslant 1$. On a $w_1 = u_1 = -1$ et pour $n \geqslant 2$,

$$\begin{aligned} u_n - u_{n-1} &= \frac{1}{\sqrt{n}} - 2\left(\sqrt{n} - \sqrt{n-1}\right) = \frac{1}{\sqrt{n}} - \frac{2}{\sqrt{n}+\sqrt{n-1}} \\ &= \frac{1}{\sqrt{n}} \frac{\sqrt{n-1}-\sqrt{n}}{\sqrt{n}+\sqrt{n-1}} = -\frac{1}{\sqrt{n}(\sqrt{n}+\sqrt{n-1})^2} = w_n - w_{n-1}. \end{aligned}$$

L'égalité demandée s'en déduit par récurrence. $\triangleleft$

On a souvent besoin d'un équivalent de la somme partielle (resp. du reste) d'une série de Riemann divergente (resp. convergente). Cela s'obtient très rapidement via une comparaison série-intégrale comme on le voit dans la solution de l'exercice suivant (voir aussi l'exercice 3.31 pour une mise en œuvre différente). Ainsi si $a_n \sim \frac{1}{n^\alpha}$ *avec* $0 < \alpha < 1$, *alors la somme partielle* $\sum_{k=1}^{n} a_k$ *est équivalente à* $\frac{n^{1-\alpha}}{1-\alpha}$. *L'exercice suivant s'intéresse à la réciproque qui va être vraie lorsque* (a_n) *est décroissante. Il s'agira de considérer une somme partielle dépendant d'un paramètre, ce que l'on qualifie de méthode taubérienne.*

*3.33. Méthode taubérienne pour un équivalent

Soit $(a_n)_{n\in\mathbb{N}}$ une suite strictement décroissante positive, $0 < \alpha < 1$ et $c > 0$. Montrer que $a_n \sim \frac{c}{n^\alpha}$ équivaut à $\sum_{k=1}^{n} a_k \sim \frac{cn^{1-\alpha}}{1-\alpha}$.

▷ **Solution.**

Quitte à diviser la suite $(a_n)_{n\in\mathbb{N}}$ par c, on peut supposer que $c = 1$, ce que nous ferons dans la suite.

Le sens direct est classique, et est une conséquence du théorème de sommation des équivalents. La série à termes positifs $\sum \frac{1}{n^\alpha}$ diverge, donc on a

$$\sum_{k=1}^{n} a_k \sim \sum_{k=1}^{n} \frac{1}{k^\alpha}.$$

La fonction $t \longmapsto \frac{1}{t^\alpha}$ étant décroissante sur $\mathbb{R}_+^*$, on a pour $n \geqslant 2$

$$\frac{1}{n^\alpha} \leqslant \int_{n-1}^{n} \frac{\mathrm{d}t}{t^\alpha} \leqslant \frac{1}{(n-1)^\alpha}$$

et on en déduit l'équivalent $\int_{n-1}^{n} \frac{\mathrm{d}t}{t^\alpha} \sim \frac{1}{n^\alpha}$. Toujours par le théorème de sommation des équivalents, on obtient

$$\sum_{k=1}^{n} a_k \sim \sum_{k=1}^{n} \frac{1}{k^\alpha} \sim \int_{0}^{n} \frac{\mathrm{d}t}{t^\alpha} = \frac{n^{1-\alpha}}{1-\alpha}.$$

On remarque que l'hypothèse de décroissance de $(a_n)_{n\in\mathbb{N}}$ n'intervient pas ici mais elle est cruciale pour la réciproque.

Supposons que $\sum_{k=1}^{n} a_k \sim \frac{n^{1-\alpha}}{1-\alpha}$. Il s'agit, à partir des sommes partielles, de récupérer une information sur a_n. L'idée est de considérer une tranche de Cauchy dont on peut trouver un équivalent et de la comparer à a_n. On va donc prendre des tranches pour des indices proches de n : plus précisément entre $n+1$ et $\lfloor n(1+x)\rfloor$ et entre $\lfloor n(1-x)\rfloor$ et n pour $x \in]0,1[$. On a

$$\sum_{k=1}^{\lfloor n(1+x)\rfloor} a_k \sim \frac{\lfloor n(1+x)\rfloor^{1-\alpha}}{1-\alpha} \sim \frac{(n(1+x))^{1-\alpha}}{1-\alpha}.$$

Ainsi, $\sum_{k=1}^{\lfloor n(1+x)\rfloor} a_k = (1+x)^{1-\alpha} \frac{n^{1-\alpha}}{1-\alpha} + o\left(n^{1-\alpha}\right)$ si bien que

$$\sum_{k=n+1}^{\lfloor n(1+x)\rfloor} a_k = \sum_{k=1}^{\lfloor n(1+x)\rfloor} a_k - \sum_{k=1}^{n} a_k = \left((1+x)^{1-\alpha} - 1\right) \frac{n^{1-\alpha}}{1-\alpha} + o\left(n^{1-\alpha}\right),$$

ce qui donne $\sum_{k=n+1}^{\lfloor n(1+x)\rfloor} a_k \sim \left((1+x)^{1-\alpha} - 1\right) \frac{n^{1-\alpha}}{1-\alpha}$ car $(1+x)^{1-\alpha} - 1 \neq 0$.

De la même manière, comme on a

$$\sum_{k=1}^{\lfloor n(1-x)\rfloor} a_k \sim \frac{\lfloor n(1-x)\rfloor^{1-\alpha}}{1-\alpha} \sim \frac{(n(1-x))^{1-\alpha}}{1-\alpha},$$

on obtient

$$\sum_{k=\lfloor n(1-x)\rfloor+1}^{n} a_k \sim \left(1-(1-x)^{1-\alpha}\right)\frac{n^{1-\alpha}}{1-\alpha}.$$

Comme la suite $(a_n)_{n\in\mathbb{N}}$ est décroissante, on a

$$\sum_{k=n+1}^{\lfloor n(1+x)\rfloor} a_k \leqslant a_n\left(\lfloor n(1+x)\rfloor - n\right) \text{ et } \sum_{k=\lfloor n(1-x)\rfloor+1}^{n} a_k \geqslant a_n\left(n-\lfloor n(1-x)\rfloor\right),$$

d'où l'on déduit l'encadrement

$$\frac{n^{\alpha}}{\lfloor n(1+x)\rfloor - n}\sum_{k=n+1}^{\lfloor n(1+x)\rfloor} a_k \leqslant n^{\alpha}a_n \leqslant \frac{n^{\alpha}}{n-\lfloor n(1-x)\rfloor}\sum_{k=\lfloor n(1-x)\rfloor+1}^{n} a_k.$$

Des équivalents des sommes déterminés plus haut, on déduit

$$u_n = \frac{n^{\alpha}}{\lfloor n(1+x)\rfloor - n}\sum_{k=n+1}^{\lfloor n(1+x)\rfloor} a_k \xrightarrow[n\to+\infty]{} \frac{(1+x)^{1-\alpha}-1}{x}\frac{1}{(1-\alpha)},$$

$$\text{et}\quad v_n = \frac{1}{n-\lfloor n(1-x)\rfloor}\sum_{k=\lfloor n(1-x)\rfloor+1}^{n} a_k \xrightarrow[n\to+\infty]{} \frac{(1-x)^{1-\alpha}-1}{-x}\frac{1}{(1-\alpha)}.$$

Les quantités en x sont des taux d'accroissements de $t \longmapsto t^{1-\alpha}$ entre 1 et $1+x$ d'une part et 1 et $1-x$ d'autre part. Leur limite quand x tend vers 0 vaut dans les deux cas $1-\alpha$. Soit $\varepsilon > 0$. On peut choisir $x \in]0,1[$ tel que

$$\frac{(1+x)^{1-\alpha}-1}{x}\frac{1}{(1-\alpha)} \geqslant 1-\varepsilon \quad\text{et}\quad \frac{(1-x)^{1-\alpha}-1}{-x}\frac{1}{(1-\alpha)} \leqslant 1+\varepsilon.$$

Pour n assez grand, on a $u_n \geqslant 1-2\varepsilon$ et $v_n \leqslant 1+2\varepsilon$ et donc $1-2\varepsilon \leqslant n^{\alpha}a_n \leqslant 1+2\varepsilon$. L'équivalent $a_n \sim \frac{1}{n^{\alpha}}$ est donc prouvé. ◁

Comme la fonction $x \longmapsto \dfrac{1}{x.\ln x.\ln(\ln x)\cdots\ln^{(K)}(x)}$ *est décroissante au voisinage de* $+\infty$ *(*$\ln^{(K)}$ *désigne l'itérée* K*-fois de la fonction logarithme,* K *étant un entier naturel), on peut en déduire par comparaison série-intégrale la nature de la série*

$$\sum \frac{1}{n.\ln n.\ln(\ln n)\cdots\ln^{(K)}(n)}$$

(ce qui généralise en partie le résultat sur les séries de Bertrand). Comme l'intégrande est la dérivée la fonction $x \longmapsto \ln^{(K+1)}(x)$ *qui diverge en* $+\infty$*, cette série est aussi divergente. L'exercice suivant propose un résultat plus fin où on fait varier l'entier* K *avec l'indice* n*.*

*3.34. Comparaison série-intégrale sur une tranche

Pour $n \in \mathbb{N}^*$, on pose $f(n) = n \times \ln n \times \ln(\ln n) \times \cdots \times \ln^{(k_n)}(n)$ où $\ln^{(k)}$ est le logarithme itéré k fois et k_n le plus grand entier tel que $\ln^{(k_n)}(n) \geqslant 1$. Étudier la nature de la série de terme général $\frac{1}{f(n)}$.

▷ **Solution.**

Pour estimer la nature de cette série, nous allons rassembler en un seul paquet les n qui correspondent à un même $k_n = \mathrm{K}$. Par exemple on a $k_n = 3$ si et seulement si

$$\ln \ln \ln n \geqslant 1 \quad \text{et} \quad \ln \ln \ln \ln n < 1,$$

ce qui équivaut à

$$\ln \ln n \geqslant e \quad \text{et} \quad \ln \ln \ln n < e,$$

$$\ln n \geqslant e^e \quad \text{et} \quad \ln \ln n < e^e,$$

ou encore

$$e^{e^e} \leqslant n \leqslant e^{e^{e^e}}.$$

De manière générale, $k_n = \mathrm{K}$ si, et seulement si, $\exp^{(\mathrm{K})}(1) \leqslant n < \exp^{(\mathrm{K}+1)}(1)$ (il s'agit là de l'itérée de l'exponentielle). On note pour K entier, $\mathrm{M_K}$ le plus grand entier strictement inférieur à $\exp^{(\mathrm{K})}(1)$. On a

$$\sum_{n=\mathrm{M_K}+1}^{\mathrm{M_{K+1}}} \frac{1}{f(n)} = \sum_{n=\mathrm{M_K}+1}^{\mathrm{M_{K+1}}} \frac{1}{n \times \ln n \times \ln(\ln n) \times \cdots \times \ln^{(\mathrm{K})}(n)}.$$

Par décroissance de la fonction $x \longmapsto \dfrac{1}{x \times \ln x \times \ln(\ln x) \times \cdots \times \ln^{(\mathrm{K})}(x)}$ pour $x > \exp^{\mathrm{K}}(1)$, on a pour $\mathrm{M_K} + 1 \leqslant n \leqslant \mathrm{M_{K+1}}$,

$$\frac{1}{f(n)} \geqslant \int_n^{n+1} \frac{\mathrm{d}x}{x \times \ln x \times \ln(\ln x) \times \cdots \times \ln^{(\mathrm{K})}(x)}$$

et donc, en sommant,

$$\sum_{n=\mathrm{M_K}+1}^{\mathrm{M_{K+1}}} \frac{1}{f(n)} \geqslant \int_{\mathrm{M_K}+1}^{\mathrm{M_{K+1}}+1} \frac{\mathrm{d}x}{x \times \ln x \times \ln(\ln x) \times \cdots \times \ln^{(\mathrm{K})}(x)}$$
$$\geqslant \int_{\mathrm{M_K}+1}^{\exp^{(\mathrm{K}+1)}(1)} \frac{\mathrm{d}x}{x \times \ln x \times \ln(\ln x) \times \cdots \times \ln^{(\mathrm{K})}(x)}.$$

De même, comme $\ln^{(K)}(x) \geqslant 1$ pour $x \geqslant \exp^{(K)}(1)$, on a

$$\begin{aligned}\frac{1}{f(M_K)} &\geqslant \int_{M_K}^{M_K+1} \frac{dx}{x \times \ln x \times \ln(\ln x) \times \cdots \times \ln^{(K-1)}(x)} \\ &\geqslant \int_{\exp^{(K)}(1)}^{M_K+1} \frac{dx}{x \times \ln x \times \ln(\ln x) \times \cdots \times \ln^{(K-1)}(x)} \\ &\geqslant \int_{\exp^{(K)}(1)}^{M_K+1} \frac{dx}{x \times \ln x \times \ln(\ln x) \times \cdots \times \ln^{(K-1)}(x) \times \ln^{(K)}(x)}.\end{aligned}$$

Ainsi, la tranche entre M_K et M_{K+1} se minore par :

$$\sum_{n=M_K}^{M_{K+1}} \frac{1}{f(n)} \geqslant \int_{\exp^{(K)}(1)}^{\exp^{(K+1)}(1)} \frac{dx}{x \times \ln x \times \ln(\ln x) \times \cdots \times \ln^{(K)}(x)}.$$

Or, la fonction $x \longmapsto \ln^{(K+1)}(x) = \ln \ln^{(K)}(x)$ admet comme dérivée

$$x \longmapsto \frac{1}{\ln^{(K)}(x)} \frac{d \ln^{(K)}(x)}{dx} = \frac{1}{x \times \ln x \times \ln(\ln x) \times \cdots \times \ln^{(K)}(x)}$$

par récurrence sur K. Ainsi, l'intégrale vaut

$$\begin{aligned}\int_{\exp^{(K)}(1)}^{\exp^{(K+1)}(1)} \frac{dx}{x \times \cdots \times \ln^{(K)}(x)} &= \ln^{(K+1)}(\exp^{(K+1)}(1)) - \ln^{(K+1)}(\exp^{(K)}(1)) \\ &= \ln e - \ln 1 = 1.\end{aligned}$$

Comme la tranche entre M_K et M_{K+1} est minorée par 1, avec M_K divergente vers l'infini, la série diverge. ◁

Dans le cas le plus fréquent où les sommes partielles ne se simplifient pas (absence de sommes télescopiques), il est assez rare que l'on puisse calculer explicitement la somme de la série. C'est le cas dans les deux exercices qui suivent où l'on passe par des estimations asymptotiques. On va y retrouver la série harmonique.

3.35. Calcul de la somme d'une série (1)

Établir la convergence et calculer la somme :

$$\sum_{n=0}^{+\infty} \left(\frac{1}{4n+1} - \frac{3}{4n+2} + \frac{1}{4n+3} + \frac{1}{4n+4} \right).$$

▷ **Solution.**

Notons tout d'abord qu'en vertu du théorème de comparaison des séries à termes positifs, la série converge : en réduisant au même dénominateur on voit que le terme général est

$$\frac{-16n^2 - 12n + 1}{4(n+1)(2n+1)(4n+1)(4n+3)} \sim -\frac{1}{8n^2}.$$

Pour calculer la somme on utilise le développement asymptotique de la somme partielle harmonique $\mathrm{H}_n = \sum_{k=1}^{n} \frac{1}{k} = \ln n + \gamma + o(1)$ (voir l'exercice 3.31). Il vient :

$$\begin{aligned}
\mathrm{S}_n &= \sum_{k=0}^{n} \left(\frac{1}{4k+1} - \frac{3}{4k+2} + \frac{1}{4k+3} + \frac{1}{4k+4} \right) \\
&= \sum_{k=0}^{n} \left(\frac{1}{4k+1} + \frac{1}{4k+2} + \frac{1}{4k+3} + \frac{1}{4k+4} \right) - \sum_{k=0}^{n} \frac{4}{4k+2} \\
&= \mathrm{H}_{4n+4} - 2\sum_{k=0}^{n} \frac{1}{2k+1} = \mathrm{H}_{4n+4} - 2\big(\mathrm{H}_{2n+1} - \frac{1}{2}\mathrm{H}_n\big) \\
&= \ln(4n+4) + \gamma - 2(\ln(2n+1) + \gamma) + \ln n - \gamma + o(1).
\end{aligned}$$

On a donc $\mathrm{S}_n = \ln \frac{4n(n+1)}{(2n+1)^2} + o(1)$ ce qui tend vers 0 lorsque n tend vers $+\infty$. Par conséquent la somme de la série est nulle. ◁

L'exemple suivant est nettement plus ardu.

*3.36. Calcul de la somme d'une série (2)

Établir la convergence et calculer la somme de la série

$$\sum_{n=1}^{+\infty} n \sum_{p=2^{n-1}}^{2^n-1} \frac{1}{p(2p+1)(2p+2)}.$$

▷ **Solution.**

• Pour $n \geqslant 1$, notons $u_n = \sum_{p=1}^{n-1} \frac{1}{p(2p+1)(2p+2)}$. Le terme général de la série étudiée s'écrit $n(u_{2^n} - u_{2^{n-1}})$. À l'aide d'une comparaison série-intégrale, majorons grossièrement le terme général pour vérifier rapidement la convergence. Comme $\frac{1}{p^3} \leqslant \int_{p-1}^{p} \frac{dt}{t^3}$ par décroissance de $t \longmapsto \frac{1}{t^3}$ sur $\mathbb{R}_+^*$, on peut majorer ainsi $u_{2^n} - u_{2^{n-1}}$, pour $n \geqslant 2$:

$$u_{2^n} - u_{2^{n-1}} \leqslant \sum_{k=2^{n-1}}^{2^n-1} \frac{1}{p^3} \leqslant \sum_{k=2^{n-1}}^{2^n-1} \int_{p-1}^{p} \frac{dt}{t^3} \leqslant \int_{2^{n-1}-1}^{2^n-1} \frac{dt}{t^3} \leqslant \int_{2^{n-2}}^{+\infty} \frac{dt}{t^3},$$

et on obtient

$$n(u_{2^n} - u_{2^{n-1}}) \leqslant \frac{n}{2.(2^{n-2})^2} = \frac{n}{2^{2n-3}} = o\left(\frac{1}{n^2}\right).$$

D'après le théorème de comparaison des séries à termes positifs, la série étudiée converge.

• On commence par chercher une expression plus simple de u_n en décomposant la fraction en éléments simples. On obtient

$$\frac{1}{X(2X+1)(2X+2)} = \frac{1}{2X} + \frac{1}{2X+2} - \frac{2}{2X+1}.$$

Pour $n \geqslant 1$, on a alors

$$\begin{aligned}
u_n &= \sum_{p=1}^{n-1} \left(\frac{1}{2p} + \frac{1}{2(p+1)} - \frac{2}{2p+1}\right) \\
&= \frac{1}{2}\sum_{p=1}^{n-1} \frac{1}{p} + \frac{1}{2}\sum_{p=2}^{n} \frac{1}{p} - 2\left(\sum_{k=1}^{2n-1} \frac{1}{k} - \sum_{k=1}^{n-1} \frac{1}{2k} - 1\right) \\
&= \sum_{p=1}^{n-1} \frac{1}{p} + \frac{1}{2n} - \frac{1}{2} - 2\sum_{p=1}^{2n-1} \frac{1}{p} + \sum_{p=1}^{n-1} \frac{1}{p} + 2 \\
&= 2\sum_{p=1}^{n-1} \frac{1}{p} + \frac{1}{2n} - 2\sum_{p=1}^{2n-1} \frac{1}{p} + \frac{3}{2} = -2\sum_{p=n}^{2n-1} \frac{1}{p} + \frac{1}{2n} + \frac{3}{2},
\end{aligned}$$

ce qui donne $u_{2^n} = -2 \sum_{p=2^n}^{2^{n+1}-1} \frac{1}{p} + \frac{1}{2^{n+1}} + \frac{3}{2}$ pour tout $n \geqslant 0$.

• Si on note pour $N \geqslant 1$, $S_N = \sum_{n=1}^{N} n(u_{2^n} - u_{2^{n-1}})$ la somme partielle de la série à étudier, on a

$$S_N = \sum_{n=1}^{N} n(u_{2^n} - u_{2^{n-1}}) = \sum_{n=1}^{N} n u_{2^n} - \sum_{n=0}^{N-1} (n+1) u_{2^n} = N u_{2^N} - \sum_{n=0}^{N-1} u_{2^n}.$$

Nous allons déterminer la limite de (S_N) en cherchant un développement asymptotique de chacun des termes ci-dessus jusqu'à un terme constant. Commençons par la somme $\sum_{n=0}^{N-1} u_{2^n}$. On obtient

$$\sum_{n=0}^{N-1} u_{2^n} = -2\sum_{p=1}^{2^N-1}\frac{1}{p} + \sum_{p=0}^{N-1}\frac{1}{2^{p+1}} + \frac{3}{2}N$$
$$= -2H_{2^N-1} + \frac{1}{2}\frac{1-(\frac{1}{2})^N}{1-(\frac{1}{2})} + \frac{3}{2}N$$
$$= -2H_{2^N-1} + 1 - \left(\frac{1}{2}\right)^N + \frac{3}{2}N,$$

où $H_n = \sum_{p=1}^{n}\frac{1}{p}$ désigne la somme partielle de la série harmonique. Comme pour n tendant vers l'infini, $H_n = \ln n + \gamma + O\left(\frac{1}{n}\right)$, où γ désigne la constante d'Euler, on obtient le développement asymptotique pour N tendant vers l'infini :

$$\sum_{n=0}^{N-1} u_{2^n} = -2\ln(2^N-1) - 2\gamma + O\left(\frac{1}{2^N-1}\right) + 1 - \left(\frac{1}{2}\right)^N + \frac{3}{2}N$$
$$= -2\ln 2^N - 2\ln(1-2^{-N}) - 2\gamma + o(1) + 1 + \frac{3}{2}N$$
$$= -(2\ln 2)N + \frac{3}{2}N - 2\gamma + 1 + o(1).$$

Il reste à regarder le terme Nu_{2^N}. Pour N tendant vers l'infini, on a

$$u_{2^N} = -2H_{2^{N+1}-1} + 2H_{2^N-1} + \frac{1}{2^{N+1}} + \frac{3}{2}$$
$$= -2\ln(2^{N+1}-1) + 2\ln(2^N-1) - 2\gamma + 2\gamma + O\left(\frac{1}{2^{N+1}-1}\right)$$
$$+ \frac{1}{2^{N+1}} + \frac{3}{2} + O\left(\frac{1}{2^{N+1}-1}\right)$$

et donc

$$Nu_{2^N} = -2N(\ln 2^{N+1} - \ln 2^N) - 2N\Big(\ln(1-2^{-N-1}) - \ln(1-2^{-N})\Big)$$
$$+ O\left(\frac{N}{2^N}\right) + \frac{3}{2}N$$
$$= -2N\ln 2 - N\,O\left(\frac{1}{2^N}\right) + O\left(\frac{N}{2^N}\right) + \frac{3}{2}N$$
$$= -(2\ln 2)N + \frac{3}{2}N + o(1).$$

Il en résulte que, pour N tendant vers l'infini,

$$\begin{aligned} S_N &= -(2\ln 2)N + \frac{3}{2}N + o(1) + (2\ln 2)N - \frac{3}{2}N + 2\gamma - 1 + o(1) \\ &= 2\gamma - 1 + o(1) \xrightarrow[N\to\infty]{} 2\gamma - 1. \end{aligned}$$

Conclusion. La série étudiée converge et

$$\sum_{n=1}^{+\infty} n \sum_{p=2^{n-1}}^{2^n-1} \frac{1}{p(2p+1)(2p+2)} = 2\gamma - 1. \quad \triangleleft$$

L'énoncé suivant se ramène à la recherche d'un développement asymptotique assez précis de la somme partielle d'une série grossièrement divergente.

3.37. Recherche d'un équivalent

Trouver un équivalent de $u_n = \sqrt[n]{\prod_{k=1}^{n} k^k}$ lorsque n tend vers l'infini.

$\triangleright$ **Solution.**

Pour n entier naturel non nul, on pose $v_n = \ln u_n = \frac{1}{n}\sum_{k=1}^{n} k\ln k$. On va chercher un développement asymptotique de la somme partielle $\sum_{k=1}^{n} k\ln k$. La fonction $t \longmapsto t\ln t$ est croissante sur $[1,+\infty[$, ce qui invite à utiliser une comparaison série-intégrale. On a

$$\int_1^n t\ln t\,\mathrm{d}t \leqslant \sum_{k=1}^{n} k\ln k \leqslant \int_1^{n+1} t\ln t\,\mathrm{d}t.$$

À l'aide d'une intégration par parties, il vient

$$\int_1^n x\ln x\,\mathrm{d}x = \left[\frac{x^2}{2}\ln x\right]_1^n - \int_1^n \frac{x}{2}\mathrm{d}x = \frac{n^2\ln n}{2} - \frac{n^2}{4} + \frac{1}{4}.$$

Cette expression prise au rang $n+1$, tout comme celle du rang n, est équivalente à $\frac{n^2\ln n}{2}$, de sorte que l'inégalité ci-dessus permet d'affirmer que

$$v_n \underset{n\to\infty}{\sim} \frac{1}{n}\int_1^n x\ln x\,\mathrm{d}x \underset{n\to\infty}{\sim} \frac{n\ln n}{2},$$

ce qui s'écrit $v_n = \frac{n\ln n}{2} + o\,(n\ln n)$. Malheureusement, la limite du $o\,(n\ln n)$ n'est pas forcément nulle, et après le passage à l'exponentielle, cela ne permet pas d'obtenir un équivalent de u_n. Il faut pousser plus loin le développement asymptotique de $\sum_{k=1}^{n} k \ln k$. Posons

$$w_n = \sum_{k=1}^{n} k \ln k - \int_1^n t \ln t \mathrm{d}t = \sum_{k=2}^{n} \int_{k-1}^{k} (k \ln k - x \ln x) \mathrm{d}x.$$

La dérivée de la fonction $x \longmapsto x \ln x$ étant $x \longmapsto 1 + \ln x$ qui est croissante, le théorème des accroissements finis assure que pour $x \in [k-1, k]$ $(k \geqslant 2)$, on a

$$(1 + \ln(k-1))(k - x) \leqslant k \ln k - x \ln x \leqslant (1 + \ln k)(k - x),$$

ce qui donne en intégrant entre $k - 1$ et k,

$$\frac{1}{2} + \frac{\ln(k-1)}{2} \leqslant \int_{k-1}^{k} (k \ln k - x \ln x) \mathrm{d}x \leqslant \frac{1}{2} + \frac{\ln k}{2}.$$

En sommant, on obtient un encadrement de w_n,

$$\frac{n-1}{2} + \frac{1}{2} \sum_{k=2}^{n} \ln(k-1) \leqslant w_n \leqslant \frac{n-1}{2} + \frac{1}{2} \sum_{k=2}^{n} \ln k,$$

ce qui s'écrit encore

$$\frac{n}{2} + \frac{1}{2} \ln n! - \frac{\ln n}{2} + O(1) \leqslant w_n \leqslant \frac{n}{2} + \frac{1}{2} \ln n! + O(1).$$

On a, d'après la formule de Stirling,

$$\ln n! = \ln \left(\sqrt{2\pi n} \left(\frac{n}{e} \right)^n (1 + o(1)) \right) = n \ln n - n + \frac{\ln n}{2} + O(1).$$

En reportant dans l'encadrement de w_n, il vient

$$\frac{n \ln n}{2} + O(\ln n) \leqslant w_n \leqslant \frac{n \ln n}{2} + O(\ln n)$$

si bien que $w_n = \frac{n \ln n}{2} + O(\ln n)$. On a donc

$$\sum_{k=1}^{n} k \ln k = \frac{n^2 \ln n}{2} - \frac{n^2}{4} + \frac{n \ln n}{2} + O(\ln n),$$

soit en divisant par n,

$$v_n = \frac{n \ln n}{2} - \frac{n}{4} + \frac{\ln n}{2} + O\left(\frac{\ln n}{n} \right)$$

ou plus simplement $v_n = \frac{n \ln n}{2} - \frac{n}{4} + \frac{\ln n}{2} + o(1)$. En passant à l'exponentielle, il vient

$$u_n = \exp\left(\frac{n+1}{2} \ln n - \frac{n}{4} + o(1) \right) = (\sqrt{n})^{n+1} e^{-\frac{n}{4}} e^{o(1)}$$

et donc $u_n \underset{n \to \infty}{\sim} (\sqrt{n})^{n+1} e^{-\frac{n}{4}}$. ◁

Une autre approche consiste à faire apparaître à partir de v_n une somme de Riemann relative à la fonction $x \longmapsto x \ln x$ sur $[0,1]$ prolongée par continuité en 0. On écrit

$$v_n = \sum_{k=1}^{n} \frac{k}{n} \ln \frac{k}{n} + \sum_{k=1}^{n} \frac{k}{n} \ln n = n\mathrm{S}_n + \frac{n+1}{2} \ln n$$

où $\mathrm{S}_n = \frac{1}{n} \sum\limits_{k=1}^{n} \frac{k}{n} \ln \frac{k}{n}$ *est la somme de Riemann en question. Comme la fonction $x \longmapsto x \ln x$ est continue sur $[0,1]$, on sait que S_n converge vers $\int_0^1 t \ln t \mathrm{d}t = -\frac{1}{4}$. Cela ne suffit pas pour conclure car on obtient un développement asymptotique de v_n en $o(n)$. Il faut estimer la différence entre la somme de Riemann et l'intégrale. C'est un exercice assez classique, lorsque la fonction intégrée f est de classe C^1, de montrer que*

$$\frac{1}{n} \sum_{k=1}^{n} f\left(\frac{k}{n}\right) - \int_0^1 f = \frac{1}{n} \int_0^1 f' + o\left(\frac{1}{n}\right).$$

On ne peut invoquer ce résultat directement car $x \longmapsto x \ln x$ n'est pas dérivable en 0. Cela dit sa dérivée sur $]0,1]$ est $x \longmapsto 1 + \ln x$ et il s'agit d'une fonction intégrable et monotone sur $]0,1]$. On peut prouver que sous ces hypothèses le développement précédent demeure valable. On en déduit que $\mathrm{S}_n = -\frac{1}{4} + o\left(\frac{1}{n}\right)$, ce qui permet de retrouver l'équivalent de u_n.

Voici maintenant plusieurs exercices en liaison avec l'arithmétique. Si (u_n) est une suite strictement croissante d'entiers $\geqslant 1$, on conçoit que la série $\sum \frac{1}{u_n}$ converge si on prend peu d'entiers (par exemple $u_n = 2^n$, $u_n = n^2$) et diverge si on en prend trop (par exemple $u_n = 2n$). Sur ce sujet le lecteur pourra se reporter à l'exercice 3.16. Dans celui qui suit on montre qu'il y a suffisamment de nombres premiers pour qu'avec cette suite on soit dans le cas de la divergence.

3.38. Série des inverses des entiers premiers

Soit $(p_n)_{n \geqslant 1}$ la suite croissante des nombres premiers. Montrer que la série $\sum \frac{1}{p_n}$ diverge.

▷ **Solution.**

Rappelons que l'ensemble des nombres premiers est infini, ce qui justifie l'existence de la suite $(p_n)_{n \geqslant 1}$. Cette suite d'entiers diverge vers l'infini. Supposons par l'absurde que la série $\sum \frac{1}{p_n}$ converge. Il en est alors de même de la série $\sum -\ln\left(1-\frac{1}{p_n}\right)$ puisque les termes généraux de ces deux séries sont positifs et équivalents. En passant à l'exponentielle, on en déduit que la suite de terme général $u_N = \prod_{n=1}^{N} \frac{1}{1-p_n^{-1}}$ converge. Or, comme pour tout $M \geqslant 1$ on a

$$\frac{1}{1-p_n^{-1}} = \sum_{k=0}^{+\infty} \frac{1}{p_n^k} \geqslant 1 + \frac{1}{p_n} + \frac{1}{p_n^2} + \cdots + \frac{1}{p_n^M},$$

on obtient

$$u_N = \prod_{n=1}^{N} \sum_{k=0}^{+\infty} \frac{1}{p_n^k} \geqslant \prod_{n=1}^{N} \left(1 + \frac{1}{p_n} + \frac{1}{p_n^2} + \cdots + \frac{1}{p_n^M}\right).$$

Il nous suffit de choisir M assez grand pour obtenir dans ce produit les inverses de tous les entiers compris entre 1 et p_N (ces entiers ont tous leurs facteurs premiers parmi $p_1, \ldots, p_N$). On a donc

$$u_N \geqslant \sum_{i=1}^{p_N} \frac{1}{i},$$

ce qui est absurde puisque le terme de droite tend vers l'infini (la série harmonique diverge et p_N tend vers l'infini). ◁

Le célèbre théorème des nombres premiers affirme que $\pi(n) \sim \frac{n}{\ln n}$, *où* $\pi(n)$ *est le nombre d'entiers premiers inférieurs à n. On peut en déduire un équivalent de* p_n. *En effet, comme* $\pi(p_n) = n$, *on a* $\frac{p_n}{\ln p_n} \sim n$, *ou encore* $\frac{p_n}{\ln p_n} = n + o(n)$. *On prend le logarithme de cette égalité. Il vient* $\ln p_n - \ln\ln p_n = \ln n + \ln(1+o(1)) = \ln n + o(1)$. *Cela prouve que* $\ln p_n \sim \ln n$, *puis que* $p_n \sim n \ln n$, *équivalent qui éclaire la divergence de la série* $\sum \frac{1}{p_n}$.

*3.39. Série définie à partir de ppcm

> Soit $(u_n)_{n\in\mathbb{N}}$ une suite strictement croissante d'entiers naturels non nuls. On pose $a_n = \text{ppcm}(u_0, u_1, \ldots, u_n)$. Étudier la nature de la série de terme général $\frac{1}{a_n}$.

▷ **Solution.**

La suite (a_n) est croissante et diverge vers $+\infty$. Notons $(n_k)_{k\geqslant 0}$ la suite strictement croissante d'entiers naturels telle que $a_{n_{k+1}} > a_{n_k}$ et (a_i) constante sur l'intervalle $[\![n_k, n_{k+1}-1]\!]$: les indices n_k donnent les premiers termes des segments sur lesquels la suite (a_n) reste constante. En regroupant les termes égaux, la série positive $\sum_{n\geqslant 0} \frac{1}{a_n}$ est de même nature que la série $\sum_{k\geqslant 0} \frac{n_{k+1}-n_k}{a_{n_k}}$. On va majorer le numérateur et minorer le dénominateur de ce terme général.

Le fait que $a_i = a_{n_k}$ pour $i \in [\![n_k, n_{k+1}-1]\!]$ implique que u_i divise a_{n_k} (puisque le ppcm reste le même). Comme les termes de la suite (u_n) sont deux à deux distincts, il y a au plus $d(a_{n_k})$ indices i dans $[\![n_k, n_{k+1}-1]\!]$ (où $d(m)$ désigne le nombre de diviseurs de l'entier m). Autrement dit on a la majoration $n_{k+1} - n_k \leqslant d(a_{n_k})$. De plus, il est clair que pour tout entier $m \in \mathbb{N}^*$ on a la majoration $d(m) \leqslant 2\sqrt{m}$. On a donc $n_{k+1} - n_k \leqslant d(a_{n_k}) \leqslant 2\sqrt{a_{n_k}}$ et par conséquent

$$\frac{n_{k+1}-n_k}{a_{n_k}} \leqslant \frac{2}{\sqrt{a_{n_k}}}.$$

Il reste à minorer a_{n_k}. Comme a_{n_k} est un diviseur strict de $a_{n_{k+1}}$, on a $a_{n_{k+1}} \geqslant 2a_{n_k}$. En itérant, on a $a_{n_k} \geqslant 2^k a_{n_0}$ pour tout k. Il en découle que

$$\frac{n_{k+1}-n_k}{a_{n_k}} \leqslant \frac{2}{\sqrt{a_{n_k}}} = O\left(\frac{1}{\sqrt{2}^k}\right)$$

ce qui montre la convergence de la série. ◁

Voici une autre solution, très élégante et très courte.
Il est clair que $a_n \geqslant \mathrm{ppcm}(u_{n-1}, u_n) = \dfrac{u_{n-1}u_n}{\mathrm{pgcd}(u_{n-1}, u_n)}$. *Ainsi,*

$$\frac{1}{a_n} \leqslant \frac{\mathrm{pgcd}(u_{n-1}, u_n)}{u_{n-1}u_n} \leqslant \frac{u_n - u_{n-1}}{u_{n-1}u_n} = \frac{1}{u_{n-1}} - \frac{1}{u_n},$$

ce qui prouve la convergence.

La fonction arithmétique de Möbius a sans doute déjà été rencontrée par le lecteur (par exemple dans le chapitre 3 du volume 1). L'exercice suivant établit la formule d'inversion de Möbius et étudie ensuite l'inversion d'un développement asymptotique.

3.40. Inversion de Möbius

Soit $f : [1, +\infty[\to \mathbb{R}$ continue par morceaux. On lui associe la fonction $\hat{f} : [1, +\infty[\to \mathbb{R}$ définie par $\hat{f}(x) = \sum_{k=1}^{\lfloor x \rfloor} f\left(\frac{x}{k}\right)$ pour $x \geqslant 1$.

1. Montrer que, pour $x \geqslant 1$, $f(x) = \sum_{n=1}^{\lfloor x \rfloor} \mu(n)\hat{f}\left(\frac{x}{n}\right)$, où μ désigne la fonction de Möbius : $\mu(1) = 1$, $\mu(n) = (-1)^r$ si n est le produit de r nombres premiers deux à deux distincts et $\mu(n) = 0$ sinon.

2. On suppose que, pour x tendant vers l'infini,

$$\hat{f}(x) = \mathrm{A}x(\ln x)^2 + \mathrm{B}x\ln x + \mathrm{C}x + O(x^{\beta})$$

où $\beta \in]0,1[$ et A, B, C sont des constantes. Montrer que

$$f(x) = 2\mathrm{A}x\ln x + O(x).$$

▷ **Solution.**

1. On convient que k désigne un entier strictement positif. Pour $x \geqslant 1$, on notera donc $\sum\limits_{k \leqslant x}$ pour désigner la somme portant sur les entiers naturels non nuls inférieurs à x. On va calculer la somme proposée en remplaçant $\hat{f}$ par son expression. Il vient

$$\sum_{n \leqslant x} \mu(n)\hat{f}\left(\frac{x}{n}\right) = \sum_{n \leqslant x} \mu(n) \sum_{k \leqslant \frac{x}{n}} f\left(\frac{x}{kn}\right) = \sum_{kn \leqslant x} \mu(n) f\left(\frac{x}{kn}\right).$$

Dans cette dernière somme, on regroupe les couples (k, n) selon la valeur m de leur produit. On obtient

$$\sum_{m \leqslant x} f\left(\frac{x}{m}\right) \sum_{n|m} \mu(n).$$

Il ne reste plus qu'à montrer que si on pose $\varepsilon(m) = \sum\limits_{n|m} \mu(n)$, alors $\varepsilon(1) = 1$ et $\varepsilon(m) = 0$ si $m > 1$. Il est clair que $\varepsilon(1) = 1$. Soit $m > 1$ que l'on décompose en facteurs premiers, $m = p_1^{\alpha_1} \dots p_k^{\alpha_k}$. Dans la somme définissant $\varepsilon(m)$ on peut se contenter de prendre les diviseurs sans facteurs carrés (on entend par là les entiers $n \geqslant 1$ qui sont produit de nombres premiers deux à deux distincts). De tels entiers s'écrivent $\prod\limits_{i \in \mathrm{I}} p_i$ avec $\mathrm{I} \subset [\![1, k]\!]$. On obtient ainsi

$$\varepsilon(m) = \sum_{\mathrm{I} \subset [\![1,k]\!]} \mu\left(\prod_{i \in \mathrm{I}} p_i\right) = \sum_{\mathrm{I} \subset [\![1,k]\!]} (-1)^{|\mathrm{I}|} = 0$$

car il y a autant de parties de $[\![1, k]\!]$ de cardinal pair que de parties de cardinal impair.

On peut aussi, dans le calcul de $\varepsilon(m)$, regrouper les parties I *de* $[\![1, k]\!]$ *selon leur cardinal i. On obtient alors*

$$\sum_{i=0}^{k} \binom{k}{i} (-1)^i = (1-1)^k = 0$$

par la formule du binôme de Newton.

2. Il est naturel de commencer par étudier le développement asymptotique de $\hat{g}$ pour la fonction $g : x \longmapsto x \ln x$. On a

$$\hat{g}(x) = \sum_{k \leqslant x} \frac{x}{k} \ln \frac{x}{k} = x \ln x \sum_{k \leqslant x} \frac{1}{k} - x \sum_{k \leqslant x} \frac{\ln k}{k}.$$

Pour le premier terme de cette différence, on utilise le développement asymptotique classique $\sum_{k \leqslant x} \frac{1}{k} = \ln x + \gamma + O\left(\frac{1}{x}\right)$, où γ désigne la constante d'Euler (cf. exercice 3.31). Il s'obtient à partir de celui de la somme partielle de la série harmonique. En effet, étant donné que $\lfloor x \rfloor = x + O(1)$, on a

$$\begin{aligned}\sum_{k \leqslant x} \frac{1}{k} &= \ln\lfloor x \rfloor + \gamma + O\Big(\frac{1}{\lfloor x \rfloor}\Big) = \ln(x + O(1)) + \gamma + O\Big(\frac{1}{x}\Big) \\ &= \ln x + \ln\Big(1 + O\Big(\frac{1}{x}\Big)\Big) + \gamma + \mathrm{O}h\Big(\frac{1}{x}\Big) = \ln x + \gamma + O\Big(\frac{1}{x}\Big).\end{aligned}$$

Cherchons maintenant un développement asymptotique de $\sum_{k \leqslant x} \frac{\ln k}{k}$. Le calcul de la dérivée de $t \longmapsto \frac{\ln t}{t}$ montre la décroissance de cette fonction sur $[e, +\infty[$. On va procéder par une comparaison série-intégrale. Pour $n \geqslant 1$, posons $u_n = \sum_{k=1}^{n} \frac{\ln k}{k}$. Pour tout $k \geqslant 4 \geqslant e + 1$, on a

$$\int_k^{k+1} \frac{\ln t}{t} \mathrm{d}t \leqslant \frac{\ln k}{k} \leqslant \int_{k-1}^{k} \frac{\ln t}{t} \mathrm{d}t,$$

et en sommant de $k = 4$ à $k = n$, on obtient

$$\int_4^{n+1} \frac{\ln t}{t} \mathrm{d}t \leqslant \sum_{k=4}^{n} \frac{\ln k}{k} \leqslant \int_3^{n} \frac{\ln t}{t} \mathrm{d}t.$$

Comme $t \longmapsto \frac{1}{2} \ln^2 t$ est une primitive de $t \longmapsto \frac{\ln t}{t}$, on constate que $\sum_{k=4}^{n} \frac{\ln k}{k}$ est encadré par deux termes équivalents à $\frac{1}{2} \ln^2 n$. Il en résulte que $u_n \underset{n \to \infty}{\sim} \frac{1}{2} \ln^2 n$. Pour pousser le développement asymptotique, on pose $v_n = u_n - \frac{1}{2} \ln^2 n$ et on cherche un équivalent de $v_n - v_{n-1}$. On obtient aisément que $v_n - v_{n-1} \underset{n \to \infty}{\sim} \frac{\ln n}{2n^2}$ qui est le terme général d'une série convergente. On en déduit que v_n tend vers une limite C_1 et qu'en vertu du théorème de sommation des équivalents,

$$C_1 - v_n = \sum_{k=n+1}^{+\infty} v_k - v_{k-1} \underset{n \to +\infty}{\sim} \sum_{k=n+1}^{+\infty} \frac{\ln k}{2k^2}.$$

Or, comme $\frac{\ln n}{2n^2} \underset{n \to \infty}{\sim} \frac{\ln(n-1)}{(n-1)} - \frac{\ln n}{n}$, le théorème de sommation des équivalents donne

$$C_1 - v_n \underset{n \to \infty}{\sim} \sum_{k=n+1}^{+\infty} \left(\frac{\ln(k-1)}{(k-1)} - \frac{\ln k}{k} \right) = \frac{\ln n}{n}.$$

Ainsi, on obtient finalement $u_n = \frac{1}{2}\ln^2 n + C_1 + O\left(\frac{\ln n}{n}\right)\cdot$

On peut maintenant obtenir le développement asymptotique de $\sum_{k\leqslant x} \frac{\ln k}{k}\cdot$ Si on pose $n = \lfloor x\rfloor = x + O(1)$, on a $\frac{\ln x}{x} \underset{n\to\infty}{\sim} \frac{\ln n}{n}$, si bien que

$$\sum_{k\leqslant x} \frac{\ln k}{k} = u_n = \frac{\ln^2(x+O(1))}{2} + C_1 + O\left(\frac{\ln x}{x}\right)$$
$$= \frac{\ln^2 x}{2} + C_1 + O\left(\frac{\ln x}{x}\right),$$

car $\ln^2(x+O(1)) = \ln^2 x + O\left(\frac{\ln x}{x}\right)$. Finalement, on a

$$\hat{g}(x) = \frac{1}{2}x(\ln x)^2 + \gamma x\ln x - C_1 x + O(\ln x).$$

Posons alors $h = f - 2Ag$. Par linéarité, et vu que $\ln x = O(x^\beta)$, on a

$$\hat{h}(x) = C_2 x\ln x + C_3 x + O(x^\beta)$$

(C_2 et C_3 étant des constantes). Or le calcul précédent a aussi montré que

$$\widehat{\mathrm{Id}}(x) = \sum_{k\leqslant x}\frac{x}{k} = x\ln x + \gamma x + O(1).$$

Donc si on pose $k(x) = h(x) - C_2 x$, on a $\hat{k}(x) = C_4 x + O(x^\beta)$, C_4 étant une constante.

Enfin, en posant $\ell(x) = k(x) - C_4 = f(x) - 2Ax\ln x - C_2 x - C_4$, on obtient

$$\hat{\ell}(x) = \hat{k}(x) - C_4\lfloor x\rfloor = C_4(x - \lfloor x\rfloor) + O(x^\beta) = O(x^\beta).$$

Utilisons alors la formule d'inversion de Möbius pour la fonction ℓ. On a, en notant $M > 0$ un réel tel que $|\hat{\ell}(x)| \leqslant Mx^\beta$,

$$|\ell(x)| \leqslant M\sum_{k\leqslant x}\left(\frac{x}{k}\right)^\beta = Mx^\beta\sum_{k\leqslant x}\frac{1}{k^\beta}\cdot$$

Une comparaison série-intégrale classique assure que

$$\sum_{k\leqslant x}\frac{1}{k^\beta} = O\left(\frac{1}{x^{\beta-1}}\right) = O(x^{1-\beta}).$$

Ainsi, $\ell(x) = O(x)$ et on a donc bien $f(x) = 2Ax\ln x + O(x)$. ◁

La suite τ_n qui donne le nombre de diviseurs de l'entier n a un comportement assez erratique. Elle vaut 2 sur un entier de la forme $n = 2^p - 1$ qui est premier (nombre de Mersenne) puis vaut $p+1$ sur l'entier suivant qui est une puissance de 2. En effectuant la moyenne de Cesàro de la suite (τ_n), on « lisse » en quelque sorte le comportement de cette suite, et on peut obtenir un équivalent et même un développement asymptotique.

3.41. Nombre moyen de diviseurs des entiers inférieurs à x

Pour $n \in \mathbb{N}^*$, on note τ_n le nombre de diviseurs de n dans $\mathbb{N}$. Si $x \in [1, +\infty[$, on pose $F(x) = \sum\limits_{1 \leqslant n \leqslant x} \tau_n$.

1. Trouver un équivalent simple de $F(x)$ lorsque x tend vers $+\infty$.

2. Démontrer que lorsque x tend vers $+\infty$

$$F(x) = x \ln x + (2\gamma - 1)x + O(\sqrt{x}).$$

▷ **Solution.**

1. Soit $x \geqslant 1$. Les indices sous les signes de sommations désignent toujours des entiers naturels non nuls. On a

$$\begin{aligned} F(x) &= \sum_{n \leqslant x} \sum_{d|n} 1 = \sum_{\substack{n \leqslant x \\ d|n}} 1 \quad \text{(par associativité)} \\ &= \sum_{\substack{d, d' \leqslant x \\ dd' \leqslant x}} 1 \quad \text{(par changement d'indices } d' = \frac{n}{d}) \\ &= \sum_{d \leqslant x} \sum_{d' \leqslant \lfloor \frac{x}{d} \rfloor} 1 = \sum_{d \leqslant x} \left\lfloor \frac{x}{d} \right\rfloor. \end{aligned}$$

Pour tout $1 \leqslant d \leqslant x$, on a $\frac{x}{d} - 1 \leqslant \left\lfloor \frac{x}{d} \right\rfloor \leqslant \frac{x}{d}$, ce qui donne l'encadrement suivant

$$\sum_{d \leqslant x} \left(\frac{x}{d} - 1 \right) \leqslant F(x) \leqslant \sum_{d \leqslant x} \frac{x}{d}$$

ou encore

$$x \sum_{d=1}^{\lfloor x \rfloor} \frac{1}{d} - \lfloor x \rfloor \leqslant F(x) \leqslant x \sum_{d=1}^{\lfloor x \rfloor} \frac{1}{d}.$$

Or on a $\sum\limits_{d=1}^{\lfloor x \rfloor} \frac{1}{d} \underset{x \to \infty}{\sim} \ln\lfloor x \rfloor \underset{x \to \infty}{\sim} \ln x$. On en déduit que $F(x) \underset{x \to \infty}{\sim} x \ln x$.

2. Il ne sert à rien de pousser le développement de $\sum\limits_{d=1}^{n} \frac{1}{d}$ un cran plus loin car dans l'encadrement de $F(x)$ ci-dessus l'écart entre le majorant et le minorant est en $O(x)$. Pour avoir un développement asymptotique de F en $O(\sqrt{x})$ on va utiliser une autre expression de F. L'idée est de couper la somme $F(x) = \sum\limits_{dd' \leqslant x} 1$ selon la position de d et d' par rapport à $\sqrt{x}$. Si $dd' \leqslant x$, on a soit $d \leqslant \sqrt{x}$, soit $d' \leqslant \sqrt{x}$. Par conséquent, on a

$$F(x) = 2 \sum_{\substack{d \leqslant \sqrt{x} \\ dd' \leqslant x}} 1 - \sum_{d, d' \leqslant \sqrt{x}} 1,$$

ce qui donne

$$F(x) = 2\left(\sum_{d\leqslant\sqrt{x}}\left\lfloor\frac{x}{d}\right\rfloor\right) - \left\lfloor\sqrt{x}\right\rfloor^2.$$

On a une somme du même type que précédemment, mais avec un nombre de termes de l'ordre de $\sqrt{x}$. On va pouvoir en déduire le développement de F avec la précision souhaitée encore à l'aide de l'encadrement $u-1 \leqslant \lfloor u\rfloor \leqslant u$ pour tout $u \in \mathbb{R}$. Il vient, pour x tendant vers l'infini

$$F(x) = 2\sum_{d\leqslant\sqrt{x}}\frac{x}{d} + O(\sqrt{x}) - (x + O(\sqrt{x}))$$

ainsi que

$$\sum_{d=1}^{\lfloor\sqrt{x}\rfloor}\frac{x}{d} = x\left(\ln\left\lfloor\sqrt{x}\right\rfloor + \gamma + O\left(\frac{1}{\sqrt{x}}\right)\right) = x\left(\ln(\sqrt{x} + O(1)) + \gamma + O\left(\frac{1}{\sqrt{x}}\right)\right).$$

Or, $\ln(\sqrt{x} + O(1)) = \ln\sqrt{x} + \ln\left(1 + O\left(\frac{1}{\sqrt{x}}\right)\right) = \frac{1}{2}\ln x + O\left(\frac{1}{\sqrt{x}}\right)$. Donc

$$\sum_{d=1}^{\lfloor\sqrt{x}\rfloor}\frac{x}{d} = \frac{1}{2}x\ln x + \gamma x + O(\sqrt{x}).$$

Par conséquent, $F(x) = x\ln x + (2\gamma - 1)x + O(\sqrt{x})$. ◁

En moyenne les entiers ont donc assez peu de diviseurs : ainsi, le nombre moyen de diviseurs d'un entier compris entre 1 *et* 10^6 *(un million) est approximativement* 14. *Il ne faudrait toutefois pas croire que le nombre de diviseurs de n est « souvent » de l'ordre de* $\ln n$. *Le bon ordre de grandeur est* $(\ln n)^{\ln 2}$ *qui est nettement plus petit. Pour de plus amples renseignements sur le comportement asymptotique de la suite* (τ_n) *le lecteur pourra consulter* HARDY (G.H.) & WRIGHT (E.M.), An Introduction to the theory of numbers, *Oxford.*

Les exercices ci-après concernent des séries réelles qui ne sont plus nécessairement positives et des séries complexes. Très souvent l'étude de la convergence d'une série $\sum u_n$ *quelconque commence par l'étude de la convergence absolue, c'est-à-dire de la convergence de la série positive* $\sum |u_n|$, *pour laquelle on peut utiliser les théorèmes de comparaison. La convergence absolue entraîne la convergence de la série : pour une série réelle* $\sum u_n$, *on le démontre en considérant les séries convergentes à termes positifs* $u_n^+ = \max(u_n, 0)$ *et* $u_n^- = \max(-u_n, 0)$. *Pour une série complexe, on sépare partie réelle et partie imaginaire du terme général pour se ramener au cas réel. Enfin, dans un espace normé de dimension finie, on écrit les composantes du terme général* u_n *dans une base pour se ramener à des séries numériques.*

3.42. Nature de $\sum \sin\left(\pi(2+\sqrt{3})^n\right)$

Quelle est la nature de la série $\sum \sin\left(\pi(2+\sqrt{3})^n\right)$?

▷ **Solution.**

Posons $u_n = \sin\left(\pi(2+\sqrt{3})^n\right)$. Déterminer si (u_n) converge vers 0, revient à savoir si la suite $(2+\sqrt{3})^n$, qui diverge vers l'infini, à tendance ou non à se rapprocher de valeurs entières. Ici, cela est facile à étudier car $2+\sqrt{3}$ est un entier algébrique (racine de l'équation $x^2-4x+1=0$) dont le conjugué $2-\sqrt{3}$ est strictement inférieur à 1 (le lecteur qui a traité l'exercice 1.22 du chapitre 1 aura reconnu un nombre de Pisot). En effet, on a pour tout n,

$$(2+\sqrt{3})^n + (2-\sqrt{3})^n = 2\sum_{0\leqslant 2k\leqslant n}\binom{n}{2k}2^{n-2k}(\sqrt{3})^{2k} = 2\sum_{0\leqslant 2k\leqslant n}\binom{n}{2k}2^{n-2k}3^k,$$

qui est un entier. Ainsi, on a

$$|u_n| = \left|\sin\left(\pi(2+\sqrt{3})^n\right)\right| = \left|\sin\left(\pi(2-\sqrt{3})^n\right)\right| \leqslant \pi(2-\sqrt{3})^n.$$

Or, $\pi(2-\sqrt{3})^n$ est le terme général d'une série géométrique convergente, donc la série $\sum u_n$ est absolument convergente donc convergente. ◁

L'exercice suivant propose un complément à la règle de D'Alembert (qui donne la nature d'une série à termes strictement positifs $\sum u_n$ lorsque le rapport $\frac{u_{n+1}}{u_n}$ a une limite $\ell \neq 1$ et dont la preuve consiste à comparer le terme général à celui d'une suite géométrique). Il s'agit de la règle de Raabe-Duhamel qui utilise la comparaison aux séries de Riemann.

3.43. Règle de Raabe-Duhamel

Soit α un réel et $(u_n)_{n\in\mathbb{N}}$ une suite de réels strictement positifs.

1. On suppose que $\frac{u_{n+1}}{u_n} = 1 - \frac{\alpha}{n} + O\left(\frac{1}{n^2}\right)$. À quelle condition sur α la série $\sum u_n$ est-elle convergente ?

2. On suppose que $\frac{u_{n+1}}{u_n} \leqslant 1 - \frac{\alpha}{n}$ avec $\alpha > 1$. Montrer que $\sum u_n$ converge.

▷ **Solution.**

1. Si on considère la suite particulière $u_n = \frac{K}{n^\alpha}$ avec $K > 0$, on a alors pour $n \geqslant 1$,

$$\frac{u_{n+1}}{u_n} = \left(1 + \frac{1}{n}\right)^{-\alpha} = 1 - \frac{\alpha}{n} + O\left(\frac{1}{n^2}\right).$$

On va montrer que réciproquement, si $\frac{u_{n+1}}{u_n} = 1 - \frac{\alpha}{n} + O\left(\frac{1}{n^2}\right)$, alors il existe $K > 0$ tel que u_n soit équivalent à $\frac{K}{n^\alpha}$. Pour cela, on pose $v_n = n^\alpha u_n$ pour $n \geqslant 1$, et l'on montre que (v_n) converge vers un réel strictement positif. Pour cela, on étudie la suite $(\ln v_n)$ ou plutôt, ce qui revient au même, la série de terme général $(\ln v_{n+1} - \ln v_n)$:

$$\begin{aligned}
\ln v_{n+1} - \ln v_n &= \ln\left(\frac{u_{n+1}}{u_n}\right) + \ln\left(\left(\frac{n+1}{n}\right)^\alpha\right) \\
&= \ln\left(1 - \frac{\alpha}{n} + O\left(\frac{1}{n^2}\right)\right) + \alpha \ln\left(1 + \frac{1}{n}\right) \\
&= -\frac{\alpha}{n} + \frac{\alpha}{n} + O\left(\frac{1}{n^2}\right) = O\left(\frac{1}{n^2}\right).
\end{aligned}$$

Par théorème de comparaison, la série $\sum \ln v_{n+1} - \ln v_n$ est absolument convergente, donc convergente. Ainsi la suite $(\ln v_n)$ converge vers un réel ℓ et enfin v_n converge vers $K = e^\ell > 0$. On conclut que

$$u_n \sim \frac{K}{n^\alpha}.$$

La série $\sum u_n$ converge donc si, et seulement si, $\alpha > 1$.

On peut aussi utiliser le développement de la série harmonique : comme

$$\ln u_{n+1} - \ln u_n = -\frac{\alpha}{n} + O\left(\frac{1}{n^2}\right),$$

il y a convergence absolue de la série de terme général $\ln u_{n+1} - \ln u_n + \frac{\alpha}{n}$. *Cela entraîne que la suite* $(\ln u_n + \alpha H_n)$ *admet une limite* ℓ'. *Comme* $\alpha H_n = \alpha \ln n + \alpha\gamma + o(1)$, *on en déduit* $u_n \sim \frac{e^{\ell' - \alpha\gamma}}{n^\alpha}$.

2. Prenons $\gamma \in]1, \alpha[$ et posons $v_n = n^\gamma u_n$. On a alors

$$\begin{aligned}
\ln v_{n+1} - \ln v_n &= \ln\left(\frac{u_{n+1}}{u_n}\right) + \ln\left(\left(\frac{n+1}{n}\right)^\gamma\right) \\
&\leqslant \ln\left(1 - \frac{\alpha}{n}\right) + \gamma \ln\left(1 + \frac{1}{n}\right) \\
&\leqslant -\frac{\alpha}{n} + \frac{\gamma}{n} + O\left(\frac{1}{n^2}\right) \sim \frac{\gamma - \alpha}{n}.
\end{aligned}$$

Par théorème de comparaison, $\frac{\gamma-\alpha}{n}+O\left(\frac{1}{n^2}\right)$ est le terme général d'une série divergente à termes négatifs (à partir d'un certain rang) et il en va de même de $\ln v_{n+1}-\ln v_n$. La somme partielle de $\sum(\ln v_{n+1}-\ln v_n)$ tend donc vers $-\infty$ et $\ln v_n$ aussi. il s'ensuit que la suite (v_n) converge vers 0 et u_n est négligeable devant $\frac{1}{n^\gamma}$: la série $\sum u_n$ converge donc, puisque $\gamma > 1$. ◁

Lorsqu'une série n'est pas absolument convergente, elle peut être cependant convergente : on dit alors qu'elle est semi-convergente. *Pour étudier de telles séries, on utilise souvent un développement asymptotique du terme général et, le cas échéant, le théorème spécial des séries alternées. On verra plus loin d'autres outils pour des cas plus complexes. L'exercice suivant regroupe différents exemples posés aux oraux.*

3.44. Développement asymptotique du terme général

Préciser la nature des séries suivantes :

1. $\sum(-1)^n\left(e-\left(1+\frac{1}{n}\right)^n\right)$;

2. $\sum \sin\sqrt{1+n^2\pi^2}$;

3. $\sum \sin(n!\pi e)$.

▷ **Solution.**

1. Notons pour $n \geqslant 1$, $u_n = (-1)^n\left(e-\left(1+\frac{1}{n}\right)^n\right)$ et faisons-en un développement asymptotique. Pour n tendant vers $+\infty$,

$$\begin{aligned}
u_n &= (-1)^n\left(e-e^{n\ln\left(1+\frac{1}{n}\right)}\right) = (-1)^n\left(e-e^{n\left(\frac{1}{n}-\frac{1}{2n^2}+O\left(\frac{1}{n^3}\right)\right)}\right)\\
&= (-1)^n e\left(1-e^{-\frac{1}{2n}+O\left(\frac{1}{n^2}\right)}\right) = (-1)^n e\left(1-\left(1-\frac{1}{2n}+O\left(\frac{1}{n^2}\right)\right)\right)\\
&= \frac{(-1)^n e}{2n}+O\left(\frac{1}{n^2}\right).
\end{aligned}$$

Le terme $O\left(\frac{1}{n^2}\right)$ est le terme général d'une série absolument convergente en vertu du théorème de comparaison des séries à termes positifs. Quant à $\frac{(-1)^n e}{2n}$, c'est le terme général d'une série semi-convergente d'après le théorème spécial des séries alternées. La série $\sum u_n$ est donc semi-convergente.

Pour cette série, on pouvait directement appliquer le théorème spécial des séries alternées, car on peut montrer que $\left(1+\frac{1}{n}\right)^n$ converge vers e en croissant.

2. Pour n tendant vers l'infini, on peut écrire

$$\begin{aligned}\sin\sqrt{1+n^2\pi^2} &= \sin\left(n\pi\sqrt{1+\frac{1}{n^2\pi^2}}\right) = \sin n\pi\left(1+\frac{1}{2n^2\pi^2}+O\left(\frac{1}{n^3}\right)\right)\\ &= \sin\left(n\pi+\frac{1}{2n\pi}+O\left(\frac{1}{n^2}\right)\right) = (-1)^n\sin\left(\frac{1}{2n\pi}+O\left(\frac{1}{n^2}\right)\right)\\ &= (-1)^n\left(\frac{1}{2n\pi}+O\left(\frac{1}{n^2}\right)\right) = \frac{(-1)^n}{2n\pi}+O\left(\frac{1}{n^2}\right).\end{aligned}$$

Le terme général de la série étudiée apparaît comme la somme du terme général d'une série alternée semi-convergente et du terme général d'une série absolument convergente : il en résulte que la série $\sum\sin\sqrt{1+n^2\pi^2}$ est semi-convergente.

3. Pour $n \geqslant 1$, on peut écrire

$$n!e = n!\left(\sum_{k=0}^{+\infty}\frac{1}{k!}\right) = \underbrace{n!\left(\sum_{k=0}^{n}\frac{1}{k!}\right)}_{=p_n} + \frac{1}{n+1} + \frac{1}{(n+1)(n+2)} + \sum_{k=n+3}^{+\infty}\frac{n!}{k!}.$$

Or, l'entier $p_n = n! + \cdots + n(n-1) + n + 1$ est de même parité que $n+1$. D'autre part, on a pour $k \geqslant n+3$, $\frac{n!}{k!} \leqslant \frac{1}{k(k-1)(k-2)} \underset{k\to+\infty}{\sim} \frac{1}{k^3}$. On en déduit que la somme $\sum_{k=n+3}^{+\infty}\frac{1}{k(k-1)(k-2)}$ est équivalente à $\sum_{k=n+3}^{+\infty}\frac{1}{k^3}$, elle même équivalente à $\frac{1}{2n^2}$ (voir exercice 3.31). On en déduit que

$$\begin{aligned}n!e &= p_n + \frac{1}{n+1} + \frac{1}{(n+1)(n+2)} + O\left(\frac{1}{n^2}\right)\\ &= p_n + \frac{1}{n+1} + O\left(\frac{1}{n^2}\right) = p_n + \frac{1}{n} + O\left(\frac{1}{n^2}\right).\end{aligned}$$

Écrivons un développement asymptotique du terme général de la série étudiée :

$$\begin{aligned}\sin(n!e\pi) &= \sin\left(p_n\pi + \frac{\pi}{n} + O\left(\frac{1}{n^2}\right)\right)\\ &= (-1)^{n+1}\sin\left(\frac{\pi}{n}+O\left(\frac{1}{n^2}\right)\right) = \frac{(-1)^{n+1}\pi}{n} + O\left(\frac{1}{n^2}\right).\end{aligned}$$

On conclut comme dans les questions précédentes que la série $\sum\sin(n!\pi e)$ est semi-convergente. ◁

3.45. Autour des séries semi-convergentes

Soit C l'ensemble des séries convergentes à termes réels. Existe-t-il une série divergente à termes réels non nuls $\sum b_n$, telle que

$$\inf_{(a_n)\in C} \sup_{n\geqslant 0} \left|1 - \frac{a_n}{b_n}\right| = 0\ ?$$

▷ **Solution.**

L'exercice demande de chercher une série divergente $\sum b_n$, telle que l'on puisse trouver des séries convergentes $\sum a_n$ avec la suite (a_n) aussi « proche » qu'on veut de la suite (b_n), cette « proximité » étant mesurée par $\sup_{n\geqslant 0} \left|1 - \frac{a_n}{b_n}\right|$.

Montrons pour commencer qu'une série divergente $\sum b_n$ à termes strictement positifs (par exemple $\sum \frac{1}{n}$) ne peut pas convenir. En effet, soit $(a_n) \in \mathbb{R}^{\mathbb{N}}$ telle que $\sup_{n\geqslant 0} \left|1 - \frac{a_n}{b_n}\right| \leqslant \frac{1}{2}$. Alors pour $n \in \mathbb{N}$, $1 - \frac{a_n}{b_n} \leqslant \left|1 - \frac{a_n}{b_n}\right| \leqslant \frac{1}{2}$, de sorte que $a_n \geqslant \frac{1}{2} b_n$. La série $\sum a_n$ est alors divergente.

Le lecteur sait que le théorème sur les séries à termes généraux équivalents est faux si l'une des séries n'est pas supposée de signe constant (au moins à partir d'un certain rang). Prenons donc une suite (b_n) telle que $\sum b_n$ diverge pour laquelle il existe une suite (c_n) équivalente à (b_n) mais telle que $\sum c_n$ converge. De tels exemples abondent : on peut prendre $b_n = \frac{(-1)^n}{\sqrt{n}} + \frac{1}{n}$ et $c_n = \frac{(-1)^n}{\sqrt{n}}$.

Soit $\varepsilon > 0$. Il existe un rang N tel que pour $n \geqslant \mathrm{N}$, $\left|1 - \frac{c_n}{b_n}\right| \leqslant \varepsilon$. On prend alors la suite (a_n) définie par : $a_n = b_n$ pour $n < \mathrm{N}$ et $a_n = c_n$ pour $n \geqslant \mathrm{N}$. Il est clair que $\sum a_n$ converge et que $\sup_{n\geqslant 0} \left|1 - \frac{a_n}{b_n}\right| \leqslant \varepsilon$. Cette construction étant possible pour tout $\varepsilon > 0$, on a bien la propriété souhaitée. ◁

Le théorème spécial des séries alternées fournit un critère simple et efficace pour prouver la convergence de nombreuses séries : si $(a_n)_{n\in\mathbb{N}}$ est une suite décroissante de réels positifs tendant vers 0, la série alternée $\sum(-1)^n a_n$ converge.

3.46. Calcul de la somme d'une série alternée

1. Montrer que la suite $u_n = \sum_{p=1}^{n} \frac{\ln p}{p} - \frac{1}{2}\ln^2 n$ converge.

2. En déduire la valeur de la somme $\sum_{n=1}^{+\infty}(-1)^n \frac{\ln n}{n}$.

▷ **Solution.**

1. La fonction $t \longmapsto \frac{\ln^2 t}{2}$ est une primitive de $t \longmapsto \frac{\ln t}{t}$. La fonction $t \longmapsto \frac{\ln t}{t}$ décroît sur $[3, +\infty[$, ce qui nous oriente vers une comparaison série-intégrale. On peut écrire pour $n \geqslant 3$,

$$\begin{aligned} u_{n+1} - u_n &= \frac{\ln(n+1)}{n+1} - \frac{1}{2}(\ln^2(n+1) - \ln^2 n) \\ &= \frac{\ln(n+1)}{n+1} - \int_n^{n+1} \frac{\ln t}{t} \mathrm{d}t \leqslant 0. \end{aligned}$$

La suite (u_n) décroît à partir du rang 3. Par ailleurs, on a pour $n \geqslant 3$,

$$\sum_{p=3}^{n} \frac{\ln p}{p} \geqslant \sum_{p=3}^{n} \int_p^{p+1} \frac{\ln t}{t} \mathrm{d}t = \int_3^{n+1} \frac{\ln t}{t} \mathrm{d}t = \frac{1}{2}(\ln^2(n+1) - \ln^2 3).$$

On en déduit que

$$u_n \geqslant \frac{\ln 2}{2} + \frac{1}{2}(\ln^2(n+1) - \ln^2 n - \ln^2 3) \geqslant \frac{1}{2}(\ln 2 - \ln^2 3).$$

La suite (u_n) est décroissante (pour $n \geqslant 3$) et minorée. Elle converge. On note ℓ sa limite.

Une autre possibilité est de faire un développement asymptotique de $u_n - u_{n-1}$. On a

$$u_n - u_{n-1} = \frac{\ln n}{n} - \frac{1}{2}\ln^2 n + \frac{1}{2}\ln^2(n-1)$$

et comme

$$\ln^2(n-1) = \left(\ln n - \frac{1}{n} + O\left(\frac{1}{n^2}\right)\right)^2 = \ln^2 n - \frac{2\ln n}{n} + O\left(\frac{\ln n}{n^2}\right),$$

on obtient $u_n - u_{n-1} = O\left(\frac{\ln n}{n^2}\right)$ ce qui prouve la convergence de la série $\sum u_n - u_{n-1}$ et donc la convergence de la suite (u_n).

2. La série $\sum(-1)^n \frac{\ln n}{n}$ converge car elle vérifie le critère spécial de convergence des séries alternée. En effet la suite de terme général $\frac{\ln n}{n}$ est décroissante pour $n \geqslant 3$ et tend vers 0.

Pour calculer sa somme, on part d'une somme partielle qu'on transforme astucieusement pour faire apparaître la suite de la question précédente. On peut écrire, pour $N \in \mathbb{N}^*$,

$$\begin{aligned}\sum_{n=1}^{2N}(-1)^n \frac{\ln n}{n} &= 2\sum_{n=1}^{N} \frac{\ln(2n)}{2n} - \sum_{n=1}^{2N} \frac{\ln n}{n} \\ &= \ln 2 \left(\sum_{n=1}^{N} \frac{1}{n}\right) + \sum_{n=1}^{N} \frac{\ln n}{n} - \sum_{n=1}^{2N} \frac{\ln n}{n} \\ &= \ln 2 \left(\sum_{n=1}^{N} \frac{1}{n}\right) + u_N + \frac{1}{2}\ln^2 N - u_{2N} - \frac{1}{2}\ln^2(2N).\end{aligned}$$

En remarquant que

$$\frac{1}{2}\ln^2(2N) - \frac{1}{2}\ln^2 N = \frac{1}{2}(\ln(2N) - \ln N)(\ln(2N) + \ln N) = \frac{\ln^2 2}{2} + \ln 2 \ \ln N,$$

on peut simplifier cette expression :

$$\sum_{n=1}^{2N}(-1)^n \frac{\ln n}{n} = \ln 2 \left(\sum_{n=1}^{N} \frac{1}{n} - \ln N\right) + u_N - u_{2N} - \frac{\ln^2 2}{2}.$$

Nous savons que $\lim_{N \to +\infty} u_N - u_{2N} = \ell - \ell = 0$. La limite de $\sum_{n=1}^{N} \frac{1}{n} - \ln N$, quand N tend vers l'infini, est la constante d'Euler γ. On obtient finalement

$$\sum_{n=1}^{+\infty}(-1)^n \frac{\ln n}{n} = \gamma \ln 2 - \frac{\ln^2 2}{2}. \triangleleft$$

Il est également important de retenir que, lorsque $(a_n)_{n \in \mathbb{N}}$ est une suite décroissante de réels, tendant vers 0, on a une majoration simple des restes de la série alternée $\sum(-1)^n a_n$: pour tout $N \geqslant 0$,

$$\left|\sum_{n=N}^{+\infty}(-1)^n a_n\right| \leqslant a_N.$$

3.47. Transformation d'Euler

Pour toute suite $u = (u_n)_{n \in \mathbb{N}}$, on définit la suite Δu par $\Delta u_n = u_n - u_{n+1}$ pour tout n. Soit $(u_n)_{n \in \mathbb{N}}$ une suite de réels positifs ou nuls, décroissante et convergente vers 0. On pose $S = \sum_{n=0}^{+\infty}(-1)^n u_n$.

1. Montrer que, pour tout $p \geqslant 1$,

$$S = \frac{1}{2}\left(\sum_{k=0}^{p-1} \frac{1}{2^k}\Delta^k u_0\right) + \frac{1}{2^p}\sum_{n=0}^{+\infty}(-1)^n \Delta^p u_n.$$

2. Soit $f : \mathbb{R}_+ \to \mathbb{R}_+$ de classe C^∞ telle que, pour tout $p \in \mathbb{N}$ et tout $x \geqslant 0$, on a $(-1)^p f^{(p)}(x) \geqslant 0$. On suppose que $\lim_{n\to+\infty} f(n) = 0$. Montrer que

$$\sum_{n=0}^{+\infty}(-1)^n f(n) = \frac{1}{2}f(0) + \frac{1}{4}\Delta f(0) + \cdots + \frac{1}{2^p}\Delta^{p-1} f(0) + R_p$$

avec $|R_p| \leqslant \frac{1}{2^p}|\Delta^p f(0)|$.

3. En déduire que $\sum\limits_{k=0}^{+\infty} \dfrac{\Delta^k f(0)}{2^{k+1}} = \sum\limits_{n=0}^{+\infty}(-1)^n f(n)$.

▷ **Solution.**

1. La série $\sum(-1)^n u_n$ converge d'après le théorème spécial des séries alternées. Pour $N \in \mathbb{N}^*$, on a

$$\begin{aligned}\sum_{n=1}^{N}(-1)^{n-1}\Delta u_{n-1} &= \sum_{n=1}^{N}(-1)^{n-1}u_{n-1} - \sum_{n=1}^{N}(-1)^{n-1}u_n \\ &= \sum_{n=0}^{N-1}(-1)^n u_n + \sum_{n=1}^{N}(-1)^n u_n.\end{aligned}$$

On en déduit que la série de terme général $(-1)^{n-1}\Delta u_{n-1}$ converge et que

$$\sum_{n=1}^{+\infty}(-1)^{n-1}\Delta u_{n-1} = 2S - u_0.$$

Ceci peut s'écrire $S = \frac{1}{2}u_0 + \frac{1}{2}\sum\limits_{n=0}^{+\infty}(-1)^n \Delta u_n$, ce qui est l'égalité voulue pour $p = 1$.

On raisonne par récurrence sur p et on note

$$S_p = \frac{1}{2}\left(\sum_{k=0}^{p-1} \frac{1}{2^k}\Delta^k u_0\right) + \frac{1}{2^p}\sum_{n=0}^{+\infty}(-1)^n \Delta^p u_n,$$

lorsque cette somme existe. On vient de prouver l'existence de S_1, qui est égal à S. Si $\sum(-1)^n\Delta^p u_n$ converge et si $S_p = S$, alors pour $N \in \mathbb{N}^*$, on peut écrire

$$\begin{aligned}\sum_{n=0}^{N}(-1)^n\Delta^{p+1}u_n &= \sum_{n=0}^{N}(-1)^n(\Delta^p u_n - \Delta^p u_{n+1})\\ &= \sum_{n=0}^{N}(-1)^n\Delta^p u_n + \sum_{n=1}^{N+1}(-1)^n\Delta^p u_n.\end{aligned}$$

On en déduit que $\sum(-1)^n\Delta^{p+1}u_n$ converge et que

$$\sum_{n=0}^{+\infty}(-1)^n\Delta^{p+1}u_n = 2\sum_{n=0}^{+\infty}(-1)^n\Delta^p u_n - \Delta^p u_0.$$

On a donc

$$\begin{aligned}S_{p+1} &= \frac{1}{2}\left(\sum_{k=0}^{p}\frac{1}{2^k}\Delta^k u_0\right) + \frac{1}{2^p}\sum_{n=0}^{+\infty}(-1)^n\Delta^p u_n - \frac{1}{2^{p+1}}\Delta^p u_0\\ &= \frac{1}{2}\left(\sum_{k=0}^{p-1}\frac{1}{2^k}\Delta^k u_0\right) + \frac{1}{2^p}\sum_{n=0}^{+\infty}(-1)^n\Delta^p u_n = S_p = S.\end{aligned}$$

2. On pose $u_n = f(n)$. Par hypothèse, les fonctions f et $-f'$ sont positives sur $\mathbb{R}_+$. La fonction f est donc positive et décroissante et il en est de même de la suite (u_n). Enfin, par hypothèse, la suite (u_n) converge vers 0. Le résultat de la question précédente s'applique donc et on a, pour $p \geqslant 1$,

$$\sum_{n=0}^{+\infty}(-1)^n f(n) = \sum_{k=0}^{p-1}\left(\frac{1}{2}\right)^{k+1}\Delta^k f(0) + \frac{1}{2^p}\sum_{n=0}^{+\infty}(-1)^n\Delta^p f(n),$$

ce qui est résultat demandé avec $R_p = \frac{1}{2^p}\sum_{n=0}^{+\infty}(-1)^n\Delta^p f(n)$. Il faut démontrer, pour conclure, que $\left|\sum_{n=0}^{+\infty}(-1)^n\Delta^p f(n)\right| \leqslant |\Delta^p f(0)|$. Il s'agit en fait de majorer la somme de la série par son premier terme, propriété des séries alternées vérifiant le critère spécial de convergence.

Montrons donc que la série $\sum(-1)^n\Delta^p f(n)$ vérifie le critère spécial de convergence des séries alternées. Pour cela, on définit, pour toute fonction $f : \mathbb{R}_+ \longrightarrow \mathbb{R}$, la fonction Δf par $\Delta f(x) = f(x) - f(x+1)$ et on montre que, pour $p \in \mathbb{N}$, la fonction $\Delta^p f$ est positive sur $\mathbb{R}_+$. On raisonne par récurrence sur p et on utilise le fait que $-f'$ vérifie les mêmes hypothèses que f. La propriété est vraie pour $p = 0$, par hypothèse. Si on suppose qu'elle est réalisée au rang p pour toute fonction C^∞ telle que $(-1)^n f^{(n)} \geqslant 0$ pour tout $n \in \mathbb{N}$, alors c'est vrai pour $-f'$. On a donc $\Delta^p(-f') \geqslant 0$ sur $\mathbb{R}_+$. Mais il est clair que $\Delta^p(-f') = -(\Delta^p f)'$. La fonction $\Delta^p f$ est donc décroissante sur $\mathbb{R}_+$ et par définition, $\Delta^{p+1} f$ est positive. Cela termine la récurrence.

La suite $(\Delta^p f(n))_{n\in\mathbb{N}}$ est donc à termes positifs. Il résulte de la démonstration précédente que la fonction $\Delta^p f$ est aussi décroissante pour $p \in \mathbb{N}$. Ainsi, la suite $(\Delta^p f(n))_{n\in\mathbb{N}}$ décroît. Enfin, son terme général tend vers 0, puisqu'il résulte de ce qui précède que $\sum(-1)^n \Delta^p f(n)$ converge. On a donc l'inégalité voulue.

3. On note que la suite $(\Delta^p f(0))_{p\in\mathbb{N}^*}$ est décroissante, car pour tout p on a $\Delta^{p+1} f(0) = \Delta^p f(0) - \Delta^p f(1) \leqslant \Delta^p f(0)$. On a donc $|R_p| \leqslant \frac{1}{2^p}|f(0)|$, d'où l'on tire $\lim\limits_{p\to+\infty} R_p = 0$ et

$$\sum_{n=0}^{+\infty}(-1)^n f(n) = \sum_{k=0}^{+\infty} \frac{\Delta^k f(0)}{2^{k+1}}.$$

La série de droite ci-dessus est appelée la transformée d'Euler de la série $\sum(-1)^n f(n)$. ◁

La transformation d'Euler est une méthode classique d'accélération de convergence des séries alternées et a servi de thème à un problème posé à l'X en 2011. Si on considère par exemple la série harmonique alternée, ce qui revient à considérer $f : x \longmapsto \frac{1}{x+1}$*, qui a les propriétés voulues, on voit que* $\sum\limits_{k=0}^{29} \left(\frac{1}{2}\right)^{k+1} \Delta^k f(0)$ *(*$p = 30$*) donne une valeur approchée de* $\ln 2$ *à* 10^{-10} *près, alors qu'il faut additionner un milliard de termes de la série initiale pour arriver au même résultat.*

Dans l'exercice suivant, on envisage un regroupement de termes par paquets pour déterminer la nature d'une série. C'est plutôt délicat car la série n'est pas absolument convergente.

*3.48. Sommation par paquets

1. Montrer que l'équation (E) : $x^3 - x - 1 = 0$ admet une racine réelle α et deux racines complexes conjuguées β et γ. Montrer que pour tout $n \geqslant 0$, $S_n = \alpha^n + \beta^n + \gamma^n$ est entier.

2. Étudier les séries $\sum \frac{1}{n} \sin\left(\alpha^n \frac{\pi}{2}\right)$ et $\sum \frac{1}{n} \cos\left(\alpha^n \frac{\pi}{2}\right)$.

▷ **Solution.**

1. L'étude de la fonction $x \longmapsto x^3 - x - 1$ montre que le polynôme $X^3 - X - 1$ possède une seule racine réelle α et que $\alpha > 1$. Les deux autres racines β et γ sont donc complexes conjuguées. De plus, on a $|\beta| = |\gamma| < 1$, puisque $\alpha\beta\gamma = 1$.

Si x est une racine de $X^3 - X - 1$, on a, pour $n \in \mathbb{N}$, $x^{n+3} = x^{n+1} + x^n$. On en déduit que, pour tout $n \in \mathbb{N}$, $S_{n+3} = S_{n+1} + S_n$. Sachant que $S_0 = 3$, $S_1 = 0$

et $S_2 = S_1^2 - 2(\alpha\beta + \beta\gamma + \gamma\alpha) = 0 - 2(-1) = 2$, on en déduit, par une récurrence immédiate, que S_n est entier, pour tout $n \in \mathbb{N}$.

Le lecteur aura sans doute reconnu les sommes de Newton relatives au polynôme à coefficients entiers $X^3 - X - 1$. La relation de récurrence obtenue ici est un cas particulier des célèbres formules de Newton (démontrées dans le cas général dans le volume 1, chapitre 4). On peut aussi remarquer que α est un nombre de Pisot (voir l'exercice 1.22).

2. On a $S_n \underset{n\to\infty}{\sim} \alpha^n$, d'où l'idée de comparer les séries proposées aux séries $\sum \frac{1}{n} \sin\left(S_n \frac{\pi}{2}\right)$ et $\sum \frac{1}{n} \cos\left(S_n \frac{\pi}{2}\right)$. L'intérêt de remplacer α^n par S_n provient de ce que S_n est entier. On a, pour tout $n \in \mathbb{N}^*$,

$$\begin{aligned} u_n &= \frac{1}{n}\left(\sin\left(S_n \frac{\pi}{2}\right) - \sin\left(\alpha^n \frac{\pi}{2}\right)\right) \\ &= \frac{2}{n} \sin\left((\beta^n + \gamma^n)\frac{\pi}{4}\right) \cos\left((S_n + \alpha^n)\frac{\pi}{4}\right), \end{aligned}$$

$$\text{et} \quad |u_n| \leqslant \frac{2}{n} \left| \sin\left((\beta^n + \gamma^n)\frac{\pi}{4}\right) \right| \leqslant \frac{\pi}{2n}(|\beta|^n + |\gamma|^n).$$

La série $\sum u_n$ est donc convergente car $|\beta| = |\gamma| < 1$. Les séries $\sum \frac{1}{n} \sin\left(\alpha^n \frac{\pi}{2}\right)$ et $\sum \frac{1}{n} \sin\left(S_n \frac{\pi}{2}\right)$ sont donc de même nature. On montre de la même manière que les séries $\sum \frac{1}{n} \cos\left(\alpha^n \frac{\pi}{2}\right)$ et $\sum \frac{1}{n} \cos\left(S_n \frac{\pi}{2}\right)$ sont de même nature.

Les valeurs de $\sin\left(S_n \frac{\pi}{2}\right)$ et $\sin\left(S_n \frac{\pi}{2}\right)$ ne dépendent que du reste r_n de S_n modulo 4. Calculons r_n pour les premières valeurs de n, en utilisant la relation de récurrence $S_{n+3} = S_{n+1} + S_n$. On obtient : $r_0 = 3$, $r_1 = 0$, $r_2 = 2$, $r_3 = 3$, $r_4 = 2$, $r_5 = 1$, $r_6 = 1$, $r_7 = 3$, $r_8 = 2$, $r_9 = 0$, $r_{10} = 1$, $r_{11} = 2$, $r_{12} = 1$, $r_{13} = 3$, $r_{14} = 3$, $r_{15} = 0$, $r_{16} = 2$.

On remarque que : $r_{n+14} = r_n$ pour $0 \leqslant n \leqslant 2$. Une récurrence immédiate permet de démontrer que, pour tout $n \in \mathbb{N}$, on a $r_{n+14} = r_n$: la suite (r_n) est donc 14-périodique.

On va regrouper les termes par paquets de 14 termes et se ramener à la nature de la série $\sum a_n$ avec $a_n = \sum_{k=0}^{13} \frac{\sin\left(S_{14n+k}\frac{\pi}{2}\right)}{14n+k}$. Soit $N \geqslant 1$ et $n_0 = \left\lfloor \frac{N}{14} \right\rfloor$. On peut écrire

$$\sum_{n=14}^{N} \frac{\sin\left(S_n \frac{\pi}{2}\right)}{n} = \left(\sum_{n=1}^{n_0} a_n\right) - \delta_N \quad \text{avec} \quad \delta_N = \sum_{n=N+1}^{14n_0+13} \frac{\sin\left(S_n \frac{\pi}{2}\right)}{n}.$$

Or, la suite δ_N converge vers 0 puisque

$$|\delta_N| \leqslant \sum_{n=14n_0+1}^{14n_0+13} \frac{1}{n} \leqslant \frac{13}{14n_0} \xrightarrow[N\to+\infty]{} 0.$$

On en déduit que les séries $\sum \dfrac{\sin\left(S_n \frac{\pi}{2}\right)}{n}$ et $\sum a_n$ sont de même nature. Des calculs précédents, on tire

$$a_n = -\frac{1}{14n} - \frac{1}{14n+3} + \frac{1}{14n+5} + \frac{1}{14n+6} - \frac{1}{14n+7} + \frac{1}{14n+10} + \frac{1}{14n+12} - \frac{1}{14n+13}.$$

On a, pour tout $k \in [\![0, 13]\!]$, quand n tend vers $+\infty$,

$$\frac{1}{14n+k} = \frac{1}{14n}\left(1 + \frac{k}{14n}\right)^{-1} = \frac{1}{14n} + O\left(\frac{1}{n^2}\right).$$

On en déduit que $a_n = O\left(\frac{1}{n^2}\right)$, car dans la somme définissant a_n, il y autant de signes + que de signes −. Il en résulte que la série $\sum \frac{1}{n}\sin\left(\alpha^n \frac{\pi}{2}\right)$ converge. Le même raisonnement montre que la série de terme général $\frac{1}{n}\cos\left(S_n \frac{\pi}{2}\right)$ a même nature que la série de terme général $b_n = \displaystyle\sum_{i=0}^{13} \frac{\cos\left(S_{14n+i}\frac{\pi}{2}\right)}{14n+i}$. Cette fois-ci, on trouve

$$\begin{aligned} b_n &= \frac{1}{14n+1} - \frac{1}{14n+2} - \frac{1}{14n+4} - \frac{1}{14n+8} + \frac{1}{14n+9} - \frac{1}{14n+11} \\ &= -\frac{1}{7n} + O\left(\frac{1}{n^2}\right). \end{aligned}$$

On en déduit la divergence de la série $\sum \dfrac{\cos\left(\alpha^n \frac{\pi}{2}\right)}{n}$. ◁

Les deux exercices qui suivent étudient ce qui se passe lorsqu'on permute les termes d'une série. Contrairement au cas des familles sommables (où une permutation des termes n'influe ni sur la sommabilité, ni sur la valeur de la somme), lorsqu'on permute les termes d'une série semi-convergente, la série permutée ne converge plus forcément, et, plus surprenant, lorsqu'elle converge sa somme n'est pas forcément la même. L'exercice suivant démontre un résultat encore plus spectaculaire.

3.49. Théorème de Riemann

Soit $\sum a_n$ une série réelle semi-convergente et $\alpha \in \mathbb{R}$. Montrer qu'il existe une permutation σ de $\mathbb{N}$ telle que la série $\sum a_{\sigma(n)}$ soit convergente de somme α.

▷ **Solution.**

La série $\sum a_n$ n'est pas absolument convergente. On note A (resp. B) l'ensemble des indices $n \geqslant 0$ tels que $a_n \geqslant 0$ (resp. $a_n < 0$). L'ensemble $\mathbb{N}$

est réunion disjointe de A et de B. La partie A est infinie sinon, à partir d'un certain rang les a_n seraient négatifs et la convergence de la série équivaudrait à l'absolue convergence. Or la série $\sum a_n$ est semi-convergente. De même, B est infini.

Soit $\varphi, \psi : \mathbb{N} \longrightarrow \mathbb{N}$ strictement croissantes telles que $A = \{\varphi(n), \quad n \in \mathbb{N}\}$ et $B = \{\psi(n), n \in \mathbb{N}\}$. On a $\mathbb{N} = \varphi(\mathbb{N}) \cup \psi(\mathbb{N})$. La série $\sum a_{\varphi(n)}$ (resp. $\sum a_{\psi(n)}$) est à termes positifs (resp. négatifs). Si la série la série $\sum a_{\varphi(n)}$ est convergente, alors il en est de même de la série $\sum a_{\psi(n)}$. En effet, on a

$$\sum_{k=0}^{n} a_{\psi(k)} = \sum_{k=0}^{\psi(n)} a_k - \sum_{0 \leqslant \varphi(k) \leqslant \psi(n)} a_{\varphi(k)} \xrightarrow[n \to +\infty]{} \sum_{k=0}^{+\infty} a_k - \sum_{k=0}^{+\infty} a_{\varphi(k)}.$$

Mais il s'ensuit que $\sum a_n$ est absolument convergente, ce qui est contraire à l'hypothèse. En effet, on a

$$\sum_{k=0}^{n} |a_k| = \sum_{0 \leqslant \varphi(k) \leqslant n} a_{\varphi(k)} - \sum_{0 \leqslant \psi(k) \leqslant n} a_{\psi(k)} \xrightarrow[n \to +\infty]{} \sum_{k=0}^{+\infty} a_{\varphi(k)} - \sum_{k=0}^{+\infty} a_{\psi(k)}.$$

Donc la série $\sum a_{\varphi(n)}$ diverge et il en est de même de $\sum a_{\psi(n)}$.

On va construire $\sigma(n)$ par récurrence sur n. On pose $\sigma(0) = 0$ et pour $n \geqslant 1$, deux cas se présentent :

(i) si $\sum\limits_{k=0}^{n-1} a_{\sigma(k)} \leqslant \alpha$, on va ajouter un terme positif : on prend pour $\sigma(n)$ le plus petit des entiers k de A distincts de $\sigma(0), \dots, \sigma(n-1)$ (ce plus petit élément est bien défini).

(ii) si $\sum\limits_{k=0}^{n-1} a_{\sigma(k)} > \alpha$, on va ajouter un terme négatif : on prend pour $\sigma(n)$ le plus petit des entiers k de B distincts de $\sigma(0), \dots, \sigma(n-1)$.

L'application σ est par construction injective. Montrons qu'elle est surjective. Supposons qu'il existe $N \in \mathbb{N}$ qui ne soit pas dans l'image de σ. Supposons par exemple $N \in A$. Les $\sigma(k)$ dans A sont tous inférieurs à N et ils sont donc en nombre fini. Il existe donc un rang n_0 à partir duquel tous les $\sigma(n)$ sont dans B. Par conséquent, il existe $n_1 \in \mathbb{Z}$ tel que si $n \geqslant n_0$, alors $\sigma(n) = \psi(n + n_1)$. Comme la série $\sum a_{\sigma(n)}$ est à termes négatifs (sauf pour un nombre fini de termes), et que ses sommes partielles sont minorées par α, elle converge. On en déduit que $\sum a_{\psi(n)}$ converge, ce qui est contradictoire. La contradiction permet de conclure que σ est bijective.

Il reste à prouver que $\sum a_{\sigma(n)}$ converge et est de somme α. Soit $\varepsilon > 0$. Comme la série $\sum a_n$ converge, (a_n) tend vers 0. La suite $(a_{\sigma(n)})$ converge aussi vers 0. En effet, pour tout $\varepsilon > 0$, il existe $n_1 \geqslant 0$ tel que si $n \geqslant n_1$, $|a_n| \leqslant \varepsilon$. Par injectivité de σ, il n'y a qu'un nombre fini de $n \in \mathbb{N}$ tel que $\sigma(n) \leqslant n_1$. Soit donc $n_0 > \max\{k, \sigma(k) \leqslant n_1\}$. Si $n \geqslant n_0$, $\sigma(n) \geqslant n_1$ et $|a_{\sigma(n)}| \leqslant \varepsilon$.

Pour $n \in \mathbb{N}$, posons $S_n = \sum\limits_{k=0}^{n} a_{\sigma(k)}$. Il existe $N \geqslant n_0$ tel que $\sigma(N) \in A$ et $\sigma(N+1) \in B$ car on a vu que les $\sigma(n)$ ne pouvaient rester dans A ou dans B. Si $\sigma(N) \in A$ et $\sigma(N+1) \in B$, c'est que $S_{N-1} \leqslant \alpha$ et $S_N > \alpha$. Mais on a $|S_N - S_{N-1}| = |a_{\sigma(N)}| \leqslant \varepsilon$. Donc S_N appartient à $[\alpha - \varepsilon, \alpha + \varepsilon]$. On montre alors par récurrence que $|S_n - \alpha| \leqslant \varepsilon$ pour tout $n \geqslant N$. En effet, supposons $S_n \in [\alpha - \varepsilon, \alpha + \varepsilon]$. Si $S_n \leqslant \alpha$, alors $a_{\sigma(n+1)} \in [0, \varepsilon]$ et $\alpha - \varepsilon \leqslant S_n \leqslant S_{n+1} = S_n + a_{\sigma(n+1)} \leqslant \alpha + \varepsilon$. Si $S_n > \alpha$, alors $a_{\sigma(n+1)} \in [-\varepsilon, 0]$ et $\alpha + \varepsilon \geqslant S_n \geqslant S_{n+1} = S_n + a_{\sigma(n+1)} \geqslant \alpha - \varepsilon$. Dans tous les cas, $S_{n+1} \in [\alpha - \varepsilon, \alpha + \varepsilon]$.

On a donc $|S_n - \alpha| \leqslant \varepsilon$ pour tout $n \geqslant N$ et (S_n) converge vers α.

Conclusion. On a donc construit une bijection σ de $\mathbb{N}$ telle que $\sum a_{\sigma(n)}$ converge et $\sum_{n=0}^{+\infty} a_{\sigma(n)} = \alpha$. ◁

On peut adapter la démonstration précédente pour obtenir la divergence des sommes partielles de $\sum a_{\sigma(n)}$ vers $+\infty$ ou $-\infty$. Pour obtenir par exemple $+\infty$ on ajoute, pour toutes les valeurs successives de n, des paquets d'éléments de A *jusqu'à dépasser n (ce qui est réalisé en un nombre fini d'étapes, car $\sum a_{\varphi(n)}$ diverge), puis un élément de* B. *Pour n assez grand, cet élément de* B *est supérieur à -1, donc les sommes partielles de $\sum a_{\sigma(n)}$ après le n-ième paquet sont supérieures à $n-1$. Le caractère bijectif de σ est clair, car pour n assez grand, on prend à chaque étape au moins un élément de* A *et un élément de* B.

3.50. Effet d'une bonne permutation sur une série

On considère une bonne permutation σ de $\mathbb{N}^*$, c'est-à-dire une permutation de $\mathbb{N}^*$ pour laquelle les nombres pairs de la suite $\sigma(n)$ apparaissent dans l'ordre croissant et les nombres impairs aussi.

Pour tout $n \geqslant 1$ on pose $u_n = \dfrac{(-1)^{n+1}}{n}$.

1. Étudier la convergence de la série $\sum u_{\sigma(n)}$. Quelles sont les limites possibles de la suite des sommes partielles ?

2. Déterminer une condition nécessaire et suffisante sur σ pour que la série $\sum u_{\sigma(n)}$ converge.

Pour tout n, on introduira $k_0(n)$ (resp. $k_1(n)$), plus grand entier tel que $2k_0(n)$ (resp. $2k_1(n) - 1$) apparaissent dans la suite $(\sigma(k))_{1 \leqslant k \leqslant n}$.

▷ **Solution.**

1. Le théorème de Riemann présenté dans l'exercice précédent montre que la suite des sommes partielles peut tendre vers n'importe quel réel ainsi que vers $-\infty$ ou $+\infty$ d'après la remarque qui suit. En effet, la permutation qui y est construite est une bonne permutation au sens de l'énoncé (les entiers pairs et impairs sont pris dans l'ordre).

Bien entendu, on peut ici prendre n'importe quelle série alternée semi-convergente à la place de la série harmonique alternée. Remarquons aussi que la suite des sommes partielles peut avoir plusieurs valeurs d'adhérences : au n-ième paquet de termes positifs on rajoute des termes jusqu'à faire dépasser 1 à la somme partielle puis pour le suivant, constitué de termes négatifs, on en rajoute jusqu'à redescendre en dessous de −1 et ainsi de suite. L'écart de la somme partielle à 1 (resp. −1) est inférieur à la valeur absolue du dernier terme ajouté si bien que 1 et −1 sont valeurs d'adhérence (de même que tous les réels entre les deux, l'ensemble des valeurs d'adhérence étant un intervalle d'après le résultat de l'exercice 2.27).

2. On note $\mathrm{H}_n = \sum_{k=1}^{n} \frac{1}{k}$ pour $n \geqslant 1$. La somme partielle $\mathrm{S}_n = \sum_{k=1}^{n} u_{\sigma(k)}$ est égale à

$$\mathrm{S}_n = -\frac{1}{2}\sum_{k=1}^{k_0(n)} \frac{1}{k} + \sum_{k=1}^{k_1(n)} \frac{1}{2k-1} = -\frac{1}{2}\mathrm{H}_{k_0(n)} + \left(\mathrm{H}_{2k_1(n)} - \frac{1}{2}\mathrm{H}_{k_1(n)}\right).$$

La suite $(k_0(n))$ est croissante et elle n'est pas bornée puisque σ est surjective. Elle diverge donc vers $+\infty$ et il en va de même pour $(k_1(n))$. Comme classiquement, $\mathrm{H}_n = \ln n + \gamma + o(1)$, on obtient

$$\mathrm{S}_n = \frac{1}{2}\ln\left(\frac{4k_1(n)^2}{k_0(n)k_1(n)}\right) + o(1) = \frac{1}{2}\ln\left(\frac{4k_1(n)}{k_0(n)}\right) + o(1) = \ln 2 + \frac{1}{2}\ln\left(\frac{k_1(n)}{k_0(n)}\right) + o(1).$$

Ainsi la série converge si, et seulement si, le rapport $\frac{k_1(n)}{k_0(n)}$ admet une limite strictement positive. Comme $k_0(n) + k_1(n) = n$, c'est équivalent au fait que $\frac{k_0(n)}{n}$ converge vers un réel $\alpha \in \,]0,1[$. On conclut que la série converge si, et seulement si, la proportion d'entiers pairs parmi les $\sigma(k)$ pour $k \leqslant n$ converge vers un réel de $]0,1[$. Pour l'identité, ce rapport tend vers 1 et on retrouve que la somme $\sum_{n=1}^{+\infty} \frac{(-1)^{n+1}}{n}$ vaut $\ln 2$. Le développement asymptotique de S_n prouve à nouveau que la somme de la série permutée peut valoir n'importe quel réel (et même diverger vers $+\infty$ ou $-\infty$) en adaptant la proportion de termes d'indices pairs. ◁

*3.51. Fonctions qui conservent la convergence

Soit $f : \mathbb{R} \longrightarrow \mathbb{R}$ une fonction qui vérifie la propriété suivante : pour toute suite $(a_n) \in \mathbb{R}^{\mathbb{N}}$ telle que la série $\sum a_n$ converge, la série $\sum f(a_n)$ converge. Montrer qu'il existe un voisinage de 0 sur lequel f est une homothétie.

▷ **Solution.**

En considérant la suite nulle on obtient $f(0) = 0$. On commence par montrer que f est continue en 0. Supposons que ce ne soit pas le cas. Il existe donc $\varepsilon > 0$

tel que, pour tout $\eta > 0$, on peut trouver $x \in [-\eta, \eta]$ vérifiant $|f(x)| > \varepsilon$. On prend successivement $\eta = \frac{1}{n^2}$ pour $n \in \mathbb{N}^*$ et on a x_n vérifiant $|x_n| \leqslant \frac{1}{n^2}$ et $|f(x_n)| > \varepsilon$ pour tout n. La série $\sum x_n$ converge absolument et la série $\sum f(x_n)$ diverge grossièrement. C'est absurde.

On va maintenant prouver qu'il existe un voisinage de 0 sur lequel f est impaire, toujours en raisonnant par l'absurde. Si ce n'est pas le cas il existe une suite décroissante positive (a_n) tendant vers 0 et telle que $f(-a_n) + f(a_n) \neq 0$ pour tout n. On considère la suite b obtenue en mettant n_0 couples $(a_0, -a_0)$, puis n_1 couples $(a_1, -a_1)$, et ainsi de suite n_p couples $(a_p, -a_p)$ pour tout p où les n_p sont dans $\mathbb{N}^*$:

$$b = (\underbrace{a_0, -a_0, \dots, a_0, -a_0}_{n_0}, \underbrace{a_1, -a_1, \dots, a_1, -a_1}_{n_1}, \dots, \dots, \underbrace{a_p, -a_p, \dots, a_p, -a_p}_{n_p}, \dots)$$

Quel que soit le choix des entiers n_p, la série $\sum b_n$ converge car le théorème des séries alternées s'y applique. On choisit n_p tel que $n_p|f(a_p)+f(-a_p)| > 1$ pour tout p. Dans ce cas, la série $\sum f(b_n)$ diverge car si on note $S_n = \sum_{k=1}^{n} f(b_k)$ la somme partielle de la série des $f(b_n)$, la différence $S_{n_0+n_1+\cdots+n_p} - S_{n_0+n_1+\cdots+n_{p-1}}$ ne tend pas vers 0 lorsque p tend vers $+\infty$.

On montre maintenant qu'il existe un voisinage de 0 sur lequel f est additive. Si ce n'est pas le cas on peut trouver deux suites a_n et b_n tendant vers 0 telles que $f(a_n + b_n) \neq f(a_n) + f(b_n)$. On fait de même avec une série de la forme $a_0, b_0, -a_0 - b_0$ répété n_0 fois puis $a_1, b_1, -a_1 - b_1$ répété n_1 fois etc en choisissant à nouveau n_p tel que $n_p|f(a_p) + f(b_p) - f(a_p + b_p)| > 1$. La divergence de la série image par f est claire et la convergence de la série s'obtient aisément car les sommes partielles S_{3k} sont nulles et S_{3k+1}, S_{3k+2} tendent vers 0.

Donc il existe $\alpha > 0$ tel que lorsque x et y dans $[-\alpha, \alpha]$, on a

$$f(x + y) = f(x) + f(y) \quad \text{et} \quad f(-x) = -f(x).$$

Pour $|x| < \alpha$ et h tel que $x + h \in [-\alpha, \alpha]$, on a

$$f(x + h) - f(x) = f(x + h) + f(-x) = f(h) \xrightarrow[h \to 0]{} f(0) = 0$$

puisque f est continue en 0. On en déduit que f est continue sur $]-\alpha, \alpha[$. Soit λ le réel défini par $f(\alpha) = \lambda\alpha$. Par additivité, il vient que $f\left(\frac{\alpha}{2}\right) + f\left(\frac{\alpha}{2}\right) = f(\alpha) = \lambda\alpha$ et donc $f\left(\frac{\alpha}{2}\right) = \lambda\left(\frac{\alpha}{2}\right)$. Par récurrence sur k, on a de même $f\left(\frac{\alpha}{2^k}\right) = \lambda\frac{\alpha}{2^k}$ pour tout $k \in \mathbb{N}^*$. Par additivité, on en déduit que $f(x\,\alpha) = \lambda x\alpha$ pour tout nombre rationnel $x \in [0, 1]$ de la forme $\frac{p}{2^q}$. Or ces nombres rationnels forment un ensemble dense, donc par continuité de f on a $f(x\alpha) = \lambda x\alpha$ pour tout $x \in [0, 1]$ soit, en changeant de variable, $f(x) = \lambda x$ pour tout $x \in [0, \alpha]$.

Comme f est impaire on a finalement $f(x) = \lambda x$ pour tout $x \in [-\alpha, \alpha]$.

La réciproque est évidente : toute fonction f qui coïncide avec une homothétie au voisinage de 0 conserve la convergence des séries : si $\sum a_n$ converge, alors a_n tend vers 0 donc, pour n assez grand, on a $f(a_n) = \lambda a_n$, où λ est le rapport de l'homothétie. ◁

Les exercices suivants exploitent la technique des transformations d'Abel, que l'on peut voir comme des intégrations par parties discrètes. On s'intéresse à la nature de la série $\sum a_n b_n$ où $(a_n)_{n\in\mathbb{N}}$ et $(b_n)_{n\in\mathbb{N}}$ sont deux suites réelles ou complexes. Pour $n \geqslant 0$ on note $A_n = \sum_{k=0}^{n} a_k$ la n-ième somme partielle de la série $\sum a_n$. On peut alors écrire $a_n = A_n - A_{n-1}$ (avec la convention $A_{-1} = 0$) et ainsi, pour tout entier N on a

$$\begin{aligned}\sum_{n=0}^{N} a_n b_n &= \sum_{n=0}^{N}(A_n - A_{n-1})b_n = \sum_{n=0}^{N} A_n b_n - \sum_{n=0}^{N} A_{n-1} b_n \\ &= \sum_{n=0}^{N} A_n b_n - \sum_{n=0}^{N-1} A_n b_{n+1} \\ &= A_N b_{N+1} - \sum_{n=0}^{N} A_n (b_{n+1} - b_n).\end{aligned}$$

La suite A_n joue le rôle de la « primitive » de a_n et $b_{n+1} - b_n$ celui de la dérivée de b_n.

Une application classique correspond à ce qu'on appelle parfois théorème d'Abel ou test de Dirichlet : lorsque la suite $(b_n)_{n\in\mathbb{N}}$ est décroissante de limite nulle et la suite des sommes partielles (A_n) bornée, alors la série $\sum a_n b_n$ converge. En effet, dans l'égalité ci-dessus le terme $A_N b_{N+1}$ converge vers 0 quand N tend vers l'infini et la série $\sum A_n(b_n - b_{n+1})$ est absolument convergente car le terme général est un $O(b_n - b_{n+1})$ avec la série à termes positifs $\sum(b_n - b_{n+1})$ qui est convergente.

On peut appliquer cela pour les séries trigonométriques $\sum \frac{e^{inx}}{n^\alpha}$ avec $\alpha > 0$ et x non congru à 0 modulo 2π en prenant $a_n = e^{inx}$ et $b_n = \frac{1}{n^\alpha}$. Les sommes partielles (A_n) sont effectivement bornées puisque

$$|A_n| = \left|\sum_{k=0}^{n} e^{ikx}\right| = \left|\frac{1 - e^{i(n+1)x}}{1 - e^{ix}}\right| = \left|\frac{\sin\left(\frac{n+1}{2}x\right)}{\sin\left(\frac{x}{2}\right)}\right| \leqslant \frac{1}{\left|\sin\left(\frac{x}{2}\right)\right|}.$$

Historiquement cette transformation fut utilisée par Abel en 1826 pour donner un exemple de série de fonctions continues dont la somme n'est pas continue [4], à savoir $\sum \frac{\sin nx}{n}$.

4. Dans les travaux de Cauchy, on pouvait lire à l'époque que la somme d'une série de fonctions continues est encore continue.

3.52. Transformation d'Abel (1)

Soit $\omega \neq 1$ une racine complexe de l'unité et $(u_n)_{n\in\mathbb{N}}$ une suite réelle décroissante. Étudier la nature de la série $\sum \omega^n u_n$.

▷ **Solution.**

Supposons que ω est une racine p-ième de l'unité. Si la série $\sum \omega^n u_n$ converge, son terme général tend vers 0, autrement dit la suite (u_n) converge vers 0.

Réciproquement, si (u_n) tend vers 0, comme elle décroît et comme les sommes partielles de la suite des ω^k sont bornées puisque

$$\left|\sum_{k=0}^{n} \omega^k\right| = \left|\frac{1-\omega^{n+1}}{1-\omega}\right| \leqslant \frac{2}{|1-\omega|},$$

pour tout n, le résultat d'Abel rappelé dans le propos introductif montre que la série est convergente. ◁

Le résultat est le même en supposant $\omega \neq 1$ *quelconque sur le cercle unité.*

Lorsqu'on est en présence d'une série $\sum a_n$ *qui converge, on peut aussi faire la transformation d'Abel avec la suite des restes en écrivant* $a_n = R_n - R_{n+1}$, *où* $R_n = \sum_{k=n}^{+\infty} a_n$.

3.53. Transformation d'Abel (2)

Soit $(a_n)_{n\geqslant 0}$ une suite croissante de réels positifs qui tend vers $+\infty$. Soit $(x_n)_{n\geqslant 0}$ une suite de nombres complexes telle que $\sum_{n=0}^{+\infty} \frac{x_n}{a_n} = \ell$. Montrer que $\frac{1}{a_n}\sum_{k=0}^{n} x_k$ tend vers 0 lorsque n tend vers l'infini.

▷ **Solution.**

Considérons le reste $R_n = \sum_{k=n}^{+\infty} \frac{x_k}{a_k}$ de la série $\sum \frac{x_n}{a_n}$, défini pour $n \geqslant 0$. Exprimons x_n en fonction des R_n. On a $R_n - R_{n+1} = \frac{x_n}{a_n}$ ce qui donne $x_n = a_n(R_n - R_{n+1})$. Posons pour n entier naturel, $U_n = \frac{1}{a_n}\sum_{k=0}^{n} x_k$ et opérons une transformation d'Abel sur le numérateur :

$$\mathrm{U}_n = \frac{\sum\limits_{k=0}^{n} a_k(\mathrm{R}_k - \mathrm{R}_{k+1})}{a_n} = \frac{\sum\limits_{k=0}^{n} a_k \mathrm{R}_k - \sum\limits_{k=1}^{n+1} a_{k-1}\mathrm{R}_k}{a_n}$$
$$= \frac{a_0\mathrm{R}_0 - a_n\mathrm{R}_{n+1} + \sum\limits_{k=1}^{n}(a_k - a_{k-1})\mathrm{R}_k}{a_n}$$
$$= \frac{a_0\mathrm{R}_0}{a_n} - \mathrm{R}_{n+1} + \frac{\sum\limits_{k=1}^{n}(a_k - a_{k-1})\mathrm{R}_k}{a_n}.$$

Pour montrer que U_n tend vers 0, il suffit de prouver que le terme

$$\frac{1}{a_n}\sum_{k=1}^{n}(a_k - a_{k-1})\mathrm{R}_k$$

tend vers 0. Et cela découle du théorème de sommation des relations de comparaison. En effet, comme (R_n) tend vers 0 on a $(a_k - a_{k-1})\mathrm{R}_k = o(a_k - a_{k-1})$ et, la suite $(a_k - a_{k-1})$ étant positive et terme général d'une série divergente on a donc $\sum\limits_{k=1}^{n}(a_k - a_{k-1})\mathrm{R}_k \ll \sum\limits_{k=1}^{n}(a_k - a_{k-1}) = a_n - a_0 \sim a_n$. $\triangleleft$

Voici une variante de cet exercice qui a aussi été posée aux oraux. On considère une suite positive décroissante (u_n) et une suite (ε_n) prenant les valeurs 1 ou -1 ; dans ce cas si la série $\sum \varepsilon_n u_n$ converge alors $v_n = u_n \sum\limits_{k=1}^{n} \varepsilon_k$ tend vers 0. Cet énoncé se ramène au précédent en posant $a_n = \frac{1}{u_n}$ et $x_n = \varepsilon_n$.

3.54. Transformation d'Abel (3)

Soit a une suite complexe et b une suite de complexes non nuls. On pose pour $n \geqslant 0$,

$$\mathrm{S}_n = \sum_{k=0}^{n} a_k \quad \text{et} \quad \mathrm{T}_n = \sum_{k=0}^{n}\left(1 - \frac{b_k}{b_{n+1}}\right)a_k.$$

On suppose que les séries $\sum \left|1 - \frac{b_{k+1}}{b_k}\right|^2$ et $\sum |\mathrm{S}_k - \mathrm{T}_k|^2$ convergent. Montrer que la série $\sum a_k$ converge.

▷ **Solution.**

Posons pour $k \geqslant 0$,

$$\mathrm{U}_k = \mathrm{S}_k - \mathrm{T}_k = \sum_{i=0}^{k} \frac{b_i}{b_{k+1}} a_i = \frac{1}{b_{k+1}} \sum_{i=0}^{n} a_i b_i.$$

On a donc $\sum\limits_{i=0}^{k} a_i b_i = \mathrm{U}_k b_{k+1}$ et $a_k b_k = \mathrm{U}_k b_{k+1} - \mathrm{U}_{k-1} b_k$ pour tout $k \geqslant 0$ avec la convention $\mathrm{U}_{-1} = 0$. Opérons une transformation d'Abel :

$$\sum_{k=0}^{n} a_k = \sum_{k=0}^{n} \frac{a_k b_k}{b_k} = \sum_{k=0}^{n} \frac{\mathrm{U}_k b_{k+1} - \mathrm{U}_{k-1} b_k}{b_k} = \sum_{k=0}^{n} \frac{\mathrm{U}_k b_{k+1}}{b_k} - \sum_{k=0}^{n} \mathrm{U}_{k-1}$$

$$= \sum_{k=0}^{n} \frac{\mathrm{U}_k b_{k+1}}{b_k} - \sum_{k=0}^{n-1} \mathrm{U}_k = \sum_{k=0}^{n} \left(\frac{b_{k+1}}{b_k} - 1 \right) \mathrm{U}_k + \mathrm{U}_n.$$

Par hypothèse, $\sum |\mathrm{U}_n|^2$ converge, donc (U_n^2) et (U_n) convergent vers 0. Quant à la somme partielle, elle correspond à une série absolument convergente puisque

$$\left| \frac{b_{k+1}}{b_k} - 1 \right| |\mathrm{U}_k| \leqslant \frac{1}{2} \left(\left| \frac{b_{k+1}}{b_k} - 1 \right|^2 + |\mathrm{U}_k|^2 \right).$$

On conclut ainsi que $\sum a_n$ converge. ◁

*3.55. Transformation d'Abel (4)

Soit $(u_n)_{n \geqslant 1}$ et $(v_n)_{n \geqslant 1}$ deux suites à valeurs dans $\mathbb{R}_+^*$, avec $(u_n)_{n \geqslant 1}$ décroissante. On pose pour $n \geqslant 1$, $\mathrm{V}_n = \sum\limits_{k=1}^{n} v_k$. On suppose qu'il existe un réel a tel que $\mathrm{V}_n \leqslant n^{a+o(1)}$ et $b > 0$ tel que $u_n \leqslant n^{-b+o(1)}$.

Montrer que la série $\sum \frac{u_k v_k}{\mathrm{V}_k}$ converge et que

$$\sum_{k=n+1}^{+\infty} \frac{u_k v_k}{\mathrm{V}_k} \leqslant n^{-b+o(1)}.$$

▷ **Solution.**

On peut remarquer que $a \geqslant 0$ (sinon (V_n) tend vers 0). La décroissance de la suite (u_n) invite à faire une transformation d'Abel. Pour cela, on commence par contrôler la somme $\mathrm{A}_n = \sum\limits_{k=1}^{n} \frac{v_k}{\mathrm{V}_k}$. Comme la fonction $t \longmapsto \frac{1}{t}$ est décroissante sur $\mathbb{R}_+^*$, on a

$$\mathrm{A}_n = \mathrm{A}_1 + \sum_{k=2}^{n} \frac{\mathrm{V}_k - \mathrm{V}_{k-1}}{\mathrm{V}_k} \leqslant \mathrm{A}_1 + \sum_{k=2}^{n} \int_{\mathrm{V}_{k-1}}^{\mathrm{V}_k} \frac{\mathrm{d}t}{t} = \mathrm{A}_1 + \int_{\mathrm{V}_1}^{\mathrm{V}_n} \frac{\mathrm{d}t}{t} = \mathrm{A}_1 + \ln \frac{\mathrm{V}_n}{\mathrm{V}_1}.$$

Comme $V_n \leqslant n^{a+o(1)}$, on a $A_n \leqslant \ln V_n + O(1) \leqslant a \ln n + o(\ln n) = O(\ln n)$.

Passons à la transformation d'Abel proprement dite sur la tranche de Cauchy de $n+1$ à $n+p$:

$$\sum_{k=n+1}^{n+p} u_k \frac{v_k}{V_k} = \sum_{k=n+1}^{n+p} u_k A_k - \sum_{k=n+1}^{n+p} u_k A_{k-1} = \sum_{k=n+1}^{n+p} u_k A_k - \sum_{k=n}^{n+p-1} u_{k+1} A_k$$
$$= \sum_{k=n+1}^{n+p} (u_k - u_{k+1}) A_k + u_{n+p+1} A_{n+p} - u_{n+1} A_n.$$

Prenons $M > 0$ tel que $A_n \leqslant M \ln n$ pour tout $n \geqslant 2$. Soit $\varepsilon > 0$ avec $\varepsilon < b$. À partir d'un certain rang n_0 on a $0 \leqslant u_n \leqslant \frac{1}{n^{b-\varepsilon}}$ et pour $n \geqslant n_0$, on a pour p tendant vers l'infini,

$$0 \leqslant u_{n+p+1} A_{n+p} \leqslant \frac{M \ln(n+p)}{(n+p+1)^{b-\varepsilon}} \sim \frac{\ln p}{p^{b-\varepsilon}} \xrightarrow[p \to \infty]{} 0.$$

Montrons maintenant que la série à termes positifs $\sum (u_k - u_{k+1}) A_k$ converge. Pour cela, on va majorer une tranche de Cauchy. On a

$$\begin{aligned}
\sum_{k=n+1}^{n+p} (u_k - u_{k+1}) A_k &\leqslant M \sum_{k=n+1}^{n+p} (u_k - u_{k+1}) \ln k \\
&\leqslant M \left(\sum_{k=n+1}^{n+p} u_k \ln k - \sum_{k=n+2}^{n+p+1} u_k \ln(k-1) \right) \\
&\leqslant M \sum_{k=n+1}^{n+p} u_k \ln\left(\frac{k}{k-1}\right) + M u_{n+1} \ln n \\
&\leqslant M \sum_{k=n+1}^{+\infty} u_k \ln\left(\frac{k}{k-1}\right) + M u_n \ln n
\end{aligned}$$

puisque la série de terme général positif $u_k \ln\left(\frac{k}{k-1}\right)$ converge par le théorème de comparaison puisque $u_k \ln\left(\frac{k}{k-1}\right) \sim \frac{u_k}{k} \leqslant \frac{1}{k^{b-\varepsilon+1}}$. On en déduit que la série $\sum (u_k - u_{k+1}) A_k$ converge et donc la série $\sum \frac{u_k v_k}{V_k}$ aussi.

On obtient de plus la majoration du reste suivante :

$$\sum_{k=n+1}^{+\infty} \frac{u_k v_k}{V_k} \leqslant \sum_{k=n+1}^{+\infty} (u_k - u_{k+1}) A_k \leqslant M \sum_{k=n+1}^{+\infty} u_k \ln\left(\frac{k}{k-1}\right) + M u_n \ln n.$$

Par le théorème de sommation des équivalents, les restes $\sum_{k=n+1}^{+\infty} u_k \ln\left(\frac{k}{k-1}\right)$ et $\sum_{k=n+1}^{+\infty} \frac{u_k}{k}$ sont équivalents. Donc si on prend $M' > M$, pour n assez grand, on a

$$\sum_{k=n+1}^{+\infty} \frac{u_k v_k}{V_k} \leqslant M' \sum_{k=n+1}^{+\infty} \frac{u_k}{k} + M u_n \ln n.$$

La second terme $Mu_n \ln n$ se majore par

$$\exp((-b+o(1))\ln n + \ln(\ln n) + \ln \mathrm{M}) = \exp((-b+o(1))\ln n) = n^{-b+o(1)},$$

Comme $n \geqslant n_0$, on a $u_n \leqslant \frac{1}{n^{b-\varepsilon}}$ et

$$\sum_{k=n+1}^{+\infty} \frac{u_k}{k} \leqslant \sum_{k=n+1}^{+\infty} \frac{1}{k^{b-\varepsilon+1}} = O\left(\frac{1}{n^{b-\varepsilon}}\right),$$

le dernier reste étant évalué par une classique comparaison série-intégrale. Il existe donc une constante M'' tel que pour n assez grand

$$\begin{aligned}\sum_{k=n+1}^{+\infty} \frac{u_k v_k}{\mathrm{V}_k} &\leqslant \frac{\mathrm{M}''}{n^{b-\varepsilon}} + n^{-b+o(1)} \leqslant \mathrm{M}'' n^{-b+\varepsilon} + n^{-b+\varepsilon} \\ &\leqslant n^{-b+\varepsilon}(\mathrm{M}''+1) \leqslant n^{-b+2\varepsilon}.\end{aligned}$$

Nous pouvons conclure que $\sum\limits_{k=n+1}^{+\infty} \frac{u_k v_k}{\mathrm{V}_k} \leqslant n^{-b+o(1)}$. ◁

*3.56. Transformation d'Abel (5)

Soit $f : \mathbb{R}_+^* \longrightarrow \mathbb{R}_+^*$ une fonction bijective et strictement croissante de réciproque f^{-1}. Montrer que $\sum \frac{1}{f(n)}$ et $\sum \frac{f^{-1}(n)}{n^2}$ sont de même nature.

▷ **Solution.**

On peut constater que le résultat est vérifié pour $f : x \mapsto \frac{1}{x^\alpha}$ avec $\alpha > 0$, puisque dans ce cas f^{-1} est la fonction $x \mapsto \frac{1}{x^{\frac{1}{\alpha}}}$ et $\frac{f^{-1}(n)}{n^2} = \frac{1}{n^{2-\frac{1}{\alpha}}}$ pour tout $n \in \mathbb{N}^*$; on a bien $\alpha > 1$ si, et seulement si, $2 - \frac{1}{\alpha} > 1$.

• Supposons pour commencer que $\sum \frac{1}{f(n)}$ converge. On pose $f(0) = 0$ et on note g la bijection inverse de f qui est également strictement croissante. On va faire une sommation par paquets en posant pour tout $k \in \mathbb{N}$

$$s_k = \sum_{g(k)<n\leqslant g(k+1)} \frac{1}{f(n)}.$$

La série $\sum s_k$ converge et on a $\sum\limits_{n=1}^{+\infty} \frac{1}{f(n)} = \sum\limits_{k=0}^{+\infty} s_k$. Cela découle directement du théorème d'associativité pour les familles sommables positives, mais se démontre sans peine en passant par les sommes partielles. L'idée est que sur la tranche qui définit s_k le terme $f(n)$ reste proche de $f(g(k)) = k$. Minorons simplement s_k en minorant chaque $\frac{1}{f(n)}$ par $\frac{1}{k+1}\cdot$ On a pour tout k,

$$s_k \geqslant \frac{\lfloor g(k+1)\rfloor - \lfloor g(k)\rfloor}{k+1}$$

car un intervalle $]a,b]$ de $\mathbb{R}$ contient exactement $\lfloor b\rfloor - \lfloor a\rfloor$ entiers (à savoir les entiers entre $\lfloor a\rfloor + 1$ et $\lfloor b\rfloor$). Par comparaison on a donc convergence de la série de terme $\frac{\lfloor g(k+1)\rfloor - \lfloor g(k)\rfloor}{k+1}$ et il est naturel pour celle-ci de faire une transformation d'Abel. On obtient

$$\sum_{k=0}^{n} \frac{\lfloor g(k+1)\rfloor - \lfloor g(k)\rfloor}{k+1} = \sum_{k=1}^{n+1} \frac{\lfloor g(k)\rfloor}{k} - \sum_{k=0}^{n} \frac{\lfloor g(k)\rfloor}{k+1} = \sum_{k=1}^{n} \frac{\lfloor g(k)\rfloor}{k(k+1)} + \frac{\lfloor g(n+1)\rfloor}{n+1}.$$

Cela implique la convergence de la série $\sum \frac{\lfloor g(k)\rfloor}{k(k+1)}$ puisque la suite des sommes partielles associée est majorée. Or, on a $\frac{\lfloor g(k)\rfloor}{k(k+1)} \sim \frac{g(k)}{k^2}$ lorsque k tend $+\infty$ donc la série $\sum \frac{g(k)}{k^2}$ converge également ce qui est le résultat voulu.

• Réciproquement, supposons que $\sum \frac{f^{-1}(n)}{n^2}$ converge. Avec les mêmes notations, il nous suffit de prouver que la série $\sum s_k$ converge. Pour cela on utilise la majoration suivante pour tout $k \geqslant 1$:

$$s_k \leqslant \frac{\lfloor g(k+1)\rfloor - \lfloor g(k)\rfloor}{k}.$$

En sommant cela de 1 à n on obtient

$$\sum_{k=1}^{n} s_k \leqslant \sum_{k=1}^{n} \frac{\lfloor g(k+1)\rfloor - \lfloor g(k)\rfloor}{k} \leqslant \frac{\lfloor g(n+1)\rfloor}{n} + \sum_{k=2}^{n} \frac{\lfloor g(k)\rfloor}{k(k-1)}.$$

L'hypothèse assure la convergence de la série de terme $\frac{\lfloor g(k)\rfloor}{k(k-1)}$ puisque celui-ci est équivalent à $\frac{g(k)}{k^2}\cdot$ Il reste donc à montrer que le terme $\frac{\lfloor g(n+1)\rfloor}{n}$ est borné et pour cela il suffit de prouver qu'en fait la suite $\frac{g(n)}{n}$ converge vers 0. En effet, on a par croissance de g,

$$\sum_{k=n+1}^{2n} \frac{g(k)}{k^2} \geqslant g(n) \sum_{k=n+1}^{2n} \frac{1}{k^2} \geqslant \frac{ng(n)}{4n^2}$$

et la tranche de Cauchy à gauche tend vers 0 lorsque n tend vers l'infini. L'équivalence est donc prouvée. ◁

3.57. Transformation d'Abel (6)

Soit $\sum a_n$ une série de réels convergente.

1. Montrer que pour n tendant vers l'infini, $\sum\limits_{k=1}^{n} ka_k = o(n)$.

On suppose de plus qu'il existe $c > 0$ tel que pour tout $n \geqslant 1$, $na_n > -c$.

2. Montrer que pour n tendant vers l'infini,

$$\sum_{k=1}^{n} k|a_k| \leqslant 2cn + o(n).$$

3. On pose, pour $n \geqslant 1$, $t_n = \sum\limits_{k=n}^{+\infty} \frac{|a_k|}{k}$. Justifier l'existence de t_n et montrer que pour n tendant vers l'infini, $t_n = O\left(\frac{1}{n}\right)$.

▷ **Solution.**

1. Posons pour $n \geqslant 1$, $\mathrm{R}_n = \sum\limits_{k=n}^{+\infty} a_k$. On a $a_n = \mathrm{R}_n - \mathrm{R}_{n+1}$. Effectuons une transformation d'Abel :

$$\begin{aligned}\sum_{k=1}^{n} ka_k &= \sum_{k=1}^{n} k(\mathrm{R}_k - \mathrm{R}_{k+1}) = \sum_{k=1}^{n} k\mathrm{R}_k - \sum_{k=1}^{n} k\mathrm{R}_{k+1}\\ &= \sum_{k=1}^{n} k\mathrm{R}_k - \sum_{k=2}^{n+1}(k-1)\mathrm{R}_k = \sum_{k=1}^{n} \mathrm{R}_k - n\mathrm{R}_{n+1}.\end{aligned}$$

Par conséquent, on a

$$\frac{1}{n}\sum_{k=1}^{n} ka_k = \frac{1}{n}\sum_{k=1}^{n} \mathrm{R}_k - \mathrm{R}_{n+1} \xrightarrow[n\to\infty]{} 0 - 0 = 0,$$

en vertu du théorème de Cesàro (car $\lim\limits_{n\to+\infty} \mathrm{R}_n = 0$). On conclut que

$$\sum_{k=1}^{n} ka_k = o(n).$$

2. Pour $n \geqslant 1$, on a

$$\begin{aligned}\sum_{k=1}^{n} k|a_k| &= \sum_{k=1}^{n} k(|a_k| - a_k) + \sum_{k=1}^{n} ka_k = \sum_{k=1}^{n} k(|a_k| - a_k) + o(n)\\ &\leqslant \sum_{k=1}^{n} 2c + o(n) \quad \text{car } k(|a_k| - a_k) = \begin{cases} -2ka_k \leqslant 2c & \text{si } a_k < 0\\ 0 \leqslant 2c & \text{si } a_k \geqslant 0\end{cases}\\ &\leqslant 2cn + o(n).\end{aligned}$$

3. Posons pour $n \geqslant 1$, $A_n = \sum\limits_{k=1}^{n} k|a_k|$. On a $n|a_n| = A_n - A_{n-1}$. Prenons $N \geqslant n$ et lançons-nous dans une nouvelle transformation d'Abel :

$$\begin{aligned}\sum_{k=n}^{N} \frac{|a_k|}{k} = \sum_{k=n}^{N} \frac{A_k - A_{k-1}}{k^2} &= \sum_{k=n}^{N} \frac{A_k}{k^2} - \sum_{k=n-1}^{N-1} \frac{A_k}{(k+1)^2} \\ &= \sum_{k=n}^{N} A_k \left(\frac{1}{k^2} - \frac{1}{(k+1)^2} \right) - \frac{A_{n-1}}{n^2} + \frac{A_N}{(N+1)^2} \\ &= \sum_{k=n}^{N} \frac{(2k+1)A_k}{k^2(k+1)^2} - \frac{A_{n-1}}{n^2} + \frac{A_N}{(N+1)^2} \\ &= \sum_{k=n}^{N} \frac{(2k+1)A_k}{k^2(k+1)^2} - \frac{A_{n-1}}{n^2} + O\left(\frac{1}{N}\right) \text{ d'après 2.}\end{aligned}$$

Comme $\dfrac{(2k+1)A_k}{k^2(k+1)^2} = O\left(\dfrac{kA_k}{k^4}\right) = O\left(\dfrac{1}{k^2}\right)$ pour $k \geqslant 1$, la série $\sum \dfrac{(2k+1)A_k}{k^2(k+1)^2}$ est absolument convergente. La somme $\sum\limits_{k=n}^{N} \dfrac{|a_k|}{k}$ admet donc une limite lorsqueN tend vers l'infini. Ainsi t_n existe et on a

$$t_n = \sum_{k=n}^{+\infty} \frac{(2k+1)A_k}{k^2(k+1)^2} - \frac{A_{n-1}}{n^2}.$$

On a, lorsque n tend vers l'infini, $\dfrac{A_{n-1}}{n^2} = O\left(\dfrac{n}{n^2}\right) = O\left(\dfrac{1}{n}\right)$. De plus, il existe $M \geqslant 0$ tel que si $k \geqslant 1$, $\dfrac{(2k+1)A_k}{k^2(k+1)^2} \leqslant \dfrac{M}{k^2}$. Par conséquent,

$$t_n \leqslant M \sum_{k=n}^{+\infty} \frac{1}{k^2} + O\left(\frac{1}{n}\right).$$

Classiquement, pour n tendant vers l'infini, $\sum\limits_{k=n}^{+\infty} \dfrac{1}{k^2} \sim \dfrac{1}{n}$ (voir exercice 3.31) et finalement, $t_n = O\left(\dfrac{1}{n}\right)$. ◁

Il est très classique, lorsque f est une fonction continue décroissante de $\mathbb{R}_+$ dans $\mathbb{R}_+$, d'utiliser une comparaison série intégrale pour étudier la série $\sum f(n)$. Mais il est d'autres situations où l'on peut espérer avoir un lien entre la nature de la série $\sum f(n)$ et la convergence de l'intégrale $\int_0^{+\infty} f(t)dt$ lorsque la fonction f ne « varie pas trop ». L'exercice suivant étudie une hypothèse classique portant sur l'intégrabilité de f' et donne quelques exemples d'application.

3.58. Comparaison série-intégrale

1. Soit $f : \mathbb{R}^+ \to \mathbb{C}$ de classe C^1 avec f' intégrable. Montrer que $\sum f(n)$ converge si, et seulement si, l'intégrale $\int_0^{+\infty} f$ converge.

2. Étudier la nature de $\sum \frac{\sin\sqrt{n}}{n}$, $\sum \frac{\cos(\ln n)}{n}$?

▷ **Solution.**

1. On va estimer l'écart entre $f(n)$ et $\int_{n-1}^{n} f(t)\mathrm{d}t$ en faisant intervenir f' à l'aide d'une intégration par parties. On a pour $n \geqslant 1$,

$$\begin{aligned}\int_{n-1}^{n} f(t)\mathrm{d}t &= [(t-(n-1))f(t)]_{n-1}^{n} - \int_{n-1}^{n} f'(t)(t-(n-1))\mathrm{d}t\\ &= f(n) - \int_{n-1}^{n} f'(t)(t-(n-1))\mathrm{d}t.\end{aligned}$$

L'intégrale $v_n = \int_{n-1}^{n} f'(t)(t-(n-1))\mathrm{d}t$ est majorée en module par $\int_{n-1}^{n} |f'|$ qui est par hypothèse le terme général d'une série convergente : la série $\sum v_n$ est donc absolument convergente. Ainsi, les séries $\sum f(n)$ et $\sum \int_{n-1}^{n} f$ sont de même nature. Il reste à montrer que $\sum \int_{n-1}^{n} f$ converge si, et seulement si, l'intégrale $\int_0^{+\infty} f$ converge.

Supposons que la série $\sum \int_{n-1}^{n} f$ converge. Comme f' est intégrable et f de classe C^1, on a $f(x) = f(0) + \int_0^x f'$ et $f(x)$ admet une limite finie ℓ quand x tend vers l'infini. Or pour $\varepsilon > 0$ et x assez grand, $|f(x) - \ell| \leqslant \varepsilon$, et $\left|\int_{n-1}^{n} f - \ell\right| \leqslant \int_{n-1}^{n} |f-\ell| \leqslant \varepsilon$, autrement dit $\int_{n-1}^{n} f$ converge aussi vers ℓ qui vaut nécessairement 0, puisque qu'il s'agit du terme général d'une série convergente. Dans ces conditions, on a

$$\int_0^x f = \sum_{n=1}^{\lfloor x\rfloor} \int_{n-1}^{n} f + \int_{\lfloor x\rfloor}^{x} f \xrightarrow[x\to\infty]{} \sum_{n=1}^{+\infty} \int_{n-1}^{n} f,$$

car $\left|\int_{\lfloor x\rfloor}^{x} f\right| \leqslant \sup_{t\geqslant \lfloor x\rfloor} |f(t)| \xrightarrow[x\to+\infty]{} 0$. L'intégrale $\int_0^{+\infty} f$ est donc convergente. La réciproque est évidente.

2. Dans les exemples proposés, on change $\mathbb{R}_+$ dans la question précédente en $[2, +\infty[$ pour éviter toute impropreté en 0. Les fonctions associées aux séries sont bien de classe C^1.

• On a pour $x > 2$,

$$\int_2^x \frac{\sin\sqrt{t}}{t}\mathrm{d}t = \int_2^x \frac{\sin\sqrt{t}}{2\sqrt{t}}\frac{2}{\sqrt{t}}\mathrm{d}t = \left[\frac{-2\cos\sqrt{t}}{\sqrt{t}}\right]_2^x - \int_2^x \frac{\cos\sqrt{t}}{t^{3/2}}\mathrm{d}t.$$

Cette intégrale a une limite finie quand x tend vers l'infini puisque $\dfrac{-2\cos\sqrt{x}}{\sqrt{x}}$ tend vers 0 et $t \longmapsto \dfrac{\cos\sqrt{t}}{t^{3/2}} = O\left(\dfrac{1}{t^{3/2}}\right)$ est intégrable sur $[2,+\infty[$.

Par ailleurs, on a

$$\frac{\mathrm{d}}{\mathrm{d}t}\frac{\sin\sqrt{t}}{t} = -\frac{\sin\sqrt{t}}{t^2} - \frac{\cos\sqrt{t}}{t^{3/2}} = O\left(\frac{1}{t^{3/2}}\right)$$

de sorte que la dérivée est bien intégrable au voisinage de $+\infty$. La question précédente permet de conclure que la série $\sum \dfrac{\sin\sqrt{n}}{n}$ converge.

• Pour le second exemple l'hypothèse d'intégrabilité de la dérivée est toujours vérifiée puisque

$$\frac{\mathrm{d}}{\mathrm{d}t}\frac{\cos\ln t}{t} = -\frac{\sin\ln t}{t^2} - \frac{\cos\ln t}{t^2} = O\left(\frac{1}{t^2}\right)$$

mais dans ce cas $\displaystyle\int_2^{+\infty} \frac{\cos\ln t}{t}\mathrm{d}t$ diverge car $t \longmapsto \sin\ln t$ est une primitive de $t \longmapsto \dfrac{\cos\ln t}{t}$ et elle n'a pas de limite en $+\infty$. La série $\sum \dfrac{\cos(\ln n)}{n}$ est donc divergente. ◁

Dans l'exercice suivant on étudie ce même exemple par une autre méthode, qui permet en outre de traiter un autre cas où le résultat de l'exercice précédent ne peut s'appliquer en raison de la non-intégrabilité de f'. Cette méthode consiste à étudier des tranches de Cauchy comme cela est déjà intervenu dans plusieurs autres exercices.

3.59. Divergence d'une série par observation de tranche

Déterminer la nature des séries $\sum \dfrac{\cos(\ln n)}{n}$ et $\sum \dfrac{\cos(\ln n)}{\ln n}$.

▷ **Solution.**

La suite $\ln n$ tend vers $+\infty$, mais très lentement, et on va avoir de très longs intervalles sur lesquels le terme $\cos(\ln n)$ est grand. De manière précise soit $k \geqslant 0$ et $n \in \mathbb{N}^*$. On a

$$2k\pi - \frac{\pi}{3} \leqslant \ln n \leqslant 2k\pi + \frac{\pi}{3} \iff e^{2k\pi}e^{-\frac{\pi}{3}} \leqslant n \leqslant e^{2k\pi}e^{\frac{\pi}{3}}.$$

On note p_k la partie entière de $e^{2k\pi}e^{-\frac{\pi}{3}}$ et q_k celle de $e^{2k\pi}e^{\frac{\pi}{3}}$. On a pour k tendant vers l'infini

$$p_k = e^{2k\pi}e^{-\frac{\pi}{3}} + O(1) \quad \text{et} \quad q_k = e^{2k\pi}e^{\frac{\pi}{3}} + O(1).$$

Pour n entre $p_k + 1$ et q_k on a la minoration $\cos \ln n \geqslant \frac{1}{2}$. Observons la tranche de Cauchy entre $p_k + 1$ et q_k. On a $q_k - p_k \sim e^{2k\pi}\left(e^{\frac{\pi}{3}} - e^{-\frac{\pi}{3}}\right)$ et $q_k \sim e^{2k\pi}e^{\frac{\pi}{3}}$ ce qui permet d'écrire

$$\sum_{n=p_k+1}^{q_k} \frac{\cos(\ln n)}{\ln n} \geqslant \sum_{n=p_k+1}^{q_k} \frac{\cos(\ln n)}{n} \geqslant \frac{1}{2}\frac{q_k - p_k}{q_k} \sim \frac{e^{\frac{\pi}{3}} - e^{-\frac{\pi}{3}}}{e^{\frac{\pi}{3}}}.$$

On en déduit que la tranche de Cauchy entre $p_k + 1$ et q_k ne tend pas vers 0 quand k tend vers l'infini. Les deux séries sont donc divergentes. ◁

Si on pose $f(x) = \frac{\cos \ln x}{\ln x}$ *on notera que* $f'(x) = -\frac{\sin \ln x}{x \ln x} - \frac{\cos \ln x}{x(\ln x)^2}$. *Le second terme est intégrable au voisinage de* $+\infty$ *mais ce n'est pas le cas de la fonction* $x \mapsto \frac{1}{x \ln x}$. *Le résultat de l'exercice 3.58 ne s'applique donc pas à la série* $\sum \frac{\cos \ln n}{\ln n}$.

Dans l'énoncé suivant on trouve une série voisine, mais dans le cadre complexe, et l'on démontre en utilisant les idées de l'exercice 3.58 que la suite des sommes partielles est bornée.

3.60. Suite des sommes partielles bornée

Soit $t > 0$ et, pour $n \in \mathbb{N}^*$, $s_n = \sum_{k=1}^{n} k^{-1+it}$. Montrer que la suite $(s_n)_{n\geqslant 1}$ est bornée.

▷ **Solution.**

Pour $x \geqslant 1$, on pose $f(x) = x^{-1+it}$. Pour $x \geqslant 1$, on a $f'(x) = (-1+it)x^{-2+it}$ et donc $|f'(x)| = \frac{\sqrt{1+t^2}}{x^2}$. On en déduit pour $k \geqslant 1$,

$$\left|f(k) - \int_k^{k+1} f(x)\,\mathrm{d}x\right| = \left|\int_k^{k+1} (f(k) - f(x))\,\mathrm{d}x\right| \leqslant \int_k^{k+1} |f(k) - f(x)|\,\mathrm{d}x.$$

Mais, pour $x \in [k, k+1]$, on a

$$|f(k)-f(x)| = \left|\int_k^x f'(y)\,\mathrm{d}y\right| \leqslant \int_k^x |f'(y)|\,\mathrm{d}y \leqslant \int_k^{k+1} \frac{\sqrt{1+t^2}}{y^2}\,\mathrm{d}y \leqslant \frac{\sqrt{1+t^2}}{k^2}.$$

On en déduit $\left|f(k) - \int_k^{k+1} f(x)\,\mathrm{d}x\right| \leqslant \frac{\sqrt{1+t^2}}{k^2}$, puis en sommant de $k = 1$ à n,

$$\left|s_n - \int_1^{n+1} f(x)\,\mathrm{d}x\right| \leqslant \sqrt{1+t^2}\sum_{k=1}^{n}\frac{1}{k^2} \leqslant \sqrt{1+t^2}\sum_{k=1}^{+\infty}\frac{1}{k^2}.$$

De plus, on a

$$\left|\int_1^{n+1} f(x)\,\mathrm{d}x\right| = \left|\int_1^{n+1} x^{-1+it}\,\mathrm{d}x\right| = \left|\frac{1}{it}\left((n+1)^{it} - 1^{it}\right)\right| \leqslant \frac{2}{t}.$$

On a donc, pour tout $n \in \mathbb{N}^*$,

$$|s_n| \leqslant \frac{2}{t} + \sqrt{1+t^2}\sum_{k=1}^{+\infty}\frac{1}{k^2}.$$

La suite (s_n) est bien bornée. ◁

L'énoncé suivant traite l'étude des séries de Hardy plus générales et donne un dernier exemple d'utilisation de cette comparaison série-intégrale.

3.61. Séries de Hardy

Déterminer la nature de la série $\sum \frac{\sin(\pi\sqrt{n})}{n^\alpha}$ en traitant successivement les cas suivants :

1. $\alpha > 1$;

2. $\frac{1}{2} < \alpha \leqslant 1$;

3. $\alpha = \frac{1}{2}$ (on effectuera un développement asymptotique de la différence $e^{i\pi\sqrt{n+1}} - e^{i\pi\sqrt{n}}$) ;

4. $\alpha < \frac{1}{2}$.

▷ **Solution.**

1. Pour $\alpha > 1$, le théorème de comparaison des séries à termes positifs assure la convergence absolue de la série.

2. Nous allons montrer qu'il y a convergence de la série lorsque $\alpha > \frac{1}{2}$ en faisant une comparaison série-intégrale. Étudions l'intégrale

$$\int_1^{+\infty} \frac{\sin\pi\sqrt{t}}{t^\alpha}\mathrm{d}t = \lim_{x\to+\infty}\int_1^{x} \frac{\sin\pi\sqrt{t}}{t^\alpha}\mathrm{d}t.$$

Pour $x \geqslant 1$, en faisant le changement de variables $u = \sqrt{t}$, il vient

$$\begin{aligned}\int_1^x \frac{\sin \pi\sqrt{t}}{t^\alpha}\mathrm{d}t &= 2\int_1^{\sqrt{x}} \frac{\sin \pi u}{u^{2\alpha-1}}\mathrm{d}u \\ &= 2\left[-\frac{\cos \pi u}{\pi u^{2\alpha-1}}\right]_1^{\sqrt{x}} - \frac{2(2\alpha-1)}{\pi}\int_1^{\sqrt{x}} \frac{\cos \pi u}{u^{2\alpha}}\mathrm{d}u \\ &\xrightarrow[x\to+\infty]{} -\frac{2}{\pi} - \frac{2(2\alpha-1)}{\pi}\int_{[1,+\infty[} \frac{\cos \pi u}{u^{2\alpha}}\mathrm{d}u,\end{aligned}$$

car la fonction $u \longmapsto \frac{\cos \pi u}{u^{2\alpha}}$ est intégrable sur $[1, +\infty[$ d'après le théorème de comparaison des fonctions positives intégrables (elle est majorée en valeur absolue par $u \longmapsto \frac{1}{u^{2\alpha}}$ et $2\alpha > 1$).

Posons pour $n \geqslant 1$, $u_n = \frac{\sin(\pi\sqrt{n})}{n^\alpha}$ et $v_n = \int_n^{n+1} \frac{\sin \pi\sqrt{t}}{t^\alpha}\mathrm{d}t$. D'après ce qui précède, la série de terme général v_n converge. Pour prouver que la série $\sum u_n$ converge, il suffit donc d'établir la convergence de la série $\sum u_n - v_n$. Or, si on pose $\varphi(t) = \frac{\sin \pi\sqrt{t}}{t^\alpha}$ pour $t \geqslant 1$, on obtient

$$|u_n - v_n| = \left|\int_n^{n+1} (\varphi(t) - \varphi(n))\mathrm{d}t\right| \leqslant \int_n^{n+1} |\varphi(t) - \varphi(n)|\mathrm{d}t.$$

Comme φ est de classe C^∞ et

$$\varphi'(t) = \frac{\frac{\pi}{2\sqrt{t}}\cos(\pi\sqrt{t})t^\alpha - \alpha t^{\alpha-1}\sin(\pi\sqrt{t})}{t^{2\alpha}} = O\left(\frac{1}{t^{\alpha+\frac{1}{2}}}\right),$$

il existe $\mathrm{K} \geqslant 0$ tel que pour tout $t \geqslant 1$, $|\varphi'(t)| \leqslant \frac{\mathrm{K}}{t^{\alpha+\frac{1}{2}}}$. D'après l'inégalité des accroissements finis,

$$|u_n - v_n| \leqslant \int_n^{n+1} \frac{\mathrm{K}\mathrm{d}t}{n^{\alpha+\frac{1}{2}}} = \frac{\mathrm{K}}{n^{\alpha+\frac{1}{2}}}.$$

Donc $\sum |u_n - v_n|$ converge d'après le théorème de comparaison des séries à termes positifs. Il s'ensuit que $\sum(u_n - v_n)$ converge et $\sum u_n$ également.

3. Traitons le cas $\alpha = \frac{1}{2}$. Déterminons un développement asymptotique de la différence $d_n = e^{i\pi\sqrt{n+1}} - e^{i\pi\sqrt{n}}$:

$$\begin{aligned}d_n &= e^{i\pi\sqrt{n}}\left(e^{i\pi(\sqrt{n+1}-\sqrt{n})} - 1\right) = e^{i\pi\sqrt{n}}\left(e^{i\pi\sqrt{n}\left(\sqrt{1+\frac{1}{n}}-1\right)} - 1\right) \\ &= e^{i\pi\sqrt{n}}\left(e^{i\pi\sqrt{n}\left(\frac{1}{2n}+O\left(\frac{1}{n^2}\right)\right)} - 1\right) = e^{i\pi\sqrt{n}}\left(e^{i\pi\left(\frac{1}{2\sqrt{n}}+O\left(\frac{1}{n^{3/2}}\right)\right)} - 1\right)\end{aligned}$$

$$= e^{i\pi\sqrt{n}}\left(\frac{i\pi}{2\sqrt{n}} - \frac{\pi^2}{8n} + O\left(\frac{1}{n^{3/2}}\right)\right) = \frac{i\pi e^{i\pi\sqrt{n}}}{2\sqrt{n}} - \frac{\pi^2 e^{i\pi\sqrt{n}}}{8n} + O\left(\frac{1}{n^{3/2}}\right).$$

En prenant la partie réelle, on obtient alors

$$\cos(\pi\sqrt{n+1}) - \cos(\pi\sqrt{n}) = -\frac{\pi\sin(\pi\sqrt{n})}{2\sqrt{n}} - \frac{\pi^2\cos(\pi\sqrt{n})}{8n} + O\left(\frac{1}{n^{3/2}}\right).$$

La série de terme général $O\left(\frac{1}{n^{3/2}}\right)$ est absolument convergente. Comme précédemment pour le sinus, on prouve que la série de terme général $\frac{\cos(\pi\sqrt{n})}{n}$ converge, si bien que la série de terme général $\frac{\sin(\pi\sqrt{n})}{\sqrt{n}}$ est de même nature que celle de terme général $\cos(\pi\sqrt{n+1}) - \cos(\pi\sqrt{n})$. Or cette dernière série diverge, puisque la suite $(\cos\pi\sqrt{n})_{n\geqslant 0}$ ne converge pas : en effet, la suite extraite $(\cos\pi\sqrt{n^2}) = (\cos\pi n) = ((-1)^n)$ est divergente. Par conséquent, la série diverge pour la valeur $\alpha = \frac{1}{2}$.

4. Venons-en maintenant au cas $\alpha < \frac{1}{2}$ et démontrons pas l'absurde qu'il y a divergence de la série. Supposons que la série $\sum \frac{\sin(\pi\sqrt{n})}{n^\alpha}$ converge et notons $A_n = \sum_{k=1}^{n} \frac{\sin(\pi\sqrt{k})}{k^\alpha}$. Nous allons montrer, à l'aide d'une transformation d'Abel, qu'alors la série $\sum \frac{\sin(\pi\sqrt{n})}{\sqrt{n}}$ converge, ce qui fournira la contradiction souhaitée :

$$\sum_{k=1}^{n}\frac{\sin(\pi\sqrt{k})}{\sqrt{k}} = \sum_{k=1}^{n}\frac{\sin(\pi\sqrt{k})}{k^\alpha}\frac{1}{k^{\frac{1}{2}-\alpha}} = \sum_{k=1}^{n}(A_k - A_{k-1})\frac{1}{k^{\frac{1}{2}-\alpha}}$$

$$= \sum_{k=1}^{n}\frac{A_k}{k^{\frac{1}{2}-\alpha}} - \sum_{k=0}^{n-1}\frac{A_k}{(k+1)^{\frac{1}{2}-\alpha}} \quad \text{avec } A_0 = 0,$$

$$= \frac{A_n}{n^{\frac{1}{2}-\alpha}} + \sum_{k=1}^{n-1} A_k\left(\frac{1}{k^{\frac{1}{2}-\alpha}} - \frac{1}{(k+1)^{\frac{1}{2}-\alpha}}\right).$$

La suite (A_n) est bornée, donc le premier terme converge. Quant au second, c'est la somme partielle d'une série absolument convergente puisque

$$\left|A_k\left(\frac{1}{k^{\frac{1}{2}-\alpha}} - \frac{1}{(k+1)^{\frac{1}{2}-\alpha}}\right)\right| \leqslant \sup_{n\in\mathbb{N}}|A_n|\left(\frac{1}{k^{\frac{1}{2}-\alpha}} - \frac{1}{(k+1)^{\frac{1}{2}-\alpha}}\right).$$

La série de terme général $\frac{\sin\pi\sqrt{n}}{\sqrt{n}}$ se retrouve être convergente : c'est une contradiction.

Conclusion. La série $\sum \frac{\sin(\pi\sqrt{n})}{n^\alpha}$ converge si, et seulement si, $\alpha > \frac{1}{2}$. ◁

Le lecteur courageux pourra étudier plus généralement les séries de la forme $\sum \frac{\sin(\pi n^\beta)}{n^\alpha}$ *avec* α *et* β *strictement positifs.*

3.62. Recherche d'un équivalent (1)

Déterminer un équivalent de $u_n = \sum_{k=1}^{+\infty}(-1)^{k-1}\left\lfloor \frac{n}{k} \right\rfloor$.

▷ **Solution.**

Observons pour commencer que la somme définissant u_n est finie. Imaginons un instant que l'on enlève la partie entière. On aurait la suite $n \sum_{k=1}^{n} \frac{(-1)^{k-1}}{k}$ qui est équivalente à $n \ln 2$. En effet, il est classique que $\sum_{k=1}^{+\infty} \frac{(-1)^{k-1}}{k} = \ln 2$ (voir par exemple une preuve dans l'exercice 3.50). On va essayer de formaliser cette idée. Posons $v_n = \frac{u_n}{n}$. On a $v_n = \sum_{k=1}^{+\infty} f(n,k)$ où $f(n,k) = (-1)^{k-1}\frac{1}{n}\left\lfloor \frac{n}{k} \right\rfloor$. Pour tout k, $f(n,k)$ tend vers $f(k) = \frac{(-1)^{k-1}}{k}$ lorsque n tend vers $+\infty$. On est donc face à un problème d'interversion de limites. Pour appliquer le théorème du programme, il suffit donc de montrer que la convergence de la série $\sum_k f(n,k)$ est uniforme en n, c'est-à-dire que la suite des restes converge uniformément vers 0 selon n. Or cela découle simplement du théorème des séries alternées : comme la suite $(|f(n,k)|)_{k\geqslant 1}$ est décroissante et tend vers 0, on a pour tout N,

$$\left|\sum_{k=\mathrm{N}}^{+\infty}(-1)^{k-1}\frac{1}{n}\left\lfloor \frac{n}{k} \right\rfloor\right| \leqslant \frac{1}{n}\left\lfloor \frac{n}{\mathrm{N}} \right\rfloor \leqslant \frac{1}{\mathrm{N}},$$

et le majorant obtenu est indépendant de n. Par le théorème d'interversion des limites on a donc $\lim_{n\to+\infty} v_n = \ln 2$, soit $u_n \underset{n\to\infty}{\sim} n\ln 2$. ◁

Le théorème d'interversion des limites est également utilisé dans l'exercice suivant.

3.63. Recherche d'un équivalent (2)

Pour $\alpha > 0, \alpha \neq 1$, déterminer un équivalent de

$$u_n = \sum_{k=0}^{n} \frac{(n\alpha)^k}{k!} \quad \text{et} \quad v_n = \sum_{k=n+1}^{+\infty} \frac{(n\alpha)^k}{k!}.$$

▷ **Solution.**

On remarque que $u_n + v_n = e^{n\alpha}$, ce qui permet d'espérer que déterminer un des deux équivalents suffira pour obtenir l'autre. On va être amené à distinguer les cas $\alpha > 1$ et $\alpha < 1$.

Pour $\alpha > 1$, les termes de la somme définissant u_n croissent et le terme prépondérant est le dernier. En mettant celui-ci en facteur, on obtient

$$u_n = \frac{(n\alpha)^n}{n!}\sum_{k=0}^{n}\frac{n!}{k!}\frac{1}{(n\alpha)^{n-k}} = \frac{(n\alpha)^n}{n!}\sum_{k=0}^{n}\frac{n!}{(n-k)!}\frac{1}{(n\alpha)^k}.$$

On remarque que $\lim\limits_{n\to+\infty}\frac{n!}{(n-k)!}\frac{1}{(n\alpha)^k} = \frac{1}{\alpha^k}$, puisque $\frac{n!}{(n-k)!} \underset{n\to\infty}{\sim} n^k$. On aimerait démontrer que

$$\lim_{n\to+\infty}\sum_{k=0}^{n}\frac{n!}{(n-k)!}\frac{1}{(n\alpha)^k} = \sum_{k=0}^{+\infty}\frac{1}{\alpha^k} = \frac{\alpha}{\alpha-1}.$$

Il s'agit d'intervertir une sommation et une limite. Posons, pour n et k dans $\mathbb{N}$,

$$u_{n,k} = \frac{n!}{(n-k)!}\frac{1}{(n\alpha)^k} \text{ si } k \leqslant n \text{ et } u_{n,k} = 0 \text{ si } k > n.$$

On a, pour tout $(k,n) \in \mathbb{N}^2$, $0 \leqslant u_{n,k} \leqslant \frac{1}{\alpha^k}$, ce qui montre que la série $\sum\limits_{k} u_{n,k}$ converge uniformément par rapport à n. On peut donc invoquer le théorème d'interversion des limites et on a bien

$$u_n \underset{n\to\infty}{\sim} \frac{\alpha}{\alpha-1}\frac{(n\alpha)^n}{n!}.$$

En utilisant la formule de Stirling, $n! \sim \left(\frac{n}{e}\right)^n\sqrt{2\pi n}$, on peut encore écrire

$$u_n \underset{n\to\infty}{\sim} \frac{\alpha}{\alpha-1}\frac{(e\alpha)^n}{\sqrt{2\pi n}}.$$

Pour trouver un équivalent de v_n, on montre que u_n est négligeable devant $u_n + v_n = e^{n\alpha}$. On a $\frac{u_n}{e^{n\alpha}} \sim \frac{\alpha}{\alpha-1}\left(\frac{e\alpha}{e^\alpha}\right)^n\frac{1}{\sqrt{2\pi n}}$. De l'inégalité $e^x \geqslant x+1$, on déduit $e^\alpha = ee^{\alpha-1} \geqslant e\alpha$ et donc $\frac{\alpha}{\alpha-1}\left(\frac{e\alpha}{e^\alpha}\right)^n\frac{1}{\sqrt{2\pi n}} \leqslant \frac{\alpha}{\alpha-1}\frac{1}{\sqrt{2\pi n}}$. Ceci implique $\lim\limits_{n\to+\infty}\frac{u_n}{e^{n\alpha}} = 0$. Puisque u_n est négligeable devant $e^{n\alpha}$, on a

$$v_n \underset{n\to\infty}{\sim} e^{n\alpha}.$$

Dans le cas $\alpha < 1$, la méthode précédente ne donne rien. En effet, les termes de la somme définissant u_n décroissent, le terme prépondérant est le premier qui vaut 1 et chaque terme tend vers 0. Par contre, on peut l'appliquer à v_n. On obtient, en mettant $\frac{(n\alpha)^n}{n!}$ en facteur,

$$v_n = \frac{(n\alpha)^n}{n!} \sum_{k=n+1}^{+\infty} \frac{(n\alpha)^{k-n} n!}{k!} = \frac{(n\alpha)^n}{n!} \sum_{k=1}^{+\infty} \frac{n!(n\alpha)^k}{(n+k)!}.$$

Cette fois-ci, on pose, pour tout $k \in \mathbb{N}^*$,

$$u_{n,k} = \frac{n!(n\alpha)^k}{(n+k)!}.$$

On a, pour tout $k \in \mathbb{N}^*$, $\lim_{n\to+\infty} u_{n,k} = \alpha^k$ et, d'autre part, pour tout $(n,k) \in \mathbb{N}\times\mathbb{N}^*$, $|u_{n,k}| \leqslant \alpha^k$. La série $\sum_{k\in\mathbb{N}^*} u_{n,k}$ convergeant uniformément par rapport à n, on peut comme précédemment intervertir sommation et limite, ce qui donne

$$\lim_{n\to+\infty} \sum_{k=1}^{+\infty} \frac{n!(n\alpha)^k}{(n+k)!} = \sum_{k=1}^{+\infty} \alpha^k = \frac{\alpha}{1-\alpha}$$

et donc

$$v_n \underset{n\to\infty}{\sim} \frac{\alpha}{1-\alpha} \frac{(n\alpha)^n}{n!}.$$

Avec l'équivalent de Stirling, cela peut s'écrire encore

$$v_n \underset{n\to\infty}{\sim} \frac{\alpha}{1-\alpha} \frac{(e\alpha)^n}{\sqrt{2\pi n}}.$$

Cette fois, on trouve que v_n est négligeable devant $e^{n\alpha}$ et $u_n \underset{n\to\infty}{\sim} e^{n\alpha}$. ◁

Le cas $\alpha = 1$ est plus difficile et nécessite l'utilisation de la méthode de Laplace. Le lecteur pourra trouver la solution dans CHAMBERT-LOIR (A.), FERMIGIER (S.), MAILLOT (V.), Exercices de mathématiques pour l'agrégation, *Masson 1994, exercices 6-8, p. 117-119.*

L'exercice qui suit est consacré au produit de Cauchy. On rappelle que le produit de Cauchy de deux séries $\sum u_n$ et $\sum v_n$ (réelles ou complexes) est la série $\sum w_n$ où $w_n = \sum_{k=0}^{n} u_k v_{n-k}$. Si les séries $\sum u_n$ et $\sum v_n$ sont absolument convergentes, il en est de même de $\sum w_n$ et

$$\mathrm{W} = \sum_{n=0}^{+\infty} w_n = \sum_{n=0}^{+\infty} u_n \sum_{n=0}^{+\infty} v_n = \mathrm{UV}$$

Le produit de Cauchy de deux séries convergentes peut diverger. Toutefois, l'exercice suivant montre qu'au sens de Cesàro (c'est-à-dire en moyenne), il converge toujours vers UV. *En particulier, si $\sum w_n$ converge, sa somme ne peut être que le produit* UV *en vertu du théorème de Cesàro.*

3.64. Convergence en moyenne d'un produit de Cauchy

Soit $\sum a_n$ et $\sum b_n$ deux séries de nombres complexes convergentes. On pose pour $n \in \mathbb{N}$, $c_n = \sum_{k=0}^{n} a_k b_{n-k}$, $S_n = \sum_{k=0}^{n} c_k$ et $P_n = \frac{1}{n+1} \sum_{k=0}^{n} S_k$.

Étudier la suite $(P_n)_{n \geqslant 0}$.

▷ **Solution.**

La série $\sum c_n$ est le produit de Cauchy des séries $\sum a_n$ et $\sum b_n$. Comme rappelé ci-dessus, si $\sum a_n$ et $\sum b_n$ sont absolument convergentes, il en va de même de la série $\sum c_n$ et dans ces conditions, on a

$$\left(\sum_{n=0}^{+\infty} a_n\right)\left(\sum_{n=0}^{+\infty} b_n\right) = \sum_{n=0}^{+\infty} c_n.$$

Dans ce cas, $(S_n)_{n \in \mathbb{N}}$ converge vers le produit des sommes des séries et il en va de même de $(P_n)_{n \in \mathbb{N}}$, d'après le théorème de Cesàro.

Nous allons voir dans cet exercice que, si les séries $\sum a_n$ et $\sum b_n$ sont seulement convergentes, la suite $(P_n)_{n \in \mathbb{N}}$ converge encore vers $\left(\sum_{n=0}^{+\infty} a_n\right)\left(\sum_{n=0}^{+\infty} b_n\right)$.

Notons pour $n \in \mathbb{N}$, $A_n = \sum_{k=0}^{n} a_k$ et $B_n = \sum_{k=0}^{n} b_k$. Par hypothèse, on a

$$\lim_{n \to +\infty} A_n = \sum_{n=0}^{+\infty} a_n = A \quad \text{et} \quad \lim_{n \to +\infty} B_n = \sum_{n=0}^{+\infty} b_n = B.$$

Pour un entier naturel n,on peut écrire,

$$S_n = \sum_{p=0}^{n} \sum_{k=0}^{p} a_k b_{p-k} = \sum_{k=0}^{n} \sum_{p=k}^{n} a_k b_{p-k} = \sum_{k=0}^{n} a_k \sum_{i=0}^{n-k} b_i = \sum_{k=0}^{n} a_k B_{n-k}$$
$$= \sum_{\ell=0}^{n} a_{n-\ell} B_\ell$$

Exprimons maintenant P_N en fonction des termes des suites (A_n) et (B_n). On obtient, pour $N \in \mathbb{N}$,

$$P_N = \frac{1}{N+1} \sum_{n=0}^{N} S_n = \frac{1}{N+1} \sum_{n=0}^{N} \sum_{k=0}^{n} a_{n-k} B_k$$
$$= \frac{1}{N+1} \sum_{k=0}^{N} \sum_{n=k}^{N} a_{n-k} B_k = \frac{1}{N+1} \sum_{k=0}^{N} B_k \sum_{n=k}^{N} a_{n-k}$$
$$= \frac{1}{N+1} \sum_{k=0}^{N} A_{N-k} B_k.$$

Montrons que $\lim_{N\to+\infty} P_N = AB$. Nous avons

$$\begin{aligned}|P_N - AB| &= \left|\frac{1}{N+1}\left(\sum_{k=0}^{N}(A_{N-k}B_k - AB)\right)\right| \\ &= \frac{1}{N+1}\left|\sum_{k=0}^{N}((A_{N-k} - A)B_k + A(B_k - B))\right| \\ &\leqslant \frac{1}{N+1}\sum_{k=0}^{N}(|A_{N-k} - A||B_k| + |A||B_k - B|)\end{aligned}$$

La suite $(B_n)_{n\in\mathbb{N}}$ est bornée car convergente. Soit $M \geqslant 0$ tel que $|B_k| \leqslant M$, pour tout $k \geqslant 0$. On obtient la majoration

$$\begin{aligned}|P_N - AB| &\leqslant \frac{M}{N+1}\sum_{k=0}^{N}|A_{N-k} - A| + \frac{|A|}{N+1}\sum_{k=0}^{N}|B_k - B| \\ &= \frac{M}{N+1}\sum_{k=0}^{N}|A_k - A| + \frac{|A|}{N+1}\sum_{k=0}^{N}|B_k - B|.\end{aligned}$$

Puisque $\lim_{N\to+\infty}|A_N - A| = \lim_{N\to+\infty}|B_N - B| = 0$, on obtient par le théorème de Cesàro $\lim_{N\to+\infty}\frac{1}{N+1}\sum_{k=0}^{N}|A_k - A| = \frac{1}{N+1}\sum_{k=0}^{N}|B_k - B| = 0$ et donc

$$\lim_{N\to+\infty} P_N = AB = \left(\sum_{n=0}^{+\infty} a_n\right)\left(\sum_{n=0}^{+\infty} b_n\right). \triangleleft$$

Le dernier exercice est un énoncé difficile issu de la théorie des probabilités. Il fait appel aux notions de limite supérieure et de limite inférieure d'une suite bornée. On rappelle que l'ensemble des valeurs d'adhérence d'une suite réelle bornée (u_n) *est un compact qui possède donc un plus petit (resp. grand) élément noté* $\liminf u_n$ *(resp.* $\limsup u_n$*). De plus, on sait que* $\liminf u_n$ *(resp.* $\limsup u_n$*) est la limite de la suite croissante* $\left(\inf_{k\geqslant n} u_k\right)_{n\in\mathbb{N}}$ *(resp. de la suite décroissante* $\left(\sup_{k\geqslant n} u_k\right)_{n\in\mathbb{N}}$*. Le lecteur en trouvera la preuve dans l'exercice 2.25.*

*3.65. Limite d'une suite définie par produit de Cauchy

Soit $\sum_{n\geqslant 1} u_n$ une série à terme général positif, convergente et de somme 1, telle que $u_1 > 0$. On définit $(v_n)_{n\geqslant 1}$ par $v_1 = 1$ et

$$\forall n \geqslant 2, \quad v_n = \sum_{k=1}^{n-1} v_k u_{n-k}.$$

1. Montrer que v est bornée.

2. Soit $L = \limsup_{n\to+\infty} v_n$ et φ telle que $(v_{\varphi(n)})$ converge vers L. Montrer que la sous-suite $(v_{\varphi(n)-1})$ converge aussi vers L. Prouver un résultat analogue pour $\ell = \liminf_{n\to+\infty} v_n$.

3. À l'aide de $\sum_{k=0}^{n-1} R_k v_{n-k}$ où $R_k = \sum_{i=k+1}^{+\infty} u_i$, montrer que si $\sum nu_n$ converge, alors v converge vers $\dfrac{1}{\sum_{n=1}^{+\infty} nu_n}$.

4. Montrer que si $\sum nu_n$ diverge, alors v converge vers 0.

▷ **Solution.**

1. Montrons par récurrence forte que $0 \leqslant v_n \leqslant 1$. C'est vrai pour $n = 1$. Supposons que ce soit le cas pour $1 \leqslant k \leqslant n-1$ avec $n \geqslant 2$. On a alors

$$0 \leqslant v_n = \sum_{k=1}^{n-1} v_k u_{n-k} \leqslant \sum_{k=1}^{n-1} u_{n-k} \leqslant \sum_{k=1}^{+\infty} u_k = 1$$

ce qui termine la récurrence.

2. Soit $\varepsilon > 0$. On fixe p dans $\mathbb{N}$ tel que $\sum_{k=p+1}^{+\infty} u_k \leqslant \varepsilon$.

• On peut écrire pour $n > p$

$$\begin{aligned} v_{\varphi(n)} &\leqslant u_1 v_{\varphi(n)-1} + u_2 v_{\varphi(n)-2} + \cdots + u_p v_{\varphi(n)-p} + u_{p+1} + \cdots + u_{\varphi(n)-1} \\ &\leqslant u_1 v_{\varphi(n)-1} + u_2 v_{\varphi(n)-2} + \cdots + u_p v_{\varphi(n)-p} + \varepsilon \\ &\leqslant u_1 v_{\varphi(n)-1} + u_2(L+\varepsilon) + \cdots + u_p(L+\varepsilon) + \varepsilon, \end{aligned}$$

pour n assez grand, car $\left(\sup_{k\geqslant n} v_k\right)$ converge vers L. On en déduit

$$v_{\varphi(n)} \leqslant u_1 v_{\varphi(n)-1} + (1-\varepsilon)(L+\varepsilon) + \varepsilon.$$

Comme $(v_{\varphi(n)})$ converge vers L, on a, pour n assez grand, $L - \varepsilon \leqslant v_{\varphi(n)}$, d'où l'on déduit

$$u_1 v_{\varphi(n)-1} \geqslant L - \varepsilon - (L+\varepsilon) + u_1(L+\varepsilon) - \varepsilon$$

et finalement, pour n assez grand,

$$L - \left(\frac{3}{u_1} - 1\right)\varepsilon \leqslant v_{\varphi(n)-1} \leqslant L + \varepsilon.$$

La suite $(v_{\varphi(n)-1})$ converge bien vers L.

• Prenons une extractrice φ telle que $(v_{\varphi(n)})$ converge vers ℓ. Si $\ell = 0$, on a pour tout $n \geqslant 1$, $0 \leqslant v_{\varphi(n)-1} \leqslant \frac{v_{\varphi(n)}}{u_1}$ et $(v_{\varphi(n)-1})$ converge aussi vers 0. Supposons maintenant $\ell > 0$ et prenons $\varepsilon \in]0,\ell[$. On a pour $n > p$

$$\begin{aligned} v_{\varphi(n)} &\geqslant u_1 v_{\varphi(n)-1} + u_2 v_{\varphi(n)-1} + \cdots + u_p v_{\varphi(n)-p} \\ &\geqslant u_1 v_{\varphi(n)-1} + (u_2 + \cdots + u_p)(\ell - \varepsilon) \end{aligned}$$

pour n assez grand, puisque $(\inf\limits_{k \geqslant n} v_k)$ converge vers ℓ. Par ailleurs, on a $v_{\varphi(n)} \leqslant \ell + \varepsilon$, pour n assez grand, et $u_2 + \cdots + u_p \geqslant 1 - u_1 - \varepsilon$, car le reste d'ordre p de la série est inférieur à ε. Si bien que, pour n assez grand

$$u_1 v_{\varphi(n)-1} \leqslant \ell + \varepsilon - (\ell - \varepsilon)(1 - u_1 - \varepsilon) = 2\varepsilon + (\ell - \varepsilon)(u_1 + \varepsilon).$$

Enfin, pour n assez grand, on obtient

$$\ell - \varepsilon \leqslant v_{\varphi(n)-1} \leqslant (\ell - \varepsilon)\left(1 + \frac{\varepsilon}{u_1}\right) + \frac{2\varepsilon}{u_1}.$$

Comme la quantité majorante de $v_{\varphi(n)-1}$ tend vers ℓ quand ε tend vers 0, si on se donne $\alpha > 0$, on choisit ε tel que la quantité majorante soit inférieure à $\ell + \alpha$ et pour n assez grand, $\ell - \alpha \leqslant v_{\varphi(n)-1} \leqslant \ell + \alpha$. On conclut que $v_{\varphi(n)-1}$ converge vers ℓ.

3. Supposons que $\sum n u_n$ converge. Par le théorème de Fubini dans le cas positif, on peut écrire (c'est le résultat de l'exercice 3.10) :

$$\sum_{n \geqslant 0} \mathrm{R}_n = \sum_{n=0}^{+\infty} \sum_{k=n+1}^{+\infty} u_k = \sum_{k=1}^{+\infty} \sum_{n=0}^{k-1} u_k = \sum_{k=1}^{+\infty} k u_k < +\infty$$

et la série des restes est donc convergente. Comme nous y invite l'indication donnée, transformons $\sum\limits_{k=0}^{n-1} \mathrm{R}_k v_{n-k}$:

$$\begin{aligned} \sum_{k=0}^{n-1} \mathrm{R}_k v_{n-k} &= \sum_{k=0}^{n-1} \left(1 - \sum_{\ell=1}^{k} u_\ell\right) v_{n-k} \\ &= v_n + \cdots + v_1 - \sum_{k=0}^{n-1} \sum_{\ell=1}^{k} u_\ell v_{n-k} = v_1 + \cdots + v_n - \sum_{k=0}^{n-1} \sum_{\ell=1}^{k} u_\ell v_{n-k} \\ &= v_1 + \cdots + v_n - \sum_{1 \leqslant \ell \leqslant k \leqslant n-1} u_\ell v_{n-k} = v_1 + \cdots + v_n - \sum_{\substack{1 \leqslant \ell \leqslant n-1 \\ 1 \leqslant m \leqslant n-\ell}} u_\ell v_m \\ &= v_1 + \cdots + v_n - \sum_{p=2}^{n} \sum_{\ell+m=p} u_\ell v_m = v_1 + \cdots + v_n - \sum_{p=2}^{n} v_p \\ &\quad - v_1 = 1. \end{aligned}$$

Cette relation peut également se retrouver grâce à un produit de Cauchy. En effet, notons $U(x)$ *la série génératrice de* (u_n) *et* $V(x)$ *celle de* (v_n). *Ces séries entières sont de rayon supérieur ou égal à* 1, *puisque les suites sont bornées. Par produit de Cauchy, pour* $|x| < 1$, *on a*

$$\frac{U(x)}{1-x} = \sum_{n=1}^{+\infty}\left(\sum_{k=1}^{n} u_k\right) x^n = \sum_{n=0}^{+\infty} x^n - \sum_{n=0}^{+\infty} R_n x^n.$$

Ainsi $\sum_{n=0}^{+\infty} R_n x^n = \frac{1-U(x)}{1-x}\cdot$ *D'autre part, la définition de la suite* (v_n) *entraîne pour tout* $|x| < 1$, $U(x)V(x) = V(x) - x$ *(le premier terme* $v_1 x$ *est à isoler). Autrement dit,*

$$\frac{x}{1-x} = V(x)\sum_{n=0}^{+\infty} R_n x^n = \sum_{n=1}^{+\infty}\left(\sum_{\ell=1}^{n} v_\ell R_{n-\ell}\right) x^n.$$

Comme les rayons de ces séries sont strictement positifs et $\frac{x}{1-x} = \sum_{n=1}^{+\infty} x^n$, *on peut identifier les coefficients et* $\sum_{\ell=1}^{n} v_\ell R_{n-\ell} = \sum_{k=0}^{n-1} R_k v_{n-k} = 1$ *pour tout* n.

Posons pour $1 \leqslant k \leqslant n$, $\alpha_{k,n} = v_{n-k}$ et pour $k \geqslant n$, $\alpha_{k,n} = 0$. On a

$$1 = \sum_{k=0}^{n-1} R_k v_{n-k} = \sum_{k=0}^{+\infty} \alpha_{k,n} R_k.$$

La série $\sum_{k=0}^{+\infty} \alpha_{k,n} R_k$ converge normalement en n puisque pour tout n,

$$0 \leqslant \alpha_{k,n} R_k \leqslant R_k$$

avec R_k indépendant de n et terme général d'une série convergente. Prenons maintenant φ une extractrice telle que $(v_{\varphi(n)})$ converge vers L. Par application de la question précédente, $(v_{\varphi(n)-1})$ et donc, de même $(v_{\varphi(n)-2})$ et ainsi de suite, convergent vers L. Ainsi à k fixé, pour $n \geqslant k$,

$$\alpha_{k,\varphi(n)} = v_{\varphi(n)-k} \xrightarrow[n\to\infty]{} L.$$

Par le théorème d'interversion des limites, applicable car il y a convergence uniforme en n, on en déduit,

$$\lim_{n\to+\infty} \sum_{k=0}^{+\infty} \alpha_{k,\varphi(n)} R_k = L \sum_{k=0}^{+\infty} R_k.$$

On a donc $1 = L\sum_{k=1}^{+\infty} R_k$ et $L = \frac{1}{\sum_{k=1}^{+\infty} R_k}\cdot$ On peut faire la même chose avec ℓ et pour les mêmes raisons, $\ell = \frac{1}{\sum_{k=1}^{+\infty} R_k} = L$. On conclut que (v_n) converge et que

sa limite vaut
$$\frac{1}{\sum_{k=0}^{+\infty} R_k} = \frac{1}{\sum_{n\geqslant 1} nu_n}.$$

4. On a encore que pour $n \geqslant 1$, $\sum_{k=0}^{n-1} R_k v_{n-k} = 1$. En particulier, si $N \geqslant 1$, on a pour $n > N$
$$\sum_{k-0}^{N} R_k v_{n-k} \leqslant 1.$$
Prenons φ telle que $(v_{\varphi(n)})$ converge vers la limite supérieure L. On a
$$\sum_{k=0}^{N} R_k v_{\varphi(n)-k} \leqslant 1.$$
et comme chaque $(v_{\varphi(n)-k})$ converge vers L, on obtient
$$L\sum_{k=0}^{N} R_k \leqslant 1.$$
Comme la série des $R_k \geqslant 0$ diverge, sa somme partielle tend vers l'infini et nécessairement $L = 0$, puis $\ell = 0 = L$: la suite (v_n) converge vers 0. ◁

L'hypothèse $u_1 > 0$ est cruciale pour l'apériodicité de la suite (v_n). En effet, si tous les u_n sont nuls sauf $u_2 = 1$, alors v_n prend en alternance les valeurs 0 et 1 et diverge. Cet énoncé a été proposée aussi sous une forme affaiblie où l'on suppose la convergence de la suite (v_n). Dans ces conditions, on peut utiliser des équivalents en 1 des séries entières génératrices introduites dans la remarque de la troisième question ce qui sera proposé au lecteur dans le chapitre séries entières du volume 6.

On peut proposer l'interprétation suivante du résultat. Soit X une variable aléatoire à valeurs dans $\mathbb{N}^*$ dont la loi est donnée par $P(X = n) = u_n$ pour tout $n \geqslant 1$. On pose $S_n = X_1 + \cdots + X_n$, pour $n \geqslant 1$. On a donc ce qu'on appelle une « promenade aléatoire » dans $\mathbb{N}$.

On considère pour tout $k \in \mathbb{N}^*$, l'événement $A_k = \bigcup_{n\geqslant 1}\{S_n = k\}$. Pour tout $k \geqslant 2$, on a
$$P(A_k) = P(X_1 = k) + \sum_{j=1}^{k-1} P(A_k \mid X_1 = j)\, P(X_1 = j).$$
On pose $S'_n = X_2 + \ldots + X_n$ et $A'_k = \bigcup_{n\geqslant 2}\{S'_n = k\}$. On a alors
$$P(A_k \mid X_1 = j) = P(A'_{k-j}) = P(A_{k-j}),$$

car les variables aléatoires X_i *ont même loi. On obtient finalement*

$$P(A_k) = P(X_1 = k) + \sum_{j=1}^{k-1} P(A_{k-j})\, P(X_1 = j) = u_k + \sum_{j=1}^{k-1} P(A_{k-j}) u_k.$$

On en déduit que, pour $k \geqslant 1$, $P(A_k) = v_{k+1}$ *(car* $P(A_1) = P(X_1 = 1) = u_1 = v_2$ *et ils vérifient la même relation de récurrence). On voit que, dans tous les cas, la suite* $(P(A_k))$ *converge vers* $\frac{1}{E(X)}$.

Chapitre 4
Fonctions d'une variable réelle

À partir du XVIIe *siècle, le développement du calcul infinitésimal, motivé par de nombreux problèmes de cinématique, de mécanique, ou de calcul des variations, fait de la « fonction » l'objet central des mathématiques modernes, alors que jusque là, le « nombre » était la base de l'édifice mathématique. Nous devons à Bernoulli et Leibniz le terme même de « fonction » : pour Bernoulli (1698), une fonction de la variable x est « une quantité formée d'une manière quelconque à partir de x et de constantes ». L'écriture* $y = f(x)$ *est introduite par Euler en 1734. Les fonctions sont représentées par des courbes dans le plan et Euler se demande si une courbe donnée correspond toujours à une fonction. C'est lui qui distingue les courbes continues, des courbes discontinues, qui sont le plus souvent, à cette époque, des graphes de fonctions continues par morceaux. Cette double conception des fonctions, comme expressions analytiques ou comme graphes du plan, ne sera pas vraiment éclaircie avant le* XIXe *siècle (c'est Dirichlet qui donnera la définition moderne d'une fonction comme correspondance ; il proposera ainsi (en 1837) un exemple de fonction discontinue partout, la fonction* χ *définie par* $\chi(x) = 1$ *pour x rationnel et* $\chi(x) = 0$ *pour x irrationnel). Lagrange, cherchant à établir les fondements de l'Analyse, s'en tient au point de vue formel et refuse de se référer à toute notion de limite. Ces hésitations empêchent les mathématiciens du* XVIIIe *siècle de mener jusqu'à leur achèvement certains de leurs travaux, comme l'étude de l'équation des cordes vibrantes. C'est la génération suivante, avec entre autres Gauss, Cauchy, Bolzano et Abel, qui donnera dans la première moitié du* XIXe *siècle un statut rigoureux aux notions de convergence, de continuité... Quant au concept de limite d'une fonction numérique, on doit sans doute sa première définition précise à Weierstrass. Les premiers exercices concernent cette dernière notion.*

4.1. Limite et monotonie

Soit $f : \mathbb{R}_+ \to \mathbb{R}_+^*$ monotone. On suppose que $\dfrac{f(2x)}{f(x)}$ tend vers 1 quand x tend vers $+\infty$. Soit $c > 0$. Déterminer la limite de $\dfrac{f(cx)}{f(x)}$ quand x tend vers $+\infty$.

▷ **Solution.**

L'exercice est une application du théorème de composition des limites. Quitte à remplacer f par $1/f$, on peut supposer que la fonction f est croissante. Pour $c = 1$ et $c = 2$ le rapport tend vers 1. Pour $c = 4$ il suffit d'écrire

$$\frac{f(4x)}{f(x)} = \frac{f(4x)}{f(2x)} \frac{f(2x)}{f(x)}$$

pour constater que le rapport tend encore vers 1. On en déduit par récurrence que c'est le cas pour tout c de la forme 2^n avec $n \in \mathbb{N}$. Si c est un réel $\geqslant 1$, on peut l'encadrer par deux puissances de $2 : 2^n \leqslant c < 2^{n+1}$. Par croissance de f on a pour tout $x > 0$,

$$\frac{f(2^n x)}{f(x)} \leqslant \frac{f(cx)}{f(x)} \leqslant \frac{f(2^{n+1} x)}{f(x)}$$

et il suffit d'appliquer le théorème d'encadrement pour conclure. Enfin, si $0 < c < 1$, on utilise encore le théorème de composition des limites en écrivant

$$\frac{f(cx)}{f(x)} = \frac{f(y)}{f\left(\frac{y}{c}\right)} = \frac{1}{\frac{f\left(\frac{y}{c}\right)}{f(y)}} \to 1,$$

puisque $y = cx$ tend vers $+\infty$ lorsque x tend vers $+\infty$ et $\frac{1}{c} \geqslant 1$. ◁

4.2. Applications propres

Soit $f : \mathbb{R} \to \mathbb{R}$ continue. Montrer qu'il y a équivalence entre les assertions suivantes :

(i) $\lim\limits_{x \to \pm\infty} |f(x)| = +\infty$;

(ii) pour tout compact $\mathrm{K} \subset \mathbb{R}$, $f^{-1}(\mathrm{K})$ est compact.

▷ **Solution.**

• Supposons que $\lim\limits_{x \to \pm\infty} |f(x)| = +\infty$. Soit K un compact. Comme K est fermé et f continue, $f^{-1}(\mathrm{K})$ est fermé. S'il n'est pas compact, c'est qu'il n'est pas borné. Dans ce cas, il existe une suite $(x_n)_{n \in \mathbb{N}}$ de $f^{-1}(\mathrm{K})$ telle que $\lim\limits_{n \to +\infty} |x_n| = +\infty$. Mais alors $\lim\limits_{n \to +\infty} |f(x_n)| = +\infty$ ce qui est impossible puisque $(f(x_n))_{n \in \mathbb{N}}$ est une suite de K, donc est bornée.

• Réciproquement, supposons (ii). Soit A un réel positif. Par hypothèse, l'ensemble $f^{-1}([-\mathrm{A}, \mathrm{A}])$ est compact. En particulier, il existe un réel $\mathrm{M} \geqslant 0$ tel que $f^{-1}([-\mathrm{A}, \mathrm{A}]) \subset [-\mathrm{M}, \mathrm{M}]$. Ainsi pour tout réel x vérifiant $|x| > \mathrm{M}$, on a $|f(x)| > \mathrm{A}$. Cela exprime exactement que $\lim\limits_{x \to \pm\infty} |f(x)| = +\infty$. ◁

Une application qui vérifie ces conditions est dite propre.

4.3. Zéros d'une combinaison linéaire d'exponentielles

Soit $\omega_1, \dots, \omega_n$ des réels et $a_1, \dots, a_n$ des complexes. On suppose que la fonction $F : t \in \mathbb{C} \longmapsto \sum_{k=1}^{n} a_k e^{\omega_k t}$ est non nulle. Montrer que l'ensemble des parties réelles des zéros de F est borné.

▷ **Solution.**

En regroupant les différents termes correspondant à une même valeur de ω_k, on peut se ramener au cas où les ω_k sont distincts. On peut même supposer que $\omega_1 < \cdots < \omega_n$ et qu'aucun des a_k n'est nul (par hypothèse, il en existe au moins un non nul).

Si les a_k sont tous réels et si on se restreint à t réel le résultat est assez clair. En effet, quand t tend vers $+\infty$, le terme $a_n e^{w_n t}$ domine tous les autres de sorte que $F(t) \underset{t \to +\infty}{\sim} a_n e^{w_n t}$. En particulier $F(t) \neq 0$ pour t assez grand. On obtient, de même, $F(t) \underset{t \to -\infty}{\sim} a_1 e^{w_1 t}$ de sorte que $F(t)$ ne s'annule pas non plus sur un voisinage de $-\infty$.

Dans le cas général, l'idée est la même. Pour $t \in \mathbb{C}$ on pose $x = \mathrm{Re}(t)$. On a alors pour tout $\omega \in \mathbb{R}$, $|e^{\omega t}| = e^{\omega x}$. On écrit

$$\frac{F(t)}{a_n e^{\omega_n t}} = 1 + \sum_{k=1}^{n-1} \frac{a_k}{a_n} e^{(\omega_k - \omega_n)t}$$

et on remarque que

$$\left| \sum_{k=1}^{n-1} \frac{a_k}{a_n} e^{(\omega_k - \omega_n)t} \right| \leqslant \sum_{k=1}^{n-1} \frac{|a_k|}{|a_n|} e^{(\omega_k - \omega_n)x} \xrightarrow[x \to +\infty]{} 0$$

car les réels $\omega_k - \omega_n$ sont tous < 0. La dernière expression est indépendante de la partie imaginaire de t. On peut donc trouver $A \in \mathbb{R}$ tel que, pour tout $t \in \mathbb{C}$ tel que $x = \mathrm{Re}(t) \geqslant A$, on ait $\left| \sum_{k=1}^{n-1} \frac{a_k}{a_n} e^{(\omega_k - \omega_n)t} \right| \leqslant \frac{1}{2}$ et donc $\left| \frac{F(t)}{a_n e^{\omega_n t}} \right| \geqslant \frac{1}{2}$ grâce à l'inégalité triangulaire. *A fortiori*, on a $F(t) \neq 0$ si $x \geqslant A$. En mettant $a_1 e^{\omega_1 t}$ en facteur et en faisant tendre x vers $-\infty$, on démontre de même qu'il existe un réel B tel que $F(t) \neq 0$ si $x \leqslant B$. Les zéros de la fonction F ont donc une partie réelle qui appartient au segment $[A, B]$. ◁

L'énoncé suivant propose une caractérisation asymptotique des fonctions affines de $\mathbb{R}$ dans $\mathbb{R}$.

4.4. Caractérisation des fonctions affines

Soit $f \in C^0(\mathbb{R}, \mathbb{R})$ telle que pour tout $x \in \mathbb{R}$,

$$\lim_{h \to +\infty} f(x+h) - 2f(x) + f(x-h) = 0.$$

Montrer que f est affine.

▷ **Solution.**

L'hypothèse signifie que pour tout réel x, $2f(x)$ est la limite lorsque h tend vers $+\infty$ de $f(x+h) + f(x-h)$. On remarque que $x+h$ et $x-h$ sont deux réels dont le milieu est x. Prenons alors deux réels x et y. On a

$$f(x+h) + f(x-h) + f(y+h) + f(y-h) \xrightarrow[h \to +\infty]{} 2(f(x) + f(y))$$

Mais on peut regrouper les termes différemment. Les points $x+h$ et $y-h$ ont pour milieu $\frac{x+y}{2}$ et on a

$$f(x+h) + f(y-h) = f\left(\frac{x+y}{2} + \frac{x-y}{2} + h\right) + f\left(\frac{x+y}{2} - \frac{x-y}{2} - h\right)$$

Comme $k = \frac{x-y}{2} + h$ tend vers $+\infty$ lorsque h tend vers $+\infty$ le théorème de composition des limites et l'hypothèse vérifiée par f montrent que

$$f(x+h) + f(y-h) \xrightarrow[h \to +\infty]{} 2f\left(\frac{x+y}{2}\right).$$

Il en est de même pour le second terme $f(x-h) + f(y+h)$ par symétrie. Par unicité de la limite on a donc

$$f\left(\frac{x+y}{2}\right) = \frac{f(x) + f(y)}{2}$$

c'est-à-dire que f conserve le milieu.

Avec l'hypothèse de continuité il est classique d'en déduire que f est affine. En effet, la fonction $g : x \mapsto f(x) - f(0)$ vérifie la même propriété que f, mais s'annule en 0. On en déduit que pour tout x on a $g\left(\frac{x}{2}\right) = \frac{g(x)}{2}$ et donc $g(x+y) = g(x) + g(y)$ pour tout couple (x, y). Ainsi g est un morphisme continu du groupe $(\mathbb{R}, +)$ et c'est donc une homothétie. Notons que réciproquement toutes les fonctions affines ont la propriété indiquée. ◁

L'exercice suivant est à rapprocher de l'exercice 2.3 qui concerne les suites sous-additives.

4.5. Fonctions sur-additives

Soit $f : \mathbb{R}_+ \to \mathbb{R}$ telle que

(i) pour tout $(s,t) \in \mathbb{R}_+^2$, $f(s+t) \geqslant f(s) + f(t)$;

(ii) il existe $M \geqslant 0$ tel que pour tout $t \in \mathbb{R}_+$, $|f(t)| \leqslant Mt$.

Montrer l'existence de $\alpha = \lim\limits_{t \to 0} \frac{f(t)}{t}$ et de $\beta = \lim\limits_{t \to +\infty} \frac{f(t)}{t}$.

Comparer $f(t)$ avec αt et βt pour $t \in \mathbb{R}_+$.

▷ **Solution.**

On remarque que pour tout entier $n \in \mathbb{N}^*$ et tout réel $t > 0$ on a

$$f(nt) = f(\underbrace{t + \cdots + t}_{n \text{ fois}}) \geqslant nf(t) \quad \text{et donc} \quad \frac{f(nt)}{nt} \geqslant \frac{f(t)}{t}.$$

Si $\lim\limits_{t \to +\infty} \frac{f(t)}{t} = \beta$, alors, en faisant tendre n vers $+\infty$, on obtient $\beta \geqslant \frac{f(t)}{t}$ et donc $\beta \geqslant \sup\limits_{t>0} \frac{f(t)}{t}$ pour tout $t > 0$. L'inégalité dans l'autre sens étant évidente, on a nécessairement $\beta = \sup\limits_{t>0} \frac{f(t)}{t}$. En partant de l'inégalité $\frac{f(t)}{t} \geqslant \frac{f\left(\frac{t}{n}\right)}{\frac{t}{n}}$, on montre de même que la limite en 0 ne peut être que $\inf\limits_{t>0} \frac{f(t)}{t}$.

Pour tout $t > 0$, on a $\frac{|f(t)|}{t} \leqslant M$. Donc $\alpha = \inf\limits_{t>0} \frac{f(t)}{t}$ et $\beta = \sup\limits_{t>0} \frac{f(t)}{t}$ existent dans $\mathbb{R}$. Montrons que $\lim\limits_{t \to +\infty} \frac{f(t)}{t} = \beta$ et que $\lim\limits_{t \to 0} \frac{f(t)}{t} = \alpha$.

Soit $\varepsilon > 0$. Il existe $u > 0$ tel que $\beta - \varepsilon \leqslant \frac{f(u)}{u} \leqslant \beta$. Montrons que pour t assez grand, $\beta - 2\varepsilon \leqslant \frac{f(t)}{t} \leqslant \beta$. L'inégalité de droite est vérifiée par définition de β. Pour tout $t > 0$, écrivons $t = nu + r$ avec $n \in \mathbb{N}$ et $0 \leqslant r < u$ (cette écriture est unique et n est la partie entière de $\frac{t}{u}$). On obtient

$$\frac{f(t)}{t} = \frac{f(nu+r)}{t} \geqslant \frac{f(nu) + f(r)}{t} \geqslant \frac{nf(u)}{t} + \frac{f(r)}{t}.$$

On a $\lim\limits_{t \to +\infty} \frac{n}{t} = \lim\limits_{t \to +\infty} \frac{1}{t} \left\lfloor \frac{t}{u} \right\rfloor = \frac{1}{u}$ et $\lim\limits_{t \to +\infty} \frac{f(r)}{t} = 0$, puisque $|f(r)| \leqslant Mr \leqslant Mu$. On en déduit que

$$\lim_{t \to +\infty} \left(\frac{nf(u)}{t} + \frac{f(r)}{t} \right) = \frac{f(u)}{u} \geqslant \beta - \varepsilon.$$

Donc pour t assez grand, $\frac{f(t)}{t} \geqslant \frac{nf(u)}{t} + \frac{f(r)}{t} \geqslant \beta - 2\varepsilon$. D'où le résultat annoncé.

On vient de traiter la limite en $+\infty$. En 0 la démarche est analogue. Soit $\varepsilon > 0$. Il existe $u > 0$ tel que $\alpha \leqslant \frac{f(u)}{u} \leqslant \alpha + \varepsilon$. Montrons que pour t assez proche de 0, $\alpha \leqslant \frac{f(t)}{t} \leqslant \alpha + 2\varepsilon$. Il n'y a qu'une inégalité à démontrer. Soit $t < u$. Cette fois-ci, on divise u par t : $u = nt + r$ avec $n \in \mathbb{N}$ et $0 \leqslant r < t$. Alors on a $f(u) \geqslant f(nt) + f(r) \geqslant nf(t) + f(r)$ et donc

$$\frac{f(t)}{t} \leqslant \frac{f(u)}{nt} - \frac{f(r)}{nt} \leqslant \frac{f(u)}{u-r} + \frac{\mathrm{M}r}{u-r}.$$

Quand t tend vers 0, r tend vers 0 et

$$\lim_{t \to 0} \frac{f(u)}{u-r} + \frac{\mathrm{M}r}{u-r} = \frac{f(u)}{u} \leqslant \alpha + \varepsilon.$$

On a bien, pour t assez proche de 0,

$$\frac{f(t)}{t} \leqslant \frac{f(u)}{u-r} + \frac{\mathrm{M}r}{u-r} \leqslant \alpha + 2\varepsilon,$$

ce qui est le résultat annoncé.

Enfin, par définition de α et β, on a $\alpha t \leqslant f(t) \leqslant \beta t$ pour tout $t > 0$. ◁

L'énoncé suivant regroupe deux oraux distincts sur un thème très voisin.

4.6. Fonction sous-additive

Soit $f : \mathbb{R} \to \mathbb{R}$ telle que $f(x+y) \leqslant f(x) + f(y)$ pour tout $(x, y) \in \mathbb{R}^2$.

1. Déterminer f si de plus $f(x) \leqslant x$ pour tout $x \in \mathbb{R}$.

2. Même question si on suppose $\frac{f(x)}{x} \xrightarrow[x \to 0]{} 1$.

▷ **Solution.**

1. En prenant $x = y = 0$ on a $0 \leqslant f(0)$ et par ailleurs $f(0) \leqslant 0$ si bien que $f(0) = 0$. En prenant $y = -x$ on a alors $0 \leqslant f(x) + f(-x)$ et donc $f(x) \geqslant -f(-x) \geqslant -(-x) = x$ si bien que $f = \mathrm{Id}_{\mathbb{R}}$. Réciproquement, celle-ci convient clairement.

2. On a $f(0) \geqslant 0$ puis $f(x) + f(-x) \geqslant 0$ pour tout x. Prenons $x > 0$. On a alors $f(nx) \leqslant nf(x)$ pour tout $n \geqslant 1$ et en appliquant cela en $\frac{x}{n}$ il vient après division par x,

$$\frac{f(x)}{x} \leqslant \frac{n}{x} f\left(\frac{x}{n}\right).$$

En faisant tendre n vers l'infini on obtient $f(x) \leqslant x$. Si x est négatif on fait de même et on obtient le même résultat (les inégalités s'inversent deux fois). On en déduit $f(0) \leqslant x + (-x) = 0$ et $f(0) = 0$. On est ramené à la question précédente et on a finalement $f = \mathrm{Id}_{\mathbb{R}}$. ◁

4.7. Théorème de Cesàro continu

Soit $f \in C^0(\mathbb{R}_+, \mathbb{R})$. On suppose que la fonction $x \mapsto f(x+1) - f(x)$ tend vers une limite ℓ lorsque $x \longrightarrow +\infty$. Montrer que $x \mapsto \dfrac{f(x)}{x}$ tend également vers ℓ en $+\infty$.

▷ **Solution.**

Il s'agit d'une version continue du théorème de Cesàro.

Supposons d'abord $\ell = 0$. Soit $\varepsilon > 0$. Par hypothèse, on peut trouver A tel que $|f(x+1) - f(x)| \leqslant \varepsilon$ pour $x \geqslant \mathrm{A}$. La fonction f étant continue sur le segment $[\mathrm{A}, \mathrm{A}+1]$, elle y est bornée : soit M tel que $|f(x)| \leqslant \mathrm{M}$ pour tout $x \in [\mathrm{A}, \mathrm{A}+1]$.

Soit $x \in [\mathrm{A}+1, \mathrm{A}+2]$. On a $|f(x) - f(x-1)| \leqslant \varepsilon$ donc

$$|f(x)| \leqslant |f(x-1)| + \varepsilon \leqslant \mathrm{M} + \varepsilon.$$

Donc sur l'intervalle $[\mathrm{A}+1, \mathrm{A}+2]$ on a $|f(x)| \leqslant \mathrm{M} + \varepsilon$.

On démontre plus généralement, par une récurrence évidente, que, pour tout entier naturel p, si $x \in [\mathrm{A}+p, \mathrm{A}+p+1]$, alors on a

$$|f(x)| \leqslant \mathrm{M} + p\varepsilon \leqslant \mathrm{M} + (x - \mathrm{A})\varepsilon.$$

On a donc pour tout $x \geqslant \mathrm{A}$,

$$\frac{|f(x)|}{x} \leqslant \frac{\mathrm{M}}{x} + \frac{x - \mathrm{A}}{x}\varepsilon \leqslant \frac{\mathrm{M}}{x} + \varepsilon.$$

Comme $\dfrac{\mathrm{M}}{x}$ tend vers 0, on peut trouver $\mathrm{B} > \mathrm{A}$ tel que $\dfrac{\mathrm{M}}{x} \leqslant \varepsilon$ pour $x \geqslant \mathrm{B}$. On a alors pour tout $x \geqslant \mathrm{B}$, $\dfrac{|f(x)|}{x} \leqslant 2\varepsilon$ ce qui prouve que $\dfrac{f(x)}{x}$ tend vers 0.

Dans le cas général, il suffit de poser $g(x) = f(x) - \ell x$ pour se ramener au cas ci-dessus. ◁

Une fonction réglée est une fonction qui a en tout point une limite finie à gauche et à droite. Dans l'exercice suivant, on démontre qu'une telle fonction n'a pas trop de discontinuités.

*4.8. Points de discontinuité d'une fonction réglée

Soit $f : \mathbb{R} \longrightarrow \mathbb{R}$ une fonction réglée, c'est-à-dire possédant en tout point une limite finie à droite et une limite finie à gauche. Montrer que l'ensemble des points de discontinuité de f est au plus dénombrable.

▷ **Solution.**

Nous noterons, pour tout $a \in \mathbb{R}$, $\varphi(a)$ la limite de f à droite en a et $\psi(a)$ la limite à gauche de f en a. Nous commençons par démontrer le résultat sur un intervalle compact I. Cela suffira car $\mathbb{R}$ peut s'écrire comme une réunion dénombrable de segments.

La fonction f est discontinue en a si $|\varphi(a)-f(a)|>0$ ou $|\psi(a)-f(a)|>0$. Pour tout $\varepsilon>0$, considérons

$$\mathrm{D}_\varepsilon = \{x \in \mathrm{I}, |\varphi(x)-f(x)| \geqslant \varepsilon \text{ ou } |\psi(x)-f(x)| \geqslant \varepsilon\}.$$

Pour tout $a \in \mathrm{I}$, il existe $\eta>0$ tel que

$$\forall x \in]a, a+\eta[,\ |f(x)-\varphi(a)| \leqslant \frac{\varepsilon}{3} \quad \text{et} \quad \forall x \in]a-\eta, a[,\ |f(x)-\psi(a)| \leqslant \frac{\varepsilon}{3}\cdot$$

Si on prend x et x' dans $]a, a+\eta[$, on a donc $|f(x)-f(x')| \leqslant \frac{2\varepsilon}{3}$. On en déduit, en faisant tendre x' vers x par valeurs supérieures ou inférieures que, pour tout $x \in]a, a+\eta[$,

$$|\varphi(x)-f(x)| \leqslant \frac{2\varepsilon}{3} \quad \text{et} \quad |\psi(x)-f(x)| \leqslant \frac{2\varepsilon}{3}\cdot$$

On peut faire exactement le même raisonnement sur $]a-\eta, a[$ et on trouve finalement, que, pour tout $x \in]a-\eta, a+\eta[\setminus\{a\}$, on a

$$|\varphi(x)-f(x)| \leqslant \frac{2\varepsilon}{3} \quad \text{et} \quad |\psi(x)-f(x)| \leqslant \frac{2\varepsilon}{3}\cdot$$

On en déduit que a est le seul point de $\mathrm{I}_a =]a-\eta, a+\eta[$ qui peut appartenir à D_ε.

Montrons que D_ε est fini en raisonnant par l'absurde. Si D_ε est infini, il contient une suite (x_n) d'éléments distincts ; quitte à extraire une sous-suite, on peut supposer, puisque I est compact, que (x_n) converge vers $x \in \mathrm{I}$. D'après ce qui précède, il existe $\eta>0$ tel que x soit le seul élément de $]x-\eta, x+\eta[$ qui peut appartenir à D_ε. Mais pour n assez grand $x_n \in \mathrm{D}_\varepsilon \cap]x-\eta, x+\eta[$. Comme les x_n sont distincts, on a la contradiction voulue. L'ensemble D_ε est donc fini pour tout $\varepsilon>0$.

Pour les lecteurs connaissant le théorème de Borel-Lebesgue – qui n'est pas au programme des classe préparatoires – la démonstration de la finitude de D_ε *est un peu plus simple. Les intervalles ouverts* I_a *(pour a variant dans* I*) recouvrent manifestement l'intervalle compact* I*. D'après le théorème de Borel-Lebesgue,* I *est recouvert par un nombre fini de tels intervalles. Soit* $a_1, a_2, \ldots, a_k$ *tels que* $\mathrm{I} \subset \bigcup_{i=1}^{k} \mathrm{I}_{a_i}$*. D'après ce qui précède* D_ε *contient au plus* $a_1, a_2, \ldots, a_k$*. Il est donc fini.*

En particulier, pour tout $n \in \mathbb{N}^*$, l'ensemble $\mathrm{D}_{\frac{1}{n}}$ est fini. Or il est clair que l'ensemble des points de discontinuité de f sur I est égal à $\bigcup_{n \in \mathbb{N}^*} \mathrm{D}_{\frac{1}{n}}$. On en déduit que cet ensemble est au plus dénombrable, car réunion d'une famille dénombrable d'ensembles finis.

Passons maintenant à l'ensemble des points de discontinuité de f sur $\mathbb{R}$. Notons Δ cet ensemble et, pour tout $n \in \mathbb{N}^*$, Δ_n l'ensemble des points de discontinuité de f sur $[-n, n]$. Il résulte de ce qui précède que chaque Δ_n est au plus dénombrable. On en déduit que Δ, qui est une réunion dénombrable d'ensembles au plus dénombrables, est également au plus dénombrable, ce qui est le résultat que nous voulions démontrer. $\triangleleft$

Le lecteur pourra montrer qu'une fonction réglée sur un segment $[a, b]$ est limite uniforme sur $[a, b]$ d'une suite (f_n) de fonctions en escalier (cela apparaît pratiquement dans la solution ci-dessus). Cela donne un autre éclairage du résultat de l'exercice : comme une fonction en escalier n'a qu'un nombre fini de points de discontinuité, il existe un ensemble dénombrable D *tel que toutes les fonctions f_n soient continues sur l'ensemble $[a, b] \setminus \mathrm{D}$. Le théorème de continuité des limites uniformes montre que f est continue sur $[a, b] \setminus \mathrm{D}$.*

Cela permet aussi de construire très facilement la théorie de l'intégrale pour les fonctions réglées. On montre que si (f_n) est une suite de fonctions en escalier qui converge uniformément vers f sur $[a, b]$, alors la suite des intégrales $\int_a^b f_n$ converge. On prouve alors que sa limite ne dépend pas de la suite (f_n) choisie, mais seulement de f et par définition on dit qu'il s'agit de $\int_a^b f$.

Il a été posé à l'oral une variante de l'exercice précédent : pour $f : \mathbb{R} \longrightarrow \mathbb{R}$ quelconque, démontrer que l'ensemble des points de discontinuité de première espèce de f est au plus dénombrable ; un point a de discontinuité de f est dit de première espèce si f est discontinue en a mais possède une limite finie à gauche et à droite en a. La démonstration précédente subsiste si, dans la définition de D_ε, on remplace $x \in \mathrm{I}$ par $x \in \mathrm{I} \cap \mathrm{D}$, où D *est l'ensemble des réels où f possède une limite finie à droite et à gauche.*

*4.9. Fonctions continues à droite

> Soit $f : \mathbb{R} \to \mathbb{R}$ continue à droite en tout point de $\mathbb{R}$. Montrer que l'ensemble des points de continuité de f est dense dans $\mathbb{R}$.

$\triangleright$ **Solution.**

Nous allons montrer que l'ensemble des points de discontinuité de f sur un intervalle compact I est au plus dénombrable. Pour $a \in \mathbb{R}$ et $h > 0$, on considère $\omega(a, h) = \sup_{[a-h,a]} f - \inf_{[a-h,a]} f \in \mathbb{R} \cup \{+\infty\}$ et $\omega(a) = \lim_{h \to 0^+} \omega(a, h)$: cette limite, appelée oscillation à gauche en a, existe car la fonction $h \longmapsto \omega(a, h)$ est croissante. La fonction f est continue en a, c'est-à-dire continue à gauche en a si, et seulement si, $\omega(a) = 0$.

Pour tout $\varepsilon > 0$, considérons $D_\varepsilon = \{x \in I, \quad \omega(x) > \varepsilon\}$. Soit $a \in I$. Par continuité de f à droite en a, il existe $\eta > 0$ tel que, pour tout $x \in [a, a+\eta]$, on a $|f(x) - f(a) \leqslant \frac{\varepsilon}{3}\cdot$ Pour $(t,t') \in [a, a+\eta]^2$, on a $|f(t) - f(t')| \leqslant \frac{2\varepsilon}{3}\cdot$ Soit $x \in]a, a+\eta]$. Posons $h = x - a > 0$. On a en particulier $|f(t) - f(t')| \leqslant \frac{2\varepsilon}{3}$, pour $(t,t') \in [x-h, x]^2$. On en déduit $\omega(x,h) \leqslant \frac{2\varepsilon}{3}$ et *a fortiori* $\omega(x) \leqslant \frac{2\varepsilon}{3}\cdot$ Donc $x \notin D_\varepsilon$.

Montrons que D_ε est au plus dénombrable. On pose $I = [\alpha, \beta]$ avec $\alpha < \beta$ et on considère l'ensemble J des éléments x de $[\alpha, \beta]$ tels que $D_\varepsilon \cap [\alpha, x]$ est au plus dénombrable. Cet ensemble n'est pas vide, car il contient α, et est majoré par β. Notons γ sa borne supérieure. Alors $\gamma \neq \alpha$, car d'après ce qui précède, il existe $\eta > 0$ tel que, si $x \in]\alpha, \alpha+\eta]$ alors $x \notin D_\varepsilon$. Ainsi $\alpha + \eta \in J$ et $\gamma \geqslant \alpha + \eta$. Soit (x_n) une suite d'éléments de J qui converge vers γ. On a alors $D_\varepsilon \cap [a, \gamma[\subset \bigcup_{n\in\mathbb{N}} D_\varepsilon \cap [a, x_n]$. Chaque ensemble $D_\varepsilon \cap [a, x_n]$ est au plus dénombrable, donc il en est de même de $D_\varepsilon \cap [a, \gamma[$, donc $\gamma \in J$. Si $\gamma \neq \beta$, alors il existe $\eta > 0$ tel que $\gamma + \eta \leqslant \beta$ et tel que, si $x \in]\gamma, \gamma+\eta]$, alors $x \notin D_\varepsilon$. Ainsi $\gamma + \eta \in J$, ce qui contredit la définition de γ. Donc $\gamma = \alpha$ et $J = [\alpha, \beta]$. Donc D_ε est au plus dénombrable.

Il suffit ensuite de remarquer que l'ensemble des points de discontinuités de f sur I est $\bigcup_{n\in\mathbb{N}^*} D_{\frac{1}{n}}$. C'est une union dénombrable d'ensembles au plus dénombrables, donc c'est un ensemble au plus dénombrable. On en déduit que l'ensemble des points de continuité de f sur I est non vide (il est même infini non dénombrable). En particulier l'ensemble des points de continuité de f est dense dans $\mathbb{R}$. ◁

Une fonction monotone est bien entendu réglée d'après le théorème des limites monotones. On peut proposer dans ce cas une démonstration plus simple de la dénombrabilité de l'ensemble des points de discontinuité. Supposons par exemple f croissante. Si x est un point de discontinuité de f, on $\lim_{x^-} f < \lim_{x^+} f$. On peut donc choisir un rationnel r_x dans l'intervalle $]\lim_{x^-} f, \lim_{x^+} f[$. Soit $x < y$ deux réels. Pour $x < t < t' < y$, on a $f(t) \leqslant f(t')$. En faisant tendre t vers x et t' vers y, on obtient $\lim_{x^+} f \leqslant \lim_{y^-} f$ et donc $r_x < r_y$. Ainsi l'application $x \mapsto r_x$ est injective et l'ensemble des points de discontinuité de f est donc au plus dénombrable.

Dans l'énoncé suivant on montre que n'importe quel ensemble dénombrable est l'ensemble des points de discontinuité d'une telle fonction.

4.10. Discontinuités d'une fonction monotone

> Soit A une partie dénombrable de $\mathbb{R}$. Montrer l'existence d'une fonction monotone $f : \mathbb{R} \longrightarrow \mathbb{R}$ dont A est l'ensemble des points de discontinuité.

▷ **Solution.**

Soit $n \longmapsto a_n$ une bijection de $\mathbb{N}^*$ sur A. Pour tout $n \in \mathbb{N}^*$, notons f_n la fonction définie par

$$f_n(x) = \begin{cases} 0 & \text{si } x \leqslant a_n \\ \dfrac{1}{n^2} & \text{si } x > a_n. \end{cases}$$

La fonction f_n est croissante et continue en tout point de $\mathbb{R}$ distinct de a_n. Posons pour tout réel x, $f(x) = \sum\limits_{n=1}^{\infty} f_n(x)$.

Pour tout $n \in \mathbb{N}^*$ et tout réel x, on a $|f_n(x)| \leqslant \dfrac{1}{n^2}$, donc la série de fonctions $\sum f_n$ converge normalement et f est définie sur $\mathbb{R}$. Chacune des fonctions f_n est croissante donc f est croissante.

Soit $x_0 \in \mathbb{R} \setminus \mathrm{A}$. Chaque fonction f_n est continue en x_0. La série $\sum f_n$ convergeant normalement sur $\mathbb{R}$, donc au voisinage de x_0, f est continue en x_0.

Soit $x_0 \in \mathrm{A}$, $x_0 = a_k$. Montrons que f n'est pas continue en x_0. Soit $\varepsilon > 0$ et $\mathrm{N} \geqslant k$ tel que $\sum\limits_{n=\mathrm{N}+1}^{+\infty} \dfrac{1}{n^2} \leqslant \varepsilon$. Par inégalité triangulaire, on a, pour tout réel x,

$$|f(x) - f(x_0)| \geqslant \left| \sum_{n=1}^{\mathrm{N}} f_n(x) - f_n(x_0) \right| - 2\varepsilon.$$

Soit $\alpha = \min\limits_{\substack{1 \leqslant n \leqslant \mathrm{N} \\ n \neq k}} |x_0 - a_n| > 0$. Si $|x - x_0| < \alpha$, le segment $[x_0, x]$ ne contient aucun a_n avec $1 \leqslant n \leqslant \mathrm{N}$ et $k \neq n$. On a donc pour $|x - x_0| < \alpha$,

$$|f(x) - f(x_0)| \geqslant |f_k(x) - f_k(x_0)| - 2\varepsilon.$$

On a $f_k(x_0) = f_k(a_k) = 0$ et pour $x > x_0$, $f_k(x) = \dfrac{1}{k^2}\cdot$ On en déduit que

$$\forall x \in \,]x_0, x_0 + \alpha[, \quad |f(x) - f(x_0)| \geqslant \frac{1}{k^2} - 2\varepsilon.$$

En choisissant $\varepsilon < \dfrac{1}{2k^2}$, on voit que $f(x) - f(x_0)$ ne tend pas vers 0 quand x tend vers x_0 : la fonction f n'est pas continue en x_0. L'ensemble des points de discontinuité de f est A. ◁

La caractérisation séquentielle de la continuité en un point affirme qu'une fonction f est continue en a si, et seulement si, pour toute suite $(x_n($ qui converge vers a, la suite $\big(f(x_n)\big)$ converge vers $f(a)$. Quelle notion de continuité obtient-on en remplaçant la convergence des suites par la convergence en moyenne ? C'est ce qu'étudie l'exercice suivant.

4.11. Continuité au sens de Cesàro

On dit que $f : \mathbb{R} \to \mathbb{R}$ est continue au sens de Cesàro en a si pour toute suite $(x_n) \in \mathbb{R}^{\mathbb{N}}$ on a

$$\frac{x_1 + x_2 + \cdots + x_n}{n} \to a \Longrightarrow \frac{f(x_1) + f(x_2) + \cdots + f(x_n)}{n} \to f(a).$$

Déterminer les fonctions continues au sens de Cesàro sur $\mathbb{R}$.

▷ **Solution.**

Soit $f : \mathbb{R} \to \mathbb{R}$ une fonction continue au sens de Cesàro sur $\mathbb{R}$. Quitte à retrancher à f la constante $f(0)$ on peut supposer que $f(0) = 0$. Soit x et y deux réels. Considérons la suite (u_n) qui prend alternativement les valeurs x et y : $u_{2p} = x$ et $u_{2p+1} = y$ pour tout $p \in \mathbb{N}$. Il est aisé de voir que (u_n) converge en moyenne vers $\frac{x+y}{2}$ et que, de même, $\lim_{n\to+\infty} \frac{f(u_1) + \cdots + f(u_n)}{n} = \frac{f(x) + f(y)}{2}$. Grâce à l'hypothèse, on a donc

$$f\left(\frac{x+y}{2}\right) = \frac{f(x) + f(y)}{2}$$

pour tout couple $(x, y) \in \mathbb{R}^2$. En prenant $y = 0$ on obtient $f\left(\frac{x}{2}\right) = \frac{f(x)}{2}$ pour tout réel x. Par suite f est additive, c'est-à-dire vérifie $f(x + y) = f(x) + f(y)$ pour tout couple (x, y). Il est classique d'en déduire que f est $\mathbb{Q}$-linéaire. On a donc $f(r) = f(1)r$ pour tout rationnel r. Si x est un réel quelconque, on peut trouver une suite de rationnels $(r_n)_{n\geqslant 1}$ qui converge vers x. Par le théorème de Cesàro, cette suite converge aussi vers x en moyenne et on a donc

$$f(x) = \lim_{n\to+\infty} \frac{f(r_1) + \cdots + f(r_n)}{n} = \lim_{n\to+\infty} f(1)\frac{r_1 + \cdots + r_n}{n} = f(1)x.$$

On en déduit que f est linéaire. Par conséquent, on a montré qu'une fonction continue au sens de Cesàro sur $\mathbb{R}$ est nécessairement une fonction affine. Réciproquement, il est clair que toutes les fonctions affines sont continues au sens de Cesàro sur $\mathbb{R}$. ◁

Les exercices qui suivent concernent les propriétés globales des fonctions continues. Dans les premiers énoncés interviennent deux propriétés topologiques fondamentales des fonctions continues, à savoir le fait que l'image par une fonction continue d'un compact est un compact (Weierstrass énonce notamment en 1861 qu'une fonction continue sur un segment et à valeurs réelles est bornée et admet un maximum et un minimum) et le théorème des valeurs intermédiaires. Ce dernier résultat fut longtemps considéré comme une évidence,

Euler et Gauss l'utilisant sans plus de justifications. C'est Bolzano qui entreprit d'en donner une preuve en 1817.

L'énoncé suivant regroupe plusieurs exercices sur le thème des points fixes.

4.12. Existence d'un point fixe

1. Soit I un segment de $\mathbb{R}$ et $f : \mathrm{I} \to \mathbb{R}$ une fonction continue. Montrer que si $f(\mathrm{I}) \subset \mathrm{I}$ ou si $\mathrm{I} \subset f(\mathrm{I})$, alors f admet un point fixe dans I.

2. Soit $f : [0,1] \to [0,1]$ une fonction 1-lipschitzienne. Montrer que l'ensemble des points fixes de f est un segment.

3. Soit $f : [0,1] \to [0,1]$ une fonction croissante. Montrer que f admet un point fixe.

4. Soit $f, g : [0,1] \to [0,1]$ deux fonctions continues vérifiant $f \circ g = g \circ f$. Montrer qu'il existe $x \in [0,1]$ tel que $f(x) = g(x)$.

5. On garde les mêmes hypothèses et on suppose de plus f monotone. Montrer que f et g ont un point fixe commun.

▷ **Solution.**

1. Posons $\mathrm{I} = [a,b]$ et $g(x) = f(x) - x$. Si $f(\mathrm{I}) \subset \mathrm{I}$ on a $g(a) \geqslant 0$ et $g(b) \leqslant 0$ et, comme g est continue, le théorème des valeurs intermédiaires garantit l'existence de $x \in [a,b]$ tel que $g(x) = 0$.

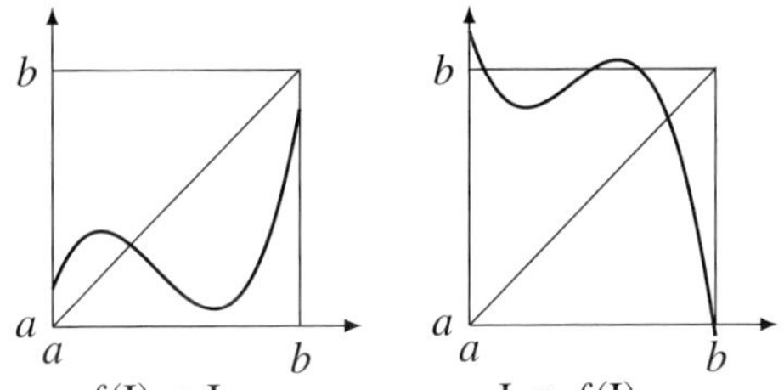

$f(\mathrm{I}) \subset \mathrm{I}$ $\qquad$ $\mathrm{I} \subset f(\mathrm{I})$

Si maintenant $\mathrm{I} \subset f(\mathrm{I})$, il existe $(\alpha, \beta) \in \mathrm{I}^2$ tel que $f(\alpha) = a$ et $f(\beta) = b$. Alors $g(\alpha) \leqslant 0$ et $g(\beta) \geqslant 0$, de sorte que g s'annule dans ce cas aussi.

2. Ce qui précède montre que l'ensemble P des points fixes de f est non vide. Si P est un singleton on a terminé. Supposons le contraire dans la suite. Soit $a < b$ deux points de P et $x \in]a,b[$. On a $|f(x) - f(a)| \leqslant x - a$ donc $f(x) \leqslant x$ et $|f(x) - f(b)| \leqslant b - x$ donc $f(x) \geqslant x$, si bien que $f(x) = x$. Il en découle que P est un intervalle. Comme P est fermé en tant qu'image réciproque de $\{0\}$ par la fonction continue $x \mapsto f(x) - x$, il s'agit bien d'un segment.

3. Posons $\mathrm{A} = \{x \in [0,1],\ f(x) \leqslant x\}$. C'est une partie non vide ($1 \in \mathrm{A}$) et minorée par 0 de $\mathbb{R}$. Soit $\alpha = \inf \mathrm{A}$. On va montrer que $f(\alpha) = \alpha$. Pour tout $x \in A$, on a $\alpha \leqslant x$, donc $f(\alpha) \leqslant f(x) \leqslant x$ par croissance de f. Il en résulte que $f(\alpha)$ minore A donc que $f(\alpha) \leqslant \alpha$. Par croissance de f, on a alors $f(f(\alpha)) \leqslant f(\alpha)$. Ainsi, $f(\alpha) \in A$ et on a donc $\alpha \leqslant f(\alpha)$. D'où l'égalité.

4. Nous proposons deux solutions de cette question.

• Supposons par l'absurde que $g - f$ ne s'annule pas et par exemple qu'elle est strictement positive sur $[0, 1]$. Continue, elle atteint son minimum sur le compact $[0, 1]$ et il existe donc $\varepsilon > 0$ tel que $g(x) - f(x) \geqslant \varepsilon$, pour tout $x \in [0, 1]$. On a alors pour tout $x \in [0, 1]$,

$$g^2(x) = g(g(x)) \geqslant f(g(x)) + \varepsilon = g(f(x)) + \varepsilon \geqslant f^2(x) + 2\varepsilon$$

puis, par une récurrence immédiate, $g^n(x) \geqslant f^n(x) + n\varepsilon$ pour tout $n \geqslant 1$ et tout $x \in [0, 1]$. C'est impossible car, si $x \in [0, 1]$, les suites $(g^n(x))_{n\geqslant 0}$ et $(f^n(x))_{n\geqslant 0}$ sont bornées.

• L'ensemble P des points fixes de g est non vide (question **1**), borné, et stable par f car f et g commutent. En effet, si $g(x) = x$, on a $g(f(x)) = f(g(x)) = f(x)$ et $f(x) \in P$. Soit $a = \inf P$ et $b = \sup P$. Comme P est fermé, a et b sont dans P. On en déduit que $g(a)$ et $g(b)$ sont dans P. Ainsi $g(a) \geqslant a = f(a)$ et $g(b) \leqslant b = f(b)$. La fonction $g - f$ est donc positive en a et négative en b. Elle s'annule.

5. On distingue alors deux cas selon la monotonie de f.

• Si f est décroissante, alors elle admet un unique point fixe a. Comme f et g commutent, $g(a)$ est aussi un point fixe de f, donc $g(a) = a$.

• Si f est décroissante, on considère l'ensemble P des points fixes de g ; il est non vide et fermé, stable par f, car f et g commutent. Soit (u_n) la suite définie par $u_0 \in P$ et $u_{n+1} = f(u_n)$ pour tout n. Cette suite est monotone (croissante si $u_0 \leqslant u_1$ et décroissante sinon) et comme elle est bornée, elle converge vers un point α. Comme (u_n) est à valeurs dans P, qui est fermé, on a $\alpha \in P$, donc α est un point fixe de g. Et comme f est continue, on a aussi $f(\alpha) = \alpha$, en passant à la limite dans la relation de récurrence. D'où le résultat. ◁

4.13. Minoration

> Soit $f : \mathbb{R} \to \mathbb{R}$ continue sur $\mathbb{R}$ et minorée. Montrer qu'il existe $x_0 \in \mathbb{R}$ tel que pour tout réel x, $f(x_0) - f(x) \leqslant |x - x_0|$.

▷ **Solution.**

On aimerait bien faire passer tous les x_0 du côté gauche de l'inégalité pour se ramener à minimiser une fonction. Comme $|x| - |x_0| \leqslant |x - x_0|$ pour tout couple de réels (x_0, x) d'après l'inégalité triangulaire, on va chercher à obtenir l'inégalité plus forte $f(x_0) - f(x) \leqslant |x| - |x_0|$. Et pour obtenir un point x_0 pour lequel l'inégalité est vérifiée pour tout x, il suffit donc de montrer que la fonction $g : x \mapsto f(x) + |x|$ admet un minimum sur $\mathbb{R}$. La fonction g est continue et tend vers $+\infty$ en $\pm\infty$ puisque f est supposée minorée. On peut donc trouver $a < 0$ et $b > 0$ tels que $g(x) \geqslant g(0)$ pour $x \leqslant a$ et pour $x \geqslant b$. Le minimum de g sur le segment $[a, b]$ est atteint en un point x_0 et il s'agit du minimum sur $\mathbb{R}$. ◁

La démarche utilisée dans ce petit exercice pour se ramener à un domaine compact afin d'obtenir un extremum pour une fonction continue est très importante.

4.14. Cardinal des fibres

> Existe-t-il $f \in C^0(\mathbb{R}, \mathbb{R})$ telle que pour tout $a \in \mathbb{R}$, $f^{-1}(\{a\})$ soit une paire ?

▷ **Solution.**

La réponse est non. Supposons que ce soit possible et notons $a < b$ les deux antécédents de 0. La fonction f ne s'annule pas sur $]a, b[$ et on peut supposer qu'elle est strictement positive. Soit M son maximum. Il est atteint une seule fois dans le segment $[a, b]$ (sinon les valeurs $<$ M proches de M auraient au moins 4 antécédents). Chaque point de $]0, \mathrm{M}[$ est alors atteint au moins deux fois dans $]a, b[$ donc exactement deux fois.

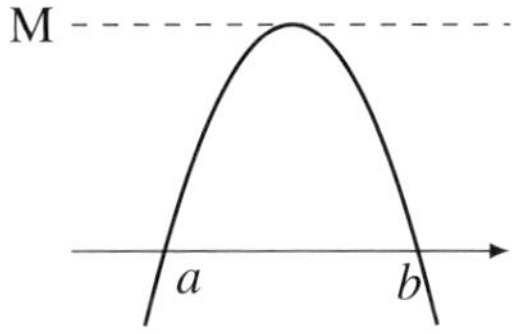

Il en découle que f reste strictement négative en dehors de $[a, b]$ et ne peut pas atteindre les réels $>$ M. ◁

4.15. Échange des rationnels et des irrationnels

> Existe-t-il $f \in C^0(\mathbb{R}, \mathbb{R})$ telle que $f(\mathbb{Q}) \subset \mathbb{R} \setminus \mathbb{Q}$ et $f(\mathbb{R} \setminus \mathbb{Q}) \subset \mathbb{Q}$?

▷ **Solution.**

La réponse est négative. En effet, si une telle fonction f existait, alors la fonction $g : x \mapsto f(x) - x$ aurait son image incluse dans $\mathbb{R} \setminus \mathbb{Q}$ car la différence entre un rationnel et un irrationnel est toujours irrationnelle. Or $g(\mathbb{R})$ est un intervalle d'après le théorème des valeurs intermédiaires. Il en résulte que g est constante puisque tout intervalle non vide qui n'est pas un singleton contient des nombres rationnels. Il existe donc $\alpha \in \mathbb{R} \setminus \mathbb{Q}$ tel que $f(x) = x + \alpha$ pour tout x. Mais dans ce cas, $f(\alpha) = 2\alpha$ est encore irrationnel ce qui contredit l'hypothèse. ◁

Le résultat suivant est aussi connu sous le nom de « Universal chord theorem » . Il montre que si le graphe d'une fonction continue sur $\mathbb{R}$ admet une corde de longueur 1, alors il admet des cordes de longueur $\frac{1}{n}$ pour tout entier naturel non nul n (une corde étant par définition un segment horizontal qui joint deux points du graphe). Ce résultat est optimal au sens où si $\lambda \in]0,1]$ n'est pas l'inverse d'un entier, il existe des fonctions continues ayant une corde de longueur 1 mais pas de corde de longueur λ.

4.16. Un théorème de Paul Lévy (1934)

Soit $E = \{f \in C^0([0,1],\mathbb{R}),\ f(0) = f(1)\}$. Si $f \in E$, on pose

$$A(f) = \{\sigma \in \mathbb{R}_+,\ \exists x \in [0,1],\ f(x+\sigma) = f(x)\}$$

1. Montrer que $\bigcap_{f \in E} A(f)$ est compact et que

$$\{0\} \cup \left\{\frac{1}{p},\ p \in \mathbb{N}^*\right\} \subset \bigcap_{f \in E} A(f).$$

2. Montrer que pour tout $f \in E$, il existe $\varepsilon > 0$, tel que

$$[0,\varepsilon] \cup \left\{\frac{1}{p},\ p \in \mathbb{N}^*\right\} \subset A(f).$$

3. Montrer que $\bigcap_{f \in E} A(f) = \{0\} \cup \left\{\frac{1}{p},\ p \in \mathbb{N}^*\right\}$.

▷ **Solution.**

1. L'ensemble $A(f)$ peut se voir comme l'ensemble des longueurs des « cordes » horizontales du graphe de f.

Par exemple, pour la fonction $f : x \longmapsto \sin 2\pi x$, on a $A(f) = [0, \frac{1}{2}] \cup \{1\}$:

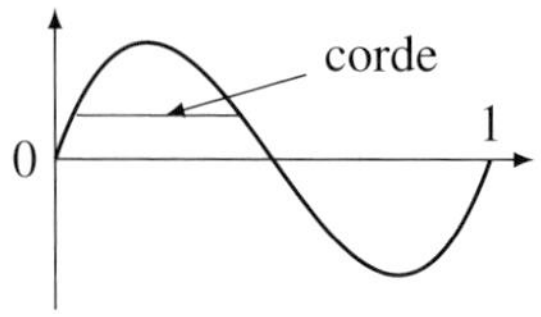

Il est clair que $0 \in A(f)$ pour tout $f \in E$ et que $A(f) \subset [0,1]$. C'est donc une partie bornée de $\mathbb{R}$. Montrons que $A(f)$ est fermé. Soit (σ_n) une suite de points de $A(f)$ qui converge vers σ. Pour chaque entier n, il existe x_n dans $[0,1]$ tel que $f(x_n + \sigma_n) = f(x_n)$. Comme $[0,1]$ est compact, on peut extraire de (x_n) une sous-suite $(x_{\varphi(n)})$ qui converge vers un point $x \in [0,1]$. Par continuité de f, on a $f(x+\sigma) = f(x)$ et $\sigma \in A(f)$. Donc $A(f)$ est un compact de $\mathbb{R}$. Comme l'intersection d'une famille de compacts est encore compacte, $\bigcap_{f \in E} A(f)$ est un compact.

Soit $p \in \mathbb{N}^*$ et f dans E. Montrons que $\frac{1}{p} \in A(f)$. Considérons pour cela la fonction g définie sur $\left[0, 1 - \frac{1}{p}\right]$ par $g(x) = f\left(x + \frac{1}{p}\right) - f(x)$. Comme

$$g(0) + g\left(\frac{1}{p}\right) + \cdots + g\left(\frac{p-1}{p}\right) = f(1) - f(0) = 0,$$

la fonction g s'annule nécessairement sur $\left[0, 1 - \frac{1}{p}\right]$ (sinon elle garderait un signe constant et la somme précédente ne serait pas nulle). Donc $\frac{1}{p} \in A(f)$ et on a bien $\{0\} \cup \left\{\frac{1}{p},\ p \in \mathbb{N}^*\right\} \subset \bigcap_{f \in E} A(f)$.

2. Soit $f \in E$. On peut supposer que $f(0) = f(1) = 0$, quitte à retrancher $f(0)$ à f. Si f est de signe constant sur $[0,1]$, on voit que $A(f) = [0,1]$. En effet, si $\sigma \in [0,1]$, la fonction $x \mapsto f(x+\sigma) - f(x)$ prend en 0 et $1-\sigma$ des valeurs de signe opposé, donc s'annule.

Le même raisonnement montre que si $I = [a,b]$ est un intervalle de $[0,1]$ sur lequel f garde un signe constant avec $a < b$ et $f(a) = f(b) = 0$, alors on a $[0, b-a] \subset A(f)$ et $\varepsilon = b-a$ répond à la question. Mais, un tel intervalle existe nécessairement. Si f est nulle, c'est clair. Sinon, elle prend par exemple une valeur strictement positive et l'ensemble $\{x \in [0,1],\ f(x) > 0\}$ est un ouvert non vide. En particulier, il existe $\alpha < \beta$ tel que le segment $[\alpha, \beta]$ est contenu dans cet ensemble. La partie $\{x \in [0,\alpha], f(x) \leqslant 0\}$ (resp. $\{x \in [\beta, 1], f(x) \leqslant 0\}$) est non vide et majorée (resp. minorée). Si a (resp. b) désigne sa borne supérieure (resp. sa borne inférieure), f reste strictement positive sur $]a,b[$. De plus $f(a)$ et $f(b)$ sont nuls : en effet, a et b sont adhérents aux parties $\{x, f(x) > 0\}$ et $\{x, f(x) \leqslant 0\}$ et f est continue.

Pour obtenir l'intervalle $]a,b[$ sur lequel f est strictement positive et tel que $f(a) = f(b) = 0$, on peut également considérer une composante connexe de l'ouvert non vide $\{x \in [0,1],\ f(x) > 0\}$ (cf. exercice 1.41 dans lequel cette notion est étudiée).

3. La première question a montré une des deux inclusions. Pour prouver la seconde, il suffit de montrer que si $\lambda \in]0,1]$ n'est pas l'inverse d'un entier, il existe une fonction f de E telle que $\lambda \notin A(f)$. Nous proposons deux exemples.

• Notons n la partie entière de $\frac{1}{\lambda}\cdot$ On a $n\lambda < 1 < n\lambda + \lambda$. On commence par se donner f sur l'intervalle $[0, \lambda]$. On choisit une fonction continue quelconque vérifiant $f(0) = 0$, $f(\lambda) = \frac{1}{n}$ et $f(1 - n\lambda) = -1$. On prolonge alors f à $[0, 1]$ en imposant $f(x + \lambda) = f(x) + \frac{1}{n}$ pour tout x. Voici un exemple avec $n = 2$ où on choisit f affine par morceaux.

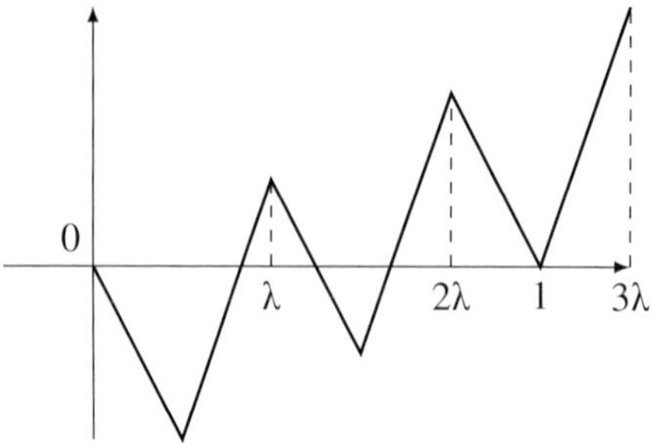

Par construction f n'a pas de corde de longueur λ, car la différence $f(x + \lambda) - f(x)$ vaut toujours $\frac{1}{n}\cdot$ Il reste à vérifier deux choses : que f est continue et que $f(1) = 0$. Le premier point provient du fait que les raccords aux points $k\lambda$ pour $k = 0, 1, \ldots, n$ sont continus car $f(\lambda) = \frac{1}{n}\cdot$ Enfin, on a $f(1) = f(1 - n\lambda + n\lambda) = f(1 - n\lambda) + 1 = 0$.

• Soit h une fonction continue, λ-périodique, nulle en 0 et f la fonction définie sur $[0, 1]$ par $f(x) = h(x) - xh(1)$. On a alors $f(0) = f(1) = 0$. Mais, pour $x \in [0, 1 - \lambda]$, $f(x + \lambda) - f(x) = -\lambda h(1)$. Il suffit alors de choisir h telle que $h(1) \neq 0$ pour obtenir une contradiction. Comme 1 n'est pas un multiple entier de la période, il suffit que h ne s'annule pas sur $]0, \lambda[$. On peut prendre par exemple $h(x) = \left|\sin\left(\frac{\pi x}{\lambda}\right)\right|$. $\triangleleft$

Petite application pratique de l'exercice : montrer que, si un candidat à l'X effectue le 2000 m en 10 minutes, il existe un intervalle de temps de 5 minutes pendant lequel il parcourt 1000 m.

Il est naturel de se demander si la propriété des valeurs intermédiaires caractérise les fonctions continues. Ce n'est pas le cas comme le montre l'exemple de la fonction $f : x \mapsto \sin \frac{1}{x}$ prolongée par la valeur 0 en 0. L'image d'un intervalle I *qui ne contient pas* 0 *est un intervalle (car f est continue sur* I*) et l'image d'un intervalle qui contient* 0 *et qui n'est pas réduit à* $\{0\}$ *est le segment* $[-1, 1]$. *Pourtant f n'est pas continue en* 0. *Dans l'énoncé suivant on ajoute une hypothèse permettant d'obtenir une réciproque.*

4.17. Théorème de Howe (1926)

Soit $f : \mathbb{R} \to \mathbb{R}$ telle que, pour tout segment $[a, b]$ de $\mathbb{R}$, $f([a, b])$ est un segment et pour tout $x \in \mathbb{R}$, $f^{-1}(\{x\})$ est fermé. Montrer que f est continue.

▷ **Solution.**

Soit $a \in \mathbb{R}$. Pour tout $n \geqslant 1$, considérons le segment $K_n = \left[a - \frac{1}{n}, a + \frac{1}{n}\right]$. Son image par f s'écrit $[m_n, M_n]$ avec $m_n \leqslant f(a) \leqslant M_n$. Pour tout n, on a $f(K_{n+1}) \subset f(K_n)$ donc, d'après le théorème des segments emboîtés, l'intersection $I = \bigcap_{n \geqslant 1} f(K_n) = \bigcap_{n \geqslant 1} [m_n, M_n]$ est un segment $[m, M]$ qui contient en particulier $f(a)$.

Montrons que I est en fait réduit à $\{f(a)\}$. Soit $y \in I$. Pour tout $n \geqslant 1$, il existe alors $a_n \in K_n$ tel que $f(a_n) = y$. La suite $(a_n)_{n \geqslant 1}$ converge vers a et, pour tout n, on a $a_n \in f^{-1}(\{y\})$. Comme la partie $f^{-1}(\{y\})$ est fermée, a est dans cette partie, autrement dit $f(a) = y$. On a donc $I = \{f(a)\}$.

Soit $\varepsilon > 0$. Il existe $n_0 \in \mathbb{N}^*$ tel que $[m_n, M_n] \subset [f(a) - \varepsilon, f(a) + \varepsilon]$, pour tout $n \geqslant n_0$. Dans ces conditions, pour tout $x \in \mathbb{R}$ tel que $|x - a| \leqslant \frac{1}{n}$, on a $f(x) \in f(K_n) = [m_n, M_n]$ et $|f(x) - f(a)| \leqslant \varepsilon$: la fonction f est bien continue en a. ◁

Dans le contre-exemple que nous avons donné avant l'exercice, on voit par exemple que l'ensemble $f^{-1}(\{1\})$ n'est pas fermé. On peut affaiblir encore l'hypothèse en supposant seulement que les ensemble $f^{-1}(x)$ sont fermés pour tout $x \in \mathbb{Q}$.

Si A *et* B *sont deux parties de* $\mathbb{R}$, *un homéomorphisme* $f : A \longrightarrow B$ *est une bijection continue dont la réciproque est également continue. Si l'ensemble de départ est un intervalle* I, $f : I \longrightarrow \mathbb{R}$ *réalise un homéomorphisme de* I *sur* $f(I)$ *dès lors que* f *est continue et strictement monotone. Réciproquement, si* f *désigne un homéomorphisme défini sur un intervalle* I, f *est strictement monotone : en effet, l'ensemble* $T = \{(x, y) \in I^2,\ x < y\}$ *est convexe dans* $\mathbb{R}^2$ *et en particulier connexe. La fonction* F, *qui à tout* $(x, y) \in T$, *associe* $F(x, y) = \dfrac{f(y) - f(x)}{y - x}$, *est continue et ne s'annule pas par injectivité de* f. *Le théorème des valeurs intermédiaires garantit alors que* F *garde un signe constant, autrement dit, que* f *est strictement monotone.*

Il est aisé de vérifier que l'ensemble des homéomorphismes de $\mathbb{R}$ *(ou plus généralement d'un intervalle quelconque) est un groupe pour la composition. L'exercice suivant se propose d'en chercher les sous-groupes finis.*

4.18. Sous-groupes finis du groupe des homéomorphismes

Trouver les sous-groupes finis du groupe des homéomorphismes de $\mathbb{R}$.

▷ **Solution.**

Soit G un tel sous-groupe et n son cardinal. Si $f \in G$, on a $f^n = \mathrm{Id}$ en vertu du théorème de Lagrange. Si f est strictement croissante, alors f est l'identité.

En effet, s'il existe un réel x tel que $f(x) > x$ alors on a, par croissance de f,

$$x = f^n(x) > f^{n-1}(x) > \cdots > f(x) > x,$$

ce qui est absurde. On voit de même qu'il ne peut exister de réel x tel que $f(x) < x$. Ainsi, hormis l'identité, toutes les fonctions de G sont des homéomorphismes strictement décroissants. Or, si $f \in$ G est strictement décroissante, alors f^2 est strictement croissante donc vaut l'identité. Il en découle que tous les éléments de G sont d'ordre 2. De même si f et g sont deux éléments strictement décroissants de G alors $g \circ f$ est strictement croissante et donc $g = f^{-1} = f$. On en déduit que G contient au plus deux éléments.

La réciproque étant immédiate, on peut conclure que les sous-groupes finis du groupe des homéomorphismes de $\mathbb{R}$ sont $\{\mathrm{Id}\}$ et les groupes à deux éléments $\{\mathrm{Id}, f\}$, où f est une involution strictement décroissante. ◁

Dans l'exercice suivant, on démontre que deux homéomorphismes de $[0, 1]$ *ayant pour uniques points fixes* 0 *et* 1 *sont conjugués.*

4.19. Conjugaison de deux homéomorphismes

On note H le groupe des homéomorphismes de $[0, 1]$ sur lui-même, c'est-à-dire des bijections continues de $[0, 1]$ sur $[0, 1]$. Soit f et g deux éléments de H dont les seuls points fixes sont 0 et 1.

Montrer qu'il existe $h \in$ H tel que $f \circ h = h \circ g$.

▷ **Solution.**

En termes de théorie des groupes, l'énoncé demande de montrer que f et g sont conjugués dans le groupe H. Les homéomorphismes f et g sont strictement monotones et vu les hypothèses, strictement croissants. Comme 0 et 1 sont les seuls points fixes de f, on a soit $f(x) > x$ pour tout $x \in]0, 1[$, soit $f(x) < x$ pour tout $x \in]0, 1[$.

Si on est dans le second cas, on peut poser

$$\tilde{f}(x) = 1 - f(1 - x) = (h^{-1} \circ f \circ h)(x),$$

avec $h : x \longmapsto 1 - x$. On a alors, pour tout $x \in]0, 1[$,

$$\tilde{f}(x) = 1 - f(1 - x) > 1 - (1 - x) = x$$

et $\tilde{f}$ est conjugué à f. Comme la conjugaison est une relation d'équivalence, on peut donc supposer que pour tout $x \in]0, 1[$, $f(x) > x$ et $g(x) > x$.

Choisissons $x_0 = y_0 = \frac{1}{2} \in]0, 1[$ et posons, pour tout $k \in \mathbb{Z}$, $x_k = f^k(x_0)$ et $y_k = g^k(y_0)$. Les hypothèses sur f et g montrent que les suites $(x_k)_{k \in \mathbb{Z}}$ et $(y_k)_{k \in \mathbb{Z}}$ sont strictement croissantes et vérifient

$$\lim_{k \to -\infty} x_k = 0, \lim_{k \to +\infty} x_k = 1, \lim_{k \to -\infty} y_k = 0, \lim_{k \to +\infty} y_k = 1.$$

Posons, pour tout $k \in \mathbb{Z}$, $\mathrm{I}_k = [x_k, x_{k+1}[$, $\mathrm{J}_k = [y_k, y_{k+1}[$: f induit un homéomorphisme de I_k sur I_{k+1}, et g induit un homéomorphisme de J_k sur J_{k+1}. Choisissons un homéomorphisme quelconque $h_0 : [y_0, y_1[\to [x_0, x_1[$ (on peut le prendre affine) et posons, avec des notations un peu abusives, $h_k = f^k \circ h_0 \circ g^{-k}$: il est clair que h_k réalise un homéomorphisme de J_k dans I_k. Comme $]0, 1[$ est la réunion disjointe des ensembles J_k pour $k \in \mathbb{Z}$ et la réunion disjointe des I_k pour $k \in \mathbb{Z}$, on définit une application $h : [0, 1] \to [0, 1]$ par $h(0) = 0$, $h(1) = 1$, et $h(y) = h_k(y)$ si $y \in \mathrm{J}_k$, et h est alors un homéomorphisme strictement croissant de $[0, 1]$ dans lui-même. Comme pour tout $k \in \mathbb{Z}$,

$$f \circ h_k = f^{k+1} \circ h_0 \circ g^{-(k+1)} \circ g = h_{k+1} \circ g,$$

on a bien $f \circ h = h \circ g$. ◁

4.20. Involutions de $\mathbb{R}$

Soit $g \in C^0(\mathbb{R}, \mathbb{R})$ telle que $g \circ g = \mathrm{Id}$ et $g \neq \mathrm{Id}$. Montrer qu'il existe un homéomorphisme s de $\mathbb{R}$ tel que $s \circ g \circ s^{-1} = -\mathrm{Id}$.

▷ **Solution.**

La fonction g est une bijection de $\mathbb{R}$ sur $\mathbb{R}$ donc, comme elle est continue, elle est strictement monotone. Supposons que g est strictement croissante et considérons $x \in \mathbb{R}$ tel que $g(x) \neq x$. Si $g(x) > x$ on a $x = g(g(x)) > g(x)$ ce qui est absurde et de même si $g(x) < x$. Il en découle que g est strictement décroissante sur $\mathbb{R}$. Elle admet alors un unique point fixe x_0.

Quitte à conjuguer g par l'homéomorphisme $t : x \mapsto x + x_0$, c'est-à-dire à remplacer g par la fonction $x \mapsto (t^{-1} \circ g \circ t)(x) = g(x + x_0) - x_0$, on peut supposer que $x_0 = 0$. La fonction g établit alors un homéomorphisme décroissant de $\mathbb{R}_+$ sur $\mathbb{R}_-$ et de $\mathbb{R}_-$ sur $\mathbb{R}_+$ et on va définir s par morceaux. Pour $x \geqslant 0$ posons simplement $s(x) = x$ et pour $x \leqslant 0$ posons $s(x) = -g^{-1}(x)$. Il est clair que s est un homéomorphisme strictement croissant de $\mathbb{R}$. On va vérifier qu'il conjugue bien g à la fonction $-\mathrm{Id}$.

• Pour $x \geqslant 0$ on a

$$(s \circ g \circ s^{-1})(x) = s(g(x)) = -g^{-1}(g(x)) = -x.$$

• Pour $x \leqslant 0$ on a $x = s(s^{-1}(x)) = -g^{-1}(s^{-1}(x))$ donc $s^{-1}(x) = g(-x)$ et donc

$$(s \circ g \circ s^{-1})(x) = (s \circ g)(g(-x)) = s(g^2(-x)) = s(-x) = -x.$$

Le résultat est prouvé. ◁

*4.21. Homéomorphisme entre deux parties dénombrables denses

> Soit A et B deux parties dénombrables denses de $\mathbb{R}$. Montrer qu'il existe un homéomorphisme strictement croissant de $\mathbb{R}$ tel que $f(\mathrm{A}) = \mathrm{B}$.

▷ **Solution.**

Donnons-nous $a : n \mapsto a_n$ une bijection de $\mathbb{N}$ dans A et $b : n \mapsto b_n$ une bijection de $\mathbb{N}$ dans B. Il n'est malheureusement pas possible de ranger les éléments de A (ou B) dans l'ordre croissant et c'est ce qui rend la question délicate. On va toutefois montrer qu'il existe une permutation σ de $\mathbb{N}$ telle que les éléments de la suite $(b_{\sigma(n)})_{n\geqslant 0}$ soient ordonnés de la même manière que les éléments de la suite $(a_n)_{n\geqslant 0}$ c'est-à-dire de manière à avoir $a_i < a_j$ si et seulement si $b_{\sigma(i)} < b_{\sigma(j)}$ pour tout couple (i, j). L'application f_0 qui envoie a_n sur $b_{\sigma(n)}$ pour tout n est alors strictement croissante sur A et comme A est dense dans $\mathbb{R}$ on va montrer qu'elle se prolonge en une unique application f strictement croissante continue qui va réaliser un homéomorphisme de $\mathbb{R}$ sur lui-même.

En effet, soit $x \in \mathbb{R} \setminus \mathrm{A}$. Par densité de A on peut trouver deux suites $u = (u_k)_{k\geqslant 0}$ et $v = (v_k)_{k\geqslant 0}$ d'éléments de A telles que u et v soient adjacentes et de limite x (avec donc $u_k < u_{k+1} < x < v_{k+1} < v_k$ pour tout k). La suite $(f_0(u_k))_{k\geqslant 0}$ est alors strictement croissante et la suite $(f_0(v_k))_{k\geqslant 0}$ strictement décroissante avec $f_0(u_k) < f_0(v_k)$ pour tout k. Ces deux suites convergent et elles ont forcément la même limite. En effet, si $\lim u < \lim v$, on a un élément de B strictement compris entre ces deux limites et il ne peut pas avoir d'antécédent dans A par f_0 (en effet un tel antécédent devrait appartenir à tous les segments $[u_k, v_k]$ et donc serait égal à x, qui n'appartient pas à A). Il est facile de voir que cette limite ne dépend que de x et pas des suites u et v choisies. Si on note u' et v' deux autres suites d'éléments de A l'une croissante, l'autre décroissante tendant vers x, on a d'après ce qui précède : $\lim u' = \lim v = \lim u = \lim v'$. On note alors $f(x)$ la limite commune à ces deux suites.

Pour $x \in \mathrm{A}$ on pose $f(x) = f_0(x) \in \mathrm{B}$. Il est clair que la fonction f ainsi construite est strictement croissante. De plus elle est bijective car si $y \in \mathbb{R} \setminus \mathrm{B}$ on peut, par densité de B, trouver deux suites adjacentes de B qui ont y pour limite. Par un raisonnement analogue les images de ces deux suites par f_0^{-1} sont alors adjacentes et leur limite commune est un antécédent de y par f. Comme f est strictement monotone, ce caractère bijectif de f impose la continuité de f et le fait qu'il s'agit donc d'un homéomorphisme.

Il reste donc à construire la permutation σ ci-dessus. On donne une approche algorithmique. On choisit par convention de poser $\sigma(0) = 0$.

- Si $a_1 < a_0$, on choisit pour $\sigma(1)$ le plus petit entier k tel que $b_k < b_0$ et si

$a_1 > a_0$, on choisit pour $\sigma(1)$ le plus petit entier k tel que $b_k > b_0$ (un tel entier existe car B est dense dans $\mathbb{R}$).

• Supposons que σ est définie jusqu'au rang n de manière à ce que les réels $a_0, a_1, \dots, a_n$ et les réels $b_{\sigma(0)}, \dots, b_{\sigma(n)}$ soient rangés dans le même ordre (c'est-à-dire $a_i < a_j \iff b_{\sigma(i)} < b_{\sigma(j)}$ pour $0 \leqslant i, j \leqslant n$). On va choisir l'image de a_{n+1} de manière à prolonger cela au rang suivant. Pour fixer les idées on peut suppose $a_0 < a_1 < \cdots < a_n$ (cela revient juste à éventuellement permuter les indices). L'élément a_{n+1} se trouve soit dans un intervalle ouvert $]a_k, a_{k+1}[$ soit dans $]-\infty, a_0[$ soit dans $]a_n, +\infty[$. On choisit alors pour $\sigma(n+1)$ le plus petit entier k de $\mathbb{N} \setminus \{\sigma(0), \dots, \sigma(n)\}$ tel que b_k soit dans l'intervalle correspondant.

Cet algorithme définit clairement une injection σ de $\mathbb{N}$ dans $\mathbb{N}$. Il reste à prouver qu'elle est surjective. Supposons que ce ne soit pas le cas et soit p minimal tel que b_p ne soit pas dans l'image de σ. Les éléments $b_0, \dots, b_{p-1}$ sont tous dans l'image de σ et on choisit un rang N tel que $[\![0, p-1]\!] \subset \sigma([\![0, \mathrm{N}]\!])$. Plaçons nous à l'étape N de l'algorithme en supposant encore pour fixer les idées que $a_0 < a_1 < \cdots < a_{\mathrm{N}}$ et $b_{\sigma(0)} < \cdots < b_{\sigma(\mathrm{N})}$. L'élément b_p se trouve dans un des intervalles délimités par les $b_{\sigma(i)}$ par exemple $]b_{\sigma(0)}, b_{\sigma(1)}[$. Comme tous les indices de 0 à $p-1$ ont été pris, on est certain que l'élément $a_{\mathrm{N}+1}$ ne se trouve pas dans l'intervalle $]a_0, a_1[$ (car sinon on poserait $\sigma(\mathrm{N}+1) = p$). Mais à l'étape suivante $a_{\mathrm{N}+2}$ ne peut pas non plus se trouver dans cet intervalle et en fait $a_k \notin]a_0, a_1[$ pour tout $k > \mathrm{N}$. C'est impossible car la partie A est dense dans $\mathbb{R}$. ◁

L'exercice suivant introduit un outil important dans l'étude des homéomorphismes du cercle, le nombre de rotation de Poincaré. Le lecteur se reportera aux commentaires qui suivent l'exercice.

4.22. Nombre de rotation de Poincaré (1885)

Soit $f : \mathbb{R} \to \mathbb{R}$ une application continue croissante, telle que pour tout x, on a $f(x+1) = f(x) + 1$. On veut prouver que pour tout x, la suite de terme général $u_n(x) = \dfrac{f^n(x)}{n}$ admet une limite finie ℓ indépendante de x (où f^n désigne la n-ième itérée de f).

1. Soit $(x, y) \in \mathbb{R}^2$. Montrer qu'il existe $k \in \mathbb{N}$ tel que, pour tout $n \in \mathbb{N}$, on ait $|f^n(x) - f^n(y)| \leqslant k$. Que peut-on en déduire ?

2. Montrer que pour tout $(n, m) \in \mathbb{N}^2$,

$$f^n(0) + f^m(0) - 1 \leqslant f^{n+m}(0) \leqslant f^n(0) + f^m(0) + 1.$$

3. En déduire que la suite $(u_n(0))_{n \geqslant 0}$ converge et vérifier que sa limite ℓ appartient à $[f(0) - 1, f(0) + 1]$. Conclure.

▷ **Solution.**

1. L'entier k doit convenir pour $n = 0$. Choisissons donc un entier k tel que $|y - x| \leqslant k$. On a $-k + x \leqslant y \leqslant k + x$. En utilisant la croissance de f et la 1-périodicité de $t \longmapsto f(t) - t$, on obtient

$$-k + f(x) = f(-k + x) \leqslant f(y) \leqslant f(k + x) = f(x) + k,$$

et, par une récurrence immédiate, $-k + f^n(x) \leqslant f^n(y) \leqslant f^n(x) + k$ pour tout $n \in \mathbb{N}$. Il en résulte $|u_n(x) - u_n(y)| \leqslant \frac{k}{n}$ et donc $\lim\limits_{n\to\infty} |u_n(x) - u_n(y)| = 0$.

Par conséquent, il suffit de montrer que la suite $(u_n(x))_{n\geqslant 0}$ converge pour une valeur particulière de x, par exemple 0.

2. Fixons un entier n, et notons a la partie entière de $f^n(0)$. Ainsi, on a $a \leqslant f^n(0) < a+1$ et donc, par croissance de f^m, $f^m(a) \leqslant f^{n+m}(0) \leqslant f^m(a)+1$. Or, puisque a est un entier, $f^m(a) = f^m(0) + a$. On obtient donc

$$\begin{aligned} f^m(0) + f^n(0) - 1 \leqslant f^m(0) + a = f^m(a) \leqslant f^{n+m}(0) \\ \leqslant f^m(0) + a + 1 \leqslant f^m(0) + f^n(0) + 1. \end{aligned}$$

3. En prenant $m = n$, on en déduit que

$$2f^n(0) - 1 \leqslant f^{2n}(0) \leqslant 2f^n(0) + 1.$$

Une récurrence facile montre que, pour tout $m \in \mathbb{N}^*$,

$$mf^n(0) - (m - 1) \leqslant f^{mn}(0) \leqslant mf^n(0) + (m - 1).$$

En divisant par nm, on en déduit que $|u_{nm}(0) - u_n(0)| \leqslant \frac{m-1}{nm} \leqslant \frac{1}{n}\cdot$ Par symétrie on a également $|u_{nm}(0) - u_m(0)| \leqslant \frac{1}{n}$ et donc, par inégalité triangulaire, $|u_m(0) - u_n(0)| \leqslant \frac{1}{n} + \frac{1}{m}\cdot$

La suite $(u_n(0))$ est bornée (pour tout $m \geqslant 1$, on a $|u_m(0)| \leqslant |u_1(0)| + 1$) et elle possède au plus une valeur d'adhérence, donc elle converge. En effet, si ℓ et ℓ' sont deux valeurs d'adhérence et φ et ψ des fonctions d'extraction telles que $\lim u_{\varphi(n)} = \ell$ et $\lim u_{\psi(n)} = \ell'$, on a $|u_{\varphi(n)} - u_{\psi(n)}| \leqslant \frac{1}{\varphi(n)} + \frac{1}{\psi(n)}\cdot$ Par passage à la limite, on obtient $\ell = \ell'$.

Les lecteurs agrégatifs noterons que la suite $(u_n(0))$ converge tout simplement parce que c'est une suite de Cauchy. Mais cette notion n'est plus au programme des classes préparatoires.

Comme on a, de plus, $|u_m(0) - u_1(0)| \leqslant 1$, on obtient en faisant tendre m vers l'infini,

$$|\ell - f(0)| \leqslant 1.$$

La question 1 montre alors que $u_n(x)$ converge aussi vers ℓ pour tout réel x. ◁

Lorsque l'application f est strictement croissante elle induit un homéomorphisme « croissant » $\tilde{f}$ du cercle unité de $\mathbb{C}$ par

$$\forall \theta \in \mathbb{R}, \quad \tilde{f}(e^{2i\pi\theta}) = e^{2i\pi f(\theta)}.$$

Le qualificatif « croissant » traduit le fait que $f(x)$ tourne sur le cercle dans le même sens que x. Par exemple, si on prend pour f une translation $t_a : x \longmapsto x+a$, $\tilde{f}$ est la rotation d'angle $2\pi a$. Inversement, tout homéomorphisme croissant du cercle peut être obtenu de cette manière à partir d'un homéomorphisme strictement croissant $f : \mathbb{R} \longrightarrow \mathbb{R}$ vérifiant $f(x+1) = f(x) + 1$ pour tout x. Celui-ci est d'ailleurs unique à une constante entière près. Le lecteur pourra prouver ce « théorème de relèvement » à titre d'exercice.

La limite ℓ obtenue dans l'exercice, prise modulo 1, *est par définition le nombre de rotation de Poincaré de l'homéomorphisme $\tilde{f}$, introduit par celui-ci en 1885. Par exemple, le nombre de rotation de la rotation $\tilde{t}_a$ est égal à a* (mod 1). *Notons $r(\tilde{f})$ ce nombre. Le lecteur pourra montrer que $r(\tilde{f}) \equiv 0$ si et seulement si $\tilde{f}$ admet un point fixe, et que $r(\tilde{f}) \in \mathbb{Q}$ si et seulement si $\tilde{f}$ admet un point périodique. Ces deux assertions se vérifient immédiatement dans le cas des rotations.*

Les prochains exercices concernent quelques équations fonctionnelles. Il est bien connu que les seuls morphismes continus du groupe $(\mathbb{R}, +)$ dans lui-même sont les homothéties $x \longmapsto ax$. Comme $(\mathbb{R}, +)$ est isomorphe et homéomorphe à $(\mathbb{R}_+^*, \times)$ via le logarithme, on en déduit directement que les morphismes continus de $(\mathbb{R}, +)$ dans $(\mathbb{R}_+^*, \times)$ sont les exponentielles ($x \longmapsto a^x$, $a > 0$), que les morphismes continus de $(\mathbb{R}_+^*, \times)$ dans $(\mathbb{R}_+^*, \times)$ sont les fonctions puissances ($x \longmapsto x^\alpha$, $\alpha \in \mathbb{R}$), que les morphismes continus de $(\mathbb{R}_+^*, \times)$ dans $(\mathbb{R}, +)$ sont les fonctions logarithmes ($x \longmapsto \log_a(x)$ avec $a > 0$).

Il existe des morphismes discontinus de $(\mathbb{R}, +)$ dans lui-même, mais ils sont « indescriptibles » (leur existence résulte de l'axiome du choix). Dès qu'on cherche les morphismes qui ont une propriété raisonnable de plus (par exemple monotones ou bornés sur un voisinage de 0) on ne trouve plus que les homothéties. C'est la situation de l'exercice suivant, qui s'intéresse aux morphismes qui ont la propriété de respecter l'inverse.

4.23. Morphismes du groupe $(\mathbb{R}, +)$ respectant l'inverse

Que dire d'une application f de $\mathbb{R}$ dans $\mathbb{R}$ vérifiant $f(1) = 1$ et

$$\forall (x, y) \in \mathbb{R}^2, \; f(x+y) = f(x) + f(y) \text{ et } \forall x \in \mathbb{R}^*, \; f\left(\frac{1}{x}\right) = \frac{1}{f(x)} ?$$

On pourra commencer par démontrer que f est bornée sur un voisinage d0 en utilisant la fonction $x \longmapsto x + \frac{1}{x}$.

▷ **Solution.**

Comme f est un morphisme de $(\mathbb{R}, +)$ dans $(\mathbb{R}, +)$, on a classiquement pour tout $x \in \mathbb{R}$ et tout $r \in \mathbb{Q}$, $f(rx) = rf(x)$ (c'est-à-dire que f est $\mathbb{Q}$-linéaire). Redémontrons ce fait. C'est vrai pour $r \in \mathbb{Z}$ puisque f est un morphisme de groupes. Si $r = \frac{p}{q} \in \mathbb{Q}$ avec $p \in \mathbb{Z}$ et $q \in \mathbb{N}^*$, on a

$$qf(rx) = f(qrx) = f(px) = pf(x),$$

et donc $f(rx) = rf(x)$. En particulier, pour tout $r \in \mathbb{Q}$, $f(r) = rf(1) = r$.

On va essayer d'exploiter la seconde propriété vérifiée par f pour prouver que f est l'identité. Suivons l'indication de l'énoncé et considérons la fonction $\varphi : x \longmapsto x + \frac{1}{x}$. Une rapide étude des variations de φ montre que $\varphi(\mathbb{R}^*) =]-\infty, -2] \cap [2, +\infty[$. Par hypothèse, on a pour tout $x \in \mathbb{R}^*$,

$$\begin{aligned} |f(\varphi(x))| &= \left|f\left(x + \frac{1}{x}\right)\right| = \left|f(x) + f\left(\frac{1}{x}\right)\right| \\ &= \left|f(x) + \frac{1}{f(x)}\right| = |\varphi(f(x))| \geqslant 2. \end{aligned}$$

Comme tout y tel que $|y| \geqslant 2$ peut s'écrire $y = \varphi(x)$, on en déduit que pour tout $y \in \mathbb{R}^*$,

$$|y| \geqslant 2 \Longrightarrow |f(y)| \geqslant 2.$$

En passant à l'inverse, on obtient pour $x \in \mathbb{R}^*$,

$$|x| \leqslant \frac{1}{2} \Longrightarrow \left|\frac{1}{x}\right| \geqslant 2 \Longrightarrow |f(x)| = \frac{1}{\left|f\left(\frac{1}{x}\right)\right|} \leqslant \frac{1}{2}.$$

Autrement dit, f est bornée sur l'intervalle $\left[-\frac{1}{2}, \frac{1}{2}\right]$. Cette information va être suffisante pour montrer que f est l'identité. Comme dans la recherche des morphismes continus, on utilise la densité de $\mathbb{Q}$. Soit x un réel quelconque, et $(r_n)_{n\in\mathbb{N}^*}$ une suite de rationnels telle que, pour tout $n \in \mathbb{N}^*$, $|x - r_n| \leqslant \frac{1}{2n}$. On a alors, pour tout $n \in \mathbb{N}^*$,

$$|f(x) - r_n| = |f(x) - f(r_n)| = |f(x - r_n)| = \frac{1}{n}|f(n(x - r_n))| \leqslant \frac{1}{2n}$$

$\left(\text{car } |n(x - r_n)| \leqslant \frac{1}{2}\right)$ et donc $|f(x) - r_n| \leqslant \frac{1}{n}$. En passant à la limite, on en déduit que $f(x) = x$.

La seule application f qui convient est l'identité. ◁

Dans l'exercice suivant on se ramène aux morphismes continus de $(\mathbb{R}, +)$ *dans lui-même.*

4.24. Une équation fonctionnelle (1)

> Déterminer les applications continues $f : \mathbb{R} \longrightarrow \mathbb{R}$ telles que :
>
> $$\forall (x, y) \in \mathbb{R}^2, \quad f\left(\sqrt{x^2 + y^2}\right) = f(x)f(y).$$

▷ **Solution.**

• *Analyse.* La fonction nulle est visiblement solution. On se donne donc dans la suite une solution f non nulle. On observe pour commencer que f est paire. En effet, si y_0 est un réel tel que $f(y_0) \neq 0$, on a l'égalité $f(x) = \dfrac{f\left(\sqrt{x^2 + y_0^2}\right)}{f(y_0)}$ pour tout x et le second terme définit une fonction paire. On s'intéresse donc à la restriction de f à $\mathbb{R}_+$.

En prenant $x = y = 0$, on obtient $f(0) = f(0)^2$ et donc $f(0) \in \{0, 1\}$. Si $f(0) = 0$, la fonction f est nulle (prendre $y = 0$). On a donc $f(0) = 1$.

On va montrer que f ne s'annule pas. Elle sera donc, par continuité, strictement positive sur $\mathbb{R}$. En prenant $y = x$ dans l'équation vérifiée par f, on obtient $f(\sqrt{2}x) = f(x)^2$ pour tout réel x. Il en résulte que si t est un zéro de f, alors $\frac{t}{\sqrt{2}}$ aussi et, en itérant, $\frac{t}{\sqrt{2}^n}$ pour tout $n \in \mathbb{N}$. Comme la suite $\frac{t}{\sqrt{2}^n}$ tend vers 0 lorsque n tend vers l'infini et comme f est continue, on en déduit que $f(0) = 0$. Cela n'est pas le cas, donc il n'existe pas de réel t tel que $f(t) = 0$.

Si on pose $g(x) = \ln f(\sqrt{x})$ pour $x \geqslant 0$, alors la fonction g est continue et vérifie l'équation fonctionnelle $g(x^2 + y^2) = g(x^2) + g(y^2)$, ce qui peut s'écrire encore $g(\mathrm{X} + \mathrm{Y}) = g(\mathrm{X}) + g(\mathrm{Y})$ pour X et Y $\geqslant 0$. Il en résulte que g est de la forme $x \longmapsto ax$. On en déduit que $f(x) = e^{ax^2}$ pour tout $x \geqslant 0$ puis pour tout x réel par parité.

• *Synthèse.* Réciproquement, on vérifie facilement que toutes les fonctions $x \longmapsto e^{ax^2}$ sont solutions du problème posé. ◁

4.25. Une équation fonctionnelle (2)

> Trouver toutes les fonctions $f \in C^0([0, 1], \mathbb{R})$ telles que, pour tout réel x,
>
> $$2f(x) = f\left(\frac{x}{2}\right) + f\left(1 - \frac{x}{2}\right).$$

▷ **Solution.**

On constate que les fonctions constantes sont solutions et que l'ensemble des solutions est un sous-espace vectoriel de $C^0([0, 1], \mathbb{R})$. Soit f une solution.

En prenant $x = 0$ on obtient $f(0) = f(1)$. Quitte à retrancher à f la fonction constante $x \mapsto f(0)$, on peut supposer que $f(0) = 0$. Comme f est continue sur le compact $[0, 1]$ elle y atteint son maximum M en un point x_0. En évaluant l'équation en x_0, on a alors

$$2\mathrm{M} = 2f(x_0) = f\left(\frac{x_0}{2}\right) + f\left(1 - \frac{x_0}{2}\right) \leqslant 2\mathrm{M}.$$

On a donc égalité dans la majoration et f atteint aussi son maximum en $\frac{x_0}{2}\cdot$ En itérant ce résultat on a $f\left(\frac{x_0}{2^n}\right) = \mathrm{M}$ pour tout entier n et en passant à la limite on a $\mathrm{M} = f(0) = 0$. Ainsi $f \leqslant 0$ sur $[0, 1]$. Mais si on applique le même résultat à $-f$ on a aussi $f \geqslant 0$ et par conséquent f est nulle.

Les seules fonctions solutions de l'équation sont donc les fonctions constantes. ◁

L'équation fonctionnelle qui suit est nettement plus délicate à étudier.

4.26. Une équation fonctionnelle (3)

Trouver toutes les fonctions continues $g : \mathbb{R} \longrightarrow \mathbb{R}$ telles que :

$$\forall x \in \mathbb{R}, \quad g(g(x)) = 2g(x) - x.$$

▷ **Solution.**

• *Analyse.* Soit g une fonction répondant au problème. On observe d'abord que g est injective : en effet, si $g(x) = g(y)$, on a

$$g(g(x)) = 2g(x) - x = g(g(y)) = 2g(y) - y,$$

puis $x = y$. Comme elle est continue sur $\mathbb{R}$, elle est donc strictement monotone (voir les propos précédant l'exercice 4.19). Si g est strictement décroissante, $g \circ g$ est strictement croissante, mais $x \longmapsto 2g(x) - x$ est strictement décroissante, ce qui est absurde. Donc g est strictement croissante sur $\mathbb{R}$. D'après le théorème des limites monotones, elle admet en $+\infty$ (resp. $-\infty$) une limite (finie ou infinie). Soit $\ell = \lim\limits_{x \to +\infty} g(x)$. Si ℓ est fini, $g(g(x)) - 2g(x)$ tend vers $g(\ell) - 2\ell$ ce qui est absurde car cette fonction vaut $-x$. Donc $\lim\limits_{x \to +\infty} g(x) = +\infty$ et de même $\lim\limits_{x \to -\infty} g(x) = -\infty$. Ainsi, g réalise un homéomorphisme strictement croissant de $\mathbb{R}$ sur lui-même.

Si on considère la fonction h définie par $h(x) = g(x) - x$, l'hypothèse s'écrit : pour tout x, $h(g(x)) = h(x)$. On en déduit que, pour tout $n \in \mathbb{Z}$, $h(g^n(x)) = h(x)$, soit $g^{n+1}(x) - g^n(x) = h(x)$. Ainsi, pour tout $n \in \mathbb{Z}$, $g^n(x) = x + nh(x)$ et $\dfrac{g^n(x)}{n}$ tend vers $h(x)$ lorsque n tend vers l'infini.

On va alors montrer que la limite de $\dfrac{g^n(x)}{n}$ quand n tend vers l'infini ne dépend pas de x, ce qui prouvera que la fonction h est constante et donc que g est une translation. On suppose h non nulle et on considère $a \in \mathbb{R}$ tel que $h(a) \neq 0$. On traite le cas $h(a) > 0$, l'autre cas étant similaire. La suite $(g^n(a))_{n\in\mathbb{Z}}$ est croissante et on a $\lim\limits_{n\to+\infty} g^n(a) = +\infty$ et $\lim\limits_{n\to-\infty} g^n(a) = -\infty$. Soit alors x un réel quelconque. Il existe un unique entier $p \in \mathbb{Z}$ tel que $g^p(a) \leqslant x < g^{p+1}(a)$. Pour tout n, on a, par croissance de g,

$$\frac{g^{n+p}(a)}{n} \leqslant \frac{g^n(x)}{n} < \frac{g^{n+p+1}(a)}{n}.$$

Par encadrement, on obtient $\lim\limits_{n\to+\infty} \dfrac{g^n(x)}{n} = \lim\limits_{n\to+\infty} \dfrac{g^n(a)}{n}$, donc $h(x) = h(a)$. Cela vaut pour tout x, donc h est constante.

• *Synthèse.* La réciproque est immédiate. Les translations sont donc les seules solutions de l'équation proposée. ◁

L'énoncé suivant est issu des Olympiades internationales de Mathématiques de 1983. Il s'agit d'une équation fonctionnelle avec très peu d'hypothèses sur la fonction.

4.27. Une équation fonctionnelle (4)

Déterminer les applications $f : \mathbb{R}_+^* \to \mathbb{R}_+^*$ qui tendent vers 0 en $+\infty$ et qui vérifient $f(xf(y)) = yf(x)$ pour tout $(x, y) \in (\mathbb{R}_+^*)^2$.

▷ **Solution.**

• *Analyse.* Soit f une solution. En prenant $y = x$, on a $f(xf(x)) = xf(x)$ pour tout $x \in \mathbb{R}_+^*$. Autrement dit, $xf(x)$ est un point fixe de f. Examinons ce qu'on peut dire de l'ensemble des points fixes de f. Soit $y > 0$ tel que $f(y) = y$. On a alors, pour tout $x \in \mathbb{R}_+^*$, $f(xy) = yf(x)$. Supposons $y \neq 1$. Comme on a également, pour tout $x \in \mathbb{R}_+^*$, $f\left(\frac{x}{y}y\right) = yf\left(\frac{x}{y}\right)$, soit $f\left(\frac{x}{y}\right) = \frac{f(x)}{y}$, on peut supposer $y > 1$. On déduit de la relation précédente que, pour $x > 0$ et $n \in \mathbb{N}$, on a $f(xy^n) = y^n f(x)$. On fait tendre n vers $+\infty$. On obtient $\lim\limits_{n\to+\infty} y^n = +\infty$ et $\lim\limits_{n\to+\infty} f(xy^n) = 0$, par hypothèse. On en déduit que $f(x) = 0$, ce qui est contraire à l'hypothèse. On a donc nécessairement $y = 1$. Le seul point fixe de f est 1. On en déduit que, pour tout $x \in \mathbb{R}_+^*$, on a $xf(x) = 1$, soit $f(x) = \frac{1}{x}$.

• *Synthèse.* On vérifie aisément que la fonction $x \longmapsto \dfrac{1}{x}$ est solution du problème. ◁

Les deux exercices qui suivent concernent la recherche de racines carrées au sens de la composition.

4.28. Une équation fonctionnelle (5)

Soit a et b deux réels, avec $a \neq 0$ et $a \neq 1$. Déterminer les fonctions $f : \mathbb{R} \to \mathbb{R}$ de classe C^1 telles que $f(f(x)) = ax + b$ pour tout x.

▷ **Solution.**

• *Analyse.* Soit f une solution de l'équation. Comme a est non nul, la fonction affine $\varphi : x \mapsto ax + b$ est injective et il en est donc de même de f. Comme f est continue, elle est donc strictement monotone sur $\mathbb{R}$. Ainsi, $f \circ f$ est strictement croissante de sorte qu'on doit avoir $a > 0$: il n'y a pas de solution si a est négatif.

Appliquons la relation en $f(x)$ pour $x \in \mathbb{R}$. Il vient $f(ax + b) = af(x) + b$ pour tout x. En dérivant cette identité on en déduit que $f'(ax+b) = f'(x)$ pour tout x. Supposons d'abord $0 < a < 1$. Soit $x \in \mathbb{R}$ fixé et (u_n) la suite arithmético-géométrique définie par $u_0 = x$ et la relation de récurrence $u_{n+1} = au_n + b$. D'après ce qui précède on a $f'(x) = f'(u_n)$ pour tout entier n. Or la suite (u_n) converge vers l'unique point fixe de $\varphi : x \mapsto ax + b$ à savoir $w = \frac{b}{1-a}$. Comme f' est continue on a $f'(x) = f'(w)$ pour tout x, donc f' est constante. Il en découle que f est affine. On a le même résultat dans le cas où $a > 1$ en remplaçant φ par φ^{-1} (comme $f' \circ \varphi = f'$ on a aussi $f' \circ \varphi^{-1} = f'$).

• *Synthèse.* Si on pose $f(x) = \alpha x + \beta$ on a $f(f(x)) = \alpha^2 x + \alpha\beta + \beta$. Pour $a > 0$ on a donc deux solutions obtenues en prenant $\alpha = \pm\sqrt{a}$ et $\beta = \frac{b}{\alpha+1}$ (on a $\alpha \neq -1$ puisque $a \neq 1$). ◁

On notera que si φ est l'identité, on a une infinité de solutions.

4.29. Une équation fonctionnelle (6)

Déterminer les fonctions continues $f : \mathbb{R} \longrightarrow \mathbb{R}$ telles que :

$$\forall x \in \mathbb{R}, \quad f(f(x)) = e^x.$$

▷ **Solution.**

• *Analyse.* Soit f une solution. La fonction exp étant injective, il en est de même de f. Celle-ci étant de plus continue, elle est strictement monotone. Ainsi f réalise une bijection de $\mathbb{R}$ sur un intervalle ouvert I. On a par hypothèse $(f \circ f)(\mathbb{R}) = \mathbb{R}_+^*$ et donc $f(\mathrm{I}) = \mathbb{R}_+^*$. On en déduit que $\mathbb{R}_+^* \subset \mathrm{I}$. Ainsi l'une des bornes de I est $+\infty$ et comme $f(\mathrm{I}) \neq \mathbb{R}$ (car sinon $(f \circ f)(\mathbb{R}) = \mathbb{R}$), il existe $a \in \mathbb{R}_-^*$ tel que $\mathrm{I} =]a, +\infty[$. On a donc $+\infty = \lim_{+\infty} f$ ou $\lim_{-\infty} f$. Comme $f(\mathrm{I}) = \mathbb{R}_+^*$, on a nécessairement $+\infty = \lim\limits_{+\infty} f$, ce qui implique que f est strictement croissante et que $\lim\limits_{-\infty} f = a$. On a ensuite

$$0 = \lim_{-\infty} \exp = \lim_{-\infty} f \circ f = f(a) \quad \text{et} \quad f(0) = (f \circ f)(a) = e^a.$$

On définit la suite d'intervalles (I_n) par $\mathrm{I}_0 =]-\infty, a]$ et $\mathrm{I}_{n+1} = f(\mathrm{I}_n)$, pour tout $n \in \mathbb{N}$. On a alors $\mathrm{I}_1 =]a, 0]$, $\mathrm{I}_2 =]0, e^a]$ et, pour tout $n \in \mathbb{N}$, $\mathrm{I}_{n+2} = \exp(\mathrm{I}_n)$. Soit (a_n) et (b_n) les suites définies par $a_0 = a$, $b_0 = 0$ et pour tout $n \in \mathbb{N}$, $a_{n+1} = e^{a_n}$ et $b_{n+1} = e^{b_n}$. Elles sont strictement croissantes et vérifient $a_n < b_n < a_{n+1}$ pour tout $n \in \mathbb{N}$ (cela résulte de $a_0 < b_0 < a_1$). Pour tout $n \in \mathbb{N}$, on a

$$\mathrm{I}_{2n+1} = \exp^n(]a, 0]) =]a_n, b_n]$$
$$\mathrm{I}_{2n+2} = \exp^n(\mathrm{I}_2) = \exp^n(]0, e^a]) =]b_n, a_{n+1}].$$

On constate que $\mathbb{R}$ est la réunion disjointe des intervalles I_n. Montrons que f est déterminée par sa restriction à I_0. Notons f_n la restriction de la fonction f à I_n. Elle réalise une bijection de I_n sur I_{n+1}. Soit $x \in \mathrm{I}_{n+1}$ et $y = f_n^{-1}(x) \in \mathrm{I}_n$. On a

$$f_{n+1}(x) = (f \circ f)(y) = e^y = e^{f_n^{-1}(x)}.$$

Ainsi f_{n+1} s'exprime en fonction de f_n et donc f est déterminée par la donnée de f_0.

• *Synthèse.* Montrons que toutes les fonctions de cette forme conviennent. Soit a un réel strictement négatif, (a_n) et (b_n) définies comme précédemment. On pose $\mathrm{I}_0 =]-\infty, a]$, $\mathrm{I}_1 =]a, 0]$ et, pour tout $n \in \mathbb{N}$, $\mathrm{I}_{n+2} = \exp(\mathrm{I}_n)$. On alors, pour tout $n \in \mathbb{N}$, $\mathrm{I}_{2n+1} =]a_n, b_n]$ et $\mathrm{I}_{2n+2} =]b_n, a_{n+1}]$ et $\mathbb{R}$ est la réunion disjointe des intervalles I_n. Soit f_0 une bijection continue croissante quelconque de I_0 sur I_1. On définit par récurrence sur n une bijection croissante f_n de I_n sur I_{n+1} en posant $f_{n+1} = \exp \circ f_n^{-1}$. Si f_n est une bijection de I_n sur I_{n+1}, alors f_n^{-1} est une bijection de I_{n+1} sur I_n et exp une bijection de I_n sur I_{n+2}, donc f_{n+1} est une bijection de I_{n+1} sur I_{n+2}. On appelle f la fonction de $\mathbb{R}$ dans $\mathbb{R}$ dont la restriction à chaque intervalle I_n est f_n. La fonction f est une bijection croissante de $\mathbb{R}$ sur $\bigcup\limits_{n \in \mathbb{N}^*} \mathrm{I}_n =]a, +\infty[$. Par construction, on a pour tout $x \in \mathrm{I}_n$,

$$(f \circ f)(x) = f_{n+1}(f_n(x)) = e^x.$$

Reste à vérifier la continuité de f. Par construction elle est continue sur chaque intervalle I_n. Il faut vérifier pour tout $n \in \mathbb{N}^*$, la continuité à droite en la borne inférieure de l'intervalle I_n. Comme pour tout $n \in \mathrm{N}$, $f_{n+1} = \exp \circ f_n^{-1}$, il suffit de le vérifier pour I_1, c'est-à-dire de démontrer la continuité de f en a à droite. Pour $x \in \mathrm{I}_1$, on a $f(x) = \exp(f_0^{-1}(x))$. Comme f_0 est une bijection croissante de $]-\infty, a]$ sur $]a, 0]$, on a $\lim\limits_{a} f_0 = -\infty$ et donc $\lim\limits_{a+} f = \lim\limits_{-\infty} \exp = 0 = f(a)$.

Les solutions du problème sont donc toutes les fonctions ainsi construites, avec $a < 0$ et f_0 quelconques. ◁

Dans le suivant la fonction inconnue est de classe C^∞.

4.30. Une équation fonctionnelle (7)

Soit a, b et c des réels strictement positifs deux à deux distincts. Trouver les fonctions $f : \mathbb{R} \to \mathbb{R}$ de classe C^∞ telles que :

$$\forall x \in \mathbb{R}, \quad f(ax) + f(bx) + f(cx) = 0.$$

▷ **Solution.**

On va montrer qu'il n'y a que la fonction nulle. On peut supposer sans perte de généralité que $0 < a < b < c$. Soit f une solution et $n \in \mathbb{N}$. En dérivant n fois l'égalité, on obtient, pour tout réel x,

$$a^n f^{(n)}(ax) + b^n f^{(n)}(bx) + c^n f^{(n)}(cx) = 0.$$

Cela peut s'écrire, en remplaçant x par $\frac{x}{c}$,

$$\forall x \in \mathbb{R}, \ f^{(n)}(x) = -\frac{a^n}{c^n} f^{(n)}\left(\frac{ax}{c}\right) - \frac{b^n}{c^n} f^{(n)}\left(\frac{bx}{c}\right).$$

Choisissons n tel que $\frac{a^n}{c^n} + \frac{b^n}{c^n} < 1$. C'est possible car $\frac{a^n}{c^n} + \frac{b^n}{c^n}$ tend vers 0. Soit $\alpha > 0$ et M_α le maximum de $f^{(n)}$ sur l'intervalle $[-\alpha, \alpha]$. On a, pour tout $x \in [-\alpha, \alpha]$,

$$|f^{(n)}(x)| \leqslant \frac{a^n}{c^n}\left|f^{(n)}\left(\frac{ax}{c}\right)\right| + \frac{b^n}{c^n}\left|f^{(n)}\left(\frac{bx}{c}\right)\right| \leqslant \left(\frac{a^n}{c^n} + \frac{b^n}{c^n}\right)\mathrm{M}_\alpha,$$

car $\frac{ax}{c}$ et $\frac{bx}{c}$ sont dans $[-\alpha, \alpha]$. On en déduit $\mathrm{M}_\alpha \leqslant \left(\frac{a^n}{c^n} + \frac{b^n}{c^n}\right)\mathrm{M}_\alpha$ et donc $\mathrm{M}_\alpha = 0$, puisque $\frac{a^n}{c^n} + \frac{b^n}{c^n} < 1$. Ainsi la fonction $f^{(n)}$ est nulle sur $[-\alpha, \alpha]$ et comme ceci est vrai pour tout $\alpha > 0$, c'est la fonction nulle. On en déduit que f est une fonction polynomiale de degré inférieur ou égale à $n - 1$. Si on écrit $f(x) = \sum_{k=0}^{n-1} a_k x^k$, on obtient, pour tout réel x,

$$f(ax) + f(bx) + f(cx) = \sum_{k=0}^{n-1} a_k(a^k + b^k + c^k)x^k = 0.$$

Comme $a^k + b^k + c^k > 0$ pour tout k, on a $a_k = 0$ pour tout k et donc $f = 0$. ◁

Les équations fonctionnelles de l'exercice suivant sont linéaires en f et peuvent s'interpréter comme la recherche des vecteurs propres d'un opérateur pour certaines valeurs propres.

4.31. Valeurs propres d'un opérateur

1. Trouver toutes les fonctions continues $f : [0,1] \to \mathbb{R}$ telles que :

$$\forall x \in [0,1], \quad f(x) = \sum_{n=1}^{+\infty} \frac{f(x^n)}{3^n}.$$

2. Même question avec $f(x) = \sum\limits_{n=1}^{+\infty} \frac{f(x^n)}{2^n}$ pour tout $x \in [0,1]$.

3. Pour $0 < c < 1$, déterminer toutes les fonctions $f : [0,1] \to \mathbb{R}$, continues, telles que, pour tout $x \in [0,1]$, $f(x) = c \sum\limits_{n=1}^{+\infty} \frac{f(x^n)}{2^n}$.

Traiter également le cas $c = 2$.

▷ **Solution.**

1. Soit f continue sur $[0,1]$ vérifiant $f(x) = \sum\limits_{n=1}^{+\infty} \frac{f(x^n)}{3^n}$ pour tout $x \in [0,1]$. Comme $[0,1]$ est compact, f est bornée et on a, pour $0 \leqslant x \leqslant 1$,

$$|f(x)| \leqslant \sum_{n=1}^{+\infty} \frac{\|f\|_\infty}{3^n} = \frac{1}{3} \frac{1}{1-\frac{1}{3}} \|f\|_\infty = \frac{1}{2}\|f\|_\infty.$$

Il en résulte que $\|f\|_\infty \leqslant \frac{1}{2}\|f\|_\infty$ et donc $\|f\|_\infty = 0$. La fonction f est nulle.

2. La démarche précédente ne donne rien ici, car la somme de la série géométrique $\sum\limits_{n=1}^{+\infty} \frac{1}{2^n}$ est égale à 1. Il en résulte que toutes les fonctions constantes conviennent. On peut aussi noter que l'ensemble des solutions est un espace vectoriel. Soit f une solution. Quitte à lui retrancher la constante $f(0)$, on peut supposer que $f(0) = 0$.

Soit $a \in\,]0,1[$. La fonction f est continue sur le compact $[0,a]$, donc il existe $b \in [0,a]$ tel que $f(b) = \max\limits_{[0,a]} f$. Par hypothèse $f(b) = \sum\limits_{n=1}^{+\infty} \frac{f(b^n)}{2^n}$. Comme pour tout $n \geqslant 1$, $0 \leqslant b^n \leqslant b \leqslant a$, on a $f(b^n) \leqslant f(b)$ par définition de b. On a donc

$$f(b) \leqslant \sum_{n=1}^{+\infty} \frac{f(b)}{2^n} = f(b)$$

et l'inégalité serait stricte s'il existait un entier n tel que $f(b^n) < f(b)$. On a donc pour tout $n \in \mathbb{N}$, $f(b^n) = f(b)$. Comme $0 \leqslant b < 1$, la suite (b^n) converge vers 0 et $\lim\limits_{n\to+\infty} f(b^n) = f(0) = 0$, puisque f est continue. Ainsi, pour tout $x \in [0,a]$, on a $f(x) \leqslant 0$. Comme a a été choisi arbitrairement dans $[0,1[$, on a $f(x) \leqslant 0$ pour $0 \leqslant x < 1$ et par continuité, $f \leqslant 0$ sur $[0,1]$.

Si f est solution, $-f$ est aussi solution, donc on a aussi $-f \leqslant 0$ et finalement, f est nulle. Les solutions du problème sont donc les fonctions constantes.

3. En majorant comme dans la question 1, on obtient $\|f\|_\infty \leqslant c\|f\|_\infty$, et si $0 < c < 1$, cela impose $\|f\|_\infty = 0$ et f est nulle.

Supposons maintenant $c = 2$. On a, après simplification, pour tout $x \in [0, 1]$,

$$0 = \sum_{n=2}^{+\infty} \frac{f(x^n)}{2^{n-1}}, \text{ c'est-à-dire } f(x^2) = -\sum_{n=3}^{+\infty} \frac{f(x^n)}{2^{n-2}}.$$

On obtient en particulier

$$f(0) = -\sum_{n=3}^{+\infty} \frac{f(0)}{2^{n-2}} = -f(0) \quad \text{et} \quad f(1) = -\sum_{n=3}^{+\infty} \frac{f(1)}{2^{n-2}} = -f(1),$$

et donc $f(0) = f(1) = 0$. Notons pour $0 \leqslant x \leqslant 1$, $\mathrm{M}(x) = \max\limits_{0 \leqslant t \leqslant x} |f(t)|$. On a pour $0 \leqslant t \leqslant x$,

$$|f(t^2)| \leqslant \sum_{n=3}^{+\infty} \frac{\mathrm{M}(x^3)}{2^{n-2}} = \mathrm{M}(x^3)$$

car si $n \geqslant 3$, $t^n \leqslant x^n \leqslant x^3$. Il s'ensuit que $\mathrm{M}(x^2) \leqslant \mathrm{M}(x^3)$. Mais $\mathrm{M}(x^3)$ est inférieur à $\mathrm{M}(x^2)$, puisque $x^3 \leqslant x^2$. On en déduit que $\mathrm{M}(x^2) = \mathrm{M}(x^3)$. Il en résulte que pour $0 \leqslant x \leqslant 1$ et $n \geqslant 1$,

$$\mathrm{M}(x) = \mathrm{M}(x^{3/2}) = \mathrm{M}(x^{(3/2)^2}) = \cdots = \mathrm{M}(x^{(3/2)^n}).$$

Montrons que M est continue en 0. On a $\mathrm{M}(0) = 0 = f(0)$. Soit $\varepsilon > 0$. Alors, il existe $\eta > 0$ tel que pour $0 \leqslant x \leqslant \eta$, $|f(x)| \leqslant \varepsilon$ puisque f est continue en 0. Il s'ensuit que pour $0 \leqslant x \leqslant \eta$, $|\mathrm{M}(x)| \leqslant \varepsilon$. D'où la continuité de M en 0.

Comme pour $0 \leqslant x < 1$, la suite $(x^{(3/2)^n})$ converge vers 0, on a

$$\mathrm{M}(x) = \mathrm{M}(x^{(3/2)^n}) \xrightarrow[n \to +\infty]{} \mathrm{M}(0) = 0.$$

Ainsi M est nulle sur $[0, 1[$, et f aussi. La seule solution est la fonction nulle. ◁

Les énoncés qui suivent concernent la continuité uniforme, notion qui émerge dans les travaux de Dirichlet (1854) et Weierstrass (1861). C'est Heine qui, en 1870, en donne la définition que l'on connaît.

4.32. Un exemple

La fonction $f : x \longmapsto \cos(x \sin x)$ est-elle uniformément continue sur $\mathbb{R}$?

▷ **Solution.**

On peut commencer par esquisser le graphe de la fonction $g : x \mapsto x \sin x$.

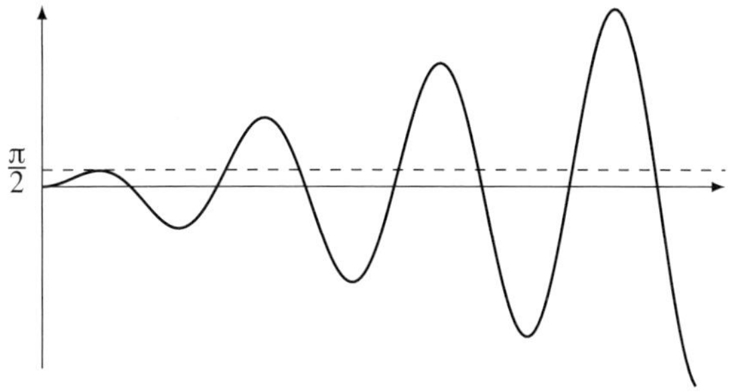

La fonction f est continue, bornée, mais on va montrer qu'elle n'est pas uniformément continue sur $\mathbb{R}_+$. Pour $n \in \mathbb{N}^*$, on a $g(2n\pi) = 0$ et donc $f(2n\pi) = 1$. Par ailleurs, $g\left(2n\pi + \frac{\pi}{2}\right) = 2n\pi + \frac{\pi}{2}$ et on peut donc trouver un réel y_n dans l'intervalle $\left[2n\pi, 2n\pi + \frac{\pi}{2}\right]$ tel que $g(y_n) = \frac{\pi}{2}\cdot$ On a alors $f(y_n) = 0$. On va estimer y_n et montrer que l'écart $\varepsilon_n = y_n - 2n\pi$ tend vers 0. Comme la suite $f(y_n) - f(2n\pi)$ est constante égale à -1, cela montrera que f n'est pas uniformément continue sur $\mathbb{R}_+$. Par définition on a

$$\frac{\pi}{2} = y_n \sin y_n = y_n \sin \varepsilon_n$$

avec $\varepsilon_n \in \left]0, \frac{\pi}{2}\right[$. Comme $y_n \to +\infty$ on en déduit que $\sin \varepsilon_n \to 0$, puis que $\varepsilon_n = \arcsin(\sin \varepsilon_n) \to 0$ comme annoncé. ◁

L'exercice suivant contient des questions très classiques et souvent posées aux oraux des concours.

4.33. Comportement en l'infini

Soit $f : \mathbb{R}_+ \to \mathbb{R}$ continue sur $\mathbb{R}_+$. Étudier les implications entre les points suivants :

(i) f est uniformément continue sur $\mathbb{R}_+$;

(ii) f admet une limite finie en $+\infty$;

(iii) $f(x) = O(x)$ lorsque $x \to +\infty$.

▷ **Solution.**

• L'implication $(i) \Longrightarrow (ii)$ est fausse puisque la fonction $x \mapsto x$ est uniformément continue et n'a pas de limite finie en $+\infty$.

• En revanche la réciproque $(ii) \Longrightarrow (i)$ est vraie. En effet, notonns ℓ la limite finie de f en $+\infty$. Soit $\varepsilon > 0$ et $A > 0$ tel que $|f(x) - \ell| \leqslant \frac{\varepsilon}{2}$ pour $x \geqslant A$.

Si x et y sont plus grands que A, on a alors $|f(x) - f(y)| \leqslant \varepsilon$. Choisissons alors $\eta > 0$ un ε-module de continuité uniforme pour f sur le segment $[0, \mathrm{A}]$ qui est compact (théorème de Heine). Soit x et y dans $\mathbb{R}_+$ tels que $|x - y| \leqslant \eta$. Si x et y sont dans $[0, \mathrm{A}]$ ou dans $[\mathrm{A}, +\infty[$ tous les deux on a $|f(x) - f(y)| \leqslant \varepsilon$ et si $x \in [0, \mathrm{A}]$ et $y \in [\mathrm{A}, +\infty[$ alors

$$|f(x) - f(y)| \leqslant |f(x) - f(\mathrm{A})| + |f(\mathrm{A}) - f(y)| \leqslant 2\varepsilon.$$

Ainsi η est un 2ε-module de continuité uniforme pour f sur $\mathbb{R}_+$.

• L'implication $(ii) \Longrightarrow (iii)$ est triviale et la réciproque est fausse.

• Montrons $(i) \Longrightarrow (iii)$. Puisque f est uniformément continue sur $\mathbb{R}_+$, il existe $\eta > 0$ tel que si $|x - y| \leqslant \eta$ alors $|f(x) - f(y)| \leqslant 1$. On en déduit que pour $x \in [0, \eta]$ on a $|f(x)| \leqslant |f(0)| + 1$, puis que, pour $x \in [\eta, 2\eta]$, on a $|f(x)| \leqslant |f(\eta)| + 1 \leqslant |f(0)| + 2$. Une récurrence immédiate montre que pour tout $n \in \mathbb{N}$ on a $|f(x)| \leqslant |f(0)| + n + 1$ sur l'intervalle $[n\eta, (n+1)\eta]$. Sur cet intervalle on peut majorer n par $\frac{x}{\eta}$. On a donc prouvé que pour tout $x \geqslant 0$,

$$|f(x)| \leqslant |f(0)| + 1 + \frac{x}{\eta}\cdot$$

• La réciproque est fausse. Par exemple la fonction bornée $x \longmapsto \sin(x^2)$ n'est pas uniformément continue : en effet, lorsqu'une fonction f est uniformément continue sur un intervalle I, pour toutes suites $(x_n)_{n\in\mathbb{N}}$ et $(y_n)_{n\in\mathbb{N}}$ de I telle que $\lim\limits_{n\to\infty} x_n - y_n = 0$, on a $\lim\limits_{n\to\infty} f(x_n) - f(y_n) = 0$. En prenant $x_n = \sqrt{2\pi n}$ et $y_n = \sqrt{2\pi n + \frac{\pi}{6}}$, on obtient que $x \longmapsto \sin(x^2)$ ne peut être uniformément continue. ◁

4.34. Lemme de Croft

> Soit $f : \mathbb{R}_+ \to \mathbb{R}$ telle que, pour tout $x > 0$, la suite $\big(f(nx)\big)$ tend vers 0.
>
> **1.** Montrer que si f est uniformément continue, on a $\lim\limits_{x\to+\infty} f(x) = 0$.
>
> **2.** Donner un exemple où f ne tend pas vers 0 en $+\infty$.
>
> **3.** Si $f : \mathbb{R}_+ \to \mathbb{R}$ est uniformément continue et si la suite $\big(f(x+n)\big)$ tend vers 0, pour tout $x \in \mathbb{R}_+$, peut-on dire que f tend vers 0 en $+\infty$?

▷ **Solution.**

1. L'hypothèse signifie que f tend vers 0 selon toute suite arithmétique de la forme $(nx)_{n\geqslant 0}$. Lorsque la fonction est uniformément continue, on peut facilement contrôler son comportement entre deux termes consécutifs de la suite. Plus précisément, soit $\varepsilon > 0$. La continuité uniforme de f permet de choisir $\eta > 0$ tel que $|f(x) - f(y)| \leqslant \varepsilon$ si $|x - y| \leqslant \eta$. La suite $(f(n\eta))_{n\geqslant 0}$ tend vers 0 par hypothèse. Fixons N tel que $|f(n\eta)| \leqslant \varepsilon$ pour $n \geqslant \mathrm{N}$. Si x est un réel supérieur ou égal à $\mathrm{N}\eta$, il existe un entier $n \geqslant \mathrm{N}$ tel que $|x - n\eta| \leqslant \eta$. On a alors $|f(x) - f(n\eta)| \leqslant \varepsilon$ de sorte que $|f(x)| \leqslant 2\varepsilon$. Cela prouve que f tend vers 0 en $+\infty$.

2. On pose $f(e^n) = 1$ pour tout $n \in \mathbb{N}$ et $f(x) = 0$ sinon. La fonction f ne tend pas vers 0 en $+\infty$, mais pour tout $x > 0$ la suite $f(nx)$ tend vers 0 car elle prend au plus une valeur non nulle : en effet, s'il y en avait deux distinctes, il existerait $0 < k < \ell$ et $n < m$ des entiers tels que $e^m = kx$ et $e^n = \ell x$. Dans ces conditions, le rationnel $\frac{\ell}{k}$ serait égal à e^{n-m}, ce qui est exclu puisque e est transcendant.

Pour la transcendance de e on renvoie le lecteur à l'exercice 1.18.

En revanche, le résultat de la première question reste vrai si la fonction f est seulement supposée continue. La démonstration utilise le théorème de Baire et est nettement plus délicate : on la trouvera dans le volume 4 de la collection.

3. La réponse est positive. Soit $\varepsilon > 0$ et η un ε-module de continuité uniforme pour f. On considère la subdivision régulière du segment $[0, 1]$ de pas $\frac{1}{p} < \eta$. D'après l'hypothèse les p suites $\left(f\left(\frac{k}{p} + n\right)\right)_{n\geqslant 0}$ pour $0 \leqslant k \leqslant p-1$ tendent toutes vers 0 lorsque $n \longrightarrow +\infty$. On peut donc trouver un rang $\mathrm{N} \in \mathbb{N}^*$ tel que

$$\forall k \in [\![0, p-1]\!], \quad \forall n \geqslant \mathrm{N}, \quad \left|f\left(\frac{k}{p} + n\right)\right| \leqslant \varepsilon.$$

Si x est un réel vérifiant $x \geqslant \mathrm{N}$, on peut trouver un entier $k \in [\![0, p-1]\!]$ et un entier $n \geqslant \mathrm{N}$ tel que $|x - \frac{k}{p} - n| \leqslant \frac{1}{p} \leqslant \eta$ et on en déduit que $|f(x)| \leqslant 2\varepsilon$. Cela prouve la résultat. ◁

Le produit de deux fonctions uniformément continues ne l'est pas en général comme le montre l'exemple simple de la fonction $\mathrm{Id}_{\mathbb{R}}$ *dont le carré n'est pas uniformément continu sur* $\mathbb{R}$.

4.35. Produit de fonctions uniformément continues

> Soit $f : \mathbb{R} \longrightarrow \mathbb{R}$ uniformément continue. Montrer qu'il y a équivalence entre :
>
> (i) pour toute fonction $g : \mathbb{R} \longrightarrow \mathbb{R}$ uniformément continue sur $\mathbb{R}$, la fonction fg est uniformément continue sur $\mathbb{R}$;
>
> (ii) la fonction $x \longmapsto |x|f(x)$ est uniformément continue sur $\mathbb{R}$.

▷ **Solution.**

• L'implication $(i) \Longrightarrow (ii)$ est triviale car la fonction $x \longmapsto |x|$ est uniformément continue sur $\mathbb{R}$, puisqu'elle est 1-lipschitzienne.

• Montrons la réciproque. Comme $x \mapsto |x|f(x)$ est uniformément continue sur $\mathbb{R}$, elle est $O(|x|)$ lorsque $x \to \pm\infty$ (le lecteur trouvera la preuve de ce résultat dans l'exercice 4.33) et il en découle que f est bornée sur $\mathbb{R}$.

Soit $g : \mathbb{R} \to \mathbb{R}$ uniformément continue sur $\mathbb{R}$ et deux réels x et y. On cherche à majorer $|f(x)g(x) - f(y)g(y)|$ et pour cela il est naturel d'écrire

$$|f(x)g(x) - f(y)g(y)| \leqslant |f(x)|\,|g(x) - g(y)| + |g(y)|\,|f(x) - f(y)|.$$

Soit $\varepsilon > 0$. On majore le premier terme ci-dessus par $\|f\|_\infty |g(x) - g(y)|$ et cela est inférieur où égal à $\frac{\varepsilon}{2}$ si on choisit $|x - y| \leqslant \eta_1$ où η_1 est un $\frac{\varepsilon}{2\|f\|_\infty}$-module de continuité uniforme pour g (on suppose f non nulle sans quoi le résultat est trivial).

Occupons-nous maintenant du second terme. C'est un peu moins facile car g n'est pas forcément bornée. On va utiliser le fait que $x \mapsto (|x| + 1)f(x)$ est uniformément continue, car somme de deux fonctions uniformément continues (on ajoute le coefficient 1 pour avoir en facteur une fonction qui ne s'annule pas). On peut ainsi écrire

$$|g(y)|\,|f(x) - f(y)| = \frac{|g(y)|}{1 + |y|}\Big|(1 + |y|)f(x) - (1 + |y|)f(y)\Big|$$

ce que l'on peut majorer par

$$\frac{|g(y)|}{1 + |y|}\left(\Big|(1 + |x|)f(x) - (1 + |y|)f(y)\Big| + \big||y| - |x|\big|\,|f(x)|\right).$$

Comme g est uniformément continue, la fonction $y \mapsto \frac{|g(y)|}{(1 + |y|)}$ est bornée sur $\mathbb{R}$, ainsi que f. De plus, $x \mapsto (|x| + 1)f(x)$ est uniformément continue sur $\mathbb{R}$, de même que la fonction valeur absolue. Comme précédemment, il existe donc $\eta_2 > 0$ tel que si $|x - y| \leqslant \eta_2$ alors le terme ci-dessus est majoré par $\frac{\varepsilon}{2}$. Le réel $\eta = \min(\eta_1, \eta_2)$ est alors un ε-module de continuité uniforme de fg. ◁

Le célèbre théorème de Heine affirme qu'une fonction continue sur un compact y est uniformément continue. L'exercice suivant se pose la question de la réciproque.

4.36. Réciproque au théorème de Heine

Soit X une partie de $\mathbb{R}$. On dit que X vérifie la propriété (P) si toute fonction continue de X dans $\mathbb{R}$ est uniformément continue.

1. Donner des exemples de parties vérifiant (P).

2. Montrer que si X vérifie (P) alors X est fermée.

3. Montrer que si X vérifie (P) alors il existe C compacte et S séparée telles que $X = C \cup S$.
Une partie S *est dite séparée s'il existe* $a > 0$ *tel que* $|x - y| \geqslant a$ *pour tous* $x \neq y$ *dans* S.

4. Montrer réciproquement que si C est compacte et S séparée, alors $C \cup S$ vérifie (P).

▷ **Solution.**

1. On sait, d'après le théorème de Heine, que toute partie compacte convient. Mais ce ne sont pas les seules solutions : une partie comme $\mathbb{N}$ convient aussi, car toute fonction $f : \mathbb{N} \longrightarrow \mathbb{R}$ est continue et même uniformément, puisque tout $\eta < 1$ est un ε-module de continuité uniforme pour tout $\varepsilon > 0$. Cela provient de ce que si $|x - y| \leqslant \eta < 1$ avec x et y dans $\mathbb{N}$, alors $x = y$.

2. Soit X qui vérifie (P) et supposons par l'absurde que X ne soit pas fermée. Soit a un point adhérent à X avec $a \notin X$. La fonction $f : x \mapsto \dfrac{1}{|x - a|}$ est continue sur X mais elle n'est pas uniformément continue sur X. En effet, supposons qu'il existe $\eta > 0$ un 1-module de continuité uniforme.

On choisit $x \in X$ tel que $|x - a| \leqslant \frac{\eta}{2}$. Comme f tend vers $+\infty$ en a on peut alors trouver $y \in X$, tel que $|y - a| \leqslant \frac{\eta}{2}$ et $f(y) \geqslant f(x) + 2$, ce qui est absurde puisque $|x - y| \leqslant \eta$.

3. Soit X qui vérifie (P). Pour $A > 0$ l'ensemble $C = X \cap [-A, A]$ est compact puisque fermé et borné. On pose $S = \{x \in X, |x| > A\}$. On a $X = C \cup S$ et on va montrer que S est séparé si A est suffisamment grand. Si ce n'est pas le cas, cela signifie que pour tout $A > 0$ et tout $a > 0$ on peut trouver x et y distincts dans X vérifiant $|x| > A$, $|y| > A$ et $|x - y| < a$. On peut donc construire deux suites $(u_n)_{n \geqslant 1}$ et $(v_n)_{n \geqslant 1}$ vérifiant $0 < |v_n - u_n| < \frac{1}{n}$ et aussi

$$|u_n| < |v_n| < 1 + |u_n| < |u_{n+1}| < |v_{n+1}|$$

pour tout n. En effet, si x et y sont deux réels distincts tels que $|x| > 1$, $|y| > 1$ et $|x - y| < 1$, on a $|x| \neq |y|$ (sinon $y = -x$ et $|x - y| = 2|x| > 2$) et en notant u_1 (resp. v_1) celui des deux réels de plus petite (resp. grande) valeur absolue, on obtient $0 < |v_1 - u_1| < 1$ et $|u_1| < |v_1| < 1 + |u_1|$. Ensuite, si $u_1, \ldots, u_n, v_1, \ldots, v_n$ sont construits, il existe deux réels distincts x et y tels que $|x| > |u_n| + 1$, $|y| > |u_n| + 1$ et $|x - y| < \dfrac{1}{n+1}$. En notant u_{n+1} (resp. v_{n+1}) celui des deux réels de plus petite (resp. grande) valeur absolue, on obtient $0 < |v_{n+1} - u_{n+1}| < \frac{1}{n+1} \leqslant 1$ et $1 + |u_n| < |u_{n+1}| < |v_{n+1}| \leqslant 1 + |u_{n+1}|$.

Quitte à extraire une sous-suite de (u_n), on peut supposer que (u_n) est de signe constant. Dans le cas positif (le cas négatif se traite de même), u_n diverge vers $+\infty$ et v_n aussi avec $u_n < v_n < u_{n+1}$. On peut alors construire sur $\mathbb{R}$ une fonction affine par morceaux et continue f valant 0 en u_n et 1 en v_n. Cette fonction n'est toutefois pas uniformément continue puisque, pour tout n, on a $|f(v_n) - f(u_n)| = 1$ alors que $(v_n - u_n)$ tend vers 0.

Pour X *partie d'un espace normé de dimension finie, le résultat est encore valable : on peut adapter le début de la preuve mais la construction de la fonction continue et non uniformément continue s'avère plus délicate : on construit toujours* u_n *et* v_n *par récurrence sur n avec* $0 < \|v_{n+1} - u_{n+1}\| < \dfrac{1}{n+1} \leqslant 1$ *et* $1 + \|u_n\| < \|u_{n+1}\| < \|v_{n+1}\| \leqslant 1 + \|u_{n+1}\|$. *L'ensemble* $\mathrm{U} = \{u_n, n \geqslant 1\}$ *est fermé tout comme* $\mathrm{V} = \{v_n, n \geqslant 1\}$. *En effet, si* (a_n) *est une suite d'éléments de* U *qui converge vers a, la suite* (a_n) *est bornée et comme* $(\|u_n\|)$ *diverge vers* $+\infty$, (a_n) *ne prend qu'un nombre fini de valeurs. Elle est donc stationnaire et* $a \in \mathrm{U}$. *Il en est de même pour* V. *Ces deux ensembles sont disjoints. Considérons alors la fonction*

$$f : x \in \mathrm{X} \mapsto \frac{d(x, \mathrm{U})}{d(x, \mathrm{U}) + d(x, \mathrm{V})}$$

qui est bien définie et continue sur X, *car le dénominateur ne peut pas s'annuler. En effet les ensembles* U *et* V *étant fermés,* $d(x, \mathrm{U}) = 0$ *équivaut à* $x \in \mathrm{U}$ *et de même pour* V. *Cette fonction n'est toutefois pas uniformément continue puisque, pour tout n, on a* $|f(v_n) - f(u_n)| = 1$ *alors que* $(v_n - u_n)$ *tend vers* 0.

4. Soit $\mathrm{X} = \mathrm{C} \cup \mathrm{S}$ avec C compacte et S séparée. Soit $f : \mathrm{X} \to \mathbb{R}$ continue et $\varepsilon > 0$. On se donne $a > 0$ tel que $|x - y| \geqslant a$ pour $x \neq y$ dans S. Il n'y a qu'un nombre fini de points de S qui se trouvent à une distance $\leqslant a$ de C (dans une partie bornée de $\mathbb{R}$, il n'y a qu'un nombre fini de points de S). La réunion C′ de C et de ces points est donc encore compacte. Soit $\eta > 0$ que l'on choisit dans $]0, a[$ un ε-module de continuité uniforme pour la restriction de f au compact C′. Soient x et y deux points de X tels que $|x - y| \leqslant \eta$. Si x et y sont dans C on a $|f(x) - f(y)| \leqslant \varepsilon$ par définition. Si x et y sont dans S on a forcément $x = y$ et donc l'inégalité reste vraie. Enfin si on a par exemple $x \in \mathrm{C}$ et $y \in \mathrm{S}$, alors $y \in \mathrm{C}'$ et on a encore $|f(x) - f(y)| \leqslant \varepsilon$. Il en découle que η est un ε-module pour f sur X tout entier. ◁

Cette dernière question se généralise également à X *partie d'un espace normé de dimension finie.*

Les exercices suivants sont consacrés à la dérivabilité. Le développement des méthodes infinitésimales s'accéléra au XVIIe *siècle avec les problèmes de calcul de vitesse instantanée, de direction de tangentes, de minima et maxima, de longueur de trajectoire... Dans ce domaine, nous devons beaucoup à Pascal, à Fermat qui utilisait la notion d'infiniment petit, à Descartes qui critiquait déjà ce langage (la polémique ne s'éteindra vraiment qu'au début du* XIXe *siècle). Mais c'est Newton (1642-1727) et Leibniz (1646-1716) qui, par leur travaux, contribuèrent à donner de solides fondements à cette nouvelle branche des mathématiques. Reprenant au début les infiniment petits, Newton s'en éloigna dans son exposé de la méthode dites des « fluxions » et enfin, dans* Quadratura curvarum (1704), *il donna une version très proche de l'actuelle définition de la dérivée, comme limite du rapport* $\frac{f(x+h)-f(x)}{h}$. *De manière indépendante, Leibniz créa une partie du formalisme moderne (avec les notations* dx, $\frac{dx}{dt}$, $\int$ *), introduisit les dérivées d'ordre supérieur et donna bon nombre de règles de dérivation des quantités composées par sommes, produits...*

4.37. Dérivabilité de la valeur absolue

1. Soit I un intervalle ouvert et $f : \mathrm{I} \to \mathbb{R}$ dérivable. Donner une condition nécessaire et suffisante pour que $|f|$ soit dérivable.

2. Soit $g, h : \mathrm{I} \to \mathbb{R}$ de classe C^1. Donner une condition nécessaire et suffisante pour que $\max(g, h)$ soit C^1.

▷ **Solution.**

1. Soit $x_0 \in \mathrm{I}$. Si $f(x_0) \neq 0$, alors il existe un voisinage V de x_0 sur lequel f ne s'annule pas. Sur V, la fonction $|f|$ coïncide avec f ou avec $-f$, donc est dérivable en x_0. Supposons que $f(x_0) = 0$. Si $f'(x_0)$ n'est pas nul, alors f s'annule en changeant de signe en x_0. Si par exemple $f'(x_0) > 0$, alors il existe $\eta > 0$ tel que f soit strictement positive sur $]x_0, x_0 + \eta[$ et strictement négative sur $]x_0 - \eta, x_0[$. On en déduit que $g = |f|$ est dérivable à droite et à gauche en x_0 mais avec $f|'_d(x_0) = f'(x_0)$ et $|f|'_g(x_0) = -f'(x_0)$ de sorte que $|f|$ n'est pas dérivable en x_0. Il est donc nécessaire que $f'(x_0) = 0$ et cela est suffisant puisqu'on a alors $|f(x)| = |o(x - x_0)| = o(x - x_0)$ lorsque x tend x_0, donc $|f|$ est dérivable en x_0 avec une dérivée également nulle en ce point.

2. On a $\max(g, h) = \frac{g+h}{2} + \frac{|g-h|}{2}$ donc, d'après la première question, pour que $\max(g, h)$ soit dérivable il faut et suffit qu'en tout point x_0 où $g(x_0) = h(x_0)$, on ait aussi $g'(x_0) = h'(x_0)$. Lorsque cette condition est réalisée on constate que $\max(g, h)' = \frac{f'+g'}{2} + \frac{|g'-h'|}{2}$ de sorte que la dérivée est automatiquement continue sur $\mathbb{R}$. ◁

4.38. Étude d'un taux d'accroissement

Soit $f : \mathbb{R} \to \mathbb{R}$ continue en 0. Déterminer une condition nécessaire et suffisante pour que $\frac{f(2x)-f(x)}{x}$ admette une limite en 0.

▷ **Solution.**

• La quantité $\frac{f(2x)-f(x)}{x}$ est le taux d'accroissement de f entre x et $2x$. Il est facile de l'estimer lorsque la fonction f est dérivable en 0. En effet, on peut alors écrire $f(x) = f(0) + f'(0)x + o(x)$. Il en résulte que l'on a $f(2x) = f(0) + 2f'(0)x + o(x)$ et le rapport $\dfrac{f(2x) - f(x)}{x} = f'(0) + o(1)$ tend donc vers $f'(0)$.

• On va montrer réciproquement que, si le rapport $\dfrac{f(2x) - f(x)}{x}$ admet une limite a en 0, alors f est dérivable en 0 avec $f'(0) = a$. Quitte à considérer la fonction $g(x) = f(x) - ax$, on peut supposer que $a = 0$. Considérons la fonction ε définie par $\varepsilon(x) = \dfrac{f(2x) - f(x)}{x}$, prolongée par continuité en 0 par $\varepsilon(0) = 0$. On a pour tout entier $n \geqslant 1$,

$$f(x) - f\left(\frac{x}{2^n}\right) = \sum_{k=1}^{n} \left(f\left(\frac{x}{2^{k-1}}\right) - f\left(\frac{x}{2^k}\right)\right) = \sum_{k=1}^{n} \frac{x}{2^k} \varepsilon\left(\frac{x}{2^k}\right).$$

Comme $f\left(\frac{x}{2^n}\right)$ tend vers $f(0)$ par continuité de f en 0, on a en faisant tendre n vers l'infini, sous réserve de la convergence de la série,

$$f(x) - f(0) = x \underbrace{\sum_{k=1}^{+\infty} \frac{\varepsilon(x/2^k)}{2^k}}_{\tau(x)}.$$

Prenons $\alpha > 0$ tel que ε soit bornée sur $[-\alpha, \alpha]$ (un tel intervalle existe puisque ε tend vers 0 en 0). La série définissant τ converge normalement sur $[-\alpha, \alpha]$, de sorte que τ est continue en 0. Ainsi, $\dfrac{f(x) - f(0)}{x}$ tend vers $\tau(0) = 0$ quand x tend vers 0, *i.e.* f est dérivable en 0 avec $f'(0) = 0$. ◁

4.39. Encadrement du taux d'accroissement

Déterminer les fonctions $f : \mathbb{R} \to \mathbb{R}$ telles que pour tout couple $(x, y) \in \mathbb{R}^2$ avec $x \neq y$, on ait

$$\min(f(x), f(y)) \leqslant \frac{f(y) - f(x)}{y - x} \leqslant \max(f(x), f(y)).$$

▷ **Solution.**

Regardons pour commencer le cas où f est continue. Dans ce cas le minimum et le maximum tendent tous les deux vers $f(x)$ lorsque y tend vers x. On en déduit que f est dérivable en tout point x et que $f'(x) = f(x)$. Ainsi f est colinéaire à la fonction exp et réciproquement celle-ci convient.

On va montrer que l'hypothèse entraîne en fait le continuité de la fonction. Si f n'est pas continue en x (disons par exemple à droite) on peut trouver $\varepsilon > 0$ et une suite y_n qui tend vers x en décroissant, avec par exemple $f(y_n) \geqslant f(x) + \varepsilon$ pour tout n. De l'inégalité de droite, on déduit $(1 - y_n + x)f(y_n) \leqslant f(x)$. Compte tenu de $f(y_n) \geqslant f(x)+\varepsilon$, on obtient $\varepsilon(1-y_n+x) \leqslant f(x)(x-y_n)$ pour tout n assez grand, ce qui est absurde. ◁

La notion de dérivabilité prête à plusieurs généralisations. Pour définir la pseudo-dérivée dans l'exercice suivant, on utilise une expression symétrique par rapport au point considéré.

4.40. Pseudo-dérivée

Soit I un intervalle ouvert non vide de $\mathbb{R}$ et $f : \mathrm{I} \longrightarrow \mathbb{R}$ continue, telle que

$$\tilde{f}(x) = \lim_{h\to 0} \frac{f(x+h)-f(x-h)}{2h}$$

existe pour tout $x \in \mathrm{I}$ (on dit que f est *pseudo-dérivable* sur I). Montrer que si $\tilde{f} \geqslant 0$, alors f est croissante (on pourra d'abord supposer $\tilde{f} \geqslant \alpha > 0$).

▷ **Solution.**

Supposons tout d'abord $\tilde{f} \geqslant \alpha$ avec $\alpha > 0$. Raisonnons par l'absurde et supposons que f ne soit pas croissante. Dans ces conditions, il existe $a < b$ tel que $f(a) > f(b)$. On va exhiber un point $c \in \,]a,b[$ pour lequel il existe des valeurs de $h > 0$ aussi petites que l'on souhaite telles que $f(c-h) \geqslant f(c+h)$. Pour une telle valeur h, le taux d'accroissement $\dfrac{f(x+h)-f(x-h)}{2h}$ est négatif ou nul, ce qui en passant à la limite fournit une contradiction avec le fait que $\tilde{f}(c) > 0$.

Choisissons $\ell \in \,]f(b), f(a)[$ et considérons $\mathrm{E} = \{x \in [a,b], f(x) > \ell\}$. Comme f est continue, E est un ouvert (relatif) de $[a,b]$ qui contient a. Il existe donc $\eta > 0$ tel que $[a, a+\eta] \subset \mathrm{E}$.

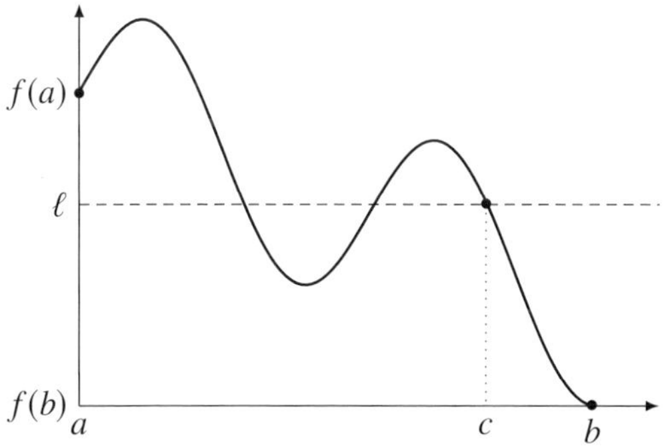

Posons $c = \sup \mathrm{E}$. On a $a < c < b$, la deuxième inégalité stricte étant justifiée par le fait que si c était égal à b, par continuité $f(b)$ serait supérieur ou égal à ℓ. Par construction, on a $f(x) \leqslant \ell$ pour tout $x \in \,]c,b]$; par continuité, on en déduit $f(c) \leqslant \ell$ donc $c \notin \mathrm{E}$. Et comme $c = \sup \mathrm{E}$, il existe donc une suite $(h_n)_{n\in\mathbb{N}}$ de réels strictement positifs, tendant vers 0, telle que $c - h_n \in \mathrm{E}$ pour tout $n \in \mathbb{N}$ (on peut imposer de plus $h_n < b - c$). On obtient alors la contradiction annoncée plus haut. En effet, pour tout n, on a

$$\frac{f(c+h_n) - f(c-h_n)}{2h_n} \leqslant \frac{\ell - \ell}{2h_n} = 0,$$

et donc $\tilde{f}(c) = \lim\limits_{n\to\infty} \dfrac{f(c+h_n) - f(c-h_n)}{2h_n} \leqslant 0$. On conclut que si $\tilde{f} \geqslant \alpha > 0$, alors f est croissante.

Supposons maintenant que l'on a seulement $\tilde{f} \geqslant 0$. Considérons pour tout $\alpha > 0$, la fonction $g_\alpha : x \in \mathrm{I} \longmapsto f(x) + \alpha x$. Il est clair que g_α est pseudo-dérivable et que pour tout $x \in \mathrm{I}$, $\tilde{g_\alpha}(x) = \tilde{f}(x) + \alpha \geqslant \alpha > 0$. D'après ce qui précède, g_α est croissante et donc pour $x \leqslant y$ dans I, on a $g_\alpha(x) \leqslant g_\alpha(y)$, ce qui s'écrit $f(x) + \alpha x \leqslant f(x) + \alpha y$. Si x et y sont fixés, cette inégalité est vraie pour tout $\alpha > 0$. En faisant tendre α vers 0, on obtient $f(x) \leqslant f(y)$. Donc f est bien croissante. $\triangleleft$

Il est clair qu'une fonction dérivable en un point est aussi pseudo-dérivable en ce point. La réciproque est fausse, la fonction n'étant même pas nécessairement continue. Par exemple, la fonction f qui est nulle partout, sauf en 0 où elle vaut 1, n'est pas continue en 0, mais elle y est pseudo-dérivable avec $\tilde{f}(0) = 0$. Même avec l'hypothèse de continuité, une fonction peut être pseudo-dérivable sans être dérivable : c'est par exemple le cas de $x \longmapsto |x|$ en 0.

Dire que f est une fonction dérivable en un point x_0 signifie que $f(x) = f(x_0) + f'(x_0)(x - x_0) + o(x - x_0)$, c'est-à-dire qu'en remplaçant f par l'équation de sa tangente en x_0, on commet une erreur qui est un $o(x - x_0)$: c'est d'ailleurs la formulation de la dérivabilité que donne Weierstrass. Cette simple approximation est la clé de bien des exercices dont le suivant.

4.41. Limite d'une somme

Soit $f : \mathbb{R} \to \mathbb{R}$ dérivable en 0 et vérifiant $f(0) = 0$. Déterminer la limite de la suite de terme général

$$s_n = \sum_{k=0}^{n} f\left(\frac{k}{n^2}\right).$$

▷ **Solution.**

L'idée est de remplacer f par son approximation affine en 0, qui conduit à une somme qui se calcule. On a $f(x) = f'(0)x + x\varepsilon(x)$ où ε est une fonction de limite nulle en 0. On a alors

$$s_n = f'(0)\sum_{k=0}^{n}\frac{k}{n^2} + \underbrace{\sum_{k=0}^{n}\frac{k}{n^2}\varepsilon\left(\frac{k}{n^2}\right)}_{=r_n}.$$

Comme $\sum_{k=0}^{n} k = \frac{n(n+1)}{2}$, le premier terme ci-dessus tend vers $\frac{f'(0)}{2}$. Montrons que r_n tend vers 0. Soit $\alpha > 0$. Il existe $\eta > 0$ tel que $|\varepsilon(x)| \leqslant \alpha$ sur $[0, \eta]$. Soit N tel que $\frac{1}{\mathrm{N}} \leqslant \eta$. Alors, pour $n \geqslant \mathrm{N}$, toutes les fractions $\frac{k}{n^2}$, pour $k \in [\![0, n]\!]$ sont dans l'intervalle $[0, \eta]$. Ainsi, pour tout $n \geqslant \mathrm{N}$, $|r_n| \leqslant \sum_{k=0}^{n}\frac{k}{n^2}\alpha = \frac{n+1}{2n}\alpha \leqslant \alpha$.

D'où le résultat : $\lim s_n = \frac{f'(0)}{2}$. ◁

4.42. Fonctions dérivables à droite

Soit $f : \mathbb{R} \to \mathbb{R}$ continue et dérivable à droite sur $\mathbb{R}$.

1. Montrer que si f'_d est positive sur $\mathbb{R}$, alors f est croissante.

2. Montrer que si f'_d est continue sur $\mathbb{R}$, alors f est de classe C^1.

▷ **Solution.**

1. Supposons tout d'abord qu'il existe $\varepsilon > 0$ tel que $f'_d \geqslant \varepsilon$. Si f n'est pas croissante on peut trouver $a < b$ tels que $f(a) > f(b)$. Comme f est continue, l'ensemble $\mathrm{E} = \{x \in [a, b], f(x) = f(a)\}$ est un ensemble fermé et, quitte à remplacer a par $\max \mathrm{E}$, on peut supposer que f ne prend plus la valeur $f(a)$ dans l'intervalle $]a, b]$. On a alors $f(x) < f(a)$ pour tout $x \in]a, b]$. Mais c'est absurde car cela implique $f'_d(a) \leqslant 0$. Ainsi f est croissante.

Dans le cas général, pour $\alpha > 0$, on considère la fonction $g_\alpha : x \mapsto f(x) + \varepsilon x$. La fonction g_α est continue, dérivable à droite sur $\mathbb{R}$ et on a $(g_\alpha)'_d = f'_d + \varepsilon \geqslant \varepsilon$. Par le cas précédent, on peut donc dire que g_α est croissante sur $\mathbb{R}$. Pour $x < y$ on a donc $f(x) + \varepsilon x \leqslant f(y) + \varepsilon y$ et comme cela vaut pour tout $\varepsilon > 0$, il suffit de faire tendre ε vers 0 pour obtenir $f(x) \leqslant f(y)$.

On en déduit que si f'_d est négative (resp. nulle) sur $\mathbb{R}$, alors f est décroissante (resp. constante).

2. Supposons f'_d continue sur $\mathbb{R}$. On peut alors considérer la fonction

$$\mathrm{F} : x \mapsto f(0) + \int_0^x f'_d(t)\mathrm{d}t.$$

Celle-ci est de classe C^1 sur $\mathbb{R}$, donc en particulier dérivable à droite en tout point et $F'_d = f'_d$. La fonction $F - f$ a sa dérivée à droite nulle en tout point donc, d'après la question 1, elle est constante. Comme $F(0) = f(0)$ on a $F = f$ et f est de classe C^1. ◁

*4.43. Fonctions dérivables à gauche et à droite

> Soit $f : \mathbb{R} \to \mathbb{R}$ dérivable à droite et à gauche, telle que $f'_d = 2f'_g$. Montrer que f est constante.

▷ **Solution.**

On note que les hypothèses entraînent la continuité de f.

Soit $a < b$. Supposons $f(a) < f(b)$. Alors f est sous sa corde entre a et b. En effet, posons $h(x) = f(x) - f(a) - \lambda(x - a)$ avec $\lambda = \dfrac{f(b) - f(a)}{b - a} > 0$ pente de la corde. On a $h(a) = h(b) = 0$. Supposons par l'absurde que h prend des valeurs > 0. Comme h est continue, elle a un maximum sur le segment $[a, b]$, atteint en $c \in]a, b[$. On a alors $h'_g(c) \geqslant 0$ et $h'_d(c) \leqslant 0$ ce qui donne $f'_g(c) \geqslant \lambda$ et $f'_d(c) \leqslant \lambda$, ce qui est impossible puisque $\lambda > 0$.

On montre de même que si $f(a) > f(b)$, alors f est au-dessus de sa corde entre a et b.

Supposons alors $f(a) = f(b)$. On va montrer que f est constante sur $[a, b]$. Si par exemple il existe $c \in]a, b[$ tel que $f(c) < f(a)$, alors f est sous sa corde entre c et b. Pour $x < b$ proche de b, on a donc $f(x) < f(a)$ donc f est au-dessus de sa corde $[a, x]$ et en particulier en c. En faisant tendre x vers b on en déduit que $f(c) \geqslant f(a)$: contradiction. Même conclusion si on a un point c tel que $f(c) > f(a)$.

On ne peut donc pas avoir trois réels $a < b < c$ tels que $f(a)$, $f(b)$ et $f(c)$ ne soient pas ordonnés. En effet si par exemple $f(c) < f(a) < f(b)$, toute valeur de $]f(c), f(a)[$ est prise deux fois par f, en $d \in]a, c[$ et $e \in]c, b[$. Mais alors f est constante sur $[d, e]$: contradiction. Il en résulte que f est monotone. Quitte à prendre $-f$, on peut supposer f croissante.

Ce qui précède montre alors que f est convexe (car sous toutes ses cordes). Les fonctions f'_g et f'_d sont alors croissantes et positives. De plus si $a < b$, alors on a $f'_d(a) \leqslant f'_g(b)$. S'il existe a tel que $f'_g(a) > 0$, alors pour $b > a$ on a $f'_g(b) \geqslant 2f'_g(a)$, donc en utilisant une subdivision de $[a, b]$ en n intervalles on obtient $f'_g(b) \geqslant 2^n f'_g(a)$ pour tout n, ce qui est absurde. Ainsi $f'_g = f'_d = 0$ et f est dérivable de dérivée nulle. Elle est donc constante. ◁

Les exercices qui suivent s'intéressent à diverses équations (ou inéquations) liant une fonction et ses dérivées.

4.44. Équation $f' = f \circ f$

Montrer qu'il n'existe aucune fonction f de classe C^1, strictement croissante, telle que $f' = f \circ f$.

▷ **Solution.**

Supposons par l'absurde qu'une telle fonction f existe. La fonction f' est alors positive (puisque f est croissante) et elle est strictement croissante puisque $f' = f \circ f$. Elle est donc strictement positive sur $\mathbb{R}$. Pour $x \geqslant 0$, on a $f'(x) \geqslant f'(0) > 0$ et en intégrant, il vient $f(x) \geqslant f'(0)x + f(0)$ pour tout $x \geqslant 0$. On en déduit que f tend vers $+\infty$ en $+\infty$. Par composition des limites, f' tend aussi vers $+\infty$ en $+\infty$. On va obtenir une contradiction en s'intéressant au comportement asymptotique en $+\infty$ de f. Soit A tel que $f'(x) \geqslant 2$ pour $x \geqslant \mathrm{A}$. On a alors $f(x) \geqslant 2x + f(\mathrm{A})$ pour $x \geqslant \mathrm{A}$. Par la formule des accroissements finis, pour tout $x \geqslant \mathrm{A}$ il existe $c \in]x, x+1[$ tel que

$$f(x+1) - f(x) = f'(c) \geqslant f'(x) = f(f(x)).$$

On a donc $f(x+1) \geqslant f(f(x))$ pour x assez grand et comme f est croissante cela implique $x + 1 \geqslant f(x) \geqslant 2x + f(\mathrm{A})$ pour x assez grand. Contradiction. ◁

4.45. Équation $f' = f^{-1}$

On note I un intervalle non trivial de $\mathbb{R}$ et E(I) l'ensemble des fonctions f dérivables et bijectives de I sur I telles que $f' = f^{-1}$.

1. L'ensemble $\mathrm{E}(\mathbb{R})$ est-il non vide ?

2. L'ensemble $\mathrm{E}(\mathbb{R}_+)$ contient-il des fonctions de classe C^∞ ? de classe C^1 ?

3. Que dire des points fixes sur $\mathbb{R}_+^*$ des éléments de $\mathrm{E}(\mathbb{R}_+)$?

▷ **Solution.**

1. Si $f \in \mathrm{E}(\mathrm{I})$, elle est bijective donc strictement monotone et sa dérivée f' garde donc un signe constant sur I. Ainsi f^{-1} a aussi un signe constant et l'intervalle I ne peut donc pas être égal à $\mathbb{R}$. Ainsi $\mathrm{E}(\mathbb{R}) = \emptyset$.

2. Soit $f \in \mathrm{E}(\mathbb{R}_+)$. Alors f' est positive donc f est strictement croissante et $f(0) = 0$. Cela impose $f'(0) = f^{-1}(0) = 0$ et donc $f' > 0$ sur $\mathbb{R}_+^*$. On en déduit que f établit un C^1-difféomorphisme de $\mathbb{R}_+^*$ sur lui-même. En particulier la fonction $f' = f^{-1}$ est de classe C^1 sur $\mathbb{R}_+^*$ et pour tout $x > 0$ on a

$$f''(x) = \frac{1}{(f' \circ f^{-1})(x)} = \frac{1}{(f' \circ f')(x)}.$$

Or f' est continue sur $\mathbb{R}_+$ et $f'(x)$ tend vers 0 lorsque x tend vers 0. Ainsi $f''(x)$ tend vers $+\infty$ lorsque x tend vers 0. Cela montre qu'une fonction de $\mathrm{E}(\mathbb{R}_+)$ ne peut pas être de classe C^2 sur $\mathbb{R}_+$ et *a fortiori* ne peut pas être de classe C^∞. En revanche, comme $f' = f^{-1}$ est continue sur $\mathbb{R}_+$ une fonction de $\mathrm{E}(\mathbb{R}_+)$ est de classe C^1.

Montrons qu'il en existe. Cherchons f sous la forme d'une fonction puissance : $f(x) = \lambda x^\alpha$ avec $\alpha \geqslant 1$ pour que f soit dérivable en 0 et $\lambda > 0$. On a pour tout $x \geqslant 0$,

$$f'(x) = \lambda\alpha x^{\alpha-1} \quad \text{et} \quad f^{-1}(x) = \left(\frac{x}{\lambda}\right)^{1/\alpha}.$$

Les deux fonctions coïncident si et seulement si $\alpha - 1 = \frac{1}{\alpha}$ et $\lambda\alpha = \lambda^{-1/\alpha}$. La première équation est de degré 2 et admet pour unique racine positive le nombre d'or $\Phi = \dfrac{1+\sqrt{5}}{2}\cdot$ Pour cette valeur la seconde équation admet une unique solution $\lambda = \left(\frac{1}{\Phi}\right)^{\frac{\Phi}{1+\Phi}}$. L'ensemble $\mathrm{E}(\mathbb{R}_+)$ est donc non vide.

3. Soit $f \in \mathrm{E}(\mathbb{R}_+)$. On a $f(x) \underset{x\to 0}{=} o(x)$, car $f(0) = f'(0) = 0$, donc l'inégalité $f(x) < x$ sur un intervalle de la forme $]0, \alpha[$. D'autre part f' a pour limite $+\infty$ en $+\infty$. Il existe $a > 0$ tel que $f'(x) \geqslant 2$ pour $x \geqslant a$. D'après l'inégalité de accroissements finis, on a pour $x \geqslant a$, $f(x) - f(a) \geqslant 2(x-a)$ donc $f(x) - x \geqslant x - 2a + f(a) > 0$ pour x assez grand. D'après le théorème des valeurs intermédiaires appliqué à la fonction $h : x \longmapsto f(x) - x$, il existe $x > 0$ tel que $f(x) = x$. Montrons que ce point fixe est unique, en raisonnant par l'absurde. Si on a deux tels points fixes $x < y$, on a alors $h(0) = h(x) = h(y)$ et d'après le théorème de Rolle, $h' = f' - 1$ s'annule deux fois, l'une sur $]0, x[$, l'autre sur $]x, y[$. Ainsi, f' prend deux fois la valeur 1, ce qui est impossible car f' est bijective. Donc le point fixe est unique et la fonction h est négative sur $]0, x[$ et positive sur $]x, +\infty[$.

Montrons que ce point fixe est le même pour tous les éléments de $\mathrm{E}(\mathbb{R}_+)$, en raisonnant de nouveau par l'absurde. Soit f et g dans $\mathrm{E}(\mathbb{R}_+)$, a et b tels que $0 < a < b$, $f(a) = a$ et $g(b) = b$. On a alors $f(a) - g(a) = a - g(a) > 0$, car $a < b$. Soit $\mathrm{A} = \{x \in [0, a], f(x) = g(x)\}$. L'ensemble A est non vide, car il contient 0, majoré. Il possède une borne supérieure qui est dans A, car A est fermé : $f(c) = g(c)$. De plus $c < a$, car $f(x) - g(x) > 0$ au voisinage de a. Pour $x \in]c, a[$, on a $f(x) > g(x)$. Comme f est bijective, cela signifie que pour $y \in]f(c), f(a)[$, on a $y > g(f^{-1}(y)$ et donc $g^{-1}(y) > f^{-1}(y)$, c'est-à-dire $g'(y) > f'(y)$. On a $f(a) = a$ et $f(c) < c$, car $c < a$. Ainsi $]c, a[\subset]f(c), f(a)[$. Ainsi, on a $(g - f)' > 0$ sur $]c, a[$. La fonction $g - f$ croît sur $[c, a]$. Mais cela est contradictoire, car cette fonction est nulle en c et strictement négative en a.

Tous les éléments de $\mathrm{E}(\mathbb{R}_+)$ ont donc un même point fixe strictement positif. C'est celui de la fonction déterminée à la question 2. On trouve qu'il est égal à Φ. ◁

4.46. Une équation différentielle (1)

> Existe-t-il $f \in C^2(\mathbb{R}, \mathbb{R})$ telle que pour tout $x \in \mathbb{R}$,
>
> $$\frac{f^2(x)f'^2(x)}{1+|x|} + f''(x) = -1 \ ?$$

▷ **Solution.**

Supposons qu'une telle fonction f existe. On a alors $f'' \leqslant -1$ et donc f est strictement concave sur $\mathbb{R}$. En intégrant cette inégalité sur $[0, x]$ pour $x \geqslant 0$, on obtient $f'(x) \leqslant f'(0) - x$ puis, par une nouvelle intégration,

$$f(x) \leqslant -\frac{x^2}{2} + f'(0)x + f(0).$$

Ainsi $f'(x)$ et $f(x)$ tendent vers $-\infty$ lorsque x tend $+\infty$. On va voir que ces estimations posent un problème asymptotique. Plaçons-nous sur un intervalle $[\mathrm{A}, +\infty[$, avec $\mathrm{A} > 0$, sur lequel $f' < 0$. Pour tout $x \geqslant \mathrm{A}$ on a, en divisant l'équation par $f'(x)^2$,

$$\frac{f^2(x)}{1+x} \leqslant -\frac{f''(x)}{f'^2(x)}.$$

Si on intègre cela entre A et x il vient

$$\int_{\mathrm{A}}^{x} \frac{f^2(t)}{1+t}\mathrm{d}t \leqslant \frac{1}{f'(x)} - \frac{1}{f'(\mathrm{A})} \leqslant -\frac{1}{f'(\mathrm{A})}.$$

L'intégrale de gauche aurait donc une limite finie lorsque $x \to +\infty$ ce qui est clairement absurde puisque $x^4 = \mathrm{O}(f^2(x))$ lorsque x tend vers $+\infty$. ◁

4.47. Inéquation différentielle

> Soit $f : \mathbb{R} \to \mathbb{R}$ dérivable telle que $f^2 + (1 + f')^2 \leqslant 1$.
> Montrer que $f = 0$.

▷ **Solution.**

L'inégalité impose que f' est négative sur $\mathbb{R}$, donc f est décroissante. Par ailleurs on a $-1 \leqslant f \leqslant 1$. Si f prend une valeur strictement positive α en un point x_0, alors $f \geqslant \alpha$ sur $]-\infty, x_0]$ et on en déduit que $f' \leqslant \sqrt{1-\alpha^2} - 1 < 0$, ce qui pose problème, puisqu'alors f tend vers $+\infty$ en $-\infty$. On montre de même que si f prend une valeur strictement négative en un point, alors elle tend vers $-\infty$ en $+\infty$. Il en découle que f est identiquement nulle. ◁

4.48. Inéquation différentielle (2)

Existe-t-il $f \in C^1(\mathbb{R},\mathbb{R})$ telle que $|f| \leqslant 2$ et $ff' \geqslant \sin$?

▷ **Solution.**

Soit f une fonction qui vérifie les hypothèses. On intègre la seconde inégalité. Pour $x \leqslant y$, on obtient

$$f^2(y) - f^2(x) \geqslant 2(\cos x - \cos y).$$

Or $f^2(y) - f^2(x) \leqslant f^2(y) \leqslant 4$. En prenant $x = 0$ et $y = (2k+1)\pi$, on en déduit $f^2(0) = 0$ et $f^2\big((2k+1)\pi\big) = 4$, pour tout $k \in \mathbb{Z}$. La fonction $x \mapsto f^2(x) + 2\cos x$ est donc croissante sur $\mathbb{R}$ et vaut 2 en chaque $(2k+1)\pi$, pour $k \in \mathbb{Z}$. Elle est donc constante sur $\mathbb{R}$. Pour tout $x \in \mathbb{R}$, on a $f^2(x) = 2 - 2\cos x = 4\sin^2 \frac{x}{2}$. Comme f est de classe C^1, il n'y a que deux solutions au problème posé, à savoir les fonctions $x \mapsto \pm 2\sin\frac{x}{2}$, qui conviennent clairement. ◁

L'exercice qui suit possède des solutions très variées.

4.49. La fonction sinus n'est pas rationnelle

Montrer que la fonction sinus n'est pas la restriction à $]a,b[$ d'une fraction rationnelle.

▷ **Solution.**

Cet exercice est facile si on pense à utiliser la notion de degré d'une fraction rationnelle : le degré de $F = \frac{P}{Q}$ est par définition l'entier relatif $\deg P - \deg Q$ si $P \neq 0$ et $-\infty$ si $P = 0$ (il est immédiat que cette définition ne dépend pas de la représentation choisie pour F).

La fonction sinus est égale à sa dérivée quatrième. Raisonnons par l'absurde en supposant que la fraction rationnelle F coïncide avec la fonction sinus sur l'intervalle $]a,b[$. On a alors $F^{(4)}(x) = F(x)$ pour tout $x \in\ ]a,b[$, et F est non nulle, puisque la fonction sinus ne saurait être nulle sur un intervalle ouvert non vide. La fraction rationnelle $F^{(4)} - F$ possède une infinité de zéros (puisque $]a,b[$ est infini). Or une fraction rationnelle non nulle n'a qu'un nombre fini de zéros. Donc $F^{(4)} - F$ est la fraction rationnelle nulle, autrement dit $F^{(4)} = F$.

Or si F est de degré n, F' est de degré $\leqslant n-1$ comme on le vérifie sans peine, et $F^{(4)}$ est de degré $\leqslant n-4$. L'égalité $F^{(4)} = F$ est donc impossible, ce qui fournit la contradiction attendue. ◁

Leibniz écrivait déjà à la fin du XVIIe *siècle que le sinus n'était pas fonction rationnelle de l'angle et donc que la quadrature algébrique du cercle est sans espoir.*

La formule des accroissements finis et l'inégalité qui en découle sont des outils puissants de l'Analyse. C'est Lagrange qui en 1797 énonce ce résultat fondamental : si f est une fonction à valeurs réelles continue sur $[a, b]$, dérivable sur $]a, b[$, il existe c dans $]a, b[$ tel que

$$f(b) - f(a) = f'(c)(b - a).$$

La démonstration utilise le théorème de Rolle établi en 1690 (il s'agissait de prouver qu'entre deux racines d'un polynôme P, *on peut en trouver une de* P'*). La formule des accroissements finis permet de caractériser la monotonie d'une fonction, sur tout intervalle où elle est dérivable, à l'aide du signe de la dérivée.*

Dans l'exercice suivant on utilise la structure des ouverts de $\mathbb{R}$: un ouvert non vide U *de $\mathbb{R}$ s'écrit de manière unique comme réunion d'une famille d'intervalles ouverts non vides deux à deux disjoints (qui sont les composantes connexes de l'ouvert); cette famille est au plus dénombrable (puisque dans chaque intervalle ouvert on peut trouver un rationnel). Le lecteur trouvera tous ces résultats dans l'exercice 1.41.*

4.50. Un cas simple du lemme de Sard

Une partie A de $\mathbb{R}$ est dite négligeable (ou de mesure nulle) si pour tout $\varepsilon > 0$, il existe une suite (I_n) d'intervalles ouverts telle que $A \subset \bigcup_{n \in \mathbb{N}} I_n$ et $\sum_{n \in \mathbb{N}} \mu(I_n) < \varepsilon$ (où $\mu(I)$ désigne la longueur d'un intervalle I).

1. Montrer qu'une réunion dénombrable de parties négligeables est négligeable.

2. Soit $f : \mathbb{R} \to \mathbb{R}$ de classe C^1. On note C l'ensemble des zéros de f'. Montrer que $f(C)$ est négligeable.

▷ **Solution.**

1. Soit $A = \bigcup_{p \in \mathbb{N}} A_p$, où $(A_p)_{p \in \mathbb{N}}$ une famille dénombrable de parties négligeables, et $\varepsilon > 0$. Pour tout p, on peut trouver une famille dénombrable $(I_{n,p})_{n \in \mathbb{N}}$ d'intervalles ouverts, telle que $\sum_{n \in \mathbb{N}} \mu(I_{n,p}) \leqslant \frac{\varepsilon}{2^p}$. La famille $(I_{n,p})_{(n,p) \in \mathbb{N}^2}$ est alors une famille dénombrable d'intervalles ouverts. Le théorème d'associativité pour les familles sommables de réels positifs assure la sommabilité de la famille $(\mu(I_{n,p}))_{(n,p) \in \mathbb{N}^2}$ et on a

$$\sum_{(n,p) \in \mathbb{N}^2} \mu(I_{n,p}) = \sum_{p=0}^{\infty} \sum_{n=0}^{\infty} \mu(I_{n,p}) \leqslant \sum_{p=0}^{\infty} \frac{\varepsilon}{2^p} = 2\varepsilon.$$

Comme A est incluse dans la réunion des $I_{n,p}$, le résultat est démontré.

Le résultat de cette question figure aussi dans l'exercice 1.36.

2. D'après la question précédente, il suffit de prouver que, pour tout $N \in \mathbb{N}^*$, l'ensemble $f(C \cap]-N,N[)$ est négligeable. Soit $\varepsilon > 0$. Posons $A = \{x \in]-N,N[,\ |f'(x)| < \varepsilon\}$. Par continuité de f', A est un ouvert. Sur toute composante connexe $]a,b[$ de cet ouvert, f est ε-lipschitzienne par la formule des accroissements finis. Donc $f(]a,b[)$ est un intervalle (par le théorème des valeurs intermédiaires) dont la longueur est inférieure à $(b-a)\varepsilon$. L'ensemble des composantes connexes de A est au plus dénombrable. Si on note $(U_i)_{i \in I}$ cette famille de composantes connexes, $f(C \cap]-N,N[) \subset f(A) \subset \bigcup_{i \in I} f(U_i)$ et

$$\sum_{i \in I} \mu(f(U_i)) \leqslant \varepsilon \sum_{i \in I} \mu(U_i) \leqslant 2N\varepsilon.$$

Justifions la dernière inégalité : les U_i étant deux à deux disjoints, pour toute partie finie $J \subset I$, on a $\sum_{i \in J} \mu(U_j) \leqslant \mu(]-N,N[) = 2N$ car $A \subset]-N,N[$. On en déduit que $f(C \cap]-N,N[)$ est bien négligeable. ◁

Le résultat reste vrai si la fonction f est seulement supposée dérivable, mais la preuve est un peu plus compliquée. Il se généralise [1] *également aux applications de classe C^1 d'un ouvert de $\mathbb{R}^n$ dans $\mathbb{R}^n$.*

Les fonctions dérivées, qui ne sont en général pas continues, ont tout de même des propriétés remarquables. En particulier, elles vérifient le théorème des valeurs intermédiaires. C'est ce qu'affirme le théorème de Darboux qui fait l'objet de l'exercice suivant. On en déduit donc qu'une fonction qui vérifie le théorème des valeurs intermédiaires n'est pas nécessairement continue (il suffit de prendre la dérivée d'une fonction dérivable que n'est pas de classe C^1, comme par exemple $x \mapsto x^2 \sin 1/x$ prolongée par continuité en 0).

4.51. Théorème de Darboux (1875)

Soit I un intervalle et $f : I \to \mathbb{R}$ une fonction dérivable. Montrer que $f'(I)$ est un intervalle.

▷ **Solution.**

Nous allons donner deux solutions de ce résultat classique.

• *Première solution.* L'ensemble $f'(I)$ est un intervalle s'il contient $[\alpha, \beta]$ dès que α et β sont dans $f'(I)$. Soit $a < b$ deux points de I et λ un réel compris

1. Le lecteur pourra trouver le lemme de Sard pour les fonctions à plusieurs variables sous forme d'exercices dans GONNORD (S.) & TOSEL (N.), *Thèmes d'Analyse pour l'Agrégation, Calcul différentiel*, Ellipses 1998.

entre $f'(a)$ et $f'(b)$. On va montrer qu'il existe $x \in [a,b]$ tel que $f'(x) = \lambda$. En vertu de la formule des accroissements finis, il nous suffit de montrer qu'il existe deux points du graphe de f définissant un segment de pente λ. On va alors s'intéresser aux pentes des segments issus des deux points $(a, f(a))$ et $(b, f(b))$. On pose donc $\varphi(t) = \frac{f(t)-f(a)}{t-a}$ pour $t \in]a,b]$ et $\psi(t) = \frac{f(b)-f(t)}{b-t}$ pour $t \in [a,b[$. En fait, φ (resp. ψ) se prolonge en a (resp. en b) par $\varphi(a) = f'(a)$ (resp. $\psi(b) = f'(b)$) et sont donc continues sur $[a,b]$. Les images de l'intervalle $[a,b]$ par les applications φ et ψ sont donc deux intervalles qui contiennent respectivement $f'(a)$ et $f'(b)$ et qui se coupent puisqu'ils contiennent tous les deux le taux d'accroissement $\frac{f(b)-f(a)}{b-a} = \varphi(b) = \psi(a)$. Par conséquent leur réunion est un intervalle qui contient l'intervalle délimité par $f'(a)$ et $f'(b)$. En particulier, l'un des deux au moins contient λ. La formule des accroissements finis permet de conclure.

• *Seconde solution.* Posons $\mathrm{T} = \{(x,y) \in \mathrm{I}^2 \mid y < x\}$ et soit $\psi : \mathrm{T} \to \mathbb{R}$ définie par

$$\psi(x,y) = \frac{f(y)-f(x)}{y-x}.$$

On a

$$\psi(\mathrm{T}) \subset f'(\mathrm{I}) \subset \overline{\psi(\mathrm{T})}.$$

La première inclusion provient de la formule des accroissements finis, et la seconde de la définition de la dérivée comme limite de taux d'accroissements. Or T est connexe (et même convexe) et ψ est continue. Donc $\psi(\mathrm{T})$ est un intervalle de $\mathbb{R}$ et son adhérence $\overline{\psi(\mathrm{T})}$ est l'intervalle fermé qui a les mêmes extrémités. Dans ces conditions $f'(\mathrm{I})$ ne peut être qu'un intervalle. ◁

Il semble que ce théorème fut énoncé par Serret en 1868 et prouvé par Bonnet. Darboux l'utilise en 1875 pour prouver que si f' est une fonction intégrable au sens de Riemann sur $[a,b]$, alors $\int_a^b f' = f(b) - f(a)$.

Si $f : \mathbb{R} \to \mathbb{R}$ est dérivable, la formule des accroissements finis affirme que tout taux d'accroissement $\frac{f(y)-f(x)}{y-x}$ s'écrit $f'(c)$, avec $c \in]x,y[$. L'exercice suivant montre que les polynômes de degré $\leqslant 2$ sont les seules fonctions pour lesquelles le point c peut toujours être pris au milieu du segment $[x,y]$.

4.52. Sur la formule des accroissements finis

Soit a et b deux réels. Trouver les fonctions $f : \mathbb{R} \to \mathbb{R}$ dérivables telles que, si $x \neq y$,

$$f'(ax+by) = \frac{f(y)-f(x)}{y-x}.$$

▷ **Solution.**

Soit f une fonction dérivable vérifiant la propriété de l'énoncé. On commence par montrer que f' est dérivable. Pour cela, il va suffire d'exprimer f' en fonction de f. On change de variable en posant $X = ax + by$ et on élimine x.

• Si $a = 0$, on fixe y et on obtient $f(x) = f'(by)x + f(y) - f'(by)y$ pour tout $x \in \mathbb{R}$. Cela montre que f est affine. Réciproquement, on peut observer que les fonctions affines conviennent et cela quelles que soient les valeurs de a et de b.

Dans la suite on suppose $a \neq 0$. On a alors, pour tout $X \in \mathbb{R}$ et tout y réel tel que $(a + b)y - X \neq 0$,

$$f'(X) = \frac{f(y) - f\left(\frac{X - by}{a}\right)}{y - \frac{X - by}{a}} = a\frac{f(y) - f\left(\frac{X - by}{a}\right)}{(a + b)y - X}.$$

• Si $a + b = 0$, on obtient $f'(X) = a\dfrac{f(y + \frac{X}{a}) - f(y)}{X}$ pour tout $y \in \mathbb{R}$, ce qui donne, en faisant tendre X vers 0, $\lim\limits_{X \to 0} f'(X) = f'(y)$. Cela implique que la fonction f' est constante, et donc que f est affine.

• Si $a + b \neq 0$, cette relation prouve que f' est dérivable sur $\mathbb{R}$. On peut donc dériver l'égalité $(y - x)f'(ax + by) = f(y) - f(x)$ par rapport à x, puis par rapport à y. On obtient

$$\begin{cases} -f'(ax + by) + a(y - x)f''(ax + by) & = & -f'(x) \\ f'(ax + by) + b(y - x)f''(ax + by) & = & f'(y), \end{cases}$$

En multipliant la première relation par $-b$, la seconde par a et en faisant la somme on trouve $(a + b)f'(ax + by) = bf'(x) + af'(y)$. En dérivant de nouveau cette relation par rapport à x et y, on a alors, pour tout $(x, y) \in \mathbb{R}^2$,

$$\begin{cases} (a + b)af''(ax + by) = bf''(x) \\ (a + b)bf''(ax + by) = af''(y), \end{cases}$$

Il en résulte que $f''(y) = \dfrac{b^2}{a^2}f''(x)$ pour tout $(x, y) \in \mathbb{R}^2$. On en déduit que f'' est constante, *i.e.* que f est une fonction polynôme de degré $\leqslant 2$.

Il reste à effectuer la synthèse de ce travail. On a déjà dit plus haut que les fonctions affines conviennent. Soit $f : x \longmapsto \alpha x^2 + \beta x + \gamma$ une fonction polynôme de degré $\leqslant 2$. On a

$$f'(ax + by) = 2\alpha(ax + by) \text{ et } \frac{f(y) - f(x)}{y - x} = \alpha(x + y) + \beta.$$

On en déduit que, si $(a, b) \neq (\frac{1}{2}, \frac{1}{2})$, il faut $\alpha = 0$ et que sinon α, β, γ peuvent être quelconques.

Conclusion. Si $(a,b) \neq (\frac{1}{2}, \frac{1}{2})$, les seules fonctions f qui conviennent sont les fonctions affines. Si $(a,b) = (\frac{1}{2}, \frac{1}{2})$, on trouve les polynômes de degré inférieur ou égal à 2. ◁

La dérivation D *est une application linéaire de* $C^1([0,1],\mathbb{R})$ *dans* $C^0([0,1],\mathbb{R})$ *telle que, pour toute fonction* f *qui admet en un point* x_0 *un maximum local, on a* $\mathrm{D}(f)(x_0) = 0$. *L'exercice qui suit recherche tous les opérateurs ayant cette propriété sur l'espace* $C^2([0,1],\mathbb{R})$.

4.53. Maximum local

1. Soit $\mathrm{T} : C^2([0,1],\mathbb{R}) \to C^0([0,1],\mathbb{R})$ une application linéaire vérifiant : pour tout $f \in C^2([0,1],\mathbb{R})$ et pour tout $x_0 \in]0,1[$ tel que f possède un maximum local en x_0, on a $\mathrm{T}(f)(x_0) = 0$. Montrer qu'il existe $\varphi \in C^0([0,1],\mathbb{R})$ telle que pour tout $f \in C^2([0,1],\mathbb{R})$, $\mathrm{T}(f) = \varphi f'$.

2. On remplace dans la question 1 l'espace $C^2([0,1],\mathbb{R})$ par $C^0([0,1],\mathbb{R})$. Montrer que $\mathrm{T} = 0$.

▷ **Solution.**

1. Trouver l'application φ qui va convenir est chose facile : il suffit de prendre f telle que $f' = 1$, par exemple $f = \mathrm{Id}_{[0,1]}$. On pose donc $\varphi = \mathrm{T}(\mathrm{Id}_{[0,1]})$.

Si f est une fonction constante, on a $\mathrm{T}(f)(x_0) = 0$ pour tout $x_0 \in]0,1[$ et donc $\mathrm{T}(f) = 0$, par continuité.

Soit $f \in C^2([0,1],\mathbb{R})$ et $x_0 \in]0,1[$. Considérons $g \in C^2([0,1],\mathbb{R})$ définie par

$$g(x) = f(x) - f(x_0) - (x - x_0)f'(x_0).$$

D'après la formule de Taylor-Young, on a, au voisinage de x_0,

$$g(x) = \frac{1}{2}(x - x_0)^2 f''(x_0) + o(x - x_0)^2.$$

Si $f''(x_0) < 0$, g s'annule en x_0 et est négative au voisinage de x_0. Elle possède en donc x_0 un maximum relatif et on a donc $\mathrm{T}(g)(x_0) = 0$. Par linéarité de T et nullité de T pour les fonctions constantes, on a $\mathrm{T}(g) = \mathrm{T}(f) - f'(x_0)\varphi$. Ainsi, l'égalité $\mathrm{T}(g)(x_0) = 0$ s'écrit $\mathrm{T}(f)(x_0) = f'(x_0)\varphi(x_0)$. On obtient le même résultat si $f''(x_0) < 0$, en considérant la fonction $-f$.

Enfin dans le cas où $f''(x_0) = 0$, il suffit de poser $h(x) = f(x) + k(x)$, où $k(x) = (x - x_0)^2$. Par linéarité de T, il vient $\mathrm{T}(h)(x_0) = \mathrm{T}(f)(x_0) + \mathrm{T}(k)(x_0)$. Mais on a $h''(x_0) = k''(x_0) = 2 > 0$ donc, d'après le cas précédent, on obtient $\mathrm{T}(h)(x_0) = h'(x_0)\varphi(x_0)$ et $\mathrm{T}(k)(x_0) = k'(x_0)\varphi(x_0) = 0$. Or il est clair que $h'(x_0) = f'(x_0)$.

On a donc, pour tout $x_0 \in]0,1[$, $\mathrm{T}(f)(x_0) = f'(x_0)\varphi(x_0)$. Toutes les fonctions qui interviennent étant continues sur $[0,1]$, on en déduit $\mathrm{T}(f) = f'\varphi$.

On a donc déterminé $\varphi \in C^0([0,1],\mathbb{R})$ tel que T soit l'application $f \longmapsto \varphi f'$. On peut remarquer, réciproquement, que toute application de ce type a la propriété voulue.

2. On démontre, comme précédemment, que T est nulle pour les fonctions constantes.

Soit $x_0 \in]0,1[$. Si $f \in C^0([0,1],\mathbb{R})$ s'annule en x_0, la fonction $-f^2$ possède un maximum relatif en x_0. On a donc $\mathrm{T}(-f^2)(x_0) = 0$ et $\mathrm{T}(f^2)(x_0) = 0$. Si f est une fonction positive qui s'annule en x_0, on déduit de ce qui précède $\mathrm{T}(f)(x_0) = \mathrm{T}((\sqrt{f})^2)(x_0) = 0$, car $\sqrt{f}$ est continue. Enfin, si f est un fonction quelconque s'annulant en x_0, on écrit $f = \dfrac{f+|f|}{2} - \dfrac{|f|-f}{2}$, différence de deux fonctions continues et positives, s'annulant en x_0. Par linéarité, on obtient $\mathrm{T}(f)(x_0) = 0$.

Enfin, si f est quelconque, on pose $g = f - f(x_0)$. L'application T étant nulle pour les fonctions constantes, on a $\mathrm{T}(f)(x_0) = \mathrm{T}(g)(x_0) = 0$, car $g(x_0) = 0$.

On a donc, pour tout $x \in]0,1[$, $\mathrm{T}(f)(x) = 0$. Par continuité, on en déduit que $\mathrm{T}(f) = 0$. Nous avons démontré que $\mathrm{T} = 0$. ◁

L'exercice suivant montre qu'une fonction quelconque (sans aucune hypothèse de régularité) définie sur $\mathbb{R}$ ne peut pas avoir beaucoup de maxima locaux distincts.

4.54. Dénombrabilité des maxima locaux

> Soit $f : \mathbb{R} \to \mathbb{R}$ et A l'ensemble des réels a tels que f admet un maximum local en a. Montrer que $f(\mathrm{A})$ est au plus dénombrable.

▷ **Solution.**

Soit $\alpha \in f(\mathrm{A})$. Comme α est un maximum local, il existe $x_\alpha \in \mathbb{R}$ tel que $f(x_\alpha) = \alpha$ et $a_\alpha < x_\alpha < b_\alpha$ tels que pour tout $x \in [a_\alpha, b_\alpha]$, $f(x) \leqslant \alpha$ (notons que l'existence de la fonction $\alpha \mapsto x_\alpha$ utilise l'axiome du choix, que l'on peut contourner dans le cas où f est continue). Comme $\mathbb{Q}$ est dense dans $\mathbb{R}$, on peut choisir a_α et b_α dans $\mathbb{Q}$. On a $\alpha = \sup\limits_{x \in [a_\alpha, b_\alpha]} f(x)$ de sorte que l'application

$$\varphi : \begin{array}{ccc} f(\mathrm{A}) & \longrightarrow & \mathbb{Q}^2 \\ \alpha & \longmapsto & (a_\alpha, b_\alpha) \end{array}$$

est injective. Or $\mathbb{Q}^2$ est dénombrable, donc $f(\mathrm{A})$ est au plus dénombrable. ◁

On en déduit facilement qu'une application continue $f : \mathbb{R} \to \mathbb{R}$ qui a un extremum local en tout point est constante. En effet, si B *est l'ensemble des points où f a un minimum, $f(\mathrm{B})$ est aussi au plus dénombrable. Donc* *l'ensemble $f(\mathbb{R}) = f(\mathrm{A}) \cup f(\mathrm{B})$ est au plus dénombrable. Mais si f est continue, son image est un intervalle par le théorème des valeurs intermédiaires, donc un singleton ou un ensemble indénombrable.*

L'énoncé suivant a été tiré du volume « Fonctions d'une variable réelle » du célèbre traité de Nicolas Bourbaki.

4.55. Majoration de $f^2 + f'^2$

Soit $f : \mathbb{R} \to \mathbb{R}$ deux fois dérivable. On suppose que, pour tout réel x, on a $f^2(x) \leqslant a$ et $f'^2(x) + f''^2(x) \leqslant b$ pour tout réel x. Montrer que, pour tout réel x,

$$f^2(x) + f'^2(x) \leqslant \max(a, b).$$

▷ **Solution.**

Posons $g(x) = f^2(x) + f'^2(x)$ et supposons, par l'absurde, qu'il existe un réel x_0 tel que $g(x_0) > \max(a, b)$. L'idée est de montrer que g admet alors un maximum local strictement supérieur à $\max(a, b)$, maximum en lequel il y aura une contradiction.

Supposons que, sur tout l'intervalle $]-\infty, x_0]$, la fonction g reste supérieure à $g(x_0)$. On a alors, pour $x \leqslant x_0$, $f'^2(x) \geqslant g(x_0) - a > 0$. Donc f' ne s'annule pas sur $]-\infty, x_0]$ et y garde un signe constant. Si elle est positive (resp. négative), on a $f'(x) \geqslant \sqrt{g(x_0) - a} > 0$ (resp. $f'(x) \leqslant -\sqrt{g(x_0) - a} < 0$), pour tout $x \leqslant x_0$. Les deux cas sont impossibles puisque f est bornée (la fonction f tendrait en $-\infty$ vers $\pm\infty$). Il existe donc $x_1 < x_0$ tel que $g(x_1) < g(x_0)$. Un raisonnement analogue permet d'établir qu'il existe $x_2 > x_0$ tel que $g(x_2) < g(x_0)$.

La fonction g est continue sur le compact $[x_1, x_2]$ donc atteint son maximum en un point $\alpha \in]x_1, x_2[$. En ce point, on a $g'(\alpha) = 0$, c'est-à-dire $[f(\alpha) + f''(\alpha)]f'(\alpha) = 0$.

- Si $f'(\alpha) = 0$, on a $g(\alpha) = f^2(\alpha) \leqslant a$. C'est exclu car $g(\alpha) \geqslant g(x_0) > a$.
- Si $f(\alpha) + f''(\alpha) = 0$, on a $g(\alpha) = f'^2(\alpha) + f''^2(\alpha) \leqslant b$. C'est aussi exclu.

L'hypothèse initiale est absurde et on a donc l'inégalité demandée. ◁

Voici deux énoncés qui concernent des questions d'interpolation.

4.56. Interpolation par splines cubiques

Soit $[a, b]$ un segment de $\mathbb{R}$ et $\sigma = \{x_0 = a < x_1 < \cdots < x_n = b\}$ une subdivision de $[a, b]$. On considère l'ensemble $\mathcal{S}$ des fonctions de classe C^2 de $[a, b]$ dans $\mathbb{R}$ dont la restriction à chaque segment $[x_i, x_{i+1}]$ est un polynôme de degré au plus 3. Un élément de $\mathcal{S}$ est appelé une *fonction spline cubique*.

1.a. Déterminer la nature de $\mathcal{S}$ et sa dimension.

b. Pour $y = (y_0, \ldots, y_n) \in \mathbb{R}^{n+1}$, on pose

$$\mathcal{T}(y) = \{\varphi \in \mathcal{S}, \forall i \in [\![0, n]\!],\ \varphi(x_i) = y_i\}.$$

Déterminer la nature de $\mathcal{T}(y)$ et sa dimension.

c. Pour $(\lambda, \mu) \in \mathbb{R}^2$, démontrer l'existence et l'unicité d'une fonction $\varphi \in \mathcal{T}(y)$ telle que $\varphi'(a) = \lambda$ et $\varphi'(b) = \mu$ (considérer, pour $\varphi \in \mathcal{T}(0)$ telle que $\varphi'(a) = \varphi'(b) = 0$, l'intégrale $\int_a^b (\varphi''(x))^2 \,\mathrm{d}x$).

2. Soit f une fonction de classe C^2 de $[a, b]$ dans $\mathbb{R}$ et φ l'élément de $\mathcal{S}$ tel que $\varphi(x_i) = f(x_i)$ pour tout $i \in [\![0, n]\!]$, $\varphi'(a) = f'(a)$ et $\varphi'(b) = f'(b)$. Calculer $\int_a^b (\varphi'' - f'')^2$, en fonction d'intégrales portant sur f, φ et leurs dérivées. Interpréter.

▷ **Solution.**

1.a. $\mathcal{S}$ est clairement un sous-espace vectoriel de $C^2([a, b], \mathbb{R})$. Si φ appartient à $\mathcal{S}$, alors, pour tout $i \in [\![0, n-1]\!]$, la restriction φ_i de φ à $[x_i, x_{i+1}]$ est un polynôme de degré inférieur ou égal à 3. Il existe donc $(\alpha_i, \beta_i, \gamma_i, \delta_i) \in \mathbb{R}^4$ tel que, pour tout $x \in [x_i, x_{i+1}]$,

$$\varphi_i(x) = \alpha_i(x - x_i)^3 + \beta_i(x - x_i)^2 + \gamma_i(x - x_i) + \delta_i.$$

La fonction φ est de classe C^2 sur $[a, b]$ si, pour tout $i \in [\![0, n-2]\!]$, φ_i, φ_i' et φ_i'' coïncident avec φ_{i+1}, φ_{i+1}' et φ_{i+1}'' en x_{i+1}. Cette condition équivaut à

$$\begin{cases} \varphi_i(x_{i+1}) = \delta_{i+1} \\ \varphi_i'(x_{i+1}) = \gamma_{i+1} \\ \varphi_i''(x_{i+1}) = \beta_{i+1}, \end{cases}$$

c'est-à-dire à

$$\begin{cases} \alpha_i h_i^3 + \beta_i h_i^2 + \gamma_i h_i + \delta_i = \delta_{i+1} \\ 3\alpha_i h_i^2 + 2\beta_i h_i + \gamma_i = \gamma_{i+1} \\ 6\alpha_i h_i + 2\beta_i = 2\beta_{i+1}, \end{cases}$$

où $h_i = x_{i+1} - x_i$.

Pour définir φ on a donc $4n$ degrés de liberté (pour choisir les n polynômes de degré $\leqslant 3$) et $3(n-1)$ contraintes (pour assurer un raccord de classe C^2 en $n-1$ points). Ces contraintes se traduisent par des formes linéaires. Si ces formes sont indépendantes, ce qui intuitivement semble être le cas, la dimension de $\mathcal{S}$ sera égale à $4n - 3(n-1) = n + 3$. Utilisons le langage des systèmes linéaires. En posant $\mathrm{X} = (\alpha_0, \ldots, \alpha_{n-1}, \beta_0, \ldots, \beta_{n-1}, \gamma_0, \ldots, \gamma_{n-1}, \delta_0, \ldots, \delta_{n-1}) \in \mathbb{R}^{4n}$, les

$3(n-1)$ équations ci-dessus se traduisent par un système linéaire homogène $AX = 0$ où A est une matrice de taille $(3(n-1), 4n)$. L'espace $\mathcal{S}$ est clairement isomorphe au noyau de A et sa dimension est égale à $4n - \operatorname{rg} A$.

On voit ci-dessus que les inconnues β_{i+1} et γ_{i+1} et δ_{i+1} sont parfaitement déterminées si on connaît $\alpha_i, \beta_i, \gamma_i$ et δ_i. On peut alors se donner arbitrairement $\alpha_0, \beta_0, \gamma_0$ et δ_0 (cela revient à choisir le polynôme sur le premier intervalle). Les valeurs de β_1, γ_1 et δ_1 sont alors fixées mais on peut choisir librement α_1 (cela signifie que le raccord C^2 établi, il n'y a plus qu'un degré de liberté sur le second intervalle). Cela détermine alors uniquement β_2, γ_2 et δ_2. On choisit α_2 de manière quelconque et on poursuit de proche en proche. Bref, on a ainsi montré qu'on peut choisir $\alpha_0, \beta_0, \gamma_0, \delta_0, \alpha_1, \ldots, \alpha_n$ comme inconnues secondaires et que le système est alors un système de Cramer en les inconnues restantes. Il en résulte donc bien que la dimension de $\mathcal{S}$ vaut $n+3$.

b. On garde les mêmes notations et on identifie toujours $\mathcal{S}$ avec un sous-espace de $\mathbb{R}^{4n}$. Le vecteur X doit vérifier, pour que φ appartienne à $\mathcal{T}(y)$, les conditions supplémentaires

$$\begin{cases} \forall i \in [\![0, n-1]\!],\ \delta_i = y_i \text{ et} \\ \alpha_{n-1} h_{n-1}^3 + \beta_{n-1} h_{n-1}^2 + \gamma_{n-1} h_{n-1} + \delta_{n-1} = y_n. \end{cases}$$

On rajoute donc $n+1$ équations (avec second membre) au système précédent, pour obtenir un système de $3(n-1)+n+1 = 4n-2$ équations. On peut déjà dire que si $\mathcal{T}(y)$ n'est pas vide, il s'agit d'un sous-espace affine de S dont l'espace vectoriel associé est $\mathcal{T}(0)$.

Cette fois, $\delta_0, \ldots, \delta_{n-1}$ sont déterminés. On choisit arbitrairement α_{n-1} et β_{n-1}. La deuxième équation ci-dessus détermine γ_{n-1}. On voit alors de proche en proche que tous les autres coefficients sont déterminés. Le système possède donc des solutions : $\mathcal{T}(y)$ n'est pas vide. Puisque deux inconnues peuvent être choisies arbitrairement, on en déduit que $\mathcal{T}(y)$ est un espace affine de dimension 2.

Conclusion. Pour tout $y \in \mathbb{R}^{n+1}$, $\mathcal{T}(y)$ est un espace affine de dimension 2.

c. • Considérons, comme nous y invite l'énoncé, une application $\varphi \in \mathcal{T}(0)$ telle que $\varphi'(a) = \varphi'(b) = 0$ et calculons $I = \int_a^b (\varphi''(x))^2\, dx$. Avec les notations précédentes, on a

$$I = \sum_{i=0}^{n-1} \int_{x_i}^{x_{i+1}} (\varphi_i''(x))^2\, dx.$$

En intégrant par parties, on obtient, pour tout $i \in [\![0, n-1]\!]$,

$$\int_{x_i}^{x_{i+1}} (\varphi_i''(x))^2\, dx = \left[\varphi_i'(x)\varphi_i''(x)\right]_{x_i}^{x_{i+1}} - \int_{x_i}^{x_{i+1}} \varphi_i'(x)\varphi_i'''(x)dx.$$

La dernière intégrale vaut

$$6\alpha_i \int_{x_i}^{x_{i+1}} \varphi_i'(x)dx = 6\alpha_i(\varphi_i(x_{i+1}) - \varphi_i(x_i)) = 0.$$

Il reste donc

$$\mathrm{I} = \sum_{i=0}^{n-1} [\varphi'(x)\varphi''(x)]_{x_i}^{x_{i+1}} = \varphi'(b)\varphi''(b) - \varphi'(a)\varphi''(b) = 0.$$

Puisque I est nulle, la fonction φ'' est nulle. La fonction φ' est constante et s'annule en a : c'est la fonction nulle. De même, φ qui est constante et s'annule en a est la fonction nulle.

• X doit vérifier par rapport à la question précédente deux conditions supplémentaires. On a donc affaire à un système de $4n$ équations à $4n$ inconnues.

Considérons le système homogène associé. C'est le système que doivent vérifier les coefficients d'une fonction φ qui appartient à $\mathcal{T}(0)$ et vérifie de plus $\varphi'(a) = \varphi'(b) = 0$. D'après ce qui précède, une telle fonction est la fonction nulle. Autrement dit, le système homogène n'a pas d'autre solution que la solution nulle. Le système est donc de Cramer. Il a donc, pour tout $y \in \mathbb{R}^{n+1}$ et tout $(\lambda, \mu) \in \mathbb{R}^2$ une solution unique.

Conclusion. Pour tout $y \in \mathbb{R}^{n+1}$, il existe, pour tout $(\lambda, \mu) \in \mathbb{R}^2$ une unique fonction $\varphi \in \mathcal{T}(y)$ telle que $\varphi'(a) = \lambda$ et $\varphi'(b) = \mu$.

2. L'existence et l'unicité de φ résulte de la question **1**, avec $y_i = f(x_i)$ pour tout $i \in [\![0, n]\!]$, $\lambda = f'(a)$ et $\mu = f'(b)$.

• Montrons que $\displaystyle\int_a^b (\varphi'' - f'')^2 = \int_a^b (f'')^2 - \int_a^b (\varphi'')^2$.

Le même raisonnement que dans la question 1.c montre que

$$\begin{aligned}
\int_a^b (f'' - \varphi'')\varphi'' &= \sum_{i=0}^{n-1} \int_{x_i}^{x_{i+1}} (f'' - \varphi'')\varphi'' \\
&= \sum_{i=0}^{n-1} \left([(f' - \varphi')\varphi'']_{x_i}^{x_{i+1}} - \int_{x_i}^{x_{i+1}} (f' - \varphi')\varphi''' \right) \\
&= [(f' - \varphi')\varphi'']_a^b - \sum_{i=0}^{n-1} 6\alpha_i \int_{x_i}^{x_{i+1}} (f' - \varphi') = 0,
\end{aligned}$$

car $f' - \varphi'$ s'annule en a et b et $f - \varphi$ s'annule en x_i pour tout $i \in [\![0, n]\!]$.

On en déduit que $\displaystyle\int_a^b f''\varphi'' = \int_a^b (\varphi'')^2$, puis que

$$\begin{aligned}
\int_a^b (f'' - \varphi'')^2 &= \int_a^b (f'')^2 - 2\int_a^b f''\varphi'' + \int_a^b (\varphi'')^2 \\
&= \int_a^b (f'')^2 - \int_a^b (\varphi'')^2.
\end{aligned}$$

• Interprétons ce résultat. On a

$$\int_a^b (f'')^2 - \int_a^b (\varphi'')^2 = \int_a^b (f'' - \varphi'')^2 \geqslant 0.$$

L'égalité $\int_a^b (f'')^2 = \int_a^b (\varphi'')^2$ est obtenue quand $\int_a^b (f'' - \varphi'')^2 = 0$. Alors la fonction $f'' - \varphi''$ est nulle ; $f' - \varphi'$ est constante et donc nulle, car elle s'annule en a ; $f - \varphi$ est constante, donc nulle, car elle s'annule en a. Il n'y a donc égalité entre $\int_a^b (f'')^2$ et $\int_a^b (\varphi'')^2$ que si $f = \varphi$.

Pour $y \in \mathbb{R}^{n+1}$ et $(\lambda, \mu) \in \mathbb{R}^2$ fixés, considérons $\mathcal{U}$ l'ensemble des fonctions de classe C^2 de $[a, b]$ dans $\mathbb{R}$, vérifiant $f(x_i) = y_i$, pour tout $i \in [\![0, n]\!]$, $f'(a) = \lambda$ et $f'(b) = \mu$. L'ensemble $\mathcal{U}$ contient une unique fonction spline cubique φ. Ce qui précède démontre que, pour tout $f \in \mathcal{U}$, on a

$$\int_a^b (f'')^2 \geqslant \int_a^b (\varphi'')^2,$$

avec égalité si, et seulement si, $f = \varphi$. L'application φ réalise le minimum sur $\mathcal{U}$ de $\int_a^b (f'')^2$. On peut dire que c'est la fonction de $\mathcal{U}$ qui est la moins « bosselée ». ◁

4.57. Interpolation d'Hermite

1. Soit $f : [0, 1] \longrightarrow \mathbb{R}$ une fonction de classe C^4, telle que $f(0) = f'(0) = f(1) = f'(1) = 0$. Montrer que pour tout $x \in [0, 1]$, il existe $\xi \in]0, 1[$ tel que

$$f(x) = \frac{f^{(4)}(\xi)}{24} x^2(1 - x)^2.$$

2. Soit $a = x_0 < \cdots < x_n = b$ une subdivision du segment $[a, b]$ et $f : [a, b] \longrightarrow \mathbb{R}$ une fonction de classe C^1. Montrer l'existence de $\Phi : [a, b] \longrightarrow \mathbb{R}$ de classe C^1, polynomiale de degré au plus trois sur chacun des segments $[x_k, x_{k+1}]$ et telle que, pour tout $k \in [\![0, n]\!]$, on ait $\Phi(x_k) = f(x_k)$ et $\Phi'(x_k) = f'(x_k)$.

3. Dans les conditions de la question 2, on suppose en outre que f est de classe C^4. Montrer que

$$\|f - \Phi\|_\infty \leqslant \frac{\|f^{(4)}\|_\infty}{384} \sup_{1 \leqslant i \leqslant n-1} (x_{i+1} - x_i)^2.$$

▷ **Solution.**

1. Si $x = 0$ ou 1, la propriété à démontrer est évidente : on prend ξ quelconque dans $]0, 1[$. On suppose dans la suite que $x \in]0, 1[$ et on s'inspire de la preuve classique du théorème de Taylor-Lagrange. On considère la fonction φ définie sur $[0,1]$ par $\varphi(t) = f(t) - \frac{A}{24}t^2(1-t)^2$, A étant choisi pour que $\varphi(x) = 0$. Comme f, la fonction φ est de classe C^4, et vérifie $\varphi(0) = \varphi(1) = \varphi(x) = \varphi'(0) = \varphi'(1) = 0$. En appliquant le théorème de Rolle à φ sur les intervalles $[0,x]$ et $[x,1]$, on montre que φ' s'annule en $c \in]0,x[$ et $d \in]x,1[$: φ' s'annule donc quatre fois au moins sur $[0,1]$. En appliquant de nouveau le théorème de Rolle aux fonctions φ', φ'' et $\varphi^{(3)}$, on montre successivement que φ'' s'annule au moins trois fois, $\varphi^{(3)}$ au moins deux fois et $\varphi^{(4)}$ au moins une fois sur $]0,1[$: soit $\xi \in]0,1[$ tel que $\varphi^{(4)}(\xi) = 0$. Pour tout $t \in [0,1]$, $\varphi^{(4)}(t) = f^{(4)}(t) - A$ et donc $A = f^{(4)}(\xi)$. Sachant que $\varphi(x) - 0$, on obtient

$$f(x) = \frac{A}{24}x^2(1-x)^2 = \frac{f^{(4)}(\xi)}{24}x^2(1-x)^2.$$

2. Montrons que, pour tout $k \in [\![0, n-1]\!]$, il existe $\Phi_k \in \mathbb{R}_3[X]$ tel que $\Phi_k(x_k) = f(x_k)$, $\Phi_k(x_{k+1}) = f(x_{k+1})$, $\Phi'_k(x_k) = f'(x_k)$ et $\Phi'(x_{k+1}) = f'(x_{k+1})$. Soit $u_k : \mathbb{R}_3[X] \to \mathbb{R}^4$ l'application linéaire qui à tout polynôme $P \in \mathbb{R}_3[X]$ associe $u_k(P) = (P(x_k), P(x_{x+1}), P'(x_k), P'(x_{x+1}))$. Cette application u_k est injective car si $P \in \operatorname{Ker} u_k$, P admet x_k et x_{k+1} comme racines avec une multiplicité $\geqslant 2$. Comme $\deg P \leqslant 3$, cela impose $P = 0$. Comme $\mathbb{R}_3[X]$ et $\mathbb{R}^4$ sont de même dimension, égale à 4, l'application u_k est un isomorphisme. Cela garantit l'existence, et même l'unicité, de Φ_k.

Soit alors $\Phi : [a,b] \longmapsto \mathbb{R}$ l'application dont la restriction à chaque segment $[x_k, x_{k+1}]$ est Φ_k. Elle est de classe C^1 sur chaque intervalle $]x_k, x_{k+1}[$. De plus, par construction, pour tout $k \in [\![0, n-1]\!]$, on a $\Phi(x_k) = \lim\limits_{x \to x_k} \Phi(x) = f(x_k)$, donc Φ est continue sur $[a,b]$; enfin, toujours par construction, Φ est dérivable à gauche et à droite en x_k avec $\Phi'_d(x_k) = \Phi'_g(x_k) = f'(x_k)$. Donc Φ est dérivable en chaque point x_k et on a $\lim\limits_{x \to x_k} \Phi'(x) = f'(x_k) = \Phi'(x_k)$. Ainsi, la fonction Φ est de classe C^1 sur $[a,b]$.

3. Considérons la restriction f_k de $f - \Phi$ à $[x_k, x_{k+1}]$; elle est de classe C^4 sur $[x_k, x_{k+1}]$ et vérifie $f_k(x_k) = f_k(x_{k+1}) = f'_k(x_k) = f'_k(x_{k+1}) = 0$. On va se ramener au segment $[0,1]$ pour appliquer la question 1. La fonction g_k définie sur $[0,1]$ par $g_k(t) = f_k((1-t)x_k + tx_{k+1})$ vérifie les conditions de la question 1. Pour tout $x \in [x_k, x_{k+1}]$, il existe $t \in [0,1]$ tel que $f_k(x) = g_k(t)$ et d'après 1, il existe $\xi \in]0,1[$ tel que $g_k(t) = \frac{g_k^{(4)}(\xi)}{24}t^2(1-t)^2$. Sachant que l'on a $g_k^{(4)}(t) = (x_{k+1} - x_k)^4 f^{(4)}((1-t)x_k + tx_{k+1})$, on en déduit que

$$|f_k(x)| \leqslant \frac{(x_{k+1} - x_k)^4}{24} \|f^{(4)}\|_\infty t^2(1-t)^2,$$

puis que $|f_k(x)| \leqslant \frac{(x_{k+1} - x_k)^4}{384} \|f^{(4)}\|_\infty$, car $\sup\limits_{t \in [0,1]} t^2(1-t)^2 = \frac{1}{4^2} = \frac{1}{16}$. On a donc

$$\|f-\Phi\|_\infty \leqslant \frac{\|f^{(4)}\|_\infty}{384} \sup_{1\leqslant i\leqslant n-1} (x_{i+1}-x_i)^2$$

ce qui est la majoration souhaitée. ◁

Les exercices qui suivent font appel aux différentes formules de Taylor. Les développements « tayloriens » apparaissent dans les travaux de Taylor sur l'interpolation polynomiale (1715) et ceux de Mac Laurin (1742). C'est Lagrange qui établit en 1797 la célèbre formule dite de Taylor-Lagrange : soit $f : [a,b] \to \mathbb{R}$ de classe C^n sur $[a,b]$ et $n+1$ fois dérivable sur $]a,b[$. Il existe alors $c \in]a,b[$ tel que

$$f(b) = \sum_{k=0}^{n} \frac{f^{(k)}(a)}{k!}(b-a)^k + \frac{f^{(n+1)}(c)}{(n+1)!}(b-a)^{n+1}.$$

Lagrange pense alors que toute fonction indéfiniment dérivable peut se développer en série de Taylor. C'est Cauchy qui donnera le premier un contre-exemple. Un exemple classique de fonction f de classe C^∞ dont la série de Taylor ne converge pas vers f est fourni par $f(x) = e^{-1/x^2}$, prolongée par continuité en 0.

Lorsque f est de classe C^{n+1} sur $[a,b]$, le reste peut s'écrire sous forme exacte à l'aide d'une intégrale :

$$f(b) = \sum_{k=0}^{n} \frac{f^{(k)}(a)}{k!}(b-a)^k + \int_a^b \frac{(b-x)^n}{n!} f^{(n+1)}(x)dx.$$

Il est à noter que cette formule avec reste intégral est valable pour une fonction à valeurs vectorielles (et se démontre par récurrence par une simple intégration par parties).

4.58. Dérivées dominées par un polynôme

> Soit $\mathrm{P} \in \mathbb{R}[X]$ un polynôme de degré impair et $f \in C^\infty(\mathbb{R},\mathbb{R})$ telle que $|f^{(n)}(x)| \leqslant |\mathrm{P}(x)|$ pour tout $n \in \mathbb{N}$ et tout $x \in \mathbb{R}$. Que dire de f ?

▷ **Solution.**

Comme P est un polynôme de degré impair, on pense tout de suite à utiliser le fait qu'il admet au moins une racine réelle α. Par hypothèse, toutes les dérivées de f en α sont nulles. Pour $x \in \mathbb{R}$, on va estimer $f(x)$ en utilisant la formule de Taylor-Lagrange en α à l'ordre n. Il existe c_n entre α et x tel que

$$f(x) = \frac{f^{n+1}(c_n)(x-\alpha)^{n+1}}{(n+1)!}.$$

On a donc $|f(x)| \leqslant \frac{|P(c_n)||x-\alpha|^{n+1}}{(n+1)!}$, et le majorant tend vers 0 lorsque n tend vers l'infini car P est borné sur le segment $[\alpha, x]$ (ou $[x, \alpha]$). Ainsi, $f(x) = 0$ et comme cela vaut pour tout x, f est nulle. ◁

Le résultat devient faux avec un polynôme de degré pair (prendre par exemple $f(x) = \sin x$ et $P(x) = x^2 + 1$).

4.59. Une généralisation du théorème de Rolle

> Soit $f : \mathbb{R} \to \mathbb{R}$ une fonction de classe C^p.
>
> **1.** On suppose qu'il existe $n \in [\![0, p-1]\!]$ tel que $f(x) = o(x^n)$ quand $|x|$ tend vers $+\infty$. Montrer que $f^{(p)}$ s'annule en un point.
>
> **2.** Comment modifier la preuve précédente si on suppose seulement que f est p fois dérivable sur $\mathbb{R}$?
>
> **3.** Que se passe-t-il si $n = p$?

▷ **Solution.**

1. Le cas $p = 1$ et $n = 0$ généralise le théorème de Rolle : si f tend vers 0 en $\pm\infty$, il existe un réel c tel que $f'(c) = 0$. En effet, dans le cas contraire, f' garderait un signe constant sur $\mathbb{R}$ (car elle est continue) et f serait strictement monotone. Elle ne pourrait donc pas tendre vers 0 à la fois en $-\infty$ et en $+\infty$.

Passons maintenant au cas général. Il suffit de traiter le cas où $n = p - 1$. Supposons par l'absurde que la fonction $f^{(p)}$ ne s'annule pas sur $\mathbb{R}$. Comme elle est continue, elle garde un signe constant sur $\mathbb{R}$ et, quitte à prendre $-f$, on peut supposer qu'elle est strictement positive. Soit a un réel. La formule de Taylor-Lagrange permet d'affirmer que pour tout réel x, il existe un réel α_x tel que

$$f(x) = f(a) + \frac{f'(a)}{1!}(x-a) + \cdots + \frac{f^{(p-1)}(a)}{(p-1)!}(x-a)^{p-1} + \frac{f^{(p)}(\alpha_x)}{p!}(x-a)^p.$$

On divise cela par x^{p-1} et on fait tendre x vers $+\infty$ et vers $-\infty$. On obtient

$$\frac{f^{(p-1)}(a)}{(p-1)!} = -\lim_{x\to+\infty} \frac{xf^{(p)}(\alpha_x)}{p!} = -\lim_{x\to-\infty} \frac{xf^{(p)}(\alpha_x)}{p!}.$$

Mais comme $f^{(p)}(\alpha_x) > 0$, la première limite est positive et la seconde négative. Il en résulte que $f^{(p-1)}(a) = 0$. Comme cela vaut pour tout réel a, $f^{(p-1)}$ est identiquement nulle et cela contredit la stricte positivité de $f^{(p)}$.

On peut également argumenter de la sorte : si $f^{(p)} > 0$, $f^{(p-1)}$ est strictement croissante et il existe donc $a > 0$ et $\alpha \in \mathbb{R}$ tels que $f^{(p-1)}(x) \geqslant a$ pour tout $x \geqslant \alpha$ ou bien $f^{(p-1)}(x) \leqslant -a$ pour tout $x \leqslant \alpha$. Supposons que nous soyons dans le premier cas.

Par intégrations successives, on obtient $f(x) \geqslant \mathrm{P}(x)$ *avec* $\mathrm{P}(x) \underset{x\to+\infty}{\sim} \dfrac{ax^{p-1}}{(p-1)!}$*, pour tout* $x \geqslant \alpha$*, d'où la contradiction recherchée.*

2. Dans la preuve précédente, on a toujours le droit d'écrire la formule de Taylor-Lagrange, mais on ne dispose plus de l'argument de continuité pour dire que $f^{(p)}$ garde un signe constant sur $\mathbb{R}$. En réalité, cela reste vrai car une fonction dérivée vérifie le théorème des valeurs intermédiaires. C'est un théorème de Darboux que l'on trouvera dans l'exercice 4.51.

Il est possible de contourner l'utilisation du théorème de Darboux : comme $f^{(p)}$ *ne s'annule pas,* $f^{(p-1)}$ *est injective d'après le théorème de Rolle et par conséquent strictement monotone (on se reportera aux propos précédant l'exercice 4.18). La deuxième solution de la première question peut alors être reprise.*

3. En revanche si $p = n$ le résultat n'est plus vrai. Pour $p = 1$ il suffit de prendre une fonction bornée à dérivée strictement positive, comme les fonctions $x \mapsto \arctan x$ et $x \mapsto \operatorname{th} x$. On peut alors en déduire des contre-exemples pour p quelconque. En effet, soit f de classe C^1 telle que $f(x) = o(x)$ et $f' > 0$ sur $\mathbb{R}$ et g telle que $g^{(p-1)} = f$. La fonction $g^{(p)} = f'$ ne s'annule pas sur $\mathbb{R}$. Pourtant, comme $g^{(p-1)}(x) = o(x)$ on a successivement $g^{(p-2)} = o(x^2)$, $g^{(p-3)}(x) = o(x^3), \ldots, g(x) = o(x^p)$ en $+\infty$ et en $-\infty$ (par le théorème d'intégration des relations de négligeabilité). ◁

4.60. Minoration de la dérivée seconde

Soit $f \in C^2([0,1],\mathbb{R})$ vérifiant $f(0) = f'(0) = f'(1) = 0$ et $f(1) = 1$. Montrer qu'il existe $x \in]0,1[$ tel que $|f''(x)| > 4$.

▷ **Solution.**

Supposons par l'absurde que $|f''| \leqslant 4$. On écrit la formule de Taylor avec reste intégral en 0 et en 1, pour évaluer la valeur de f en $\frac{1}{2}$ en tenant compte des conditions au bord. On a d'une part

$$f(1/2) = \int_0^{1/2} \left(\frac{1}{2} - t\right) f''(t)\mathrm{d}t \leqslant \int_0^{1/2} (2-4t)\mathrm{d}t = \frac{1}{2}$$

et d'autre part

$$f(1/2) = f(1) - \int_{1/2}^{1} \left(\frac{1}{2} - t\right) f''(t)\mathrm{d}t \geqslant 1 - 4\int_{1/2}^{1} \left(t - \frac{1}{2}\right)\mathrm{d}t = \frac{1}{2}\cdot$$

Cela impose que les deux inégalités entre intégrales soient des égalités et donc que $f'' = 4$ sur $[0,1/2[$ et $f'' = -4$ sur $]1/2,1]$. Il est alors impossible à la fonction d'être de classe C^2. ◁

Application pratique : si un candidat à l'X court le 100 m en 10 secondes, il y a un moment où son accélération est supérieure à 40 ms^{-2}.

4.61. Zéros des dérivées successives

Soit $f : \mathbb{R}_+ \to \mathbb{R}$ de classe C^∞ avec $f(0) > 0$ et $f'(0) > 0$. On suppose que la limite de f en $+\infty$ est nulle.

1. Montrer qu'il existe $x_1 > 0$ tel que $f'(x_1) = 0$.

2. Montrer qu'il existe une suite strictement croissante $(x_n)_{n \geqslant 1}$ telle que pour tout $n \geqslant 1$, $f^{(n)}(x_n) = 0$.

▷ **Solution.**

1. Si f' ne s'annule pas, elle garde un signe constant (par continuité) et comme $f'(0) > 0$, elle est strictement positive. Mais alors f est strictement croissante sur $\mathbb{R}_+$ et, comme $f(0) > 0$, elle ne peut pas tendre vers 0 en $+\infty$. Il existe donc $x_1 > 0$ tel que $f'(x_1) = 0$.

2. On a naturellement l'idée de construire la suite par récurrence sur n. Supposons $x_1 < x_2 < \cdots < x_n$ construits avec $f^{(k)}(x_k) = 0$ pour tout $k \in [\![1, n]\!]$. Supposons par l'absurde que $f^{(n+1)}$ ne s'annule pas sur $]x_n, +\infty[$. Elle y garde alors un signe constant, par exemple strictement positif. Donc $f^{(n)}$ est strictement croissante sur $[x_n, +\infty[$ et donc strictement positive sur $]x_n, +\infty[$. Appliquons alors la formule de Taylor-Lagrange à l'ordre n en un point $a > x_n$, pour estimer $f(x)$. Pour tout $x > a$, il existe $c \in]a, x[$ tel que

$$f(x) = f(a) + (x-a)f'(a) + \cdots + \frac{f^{(n-1)}(a)}{(n-1)!}(x-a)^{n-1} + \frac{f^{(n)}(c)}{n!}(x-a)^n.$$

On en déduit que

$$f(x) \geqslant f(a) + (x-a)f'(a) + \cdots + \frac{f^{(n-1)}(a)}{(n-1)!}(x-a)^{n-1} + \frac{f^{(n)}(a)}{n!}(x-a)^n.$$

Or le polynôme qui minore $f(x)$ tend vers $+\infty$ lorsque x tend vers $+\infty$. D'où la contradiction avec l'hypothèse que f a une limite nulle. ◁

4.62. Théorème de Glaeser pour une variable (1963)

Soit $f : \mathbb{R} \to \mathbb{R}$ une fonction de classe C^2, positive sur $\mathbb{R}$.

1. Trouver une condition nécessaire et suffisante pour que $\sqrt{f}$ soit dérivable sur $\mathbb{R}$.

2. On suppose que $f(0) = f'(0) = f''(0) = 0$. Soit $\alpha > 0$ et $\mathrm{M}(\alpha) = \sup_{t \in [-2\alpha, 2\alpha]} |f''(t)|$. En utilisant une formule de Taylor, montrer que pour $x \in [-\alpha, \alpha]$ on a $f'^2(x) \leqslant 2f(x)\mathrm{M}(\alpha)$.

3. En déduire une condition nécessaire et suffisante pour que $\sqrt{f}$ soit de classe C^1.

▷ **Solution.**

1. Si $x_0 \in \mathbb{R}$ est tel que $f(x_0) > 0$, alors le théorème de dérivation des fonctions composées garantit que $\sqrt{f}$ est dérivable en x_0, de dérivée $\frac{f'(x_0)}{2\sqrt{f(x_0)}}$. En revanche si x_0 est un zéro de f on peut avoir des problèmes du fait de la non-dérivabilité de la fonction racine carrée en 0. Par exemple, si $f(x) = x^2$, on a $\sqrt{f(x)} = |x|$ qui n'est pas dérivable en 0. Elle est toutefois dérivable à droite et à gauche. On va voir que ce fait est général.

Soit x_0 un zéro de f. Alors f admet en x_0 un minimum local, donc on a $f'(x_0) = 0$. On étudie le taux d'accroissement de $\sqrt{f}$ entre x_0 et x en utilisant un développement limité de f. On a $f(x) = \frac{1}{2}(x - x_0)^2 f''(x_0) + o(x - x_0)^2$ par la formule de Taylor-Young à l'ordre 2. Il en résulte que

$$\frac{\sqrt{f(x)} - \sqrt{f(x_0)}}{x - x_0} = \frac{|x - x_0|}{x - x_0}\sqrt{\frac{f''(x_0)}{2} + o(1)}$$

(comme $f \geqslant 0$ on a nécessairement $f''(x_0) \geqslant 0$). Il en résulte que $\sqrt{f}$ est dérivable à droite et à gauche en x_0 avec une dérivée à droite qui vaut $\sqrt{\frac{f''(x_0)}{2}}$ et une dérivée à gauche qui vaut $-\sqrt{\frac{f''(x_0)}{2}}$. Ainsi, $\sqrt{f}$ est dérivable en x_0 si et seulement si $f''(x_0) = 0$. La dérivée en x_0 de $\sqrt{f}$ est alors nulle.

La fonction $\sqrt{f}$ est donc dérivable sur $\mathbb{R}$ si, et seulement si, en tout zéro x_0 de f on a $f''(x_0) = 0$.

2. Soit $x \in [-\alpha, \alpha]$. Pour $|h| \leqslant \alpha$, d'après la formule de Taylor-Lagrange, il existe c entre x et $x + h$ tel que

$$f(x + h) = f(x) + hf'(x) + \frac{h^2}{2}f''(c) \geqslant 0.$$

A fortiori, on a

$$\mathrm{P}(h) = \mathrm{M}(\alpha)\frac{h^2}{2} + hf'(x) + f(x) \geqslant 0,$$

puisque $|c| \leqslant 2\alpha$. Le polynôme P est positif sur l'intervalle $[-\alpha, \alpha]$. Or le minimum de ce polynôme est atteint en $\frac{-f'(x)}{\mathrm{M}(\alpha)}$ et comme il existe d entre 0 et x tel que $f'(x) = f'(0) + xf''(d) = xf''(d)$, on a

$$\left|\frac{f'(x)}{\mathrm{M}(\alpha)}\right| = \left|\frac{xf''(d)}{\mathrm{M}(\alpha)}\right| \leqslant \alpha.$$

Le minimum de P est atteint dans le segment $[-\alpha, \alpha]$; il est donc positif. Donc P est positif sur $\mathbb{R}$ et son discriminant est négatif : $f'(x)^2 \leqslant 2f(x)\mathrm{M}(\alpha)$. C'est l'inégalité demandée.

3. On va montrer que la condition obtenue dans la question 1 suffit pour que $\sqrt{f}$ soit de classe C^1. Il suffit de prouver que la dérivée de $\sqrt{f}$ est continue en tout zéro x_0 de f. À translation près on peut se placer en $x_0 = 0$. On est alors ramené aux hypothèses de la question précédente : $f(0) = f'(0) = f''(0) = 0$. En reprenant les notations ci-dessus, on a pour tout point x de $[-\alpha, \alpha]$ tel que $f(x) \neq 0$,

$$|(\sqrt{f})'(x)| = \frac{|f'(x)|}{2\sqrt{f(x)}} \leqslant \frac{\sqrt{\mathrm{M}(\alpha)}}{\sqrt{2}}.$$

L'inégalité $|(\sqrt{f})'(x)| \leqslant \dfrac{\sqrt{\mathrm{M}(\alpha)}}{\sqrt{2}}$ demeure pour un point x tel que $f(x) = 0$ puisqu'en un tel point la dérivée de $\sqrt{f}$ est nulle. Comme f'' est continue, la quantité $\mathrm{M}(\alpha)$ tend vers 0 lorsque α tend vers 0. Cela prouve la continuité de $(\sqrt{f})'$ en 0.

La fonction $\sqrt{f}$ est donc de classe C^1 si, et seulement si, en tout zéro x_0 de f on a $f''(x_0) = 0$. ◁

Ce résultat, prouvé par Glaeser, se généralise aux fonctions positives de classe C^2 sur un ouvert de $\mathbb{R}^n$. Le lecteur pourra en rédiger la démonstration en adaptant la solution de l'exercice.

4.63. Étude du maximum de $f \longmapsto f(0) - 2f(\frac{1}{2}) + f(1)$

> Soit $\mathcal{E}$ l'ensemble des fonctions $f : [0, 1] \to \mathbb{R}$ continues, de classe C^2 sur $]0, 1[$ telles que, pour tout $x \in]0, 1[$, $|f''(x)| \leqslant 1$.
>
> Pour $f \in \mathcal{E}$, on note $\mathrm{A}(f) = f(0) - 2f(\frac{1}{2}) + f(1)$.
>
> **1.** Montrer que A est bornée sur $\mathcal{E}$ et déterminer $\sup\limits_{f \in \mathcal{E}} \mathrm{A}(f) = \mathrm{M}$.
>
> **2.** Résoudre $\mathrm{A}(f) = \mathrm{M}$ dans $\mathcal{E}$.

▷ **Solution.**

1. • Soit g la fonction définie sur $\left[0, \frac{1}{2}\right]$ par $g(t) = f\left(t + \frac{1}{2}\right) - f(t)$. On a alors $\mathrm{A}(f) = g\left(\frac{1}{2}\right) - g(0)$. D'après la formule des accroissements finis, il existe donc $c \in \left]0, \frac{1}{2}\right[$ tel que $\mathrm{A}(f) = \frac{1}{2}g'(c)$. On a de plus $g'(c) = f'\left(c + \frac{1}{2}\right) - f'(c)$. En utilisant une nouvelle fois la formule des accroissements finis, on obtient l'existence de $c' \in \left]0, \frac{1}{2}\right[$ tel que $\mathrm{A}(f) = \frac{1}{4}f''(c + c')$. On en déduit $|\mathrm{A}(f)| \leqslant \frac{1}{4}$ pour toute fonction f de $\mathcal{E}$.

• Mais, on peut aussi exprimer la quantité $\mathrm{A}(f)$ à l'aide d'une intégrale double. En effet, on a $f\left(\frac{1}{2}\right) - f(0) = \displaystyle\int_0^{1/2} f'(t)\mathrm{d}t$ (l'intégrale converge car f est continue en 0) et, de même, $f(1) - f\left(\frac{1}{2}\right) = \int_{1/2}^{1} f'(u)\mathrm{d}u = \int_{0}^{1/2} f'\left(t + \frac{1}{2}\right) \mathrm{d}t$. On en déduit que

$$\mathrm{A}(f) = \int_{0}^{1/2} f'\left(t + \frac{1}{2}\right) - f'(t)\,\mathrm{d}t = \int_{0}^{\frac{1}{2}} \int_{0}^{\frac{1}{2}} f''(u+t)\,\mathrm{d}u\,\mathrm{d}t$$

et la majoration par $\frac{1}{4}$ en découle.

La valeur $\frac{1}{4}$ est atteinte. En effet, si on prend pour f telle que $f'' = 1$, c'est-à-dire de la forme $t \mapsto \frac{1}{2}t^2 + at + b$, on obtient exactement $\mathrm{A}(f) = \frac{1}{4}\cdot$

On a $\sup_{f\in\mathcal{E}} \mathrm{A}(f) = \max_{f\in\mathcal{E}} \mathrm{A}(f) = \frac{1}{4}\cdot$

2. Comme f'' est continue, l'expression intégrale de $\mathrm{A}(f)$ montre que si $\mathrm{A}(f) = \frac{1}{4}$,on a forcément $f'' = 1$ sur $]0,1[$. Ainsi f coïncide avec une fonction polynôme $t \longmapsto \frac{1}{2}t^2 + at + b$ sur $]0,1[$ et donc sur tout $[0,1]$ par continuité. On a donc trouvé toutes les fonctions qui atteignent le maximum.

Les solutions de $\mathrm{A}(f) = \frac{1}{4}$ sont donc les fonctions de la forme $t \mapsto \frac{t^2}{2} + at + b$ avec $(a,b) \in \mathbb{R}^2$ quelconque. ◁

*4.64. Points entiers sur le graphe

Soit $\mathrm{N} \geqslant 2$ un entier et $f : [1,\mathrm{N}] \to \mathbb{R}$ une fonction de classe C^2. On suppose $|f'| < 1$ et $\min f'' > 0$. Montrer que le nombre de points à coordonnées entières sur le graphe de f est majoré par $1 + 2\mathrm{N}^{2/3}$.

▷ **Solution.**

Un point du graphe de f à coordonnées entières est de la forme $(k, f(k))$ avec $k \in [\![1,\mathrm{N}]\!]$ et $f(k) \in \mathbb{Z}$. Notons p le nombre de ces points et $x_1 < \cdots < x_p$ les entiers de l'intervalle $[\![1,\mathrm{N}]\!]$ tels que $f(x_i) \in \mathbb{Z}$. On a évidemment $p \leqslant \mathrm{N}$. On pourrait atteindre la valeur N en prenant une fonction constante, par exemple la fonction nulle, mais celle-ci ne vérifie pas l'hypothèse $f'' > 0$: f doit être une fonction strictement convexe. On pourrait aussi atteindre $p = \mathrm{N}$ en prenant la fonction $f : x \mapsto x$ mais celle-ci ne vérifie pas l'hypothèse $|f'| < 1$. Celle-ci se révèle assez contraignante. Supposons par exemple qu'on ait deux entiers consécutifs dans la suite $x_1 < x_2 < \cdots < x_p$ disons $x_{i+1} = x_i + 1$. Le théorème des accroissements finis donne l'existence d'un point $c \in]x_i, x_{i+1}[$ tel que $f(x_{i+1}) - f(x_i) = f'(c)$. On a alors $|f(x_{i+1}) - f(x_i)| < 1$ et comme il s'agit d'un entier $f(x_{i+1}) = f(x_i)$. Mais i est alors l'unique indice k tel que $f(x_{k+1}) = f(x_k)$, car la stricte convexité de f implique que la fonction $x \mapsto f(x+1) - f(x)$ est strictement croissante sur $[1,\mathrm{N}-1]$ et s'annule donc au plus une fois. Ce simple fait conduit déjà à une majoration de p. En effet, on a $x_{k+1} - x_k \geqslant 2$ pour tout k excepté au plus une valeur pour laquelle l'écart peut valoir 1. On a donc, en regardant la longueur des $p-1$ intervalles définis par les points x_i,

$$\mathrm{N} - 1 \geqslant x_p - x_1 = \sum_{k=1}^{p-1}(x_{k+1} - x_k) \geqslant 1 + 2(p-2) = 2p - 3$$

de sorte que $p \leqslant \dfrac{\mathrm{N}+2}{2}$.

Cette inégalité est insuffisante, mais on va obtenir le résultat voulu en raffinant l'idée. Étudions le nombre d'indices i pour lesquels $x_{i+1} - x_i = m$, avec $m \in [\![1, \mathrm{N}-1]\!]$ fixé (on vient de traiter le cas $m = 1$). Pour un tel i la formule des accroissements finis montre cette fois que $|f(x_{i+1}) - f(x_i)| < m$ et, comme on a un entier, cela laisse $2m - 1$ possibilités. La fonction $x \mapsto f(x+1) - f(x)$ étant injective, puisque strictement croissante, il y a donc au plus $2m-1$ indices i tels que $x_{i+1} - x_i = m$. En sommant, on voit il y a au plus $1+3+\cdots+(2m-1) = m^2$ indices i tels que $x_{i+1} - x_i \leqslant m$. On reprend alors l'inégalité ci-dessus mais en séparant les intervalles $[x_i, x_{i+1}]$, selon que leur longueur est $\leqslant m$ ou $\geqslant m+1$. Notons a le nombre de ceux qui ont une longueur $\leqslant m$ et $b = p - 1 - a$ le nombre de ceux qui ont une longueur $\geqslant m+1$. D'après ce qui précède, $a \leqslant m^2$. On a alors

$$\begin{aligned}\mathrm{N} - 1 \geqslant x_p - x_1 &= \sum_{k=1}^{p-1}(x_{k+1} - x_k) \geqslant a + b(m+1) = p - 1 + mb \\ &\geqslant p - 1 + m(p - 1 - m^2).\end{aligned}$$

On en déduit $p \leqslant 1 + \dfrac{\mathrm{N}}{m+1} + m^2$. Si on prend $m = \lfloor \mathrm{N}^{1/3} \rfloor$, on a $m^2 \leqslant \mathrm{N}^{2/3}$ et $\dfrac{\mathrm{N}}{m+1} \leqslant \mathrm{N}^{2/3}$ ce qui donne la majoration $p \leqslant 1 + 2\mathrm{N}^{2/3}$ souhaitée. ◁

Dans l'exercice suivant les deux applications de la première question ont été posées lors de deux oraux différents.

4.65. Puissances entières

Soit $\mathrm{E} = \mathcal{C}^\infty(\mathbb{R}_+^*, \mathbb{R})$. Pour $f \in \mathrm{E}$ on note $\Delta f \in \mathrm{E}$ l'application définie pour tout $x > 0$ par $\Delta f(x) = f(x+1) - f(x)$.

1. Soit $f \in \mathrm{E}$. Montrer que pour tout $x > 0$ et tout $n \in \mathbb{N}^*$, il existe $\theta \in]0,1[$, tel que $\Delta^n f(x) = f^{(n)}(x + n\theta)$.

2. En déduire l'ensemble des réels c tels que n^c soit entier pour tout entier $n \geqslant 1$.

3. Soit $\mathrm{P} \in \mathbb{R}[\mathrm{X}]$ tel que pour tout entier $n \in \mathbb{N}$ il existe $m \in \mathbb{N}$ tel que $\mathrm{P}(n) = m^2$. Montrer qu'il existe $\mathrm{Q} \in \mathbb{R}[\mathrm{X}]$ tel que $\mathrm{P} = \mathrm{Q}^2$.

▷ **Solution.**

1. Soit $x > 0$. On procède par récurrence sur n, le cas $n = 1$ étant une application directe de la formule des accroissements finis. Supposons le résultat vrai au rang n. On applique l'hypothèse de récurrence à la fonction $g = \Delta f$. Soit $x > 0$. Il existe $\theta \in]0, 1[$ tel que $(\Delta^n g)(x) = g^{(n)}(x + n\theta)$, ce qui s'écrit $\Delta^{n+1} f(x) = f^{(n)}(x + n\theta + 1) - f^{(n)}(x + n\theta)$. On applique alors l'égalité des accroissements finis

$$f^{(n)}(x + n\theta + 1) - f^{(n)}(x + n\theta) = f^{(n+1)}(x + n\theta + \theta'),$$

où $\theta' \in]0, 1[$, et on conclut en remarquant que $0 < n\theta + \theta' < n + 1$ donc qu'il existe $\theta'' \in]0, 1[$ tel que $n\theta + \theta' = (n + 1)\theta''$.

Cela ne se passe pas aussi bien si on écrit $\Delta^{n+1} f = \Delta(\Delta^n f)$ (au lieu de $\Delta^n(\Delta f)$). En effet, pour $x > 0$ on trouve $\theta \in]0, 1[$ tel que $\Delta^n f(x) = f^{(n)}(x + n\theta)$, mais θ dépend de x. Donc $\Delta(\Delta^n f)(x) = f^{(n)}(x + 1 + n\theta') - f^{(n)}(x + n\theta)$. Et ici, l'écart entre les deux points n'est pas de 1.

2. Notons Ω l'ensemble des réels c tels que, pour tout $n \geqslant 1$, $n^c \in \mathbb{N}$. Il est clair que $\mathbb{N} \subset \Omega$. On va prouver par l'absurde qu'il y a égalité en supposant qu'il existe $\alpha \in \Omega$, $\alpha \notin \mathbb{N}$. La fonction $f(x) = x^\alpha$ est dans E et ne prend que des valeurs entières sur $\mathbb{N}^*$. Il en est donc de même de $\Delta^p f$ pour tout $p \in \mathbb{N}$. Appliquons le résultat de la question précédente à f avec $n = \lfloor \alpha \rfloor + 1$. Comme, pour tout $x > 0$, $f^{(n)}(x) = \alpha(\alpha - 1) \dots (\alpha - n + 1)x^{\alpha - n}$, on a pour tout $x \in \mathbb{N}^*$,

$$\Delta^n f(x) = \alpha(\alpha - 1) \dots (\alpha - n + 1)(x + n\theta)^{\alpha - n},$$

avec $\theta \in]0, 1[$.

Pour tout entier x cette quantité est non nulle (car $\alpha \notin \mathbb{N}$) et entière d'après la remarque qui précède. De plus elle tend vers 0 lorsque x tend vers l'infini (puisque $\alpha - n < 0$). C'est absurde, car une suite d'entiers non nuls ne peut converger vers 0.

3. Le résultat est évident si P est constant, car il est alors de la forme $P = a^2$ avec $a \in \mathbb{N}$ et $Q = a$ convient. On supposera donc $\deg P \geqslant 1$ dans la suite. Comme $P(n) \geqslant 0$ pour tout entier n assez grand, le coefficient dominant de P est strictement positif et $P(x)$ tend vers $+\infty$ lorsque x tend vers $+\infty$. Soit $A > 0$ tel que $P(x) > 0$ pour $x \geqslant A$. On pose $f(x) = \sqrt{P(x)}$ pour $x \geqslant A$. Pour tout entier $n \geqslant A$, on a par hypothèse $f(n) \in \mathbb{Z}$. Il en découle que pour tout entier $p \in \mathbb{N}$ et tout $n \geqslant A$, $\Delta^p f(n) \in \mathbb{Z}$. Le résultat de la question 1 s'adapte immédiatement à la fonction f qui est de classe C^∞ sur $[A, +\infty[$ et il existe donc $c \in]n, n + p[$ tel que $\Delta^p f(n) = f^{(p)}(c)$.

Pour p assez grand, la dérivée p-ième de f tend vers 0 en $+\infty$. En effet une récurrence simple montre que, pour tout $p \geqslant 1$, il existe un polynôme P_p de degré inférieur ou égal à $p(d - 1)$, où $d = \deg P$ tel que $f^{(p)}(x) = \dfrac{P_p(x)}{(P(x))^{p - \frac{1}{2}}}$

pour tout $x \geqslant A$. On a donc, $f^{(p)}(x) = O\left(x^{\frac{d}{2}-p}\right)$, quand x tend vers $+\infty$. Ainsi, pour $p > \frac{d}{2}$, $f^{(p)}$ tend vers 0 en $+\infty$.

Pour un tel p, la suite d'entiers $(\Delta^p f(n))_{n \geqslant A}$ tend vers 0, donc est stationnaire. On a $\Delta^p f(n) = 0$ pour tout $n \geqslant N$. On va montrer que cela implique l'existence d'un polynôme Q de degré $< p$ tel que $f(n) = Q(n)$ pour $n \geqslant N$. On observe que si R est un polynôme de degré $\geqslant 1$, alors $\deg(\Delta R) = \deg R - 1$. On en déduit que si $Q \in \mathbb{R}_{p-1}(X)$, alors $\Delta^p Q = 0$. Prenons Q l'unique polynôme de $\mathbb{R}_{p-1}[X]$ déterminé par $Q(j) = f(j)$ pour tout $j \in [\![N, N+p-1]\!]$. Par ailleurs, en écrivant $\Delta = S - \mathrm{Id}$, où S est l'application qui à g associe la fonction $x \mapsto g(x+1)$, et en appliquant la formule du binôme de Newton, on obtient $\Delta^p = \sum_{k=0}^{p} \binom{p}{k}(-1)^{p-k} S^k$ ce qui donne $\Delta^p Q(X) = \sum_{k=0}^{p} \binom{p}{k}(-1)^{p-k} Q(X+k)$ et on a donc pour $n \geqslant N$,

$$\sum_{k=0}^{p} \binom{p}{k}(-1)^{p-k} Q(n+k) = 0 = \Delta^p f(n) = \sum_{k=0}^{p} \binom{p}{k}(-1)^{p-k} f(n+k).$$

En faisant $n = N$, on obtient $f(N+p) = Q(N+p)$ et finalement par récurrence que $f(n) = Q(n)$ pour tout $n \geqslant N$. Ainsi, le polynôme $P - Q^2$ qui a une infinité de racines (tous les entiers supérieurs à N) est nul. ◁

4.66. Majoration de f'

Soit $a < b$ et $f : [a, b] \to \mathbb{R}$ de classe C^2. Montrer que

$$\|f'\|_\infty \leqslant \frac{2}{b-a}\|f\|_\infty + \frac{b-a}{2}\|f''\|_\infty.$$

▷ **Solution.**

Soit x tel que $|f'(x)| = \|f'\|_\infty$. On écrit la formule de Taylor entre x et a d'une part et entre x et b d'autre part :

$$f(a) = f(x) + (a-x)f'(x) + \int_x^a (a-t)f''(t)\,\mathrm{d}t$$

et

$$f(b) = f(x) + (b-x)f'(x) + \int_x^b (b-t)f''(t)\,\mathrm{d}t.$$

On fait la différence des deux :

$$(b-a)f'(x) = f(b) - f(a) + \int_x^a (a-t)f''(t)\,\mathrm{d}t - \int_x^b (b-t)f''(t)\,\mathrm{d}t.$$

On majore par inégalité triangulaire :

$$(b-a)|f'(x)| \leqslant 2\|f\|_\infty + \frac{1}{2}\Big((x-a)^2 + (b-x)^2\Big)\|f''\|_\infty$$

Le trinôme prend la même valeur en a et en b et comme le coefficient dominant est positif il est inférieur à cette valeur sur le segment $[a,b]$. Le résultat en découle. ◁

Dans l'énoncé suivant la première question, qui majore aussi la dérivée première à l'aide de la fonction et de la dérivée seconde, est un grand classique des oraux de concours. La généralisation de la question 2 est plus délicate.

4.67. Inégalités de Kolmogorov

1. Soit $f \in C^2(\mathbb{R},\mathbb{C})$. On suppose que f et f'' sont bornées sur $\mathbb{R}$ et on pose $M_0 = \sup_{x\in\mathbb{R}} |f(x)|$, $M_2 = \sup_{x\in\mathbb{R}} |f''(x)|$. Montrer que

$$M_1 = \sup_{x\in\mathbb{R}} |f'(x)| \leqslant \sqrt{2M_0M_2}.$$

2. Soit $f \in C^n(\mathbb{R},\mathbb{C})$. Pour $k \in [\![0,n]\!]$, on pose $M_k = \sup_{x\in\mathbb{R}} |f^{(k)}(x)|$. On suppose que M_0 et M_n sont finis. Montrer que M_k est fini pour tout $k \in [\![0,n]\!]$ et que

$$M_k \leqslant 2^{\frac{k(n-k)}{2}} M_0^{1-\frac{k}{n}} M_n^{\frac{k}{n}}.$$

▷ **Solution.**

1. Une idée naturelle consiste à utiliser l'inégalité de Taylor-Lagrange. Soit un réel x et $h > 0$. On peut écrire

$$|f(x+h) - f(x) - hf'(x)| \leqslant \frac{h^2M_2}{2}.$$

Grâce à l'inégalité triangulaire, on en déduit que $h|f'(x)| \leqslant 2M_0 + \frac{h^2M_2}{2}$ ou encore $|f'(x)| \leqslant \frac{2M_0}{h} + \frac{hM_2}{2}$. Cela étant valable pour tout $h > 0$, on va choisir h de manière à minimiser le majorant. Pour cela, on peut étudier la fonction $h \longmapsto \frac{2M_0}{h} + \frac{hM_2}{2}$ ou plus simplement invoquer l'inégalité entre la moyenne géométrique et la moyenne arithmétique : le produit de $\frac{2M_0}{h}$ et $\frac{hM_2}{2}$

est constant et vaut M_0M_2. La somme sera minimale lorsque les deux termes sont égaux et valent donc chacun $\sqrt{M_0M_2}$. On en déduit que

$$|f'(x)| \leqslant 2\sqrt{M_0M_2},$$

ce qui est plus faible que l'inégalité demandée par l'énoncé. Pour aboutir à la constante de l'énoncé, on raffine le travail précédent en écrivant aussi l'inégalité de Taylor-Lagrange entre x et $x - h$:

$$|f(x-h) - f(x) + hf'(x)| \leqslant \frac{h^2M_2}{2}.$$

En la combinant avec l'inégalité utilisée précédemment, on obtient, toujours grâce à l'inégalité triangulaire,

$$|f(x+h) - f(x-h) - 2hf'(x)| \leqslant h^2M_2$$

puis

$$2h|f'(x)| \leqslant h^2M_2 + |f(x+h) - f(x-h)| \leqslant h^2M_2 + 2M_0.$$

Ainsi, pour tout $h > 0$, $|f'(x)| \leqslant \frac{hM_2}{2} + \frac{M_0}{h}$. Avec le même raisonnement que précédemment, on obtient $|f'(x)| \leqslant \sqrt{2M_0M_2}$. Comme cela vaut pour tout réel x, la fonction f' est bornée et $M_1 \leqslant \sqrt{2M_0M_2}$. Cela reste bien entendu vrai si $M_0 = 0$, puisqu'alors f est nulle.

2. Montrons pour commencer que les M_k sont finis. Soit x un réel et $h > 0$. L'inégalité de Taylor-Lagrange entre x et $x + h$ conduit à

$$\left|f(x+h) - f(x) - hf'(x) - \cdots - \frac{h^{n-1}}{(n-1)!}f^{(n-1)}(x)\right| \leqslant \frac{h^nM_n}{n!}$$

soit, par inégalité triangulaire, à

$$\left|hf'(x) + \cdots + \frac{h^{n-1}}{(n-1)!}f^{(n-1)}(x)\right| \leqslant 2M_0 + \frac{h^nM_n}{n!}$$

Écrivons cette inégalité pour $n-1$ valeurs distinctes de h, $0 < h_1 < h_2 < \cdots < h_{n-1}$. Si on note X le vecteur colonne $(f'(x), \ldots, f^{(n-1)}(x))$, les inégalités précédentes signifient que $\|AX\|_\infty \leqslant K = 2M_0 + \frac{h_{n-1}^nM_n}{n!}$, où A est la matrice

$$A = \begin{pmatrix} h_1 & \frac{h_1^2}{2!} & \cdots & \frac{h_1^{n-1}}{(n-1)!} \\ \vdots & \vdots & & \vdots \\ h_{n-1} & \frac{h_{n-1}^2}{2!} & \cdots & \frac{h_{n-1}^{n-1}}{(n-1)!} \end{pmatrix}.$$

Or A est inversible (en sortant les factorielles et en mettant en facteur les h_k, on se ramène à une matrice de Vandermonde). On a donc $\|X\|_\infty \leqslant \|A^{-1}\| K$. Comme cette inégalité vaut pour tout réel x, les quantités M_k sont bien finies.

On va maintenant prouver les inégalités proposées par récurrence sur n. On observe que pour $k = 0$ et $k = n$ l'inégalité est triviale.

• Pour $n = 2$ et $k = 1$, on obtient $M_1 \leqslant \sqrt{2M_0M_2}$, ce qui a été prouvé dans la première question.

• Supposons que le résultat est vrai jusqu'au rang n et considérons une fonction f de classe C^{n+1}. Fixons k entre 1 et n. En appliquant le cas $n = 2$ à la fonction $f^{(k-1)}$ (ce qui est possible d'après ce qu'on vient de voir) on a l'inégalité

$$M_k^2 \leqslant 2M_{k-1}M_{k+1}.$$

On va maintenant majorer M_{k-1} et M_{k+1} en utilisant l'hypothèse de récurrence. Pour le premier, on utilise l'hypothèse de récurrence au rang k. Il vient

$$M_{k-1} \leqslant 2^{\frac{k-1}{2}} M_0^{\frac{1}{k}} M_k^{\frac{k-1}{k}}.$$

Pour le second terme, on utilise l'hypothèse de récurrence au rang $n + 1 - k$ pour la fonction $f^{(k)}$. Il vient

$$M_{k+1} \leqslant 2^{\frac{n-k}{2}} M_k^{\frac{n-k}{n+1-k}} M_{n+1}^{\frac{1}{n+1-k}}.$$

En utilisant ces deux majorations, on aboutit à

$$M_k^2 \leqslant 2^{\frac{n+1}{2}} M_0^{\frac{1}{k}} M_k^{\frac{k-1}{k}+\frac{n-k}{n+1-k}} M_{n+1}^{\frac{1}{n+1-k}}.$$

En élevant cela à la puissance $\dfrac{k(n+1-k)}{n+1}$, on obtient le résultat souhaité

$$M_k \leqslant 2^{\frac{k(n+1-k)}{2}} M_0^{1-\frac{k}{n+1}} M_{n+1}^{\frac{k}{n+1}},$$

ce qui termine la récurrence. ◁

4.68. Factorisation d'une fonction paire

Soit $f \in C^2(\mathbb{R}, \mathbb{R})$, paire. Montrer qu'il existe une fonction $g \in C^1(\mathbb{R}, \mathbb{R})$ telle que $f(x) = g(x^2)$ pour tout x. Comment améliorer le résultat si on suppose f de classe C^{2n} ?

▷ **Solution.**

Posons $g(x) = f(\sqrt{x})$ pour tout $x \geqslant 0$. Il est clair que g est continue sur $\mathbb{R}_+$, de classe C^2 sur $\mathbb{R}_+^*$ et seule sa régularité en 0 pose problème. Pour $x > 0$ on a

$$g'(x) = \frac{1}{2\sqrt{x}} f'(\sqrt{x}).$$

Comme f est paire on a $f'(0) = 0$ et par le théorème de Taylor-Young, on a $f'(u) = f''(0)u + o(u)$ lorsque u tend vers 0. Ainsi, $g'(x) = \frac{f''(0)}{2} + o(1)$ admet une limite finie lorsque x tend vers 0 et par le théorème de la limite de la dérivée (nommé aussi théorème de prolongement C^1), la fonction g est de classe C^1 sur $\mathbb{R}_+$ avec $g'(0) = \frac{f''(0)}{2}$. Il n'est alors pas très difficile de prolonger g en une fonction de classe C^1 sur $\mathbb{R}$, par exemple en posant $g(x) = f(0) + x\frac{f''(0)}{2}$ pour $x < 0$.

Montrons plus généralement que si f est paire et de classe C^{2n} sur $\mathbb{R}$, alors il existe g de de classe C^n telle que $f(x) = g(x^2)$ pour tout x. On définit à nouveau g sur $\mathbb{R}_+$ en posant $g(x) = f(\sqrt{x})$. On peut retrancher à f son polynôme de Taylor d'ordre $2n$ en 0 qui s'écrit $\sum\limits_{k=0}^{n} \frac{f^{(2k)}(0)}{(2k)!} x^{2k}$ ce qui revient à retrancher à g le polynôme $\sum\limits_{k=0}^{n} \frac{f^{(2k)}(0)}{(2k)!} x^k$. On supposera donc dans la suite que $f^{(k)}(0) = 0$ pour tout $k \in [\![0, 2n]\!]$ et qu'on a donc $f(x) = o(x^{2n})$ quand x tend vers 0. Il est clair que g est de classe C^{2n} sur $\mathbb{R}_+^*$. On va montrer qu'elle est de classe C^n sur $\mathbb{R}_+$ en utilisant encore le théorème de prolongement C^n.

Pour cela il suffit de montrer que $g^{(k)}(x)$ tend vers 0 quand x tend vers 0 pour tout $k \in [\![1, n]\!]$. Le cas $k = 1$ est traité ci-dessus. Pour $k = 2$ (avec $n \geqslant 2$) on a pour tout $x > 0$,

$$g''(x) = -\frac{1}{4x^{3/2}} f'(\sqrt{x}) + \frac{1}{4x} f''(\sqrt{x})$$

Or $f'(x) = o(x^{2n-1}) = o(x^3)$ et $f''(x) = o(x^{2n-2}) = o(x^2)$ donc $g''(x)$ tend vers 0 quand x tend vers 0 et g est de classe C^2 sur $\mathbb{R}_+$. Pour traiter le cas général, on montre facilement par récurrence que la fonction $g^{(k)}$ est une combinaison linéaire des fonctions $x \mapsto x^{j/2-k} f^{(j)}(\sqrt{x})$ pour $1 \leqslant j \leqslant k$. Pour tout $j \leqslant n$, on a $f^{(j)}(x) = o(x^{2n-j})$ quand x tend vers 0 donc

$$x^{j/2-k} f^{(j)}(\sqrt{x}) = o(x^{n-k}) \to 0$$

donc toutes les fonctions $g^{(k)}$ ont une limite nulle en 0 ce qui permet de conclure.

Il est alors facile de prolonger g en une fonction de classe C^{2n} sur $\mathbb{R}$ tout entier, par exemple par son polynôme de Taylor à l'ordre n en 0. ◁

Les exercices suivants concernent les fonctions de classe C^∞. Le premier concerne un calcul de dérivées successives.

4.69. Calcul de dérivées

Soit $n \in \mathbb{N}$. Montrer que :

$$\frac{\mathrm{d}^{2n+2}}{\mathrm{d}x^{2n+2}}(1+x^2)^{n+\frac{1}{2}} = \left(\prod_{k=0}^{n}(2k+1)^2\right)(1+x^2)^{-n-\frac{3}{2}}.$$

▷ **Solution.**

On montre la formule par récurrence sur n. Posons $f_n : x \mapsto (1+x^2)^{n+\frac{1}{2}}$ pour tout n et commençons par le cas $n = 0$. On a pour tout réel x,

$$f_0'(x) = x(1+x^2)^{-\frac{1}{2}} \quad \text{et} \quad f_0''(x) = (1+x^2)^{-\frac{1}{2}} - x^2(1+x^2)^{-\frac{3}{2}} = (1+x^2)^{-\frac{3}{2}},$$

ce qui est le résultat attendu au rang $n = 0$.

Supposons que la formule est vraie au rang $n-1$ avec $n \geqslant 1$ et montrons-la au rang n. On a la relation $f_n(x) = (1+x^2)f_{n-1}(x)$ et on la dérive $2n+2$ fois en utilisant la formule de Leibniz. Il vient

$$f_n^{(2n+2)}(x) = (1+x^2)f_{n-1}^{(2n+2)}(x) + (2n+2)2xf_{n-1}^{(2n+1)}(x) + \binom{2n+2}{2}2f_{n-1}^{(2n)}(x).$$

Par hypothèse de récurrence, on a $f_{n-1}^{(2n)} = p_{n-1}f_{-n-1}$ où $p_{n-1} = \prod_{k=0}^{n-1}(2k+1)^2$. On dérive cela deux fois : on a, pour tout réel x,

$$f_{n-1}^{(2n+1)}(x) = -p_{n-1}(2n+1)xf_{-n-2}(x)$$

puis

$$f_{n-1}^{(2n+2)}(x) = -p_{n-1}(2n+1)\Big(f_{-n-2}(x) - (2n+3)x^2f_{-n-3}(x)\Big).$$

On regroupe l'ensemble ; on met $p_{n-1}f_{-n-2}(x)$ en facteur et on remplace $f_{-n-1}(x)$ par $(1+x^2)f_{-n-2}(x)$ et $f_{-n-3}(x)$ par $\dfrac{f_{-n-2}(x)}{1+x^2}$. On obtient

$$f_n^{(2n+2)}(x) = p_{n-1}f_{-n-2}(x)\mathrm{R}(x)$$

où R est le polynôme

$$-(2n+1)(1+x^2)+(2n+1)(2n+3)x^2-2(2n+2)(2n+1)x^2+(2n+2)(2n+1)(1+x^2)$$

On peut mettre $2n+1$ en facteur et on constate que $\mathrm{R}(x) = (2n+1)^2$. On obtient bien la formule souhaitée à savoir que $f_n^{(2n+2)}(x) = p_nf_{-n-2}(x)$. ◁

4.70. Théorème de division

Soit $f : \mathbb{R} \longrightarrow \mathbb{R}$ de classe C^∞ telle que $f(0) = 0$.

1. Montrer que l'application $g : x \longmapsto \frac{f(x)}{x}$ se prolonge en une application de classe C^∞ sur $\mathbb{R}$.

2. On suppose de plus que $f''(0) \neq 0$ et $f(x) > 0$ pour $x \neq 0$. Montrer qu'il existe $g \in C^\infty(\mathbb{R}, \mathbb{R})$ telle que $g^2 = f$.

▷ **Solution.**

1. On va donner deux démonstrations différentes de ce résultat.

• La fonction g est de classe C^∞ sur $\mathbb{R}^*$. Il suffit de démontrer que, pour tout $n \in \mathbb{N}$, la fonction $g^{(n)}$ a une limite finie en 0. Le théorème de prolongement de classe C^n permettra de conclure que g a un prolongement en 0 de classe C^n pour tout $n \in \mathbb{N}$, donc de classe C^∞.

La fonction g tend vers $f'(0)$ en 0. Pour $x \neq 0$, on a

$$g'(x) = \frac{xf'(x) - f(x)}{x^2} = \frac{xf'(0) + x^2 f''(0) - xf'(0) - \frac{1}{2}x^2 f''(0) + o(x^2)}{x^2},$$

ce qui tend vers $\frac{1}{2}f''(0)$.

Ce résultat se généralise : on montre que $\lim\limits_{x \to 0} g^{(n)}(x) = \frac{f^{(n+1)}(0)}{n+1}$, pour tout n. Pour simplifier, on se ramène au cas où les $n+1$ premières dérivées en 0 de f sont nulles. Pour cela on considère la fonction $\tilde{f}$ définie par

$$\tilde{f}(x) = f(x) - xf'(0) - \frac{x^2}{2}f''(0) - \cdots - \frac{x^{n+1}}{(n+1)!}f^{(n+1)}(0).$$

Cette fonction est de classe C^∞ et ses $n+1$ premières dérivées sont nulles en 0. Considérons la fonction $\tilde{g}$ définie par $\tilde{g}(x) = \frac{\tilde{f}(x)}{x}$. En dérivant, à l'aide de la formule de Leibniz, la relation $\tilde{g}(x) = \frac{\tilde{f}(x)}{x}$, il vient, pour tout x non nul :

$$\tilde{g}^{(n)}(x) = \frac{\tilde{f}^{(n)}(x)}{x} + \sum_{k=0}^{n-1} \binom{n}{k} (-1)^{n-k}(n-k)! \frac{\tilde{f}^{(k)}(x)}{x^{n-k+1}}.$$

On effectue un $\mathrm{DL}_{n-k+1}(0)$ de $\tilde{f}^{(k)}(x)$. Comme les dérivées de $\tilde{f}$ en 0 jusqu'à l'ordre $n+1$ sont nulles, on a $\tilde{f}^{(k)}(x) = o(x^{n-k+1})$. Il en résulte que $\tilde{g}^{(n)}(x) = o(1)$ tend vers 0 en 0. La relation

$$g(x) = \frac{f(x)}{x} = \tilde{g}(x) + f'(0) + \frac{x}{2}f''(0) + \cdots + \frac{x^n}{(n+1)!}f^{(n+1)}(0)$$

montre que, pour tout $x \neq 0$, $g^{(n)}(x) = \tilde{g}^{(n)}(x) + \dfrac{f^{(n+1)}(0)}{n+1}$ et donc que

$$\lim_{x \to 0} g^{(n)}(x) = \frac{f^{(n+1)}(0)}{n+1}.$$

La fonction g se prolonge donc en une fonction de classe C^∞ sur $\mathbb{R}$ avec pour tout $n \geqslant 0$, $g^{(n)}(0) = \dfrac{f^{(n+1)}(0)}{n+1}$.

Le résultat que l'on vient de démontrer est évident si la fonction f est développable en série entière en 0.

• Voici une seconde solution, nettement plus rapide, qui utilise le théorème de dérivation sous le signe intégral. La fonction f étant de classe C^1, on peut écrire pour x réel

$$f(x) = f(0) + \int_0^x f'(t)\mathrm{d}t = x \int_0^1 f'(ux)\mathrm{d}u$$

en faisant le changement de variables $t = ux$. Ainsi, pour x non nul,

$$g(x) = \int_0^1 f'(ux)\mathrm{d}u.$$

Si on pose $g(0) = f'(0)$, on voit que g est la fonction $x \longmapsto \int_0^1 f'(ux)\mathrm{d}u$ qui est de classe C^∞ sur $\mathbb{R}$ puisque f' l'est.

2. Notons qu'au voisinage de 0, on a $f(x) = xf'(0) + \frac{x^2}{2}f''(0) + o(x^2)$. Pour que f garde un signe constant, il faut $f'(0) = 0$. Posons alors $h(x) = \dfrac{f(x)}{x^2}$ pour x non nul. La fonction h se prolonge par continuité en 0 par $h(0) = \dfrac{f''(0)}{2}$. Le théorème de division de la question précédente, appliqué deux fois, montre que h est de classe C^∞ sur $\mathbb{R}$. Par ailleurs, h est strictement positive sur $\mathbb{R}$, donc la fonction $\sqrt{h}$ est également de classe C^∞. Pour obtenir une fonction répondant au problème posé, il nous suffit alors de poser $g(x) = x\sqrt{h(x)}$. ◁

Le théorème de division est le point central des trois exercices suivants.

4.71. Division paire

Soit $f \in C^\infty(\mathbb{R}, \mathbb{R})$. Donner une condition nécessaire et suffisante pour que l'application $x \in \mathbb{R}^* \mapsto \dfrac{f(|x|)}{|x|}$ se prolonge en une fonction de classe C^∞ sur $\mathbb{R}$.

▷ **Solution.**

Il est évidemment nécessaire que $f(0) = 0$. Lorsque cela est réalisé, la fonction g définie par $g(0) = f'(0)$ et $g(x) = \frac{f(|x|)}{|x|}$ est continue sur $\mathbb{R}$. Le théorème de division démontré dans l'exercice précédent nous montre même que g est de classe C^∞ sur $\mathbb{R}_+$ avec $g_d^{(k)}(0) = \frac{f^{(k+1)}(0)}{k+1}$ pour tout k. Sur $\mathbb{R}_-$, on a $g(x) = -\frac{f(-x)}{x}$ pour tout $x \leqslant 0$ et le théorème de division montre à nouveau que g est de classe C^∞ sur $\mathbb{R}_-$ avec une dérivée k-ième à gauche en 0 qui vaut $(-1)^k \frac{f^{(k+1)}(0)}{k+1}$. Ainsi g est de classe C^∞ sur $\mathbb{R}$ si, et seulement si, on a $f^{(2p)}(0) = 0$ pour tout $p \in \mathbb{N}$. ◁

4.72. Factorisation d'une fonction réciproque

Soit $f : [0,1] \to \mathbb{R}$ de classe C^∞ et $r \geqslant 2$. On pose $b = f(1)$. On suppose que $f(0) = f'(0) = \cdots = f^{(r-1)}(0) = 0$ et que $f^{(r)} > 0$ sur $[0,1]$. Montrer que f est une bijection de $[0,1]$ sur $[0,b]$, puis qu'il existe $g : [0, b^{\frac{1}{r}}] \to \mathbb{R}$ de classe C^∞ telle que $f^{-1}(x) = g(x^{\frac{1}{r}})$, pour tout $x \in [0,b]$.

▷ **Solution.**

Comme $f^{(r)} > 0$ la fonction $f^{(r-1)}$ est strictement croissante sur $[0,1]$ et, comme elle est nulle en 0, elle est strictement positive sur $]0,1]$. On en déduit que la fonction $f^{(r-2)}$ est aussi strictement croissante sur $[0,1]$, et on peut itérer l'argumentation pour obtenir finalement que f est strictement croissante sur $[0,1]$. Elle établit donc une bijection de $[0,1]$ sur l'intervalle image $[f(0), f(1)] = [0,b]$.

On pose $g(x) = f^{-1}(x^r)$ pour tout $x \in [0, b^{\frac{1}{r}}]$ (il n'y a pas le choix pour définir g) et la question consiste à montrer que g est de classe C^∞ sur $[0, b^{\frac{1}{r}}]$. Il est clair que f^{-1} est de classe C^∞ sur $]0,b]$ mais, comme $f'(0) = 0$, f^{-1} n'est pas dérivable en 0. Ainsi g est de classe C^∞ sur $]0, b^{\frac{1}{r}}]$ et c'est la régularité en 0 qui pose question.

D'après la formule de Taylor avec reste intégral on a pour tout $x \in [0,1]$,

$$f(x) = \int_0^x \frac{(x-t)^{r-1}}{(r-1)!} f^{(r)}(t)\mathrm{d}t = x^r \int_0^1 \frac{(1-u)^{r-1}}{(r-1)!} f^{(r)}(xu)\mathrm{d}u$$

avec le changement de variable classique $t = xu$. On vérifie comme dans l'exercice 4.70 que la fonction

$$\psi : x \mapsto \int_0^1 \frac{(1-u)^{r-1}}{(r-1)!} f^{(r)}(xu)\mathrm{d}u$$

est de classe C^∞ sur $[0,1]$ et on a $f(x) = x^r\psi(x)$ pour tout x. En fait, les hypothèses faites sur f ont simplement permis d'appliquer le théorème de division de manière itérée r fois. L'intérêt de cette factorisation est que ψ est strictement positive sur $[0,1]$ et qu'ainsi $\psi^{\frac{1}{r}}$ est de classe C^∞ sur $[0,1]$ et il en est donc de même de la fonction $h : x \mapsto f(x)^{\frac{1}{r}} = x\psi(x)^{\frac{1}{r}}$. De plus, h' est strictement positive sur $]0,1]$ et $h'(0) = \psi(0) = \dfrac{f^{(r)}(0)}{r!} > 0$ de sorte que h est un C^∞-difféomorphisme de $[0,1]$ sur $[0,b^{\frac{1}{r}}]$. On a alors, pour tout $x \in [0,b^{\frac{1}{r}}]$,

$$g(x) = f^{-1}(x^r) = f^{-1}\big((h(h^{-1}(x)))^r\big) = f^{-1}\big(f(h^{-1}(x))\big) = h^{-1}(x),$$

donc $g = h^{-1}$ est bien de classe C^∞ sur $[0,b^{\frac{1}{r}}]$. ◁

4.73. Dérivations de l'algèbre $C^\infty(\mathbb{R},\mathbb{R})$

Soit $\mathrm{E} = C^\infty(\mathbb{R},\mathbb{R})$ et δ une *dérivation* de E, c'est-à-dire un endomorphisme de E vérifiant $\delta(fg) = \delta(f)g + f\delta(g)$ pour tout couple $(f,g) \in \mathrm{E}^2$. Montrer qu'il existe $u \in \mathrm{E}$ telle que $\delta(f) = uf'$ pour tout $f \in \mathrm{E}$.

▷ **Solution.**

Il est clair que pour tout $u \in \mathrm{E}$, les applications $f \mapsto uf'$ sont des dérivations. L'objectif est de montrer que ce sont les seules.

Si le résultat espéré est vrai, on peut récupérer la fonction u en appliquant δ à la fonction $f_1 = \mathrm{Id}_{\mathrm{R}} : x \mapsto x$. Posons donc $u = \delta(f_1)$. Notons $f_0 : x \mapsto 1$ la fonction constante égale à 1. On a $f_0^2 = f_0$ donc en appliquant δ, il vient $\delta(f_0) = 2f_0\delta(f_0) = 2\delta(f_0)$ et donc $\delta(f_0) = 0$. Ainsi, δ est nul pour les fonction constante. Soit $f \in \mathrm{E}$ et $a \in \mathbb{R}$. D'après le théorème de division (voir l'exercice 4.70) il existe $g \in \mathrm{E}$ telle que pour tout $x \in \mathbb{R}$,

$$f(x) - f(a) = (x-a)g(x).$$

En appliquant l'opérateur δ sur cette égalité, a étant une constante fixée, il vient

$$\delta(f) = ug + (f_1 - a)\delta(g).$$

Si on évalue cette égalité de fonctions en a, on obtient $\delta(f)(a) = u(a)g(a)$. Or $g(a) = \lim\limits_{x\to a} \dfrac{f(x)-f(a)}{x-a} = f'(a)$. On a donc bien $\delta(f) = uf'$, puisque a est un réel arbitraire. ◁

On sait qu'une fonction développable en série entière sur $\mathbb{R}$ est parfaitement déterminée par la suite de ses dérivées en 0. Il n'en est pas de même pour une fonction de classe C^∞.

4.74. Le théorème de réalisation de Borel (1895)

Soit E l'ensemble des fonctions réelles de classe C^∞ à support compact.

1. Soit $p \in \mathbb{N}$. On pose $N_p(f) = \max_{0 \leqslant q \leqslant p} \|f^{(q)}\|_\infty$. Montrer que N_p est une norme sur E.

2. Soit φ une fonction de classe C^∞, nulle en dehors de $[-1, 1]$, et telle que $\varphi(0) = 1$ et $\varphi^{(p)}(0) = 0$ si $p \geqslant 1$. Comment construire une telle fonction ?

3. Montrer que, pour tout $n \in \mathbb{N}$, $\lim_{\varepsilon \to 0^+} N_n\left(\varphi\left(\frac{x}{\varepsilon}\right) x^{n+1}\right) = 0$.

4. On se donne une suite (a_n) de réels. Construire une suite décroissante de réels strictement positifs (ε_n), telle que

$$N_n\left(\varphi\left(\frac{x}{\varepsilon_n}\right) x^{n+1}\right) \leqslant \min\left(1, \frac{1}{|a_{n+1}|}\right).$$

On pose $g(x) = a_0 + \sum_{n=1}^{+\infty} \varphi\left(\frac{x}{\varepsilon_{n-1}}\right) \frac{a_n x^n}{n!}$. Montrer que g est de classe C^∞, et vérifie $g^{(n)}(0) = a_n$ pour tout $n \in \mathbb{N}$.

▷ **Solution.**

1. Remarquons que si $f \in$ E, f et toutes ses dérivées sont continues et à support compact, donc bornées, ce qui assure l'existence de $N_p(f)$. La vérification que N_p est une norme est aisée. En utilisant la linéarité de la dérivation et l'inégalité triangulaire, on montre que si $(f, g) \in$ E^2 et $\lambda \in \mathbb{R}$, alors

$$N_p(f + g) \leqslant N_p(f) + N_p(g) \text{ et } N_p(\lambda f) = |\lambda| N_p(f).$$

De plus $N_p(f) = 0$ implique $\|f\|_\infty = 0$ et donc $f = 0$.

2. On va construire une fonction de classe C^∞ dont le graphe ressemble à ce qui suit :

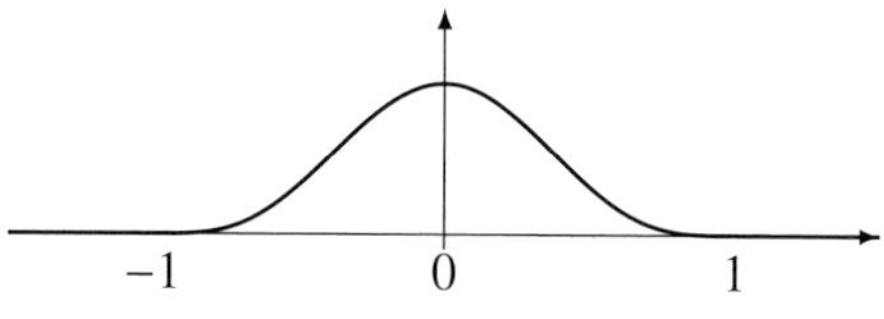

Pour simplifier on va la choisir paire. La partie difficile de la construction est bien entendu d'avoir les dérivées d'ordre $\geqslant 1$ nulle en 0, et les toutes les dérivées à gauche en 1 également nulles afin d'avoir un raccord de classe C^∞.

On va partir d'une fonction nulle sur $\mathbb{R}_-$ et strictement positive sur $\mathbb{R}_+^*$ qui est de classe C^∞. Soit f la fonction définie sur $\mathbb{R}^*$ par $f(x) = \begin{cases} 0 & \text{si } x < 0 \\ e^{-1/x} & \text{si } x > 0. \end{cases}$

On montre par récurrence que, pour tout $n \in \mathbb{N}$, il existe un polynôme $P_n \in \mathbb{R}[X]$ tel que $f^{(n)}(x) = \frac{P_n(x)}{x^{2n}} e^{-1/x}$, pour tout $x > 0$. Par croissance comparée, on a $\lim\limits_{0^+} f^{(n)} = \lim\limits_{0^-} f^{(n)} = 0$, pour tout $n \in \mathbb{N}$. Le théorème de prolongement de classe C^n nous que f possède un prolongement de classe C^n pour tout $n \in \mathbb{N}$ donc de classe C^∞. Si on note encore f ce prolongement, on a $f^{(n)}(0) = 0$ pour tout $n \in \mathbb{N}$.

On considère alors la fonction f_1 définie par $f_1(x) = f(1+x)f(1-x)$. Elle est de classe C^∞, paire, nulle en dehors du segment $[-1,1]$ et, par la formule de Leibniz, toutes ses dérivées en -1 et 1 sont nulles. Elle ne répond pas encore à la question posée car ses dérivées en 0 ne conviennent pas. Considérons alors la fonction f_2 définie par

$$f_2(x) = \frac{\displaystyle\int_{-1}^{x} f_1(t)\mathrm{d}t}{\displaystyle\int_{-1}^{1} f_1(t)\mathrm{d}t}.$$

La fonction f_2 est aussi de classe C^∞ et à support dans $[-1,+\infty[$. On a $f_2^{(n)}(-1) = 0$ pour tout n, $f_2(1) = 1$ et $f_2^{(n)}(1) = 0$ pour tout $n \geqslant 1$. Le graphe de f_2 sur $[-1,1]$ est exactement ce qu'on souhaite obtenir pour φ sur $[-1,0]$.

On termine donc en posant $\varphi(x) = \varphi(-x) = f_2(2x+1)$ pour tout $x \leqslant 0$. La fonction ainsi construite répond à la question posée.

On dit que φ est une fonction plateau.

3. Soit $\varepsilon > 0$, $n \in \mathbb{N}$ et $\varphi_{\varepsilon,n} : x \longmapsto \varphi\left(\frac{x}{\varepsilon}\right) x^{n+1}$. La fonction $\varphi_{\varepsilon,n}$ est C^∞ et nulle en dehors de $[-\varepsilon,\varepsilon]$. Soit $p \in [\![0,n]\!]$. La formule de Leibniz donne, pour tout $x \in [-\varepsilon,\varepsilon]$,

$$\varphi_{\varepsilon,n}^{(p)}(x) = \sum_{k=0}^{p} \binom{p}{k} (n+1)n\dots(n+2-k)x^{n+1-k}\varphi^{(p-k)}\left(\frac{x}{\varepsilon}\right)\varepsilon^{-(p-k)}.$$

On en déduit que $\|\varphi_{\varepsilon,n}^{(p)}\|_\infty \leqslant N_n(\varphi)\varepsilon^{n+1-p} \sum\limits_{k=0}^{p} \binom{p}{k} \frac{(n+1)!}{(n+1-k)!}$. Ceci montre que, pour $0 \leqslant p \leqslant n$, $\lim\limits_{\substack{\varepsilon \to 0 \\ \varepsilon > 0}} \|\varphi_{\varepsilon,n}^{(p)}\|_\infty = 0$ et donc que

$$\lim_{\substack{\varepsilon \to 0 \\ \varepsilon > 0}} N_n(\varphi_{\varepsilon,n}) = 0.$$

4. • On construit la suite (ε_n) par récurrence. On a $\lim\limits_{\substack{\varepsilon \to 0 \\ \varepsilon > 0}} N_0(\varphi_{\varepsilon,0}) = 0$. Il existe donc $\varepsilon_0 > 0$ tel que $N_0(\varphi_{\varepsilon_0,0}) \leqslant \min\left(1, \frac{1}{|a_1|}\right)$. Les réels $\varepsilon_0, \dots, \varepsilon_{n-1}$ étant choisis, de $\lim\limits_{\substack{\varepsilon \to 0 \\ \varepsilon > 0}} N_n(\varphi_{\varepsilon,n}) = 0$ on déduit l'existence de $\varepsilon_n > 0$ tel que $\varepsilon_n < \varepsilon_{n-1}$ et $N_n(\varphi_{\varepsilon_n,n}) \leqslant \min\left(1, \frac{1}{|a_{n+1}|}\right)$.

• Posons, pour tout réel x, $g_0(x) = a_0$ et $g_n(x) = \varphi_{\varepsilon_{n-1},n-1}(x)\frac{a_n}{n!}$ si $n \geqslant 1$. On a, par le choix de la suite (ε_n), $\mathrm{N}_{n-1}(g_n) \leqslant \frac{1}{n!}\cdot$ On en déduit que, pour entier naturel p, on a, si $n > p$,

$$\|g_n^{(p)}\|_\infty \leqslant \frac{1}{n!}.$$

Il en résulte que la série $\sum g_n^{(p)}$ (la sommation portant sur n) est normalement convergente, pour tout p. Le théorème de dérivation des séries de fonctions permet de conclure que g est C^∞ et que, pour tout $p \in \mathbb{N}$, $g^{(p)} = \sum_{n=0}^{+\infty} g_n^{(p)}$.

• Calculons $g^{(p)}(0)$, pour tout p, par la formule de Leibniz. Si $p < n$, alors on peut mettre en facteur x^{n-p} dans l'expression de $g_n^{(p)}(x)$; on a donc $g_n^{(p)}(0) = 0$. Si $p > n$, $g_n^{(p)}(0)$ est une combinaison linéaire de $\varphi^{(k)}(0)$ avec $k \geqslant p - n \geqslant 1$. On a encore $g_n^{(p)}(0) = 0$. Enfin $g_n^{(n)}(0) = \varphi(0)a_n = a_n$.

On en déduit que, pour tout $p \in \mathbb{N}$, $g^{(p)}(0) = \sum_{n=0}^{+\infty} g_n^{(p)}(0) = a_p$.

Nous avons démontré le *théorème de Borel* : pour toute suite de réels (a_n), il existe une fonction g de classe C^∞ telle que, pour tout $n \in \mathbb{N}$, $g^{(n)}(0) = a_n$. ◁

L'exercice suivant s'intéresse à l'ensemble des zéros d'une fonction de classe C^∞.

*4.75. Théorème de Whitney (1934)

Montrer que tout fermé de $\mathbb{R}$ est l'ensemble des zéros d'une fonction C^∞ de $\mathbb{R}$ dans $\mathbb{R}$.

▷ **Solution.**

Soit F un fermé non vide de $\mathbb{R}$. On suppose que $\mathrm{F} \neq \mathbb{R}$, sinon la fonction nulle convient. D'après l'exercice 1.41, l'ouvert non vide $\mathbb{R} \setminus \mathrm{F}$ est une réunion au plus dénombrable d'intervalles ouverts non vides disjoints.

Pour tout intervalle ouvert non vide I de $\mathbb{R}$, on construit une fonction $f_\mathrm{I} : \mathbb{R} \longmapsto [0,1]$ de classe C^∞ positive ou nulle telle que, pour x réel, $f_\mathrm{I}(x) = 0$ soit équivalent à $x \notin \mathrm{I}$. On sait (voir la solution de l'exercice 4.74) que la fonction $f : x \longmapsto \begin{cases} 0 & \text{si } x \leqslant 0 \\ e^{-\frac{1}{x}} & \text{si } x > 0 \end{cases}$ est de classe C^∞. Elle est à valeurs dans $[0,1]$.

Si $\mathrm{I} =]a,b[$, avec a et b réels la fonction $f_\mathrm{I} : x \longmapsto f(-(x-a)(x-b))$ convient : en effet, elle est C^∞ comme composée de fonctions C^∞ et $f_\mathrm{I}(x) = 0$ équivaut à $(x-a)(x-b) \geqslant 0$, c'est-à-dire à $x \notin]a,b[$. De même si $\mathrm{I} =]a,+\infty[$, avec a réel, on prend $f_\mathrm{I} : x \longmapsto f(x-a)$ et enfin, si $\mathrm{I} =]-\infty,b[$, avec b réel, on prend $f_\mathrm{I} : x \longmapsto f(b-x)$.

Si $\mathbb{R} \setminus F$ est une réunion d'un nombre fini d'intervalles ouverts disjoints, on écrit alors $\mathbb{R} \setminus F = \bigcup_{i=1}^{n} I_k$. La fonction $\varphi = \sum_{k=1}^{n} f_{I_k}$ est C^∞. Comme chacune des fonctions est positive, on a pour tout réel x,

$$\varphi(x)=0 \iff \forall k \in [\![1,n]\!],\ f_{I_k}(x)=0 \iff \forall k \in [\![1,n]\!],\ x \notin I_k \iff x \in F.$$

Si $\mathbb{R} \setminus F$ est une réunion d'un nombre dénombrable d'intervalles ouverts disjoints, $\bigcup_{n\in\mathbb{N}^*} I_n$, c'est un peu plus compliqué. On pose $\varphi = \sum_{n=1}^{+\infty} a_n f_{I_n}$, où les a_n seront strictement positifs et choisis de telle façon que φ soit définie et C^∞ sur $\mathbb{R}$. Chaque fonction f_{I_n} est de classe C^∞ et pour tout $k \in \mathbb{N}$, $f_{I_n}^{(k)}$ est bornée. En effet si I_n est borné, $f_{I_n}^{(k)}$ est à support compact et sinon elle tend vers 0 en $\pm\infty$ (cela résulte de la croissance comparée d'un polynôme et d'une exponentielle). Pour tout $n \in \mathbb{N}^*$, posons

$$a_n = \frac{1}{n^2 \max(\|f_{I_n}\|_\infty, \|f'_{I_n}\|_\infty, \dots, \|f_{I_n}^{(n)}\|_\infty)}.$$

Pour tout $k \in \mathbb{N}$, on a, pour $n \geqslant k$, $a_n \leqslant \dfrac{1}{n^2\|f_{I_n}^{(k)}\|_\infty}$ et donc $a_n\|f_{I_n}^{(k)}\|_\infty \leqslant \dfrac{1}{n^2}$.

La série $\sum a_n f_{I_n}^{(k)}$ est donc normalement convergente pour tout $k \in \mathbb{N}$. En appliquant de manière réitérée le théorème de dérivation des séries de fonctions, on prouve que φ est de classe C^∞. On montre comme dans le cas fini que l'ensemble des zéros de φ est F. ◁

*4.76. Théorème de Sunyer i Balaguer et Corominas (1954)

Soit $f \in C^\infty(\mathbb{R},\mathbb{R})$. On suppose que pour tout $x \in \mathbb{R}$ il existe $n \in \mathbb{N}$ tel que $f^{(n)}(x) = 0$. Montrer que f est polynomiale (on montrera dans un premier temps que si $g : [a,b] \longrightarrow \mathbb{R}$ de classe C^∞ est polynomiale sur tout intervalle $]c,d[$ sans zéro de g, alors g est polynomiale sur $[a,b]$).

▷ **Solution.**

Commençons par quelques remarques : par continuité, si f coïncide avec un polynôme P sur un intervalle I d'intérieur non vide, f coïncide avec P sur l'adhérence de I. Par ailleurs, un polynôme P étant caractérisé par la suite de ses dérivées successives en un point a d'après la formule de Taylor, si f coïncide avec $P \in \mathbb{R}[X]$ sur $[a,b]$ et avec $Q \in \mathbb{R}[X]$ sur $[b,c]$ ($a < b < c$) alors $P = Q$, puisque ces suites sont identiques pour P et Q en b. Enfin, considérons une suite (a_n) décroissante de limite a et une suite (b_n) croissante de limite b avec

$a \leqslant a_0 < b_0 \leqslant b$, et supposons que f soit polynomiale sur chaque $[a_n, b_n]$, égale à P_n. Par la remarque précédente, les P_n sont identiques, tous égaux à P_0 et f est polynomiale sur $]a,b[$ et finalement sur $[a,b]$. Par contraposée, si f n'est pas polynomiale sur un segment $[a,b]$, il existe $\alpha < \beta$ dans $]a,b[$ sur lequel f n'est pas polynomiale.

Montrons le lemme proposé.

Lemme. *Si $g : [a,b] \longrightarrow \mathbb{R}$ de classe C^∞ est polynomiale sur tout intervalle $]c,d[$ sans zéro de g, alors g est polynomiale sur $[a,b]$.*

Démonstration. C'est clair si g est nulle. Sinon, comme g est continue, il existe $x_0 \in\,]a,b[$ tel que $g(x_0) \neq 0$ et par hypothèse, localement en x_0, g est polynomiale. On considérer β, la borne supérieure des $y > x_0$ tel que g est polynomiale sur $[x_0, y]$. D'après la remarque précédente, g est en fait polynomiale sur $[x_0, \beta]$. Montrons que $\beta = b$. On suppose par l'absurde que $\beta < b$. Alors β est un zéro de g sinon, g serait localement polynomiale en β et comme on l'a vu, g serait polynomiale sur un intervalle $[x_0, \beta']$ avec $\beta' > \beta$, ce qui contredit la définition de β. Toutes les dérivées de g en β ne sauraient être nulle, sinon le polynôme égal à g sur $[x_0, \beta]$ le serait aussi. Si on note p le plus petit entier tel que $g^{(p)}(\beta) \neq 0$, l'équivalent $g(x) \sim \dfrac{g^{(p)}(\beta)(x-\beta)^p}{p!}$ en β prouve que g ne s'annule pas sur un voisinage épointé de β. Dans ces conditions, par hypothèse, g est polynomiale sur un intervalle $]\beta, \beta'[$ (avec $\beta' > \beta$), donc sur $[\beta, \beta']$, donc sur $[x_0, \beta']$, ce qui est exclu. On a donc $\beta = b$ et g est polynomiale sur $[x_0, b]$. On montre de même qu'elle est polynomiale sur $[a, x_0]$ et finalement sur $[a,b]$. □

Raisonnons par contraposée et supposons f non polynomiale et montrons que l'on peut construire un point c tel qu'aucune dérivée successive de f ne s'annule en c.

Il existe un segment $[a,b]$ avec $a < b$ sur lequel f n'est pas polynomiale (si f était polynomiale sur tous les $[-n,n]$ par exemple ($n \in \mathbb{N}$), f serait polynomiale sur $\mathbb{R}$, par un argument analogue à ce qui précède). En vertu du lemme, il existe un intervalle $]c,d[$ sans zéro de f, sur lequel f n'est pas polynomiale. Avec la dernière des remarques préliminaires, il existe un intervalle $[a_0, b_0] \subset]c,d[$ sur lequel f n'est pas polynomiale. Sur ce segment f ne possède aucun zéro.

Ce qui a été fait pour f peut être fait pour f' sur l'intervalle $[a_0, b_0]$, car f' également n'est pas polynomiale. On peut donc construire $[a_1, b_1] \subset [a_0, b_0]$, intervalle sur lequel f' ne s'annule pas et n'est pas polynomiale. Par récurrence, on construit une suite de segments emboités $([a_n, b_n])$ tels que $f^{(n)}$ ne s'annule pas et n'est pas polynomiale sur $[a_n, b_n]$. Classiquement, ces intervalles ont une intersection non vide et en un point de cette intersection, toutes les dérivées successives de f sont non nulles. ◁

La série d'exercices qui suit porte sur la convexité. Rappelons qu'une fonction f d'un intervalle I *dans* $\mathbb{R}$ *est dite convexe lorsque son graphe est en dessous de toutes ses cordes, c'est-à-dire si*

$$\forall (x,y) \in \mathrm{I}^2,\ \ \forall t \in [0,1],\ \ f((1-t)x+ty) \leqslant (1-t)f(x)+tf(y).$$

Si l'inégalité est stricte chaque fois que $x \neq y$ *et* $0 < t < 1$, *la fonction est dite strictement convexe.*

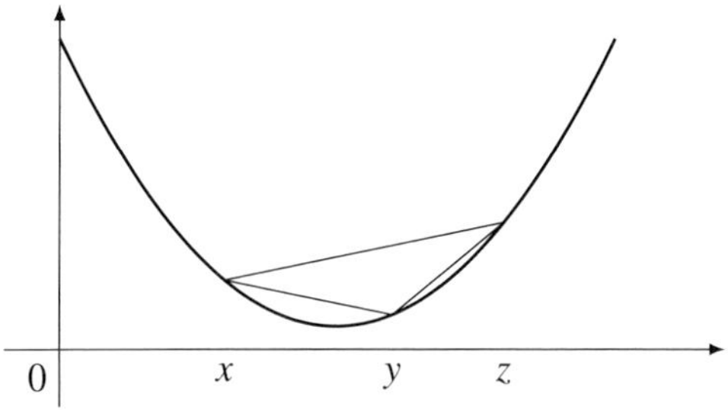

On déduit facilement de cette définition le théorème des pentes croissantes : la fonction f est convexe sur I *si, et seulement si, pour tout triplet* (x,y,z) *de points de* I *tel que* $x < y < z$, *on a*

$$\frac{f(y)-f(x)}{y-x} \leqslant \frac{f(z)-f(x)}{z-x} \leqslant \frac{f(z)-f(y)}{z-y}.$$

À partir de cela on montre facilement qu'une fonction convexe $f : \mathrm{I} \to \mathbb{R}$ *admet en tout point intérieur à* I *une dérivée à droite et une dérivée à gauche : en effet, si a est un point intérieur, la fonction qui à x associe la pente de la sécante entre a et x est croissante et bornée sur un voisinage pointé de x ; cette fonction admet donc des limites finies à droite et à gauche en x.*

En particulier f est continue sur l'intérieur de I.

Lorsque f est dérivable sur I, *elle est convexe si et seulement si f' est croissante. Dans le cas où f est deux fois dérivable, elle est donc convexe si, et seulement si,* $f'' \geqslant 0$.

4.77. Convexité

> Soit I un intervalle de $\mathbb{R}_+^*$ et $f : \mathrm{I} \to \mathbb{R}$. Montrer que la fonction $x \longmapsto xf(x)$ est convexe si, et seulement si, $x \longmapsto f\left(\frac{1}{x}\right)$ est convexe.

▷ **Solution.**

Posons pour $x > 0$, $g(x) = xf(x)$ et $h(x) = f\left(\frac{1}{x}\right)$. On peut déjà vérifier le résultat lorsque f est deux fois dérivable. On a $g''(x) = 2f'(x) + xf''(x)$ et

$$h''(x) = \frac{1}{x^3}\left(2f'\left(\frac{1}{x}\right) + \frac{1}{x}f''\left(\frac{1}{x}\right)\right) = \frac{1}{x^3}g''\left(\frac{1}{x}\right)$$

pour $x > 0$. Il apparaît alors que $g'' \geqslant 0$ équivaut à $h'' \geqslant 0$, ce qui permet de conclure pour la convexité. Traitons maintenant le cas général en revenant à la définition de la convexité.

• Supposons g convexe et montrons que h est convexe. Considérons des réels strictement positifs $x < z < y$. Il s'agit d'établir que

$$f\left(\frac{1}{z}\right) \leqslant \frac{y-z}{y-x}f\left(\frac{1}{x}\right) + \frac{z-x}{y-x}f\left(\frac{1}{y}\right).$$

Comme $\frac{1}{y} \leqslant \frac{1}{z} \leqslant \frac{1}{x}$ et g est convexe, on peut écrire

$$\frac{1}{z}f\left(\frac{1}{z}\right) \leqslant \frac{\frac{1}{z}-\frac{1}{y}}{\frac{1}{x}-\frac{1}{y}}\frac{1}{x}f\left(\frac{1}{x}\right) + \frac{\frac{1}{x}-\frac{1}{z}}{\frac{1}{x}-\frac{1}{y}}\frac{1}{y}f\left(\frac{1}{y}\right),$$

ce qui donne, après simplification, l'inégalité voulue.

• Supposons h convexe. On peut écrire $h(x) = x\frac{1}{x}f\left(\frac{1}{x}\right) = x\mathrm{F}(x)$, où F est la fonction $x \in \mathbb{R}_+^* \longmapsto \frac{1}{x}f\left(\frac{1}{x}\right)$. D'après ce que nous venons de faire, la fonction $x \longmapsto \mathrm{F}\left(\frac{1}{x}\right)$ est convexe. Or, si $x > 0$, $\mathrm{F}\left(\frac{1}{x}\right) = xf(x) = g(x)$. La fonction g est bien convexe. ◁

Si f est une fonction convexe sur un intervalle I, *on montre par récurrence sur n que si $x_1, \ldots, x_n$ sont des points de* I, *et $t_1, \ldots, t_n$ des réels positifs de somme* 1, *on a*

$$f(t_1x_1 + \cdots + t_nx_n) \leqslant t_1f(x_1) + \cdots + t_nf(x_n).$$

Cela offre un outil puissant pour établir des inégalités. Le lecteur pourra par exemple retrouver l'inégalité arithmético-géométrique en utilisant la convexité de la fonction $x \longmapsto -\ln x$. Les exercices ci-après proposent d'autres exemples.

4.78. Inégalité de convexité (1)

Soit a et b positifs, de somme 1. Montrer que, pour tous réels positifs x et y, on a $1 + x^ay^b \leqslant (1+x)^a(1+y)^b$.

▷ **Solution.**

C'est trivial si $x = 0$ ou $y = 0$. Supposons $x > 0$ et $y > 0$. On pose $X = \ln x$ et $Y = \ln y$. Il s'agit de prouver que

$$\ln\left(1 + e^{aX+bY}\right) \leqslant a\ln(1 + e^{X}) + b\ln(1 + e^{Y}).$$

On reconnaît là une inégalité de convexité. Soit $f : u \in \mathbb{R} \longmapsto \ln(1 + e^u)$. La fonction f est de classe C^∞ et un petit calcul montre que

$$f''(u) = \frac{e^u}{(1 + e^u)^2} \geqslant 0.$$

Donc f est convexe et $f(aX + bY) \leqslant af(X) + bf(Y)$, ce qui est l'inégalité espérée. ◁

4.79. Inégalité de convexité (2)

Soit $A \in \mathcal{M}_n(\mathbb{R})$ une matrice *bistochastique* (c'est-à-dire telle que $a_{ij} \geqslant 0$ pour tout couple $(i, j) \in [\![1, n]\!]^2$ et que la somme des coefficients de chaque ligne et de chaque colonne de A soit égale à 1). Soit $X = (x_1, \ldots, x_n)$ un vecteur de $\mathbb{R}^n$ à coordonnées positives. On pose $Y = AX$. Montrer que

$$\prod_{i=1}^{n} y_i \geqslant \prod_{i=1}^{n} x_i.$$

▷ **Solution.**

Si l'un des x_i est nul l'inégalité est évidente. On supposera donc les x_i strictement positifs. On a pour tout $i \in [\![1, n]\!]$, $y_i = \sum_{j=1}^{n} a_{ij}x_j$. Il s'agit d'une combinaison convexe des x_i. Par concavité de la fonction logarithme sur $\mathbb{R}_+^*$, on a

$$\forall i \in [\![1, n]\!], \quad \ln y_i = \ln\left(\sum_{j=1}^{n} a_{ij}x_j\right) \geqslant \sum_{j=1}^{n} a_{ij}\ln x_j.$$

En additionnant ces inégalités il vient

$$\sum_{i=1}^{n} \ln y_i \geqslant \sum_{i=1}^{n}\sum_{j=1}^{n} a_{ij}\ln x_j = \sum_{j=1}^{n} \underbrace{\left(\sum_{i=1}^{n} a_{ij}\right)}_{=1} \ln x_j = \sum_{j=1}^{n} \ln x_j.$$

Le résultat est donc établi en passant à l'exponentielle. ◁

4.80. Inégalité de convexité (3)

Soit $f : \mathbb{R} \to \mathbb{R}$ convexe et x, y, z trois réels. Montrer que

$$\frac{2}{3}\left(f\left(\frac{x+y}{2}\right) + f\left(\frac{y+z}{2}\right) + f\left(\frac{z+x}{2}\right)\right) \leqslant \frac{f(x)+f(y)+f(z)}{3} + f\left(\frac{x+y+z}{3}\right).$$

▷ **Solution.**

Si on applique directement l'inégalité de convexité aux trois termes de gauche on a

$$f\left(\frac{x+y}{2}\right) + f\left(\frac{y+z}{2}\right) + f\left(\frac{z+x}{2}\right) \leqslant f(x) + f(y) + f(z)$$

et cette majoration est moins bonne que celle qui est demandée puisque, par ailleurs, on a $f\left(\frac{x+y+z}{3}\right) \leqslant \frac{f(x)+f(y)+f(z)}{3}$.

Pour faire apparaitre le terme $f\left(\frac{x+y+z}{3}\right)$ du côté droit, on va écrire les termes $\frac{x+y}{2}, \frac{y+z}{2}, \frac{x+z}{2}$ comme des barycentres faisant intervenir x, y, z et la moyenne $g = \frac{x+y+z}{3}$ des trois termes. Les trois variables jouant un rôle symétrique on peut supposer $x \leqslant y \leqslant z$. Le résultat étant clair si les trois réels sont égaux on supposera $x < z$. On a alors $x < g < z$, mais la position de y par rapport à g n'est pas fixée. Supposons que $g \leqslant y$ l'autre cas se traitant de manière analogue. Les points sont alors répartis de la manière suivante :

$$x \leqslant \frac{x+y}{2} \leqslant \frac{x+z}{2} \leqslant g \leqslant y \leqslant \frac{y+z}{2} \leqslant z.$$

On peut alors écrire $\frac{x+y}{2}$ et $\frac{x+z}{2}$ comme des barycentres à coefficients positifs de x et g. Posons

$$\frac{x+y}{2} = (1-t)x + tg \quad \text{et} \quad \frac{x+z}{2} = (1-u)x + ug,$$

avec t et u dans $[0, 1]$. L'inégalité de convexité nous donne la majoration

$$f\left(\frac{x+y}{2}\right)+f\left(\frac{y+z}{2}\right)+f\left(\frac{z+x}{2}\right) \leqslant (2-t-u)f(x)+(t+u)f(g)+\frac{1}{2}f(y)+\frac{1}{2}f(z).$$

Or, en faisant la moyenne de $\frac{x+y}{2}$ et $\frac{x+z}{2}$, on obtient

$$\frac{2x+y+z}{4} = \frac{x+3g}{4} = \frac{2-t-u}{2}x + \frac{t+u}{2}g$$

et par unicité des coordonnées barycentriques $t+u=\frac{3}{2}$. On a donc

$$f\left(\frac{x+y}{2}\right)+f\left(\frac{y+z}{2}\right)+f\left(\frac{z+x}{2}\right)\leqslant\frac{1}{2}f(x)+\frac{3}{2}f(g)+\frac{1}{2}f(y)+\frac{1}{2}f(z)$$

et en multipliant par $\frac{2}{3}$ on obtient l'inégalité demandée. ◁

L'inégalité de Hölder est très importante et permet notamment de montrer que $x=(x_1,\ldots,x_n)\mapsto\left(\sum\limits_{k-1}^{n}|x_k|^p\right)^{1/p}$ *est une norme sur* $\mathbb{R}^n$ *pour tout* $p\geqslant 1$.

4.81. Inégalité de Hölder

Soient p, q dans $]1,+\infty[$ tels que $\frac{1}{p}+\frac{1}{q}=1$.

1. Montrer que pour tout $(x,y)\in\mathbb{R}_+^2$, $xy\leqslant\frac{x^p}{p}+\frac{y^q}{q}$.

2. En déduire que pour $a_1,\ldots,a_n,b_1,\ldots,b_n$ dans $\in\mathbb{R}_+$,

$$\sum_{i=1}^{n}a_ib_i\leqslant\left(\sum_{i=1}^{n}a_i^p\right)^{1/p}\left(\sum_{i=1}^{n}b_i^q\right)^{1/q}$$

▷ **Solution.**

1. Si x ou y est nul c'est évident et sinon la concavité de la fonction logarithme permet de dire que

$$\ln\left(\frac{x^p}{p}+\frac{y^q}{q}\right)\geqslant\frac{1}{p}\ln x^p+\frac{1}{q}\ln y^q=\ln(xy)$$

ce qui donne le résultat.

2. Supposons tout d'abord que $\sum\limits_{k=1}^{n}a_k^p=\sum\limits_{k=1}^{n}b_k^q=1$. D'après la question **1**, on a $a_kb_k\leqslant\frac{1}{p}a_k^p+\frac{1}{q}b_k^q$, pour tout $k\in[\![1,n]\!]$. En sommant, on a directement $\sum\limits_{k=1}^{n}a_kb_k\leqslant\frac{1}{p}+\frac{1}{q}=1$. Dans le cas général il suffit d'appliquer le résultat précédent aux réels $a'_k=\frac{a_k}{\mathrm{A}}$ et $b'_k=\frac{b_k}{\mathrm{B}}$ avec $\mathrm{A}=\left(\sum\limits_{k=1}^{n}a_k^p\right)^{1/p}$ et $\mathrm{B}=\left(\sum\limits_{k=1}^{n}b_k^q\right)^{1/q}$ en supposant les a_k non tous nuls et les b_k non tous nuls (ces cas particuliers étant clairs). ◁

4.82. Fonction concave sous-additive

1. Soit f une fonction concave de $\mathbb{R}_+$ dans $\mathbb{R}_+$. Montrer que pour tout couple (x, y), on a $f(x+y) \leqslant f(x) + f(y)$. On dit que f est *sous-additive*.

2. Une fonction $f : \mathbb{R}_+ \to \mathbb{R}_+$ croissante et sous-additive est-elle forcément concave ?

3. Soit $f : \mathbb{R}_+ \to \mathbb{R}_+$. Montrer que l'ensemble des fonctions sous-additives $g : \mathbb{R}_+ \to \mathbb{R}_+$ telles que $g \leqslant f$ possède un plus grand élément φ.

4. Déterminer φ pour $f : x \mapsto x^2$.

▷ **Solution.**

1. Soit $0 \leqslant x \leqslant y$. Comme $f(0) \geqslant 0$, l'inégalité est vérifiée si $x = 0$. Supposons $0 < x < y$. Le théorème des pentes décroissantes permet d'écrire

$$\frac{f(x+y) - f(x)}{y} \leqslant \frac{f(y) - f(x)}{y - x} \leqslant \frac{f(y) - f(0)}{y} \leqslant \frac{f(y)}{y}$$

et le résultat en découle. Dans le cas où $y = x > 0$ on a de même

$$\frac{f(2x) - f(x)}{x} \leqslant \frac{f(x) - f(0)}{x} \leqslant \frac{f(x)}{x}.$$

2. La réciproque est fausse même avec une hypothèse de croissance. Un contre-exemple est donné par la fonction $f : x \mapsto \lceil x \rceil$ qui à tout réel x associe le plus petit entier $\geqslant x$. Voici son graphe :

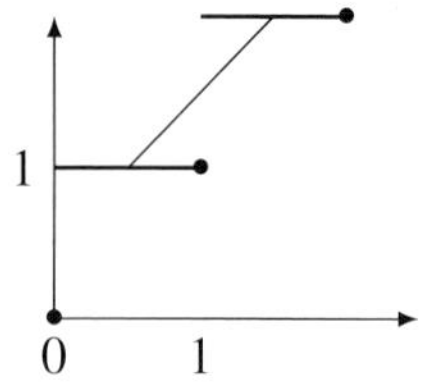

Elle n'est pas concave puisque $f\left(\frac{1}{2}\right) = 1$ et $f\left(\frac{3}{2}\right) = 2$, donc $f(1) = 1$ n'est pas supérieur à la moyenne des images $\dfrac{f\left(\frac{1}{2}\right) + f\left(\frac{3}{2}\right)}{2} = \frac{3}{2}$. En revanche f est croissante et si x et y sont deux réels positifs, on a $x \leqslant f(x)$, $y \leqslant f(y)$ donc $x + y \leqslant f(x) + f(y)$ et donc, par définition de la partie entière supérieure, on a $f(x+y) \leqslant f(x) + f(y)$, puisque $f(x) + f(y)$ est entier. Ainsi f est bien sous-additive.

3. Notons E l'ensemble des fonctions sous-additives $g : \mathbb{R}_+ \to \mathbb{R}_+$ telles que $g \leqslant f$. Cet ensemble est non vide puisqu'il contient au moins la fonction nulle. Pour $x \geqslant 0$, posons $\varphi(x) = \sup\limits_{g \in E} g(x)$. Cette borne supérieure est bien définie puisque $g(x) \leqslant f(x)$ pour tout $g \in$ E. En particulier on a $\varphi \leqslant f$ et il est clair que, pour tout $g \in$ E, on a $g \leqslant \varphi$. Il reste à vérifier que la fonction φ est encore dans E. Elle est clairement positive et on va montrer qu'elle est sous-additive. Soient x et y deux réels positifs. Pour tout $g \in$ E, on a $g(x+y) \leqslant g(x)+g(y) \leqslant \varphi(x)+\varphi(y)$. Il suffit de passer à la borne supérieure sur g pour avoir $\varphi(x+y) \leqslant \varphi(x)+\varphi(y)$. Ainsi φ est la plus grande fonction sous-additive positive inférieure ou égale à f.

4. Prenons $f : x \mapsto x^2$. Soit g dans E. On a nécessairement $g(0) = 0$ et comme $0 \leqslant g(x) \leqslant x^2$ pour tout x, g est même dérivable en 0 avec $g'(0) = 0$. Soit alors $x > 0$. On a pour tout $n \in \mathbb{N}^*$, $f(nx) \leqslant nf(x)$. En appliquant cette inégalité en $\frac{x}{n}$ à la place de x, on a donc $\dfrac{f(x)}{x} \leqslant \dfrac{f\left(\frac{x}{n}\right)}{\frac{x}{n}}$ et en faisant tendre n vers l'infini il vient $f(x) \leqslant 0$. Comme f est positive on a $f(x) = 0$. Ainsi la seule fonction de E est la fonction nulle et par suite $\varphi = 0$. ◁

4.83. Fonction mid-convexe continue

Soit $f : \mathbb{R} \to \mathbb{R}$ une fonction continue telle que, pour tout couple (x, y) de réels,

$$f\left(\frac{x+y}{2}\right) \leqslant \frac{f(x)+f(y)}{2}.$$

Montrer que f est convexe.

▷ **Solution.**

On raisonne par l'absurde en supposant que f n'est pas convexe. On peut donc trouver $a < b$ et $c \in\,]a, b[$ tel que le point $(c, f(c))$ soit au-dessus de la corde entre $(a, f(a))$ et $(b, f(b))$.

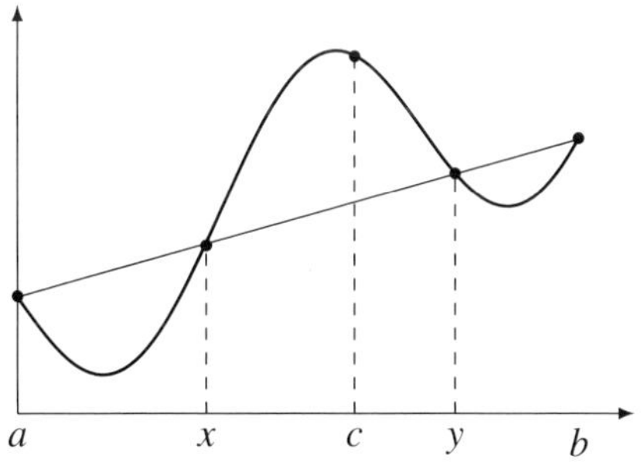

Quitte à retrancher à f la fonction affine $x \longmapsto f(a) + \dfrac{f(b)-f(a)}{b-a}(x-a)$, on peut supposer $f(a) = f(b) = 0$ (le dessin ci-dessus est fait dans le cas général). On a alors $f(c) > 0$. L'idée du raisonnement apparaît clairement : on va obtenir une contradiction en prenant les deux zéros de f de part et d'autre de c et les plus proches de c. Précisons cela. L'ensemble $\{u \in [a,c],\ f(u) = 0\}$ est non vide (car il contient a), majoré par définition et fermé car f est continue. Il admet donc un plus grand élément x. On a $x < c$ car $f(c) > 0$ et f est strictement positive sur l'intervalle $]x,c]$ par le théorème des valeurs intermédiaires. De la même manière on justifie l'existence de $y > c$ tel que $f(y) = 0$ et $f > 0$ sur $[c,y[$. On a alors $f\left(\frac{x+y}{2}\right) > 0$ alors que $\frac{f(x)+f(y)}{2} = 0$ ce qui est la contradiction annoncée. ◁

La solution ci-dessus montre, plus généralement, qu'une fonction continue f qui vérifie

$$\forall (x,y) \in \mathbb{R}^2,\ \ \exists t \in]0,1[,\quad f((1-t)x+ty) \leqslant (1-t)f(x)+tf(y),$$

est convexe (l'exercice est le cas particulier où on peut toujours prendre $t = \frac{1}{2}$).

Le résultat de l'exercice ne reste pas vrai sans l'hypothèse de continuité. Il suffit de prendre pour f un morphisme discontinu du groupe $(\mathbb{R},+)$ dans lui-même. Le lecteur pourra en revanche montrer, mais c'est plus difficile, qu'avec l'hypothèse f majorée sur un intervalle ouvert I *donné, on peut encore conclure que f est convexe.*

L'énoncé précédent avait été posé en première question de l'exercice suivant.

4.84. Étude de régularité

Soit $g \in C^0(\mathbb{R}, \mathbb{R})$ et $\mathrm{M} > 0$ tels que pour tout couple $(x,y) \in \mathbb{R}^2$,

$$|g(x+y)+g(x-y)-2g(x)| \leqslant 2\mathrm{M}y^2.$$

1. Étudier la convexité de $x \mapsto g(x)+\mathrm{M}x^2$ et $x \mapsto g(x)-\mathrm{M}x^2$.
2. Montrer que g est dérivable puis de classe C^1 sur $\mathbb{R}$.

▷ **Solution.**

1. Posons $g_1 : x \mapsto g(x)+\mathrm{M}x^2$ et $g_2 : x \mapsto g(x)-\mathrm{M}x^2$. On a

$$g_1(x+y)+g_1(x-y)-2g_1(x) = g(x+y)+g(x-y)-2g(x)+2\mathrm{M}y^2 \geqslant 0,$$

donc g_1 est convexe d'après le résultat de l'exercice précédent, modulo un petit changement de variables. On montre de la même manière que la fonction g_2 est concave sur $\mathbb{R}$.

2. Les fonctions g_1 et g_2 sont donc dérivables à droite et à gauche en tout point et donc g aussi. Mais, pour $x \in \mathbb{R}$ et $y > 0$, on a

$$\left| \frac{g(x+y)-g(x)}{y} + \frac{g(x-y)-g(x)}{y} \right| \leqslant 2\mathrm{M}y$$

donc, en faisant tendre y vers 0^+, on obtient $g'_d(x) - g'_g(x) = 0$. Il en résulte que g est dérivable en x.

Comme g est dérivable sur $\mathbb{R}$, il en est de même de g_1. Comme g_1 est convexe, la fonction g'_1 est croissante donc admet une limite à gauche et à droite en tout point x_0, et cette limite ne peut être que $g'_1(x_0)$, d'après le théorème de la limite de la dérivée. Il en découle que g_1 est de classe C^1 sur $\mathbb{R}$ et par conséquent g est de classe C^1 aussi. ◁

L'énoncé suivant porte aussi sur les fonctions mid-convexes avec une hypothèse supplémentaire vis-à-vis du produit.

4.85. Fonction mid-convexe et sur-multiplicative

Soit $f : \mathbb{R}_+ \to \mathbb{R}$ une fonction continue vérifiant $f(1) = 1$ et telle que, pour x et y dans $\mathbb{R}_+$,

$$f\left(\frac{x+y}{2}\right) \leqslant \frac{f(x)+f(y)}{2} \quad \text{et } f(x)f(y) \leqslant f(xy).$$

Montrer qu'il existe $p \in \{0\} \cup [1, +\infty[$ tel que $f(x) = x^p$ pour tout x.

▷ **Solution.**

On montre comme dans l'exercice 4.83 que f est convexe sur $\mathbb{R}_+$. Notons que $f(x^2) \geqslant f(x)^2 \geqslant 0$ pour tout x, donc que f est positive sur $\mathbb{R}_+$. Si f est de la forme $x \mapsto x^p$, alors le réel p est égal à $f'(1)$. On va donc s'intéresser à ce qui se passe au point 1. Comme f est convexe, elle admet une dérivée à droite et à gauche en tout point de $\mathbb{R}_+^*$ et en particulier en 1.

Si on itère la propriété vérifiée par f, on obtient $f(x)^n \leqslant f(x^n)$ pour tout $x > 0$. Pour avoir une suite qui tend vers 1, on applique cette inégalité en $x^{\frac{1}{n}}$: on a $f(x) \geqslant f\big(x^{\frac{1}{n}}\big)^n$. Supposons $x > 1$. La suite $x^{\frac{1}{n}}$ tend vers 1 par valeurs supérieures. En écrivant que f est au-dessus de sa tangente à droite en 1, on obtient

$$f\left(x^{\frac{1}{n}}\right) \geqslant f(1) + f'_d(1)(x^{\frac{1}{n}} - 1) = 1 + f'_d(1)\frac{\ln x}{n} + o\left(\frac{1}{n}\right)$$

En élevant à la puissance n on a donc

$$f(x) \geqslant \exp\left(n \ln\left(1 + f'_d(1)\frac{\ln x}{n} + o\left(\frac{1}{n}\right)\right)\right)$$

et en passant à la limite on obtient $f(x) \geqslant x^{f_d'(1)}$. Si on prend $x \in]0,1]$ on obtient de même $f(x) \geqslant x^{f_g'(1)}$. Mais on a alors, pour $x > 1$,

$$1 = f(1) \geqslant f(x)f\left(\frac{1}{x}\right) \geqslant x^{f_d'(1)-f_g'(1)}$$

et donc $f_d'(1) \leqslant f_g'(1)$. On sait par ailleurs que $f_g'(1) \leqslant f_d'(1)$ puisque f est convexe. On a donc $f_g'(1) = f_d'(1)$, valeur que l'on note p. Ainsi $f(x) \geqslant x^p$, pour tout $x > 0$.

Pour tout $x > 0$, on a $1 = f(x)f\left(\frac{1}{x}\right) \geqslant x^p \frac{1}{x^p} = 1$, ce qui montre que l'on a $f(x) = x^p$ pour tout $x > 0$. Par continuité de f en 0, on a $p \geqslant 0$ et l'égalité reste vraie en 0. La convexité de f impose alors que $p \in \{0\} \cup [1, +\infty[$. ◁

4.86. Minimum d'une fonction convexe

Soit $f : \mathbb{R} \to \mathbb{R}$ une fonction convexe.

1. Montrer que si f admet un minimum local, il s'agit d'un minimum global. Que peut-on dire de l'ensemble des points où ce minimum est atteint ?

2. On suppose que f est dérivable et qu'il existe un réel a tel que $f'(a) = 0$. Montrer que f admet en a un minimum global.

3. On suppose maintenant que f est deux fois dérivable et qu'il existe un réel α tel que $f'' \geqslant \alpha > 0$. Montrer que f possède un minimum unique. A-t-on encore ce résultat avec l'hypothèse $f'' > 0$?

▷ **Solution.**

1. Soit $a \in \mathbb{R}$ un point où f admet un minimum local. Il existe donc $\eta > 0$ tel que $f(a) \leqslant f(x)$ pour tout $x \in [a - \eta, a + \eta]$. Prenons $x > a + \eta$. D'après l'inégalité des pentes croissantes, on a

$$0 \leqslant \frac{f(a + \eta) - f(a)}{\eta} \leqslant \frac{f(x) - f(a)}{x - a}.$$

Il en résulte en particulier que $f(a) \leqslant f(x)$. On montre de même que pour tout $x < a - \eta$, on a $f(a) \leqslant f(x)$, de sorte que f admet en a un minimum global.

Supposons que b soit un autre point où ce minimum est atteint : $f(a) = f(b)$. Par convexité de f on a $f(x) \leqslant f(a)$ pour tout $x \in [a, b]$. Mais comme f atteint son minimum en a, on a nécessairement égalité. Il en résulte que f est constante sur tout le segment $[a, b]$. Cela prouve que l'ensemble des points où f atteint son minimum est une partie convexe de $\mathbb{R}$, donc un intervalle.

2. Comme f est convexe, la fonction f' est croissante. Elle est donc négative sur $]-\infty, a[$ et positive sur $]a, +\infty[$. La fonction f est donc décroissante sur $]-\infty, a[$ et croissante sur $]a, +\infty[$. Elle possède donc un minimum global en a.

3. La fonction $x \longmapsto f'(x) - \alpha x$ est de dérivée positive, donc croissante sur $\mathbb{R}$. Ainsi, pour $x \geqslant 0$, $f'(x) - \alpha x \geqslant f(0)$ et donc $f'(x) \geqslant \alpha x + f'(0)$. On en déduit que $\lim\limits_{+\infty} f' = +\infty$. On a de même, $f'(x) \leqslant \alpha x + f'(0)$ si $x \leqslant 0$. On en déduit que $\lim\limits_{-\infty} f' = -\infty$. Comme f' est strictement croissante sur $\mathbb{R}$, elle s'annule en un unique point a. D'après la question précédente f admet en a un minimum global. Il est nécessairement unique, car en un minimum local de f la dérivée f' doit s'annuler.

L'existence d'un minimum n'est plus assurée avec la seule hypothèse $f'' > 0$ comme le montre l'exemple de la fonction exponentielle. $\triangleleft$

Bien entendu, pour une fonction dérivable quelconque $f : \mathrm{I} \to \mathbb{R}$ (I ouvert), la condition $f'(a) = 0$ n'est pas suffisante pour que f admette un extremum (même local) en a. Toutefois, si f est de classe C^2 avec $f'(a) = 0$ et $f''(a) > 0$, alors f admet un minimum local en a (elle est convexe sur un intervalle ouvert contenant a).

4.87. Intervalle de monotonie d'une fonction strictement convexe

Soit f une fonction strictement convexe de $[a, b]$ dans $\mathbb{R}$ (avec $a < b$). Montrer qu'il existe un sous-intervalle J non vide de $[a, b]$, non réduit à un point, tel que la restriction de f à J soit strictement monotone.

$\triangleright$ **Solution.**

Considérons $a' < b'$ dans $]a, b[$. Comme f est convexe sur $[a, b]$, f est continue sur $[a', b']$ et il existe $\alpha \in [a', b']$ tel que $f(\alpha) = \min\limits_{x \in [a', b']} f(x)$. Par stricte convexité, pour $x \neq \alpha$ dans $[a', b']$, $f(x) > f(\alpha)$. D'autre part, f n'admet pas de minimum local sur $[a', b']$ autre que α. En effet, comme f est convexe, tout minimum local est global (cf. la question **1** de l'exercice précédent).

Supposons $\alpha \neq b'$. Alors f est injective sur $[\alpha, b']$: en effet, si on suppose que $f(x) = f(y)$ avec $x < y$ dans $[\alpha, b']$, f admet un minimum sur $[x, y]$ en un point z. Or, par stricte convexité, z est dans l'intervalle ouvert $]x, y[$ et f admet donc en z un minimum local, ce qui est exclu. Comme une fonction continue injective sur un intervalle est strictement monotone (cf. les propos précédant l'exercice 4.19), f est bien strictement monotone sur $[\alpha, b']$.

Si $\alpha = b'$, on montre de même que f est strictement monotone sur l'intervalle $[a', \alpha] = [a', b']$. $\triangleleft$

4.88. Étude asymptotique d'une fonction convexe

Soit $f : \mathbb{R}_+^* \to \mathbb{R}$ une fonction convexe.

1. Montrer que $\frac{f(x)}{x}$ admet une limite ℓ dans $\mathbb{R} \cup \{+\infty\}$ quand x tend vers $+\infty$.

2. Montrer que si $\ell \leqslant 0$, alors f est décroissante.

3. Montrer que si ℓ est fini, alors $f(x) - \ell x$ admet une limite dans $\overline{\mathbb{R}}$ quand x tend vers $+\infty$.

▷ **Solution.**

1. Par le théorème des pentes croissantes, la fonction $\psi(x) = \frac{f(x) - f(1)}{x - 1}$ est croissante, donc admet une limite ℓ dans $\mathbb{R} \cup \{+\infty\}$ quand x tend vers $+\infty$. Comme $\frac{f(x)}{x} = \frac{x-1}{x}\psi(x) + \frac{f(1)}{x}$, $\frac{f(x)}{x}$ tend également vers ℓ en $+\infty$.

2. Si f n'est pas décroissante, il existe $a < b$ tels que $f(a) < f(b)$. Toujours en vertu du théorème des pentes croissantes, on a alors

$$\frac{f(x) - f(a)}{x - a} \geqslant \frac{f(b) - f(a)}{b - a} > 0,$$

pour tout $x \geqslant b$, ce qui est impossible car le terme de gauche de l'inégalité tend vers $\ell \leqslant 0$ en $+\infty$.

3. La fonction $g(x) = f(x) - \ell x$ est également convexe et $\frac{g(x)}{x}$ tend vers 0 en $+\infty$. D'après la question précédente, la fonction g est décroissante sur $\mathbb{R}_+^*$. Elle admet donc une limite dans $\mathbb{R} \cup \{-\infty\}$ lorsque x tend vers $+\infty$. ◁

4.89. Positivité d'une fonction

Soit $f \in C^2([0,1], \mathbb{R})$ telle que $f'' \leqslant 2\left(\sqrt{f(0)} + \sqrt{f(1)}\right)^2$ avec $f(0) \geqslant 0$ et $f(1) \geqslant 0$. Montrer que f est positive.

▷ **Solution.**

Étudions le cas extrême où $f'' = 2(\sqrt{f(0)} + \sqrt{f(1)})^2$ (avec des inégalités, c'est souvent une bonne idée). On a alors un polynôme de degré 2 qui est, en posant $a = f(0)$ et $b = f(1)$,

$$\mathrm{P}(x) = (\sqrt{a} + \sqrt{b})^2 x^2 + (b - a - (\sqrt{a} + \sqrt{b})^2)x + a.$$

Comme $\mathrm{P} - f$ a une dérivée seconde positive, $\mathrm{P} - f$ est convexe. Mais elle est nulle en 0 et en 1 donc elle est négative. Ainsi $\mathrm{P} \leqslant f$, et il suffit de prouver que P est positif. Cela est clair puisque $\mathrm{P}(x) = ((\sqrt{a} + \sqrt{b})x - \sqrt{a})^2$. ◁

Une combinaison linéaire à coefficients positifs (en particulier une combinaison convexe) de fonctions convexes est encore convexe. L'exercice suivant donne une condition nécessaire et suffisante pour que l'enveloppe convexe de n fonctions convexes contienne une fonction positive.

4.90. Combinaison convexe positive

Soit $f_1, \dots, f_n$ des fonctions convexes et continues sur $[0,1]$ telles que $\sup(f_1, \dots, f_n) \geqslant 0$. Montrer qu'il existe n réels positifs $\alpha_1, \dots, \alpha_n$ de somme 1 tels que $\alpha_1 f_1 + \cdots + \alpha_n f_n \geqslant 0$.

▷ **Solution.**

On va commencer par regarder le cas $n = 2$ avant d'envisager une récurrence sur n. Notons h la fonction $\sup(f_1, f_2)$. Si f_1 ou f_2 est positive, le résultat est trivial puisqu'il suffit de prendre $\alpha_1 = 1$ et $\alpha_2 = 0$ ou l'inverse. On suppose donc dans la suite que $\min f_1 < 0$ et $\min f_2 < 0$. La fonction h est continue et convexe sur $[0,1]$ et atteint son minimum en un point $x_0 \in [0,1]$. Par hypothèse, on a $h(x_0) \geqslant 0$.

• On a nécessairement $f_1(x_0) = f_2(x_0) = h(x_0)$. En effet, si par exemple, on a $f_1(x_0) < f_2(x_0) = h(x_0)$, alors par continuité, h coïncide avec f_2 sur un petit voisinage de x_0. Si $x_0 \in]0,1[$, f_2 admet un minimum local en x_0, mais comme elle est convexe, il s'agit d'un minimum global (voir exercice 4.86); cela contredit l'hypothèse $\min f_2 < 0$. Si $x_0 = 0$, il existe $\eta > 0$ tel que $f_2(x) \geqslant f(0)$ sur $[0,\eta]$. D'après le théorème des pentes croissantes, on en déduit $0 \leqslant \dfrac{f(\eta) - f(0)}{\eta} \leqslant \dfrac{f(x) - f(0)}{x}$ pour $x \in [\eta, 1]$, donc $\min f_2 = f_2(0) \geqslant 0$. On obtient la même contradiction si $x_0 = 1$.

• La fonction h n'atteint son minimum qu'en x_0. En effet, si $h(x_0') = h(x_0)$, avec par exemple $x_0 < x_0'$, alors h est constante sur le segment $[x_0, x_0']$. Mais d'après le point précédent, f_1 et f_2 seraient égales sur ce segment et par convexité positives sur $[0,1]$, ce qu'on a exclu.

On se retrouve donc avec une situation du type suivant :

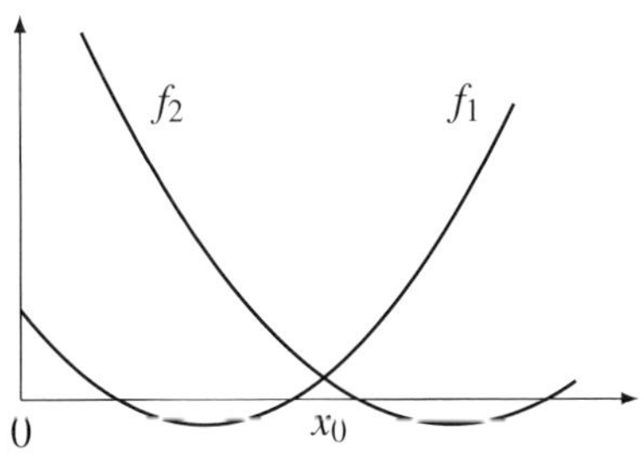

On suppose dans la suite $x_0 \in]0,1[$, les cas où x_0 est au bord se traitant de la même manière.

• Montrons que les nombres dérivés à gauche en x_0 de f_1 et f_2 sont de signes opposés (au sens large). En effet,

∗ si$(f_1)'_g(x_0)$ et $(f_2)'_g(x_0)$ sont strictement positifs, f_1 et f_2 prennent toutes les deux des valeurs strictement inférieures à $h(x_0)$ à gauche de x_0, contredisant le fait que $h(x_0) = \min h$;

∗ si $(f_1)'_g(x_0)$ et $(f_2)'_g(x_0)$ sont strictement négatifs, f_1 et f_2 prennent des valeurs supérieures à $h(x_0)$ à gauche de x_0. Considérons alors ce qui se passe à droite de x_0. Les deux nombres $(f_1)'_d(x_0)$ et $(f_2)'_d(x_0)$ ne peuvent pas être tous les deux strictement négatifs, sinon $h(x)$ prend des valeurs strictement inférieures à $h(x_0)$ à droite de x_0. Si on a par exemple $(f_1)'_d(x_0) \geqslant 0$, alors f_1 prend des valeurs supérieures à $h(x_0)$ à droite de x_0. La fonction f_1 a un minimum $h(x_0)$ positif, contrairement à notre hypothèse.

On peut donc trouver deux réels positifs α_1 et α_2 de somme 1 tels que la fonction $g = \alpha_1 f_1 + \alpha_2 f_2$ ait une dérivée à gauche en x_0 nulle. Le théorème des pentes croissantes montre alors que $\dfrac{g(x) - g(x_0)}{x - x_0}$ est du signe de $x - x_0$, c'est-à-dire que g atteint son minimum en x_0. Comme $g(x_0) = h(x_0) \geqslant 0$ (car on a $f_1(x_0) = f_2(x_0)$), g est positive sur $[0,1]$.

• On peut maintenant traiter le cas général par récurrence sur $n \geqslant 2$. Supposons le résultat prouvé avec $n-1$ fonctions où $n \geqslant 3$ et prenons n fonctions $f_1, \dots, f_n$ vérifiant les hypothèses. On a

$$h = \sup(f_1, \dots, f_n) = \sup(f_1, \dots, f_{n-2}, \sup(f_{n-1}, f_n)) \geqslant 0.$$

Comme $\sup(f_{n-1}, f_n)$ est convexe et continue, on peut appliquer l'hypothèse de récurrence. Il existe donc $\alpha_1, \dots, \alpha_{n-1}$ réels positifs de somme 1 tels que

$$\alpha_1 f_1 + \alpha_2 f_2 + \cdots + \alpha_{n-1} \sup(f_{n-1}, f_n) \geqslant 0.$$

On pose alors

$$f = \alpha_1 f_1 + \cdots + \alpha_{n-2} f_{n-2} + \alpha_{n-1} f_{n-1} et \;\; g = \alpha_1 f_1 + \cdots + \alpha_{n-2} f_{n-2} + \alpha_{n-1} f_n.$$

Ce sont deux fonctions convexes continues qui vérifient $\sup(f, g) \geqslant 0$. D'après le cas $n = 2$, on peut trouver $\alpha \in [0,1]$ tel que $\alpha f + (1-\alpha) g \geqslant 0$, ce qui donne

$$\alpha_1 f_1 + \cdots + \alpha_{n-2} f_{n-2} + \alpha\alpha_{n-1} f_{n-1} + (1-\alpha)\alpha_{n-1} f_n \geqslant 0.$$

Cela termine la récurrence.

On notera que la réciproque du résultat de l'exercice est évidente. ◁

L'exercice suivant étudie les fonctions à variation bornée.

4.91. Fonctions à variation bornée

Soit une application $f : [a,b] \to \mathbb{R}$.

À toute subdivision $\sigma = (a = x_0 < x_1 < \cdots < x_n = b)$ de $[a,b]$, on associe la *variation totale* de f sur σ : $V(f,\sigma) = \sum_{k=0}^{n-1} |f(x_{k+1}) - f(x_k)|$. On pose $V_a^b(f) = \sup_\sigma V(f,\sigma) \in [0,+\infty]$, que l'on appelle la *variation* de f sur $[a,b]$. Si $V_a^b(f)$ est fini, on dit que f est à *variation bornée* sur $[a,b]$.

1. Montrer que si f est C^1 sur $[a,b]$, alors f est à variation bornée sur $[a,b]$, et calculer sa variation. Examiner le cas où f est lipschitzienne ou monotone.

2. Comparer $V_a^b(f+g)$ à $V_a^b(f) + V_a^b(g)$.

3. Pour $c \in]a,b[$, comparer la variation de f sur $[a,b]$ à la somme de ses variations sur $[a,c]$ et $[c,b]$.

4. Montrer que f est à variation bornée sur $[a,b]$ si et seulement si f est somme de deux fonctions monotones sur $[a,b]$.

▷ **Solution.**

1. Pour toute subdivision $\sigma = (a = x_0 < x_1 < \cdots < x_n = b)$ de $[a,b]$ et $k \in [\![0,n-1]\!]$, on a

$$|f(x_{k+1}) - f(x_k)| = \left| \int_{x_k}^{x_{k+1}} f'(t)\mathrm{d}t \right| \leqslant \int_{x_k}^{x_{k+1}} |f'(t)|\mathrm{d}t,$$

et donc $V(f,\sigma) \leqslant \int_a^b |f'(t)|\mathrm{d}t$. La fonction f est donc à variation bornée sur $[a,b]$ et $V_a^b(f) \leqslant \int_a^b |f'(t)|\mathrm{d}t$.

Montrons, qu'en fait $V_a^b(f)$ est égal à $\int_a^b |f'(t)|\mathrm{d}t$. Si σ est une subdivision de $[a,b]$ alors, pour tout $k \in [\![0,n-1]\!]$, il existe, d'après la formule des accroissements finis, $\xi_k \in [x_k, x_{k+1}]$ tel que $f(x_{k+1}) - f(x_k) = (x_{k+1} - x_k) f(\xi_k)$. On obtient $V(f,\sigma) = \sum_{k=0}^{n-1} (x_{k+1} - x_k)|f'(\xi_k)|$. On reconnaît une somme de Riemann. Lorsque le pas de la subdivision tend vers 0, $V(f,\sigma)$ tend vers $\int_a^b |f'(t)|\mathrm{d}t$, puisque $|f'|$ est continue. Pour tout $\varepsilon > 0$, il existe donc σ telle que $V(f,\sigma) \geqslant \int_a^b |f'(t)|\mathrm{d}t - \varepsilon$. On peut conclure que $V_a^b(f) = \int_a^b |f'(t)|\mathrm{d}t$.

Si f est α-lipschitzienne, on a, avec les notations précédentes, pour toute subdivision σ de $[a,b]$, $V(f,\sigma) \leqslant \sum_{k=0}^{n-1} \alpha(x_{k+1} - x_k) = \alpha(b-a)$. Ainsi f est à variation bornée sur $[a,b]$ et $V_a^b(f) \leqslant \alpha(b-a)$.

Si f est croissante sur $[a, b]$, on obtient, pour toute subdivision σ de $[a, b]$,

$$V(f, \sigma) = \sum_{k=0}^{n-1} (f(x_{k+1}) - f(x_k)) = f(b) - f(a).$$

Ainsi f est à variation bornée sur $[a, b]$ et $V_a^b(f) = f(b) - f(a)$. On démontre, de même qu'une fonction décroissante est à variation bornée et que $V_a^b(f) = f(a) - f(b)$.

2. Montrons que $V_a^b(f + g) \leqslant V_a^b(f) + V_a^b(g)$, si f et g sont deux fonctions définies sur $[a, b]$. L'inégalité est évidente si $V_a^b(f)$ ou $V_a^b(g)$ est infini. Supposons donc f et g à variation bornée. Alors, pour toute subdivision σ de $[a, b]$,

$$\begin{aligned} V(f + g, \sigma) &= \sum_{k=0}^{n-1} |(f + g)(x_{k+1}) - (f + g)(x_k)| \\ &\leqslant \sum_{k=0}^{n-1} |f(x_{k+1}) - f(x_k)| + \sum_{k=0}^{n-1} |g(x_{k+1} - g(x_k)| \\ &\leqslant V(f, \sigma) + V(g, \sigma) \leqslant V_a^b(f) + V_a^b(g). \end{aligned}$$

On en déduit que $f + g$ est à variation bornée et que $V_a^b(f + g) \leqslant V_a^b(f) + V_a^b(g)$.

3. Soit σ une subdivision de $[a, b]$, $\sigma' = (a = x_0 < x_1 < \cdots < x_n = b)$ la subdivision de $[a, b]$ obtenue en rajoutant à σ le point c s'il n'y est pas. Notons p l'entier tel que $x_p = c$; $\sigma_1 = (a = x_0 < x_1 < \cdots < x_p = c)$ est une subdivision de $[a, c]$ et $\sigma_2 = (x_p < \cdots < x_n = b)$ une subdivision de $[c, b]$. On a alors $V(f, \sigma) \leqslant V(f, \sigma')$: en effet, on rajoute au plus un point dans la subdivision et l'inégalité résulte de l'inégalité triangulaire. D'autre part, on a $V(f, \sigma') = V(f, \sigma_1) + V(f, \sigma_2)$. On en déduit

$$V(f, \sigma) \leqslant V(f, \sigma_1) + V(f, \sigma_2) \leqslant V_a^c(f) + V_c^b(f).$$

On a donc $V_a^b(f) \leqslant V_a^c(f) + V_c^b(f)$. Montrons qu'il y a égalité.

Supposons que f est à variation bornée sur $[a, c]$ et sur $[b, c]$. Soit $\varepsilon > 0$. On peut trouver des subdivisions σ_1 et σ_2 de $[a, c]$ et $[c, b]$ respectivement telle que : $V(f, \sigma_1) \geqslant V_a^c(f) - \frac{\varepsilon}{2}$ et $V(f, \sigma_2) \geqslant V_c^b(f) - \frac{\varepsilon}{2}$. Considérons la subdivision σ de $[a, b]$ obtenue en faisant la réunion de σ_1 et σ_2. On a alors

$$V(f, \sigma) = V(f, \sigma_1) + V(f, \sigma_2) \geqslant V_a^c(f) + V_c^b(f) - \varepsilon.$$

On obtient finalement $V_a^b(f) = V_a^c(f) + V_c^b(f)$.

Si $V_a^c(f)$ ou $V_c^b(f)$ est infini, alors $V_a^b(f)$ est infini, car si σ_1 est une subdivision quelconque de $[a, c]$, σ_2 une subdivision quelconque de $[b, c]$ et σ la réunion des deux, alors $V(f, \sigma) = V(f, \sigma_1) + V(f, \sigma_2)$, quantité qui n'est pas bornée.

4. D'après ce qui précède une fonction monotone est à variation bornée et la somme de deux fonctions à variation bornée est une fonction à variation bornée : la somme de deux fonctions monotones est donc une fonction à variation bornée.

Réciproquement, supposons que f soit à variation bornée sur $[a,b]$. Alors pour tout $x \in [a,b]$, f est à variation bornée sur $[a,x]$. Soit g, définie sur $[a,b]$ par $g(x) = \mathrm{V}_a^x(f)$. Si $a \leqslant x \leqslant x' \leqslant b$, alors on a $g(x') = g(x) + \mathrm{V}_x^{x'}(f) \geqslant g(x)$. La fonction g est croissante. D'autre part, avec les mêmes notations, on a $\mathrm{V}_x^{x'}(f) \geqslant |f(x') - f(x)|$ (on prend la subdivision $\sigma = (x < x')$). On en déduit $g(x') \geqslant g(x) + f(x') - f(x)$, c'est-à-dire $f(x') - g(x') \leqslant f(x) - g(x)$. La fonction $h = f - g$ est décroissante. La fonction $f = g + h$ est somme d'une fonction croissante et d'une fonction décroissante. ◁

La notion de fonction à variation bornée intervient notamment dans l'étude des arcs rectifiables. Si au lieu de prendre f à valeurs réelles, on prend f à valeurs dans $\mathbb{R}^2$ ou $\mathbb{R}^3$, et si on remplace la valeur absolue par la norme euclidienne, la quantité $\mathrm{V}_a^b(f)$ n'est autre que la longueur de l'arc défini par f. Cet arc est dit rectifiable si $\mathrm{V}_a^b(f)$ est fini.

Le dernier thème de ce chapitre est celui des estimations asymptotiques. On peut y faire appel à différentes notions déjà mentionnées.

Bien entendu, dans les cas concrets, un des outils essentiels pour calculer les limites est le développement limité. En voici un exemple.

4.92. Un calcul de limite

Calculer la limite lorsque x tend vers 0^+ de $\dfrac{x^{\operatorname{sh} x} - (\operatorname{sh} x)^x}{(\sin x)^x - x^{\sin x}}$.

▷ **Solution.**

Il s'agit d'une forme indéterminée du type $\frac{0}{0}$: les deux termes du numérateur et les deux termes du dénominateur tendent vers 1 quand x tend vers zéro. On va chercher un équivalent du numérateur et du dénominateur. On peut écrire $(\operatorname{sh} x)^x = \exp(x \ln \operatorname{sh} x)$. Comme $\operatorname{sh} x \underset{0^+}{\sim} x$, on a $x \ln \operatorname{sh} x \underset{0^+}{\sim} x \ln x$, terme qui tend vers 0 quand x tend vers 0^+.

Comme $\operatorname{sh} x \ln x \underset{0^+}{\sim} x \ln x$ tend également vers 0, on peut écrire pour le numérateur

$$x^{\operatorname{sh} x} - (\operatorname{sh} x)^x = (\operatorname{sh} x)^x (e^{\ln x \operatorname{sh} x - x \ln \operatorname{sh} x} - 1) \underset{0^+}{\sim} \ln x \operatorname{sh} x - x \ln \operatorname{sh} x,$$

car $(\operatorname{sh} x)^x$ tend vers 1 par continuité de l'exponentielle et $e^u - 1$ est équivalent à u en 0. De plus, si on pose $u(x) = \ln x \operatorname{sh} x - x \ln \operatorname{sh} x$, on a

$$u(x) = \left(x + \frac{x^3}{6} + o(x^3)\right) \ln x - x \ln \left(x + \frac{x^3}{6} + o(x^3)\right)$$

$$= x\ln x + \frac{x^3\ln x}{6} + o(x^3\ln x) - x\ln x - x\ln\left(1 + \frac{x^2}{6} + o(x^2)\right)$$
$$= \frac{x^3\ln x}{6} + o(x^3\ln x).$$

On procède de même pour le dénominateur. On a également $x\ln\sin x$ et $\sin x\ln x$ qui tendent vers 0 lorsque x tend vers 0^+, si bien que

$$(\sin x)^x - x^{\sin x} \underset{0^+}{\sim} x\ln\sin x - \ln x\sin x = v(x)$$

et

$$v(x) = x\ln\left(x - \frac{x^3}{6} + o(x^3)\right) - \ln x\left(x - \frac{x^3}{6} + o(x^3)\right)$$
$$= x\ln x + x\ln\left(1 - \frac{x^2}{6} + o(x^2)\right) - x\ln x + \frac{x^3\ln x}{6} + o(x^3\ln x)$$
$$= \frac{x^3\ln x}{6} + o(x^3\ln x).$$

Le numérateur et le dénominateur sont équivalents et on peut conclure que

$$\lim_{x\to 0^+} \frac{x^{\operatorname{sh} x} - (\operatorname{sh} x)^x}{(\sin x)^x - x^{\sin x}} = 1. \lhd$$

4.93. Un développement asymptotique

Pour $\lambda \in \,]0,1]$, on pose $f(\lambda) = \sup\limits_{x\in\left[0,\frac{1}{\lambda}\right]}\left(e^{-x} - (1-\lambda x)^{\frac{1}{\lambda}}\right)$. Déterminer un développement asymptotique à deux termes de la fonction f en 0.

▷ **Solution.**

La fonction f est définie sur $]0,1]$, car $g_\lambda : x \mapsto e^{-x} - (1-\lambda x)^{\frac{1}{\lambda}}$ est continue sur $\left[0,\frac{1}{\lambda}\right]$. Étudions les variations de g_λ. On a $g_\lambda'(x) = -e^{-x} + (1-\lambda x)^{\frac{1}{\lambda}-1}$, pour $x \in \left[0,\frac{1}{\lambda}\right]$, et $g_\lambda'(x)$ a même signe que $h_\lambda(x) = x + \left(\frac{1}{\lambda} - 1\right)\ln(1-\lambda x)$. Pour $x \in \left[0,\frac{1}{\lambda}\right[$, on a $h_\lambda'(x) = \dfrac{\lambda(1-x)}{1-\lambda x}$. La fonction h_λ croît sur $[0,1]$ et décroît sur $[1,\frac{1}{\lambda}[$. Comme on a de plus, $h_\lambda(0) = 0$ et $\lim\limits_{x\to\frac{1}{\lambda}} h_\lambda(x) = -\infty$, on conclut que h_λ est positive sur $[0,1]$ et s'annule une fois sur $\left]1,\frac{1}{\lambda}\right[$, en α ; la fonction g_λ' s'annule en α, est positive sur $[0,\alpha[$ et négative sur $]\alpha,\frac{1}{\lambda}[$. On a donc $f(\lambda) = g_\lambda(\alpha)$. Sachant que $g_\lambda'(\alpha) = -e^{-\alpha} + (1-\lambda\alpha)^{\frac{1}{\lambda}-1} = 0$, on obtient

$$f(\lambda) = e^{-\alpha} - (1-\lambda\alpha)^{\frac{1}{\lambda}} = (1-\lambda\alpha)^{\frac{1}{\lambda}-1} - (1-\lambda\alpha)^{\frac{1}{\lambda}} = (1-\lambda\alpha)^{\frac{1}{\lambda}-1}(\lambda\alpha).$$

En posant $u = \lambda\alpha$, on peut écrire $f(\lambda) = u(1-u)^{\frac{1}{\lambda}-1} = ue^{\left(\frac{1}{\lambda}-1\right)\ln(1-u)}$. Pour commencer, on détermine un développement asymptotique de u.

L'équation $h_\lambda(\alpha) = 0$ équivaut à $u + (1-\lambda)\ln(1-u) = 0$. Le réel u vérifie donc les conditions $u \in \,]\lambda, 1[$ et $\dfrac{\ln(1-u)}{u} = \dfrac{1}{\lambda-1}\cdot$ On étudie les variations de $\varphi : x \longmapsto \dfrac{\ln(1-x)}{x}$ sur $]0,1[$. On trouve $\varphi'(x) = \dfrac{\psi(x)}{x^2}$, où $\psi(x) = -\frac{x}{1-x} - \ln(1-x)$, puis $\psi'(x) = \dfrac{-x}{(1-x)^2} < 0$. Sachant que $\lim\limits_{0} \psi = 0$, on en déduit que ψ est négative. La fonction φ est donc strictement décroissante. Ellc réalisc une bijection de $]0,1[$ sur $]-\infty, -1[$. On a donc $u = \varphi^{-1}\left(\frac{1}{\lambda-1}\right)$. On en déduit que $\lim\limits_{\lambda\to 0} u = \lim\limits_{-1} \varphi^{-1} = 0$. On écrit le développement limité de $\varphi(u)$ en 0 à l'ordre 2 :

$$\varphi(u) = \frac{\ln(1-u)}{u} = -1 - \frac{u}{2} - \frac{u^2}{3} + o(u^2)$$

et donc,

$$\varphi(u) + 1 = -\frac{u}{2} - \frac{u^2}{3} + o(u^2) = \frac{\lambda}{\lambda - 1}.$$

On en déduit que $-\frac{u}{2} \underset{\lambda\to 0}{\sim} -\lambda$ et donc $u \underset{\lambda\to 0}{\sim} 2\lambda$. Ceci signifie que α tend vers 2 quand λ tend vers 0. Pour obtenir le terme suivant dans le développement de u, on écrit $u = 2\lambda(1+v)$, avec $v = o(1)$ et on reporte dans l'égalité précédente, qui devient $-\lambda(1+v) - \frac{4\lambda^2}{3} + o(\lambda^2) = \frac{\lambda}{\lambda-1}$, c'est-à-dire

$$v = \frac{-1}{\lambda - 1} - 1 - \frac{4\lambda}{3} + o(\lambda) = -\frac{1}{3}\lambda + o(\lambda).$$

Finalement, on a le développement de u

$$u = 2\lambda\left(1 - \frac{1}{3}\lambda + o(\lambda)\right) = 2\lambda - \frac{2}{3}\lambda^2 + o(\lambda^2).$$

Compte tenu de ce qui précède, on peut simplifier l'expression de $f(\lambda)$. On a, en effet $\left(\frac{1}{\lambda} - 1\right)\ln(1-u) = \left(\frac{1}{\lambda} - 1\right)\frac{u}{\lambda - 1} = -\frac{u}{\lambda}$. On en déduit que

$$\begin{aligned} f(\lambda) = e^{-\frac{u}{\lambda}}u &= e^{-2+\frac{2}{3}\lambda+o(\lambda)}(2\lambda - \frac{2}{3}\lambda^2 + o(\lambda^2) \\ &= \lambda e^{-2}(1 + \frac{2}{3}\lambda + o(\lambda))(2 - \frac{2}{3}\lambda + o(\lambda)), \end{aligned}$$

et finalement,

$$f(\lambda) = 2e^{-2}\lambda + \frac{2}{3}e^{\,2}\lambda^2 + o(\lambda^2). \lhd$$

4.94. Estimation du maximum d'une fonction polynôme

Soit $f_n : x \in [0,n] \mapsto \prod_{i=0}^{n}(x-i) \in \mathbb{R}$. Trouver un équivalent simple de $\|f_n\|_\infty$ lorsque n tend vers $+\infty$.

▷ **Solution.**

La fonction $|f_n|$ est continue sur $[0,n]$. Elle s'annule pour les valeurs entières. Sur chaque intervalle $[i,i+1]$, pour $0 \leqslant i \leqslant n-1$, elle atteint son maximum sur l'intervalle $]i,i+1[$. De plus, f_n est dérivable sur $[0,n]$ et, pour tout $x \in [0,n]$, x non entier, on a

$$\frac{f_n'(x)}{f_n(x)} = \sum_{i=0}^{n} \frac{1}{x-i} = g_n(x).$$

La fonction g_n est strictement décroissante sur chaque intervalle $]i,i+1[$ et de plus, $\lim_{i^+} g_n = +\infty$ et $\lim_{(i+1)^-} g_n = -\infty$. Elle s'annule et change de signe une fois sur $]i,i+1[$. Il en est de même pour f_n', car f_n gardant un signe constant sur cet intervalle, . On en déduit que $|f_n|$ atteint son maximum sur $[i,i+1]$ en l'unique valeur qui annule g_n. Il nous faut maintenant déterminer sur quel intervalle $[i,i+1]$, le maximum de $|f_n|$ est atteint. Puisqu'on a $|f_n(n-x)| = |f_n(x)|$ pour tout $x \in [0,n]$, on peut supposer $i < \frac{n}{2}$. Le tracé des courbes représentatives de quelques fonctions f_n indique clairement que le maximum de $|f_n|$ est atteint sur $[0,1]$ (et aussi sur $[n-1,n]$). Pour le montrer, commençons par majorer $|f_n|$ sur $[i,i+1]$, pour $1 \leqslant i < \frac{n}{2}$.

On a, pour tout $x \in [i,i+1]$,

$$\begin{aligned} |f_n(x)| &= x(x-1)\dots(x-i+1)(x-i)(i+1-x)(i+2-x)\dots \\ &\quad \dots(n-1-x)(n-x) \\ &\leqslant (i+1)i\dots 2(x-i)(i+1-x)2\dots(n-i) \\ &\leqslant \frac{1}{4}(i+1)!(n-i)!, \end{aligned}$$

puisque $0 \leqslant x(1-x) \leqslant \frac{1}{4}$ si x est dans $[0,1]$. Posons $u_i = \frac{1}{4}(i+1)!(n-i)!$, pour $1 \leqslant i < \frac{n}{2}$. Montrons que la suite (u_i) est décroissante. Pour $1 \leqslant i < i+1 < \frac{n}{2}$, on a $\frac{u_{i+1}}{u_i} = \frac{i+2}{n-i} < 1$. On en déduit que $u_i \leqslant u_1 = \frac{(n-1)!}{2}$. On obtient finalement, pour tout $x \in [1,n-1]$,

$$|f_n(x)| \leqslant \frac{(n-1)!}{2}.$$

Voyons maintenant ce qui se passe sur $[0,1]$. La fonction $|f_n|$ y atteint son maximum en a_n, l'unique zéro de g_n dans $[0,1]$. Cherchons un équivalent de a_n, puis de $|f_n(a_n)|$. On a $\sum_{i=0}^{n} \frac{1}{a_n - i} = 0$, ce qu'on écrit $\frac{1}{a_n} + \frac{1}{a_n - 1} = \sum_{i=2}^{n} \frac{1}{i - a_n}$. On en déduit, par décroissance de la fonction $t \longmapsto \frac{1}{t}$, que

$$\frac{1}{a_n} + \frac{1}{a_n - 1} \leqslant \sum_{i=1}^{n-1} \frac{1}{i} \leqslant 1 + \int_1^{n-1} \frac{1}{t} \mathrm{d}t \leqslant 1 + \ln(n-1) \text{ et}$$
$$\frac{1}{a_n} + \frac{1}{a_n - 1} \geqslant \sum_{i=2}^{n} \frac{1}{i} \geqslant \int_2^{n+1} \frac{1}{t} \mathrm{d}t \geqslant \ln(n+1) - \ln 2.$$

On obtient l'encadrement

$$\ln(n+1) - \ln 2 \leqslant \frac{1}{a_n} + \frac{1}{a_n - 1} \leqslant 1 + \ln(n-1).$$

On en déduit que $\frac{1}{a_n} + \frac{1}{a_n - 1} \underset{n\to\infty}{\sim} \ln n$ et donc $\lim\limits_{n\to+\infty} \frac{1}{a_n} + \frac{1}{a_n - 1} = +\infty$. Comme $a_n - 1 \leqslant 0$, on a *a fortiori* $\lim\limits_{n\to+\infty} \frac{1}{a_n} = +\infty$, c'est-à-dire $\lim\limits_{n\to+\infty} a_n = 0$. On conclut finalement que

$$a_n \underset{n\to\infty}{\sim} \frac{1}{\ln n}.$$

Il faut maintenant déterminer un équivalent de $|f_n(a_n)|$. On écrit

$$|f_n(a_n)| = a_n \prod_{i=1}^{n} (i - a_n) = a_n n! \prod_{i=1}^{n} (1 - \frac{a_n}{i}).$$

On sait que $a_n \underset{n\to\infty}{\sim} \frac{1}{\ln n}$. Il faut s'occuper du produit. On passe au logarithme et on considère $s_n = \sum_{i=1}^{n} \ln\left(1 - \frac{a_n}{i}\right)$. Chaque terme $\frac{a_n}{i}$ est inférieur à a_n et donc tend vers 0. Au voisinage de 0 on a $\ln(1-x) \underset{x\to0}{\sim} -x$. Si on se donne $\varepsilon > 0$, il existe $\eta > 0$ tel que $|\ln(1-x) + x| \leqslant \varepsilon |x|$, pour $|x| \leqslant \eta$. On en déduit que, pour n assez grand (tel que $|a_n| \leqslant \eta$), on a, pour tout $i \in [\![1, n]\!]$,

$$\left|\ln\left(1 - \frac{a_n}{i}\right) + \frac{a_n}{i}\right| \leqslant \varepsilon \left|\frac{a_n}{i}\right| \quad \text{et donc} \quad \left|s_n + \sum_{i=1}^{n} \frac{a_n}{i}\right| \leqslant \varepsilon \sum_{i=1}^{n} \frac{a_n}{i}.$$

On a donc $s_n \underset{n\to\infty}{\sim} -a_n \sum_{i=1}^{n} \frac{1}{i}$. Nous savons que $a_n \underset{n\to\infty}{\sim} \frac{1}{\ln n}$ et $\sum_{i=1}^{n} \frac{1}{i} \underset{n\to\infty}{\sim} \ln n$. On en déduit que $\lim\limits_{n\to\infty} s_n = -1$, et donc que $\lim\limits_{n\to\infty} \prod_{i=1}^{n} \left(1 - \frac{a_n}{i}\right) = \frac{1}{e}$. On obtient finalement

$$|f_n(a_n)| \underset{n\to\infty}{\sim} \frac{n!}{e \ln n}.$$

Nous avons démontré que $\sup_{x\in[1,n-1]} |f_n(x)| \leqslant \frac{1}{4}(n-1)!$. Ce terme est négligeable devant $|f_n(a_n)|$. On en déduit que pour n assez grand, on a $\|f_n\|_\infty = |f_n(a_n)|$ et donc que

$$\|f_n\|_\infty \underset{n\to\infty}{\sim} \frac{n!}{e\ln n}. \quad \triangleleft$$

Notre majoration de $|f_n|$ sur $[1, n-1]$ a été très grossière. En fait, on peut démontrer que $\|f_n\|_\infty$ est toujours égal à $|f_n(a_n)|$.

4.95. Intégration d'équivalents

> **1.** Soit $f : \mathbb{R}_+ \to \mathbb{R}_+$ de classe C^1, $\ell > 0$ et P un polynôme de degré n. On suppose que $f'(x)\mathrm{P}(f(x))$ tend vers ℓ quand x tend vers $+\infty$. Donner un équivalent de f en $+\infty$.
>
> **2.** Soit $h : \mathbb{R} \to \mathbb{R}_+$ continue, $\ell > 0$, n un entier naturel. On suppose que $h(x)\int_0^x h^n(t)\mathrm{d}t$ tend vers ℓ lorsque x tend vers $+\infty$. Donner un équivalent de h en $+\infty$.

▷ **Solution.**

1. Soit Q une primitive de P. L'hypothèse s'énonce $\lim_{+\infty}(\mathrm{Q}\circ f)' = \ell$. On en déduit $\int_0^x (\mathrm{Q}\circ f)'(t)\,\mathrm{d}t \sim \ell x$ et donc $\mathrm{Q}\circ f(x) \sim \ell x$, quand x tend vers $+\infty$, d'après le théorème d'intégration des relations de comparaison. Montrons que $\lim_{+\infty} f = +\infty$. Soit $\mathrm{A} > 0$. La fonction Q étant continue, est bornée sur le compact $[0, \mathrm{A}]$; il existe $\mathrm{C} > 0$ tel que $\mathrm{Q}(f(x)) \leqslant \mathrm{C}$ si $0 \leqslant f(x) \leqslant \mathrm{A}$. D'autre part, il existe $x_0 > 0$ tel que $\mathrm{Q}(f(x)) > \mathrm{C}$ si $x > x_0$. On en déduit, puisque f est positive, que $f(x) > \mathrm{A}$ si $x > x_0$, ce qui démontre le résultat annoncé.

On a $\mathrm{Q}(x) \underset{x\to+\infty}{\sim} \frac{ax^{n+1}}{n+1}$, où a est le coefficient dominant de P. On a donc, quand x tend vers $+\infty$, $\mathrm{Q}(f(x)) \sim \frac{a(f(x))^{n+1}}{n+1} \sim \ell x$. On en déduit que

$$f(x) \underset{x\to+\infty}{\sim} \left(\frac{\ell(n+1)}{a}x\right)^{\frac{1}{n+1}}.$$

2. On se ramène à la question précédente en posant, $f(x) = \int_0^x h^n(t)\mathrm{d}t$, pour $x \geqslant 0$. L'application f va de $\mathbb{R}_+$ dans $\mathbb{R}_+$ et est de classe C^1. L'hypothèse entraîne $\lim_{x\to+\infty} h^n(x)\left(\int_0^x h(t)\mathrm{d}t\right)^n = \ell^n$, c'est-à-dire $\lim_{x\to+\infty} f'(x)(f(x))^n = \ell^n$. La fonction f vérifie les hypothèses de la question **1**, avec $\mathrm{P} = \mathrm{X}^n$, ℓ étant remplacé par ℓ^n. On a donc $f(x) \underset{x\to+\infty}{\sim} (\ell^n(n+1)x)^{\frac{1}{n+1}}$. Sachant que $h(x) \underset{x\to+\infty}{\sim} \dfrac{\ell}{f(x)}$, on obtient finalement,

$$h(x) \underset{x\to+\infty}{\sim} \left(\frac{\ell}{(n+1)x}\right)^{\frac{1}{n+1}}. \quad \triangleleft$$

De manière générale, il est interdit de dériver des équivalents. Toutefois, avec une hypothèse de monotonie en plus, on obtient tout de même des résultats.

4.96. Dérivation d'équivalents

Soit $f : \mathbb{R} \to \mathbb{R}$ continue et croissante. On pose $\mathrm{F}(x) = \displaystyle\int_0^x f(t)\mathrm{d}t$.

1. On suppose qu'il existe $\alpha > 0$ tel que $\mathrm{F}(x) \sim \dfrac{x^\alpha}{\alpha}$ en $+\infty$. Montrer que $f(x) \sim x^{\alpha-1}$.

2. On suppose que, toujours en $+\infty$, $\mathrm{F}(x) = \dfrac{x^2}{2} + o(x)$. Montrer que $f(x) = x + o(\sqrt{x})$.

▷ **Solution.**

1. Remarquons qu'il s'agit de démontrer, avec une hypothèse supplémentaire de monotonie, la réciproque d'un résultat connu. En effet, si on suppose simplement f continue et $f(x) \underset{x\to+\infty}{\sim} x^{\alpha-1}$, alors la fonction f est positive au voisinage de $+\infty$ et n'est pas intégrable sur $\mathbb{R}_+$. Le théorème d'intégration des relations d'équivalence donne $\mathrm{F}(x) \underset{x\to+\infty}{\sim} \displaystyle\int_0^x t^{\alpha-1}\mathrm{d}t = \dfrac{x^\alpha}{\alpha}$. La réciproque serait fausse sans l'hypothèse supplémentaire « f croissante » (considérer par exemple $f(x) = 1 + \sin x$).

Revenons à la question posée. L'idée de la démonstration est d'intégrer f sur un intervalle où elle prend des valeurs proches de $f(x)$ et d'utiliser la croissance de f. Soit $h \in]0, 1[$, que l'on choisira plus tard. On a, par croissance de f, pour tout $x > 0$.

$$\varphi(x) = \mathrm{F}(x(1+h)) - \mathrm{F}(x) = \int_x^{x(1+h)} f(t)\mathrm{d}t \geqslant xhf(x) \quad \text{et}$$

$$\psi(x) = \mathrm{F}(x) - \mathrm{F}(x(1-h)) = \int_{x(1-h)}^{x} f(t)\mathrm{d}t \leqslant xhf(x),$$

d'où l'on tire $\dfrac{\psi(x)}{x^\alpha h} \leqslant \dfrac{f(x)}{x^{\alpha-1}} \leqslant \dfrac{\varphi(x)}{x^\alpha h}$. Comme par hypothèse $\mathrm{F}(x) \sim \dfrac{x^\alpha}{\alpha}$ en $+\infty$, on déduit

$$\lim_{x\to+\infty} \frac{\varphi(x)}{x^\alpha h} = \frac{(1+h)^\alpha - 1}{\alpha h} \quad \text{et} \quad \lim_{x\to+\infty} \frac{\psi(x)}{x^\alpha h} = \frac{1-(1-h)^\alpha}{\alpha h}.$$

Notons ensuite que

$$\lim_{h\to 0}\frac{(1+h)^\alpha-1}{\alpha h}=\lim_{h\to 0}\frac{1-(1-h)^\alpha}{\alpha h}=1.$$

Soit $\varepsilon>0$. Fixons $h\in\,]0,1[$ tel que $\frac{(1+h)^\alpha-1}{\alpha h}$ et $\frac{1-(1-h)^\alpha}{\alpha h}$ appartiennent à $[1-\varepsilon,1+\varepsilon]$. Puisqu'alors $\lim\limits_{x\to+\infty}\frac{\varphi(x)}{x^\alpha h}$ et $\lim\limits_{x\to+\infty}\frac{\psi(x)}{x}$ appartiennent à $[1-\varepsilon,1+\varepsilon]$, on aura, pour x assez grand, $\frac{\varphi(x)}{x}$ et $\frac{\psi(x)}{x}$ et donc $\frac{f(x)}{x^{\alpha-1}}$dans $[1-2\varepsilon,1+2\varepsilon]$. Ceci démontre que $\lim\limits_{x\to+\infty}\frac{f(x)}{x^{\alpha-1}}=1$.

2. La méthode précédente ne conduit pas au résultat. Remplaçons $x(1+h)$ et $x(1-h)$ par $x+\eta(x)$ et $x-\eta(x)$, où η est une fonction positive à choisir telle que $\eta(x)=o(x)$ en $+\infty$. On obtient, comme précédemment

$$\varphi(x)=\mathrm{F}(x+\eta(x))-\mathrm{F}(x)=\int_x^{x+\eta(x)}f(t)\mathrm{d}t\geqslant\eta(x)f(x),$$

$$\psi(x)=\mathrm{F}(x)-\mathrm{F}(x-\eta(x))=\int_{x-\eta(x)}^{x}f(t)\mathrm{d}t\leqslant\eta(x)f(x)$$

et l'encadrement $\frac{\psi(x)}{\eta(x)}\leqslant f(x)\leqslant\frac{\varphi(x)}{\eta(x)}$. Par hypothèse, il existe une fonction ε telle que, $\mathrm{F}(x)=\frac{x^2}{2}+x\varepsilon(x)$ et $\lim\limits_{x\to+\infty}\varepsilon(x)=0$. On en déduit que

$$\begin{aligned}\frac{\varphi(x)}{\eta(x)}&=\frac{1}{\eta(x)}\left(\frac{1}{2}((x+\eta(x))^2-x^2)+(x+\eta(x))\varepsilon(x+\eta(x))-x\varepsilon(x)\right)\\&=x+\frac{\eta(x)}{2}+\varepsilon(x+\eta(x))+\frac{x}{\eta(x)}\left(\varepsilon(x+\eta(x))-\varepsilon(x)\right).\end{aligned}$$

On obtient, de même,

$$\frac{\psi(x)}{\eta(x)}=x-\frac{\eta(x)}{2}+\varepsilon(x-\eta(x))+\frac{x}{\eta(x)}\left(\varepsilon(x)-\varepsilon(x-\eta(x))\right).$$

Nous voulons que ces termes s'écrivent $x+o(\sqrt{x})$. Pour cela il faut $\eta(x)=o(\sqrt{x})$,

$$\frac{\sqrt{x}}{\eta(x)}\Big(\varepsilon(x+\eta(x))-\varepsilon(x)\Big)=o(1)\quad\text{et}\quad\frac{\sqrt{x}}{\eta(x)}\Big(\varepsilon(x)-\varepsilon(x-\eta(x))\Big)=o(1).$$

Posons $m(x)=\sup\limits_{t\in[x-\sqrt{x},+\infty[}|\varepsilon(t)|$ et montrons que $\eta(x)=\sqrt{xm(x)}$ convient. En effet, on a $\lim\limits_{+\infty}m=0$, puisque $\lim\limits_{+\infty}\varepsilon=0$. On en déduit que $\eta(x)=o(\sqrt{x})$,

$$\frac{\sqrt{x}}{\eta(x)}\,|\varepsilon(x+\eta(x))-\varepsilon(x)|\leqslant\frac{2\sqrt{x}m(x)}{\eta(x)}\leqslant 2\sqrt{m(x)}=o(1)\quad\text{et}$$

$$\frac{\sqrt{x}}{\eta(x)}\,|\varepsilon(x)-\varepsilon(x-\eta(x))|\leqslant\frac{2\sqrt{x}m(x)}{\eta(x)}\leqslant 2\sqrt{m(x)}=o(1),$$

car pour x assez grand, x, $x+\eta(x)$ et $x-\eta(x)$ sont dans $[x-\sqrt{x}, +\infty[$. Puisque $f(x)$ est encadré par deux termes de la forme $x + o(\sqrt{x})$, on peut conclure que

$$f(x) \underset{x\to+\infty}{=} x + o(\sqrt{x}). \quad \triangleleft$$

Table des matières

[*] : exercice très difficile, ne pas hésiter à consulter le corrigé.

3. Séries numériques 189

Index

Achevé d'imprimer en avril 2025
sur les presses de la Nouvelle Imprimerie Laballery – 58500 Clamecy
Dépôt légal : avril 2025 N° d'impression : 503672
Imprimé en France

La Nouvelle Imprimerie Laballery est titulaire de la marque Imprim'Vert®